항해계기

NAVIGATIONAL EQUIPMENT

- 수정판 -

한국해양대학교 공학박사 **임정빈** 저

해광출판사

머리말

항해계기(Navigational Equipment)는, 선교(Bridge)에서 선박 항행에 필요한 정보를 획득하고 저장 및 관리하며, 이러한 정보를 이용하여 선박을 최적으로 제어하기 위한 다양한 기계전자적인 장비 및 기기 등을 의미한다. 항해계기의 종류는 다양한데, 자이로컴퍼스(Gyrocompass), 자기컴퍼스(Magnetic Compass), 선속장치(Speed Log), 측심기(Echo Sounder), 선수제어장치(Heading Control System), 육분의(Sextant), 선교견시감시장치(Bridge Watch Monitoring System) 등이 있다. 그리고 최적의 항행환경 조성을 위한 통합선교장치(Integrated Bridge System) 등이 있다.

항해계기 내용이 주로 선박의 방위와 속력을 측정하는 장비로 구성되어 있는 이유는, GPS(Global Positioning System)가 출현하기 이전까지는 정확한 방위와 속력을 이용하여 위치를 획득하는 추측항법(Dead Reckoning)이 주요 항법기술이었기 때문이다. 한편, GPS 출현은 DR의 개념을 변화시키는 계기가 되었으나, GPS는 위치를 측정하는 장비일 뿐 속력과 방위를 측정하는 장비가 아니기 때문에 아직도 모든 선박에는 1974 SOLAS 규정에 의거하여 항해계기가 법적장비로 적용되고 있다.

또한, 최근에는 다양한 선박 정보를 저장하기 위한 항해데이터기록장치(Voyage Data Recorder), 밀폐된 선교에서 외부 소리를 듣기 위한 음향수신장치(Sound Reception System) 등도 새로 개발되어 있다. 그리고 관성항법장치(Inertial Navigation System)가 선박에 적용되기 시작하였다.

강의용 교재는 최신 정보를 수시로 갱신할 필요가 있고, 하나의 교재를 제작하기 위해서는 방대한 작업과 오랜 기간에 걸친 노력이 필요하다. 본 교재는 1990년대부터 편저자가 수집한 자료와 연구결과들을 정리하여 새로 개정한 것인데 아직도 부족한 것이 많다. 독자들의 소중한 제언을 부탁한다.

저자

목차

제6장 선수제어장치 • 263

제7장 항해데이터기록장치 • 337

제8장 천측용 계기 • 351

제9장 관성항법장치 • 377

제10장 기타 항해지원 장비와 직접화 • 403

참고문헌 • 431

제1장

항해계기 개요

항해계기는 선수방위를 측정하는 장치, 선박의 속력을 측정하는 장치, 선박을 제어하는 장치 등으로 구성되어 있다.
항해계기는 선박 운용에 필수적인 장비인바, 숙지하여 항해 안전과 경제성을 도모해야 한다.
이를 위해서는 왜 항해계기가 필요한지? 에 대한 개념의 확립이 우선 필요하다.
제1장에서는 거리, 속력, 방위 등 항해의 가장 기본적인 개념을 학습한다.

- 저자 -

1. 교재의 목적 및 범위와 내용

1.1. 교재의 목적

이 교재의 목적은, 선박 항해에 필요한 정보를 제공하는 개별 항해계기와 선박 조종을 위한 자동항법장치 등의 원리와 구성 및 취급방법 등의 학습을 통해서 선박의 경제적이고 안전한 항해 능력을 배양하는데 있다.

항해계기(navigational instrument)는, 선박의 위치를 획득하고 설정된 침로를 추적하는데 필요한 계측기기의 총칭으로 정의될 수 있다(이, 1970).

항해계기의 구성은, 관성 특성을 이용한 자이로컴퍼스, 지구 자장을 이용한 자기 컴퍼스, 수중 음향 특성을 이용한 선속측정기와 수심측정기 그리고 광학 특성을 이용한 육분의와 방위측정기, 선박을 제어하기 위한 선수제어장치, 항해 정보를 기록하기 위한 항해데이터기록장치 등으로 구성되어 있다.

1.2. 교재의 범위와 내용

본 교재는 10개의 장(chapter)으로 구성되어 있다.

제1장은 학습자들의 시야를 넓히기 위한 것으로, 선박에 적용되고 있는 다양한 항법장비 사이의 연계관계가 기술되어 있다.

제2장과 제3장은 선박의 방위를 측정하기 위한 자이로컴퍼스와 자기컴퍼스 및 전자컴퍼스에 관한 내용이다. 특히, 선박에서 방위 획득에 가장 중요한 자이로컴퍼스에 대해서 상세하게 설명함은 물론, 자기컴퍼스를 대신하기 위한 전자컴퍼스의 원리와 적용기술 등을 소개하였다.

제4장은 선박의 속력을 측정하는 선속측정기에 관한 것으로, 수중에서 음파를 송수신하여 그 주파수 차이로 선속을 획득한다.

제5장은 수심측정기인데, 수심은 선박 좌초 예방에 중요한 정보로서 선속측정기와 유사한 방식을 적용하여 수심을 측정한다.

제6장은 위의 제1장부터 제5장까지를 통해서 학습한 다양한 정보를 근거로 하는 선수제어장치에 관한 것이다. 선수제어장치는 선박의 타(Rudder)를 자동으로 또는 수동으로

제어하여 선박의 선수방위를 제어하기 위한 장치이다. 특히, 자동으로 선박을 조종하기 위한 전기 및 기계적인 시스템과 고도의 자동제어를 위한 적응제어 칼만필터(Adaptive Kalman Filter)가 설명되어 있다.

제7장은 항해데이터기록장치(VDR)이다. VDR에는 속력, 방위, 수심, 위치 등의 항해 정보뿐만 아니라 선교에서 근무하는 항해사들의 음성, 각종 장비의 경보음 등이 입력된다. VDR은 선박이 충돌하거나 좌초 및 침몰하는 경우 사고원인을 정확하게 분석하기 위한 것으로, 최근에는 VDR에 저장된 데이터를 이용하여 안전운항 방법이나 연료소모 감소를 위한 최적 속력과 타 사용 등의 경제성 분석에도 적용되고 있다.

제8장은 천체를 이용하여 선박의 위치를 측정하기 위한 육분의(Sextant)와 천측에 필요한 수정시계(Crystal chronometer)와 쌍안경(Binocular) 등에 관한 원리와 사용방법이 간단히 기술되어 있다.

제9장은 관성항법장치(Inertial Navigation System, INS)에 관한 것이다. INS는 항공기나 잠수함, 무기체계 등에 주로 적용되는 장비인데, 최근에는 상선에도 점차 적용이 검토되고 있다. 특히, GPS의 전파교란(jamming)으로 GPS 사용이 불가능한 상황을 고려하면 INS 활용이 증진될 것으로 고려된다.

제10장은 기타 항해 지원장비에 관한 것으로, 음향수신장치(SRS), 선교견시감시장치(BWMS) 등이 기술되었다. SRS는 선교가 모두 밀폐된 선박에서 외부의 음향신호를 청취하기 위한 장치이고, BWMS는 당직 항해사의 견시를 감시하기 위한 장치이다. 아울러 선교를 인간공학적으로 구축하기 위한 통합선교장치에 대해서도 기술되었다.

마지막으로 제11장에는 이 교재에 참고된 방대한 참고문헌이 수록되어 있다. 더 자세한 내용의 학습을 원하는 학생들은 참고문헌을 참고하기 바란다.

2. 항해장비의 종류와 연계장비

2.1. 다양한 항해장비

선박이 출발지로부터 목적지까지 안전하게 항해하기 위해서는 현재의 위치와 속력, 방위 등의 정보를 입수해야 한다. 또한, 레이더(Radar)를 이용하여 본선(Own ship) 주위에 있는 선박이나 물체를 항상 감시해야 한다. 아울러 항상 선박을 최적으로 제어해야 하고, 다양한 항해정보를 지속적으로 수집-저장-관리해야 하며, 이러한 정보를 이용하여 선박의 안전성과 경제성을 향상시켜야 한다.

항해장비들은 목적과 기능에 따라 다양하다. 학습자들은 개별 항해장비들의 구성과 원리를 학습하기 전에 각 개별 장치들이 서로 연계되는 전체적인 메커니즘(mechanism)을 인지하고 있어야 최적의 안전 항해를 보장할 수 있다. 그림 1-1은 대표적인 항해장비를 나타낸다.

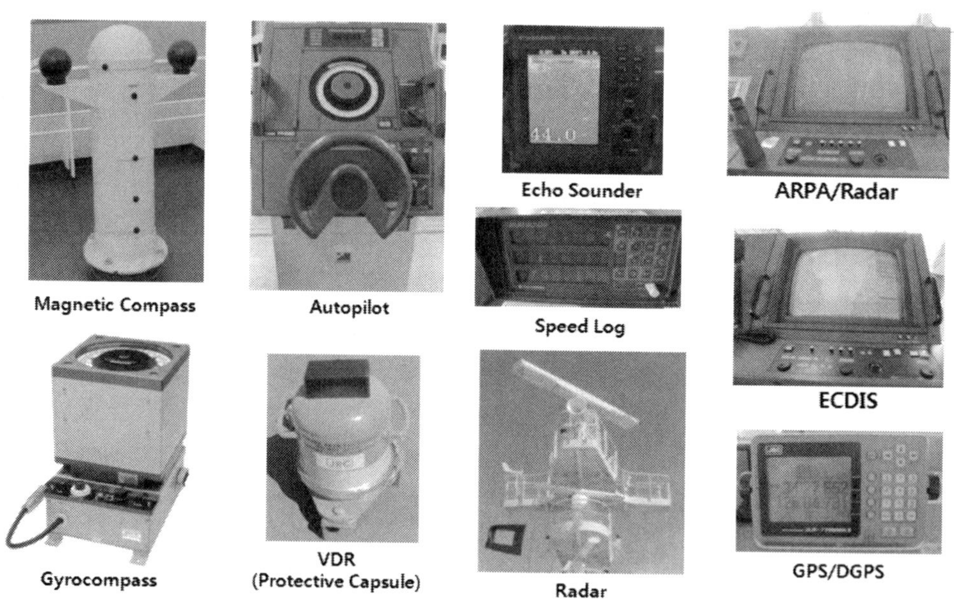

그림 1-1 상선에 사용하는 각종 항해장비

현재 선박에 사용되고 있는 다양한 항법장치를 요약하면 다음과 같다.

① 위치측정장치 : 대표적인 것이 위성항법 장치인 GPS(Global Positioning System)와 DGPS(Differential GPS)이다(Wells, 1987; Hofmann-Wellenhof et. al., 1993). 기존에는 위치측정장치로 Loran-C, Decca, Omega 등(Tetley L. and Calcutt D., 1986; Forssell Borje, 1991)의 지상계 무선항법장치도 사용된 바 있다.

② 방위측정장치 : 지구 자기장을 이용하는 자기컴퍼스(Magnetic Compass), 지구의 관성을 이용한 자이로컴퍼스(Gyrocompass)가 대표적이고, 최근에는 지구 자기장을 센서로 측정하는 전자컴퍼스(Electronic Compass)도 많이 사용되고 있으며, 관성항법장치(Inertial Navigation System)의 사용이 증가되고 있다.

③ 속력측정장치 : 속력측정장치(Speed Log)에는 수중에서 전기유도 신호를 이용하는 전자 로그(EM-Log)와 도플러(doppler) 효과를 이용한 도플러 로그(Doppler Log)등이 있다.

④ 수심측정장치 : 수중에서 음향신호를 이용하는 에코 사운더(Echo Sounder)가 일반적으로 사용되고, 끈과 무거운 납(Lead)을 이용한 측심연(Lead Line)도 사용되고 있다.

⑤ 물체탐지장치와 자동물표추적장치 및 충돌예방지원장치 : 물체탐지장치는 2차 대전부터 사용되고 있는 레이더(Radar)가 대표적이고, 충돌예방지원장치는 자동레이더플로팅장치(Automatic Radar Plotting Aids, ARPA)가 대표적인데, 최근 Radar에는 대부분 ARPA가 내장되어 있으며, 자동물표추적장치(Automatic Target Tracking Aids, ATA)의 개념도 포함되어 있다.

⑥ 전자적표시장치 : 전자해도및정보시스템(Electronic Chart Display & Information System, ECDIS) 이 대표적이고, ECDIS와는 별도로 전자표시장치(Electronic Plotting Aids, EPA)라는 것도 있다.

⑦ 항해정보기록장치 : 대표적인 것이 항해 정보를 기록하고 저장하며 관리하는 항해데이터기록장치(Voyage Data Recorder, VDR)가 있다.

⑧ 음향수신장치 : 여객선과 같이 선박의 선교가 밀폐된 경우 외부 음향 신호를 수신하기 위한 음향수신장치(Sound Reception System, SRS)가 있다.

⑨ 선교견시감시장치 : 선교 당직자들의 당직상태를 확인하기 위한 선교견시감시장치(Bridge Watch Monitoring System, BWMS)가 있다.

⑩ 기타 : 이 외에도 타각, 회전수, 추력 및 방향 표시장치, 선회율 지시기(Rate Of Turn indicator, ROT) 등이 있다.

상기 항해장비 중에서 항해계기 교재에서 다루는 장비는 주로 지구의 자장특성과 지구의 관성 및 해수 중 음파특성 등을 이용한 것들이다.

2.2. ECDIS 연계 항해장비

전자해도및정보시스템(Electronic Chart Display & Information System, ECDIS)은 현대 항법에 없어서는 아니 될 중요한 장비이다. ECDIS는 기존 종이 해도를 사용함에 따른 불편함과, 수시로 종이 해도에 위치를 기입해야 하는 번거로움 및 이를 통한 항해 안전의 위해 등을 제거할 목적으로 개발된 것이다.

그림 1-2는 ECDIS에 다양한 항해정보를 제공하거나 연계된 장비들의 구성도[1]를 나타낸다. ARPA/Radar, Speed Log, GPS/DGPS, Gyrocompass, Echo Sounder, 풍향/풍속 센서(Wind Sensor) 등이 연계되어 있다. 이와 같이 개별 항해계기들의 정보는, 점차 선박이 첨단화 및 지능화됨에 따라 중앙 시스템에 집적(integrated)된 후 고품질의 정보로 재창출되고 있다. 따라서 선박운용자들은 개별 장치들의 기능뿐만 아니라 개별 장치들 사이의 연관성을 잘 파악하고 있어야 한다.

2.3. 레이더 연계 항해장비

알파/레이더(ARPA/Radar)[2]는 레이더에 알파 기능이 부가된 무선장비의 하나로써 항해에 없어서는 안 될 중요한 항해장비이다. 그림 1-3은 ARPA/Radar와 연계되어 있는 항해장비의 구성도를 나타낸다. 다양한 항해장비들이 연계되어 있음을 알 수 있다.

---

1) 구성도(Block Diagram)란, 시스템 구성을 알기 쉽게 블록으로 표현한 것이다. 전기회로와 같이 복잡한 내용은 가능한 배제한다.

2) Radar는 무선탐지 및 거리측정을 의미하는 'RAdio Detection And Ranging'로, 예전에는 머리문자를 이용한 RADAR로 불렀으나 현재는 일반 명사화되어 Radar로 불린다. 그리고 현대 Radar에는 대부분 자동으로 추적한 물체를 표시하는 자동레이더플로팅장치(Automatic Radar Plotting Aids, ARPA)가 부가되어 있다. 그래서 ARPA/Radar라 부른다.

2.4. 항해기록장치 연계 항해장비

그림 1-4는 항해기록장치(Voyage Data Recorder, VDR)와 주변장치와의 연계구성도를 나타낸다. VDR은 해양사고 발생시 사고원인의 조사에 이용하기 위한 것이기 때문에 방대한 항해 정보가 입력된다.

입력되는 정보에는, 방위, 속력, 위치뿐만 아니라 선교에서의 음성, 통화내용, 레이더 화면 등 해양사고 분석과 평가에 적용 가능한 모든 정보가 입력된다. 입력된 정보는 수심 6,000 미터에서도 보호되는 데이터 캡슐(Data Capsule)에 보관된다.

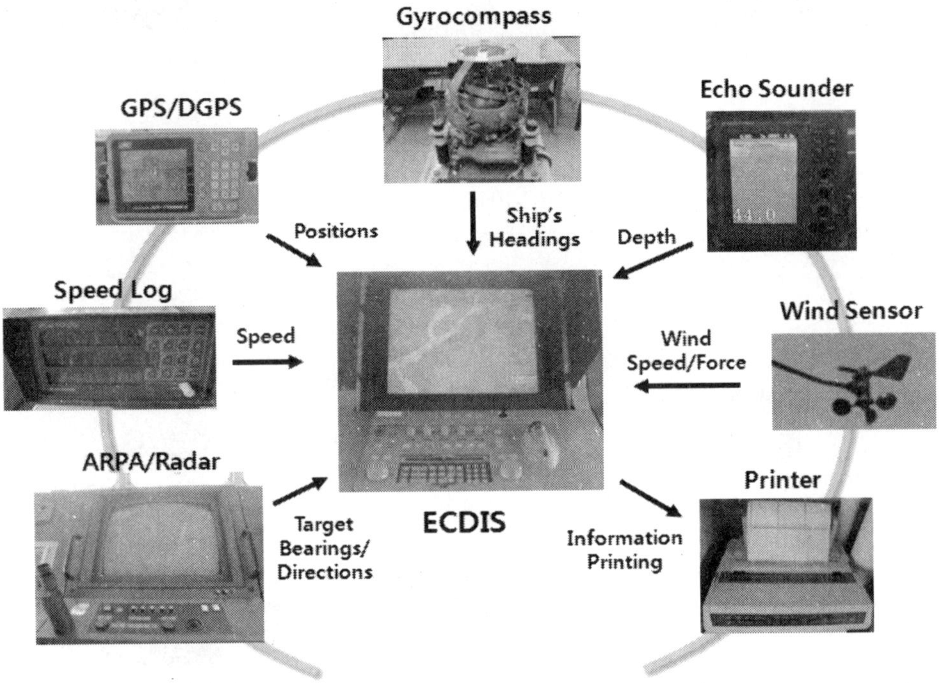

그림 1-2 ECDIS 연계 항해장비의 구성도

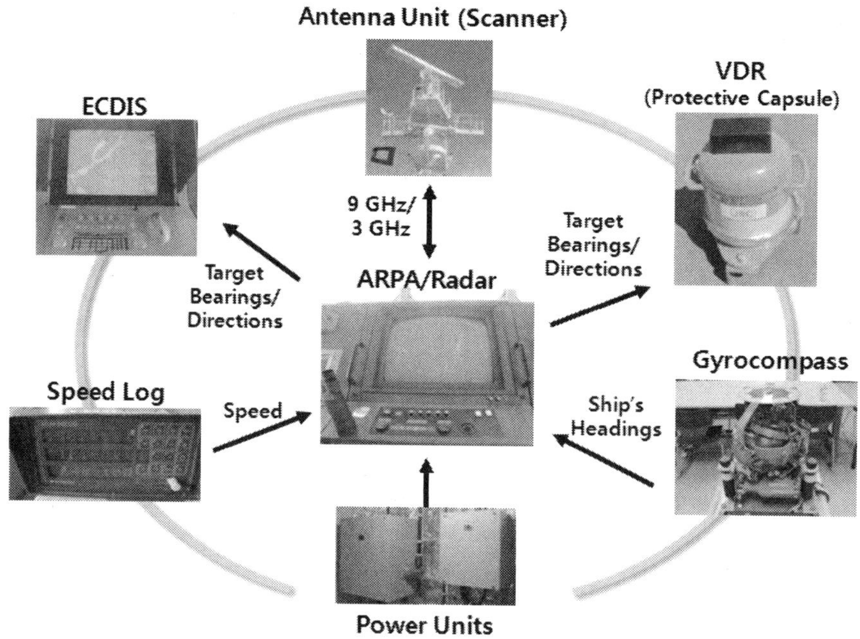

그림 1-3 ARPA/Radar 연계 항해장비

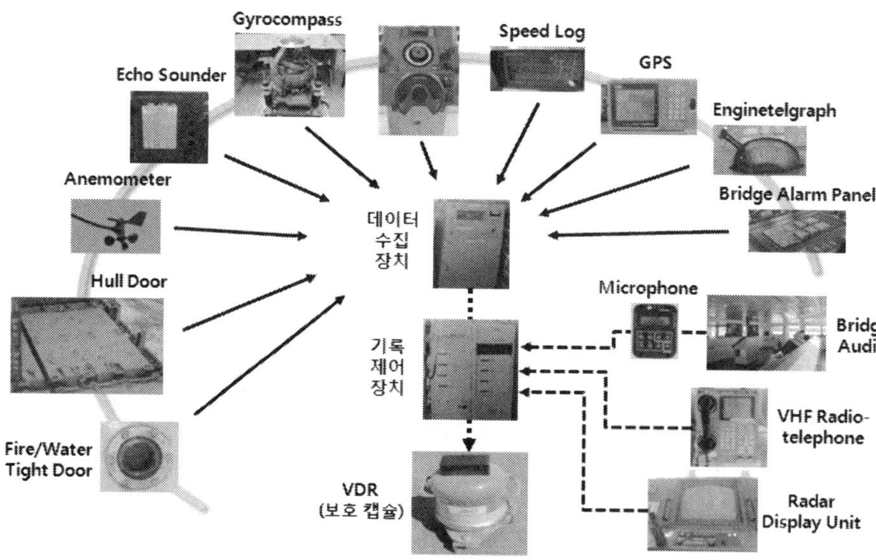

그림 1-4 항해기록장치(VDR) 연계 항해장비

3. 위치 획득 개념과 항해계기

3.1. 위치 측정의 개념

선박 위치를 정확히 파악하는 것은 안전운항의 근본이다. 일반적으로 GPS만이 위치를 측정하는 장비로 알고 있으나, 오래전부터 항해에는 다양한 방법을 이용하여 선박의 위치를 측정 또는 추정하고 있다. 위치나 방위를 측정하기 위한 항법의 종류에는, 고대부터 적용되어 왔던 것으로, 하늘의 천체를 이용하는 천문항법(Celestial Navigation)과 육상 물표를 이용하는 지문항법(Terrestial Navigation) 등의 고전적인 항법과, 무선전파를 이용하는 전파항법(Radio Navigation), 지구자전의 물리적인 현상을 이용한 관성항법(Inertial Navigation) 과 GPS와 같은 위성항법(Satellite Navigation) 등 현대적인 항법이 있다. 각 항법의 특징을 살펴보면 다음과 같다.

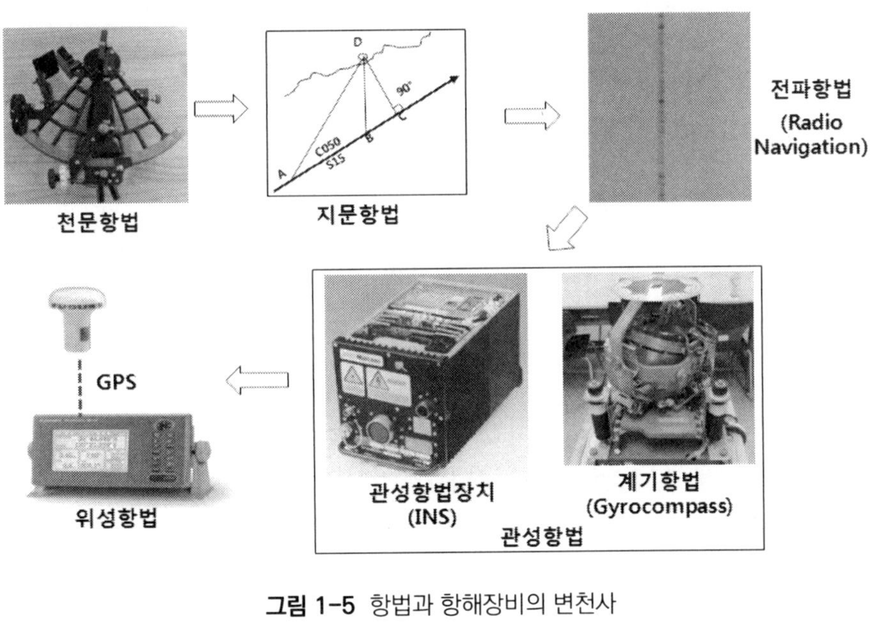

그림 1-5 항법과 항해장비의 변천사

(1) 천문항법, 지문항법

이 방법들은 비교적 정확한 선위(선박의 위치) 측정이 가능하지만, 항해구역, 선위측정 가능시간, 기상 등의 환경적 제약이 크다.

(2) 전파항법, 위성항법

기존 전파항법 장치로는, Loran-C, Decca, Omega 등의 쌍곡선 항법장치가 사용되었으나 Loran-C를 제외하고 최근에는 더 이상 사용되지 않고 있다. Loran-C 역시 특수목적으로만 유지되고 있다.

(3) 관성항법

지구의 관성(inertia)을 이용하여 방위를 측정하고 위치를 추정하는 항법이다. 대표적인 것이 관성항법장치(Inertial Navigation System, INS)와 자이로컴퍼스(Gyro-compass)가 있다. INS는 잠수함, 항공기 등에 사용되고, 자이로컴퍼스는 선박의 선수방위측정장치로 사용되고 있다. INS와 자이로컴퍼스의 기본 원리는 유사하다.

(4) 위성항법

대표적인 것이 GPS인데, 고정밀도의 위치를 연속적으로 획득할 수 있다. 그러나 GPS는 전파방해에 의한 교란(Jamming)이나, 태양의 자기폭풍에 의한 전파교란 등이 발생하는 경우, 위치 정밀도가 급격히 낮아진다. 이에 대한 대안으로 GPS와 전파항법 또는 항해계기를 연계한 복합항법장치(Hybrid Navigation System)가 적용될 수 있다.

3.2. 위치 추정의 개념

위치의 추정(Position Estimation)은 악천후 또는, 계기 고장으로 위치측정이 불가능하거나, 위치측정 간격이 너무 길어질 때 그 간격 사이의 선위를 보다 높은 정밀도로 얻고자 하는 방법이다. 이러한 방법은 GPS 고장에 대비하거나 독자적인 항법으로 적용할 수 있다.

위치추정 방법은 기본적으로 일정 기간 동안의 선박 속도 벡터를 적산(summing)하여 변위를 추정한 후, 이를 초기 출발지의 경위도에 가산하여 현재 위치를 구한다. 즉, 현재위치 = 출발위치(경도/위도) ± 추정변위.

따라서 추정변위가 정확하고, 출발위치가 정확하다면 정확한 현재위치를 추정할 수 있다. 추정변위는 해류, 조류, 측정기 오차 등에 의해 크게 변화되므로, 추정변위를 정확하게 구하는 것이 중요하다. 일반적인 방법은, 대수속도(speed through the water)와 침로를 이용하는 방법, 대지속도(speed over ground)와 침로를 이용하는 방법, 관성항법장치를 이용하는 방법 등이 있다.

최근에는 GPS나 DGPS를 주로 이용하여 고정밀 위치를 안정되게 획득할 수 있기 때문에 이러한 선위추정 방법은 두드러지게 사용되지 않고 있다. 그러나 미국 주도하에 GPS가 운용되고 있고, 최근 국내외에서 발생하고 있는 전자파 교란 등의 문제 때문에 안전장치 또는 백업 장치로서 GPS와 연계한 다양한 종류의 선위추정 방법이 연구되고 있다.

선박의 대수속력(Speed through the water)과 침로(Bearing)를 이용한 위치 추정 원리를 그림 1-6에 나타냈다. 대수선속계를 이용하여 대수속력을 측정하고, 자이로컴퍼스를 이용하여 침로를 측정한 후, 컴퓨터에 입력하여 동서방향과 남북방향의 속도성분을 계산한다. 그리고 여기에 해류 보정을 취하여 변위를 계산한 후, 이 변위를 출발점의 경위도에 가산하면 추정위치를 구할 수 있다. 이 시스템의 정밀도는 대수선속계와 자이로컴퍼스의 정밀도로 결정되며, 통상 선속계의 오차는 0.2% ~ 0.5%, 자이로컴퍼스의 오차는 0.2° ~ 0.5° 정도이다.

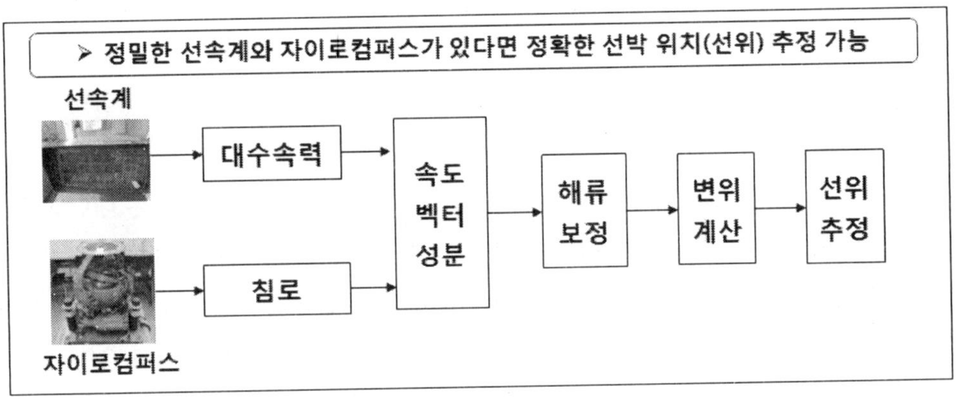

그림 1-6 상선의 전형적인 대수속력과 침로를 이용한 선위추정 개념

3.3. 위치 추정시 주의할 사항

위치를 추정하는 경우 주의할 사항이 있다. GPS의 목적은 위치를 측정하는 것인데, 마치 속력과 방위도 측정할 수 있는 장비로 오인하는 경우가 있다. 그림 1-7과 같이 GPS는 위치만 측정하고, 속력과 방위는 추정할 뿐이다.

즉, 과거 실측 위치(T1)와 현재 실측 위치(T2) 사이의 위치선(Line Of Position, LOP)을 계산하여 속력과 방위를 추정하기 때문에 GPS에서 추정한 속력과 방위는 과거의 것이다. 현재의 속력과 방위가 아니기 때문에 신뢰할 수 없다.

그래서 선박에서는 속력측정장치(Speed Log)를 이용하여 현재의 속력을 측정하고, 자이로컴퍼스(Gyrocompass)를 이용하여 현재의 방위를 측정한다. 그리고 선박의 위치는 이들 속력과 방위를 이용하여 추정하거나 GPS로 측정한다. GPS가 출현하기 이전까지는 현재의 속력과 방위를 이용하여 선박의 위치를 추정하였다.

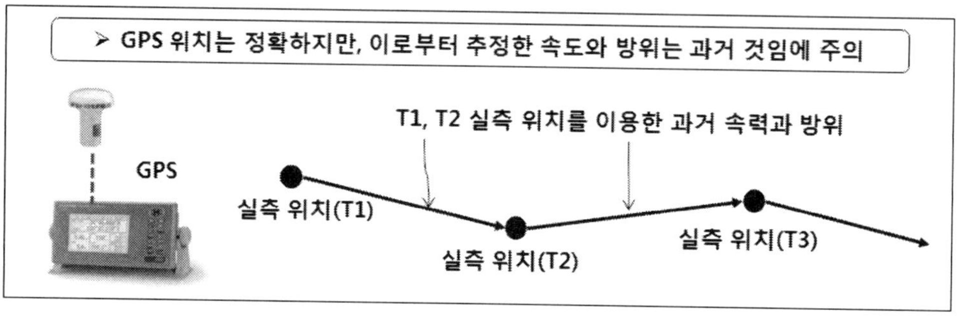

그림 1-7 GPS의 속력과 방위 추정 개념

GPS와 달리 관성항법장치(Inertial Navigation System, INS)는 고정밀도의 속력과 방위를 측정하여 위치를 추정하는 장비이다. 그림 1-8과 같이 초기 위치를 정한 후, 여기에 속력과 방위로 계산한 변위를 더하여 현재의 위치를 추정한다. 문제는 대단히 정밀도 높은 속력과 방위 측정 센서가 존재하지 않고, 이들 센서들의 오차가 위치에 점차 누적되어 현재 기술로서는 수 시간 정도가 지나면 신뢰할 수 없을 정도로 위치 오차가 커진다. 현재 항공기나 잠수함 등에 INS를 사용하는데, INS를 단독 사용하지 않고 GPS와 연계시켜서 사용한다. 최근에는 24시간 정도의 시간 범위에서도 사용가능하다.

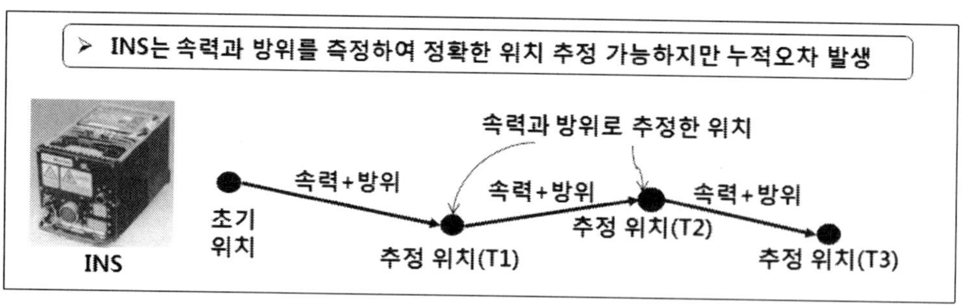

그림 1-8 관성항법장치(INS)의 위치 추정 개념

제2장

자기컴퍼스

방위측정장치는 지구의 자장을 이용하는 자기컴퍼스와 지구의 자전과 관성을 이용한 자이로컴퍼스 그리고 최근 개발된 전자컴퍼스 등이 있다.

지구에서 방위를 찾기 위한 인간의 노력은 13세기부터 시작하여 오늘에 이르고 있다.

선박의 방위를 획득하는 것은 아주 단순하고 간단하다. 그러나 항해에 적용할 수준의 방위 정밀도를 갖기 위해서 우리 인간은 700여 년을 노력하였다. 왜 그런지 학습해 보자.

– 저자 –

1. 개요

1.1. 학습내용

제2장에서는 지구자기를 이용한 선박의 방위측정장치를 학습한다.

- 자기컴퍼스(Magnetic Compass) : 지구 내부에 있는 자장을 이용하여 방위를 측정하기 위한 장치로써 오래전부터 인류가 사용 중
- 전자컴퍼스(Electronic Compass) : 자기컴퍼스에 자장 측정 센서를 부착하거나 별도의 자장 측정 센서를 이용하여 방위를 측정하기 위한 장치

참고로, 제3장에서는 제2장에 이어서 지구의 자전특성을 이용한 자이로컴퍼스를 학습한다.

1.2. 학습목표

방위측정장치는 지문항해, 천문항해에서 요구되는 방위를 측정하기 위한 주요한 항법장치이다. 측정된 방위는 앞의 제1장에서 살펴 본 바와 같이 레이더(Radar)에 입력되어 물표의 방위 정보를 제공하고, 자동항법장치(Autopilot)의 경우에는 선박 제어에 이용되며, 전자해도표시및정보시스템(ECDIS)에서는 선박의 선수방위를 제공하고, 항해기록장치(VDR)에 입력되어 해양사고 발생시 선박의 선수방위 정보를 제공한다.

제 2장의 학습목표는 지구자기를 이용한 자기컴퍼스의 원리와 작동방법 및 오차 해결방법 등을 학습하여 선박에서 정확한 방위를 측정하기 위함이다.

2. 자기 컴퍼스

2.1. 개요

자기컴퍼스(Magnetic Compass)는 지구자장(Geomagnetism)을 이용하여 선수방위[3])을 측정하는 계기로서, 자기컴퍼스에 내장된 자석(자침, Magnetic Needle)을 이용하여 방위를 측정한다. 자기컴퍼스에는 핵심적인 두 가지 문제가 있는데, 편차(Variation)와 자차(Deviation)이다.

- 편차 : 현재 인류는 지구 자전을 중심으로 하는 자오선(진자오선)을 방위의 기준으로 이용하는데, 진자오선은 지구자장이 만드는 자오선(자기자오선)과 방향이 다르다. 그래서 편차가 발생한다. 이러한 편차는 과학자들이 주기적으로 측정하기 때문에 정밀한 값을 알 수 있다.
- 자차 : 철(iron)로 구성된 선박은 선박 자체가 하나의 자석이기 때문에 지구자장을 방해한다. 그래서 자기컴퍼스가 자기자오선을 정확하게 지시하지 못하여 자차가 발생한다. 선박의 자화 방향과 크기 등은 선박 구조에 따라 다르기 때문에 항해사가 수시로 측정해야 한다.

따라서 자기컴퍼스에서 제일 중요한 것은 자차를 측정하고 수정하는 방법이다. 자차의 원인은 19세기 이전까지 규명되지 못했는데, 19세기 초 플린더스(Flinders)는 자차와 편차가 다르다는 것을 발견하였고, 이러한 자차를 수정하기 위한 다양한 용구를 개발하여 자차수정을 시도하였다. 그 후 자차에 관한 많은 연구가 수행되었다. 그리고 1987년에 우리나라에서도 자기컴퍼스 개발을 위한 연구가 시도된 바 있다(한국표준연구원, 1987).

현재 자기컴퍼스는 SOLAS 제5장(항해안전)에 명시된 법적장비로 지정되어 있으나(SOLAS, 2000), 다양한 오차와 사용의 불편함으로 근대들어 대형 상선에서의 활용도는 크지 않다. 그러나 자기컴퍼스는 영구적인 지구자장을 이용하고 전원이 필요 없는 장점이 있기 때문에 비상용 장비로써의 기능은 아직도 크다. 특히, 일부 국가에서는 자기컴퍼

3) 선수방위(Ship's Heading)는 선박 조정을 위해 필요한 선박 머리 부분(선수)의 방위를 의미한다. 선미방위라는 용어는 사용하지 않는데, 그 이유는 선박조종에는 선수가 향한 방위만 사용하기 때문이다.

스의 성능 유지를 선박에 요구하고 있음에 주의해야 한다(NGIA, 2004; 임 등, 2005).

2.2. 자기컴퍼스의 형태와 구조

2.2.1. 자기컴퍼스의 형태

자기컴퍼스는 구조상 건식 자기컴퍼스와 액체식 자기컴퍼스로 구분된다(이, 1970; 이 1986).

- 건식 자기컴퍼스(Dry-Type Magnetic Compass) : 1876년에 켈빈(Kelvin)에 의해서 고안된 것으로, 컴퍼스 카드가 공기 중에 지지되도록 구성되어 있다. 선박의 진동 및 동요에 대하여 불안정하여 상선에서는 거의 사용되지 않고 있다.
- 액체식 자기컴퍼스(Liquid-Type Magnetic Compass) : 액체 중에 컴퍼스 카드를 지지하도록 구성한 것으로 19세기에서 20세기에 걸쳐 크게 개량되어 오늘에 이르고 있다. 상선에 주로 사용되고 있다.

이 교재에서는 주로 액체식 자기컴퍼스에 대해서 설명한다. 자기컴퍼스는 자기컴퍼스의 케이스를 의미하는 비너클(Binnacle)과 방위를 측정하는 컴퍼스 보울(Compass Bowl)로 크게 구분할 수 있다.

2.2.2. 비너클

그림 2-1은 자기컴퍼스의 실제 외관을 나타내고, 그림 2-2는 자기컴퍼스의 비너클(Binnacle)을 나타낸다. 비너클의 재질은 목재 또는 비자성체로 구성되며, 비너클의 주요 목적은 다음과 같다.

① 자기컴퍼스의 보호를 위한 케이스임과 동시에 지지대 역할을 하는 것으로, 2개의 짐발(Gimbals)을 이용하여 컴퍼스 보울을 지지한다.

② 자기컴퍼스의 자차를 수정하기 위하여 수정용 자석 삽입구(Correction Magnetic Tray)에 다양한 자차 수정용 자석이 삽입되어 있다.

③ 일시적인 자기교란을 수정하기 위한 상한차 수정용 연철(Soft Iron for Quadrant Corrector)이 마치 볼링공의 형태로 부착되어 있다.

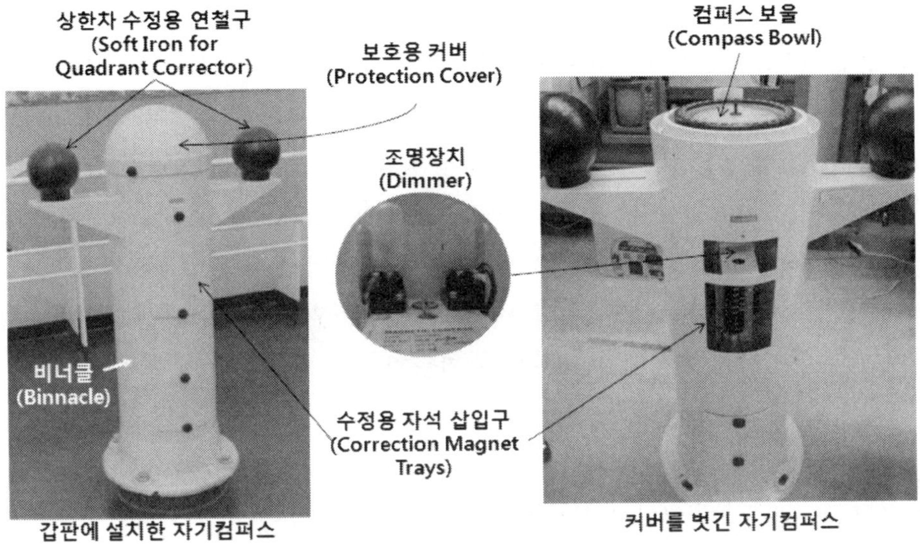

그림 2-1 자기컴퍼스의 실제 모습과 구조

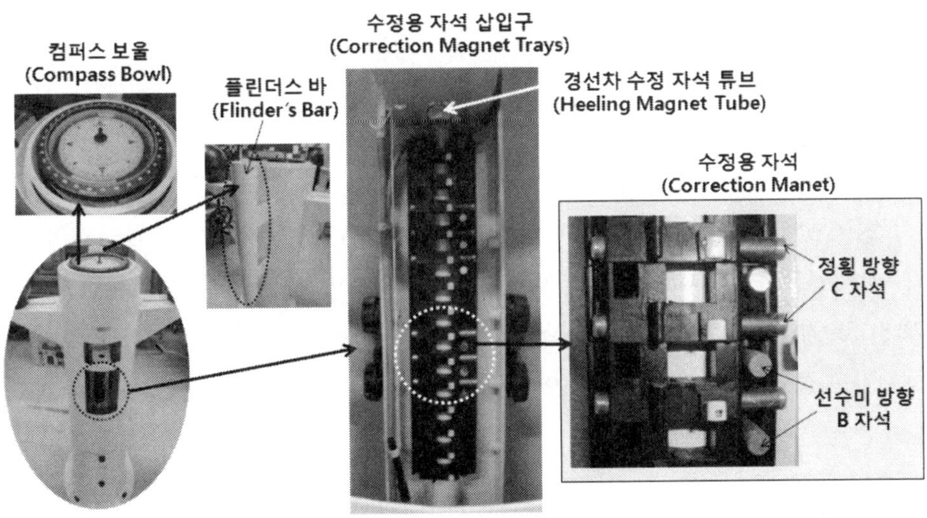

그림 2-2 자기컴퍼스의 비너클 구조

그림 2-1과 그림 2-2의 비너클의 세부 기능을 설명하면 다음과 같다.

(1) **상한차 수정용 연철구(Soft Iron for Quadrantal Corrector)** : 자기컴퍼스 주변에 있는 일시자기[4]의 수평력을 조정하기 위하여 부착된 연철구[5](soft iron)이다.

(2) **선수미 방향 B 자석(Fore-and-Aft B Magnet)** : 자기컴퍼스에 영향을 주는 선체영구자기[6] 중에서 선수미 자력을 조정하기 위한 영구자석이다.

(3) **정횡방향 C 자석 삽입구(Athwartship C Magnet Trays)** : B 자석과 마찬가지로 선체영구자기 중에서 선박의 정횡방향의 자력을 조정하기 위한 영구자석이다.

(4) **플린더스 바(Flinder's Bar)[7]** : 자기컴퍼스에 영향을 주는 선체일시자기 중에서 수직자력을 조정하기 위한 일시자석으로, 퍼몰로이 바(Permalloy Bar)라고도 한다.

(5) **경선차 수정자석(Heeling Magnet)** : 자기컴퍼스에 영향을 주는 선체자기 중에서, 컴퍼스 카드의 중심을 기준으로 한 수직자력을 조정하기 위한 자석이다. 이 자석이 알맞게 조정되어 있지 않으면 선체가 요동할 때 카드가 심하게 흔들리는 수가 많다.

상기 이외에도, 컴퍼스 보울을 보호하기 위하여 씌우는 덮개(Protection Cover)가 있고, 경사계(Clinometer)가 있어서 선체의 경사 상태를 알 수 있다. 자차측정 및 수정 작업은 선체가 수평일 때 실시해야 하므로, 선체의 수평상태를 확인하는 데 이 경사계가 이용된다. 그리고 조명장치(Dimmer)가 내장되어 있는데, 선교 내부에서 카드의 방위 눈금을 읽을 수 있도록 설치한 투광용 조명등이다. 가변저항기를 이용하여 조명용 전구의 밝기를 조절할 수 있다.

2.2.3. 컴퍼스 보울

컴퍼스 보울(Compass Bowl)의 실제 모습을 그림 2-3에 나타냈고, 그림 2-4에 컴퍼스 보울의 단면도를 나타냈다. 컴퍼스 보울은 자기컴퍼스에서 가장 중요한 부분으로, 액체로 채워진 용기(Bowl)이다. 보울에는 방위눈금이 새겨진 컴퍼스 카드(Compass Card)와 이 카드 하부에 자침이 부착되어 있어서 지구자장을 기준으로 한 선박의 방위를 측정한다.

---

4) 선박에 영구적으로 생성된 자석성분을 의미한다.

5) 연철구(soft iron)는 말 그대로 말랑말랑한 철제 구를 의미하는 것으로, 다양한 재질의 자석 성분이 포함되어 있다.

6) 선박에 영구적으로 생성된 자석성분을 의미한다.

7) 바(Bar)라는 것은 일종의 자석을 의미하는데, 일반 자석과 달리 자차수정에 사용할 목적으로 만든 것이기 때문에 바(Bar)라고 한다.

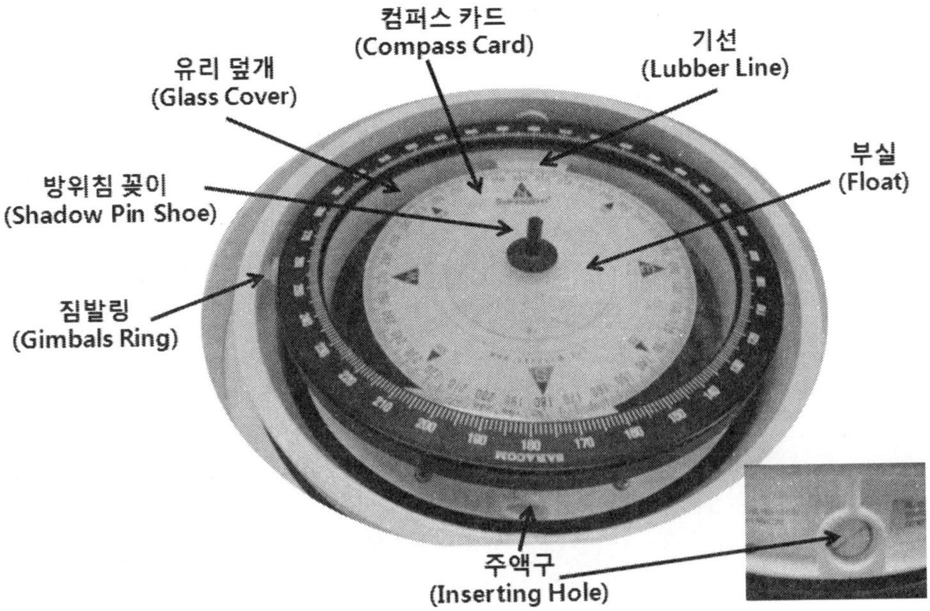

그림 2-3 컴퍼스 보울의 실제 모습

그림 2-4에서, 컴퍼스 보울은 상실(upper room)과 하실(bottom room)로 구분되어 있다.

- 상실은 컴퍼스 카드를 부상시키기 위한 액체(Liquid)로 채워져 있다. 그리고 기포(bubble) 를 제거하거나 액을 추가로 주입하기 위한 주액구(Inserting Hole)가 상실 측면에 부착되어 있다.
- 하실은 상실의 액체가 서로 통하도록 가는 도관(tube)으로 연결되어 있고, 약 2/3이 액체로 채워져 있다. 하실이 있는 이유는, 온도 변화에 따라 변하는 액체의 수축 팽창을 조절함과 동시에 컴퍼스 보울을 덮고 있는 유리 덮개가 깨지지 않기 위한 것이다. 또한, 상실과 하실 사이에는 컴퍼스 액의 팽창과 수축을 자동적으로 조절하기 위한 팽창기(xylophone, 실로폰)가 설치되어 있다.

그림 2-3과 그림 2-4의 각 세부 구조를 설명하면 다음과 같다.

(1) **컴퍼스 카드(Compass Card)** : 컴퍼스 카드는 0도부터 360도까지의 방위가 정밀하게 새겨진 판인데, 온도가 변하더라도 변형되지 않도록 부실(Float)에 부착된 운모 혹

은 황동제의 원형 판으로 제작된다. 카드의 직경은 선박이 선회할 때 수반각[8]이 생기지 않도록 보통 보울 내경의 3/4 정도로 되어 있다. 컴퍼스 카드의 직경은 ㎜(또는 inch)로 나타내며 카드 직경의 크기로 컴퍼스의 크기를 나타낸다.

(2) **부실(Float)** : 부실은 비자성체인 구리로 만들어진 반구형으로, 밑 부분이 원추형으로 파여 있어 이곳에 축침(Pivot)이 들어간다. 부실이 있는 이유는 무거운 자석의 마찰을 줄이기 위하여 부력을 만들기 위한 것인데, 부력의 영향으로 축침에 실제 걸리는 중량은 아주 작게 됨으로 자력이 강한 무거운 자석도 사용할 수 있다.

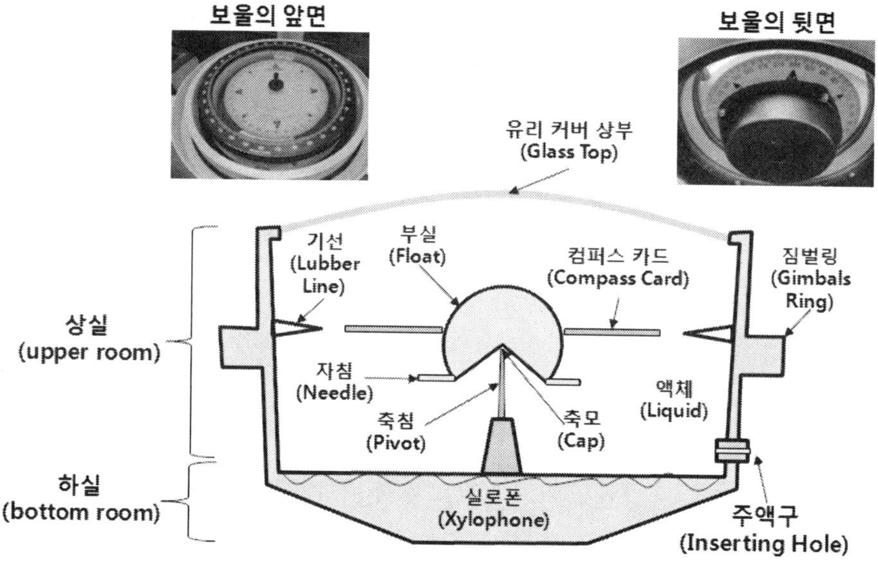

그림 2-4 컴퍼스 보울의 단면도

(3) **축모(Cap)** : 부실 밑 부분의 원추형으로 움푹 파인 부분이다. 움푹 파인 부분에는 축침과의 마찰에 견디기 위하여 보석의 일종인 소형 사파이어(Sapphire)가 끼워 있다. 부실은 컴퍼스 카드가 15°정도 경사되어도 자유로이 회전하도록 설계 되어 있다.

(4) **축침(Pivot)** : 카드를 지지하기 위한 뾰족한 가는 봉으로, 끝단에는 축모와의 마찰을 줄이고 잘 마모되지 않는 백금과 이리듐(iridium)의 단단한 합금이 사용된다.

(5) **기선(Lubber Line)** : 보울의 내벽에 표시한 선인데, 자기컴퍼스를 선박에 장착할 때 자기컴퍼스의 기준을 정하기 위한 것이다. 선수방향, 선미방향, 좌현정횡방향, 우현정

---

8) 수반각이란, 카드가 액체 중에서 회전하는 경우, 액체의 점성이나 카드와 보울 사이의 좁은 간격 때문에 카드가 속히 회전하지 못하는 각도를 의미하는 것으로 일종의 마찰을 의미한다.

횡방향 등 4개가 표시되어 있다.

(6) **컴퍼스 액체(Liquid)** : 컴퍼스 액체는 부력을 만들기 위한 것이다. 증류수와 에틸알코올을 약 6:4의 비율로 혼합한 것으로, 비중이 약 0.95이고, +60 ~ -20 ℃ 범위에서 점성 및 팽창계수 변화가 작아야 한다. 그림 2-5의 우측과 같이 보울의 측면에 지정된 액체가 표시되어 있다. 에틸알코올과 증류수의 혼합 비율에 주의해야 한다.

(7) **주액구(Inserting Hole)** : 주액구는 액체를 보충하거나 보울 내부의 기포(공기방울) 제거목적으로 만든 구멍으로 마치 축구공에 공기를 넣기 위한 구멍과 유사한 것이다. 액체를 보충할 때는 보통 주위 온도가 15 ℃ 정도일 때 실시하고 주사기로 액체를 천천히 보충하여 기포가 유입되지 않도록 한다. 그림 2-5와 같이 기포가 있으면 카드의 원활한 회전을 방해하거나 카드에 그려진 방위를 읽는데 방해가 된다.

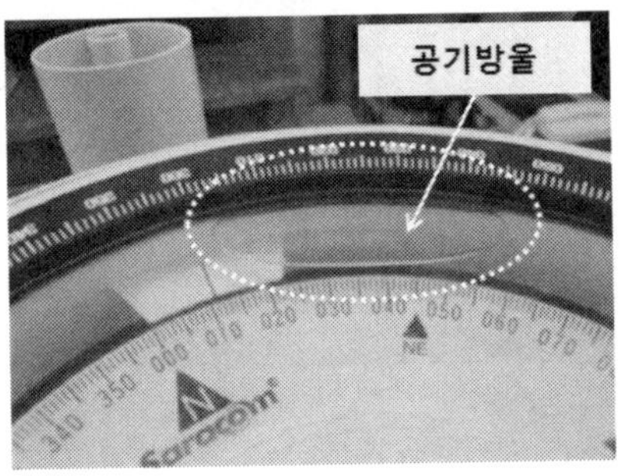

해석 : 액체는 제조회사에서 지정한 액체(40475)만 사용해야 한다. 알코올을 사용하지 말것.

그림 2-5 보울 내부의 기포와 액체 사용시 주의사항 문구

(8) **유리덮개(Glass Cover)와 방위침 꽂이(Shadow Pin Shoe)** : 보울의 윗면에는 유리덮개가 있고, 그 중심에는 방위침(Shadow Pin)을 세우는 방위침 꽂이가 있다. 유리덮개는 방위를 읽을 수 있도록 투명한 유리를 사용하고 액체의 수축 팽창에 대비하여 튼튼한 유리로 되어 있다. 방위침은 물체의 방위를 정확하게 판독하기 위한 비자성체의 가는 봉이다.

(9) **짐벌링(Gimbals Ring)** : 보울이 자유롭게 움직일 수 있도록 회전하는 링(ring)으로 구성된 지지대이다. 짐벌링은 비너클이 경사되어도 보울이 항상 수평을 유지하도록 한다.

(10) **자침(Magnetic Needle)** : 자침은 지구자장을 측정하는 핵심 부품이다. 과학시간에 사용하는 원통형 자석과 유사한 것인데, 자침은 이러한 원통형 자석 보다 매우 강한

자장을 갖는다. 자침은 영구자석을 사용하며, 부실(Float) 아래 양쪽에 고정되어 있는 동관 속에 밀봉되어 있다.

2.2.4. 컴퍼스 카드 읽는 법

컴퍼스 카드의 방위 눈금은 도수식과 점식의 두 종류가 있다.

- 도수식 : 북을 0도로 정하고, 시계방향으로 360도까지 1도 간격으로 표시하는 방식이다. 현재 대부분의 자기컴퍼스에 사용되고 있다.
- 점식 : 북, 남, 동 및 서를 기점으로 원주를 분할하여 표시하는 방식이다. 원주를 32등분한 것을 1점(point)이라 하며, 1점은 도수식의 11도 15분에 해당한다. 보통 1점을 다시 4등분하여 1/4점까지 눈금을 붙여서 사용한다. 북, 남, 동, 서를 4방점(Cardinal points), 북동, 남동, 남서 및 북서를 4우점(Inter-cardinal points)이라 하며, 이들을 합해서 8주요점이라 한다. 그림 2-6에 읽는 방법을 나타냈다(이, 1970).

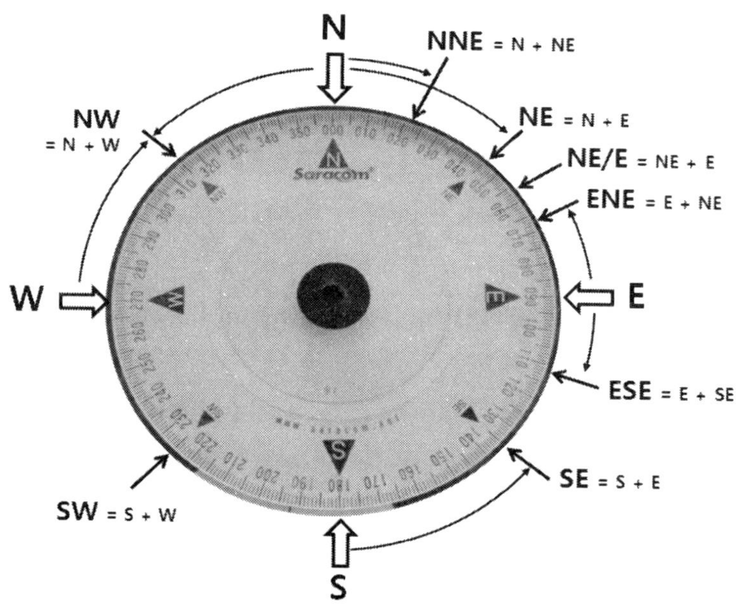

그림 2-6 컴퍼스 카드의 점식 방위 눈금 읽는 방법

① 4방점은 북(North), 남(South), 동(East) 및 서(West)라 읽으며 방위측정의 기준이 된다.

② 4우점은 북남을 중심으로 북동(Northeast, NE), 남동(Southeast, SE), 남서(South west, SW) 및 북서(Northwest, NW)라 읽는다.

③ 8주요점은 4방점과 4우점을 의미한다.

④ 16점은 16방위를 끼고 있는 4방점을 먼저 읽고 4우점을 뒤에 읽는다. 북북동(NNE), 동북동(ENE), 동남동(ESE), 남남동(SSE), 남남서(SSW), 서남서(WSW), 서북서(WNW), 북북서(NNW)라 읽는다.

⑤ 32점은 그 점을 끼고 있는 가장 가까운 4방점 또는 4우점을 먼저 읽고 다음에 기호 '/'를 붙이고 마지막에 4방점을 붙여서 읽는다.

⑥ 128점은 32점에서 4방점 또는 4우점에 가까운 점과 분점을 끼고 있는 4방점 사이에 1/4, 1/2, 3/4 등을 넣어서 읽는다.

2.3. 편차와 자차

2.3.1. 지구자기와 편차

(1) 지구자기

지구자기(Geomagnetism)는 지구가 생성하는 자장(Magnetic fields)을 의미한다. 그림 2-7과 같이 지구 표면은 지구자기로 둘러싸여 있고 지구 내부에 마치 거대한 막대자석이 들어 있다고 가정할 수 있다.

자기컴퍼스의 자침이 지구자기의 북쪽을 가리키는 극을 지자기 북극(Magnetic North Pole), 남쪽을 가리키는 극을 지자기 남극(Magnetic South Pole)이라 한다. 그리고 지구자기 북극과 남극을 연결한 선을 지자기 자오선(Magnetic Meridian)이라 한다. 이러한 지자기자오선과 달리, 현재 항해에 사용하고 있는 자오선은 지구 자전을 기준으로 북극과 남극을 연결한 진자오선(True Meridian)이다. 그리고 그림 2-8과 같이 지자기의 방향이 위도마다 다르게 형성되기 때문에 자기컴퍼스의 자침 역시 위도마다 서로 다른 방향을 지시하게 된다. 위도마다 다른 지자기의 자력은 그림 2-9와 같이 중위도 지방에서는 세 가지 성분(총자력, 수평자력, 수직자력)으로 구분할 수 있는데 이를 지자기 3요소라 한다. 그리고 진자오선과 지자기자오선 사이의 차이를 편차(Variation)이라 한다.

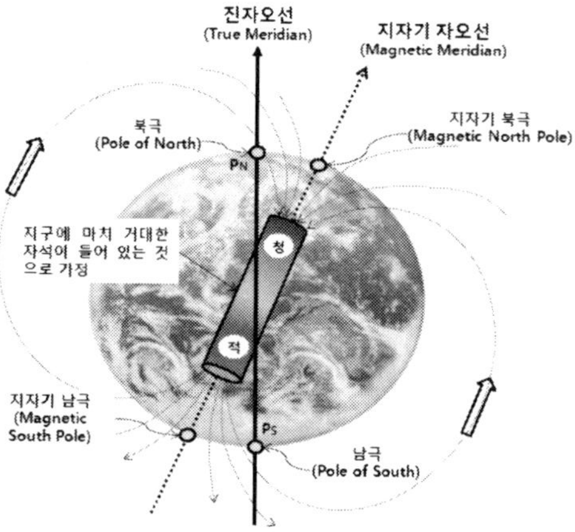

그림 2-7 지구와 지구자기

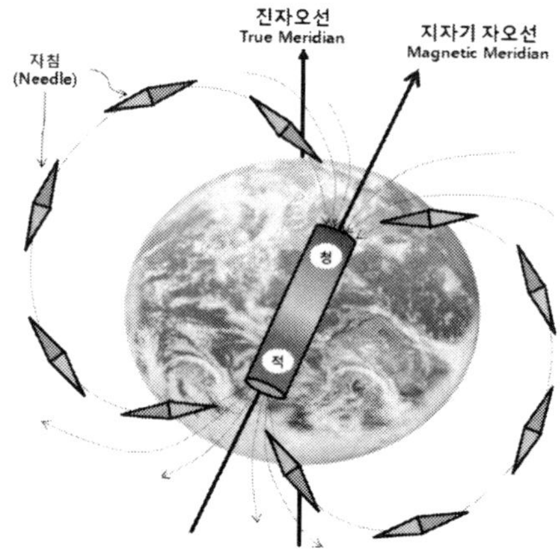

그림 2-8 위도에 따른 자침의 방향

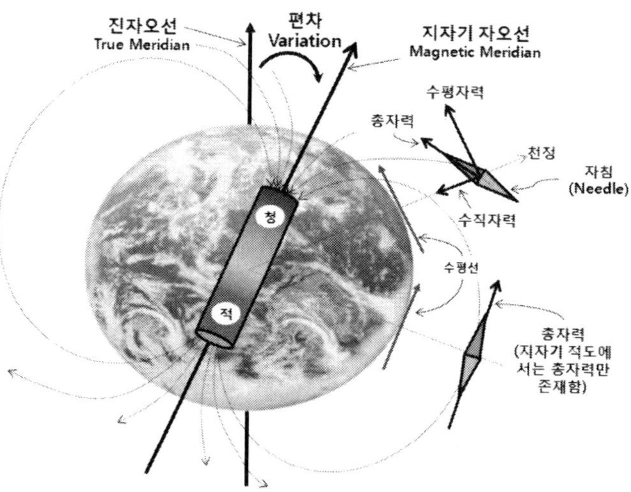

그림 2-9 지구자기 요소의 분리

(2) 지구자기 3요소

그림 2-10은 지구자기 3요소를 나타낸다(Hine, 1968; 이, 1970; 이, 1986). 이 그림은 중위도 지방에서 자기컴퍼스 자침(Needle)의 중심을 천정(Zenith)에 매달아 자유롭게 회전할 수 있도록 한 것이다. 그림을 해석하면 다음과 같다.

① 중위도 지방에서 자침은 총자력 F를 가리킨다. 여기서 우리가 원하는 것은 자침이 진자오선과 동일한 수평면에 있는 자기자오선을 지시하는 것인데, 그림 2-10과 같이 중

위도인 경우에 총자력 F는 지구자장의 경사로 인하여 아래로 경사된다.

② 자침의 북쪽단(이하, N단)이 수평면에 대해서 기울어진 각도를 경차(Dip) 또는 복각 β라 한다. 복각의 부호는 북반구에서와 같이 N단이 수평 아래쪽을 가리키면 (+), 남반구에서와 같이 수평 위쪽을 가리키면 (-)로 한다.

③ 복각이 0도 즉, 자침이 수평상태를 유지하고 있는 점을 연결한 선을 자기적도(Magnetic Equator)라 한다.

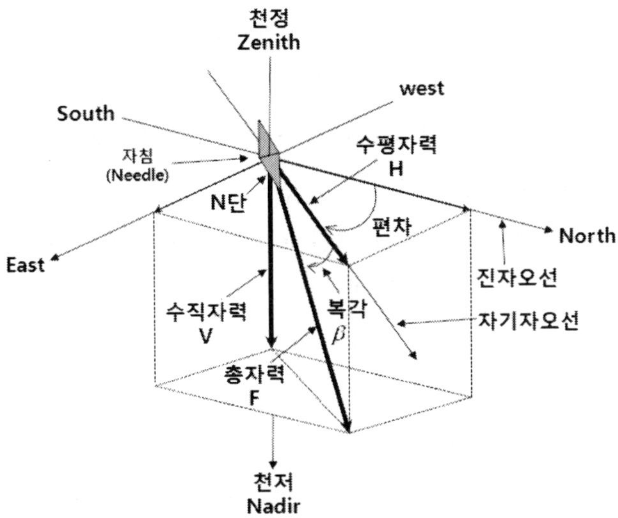

그림 2-10 지구자기 해석

그림 2-10에서 자침에 작용하는 지구자장의 세기를 총자력 F로 두고, 이때의 수평자력을 H, 수직자력을 V, 복각을 β라 하면, 이들 사이의 관계는 다음 식으로 표시할 수 있다(이, 1970).

$$H = F\cos\beta\,,\ V = F\sin\beta\ \tan\beta = V/H\ F = \sqrt{H^2 + V^2} \qquad (2\text{-}1)$$

위의 식에서, 지구자기의 양쪽 극에서는 수직자력 V만 존재하고(위도가 90도임으로 sin 90도는 1.0, cos 90도는 0.0), 지구자기 적도에서는 수평자력 H만 존재한다(위도가 0도임으로 cos 90도는 1.0, sin 90도는 0.0). 그 이외의 지방에서는 수평자력과 수직자력이 함께 존재한다. 수직자력의 경우 북반구에서는 아래쪽으로, 남반구에서는 위쪽으로 작용한다.

이와 같이 임의 지점에서의 지구자장은 편차와 수평자력 및 복각으로 표시할 수 있고 이를 지자기 3요소라고 한다. 자기컴퍼스에 있어서는 지자기의 3요소를 편차, 수평자력 및 수직자력(복각이 아님에 주의!)으로 나타내는 것이 편리하다.

(3) 편차 해석 방법

항해에서는 진자오선을 기준으로 하는 진방위(true bearing)가 사용된다. 그런데 자기컴퍼스를 이용하여 측정한 선박의 방위는 자기자오선을 기준으로 하는 컴퍼스 방위(compass bearing)이다. 컴퍼스 방위는 편차를 이용하여 진방위로 변환시킬 수 있다. 그래서 자기컴퍼스를 이용하는 경우에는 반드시 편차를 알아야 한다.

편차는 진자오선과 지자기자오선 사이의 차이를 의미하는 것으로, 지구의 위치마다 서로 다른 값을 갖는다. 또한, 지구 내부의 맨틀(mantle)이 일정한 주기로 움직이고, 지구자장이 태양의 강력한 자기장에 의해서 교란되기 때문에 매일 또는 매년 변화한다. 따라서 편차는 일정한 것이 아니다. 그러나 매일 변화하는 순간적인 값을 무시하는 경우 매년 주기적으로 변하는 것으로 간주할 수 있다. 일정한 주기로 변하는 편차는 이미 과학자들이 다양한 관측과 예측식을 이용하여 수년간의 편차가 계산되어 있다. 편차에 관한 상세한 내용은 후술하는 전자컴퍼스에서 설명한다.

한편, 항해사에게 필요한 것은 수학공식이 아니라 당장 항해에 적용할 수 있는 현재 위치에서의 편차 값인데, 그림 2-11과 같은 해도(번호 301)의 컴퍼스 로즈(Compass Rose)에서 구할 수 있다(국립해양조사원, 2009). 그림 2-11을 다시 작도한 것이 그림 2-12이다. 그림 2-12의 컴퍼스 로즈(NGIA, 2004) 중앙에는 편차의 값과 편차를 측정한 연도 및 연간 변화하는 편차의 양이 기입되어 있는데, [VAR 14°30′W (1980), ANNUAL CHANGE 8′W]라고 기록되어 있고, 의미는 다음과 같다.

① 해도의 컴퍼스 로즈가 표시된 지역에서 1980년에 편차를 측정한 결과 14°30′만큼 진자오선에서 서쪽(W)으로 편이되어 있으며, 1년에 8′씩 진자오선을 기준으로 서쪽(W)으로 변화한다.

② 따라서 2012년 현재 변화된 편차는 8′ × 32년(2012년 - 1980년) = 4°16′W가 되기 때문에 편차는 14°30′W + 4°16′W = 18°46′W가 된다.

여기서 주의할 것은 편차는 가능한 최신의 해도에서 구해야 한다. 위의 예와 같이 32년

전의 편차를 이용하면 많은 오차가 개입될 수 있다. 그림 2-12는 하나의 예를 들기 위하여 나타낸 것임에 주의하기 바란다.

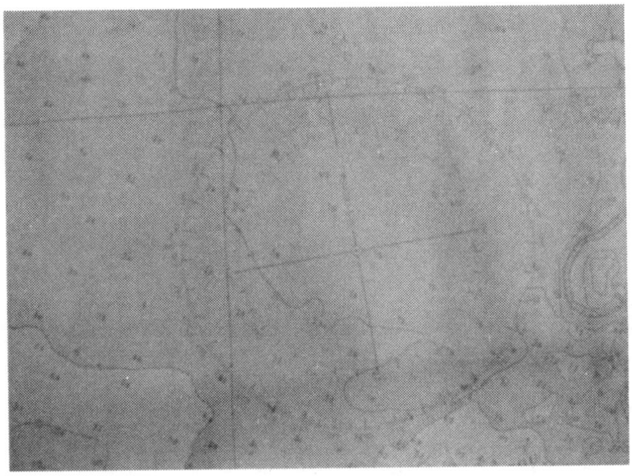

그림 2-11 해도에 나타낸 컴퍼스 로즈(가운데 원)

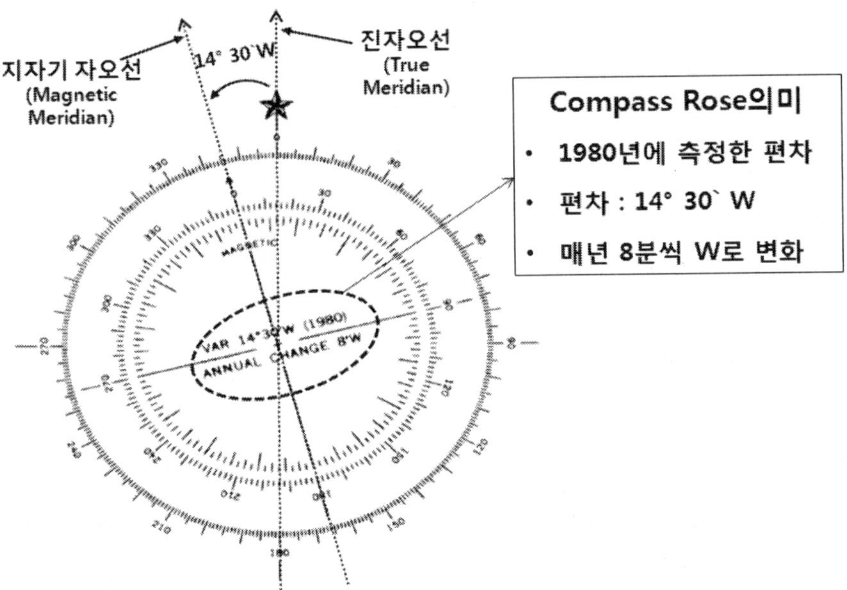

그림 2-12 컴퍼스 로즈에 기록된 편차

[문제] 편차가 4°15′W (2009)이고 연 변화가 8′E이다. 2012년 현재 편차를 구하라.

[정답] 4°15′W - 24′E(8′E × 3년) = 3°51′W

[해설] 편차의 연 변화가 8′E임으로 진자오선을 기준으로 동쪽으로 변화하기 때문에 3년간에는 24′E로 변화한다. 그런데 2009년에 측정한 편차는 4°15′W임으로 진자오선을 기준으로 서쪽으로 편이되어 있다. 따라서 4°15′에서 24′을 감해야 한다. 여기서, 4°15′에서 24′을 감하는 방법은, 4°15′은 3°75′이기 때문에 3°75′에서 24′을 감하면 된다.

2.3.2. 선체자기와 자차

(1) 선체자기의 발생원인

앞에서 자기컴퍼스를 사용하여 방위를 측정하는 경우 편차를 고려하면 진자오선에 대한 진방위(true bearing)를 구할 수 있음을 알았다. 그런데 자기컴퍼스에 영향을 미치는 요소가 하나 더 있는데, 그 것은 자차(Deviation)이다(Hine, 1968; 이, 1970; 이, 1986; 임 등, 2005).

자차는 간단하게 구할 수 없다. 그 이유는 자차는 철로 구성된 선박의 선체자기(Ship's magnetism)에 의해서 발생하는데, 선체자기는 지구상 위치마다 그리고 선박의 침로마다 또한, 선박의 적하 또는 기상환경 등에 의해서 수시로 변하기 때문이다. 선체자기는 자기컴퍼스 부근의 지구자기를 교란시켜서 자기컴퍼스의 자침이 지구자기 북쪽을 가리키지 못하도록 방해한다. 따라서 편차를 가감하여 진방위를 측정했다 하더라도 자차가 발생하면 측정한 방위에는 큰 오차가 발생한다.

자차는 자기컴퍼스의 남북선이 자기자오선에 일치하지 않고 어긋난 각을 말하는데, 수정을 통해서 해결할 수 있다. 자차를 수정한다는 것은 컴퍼스에 영향을 주는 선체자기를 억제한다는 의미로서, 이를 위해서는 선체자기의 특성을 파악해야 한다.

선체자기는 지구자장에 의해서 만들어진다. 지구자장은 지구상의 위치에 따라 다르게 나타나기 때문에 선체자기 역시 선박의 지구상 위치에 따라 다르게 나타난다. 따라서 선체자기의 특성은 현재 선박 위치에서의 지구자장의 방향을 알면 추정할 수 있다. 왜냐하면 선체를 구성하고 있는 철 구조물은 지구자장의 방향에 따라서 자석 성분을 갖기 때문이다. 즉 선체자기는 지구자장의 방향에 따라서 자화(magnetization)되는 특성을 나타낸다. 그림 2-13은 선박의 지구상 위도에 따라서 자화되는 특성을 나타낸다.

- 지구자기 남극에서는 지구자장이 수직하방으로 향하는 수직분력(-Z) 밖에 없으므로 선체의 상부는 적극, 하부는 청극으로 자화된다.
- 지자기 북극에서는 이와는 반대로 수직하방으로 향하는 수직분력(+Z) 밖에 없으므로 상부는 청극, 하부는 적극으로 자화된다.
- 자기적도에서는 북으로 향하는 수평분력(H)밖에 없으므로 선체의 북쪽 부분이 적극, 남쪽 부분이 청극으로 자화된다.
- 그 외의 중위도에서는 수평분력(H)과 수직분력(Z)의 합성력(그 점의 지구자장)이 향하는 쪽이 적극, 그 반대쪽이 청극으로 자화된다.

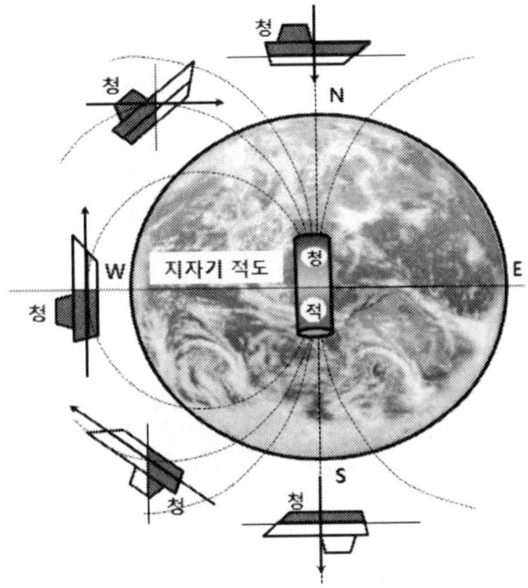

그림 2-13 위도에 따른 선체자기

그림 2-14는 어느 적도지방의 고정된 위치에서 선박을 선회시키는 경우의 자화특성을 나타낸다. 여기서, 지구상의 어느 한 지점에서는 남에서 북으로 향하는 일정한 지자기 수평분력이 작용함을 알고 있어야 한다.

- 선수가 북쪽으로 있을 때는 선미가 청극, 선수가 적극이 된다.
- 선수가 남쪽으로 있을 때는 선미가 적극, 선수가 청극이 된다.
- 선수가 동쪽으로 있을 때는 좌현측이 적극, 우현측이 청극이 된다.
- 선수가 서쪽으로 있을 때는 그 반대가 된다.

이와 같이 선체자기는 선박이 놓여 있는 위도에 따라 다르게 자화되고 같은 위도에 있을 때라도 선수방위에 따라 다르게 자화된다.

※ 종합 : 선체자기는 선박이 놓여 있는 위도와 선수방위에 따라 다르게 자화된다. 특히, 선박을 장기간 고정시켜서 조선소에서 건조하는 경우에 이러한 현상이 두드러지게 나타나고, 항해 중일 때는 수시로 위도와 선수방위가 변하기 때문에 수시로 나타났다가 사라지는 등 복잡하게 발생한다.

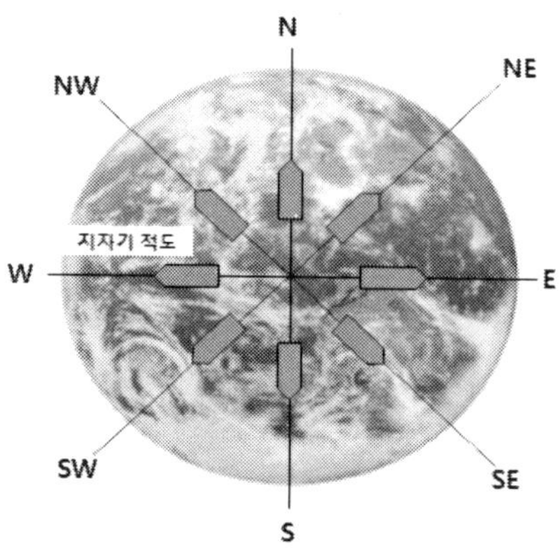

지자기 적도에서 선박의 방향

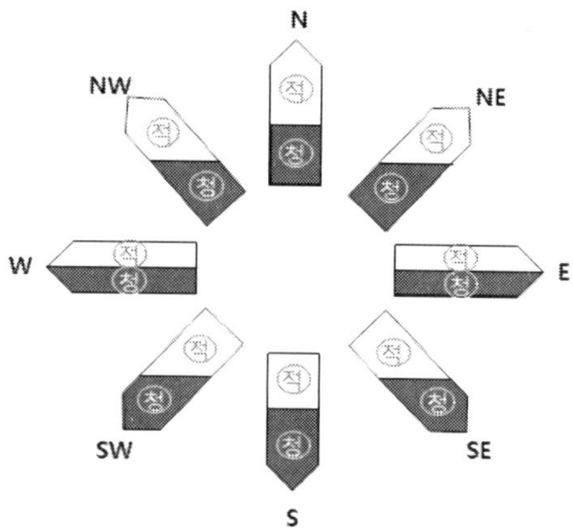

지자기 적도에서 선박의 자화 방향

그림 2-14 지자기 적도에서 선수방향에 따른 선체자기

따라서 선체자기는 다음과 같이 구별할 수 있다.

① 선체영구자기 : 한 번 자화되면 자장의 세기 및 방향이 시간에 따라 거의 불변인 성질
② 선체일시자기 : 선박의 위치와 선수방위에 따라 시간과 더불어 변하는 성질
③ 선체반영구자기 : 일시자기 및 선체영구자기가 시간과 더불어 그 자력의 일부가 변하는 성질 즉, 영구자기와 일시자기의 중간적인 성질

(2) 선체 영구자기를 표시하는 3분력

선체영구자기는 선체를 구성하는 물질 중 경질의 철재에 유도된 것으로, 주로 선박 건조 과정에서 선체에 가해지는 진동, 충격, 가열 처리 등으로 인하여 자화현상이 강하게 일어난 것이다. 실제로 자기컴퍼스를 다룰 때에는 컴퍼스에 영향을 주는 자장만을 생각하면 되는데, 그림 2-15와 같이 3개의 분력으로 표시할 수 있다(USNOO, 1969; 이, 1970).

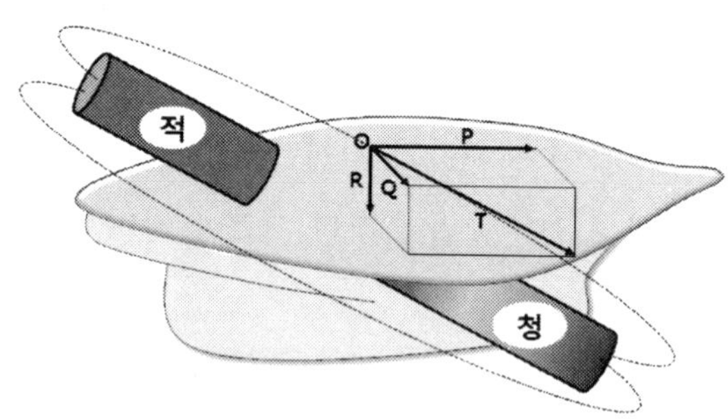

그림 2-15 선체 영구자기와 3분력

즉, 자기컴퍼스의 중심점 O를 통과하는 선체영구자기를 T라고 하면, 이것을 선수미분

력 P, 정횡분력 Q, 수직분력 R로 나눌 수 있다. 이것을 선체 영구자기를 나타내는 3분력이라 한다.

(3) 선체일시자기를 표시하는 9로드

선체일시자기는 선박의 위치와 선수방위가 변함에 따라 자화되는 형태가 변하므로 그 특성을 표시하려면 9개의 요소가 필요하다. 9개의 요소를 9로드(rod)라 한다. 그림 2-16과 같이 자기컴퍼스의 중심점 O에 대하여 일시자기의 선수미분력을 Pt, 정횡분력을 Qt, 수직분력을 Rt라 두면, 각 분력은 서로 직각을 이루는 3개의 연철봉(선수미방향, 정 횡방향, 수직방향)에 자화된 자기력의 효과와 같다. 이들 연철봉을 9로드라 한다. 9로드는 각각 고유의 방향과 위치를 가지고 있으며 길이만 있고 지름이 없는 가상적인 연철봉이다.

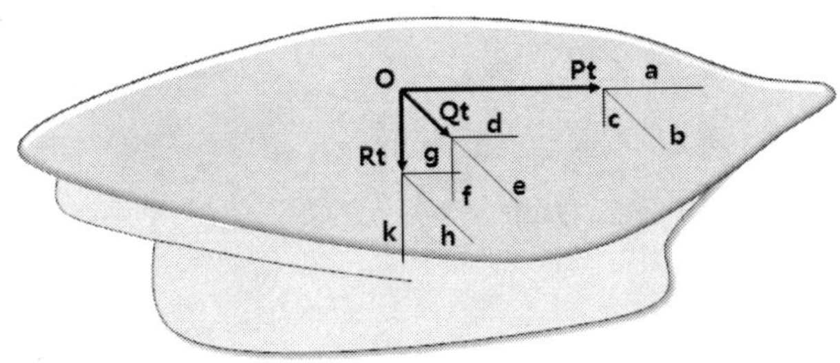

그림 2-16 선체일시자기와 분력

이들 9로드에서, 선체일시자기의 분력 Pt의 요소가 되는 것을 a, b, c라 하고, Qt의 요소가 되는 것을 d, e, f라 하며, Rt의 요소가 되는 것을 g, h, k라 한다. 따라서 총 9가지의 요소로 분리할 수 있기 때문에 9로드라 부른다.

(4) 자차 해석 방법

그림 2-17은 앞의 그림 2-12의 편차에 자차를 추가한 그림이다. 이 그림은 일정한 편서 편차(14°30′W)가 있는 해역에서 선체자기가 발생한 결과, 편서 자차(15°30′W)가 발생하고, 이로 인하여 자기컴퍼스의 남북선이 지자기자오선을 지시하지 못한 상태를 나타낸다. 그림 2-17에서, 자기컴퍼스 카드의 남북선(즉, 자기컴퍼스 카드의 000도)은 진자오선을 기준으로 330도를 가리키고 있다. 여기서, 우리가 원하는 것은 진자오선(000도)을 기준으로 하는 방위인데 어떻게 구하면 될까? 해결방법은 간단하다. 자기컴퍼스로 측정한 값에 자차와 편차를 감해주면 진자오선을 기준으로 하는 방위를 측정할 수 있다. 그런데 문제는 이러한 자차를 어떻게 구하느냐는 것인데, 이에 관해서는 후술한다.

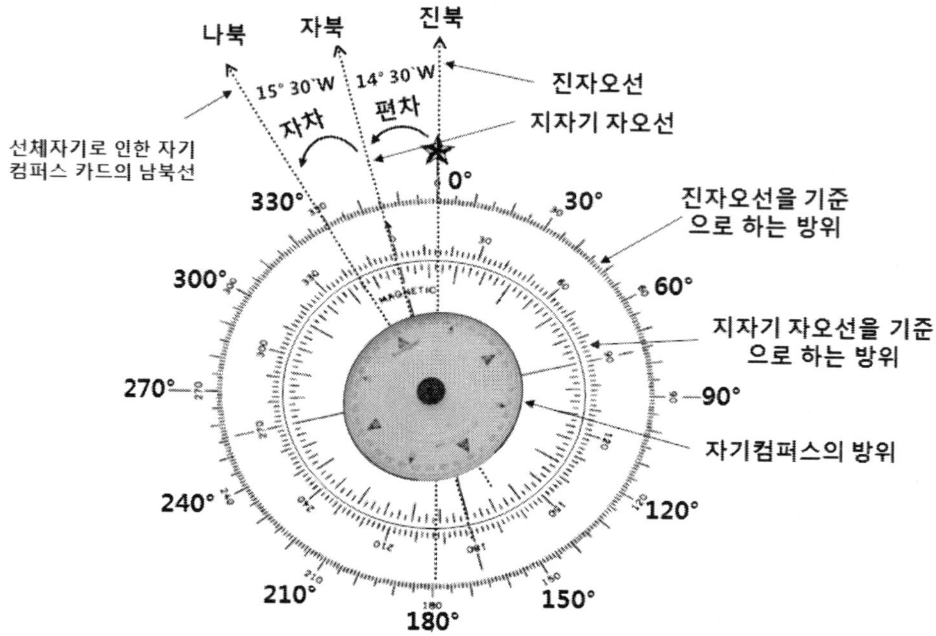

그림 2-17 선체자기로 인한 자차의 개념

[문제] 그림 2-17에서, 편차가 14°30′W이고, 자차는 15°30′W이다. 현재 자기컴퍼스의 남북선은 진자오선을 기준으로 330°00′을 가리키고 있다. 자차와 편차가 보정된다면 자기컴퍼스의 남북선은 진자오선을 기준으로 몇 도를 가리킬까?

[정답] 000도

[해설] 그림 2-17을 보자. 진자오선을 기준으로 편차가 14°30′W만큼 편서 편이되어 있고, 다시 자차가 15°30′W만큼 편서 편이되어 있기 때문에 자기컴퍼스의 남북선이 330°00′을 가리킨 것이다. 만약, 편차와 자차가 보정된다면 자기컴퍼스의 남북선은 000°를 가리킬 것이다. 즉, 330°00′+ 15°30′+ 14°30′= 360°= 000°가 된다.

2.3.3. 편차와 자차를 고려한 침로와 방위

(1) 좌표 정의

위에서 살펴본 편차와 자차는 단순해 보이지만 대단히 복잡하다. 특히 자기컴퍼스를 이용하여 선박의 침로를 구하거나 물표의 방위를 측정하는 경우에는 더욱 복잡해진다.

우선 그림 2-18과 같이 편차와 자차를 고려한 좌표계를 정의한다.

- 진북 TN : 진자오선(True Meridian)을 기준으로 하는 북쪽
- 자북 MN : 지자기자오선(Magnetic Meridian)을 기준으로 하는 북쪽
- 나북 CN : 자기컴퍼스의 남북선이 지시하는 북쪽(나침반의 '나'자를 이용하여 나북이라 한다)
- 편차 V : 진자오선과 지자기자오선 사이의 차. 진북(TN)을 기준으로 서쪽에 자북(MN)이 있으면 편서(W) 편차라 하고, 동쪽에 자북(MN)이 있으면 편동(E) 편차라 한다. 아래 그림은 편서(W) 편차를 나타낸다.
- 자차 D : 지자기자오선과 자기컴퍼스 남북선 사이의 차. 자북(MN)을 기준으로 서쪽에 나북(CN)이 있으면 편서(W) 자차라 하고, 동쪽에 나북(CN)이 있으면 편동(E) 자차라 한다. 아래 그림은 편서(W) 자차를 나타낸다.

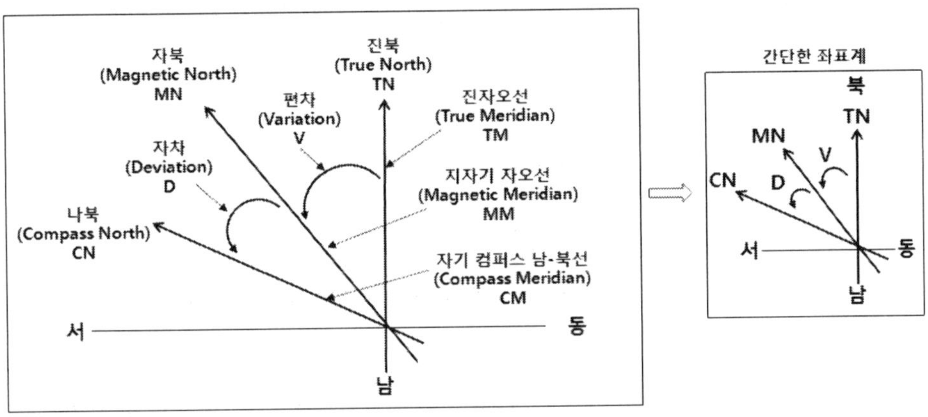

그림 2-18 편차와 자차를 고려한 좌표계

(2) 자기컴퍼스를 이용한 침로측정

그림 2-19는 자기컴퍼스를 이용하여 선박이 현재 항해하고 있는 침로의 측정방법을 나타낸다.

[문제 1] 그림 2-19에서 자기컴퍼스를 이용하여 선박의 침로를 120도로 측정했다면 진침로는 몇 도인가? 단, 이 지역에서 편차는 14°30′W, 자차는 15°30′W이다.

[정답 1] 당연히 선박의 진침로는 90도이다.

[해설 1] 자기컴퍼스로 측정한 침로라는 것은 나침로(CC)를 의미하고, 이 값이 120도라

는 의미이다. 여기에 자차 15도 30분을 감하면(자차 D가 서편 자차이기 때문) 자북(MN)을 기준으로 하는 선박의 자침로(MC)는 104도 30분이되고, 다시 이 값에 편차 14도 30분을 감하면(편차 V가 서편 편차이기 때문) 진북(TN)을 기준으로 하는 선박의 진침로(TC)는 90도가 된다.

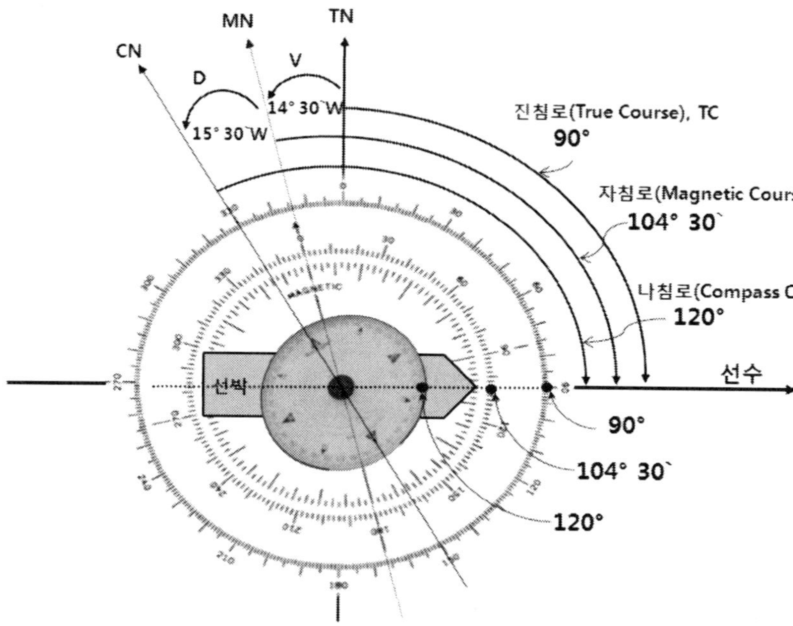

그림 2-19 자기컴퍼스를 이용한 침로측정 예

[문제 2] 그림 2-19에서 선박의 진침로가 90도라면 이때 자기컴퍼스로 측정한 침로(즉, 나침로)는 몇 도가 되는가? 단, 이 지역에서 편차는 14°30′W, 자차는 15°30′W 이다.

[정답 2] 당연히 나침로(CC)는 120도이다.

[해설 2] 이 문제는 진북(TN)을 기준으로 측정한 선박의 진침로(TC)가 90도라는 의미이다. 따라서 이 값에 편차 14도 30분을 더하면(편서 편차이기 때문) 자북(MN)을 기준으로 하는 자침로(MC)는 104도 30분이 되고, 다시 이 값에 자차 15도 30분을 더하면(편서 편차이기 때문) 자기컴퍼스로 측정한 나침로(CC)는 120도가 된다.

여기서, 위의 [문제 1]을 침로의 개정이라 하고, [문제 2]를 침로의 반개정이라 한다. 즉,

1) 침로의 개정: 나침로(CC) → 자차(D) → 자침로(MC) → 편차(V) → 진침로(TC)

- 자차(D)가 편동(E)이면 나침로(CC)에 더하여 자침로(MC)를 구하고, 자차(D)가 편서(W)이면 나침로(CC)에서 감하여 자침로(MC)로 구한다.
- 편차(V)가 편동(E)이면 자침로(MC)에 더하여 진침로(TC)를 구하고, 편차(V)가 편서(W)이면 자침로(MC)에서 감하여 진침로(TC)를 구한다.

2) 침로의 반개정 : 진침로(TC) → 편차(V) → 자침로(MC) → 자차(D) → 나침로(CC)

- 편차(V)가 편동(E)이면 진침로(TC)에서 감하여 자침로(MC)를 구하고, 편차(V)가 편서(W)이면 진침로(TC)에서 더하여 자침로(MC)를 구한다.
- 자차(D)가 편동(E)이면 자침로(TC)에서 감하여 나침로(CC)를 구하고, 자차(D)가 편서(W)이면 자침로(MC)에 더하여 나침로(CC)를 구한다.

3) 이러한 관계를 윤(1969)이 개발한 방법을 소개하면 그림 2-20과 같다. 그림 2-20은 침로를 개정하는 경우 자차와 편차가 편동(E)이면 +, 반개정하는 경우 자차와 편차가 편서(W)이면 + 임을 의미한다(윤, 1969).

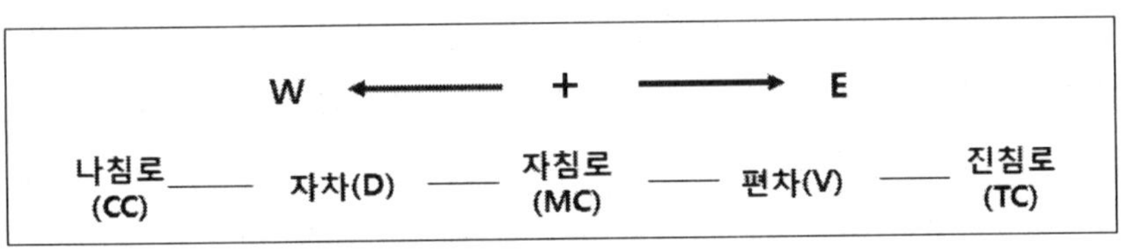

그림 2-20 침로 개정과 반개정에 대한 간편한 방법

(3) 자기컴퍼스를 이용한 방위측정

다음은 자기컴퍼스를 이용하여 물표의 방위측정방법을 학습하자. 그림 2-21은 선박이 진침로(TC) 50도로 항해하고 있을 때 등대의 방위를 측정하는 개념을 나타낸다.

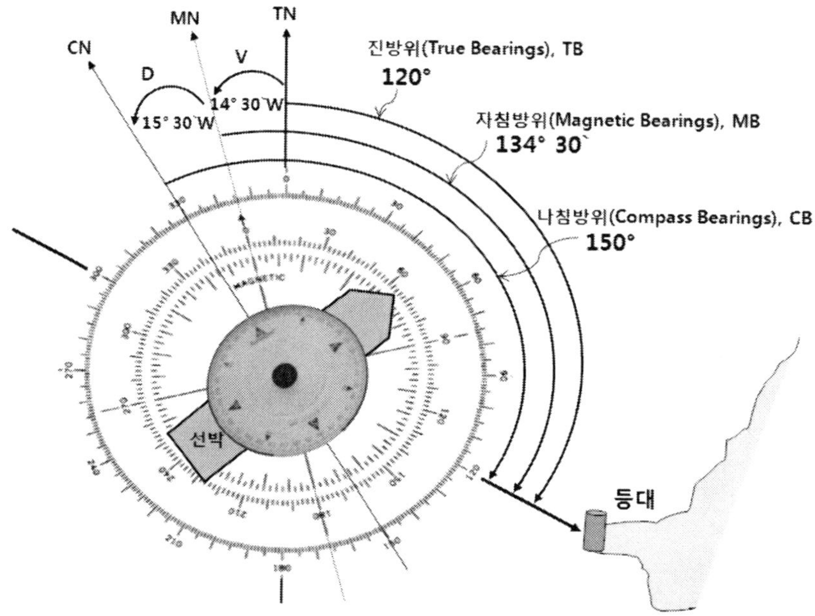

그림 2-21 자기컴퍼스를 이용한 방위측정 예

[문제 1] 그림 2-21에서, 선박이 진침로 50도로 항해할 때, 자기컴퍼스로 등대의 방위를 측정한 결과 150도라면, 자침방위(MB)와 진방위(TB)는 각각 몇 도인가? 단, 이 지역에서 편차는 14°30′W이고, 자차는 15°30′W이다.

[정답 1] 당연히 그림 2-21과 같이 자침방위(MB)는 134도 30분, 진방위(TB)는 120도이다.

[해설 1] 상기 문제는 등대를 자기컴퍼스로 측정한 결과 나침방위(CB)가 150도라는 의미이다. 이 나침방위(CB)에 자차 15도 30분을 감하면(편서 자차이기 때문) 자침방위(MB)는 134도 30분이 되고, 다시 이 자침방위(MB)에 편차 14도 30분을 감하면(편서 편차이기 때문) 진방위(TB)는 120도가 된다. 여기서, 자차는 선박의 선수방위(진침로 50도)에 따라서 변하게 됨으로 이를 반드시 고려해야 한다. 이 문제에서는 선수방위에 따른 자차를 모르기 때문에 주어진 자차 15도 30분을 그대로 사용하였다. 그러나 반드시 선수방위에 따른 자차를 구해서 가감해야 한다. 이러한 선수방위에 따른 자차 계산 방법은 후술한다.

[문제 2] 그림 2-21에서, 선박이 진침로 50도로 항해할 때, 등대를 진방위(TB) 120도로 측정했다면, 자침방위(MB)와 나침방위(CB)는 몇 도인가? 단, 이 지역에서 편차는 14°30′W이고, 자차는 15°30′W이다. [정답 2] 당연히 그림 2-21과 같이 자침방위(MB)는 134도 30분이고, 나침방위(CB)는 150도이다. [해설 2] 문제1의 반대로 풀면 된다.

여기서, 위의 [문제 1]을 방위의 개정이라 하고, [문제 2]를 방위의 반개정이라 한다. 위의 침로의 개정과 반개정과 의미가 동일하다. 즉,

1) 방위의 개정: 나침방위(CB) → 자차(D) → 자침방위(MB) → 편차(V) → 진방위(TB)
2) 방위의 반개정 : 진방위(TB) → 편차(V) → 자침방위(MB) → 자차(D) → 나침방위(CB)

- 이 때 편차(V)와 자차(D)를 감하거나 더하는 방법은 앞에서 설명한 침로의 개정과 반재정과 동일하다. 즉, 방위를 개정하는 경우 자차와 편차가 편동(E)이면 +, 반개정하는 경우에는 편차가 편서(W)이면 + 임을 의미한다(윤, 1969).

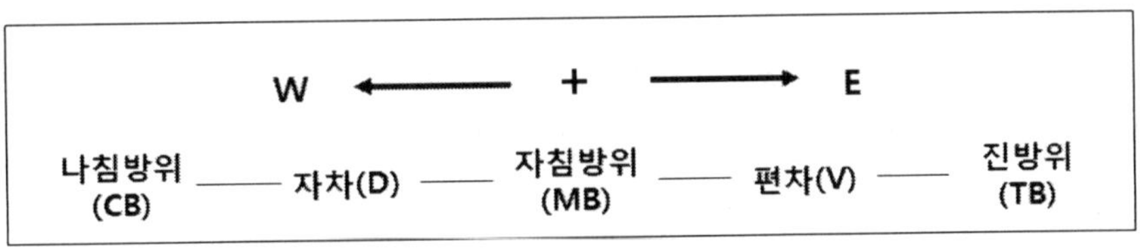

그림 2-22 방위의 개정과 반개정에 대한 간편한 방법

(4) 편차와 자차 종합

위에서 살펴본 바와 같이, 항해에 자기컴퍼스를 사용하는 경우에는 편차와 자차를 반드시 고려해야만 진침로와 진방위를 구할 수 있다. 다양하게 구성될 수 있는 편차와 자차의 예를 다음 그림 2-23에 나타냈다. 그림과 같이 총 6가지의 경우를 고려할 수 있는데, 편차와 자차의 부호(W, E)는 다음과 같이 결정된다.

- 편차의 기준은 진북(TN)이다. 진북(TN)을 기준으로 자북(MN)이 동쪽에 있으면 편동 편차 V(E)가 되고, 서쪽에 있으면 편서 편차 V(W)가 된다.
- 자차의 기준은 자북(MN)이다. 자북(MN)을 기준으로 나북(CN)이 동쪽에 있으면 편동

자차 D(E)가 되고, 서쪽에 있으면 편서 자차 D(W)가 된다.

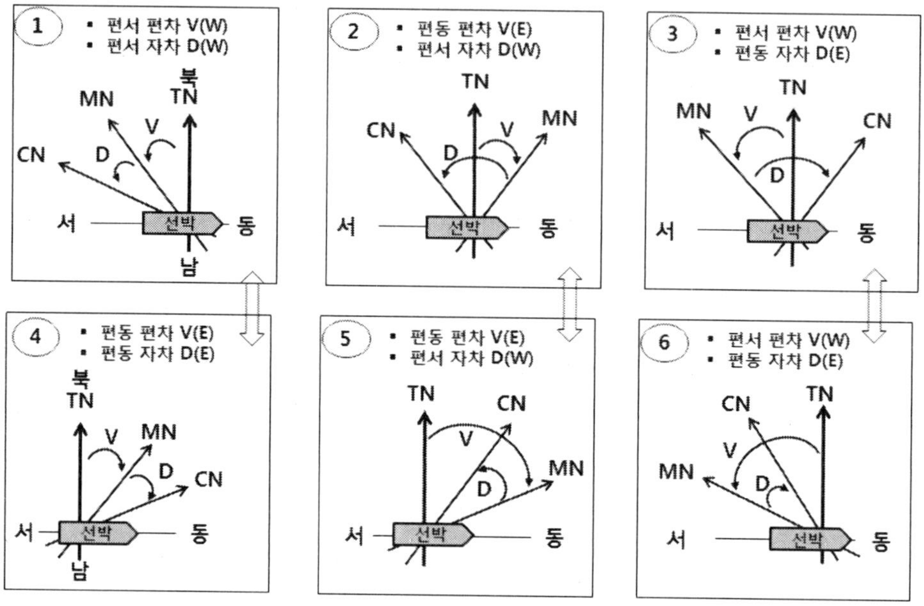

그림 2-23 침로 측정시 편차와 자차의 다양한 구성 예

위의 그림 2-23을 이용하여 다양한 방위를 계산해 보자. 그림 2-23은 자기컴퍼스를 이용하여 침로를 측정하는 경우를 나타낸 것으로, 현재 선박은 진침로 90도로 항해한다고 가정한다.

① 자기컴퍼스를 이용하여 측정한 침로(즉, 나침로)가 135도라면 진침로는 몇 도인가? 단, 편차는 25도(W), 자차는 20도(W)이다. 이 문제는 침로의 개정에 해당하고, 정답은 진침로 90도이다. 즉, 나침로 135도 - 자차 20도 - 편차 25도 = 90도가 된다. 편차와 자차가 모두 침로 개정에서의 편서(W)이기 때문에 감한 것이다. 반대로 진침로 90도 항해하는 선박의 침로를 자기컴퍼스로 측정하면 몇 도가 되는가? 이 문제는 침로의 반개정에 해당하고 정답은 135도이다. 즉, 진침로 90도 + 편차 25도 + 자차 20도 = 135도가 된다. 즉, 편차와 자차가 모두 침로 반개정에서의 편서(W)이기 때문에 더한 것이다.

② 자기컴퍼스를 이용하여 측정한 침로가 110도 라면 진침로는 몇 도인가? 단, 편차는 20도(E)이고, 자차(D)는 40도(W)이다. 정답은 당연하게 진침로 90도이다. 즉, 나침로

110도 - 자차 40도 + 편차 20도 = 90도.

③ 자기컴퍼스를 이용하여 측정한 침로가 70도 라면 진침로는 몇 도인가? 단, 편차는 20도(W)이고, 자차(D)는 40도(E)이다. 정답은 나침로 70도 + 자차 40도 - 편차 20도 = 진침로 90도가 된다.

④ 자기컴퍼스를 이용하여 측정한 침로가 45도 라면 진침로는 몇 도인가? 단, 편차는 25도(E)이고, 자차(D)는 20도(E)이다. 정답은 나침로 45도 + 자차 20도 + 편차 25도 = 진침로 90도.

⑤ 자기컴퍼스를 이용하여 측정한 침로가 65도 라면 진침로는 몇 도인가? 단, 편차는 45도(E)이고, 자차(D)는 20도(W)이다. 정답은 나침로 65도 - 자차 20도 + 편차 45도 = 진침로 90도.

⑥ 자기컴퍼스를 이용하여 측정한 침로가 120도 라면 진침로는 몇 도인가? 단, 편차는 50도(W)이고, 자차(D)는 20도(E)이다. 나침로 120도 + 자차 20도 - 편차 50도 = 진침로 90도.

2.4. 자차 측정과 자차 계수

2.4.1. 자차 측정 방법과 절차

자차는 선체가 철재로 되어 있는 한 필연적으로 발생한다. 자차는 자기컴퍼스의 남북선이 자기자오선과 일치하지 않기 때문에 발생하는데 이것은 선체자기가 컴퍼스에 방해자력으로 작용하기 때문이다. 자차 측정 목적은 자기컴퍼스 주변에 발생되는 선체자기를 측정하기 위한 것이다. 자차 측정 방법에는, (1) 원표방위법, (2) 천체방위법, (3) 상호방위법 등 여러 가지가 있으나, 자차분석을 목적으로 할 때는 원표방위법[9]에 의하여 측정하는 것이 일반적이다(이, 1970; 이, 1986). 자차분석이란, 각 선수방위에 대한 자차를 측정하여 그 결과로부터 자차계수를 구하는 것을 의미한다. 영어로는 Analysis of deviation이라 한다.

자차분석을 목적으로 원표방위법으로 자차를 측정할 때는 그림 2-24와 같이 선박을 8주요점 방위로 향하게 한 후 각 주요점마다의 자차를 측정한다. 8주요점은 그림 2-24에

9) 원표방위법은 지문항해에 소개된 내용으로 선박으로부터 멀리 떨어진 물체(원표)를 정한 후, 선박을 고정된 위치에서 360도 선회시키면서 방위를 측정하는 방법이다.

나타낸 바와 같이 000도, 045도, 090도, 135도, 180도, 225도, 270도, 315도 등 8개의 방위를 의미한다. 그리고 000도는 N, 045도는 NE, 090도는 E, 135도는 SE, 180도는 S, 225도는 SW, 270도는 S, 315도는 NW 등의 기호로 나타낸다. 그리고 4방점은 N, E, S, W 등을 나타내고, 4우점은 NE, SE, SW, NW 등이다.

(1) 자차 측정 절차

원표방위법으로 자차를 측정하는 경우의 절차와 주의할 사항은 다음과 같다. 먼저, 원표방위법으로 자차를 측정하기 위해서는 물표와 선박 사이의 거리를 가능한 멀리해야 한다. 일반적으로 그림 2-24와 같이 선박의 선회면 직경 R의 100배 이상 먼 거리가 필요하다. 그 이유는 선회면 직경의 양단에서 관측한 물표의 방위각 차이를 최소화시키기 위한 것이다. 이 거리가 멀면 멀수록 방위각 차이는 줄어든다.

그런 후, 선박의 선회 속력을 가능한 미속으로 하면서 천천히 선회시켜서 자기컴퍼스 침로의 8주요점에 각각에 대해서 약 5분간 정침한 후 물표의 나침방위(CB)를 측정한다. 여기서, 물표의 나침방위(CB)는 자기컴퍼스를 이용하여 직접측정하면 되는데 문제는 물표에 대한 자침방위(MB)를 어떻게 획득할 것인가? 이다. 이러한 물표의 자침방위(MB)를 구하는 방법은 다음의 3가지를 고려할 수 있다(이, 1970; 이, 1986).

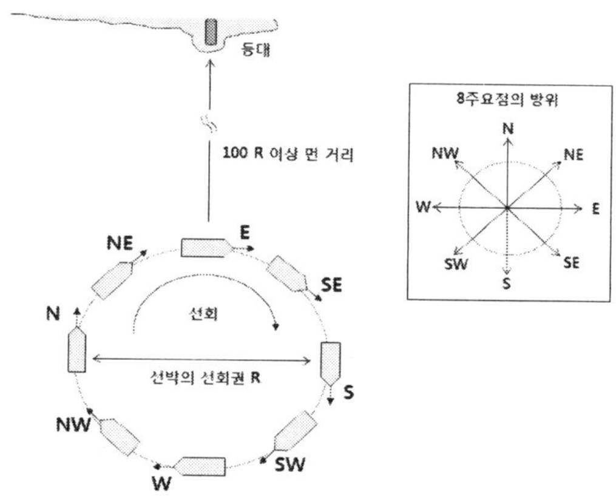

그림 2-24 원표방위법에 의한 자차 측정 방법

① 해도에서 구하는 방법: 해도에서 직접 자침방위를 구한다.

② 물표의 나침방위를 이용하는 방법: 자기컴퍼스의 8주요점에서 측정한 물표의 나침방위(CB)의 평균값을 물표의 자침방위(MB)로 간주한다.

③ 자이로컴퍼스의 진방위를 이용하는 방법: 천측이나 자이로컴퍼스 등을 이용하여 진방위(TB)를 구하고 여기에 편차(V)를 가감하여 물표의 자침방위(MB)를 구한다.

(2) 물표의 나침방위를 이용하여 자차 측정하는 방법

물표의 나침방위(CB) 평균값을 물표의 자침방위(MB)로 간주하여 자차를 측정하는 방법을 살펴본다. 이 방법은 선박에 자이로컴퍼스가 없거나 자이로컴퍼스를 사용하지 않고 간편하게 자차를 측정하는 방법이다. 표 2-1은 어떤 물표의 나침방위를 측정한 후 자차가 추정된 예를 나타낸다. 자차 측정절차는 다음과 같다.

① 자기컴퍼스의 8주요점 각각에 선박을 정침시킨다.

② 8주요점 각각에 대해서 자기컴퍼스를 이용하여 물표의 나침방위(CB)를 측정하여 표 2-1에 기입한다.

③ 측정한 8주요점에 대한 나침방위(CB)의 평균값을 구하여 자침방위(MB)로 간주한다. 즉, 자침방위(MB) = 나침방위(CB)의 평균 값 = (CB1 + CB2 + ... +CB8)/8 = 336.0/8 = 42.0°가 된다.

④ 마지막으로 자차(D) = 자침방위(MB) ± 나침방위(CB)를 이용하여 8주요점 각각에 대한 자차를 구한다.

표 2-1 물표의 나침방위에 대한 자차 측정(예)

자기컴퍼스로 측정한 나침로(CC) (8주요점)	자기컴퍼스로 측정한 물표의 나침방위(CB)	자차(D) = 자침방위(MB) ~ 나침방위(CB)
N (000°)	CB1 = 033.0°	D1 = MB - CB1 = 42.0 - 33.0 = 9.0°E
NE (045°)	CB2 = 024.0°	D2 = MB - CB2 = 42.0 - 24.0 = 18.0°E
E (090°)	CB3 = 032.0°	D3 = MB - CB3 = 42.0 - 32.0 = 10.0°E
SE (135°)	CB4 = 044.0°	D4 = MB - CB4 = 42.0 - 44.0 = 2.0°W
S (180°)	CB5 = 048.0°	D5 = MB - CB5 = 42.0 - 48.0 = 6.0°W
SW (225°)	CB6 = 051.0°	D6 = MB - CB6 = 42.0 - 51.0 = 9.0°W
W (270°)	CB7 = 055.0°	D7 = MB - CB7 = 42.0 - 55.0 = 13.0°W
NW (315°)	CB8 = 049.0°	D8 = MB - CB8 = 42.0 - 49.0 = 7.0°W

(3) 자이로컴퍼스를 이용하여 자차 측정하는 방법

자이로컴퍼스는 정밀도가 대단히 높고 자이로컴퍼스를 이용하면 간단하게 자차를 측정할 수 있다. 표 2-2는 자이로컴퍼스를 이용한 자차측정의 예를 나타낸 것으로, 자기컴퍼스의 8주요점에 대한 나침로(CC)와 자이로컴퍼스의 침로(GC)를 비교하여 자차를 측정하는 방법이다. 자차 측정절차는 다음과 같다.

① 자기컴퍼스의 8주요점 각각의 침로에 대해서 선박을 유지시킨다.
② 8주요점 각각에 대해서 자이로컴퍼스의 침로(GC)를 측정한다. 자차와 편차로 인하여 자기컴퍼스와 자이로컴퍼스의 침로 차는 크게 나타나고 있다.
③ 자이로컴퍼스 역시 완벽한 장비가 아니기 때문에 오차를 갖고 있다. 이 오차를 1.0°E 라 가정한다.
④ 자이로컴퍼스 침로(GC)에 자이로컴퍼스의 오차(GE)를 가감하여 진침로(TC)를 구한다.
⑤ 마지막으로 다음과 같은 식을 이용하여 자차를 구한다. 진침로(TC) = 나침로(CC) ± 자차(D) ± 편차(V), 따라서 자차(D) = 진침로(TC) ± 나침로(CC) ± 편차.

표 2-2 자이로컴퍼스를 이용한 자차 측정(예)

자기컴퍼스로 측정한 나침로 (8주요점)	자이로컴퍼스 침로 (GC)	자이로 오차 (GE)	진침로 (TC)	나침로 (CC)	편차(V)	자차(D)
N (000°)	359.5	1.0° E	000.5	000°	10.0 W	10.5° E
NE (045°)	054.0	1.0° E	055.0	045°	10.0 W	20.0° E
E (090°)	090.5	1.0° E	091.5	090°	10.0 W	11.5° E
SE (135°)	122.8	1.0° E	123.8	135°	10.0 W	1.2° W
S (180°)	163.5	1.0° E	164.5	180°	10.0 W	5.5° W
SW (225°)	206.0	1.0° E	207.0	225°	10.0 W	8.0° W
W (270°)	246.5	1.0° E	247.5	270°	10.0 W	12.5° W
NW (315°)	297.2	1.0° E	298.2	315°	10.0 W	6.8° W

2.4.2. 자차 계수

(1) 자차 계수 계산식

위에서 구한 8주요점에 대한 자차는, 오로지 8주요점에 대한 자차이기 때문에 8주요점 이외의 다른 방위에 대한 자차를 알 수 없다. 또한, 자차 수정을 위해서는 선체자기가 각 선수 방위에 대해서 얼마만큼의 강도를 갖고 있는지를 알아야 한다. 이를 위하여 구하는 것이 자차 계수(deviation coefficients)이다. 8주요점에서 구한 자차를 δN, δNE, δE,

δSE, δS, δSW, δW, δNW 등으로 정의하면, 자차계수는 다음과 같이 나타낼 수 있다(이, 1970; 이, 1986; USNO, 1969; NGIA, 2004).

$$A = (\delta N + \delta NE + \delta E + \delta SE + \delta S + \delta SW + \delta W + \delta NW) / 8 \quad (2\text{-}2)$$

$$B = (\delta E - \delta W) / 2 \quad (2\text{-}3)$$

$$C = (\delta N - \delta S) / 2 \quad (2\text{-}4)$$

$$D = [(\delta NE + \delta SW) - (\delta NW + \delta SE)] / 4 \quad (2\text{-}5)$$

$$E = [(\delta N + \delta S) - (\delta E + \delta W)] / 4 \quad (2\text{-}6)$$

위의 표 2-2에 나타낸 8주요점에 대한 자차를 위의 식에 대입하여 5가지 자차 계수를 계산하면 다음과 같다. 계산 방법은 자차가 E이면 (+)하고, W이면 (-)한다.

① A = [(10.5 + 20.0 + 11.5 – (-1.2) – (-5.5) – (-8.0) – (-12.5) – (-6.8)]/8 = +1.0°. 여기서 +1.0°은 1.0°E를 의미한다. 따라서 A 계수는 1.0°E가 된다.

② B = (11.5 + 12.5)/2 = +12.0. 따라서 B 계수는 12.0°E가 된다.

③ C = (10.5 + 5.5)/2 = +8.0. 따라서 C 계수는 8.0°E가 된다.

④ D = [(20.0 + (-8.0)) - ((-6.8) + (-1.2))]/4 = +5.0°. 따라서 D 계수는 5.0°E가 된다.

⑤ E = [((10.5) + (-5.5)) - ((11.5) + (-12.5))]/4 = +1.5°. 따라서 E 계수는1.5°E가 된다.

위의 계산을 통해서 획득한 5가지 자차 계수는, A=1.0°E, B=12.0°E, C=8.0°E, D=5.0°E, E=1.5°E이다. 이러한 5가지 자차계수의 의미를 살펴보자.

① 자차계수 A는 8주요점에서 측정한 자차의 평균이다. 자차를 야기하는 선체자기는 선박에 대해서 균등하게 분포되어 있지 않고 철 구조물이나 선박의 선수방위에 따라 변한다. 따라서 자차계수 A 값이 1.0도가 존재한다는 것은 선체자기가 균등하게 분포된 것이 아니라 일정한 부분에 편중되어 있음을 의미한다.

② 자차계수 B와 C는 각각 선수방위가 동쪽(E)과 서쪽(W) 그리고 남쪽(S)과 북쪽(N)일 때의 자차의 평균이다. 즉 선박의 정횡방향과 선수미방향에 대한 선체자기 성분을 의

미한다. B 값이 12도이고 C 값이 8도로서 대단히 크다. 그래서 B와 C가 선체자기의 대부분을 차지함을 알 수 있다.

③ 자차계수 D는 4우점(NE, SE, NW, NW)에 대한 평균을 의미하는 것으로 선박의 4우점 방위에 대한 선체자기 성분을 의미한다.

④ 자차계수 E는 동, 서, 남, 북 등 4방점에 대한 선체자기의 평균을 의미한다.

이러한 5가지 자차계수는 선박의 선체자기를 대표적으로 나타내기 위한 것인데, 5가지만으로 대표하는 이유는 다음과 같다.

(a) 선박의 선체자기는 대단히 복잡하기 때문에 이를 하나하나 상세하게 측정하기 곤란하고, 특히 상선에서는 상세하게 측정한다 하더라도 자차가 수시로 변한다.

(b) 현재와 같이 다양한 첨단 항법장치가 개발되어 있는 시점에서는 자기컴퍼스의 활용도가 낮기 때문에 상세한 자차계수 측정은 의미가 작다.

(c) 더욱 상세한 자차분석을 위해서는 측정 방위를 16 방위, 32 방위, 64 방위 등과 같이 더 세분화시켜서 측정한 후 자차계수를 A, B, …, E뿐만 아니라 F, G, H, I, J 등과 같이 세분하여 측정할 수 있다. 이에 관한 내용은 임 등(2005)의 논문을 참고하기 바란다.

(d) 따라서 상선의 경우에는 8주요점 방위에 대해서만 자차를 측정한 후, 이를 5가지 자차 계수로 선체자기를 대표하더라도 충분하다.

(2) 자차 계산식

8주요점 나침방위에 대한 5가지 자차 계수를 구한 목적은 다음과 같다.

- 자차수정을 위한 목적 : 앞에서 설명한 바와 같이 A부터 E까지의 5가지 자차 계수의 값으로부터 자기컴퍼스 부근에 형상되는 선체자기의 분포특징을 대략 확인할 수 있고, 이로부터 자기컴퍼스 부근에 형성되는 선체자기의 영향을 억제하기 위한 대책을 마련할 수 있다. 이를 자차수정이라 하며, 5가지 자차 계수가 최소화 되도록 자기컴퍼스 부근에 별도의 자석을 설치한다.
- 자차 획득을 위한 목적 : 8주요점 방위 이외의 어떠한 선수 나침방위에 대한 자차를 구하기 위한 것이다. 앞에서는 나침방위 000도, 045도 등과 같이 45도 간격으로 측정한

자차만 구하였는데, 만약 018도인 경우의 자차를 구하려면 어떻게 해야 할까? 정답은 자차 계산식을 이용하면 된다.

선체가 수평상태를 유지하고 있을 때, 어느 한 선수방위에 대한 자차를 침로에 관한 함수로 표시한 것을 자차 계산식(Deviation equations)이라 한다. 특히, 자기컴퍼스를 이용한 나침방위의 함수로 자차를 표시한 것을 자차 실용공식이라 한다. 자차 실용공식을 유도하는 방법에는, (1) 선체자장을 표시하는 푸아송[10] 방정식으로부터 유도하는 방법과, (2) 선체자기의 보편적인 추정에 의하여 유도하는 방법 등이 있다.

본 교재에서는 이러한 방법들의 상세한 유도과정은 생략하고, 다음 식(2-7)과 같은 자차실용 공식의 활용 방법을 설명한다(이, 1976; NGIA, 2004).

$$\delta(\text{deg.}) = A + B\sin\varphi + C\cos\varphi + D\sin 2\varphi + E\cos 2\varphi \qquad (2\text{-}7)$$

여기서, $\delta(\text{deg.})$: 도수로 표시한 자차의 크기, φ : 도수로 표시한 나침로(CC), A ~ E : 도수로 표시한 자차 계수

식(2-7)에서, 자차 계수가 모두 0이라면 자차는 0도가 된다. 우리가 원하는 것은 자차가 0도가 되는 것이다. 따라서 자차를 수정한다는 것은 이들 자차계수를 최소로 하는 것이다. 즉, 선수를 어느 특정 침로로 유지하면서 그 침로에서 자차가 최소가 되도록 수정하는 것이다. 각 선수방위에 따른 자차(δ)는 다음과 같이 된다. 참고; sin 90 = 1.0, cos 90 = 0.0, sin 180 = 0.0, cos 180 = -1.0, sin 270 = -1.0, cos 270 = 0.0.

① 선수방위가 정동(즉, 090도)인 경우, 자차 $\delta = A + B - E$ 로 된다.
② 선수방위가 정서(즉, 270도)인 경우, 자차 $\delta = A - B - E$ 로 된다.
③ 선수방위가 정남(즉, 180도)인 경우, 자차 $\delta = A - C + E$ 가 된다.
④ 선수방위가 정북(즉, 000도)인 경우, 자차 $\delta = A + C + E$ 가 된다.
⑤ 그리고 자차계수 B 와 C 가 수정된 후 선수방위가 4우점(NE, SE, SW, NW)이면 자차는 $\delta = A + D$ 가 된다.

10) 푸아송(Poisson)은 유명한 프랑스 수학자로서, 푸아송 방정식은 모든 물체에 발생하는 현상을 간단한 식으로 분해하고 합성할 수 있음을 나타낸 것이다. 유사한 식으로는 퓨리에(Fourier) 급수와 해석이 있다.

(3) 자차 계수의 의미

그림 2-25는 앞에서 구한한 5가지 자차계수(A=1.0°E, B=12.0°E, C=8.0°E, D=5.0°E, E=1.5°E)를 위의 식(2-7)에 대입하여 계산한 자차곡선을 나타낸다. 자차곡선은 선수방위 000도부터 360도까지에 해당하는 자차를 곡선으로 나타낸 것이다(NGIA, 2004). 그래프의 x-축은 000도부터 359도까지의 나침방위 φ 을 나타내고, y-축은 자차를 나타낸다.

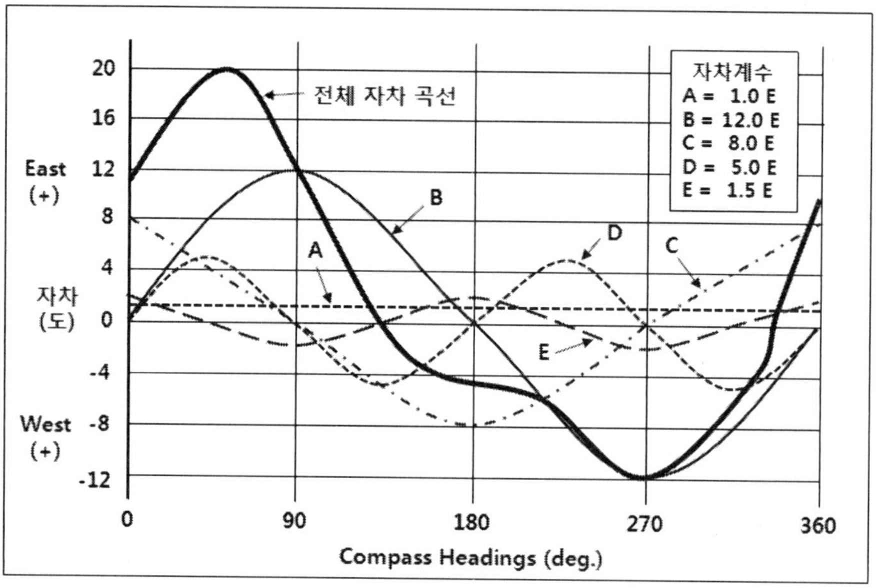

그림 2-25 자차곡선(NGIA, 2004)

그림 2-25의 그래프를 해석하면 다음과 같다.

- 곡선 A는 자차계수 A = 1.0°E 그 자체이기 때문에 φ 변화와 관계없이 1도의 동편 자차를 나타낸다. 즉, 상수 값이다.
- 곡선 B는 $B\sin\varphi$을 나타낸 것으로, B = 12.0°E의 크기를 갖고 φ 의 변화에 따라 사인 함수로 변한다.
- 곡선 C는 $C\cos\varphi$을 나타낸 것으로, C = 8.0°E의 크기를 갖고 φ 의 변화에 따라 코사인 함수로 변한다.
- 곡선 D와 E는 $D\sin2\varphi$와 $E\cos2\varphi$을 나타낸 것으로, D = 5.0°E와 E = 1.5°E의 크기를 갖고, 사인과 코사인 함수로 변하는데, 곡선 B 및 C와 달리 4상한에서 발생하고 있다.

■ 전체 자차 곡선은 A곡선부터 E 곡선까지의 값을 모두 합한 것이다.

이와 같이 자차곡선은 주기성을 갖고 있는데, 자차를 수정한다는 것은 '전체 자차 곡선'의 크기를 가능한 영(0)으로 만드는 것이다. 현재 이 그래프의 경우 자차는 +20도에서 -12도 사이의 대단히 큰 값을 나타내고 있는데, 자차는 ±3도가 되어야 한다. 이러한 자차수정 방법은 뒤에서 설명하고, 우선 다음과 같이 자차 발생 원인을 살펴보면서 자차수정 방법에 대한 원리를 학습한다.

(4) 자차 계수 발생 요인

자기컴퍼스가 선수미선에 평행하게 설치되어 있고, 선박의 철물 배치가 좌우대칭이며, 자차를 정확히 측정했다면 자차의 원인은 모두 선체자기에 위한 것으로 생각할 수 있다. 선체자기로 인하여 자차가 발생하는 원인을 A_o, B_o, C_o, D_o, E_o 등으로 나타내면, 이들은 다음과 같이 표시할 수 있다(Hine, 1968; 이, 1976; NGIA, 2004).

$$A_o = \frac{d-b}{2\lambda} \qquad (2\text{-}8)$$

$$B_o = \frac{P+cZ}{\lambda H} \qquad (2\text{-}9)$$

$$C_o = \frac{Q+fZ}{\lambda H} \qquad (2\text{-}10)$$

$$D_o = \frac{a-e}{2\lambda} \qquad (2\text{-}11)$$

$$E_o = \frac{d+b}{2\lambda} \qquad (2\text{-}12)$$

여기서, λ는 지북력 계수를 의미하며, $\lambda = 1 + \frac{a+e}{2}$ 로 나타낼 수 있다. 그리고 H는 수평자력 성분을 나타내고, Q, P, R 등은 앞에서 설명한 선체 연구자기를 표시하는 3분력을 의미하고, a, b, c, d, e, f 등은 선체일시자기를 표시하는 8로드를 의미한다.

• 자차계수를 발생시키는 원인 A_o와 자차계수 A의 관계

그림 2-26은 앞에서 설명한 자차곡선 중에서 자차계수 A와 B에 대한 곡선만을 발췌한 것이다. 자차계수 A는 각 선수방위에 관계없이 일정하게 나타나는 계수로서 '불변차'라 한다. 상선에서는 선박의 철재 구조물이 일반적으로 자기컴퍼스에 대하여 좌우대칭으로 배열되어 있으므로 선체일시자기 요소 $d-b$의 영향력이 약하다. 보통은 A_o로 인한 A의 영향은 무시할 수 있다.

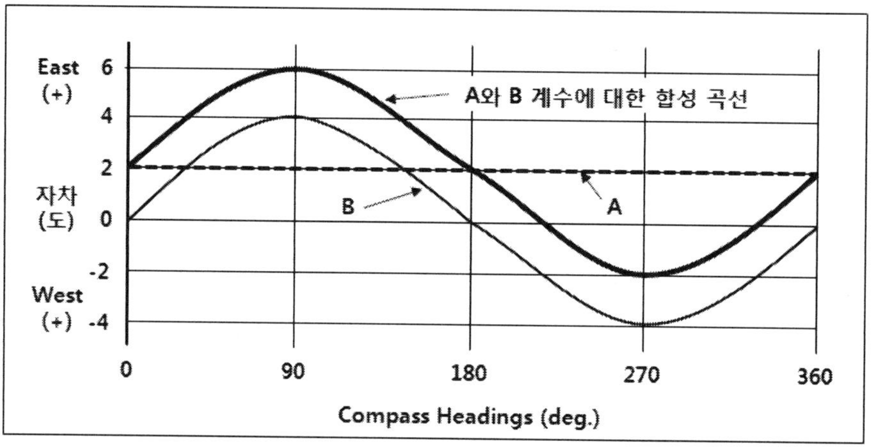

그림 2-26 자차계수 A와 B가 자차에 미치는 영향(NGIA, 2004)

• 자차계수를 발생시키는 원인 B_o와 자차계수 B

그림 2-26과 같이 자차계수 B는 나침방위(CC)의 변동에 대하여 정현적(sinφ)으로 변하는 것으로 '반원차 계수'라 한다. 동향 침로에서 편동 자차, 서향 침로에서 편서 자차이면 $+B$, 그 반대면 $-B$ 이다. 그 원인은 선체영구자기의 선수미분력인 P와 컴퍼스 뒤쪽에 수직으로 놓인 연철 c에 의한 일시자기 cZ 때문이다.

• 자차계수를 발생시키는 원인 C_o와 자차계수 C

그림 2-27은 앞에서 설명한 자차곡선 중에서 자차계수 B, C, D, E에 대한 곡선만을 발췌한 것이다. 자차계수 C 는 나침방위의 변동에 대하여 여현적(cosφ)으로 변하는 것으로 '반원차 계수'라 한다. 북향 침로에서 편동 자차, 남향 침로에서 편서 자차가 나타나면 $+C$, 그 반대이면 $-C$ 이다. 그 원인은 선체영구자기의 정횡분력인 Q 와 자기컴퍼스 정횡방향에서 수직으로 놓인 연철 f 에 의하여 유도된 자기 fZ 때문이다.

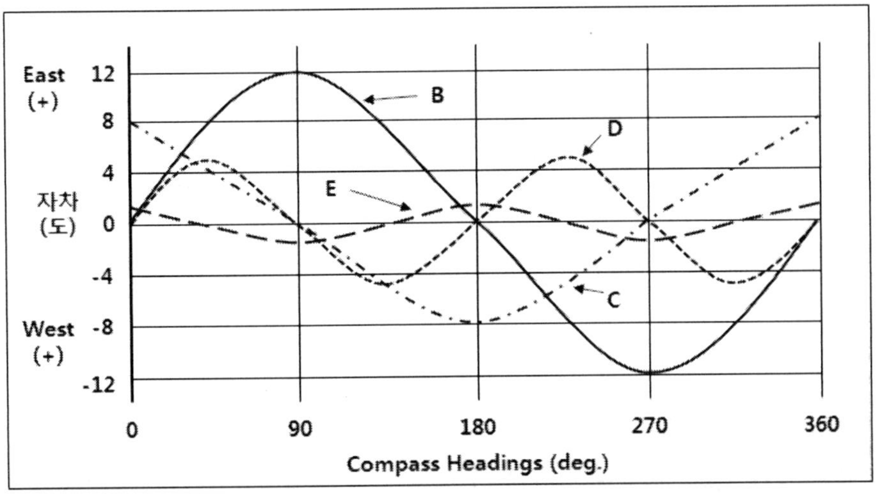

그림 2-27 자차계수 B, C, D, E가 자차에 미치는 영향(NGIA, 2004)

• 자차계수를 발생시키는 원인 D_o와 자차계수 D

그림 2-27과 같이 자차계수 D는 나침방위의 변동에 대하여 정현적(sin2φ)으로 변하는 것으로 '4분원차 계수' 또는 '상한차 계수'라 한다. 제1 및 제3상한 침로에서 편동 자차, 제2 및 제4 상한 침로에서 편서 자차가 되는 것을 $+D$, 그 반대로 변하는 것을 $-D$ 라 한다. 그 원인은 컴퍼스 주변에서 선수미방향과 정횡방향으로 놓인 수평연철 a, e에 유도된 일시자기 때문이다.

• 자차계수를 발생시키는 원인 E_o와 자차계수 E

그림 2-27과 같이 자차계수 E는 나침방위의 변동에 대하여 여현적(cos2φ)으로 변하는 것으로 '4분원차 계수' 또는 '상한차 계수'라 한다. 남북 침로에서 편동 자차, 동서 침로에서 편서 자차인 것을 $+E$, 그 반대인 것을 $-E$라 한다. 그 원인은 컴퍼스를 기준으로 용골과 45°로 교차하는 연철d, b에 유도된 일시자기 때문이다. 일반적으로 상선에서는 E의 값은 아주 미소하다.

2.4.3. 경선차

자차계수의 크기를 결정하거나 그것을 수정하는 데는 선체가 수평상태로 되어야 한다. 그런데 선체가 수평일 때는 자차가 0°가 되더라도 선체가 경사되면 다시 자차가 생길수가 있다. 이 때 생기는 자차를 경선차(Heeling error)라고 한다. 경선차가 있으면 선체의 요동과 더불어 컴퍼스 카드가 심하게 흔들린다. 여기서는 경선차의 원인과 특성을 이해하고 수정하는 방법에 관하여 살펴본다.

(1) 경선차의 원인과 특성

선체가 경사되어 있을 때의 자차 δ_i 와 수평일 때의 자차 δ는 다음과 같은 관계가 있다(DMA, 1984).

$$\delta_i = \delta + J\,\theta\,\cos\varphi \qquad (2\text{-}13)$$

여기서, θ 는 선체의 경사각, φ는 나침로, J는 경선차계수

위의 식과 같이, 경선차 계수 J가 0이면 $\delta_i = \delta$가 되어, 선체가 경사 되더라도 자차 변동이 생기지 않는다. 따라서 경선차의 원인은 경선차 계수에 포함되어 있는 선체일시자기 eZ, kZ와 선체영구자기의 수직분력 R 때문이다. 이들 요소 중 R에 의한 경선차를 예로 들어 설명한다. 그림 2-28에 앞에서 설명한 수직분력 R을 참고로 다시 나타냈다.

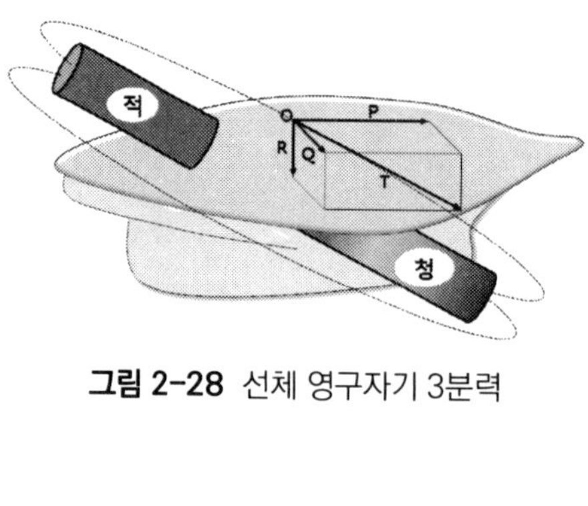

그림 2-28 선체 영구자기 3분력

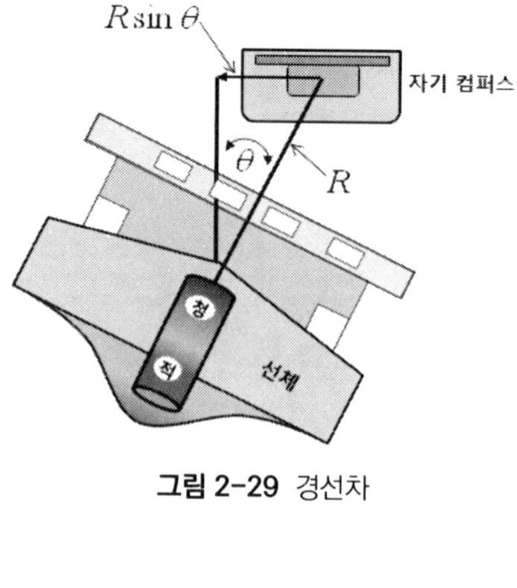

그림 2-29 경선차

만약 선체가 수평을 유지하면 R은 컴퍼스 중심을 통하는 수직방향으로 작용하므로, 컴퍼스 자침의 N 단을 어느 한쪽으로 끌어당기지 않는다. 그러나 그림 2-29와 같이 선체가 경사되면 경사된 R 의 수평분력($R\sin\theta$)이 자침에 작용한다. 그 결과 컴퍼스 자침의 N 단은 높은 곳의 현측으로 끌린다. 다시 선박이 반대방향으로 경사되면 같은 원리로 높은 곳의 현측으로 끌린다. 그 결과 선박이 계속 요동하면 카드도 진동한다.

(2) 경선차 수정 방법

경선차는 그림 2-30에 나타낸 바와 같이 자기컴퍼스의 수정용 자석 삽입구에 있는 경선차 수정용 자석(Heeling magnet)으로 수정한다(이, 1970; 이, 1986). 자기컴퍼스 중심을 통하는 수직방향으로 자석을 삽입하여 자기컴퍼스에 작용하는 수직자력이 지구자기 수직자력과 비슷하게 조정한다. 이를 위하여 Z의 0.8 ~ 0.9배가 되도록 조정하면 된다. 자기컴퍼스에 작용하는 수직자력을 조정하는 방법에는 경침의(Dipping needle)를 이용한 간접방법과, 항해 중 선체가 요동할 때 조정하는 직접방법 등이 있다.

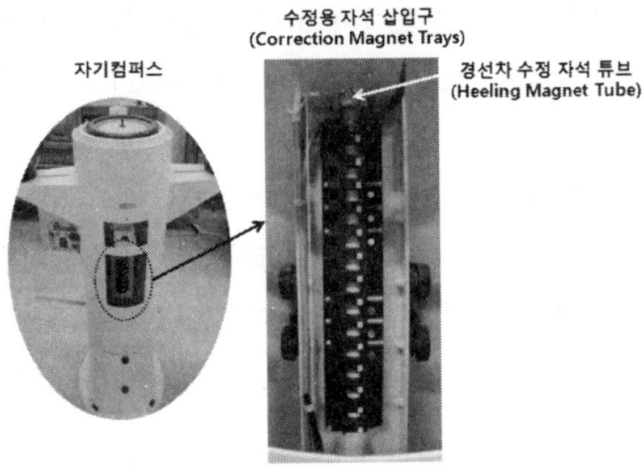

그림 2-30 경선차 수정 자석

2.5. 자차 수정 절차와 방법

2.5.1. 자차 수정 방법

앞에서 설명한 자차 계수를 기반으로 자차 수정 방법을 학습한다. 자차를 수정하는 방법에는 두 가지가 있다(이, 1970; 이, 1986).

① 임시수정법 : 각 자차계수의 값이 특정한 침로에서 최대가 되는 성질을 이용하여 수정하는 방법으로, 선체자기가 비교적 안정된 경우 항해 중에 간단히 할 수 있다.

② 분석수정법 : 각 자차계수의 값을 계산한 다음 이것을 근거로 각 계수를 수정하는 방법으로, 선체자기가 불안정한 경우에 이용한다.

이러한 자차 수정을 위해서는 우선 자차를 실측하여 각 계수를 구하여야 한다. 자차 계수 실측 방법은 이미 앞에서 설명한 바 있다.

2.5.2. 사전 점검과 예비 수정 사항

(1) 사전 점검

자차를 측정하거나 자차 수정하기 위해서는 상당한 사전 준비가 필요하다. 그 이유는 상선은 화물을 운송하여 이익을 창출하는 것이기 때문에 가능한 여유 시간을 활용하여 속히 이러한 작업을 마쳐야하기 때문이다.

① 컴퍼스 보울의 기포를 제거하고 컴퍼스 액을 보충한다. 기포가 있으면 컴퍼스 카드회전에 영향을 미치고 카드 도수판독 오차를 야기할 수 있다.

② 컴퍼스 카드의 진동주기와 정지 상태를 조사한다. 진동주기가 너무 느리면 방위 측정에 오차를 야기하고, 너무 빠르면 진동을 유발한다. 따라서 적당한 정지 상태를 점검해야 한다.

③ 보울의 중심과 비너클의 중심선이 일치하는지 점검한다. 일치하지 않으면 판독한 방위에 오차가 발생한다.

④ 연철구와 플린더즈 바가 영구자기를 띠고 있는지 점검한다. 영구자기가 있다면 자기 컴퍼스 자침에 영향을 미친다.

⑤ 컴퍼스의 기선이 실제 선수미선과 일치하는지 점검한다. 다르면 심각한 오차를 야기할 수 있다.

⑥ 비너클 내의 수정용 자석 방향이 정확한지 점검한다. 이미 제작 당시 최적으로 수정되어 있으나, 자차 수정을 행하면 방향이 달라질 수 있으니 주의해야 한다.

⑦ 리피터 컴퍼스의 기선이 올바른지 점검한다. 틀리면 리피터 컴퍼스로 방위 측정시 오차가 발생한다.

⑧ 컴퍼스 주변에 있는 자성체는 통상 항해상태로 둔다. 자차 수정을 위해 자성체를 이동시킨 후, 다시 복원시키면 자차 수정이 달라질 수 있다.

(2) 예비 수정

자차를 측정하거나 자차 수정을 위하여 안전한 해역으로 이동하기 전에 다음과 같이 예비 자차 수정을 해야 한다. 그 이유는 자차 측정과 수정 작업 시간을 절약하고, 사전에 필요한 장비나 도구 또는 결함된 사항을 점검하여 준비하기 위한 것이다.

① 자선의 선체구조와 비슷한 선박의 자차 수정 량을 참고하여 플린더즈 바의 수정 량을 대략적으로 추정하여 수정한다.
② 수정 연철구는 받침대의 중앙에 놓는다.
③ 경선차는 경침의를 사용하여 수직자장을 조정한다.

2.5.3. 임시수정법에 의한 자차 수정

(1) 사전 작업

임시수정법을 적용하기 위해서는 다음과 같은 사전 작업이 필요하다.

① 해상에서 수정작업을 할 때는 다른 선박들의 안전한 항해에 방해가 되기 때문에 수기(OQ의 문자를 갖는 기)로 다른 선박에 알린다.
② 선체를 수평상태로 유지시킨다.
③ 자이로컴퍼스와 비교하면서 자차수정을 할 경우에는 먼저 자이로컴퍼스의 오차유무를 점검한다.
④ 선박을 아주 천천히 선회시켜 원하는 침로로 4 ~ 5분 정도 정침시킨 후 선체자기가 안정된 다음 수정한다. 만약 선체자기가 안정되지 않은 상태에서 측정하면 향후 오차가 발생한다.
⑤ 컴퍼스를 수정하는 사람은 자성체를 몸에 지녀서는 안 된다.

(2) 수정 작업 순서

수정 작업은 다음과 같은 순서로 실시한다. 이해를 도모하기 위하여 그림 2-31에 나타낸 자차 계수 A ~ E들의 선수방위에 따른 변화양상을 나타냈다. 이 그래프는 이미 앞에서 설명한 것이다.

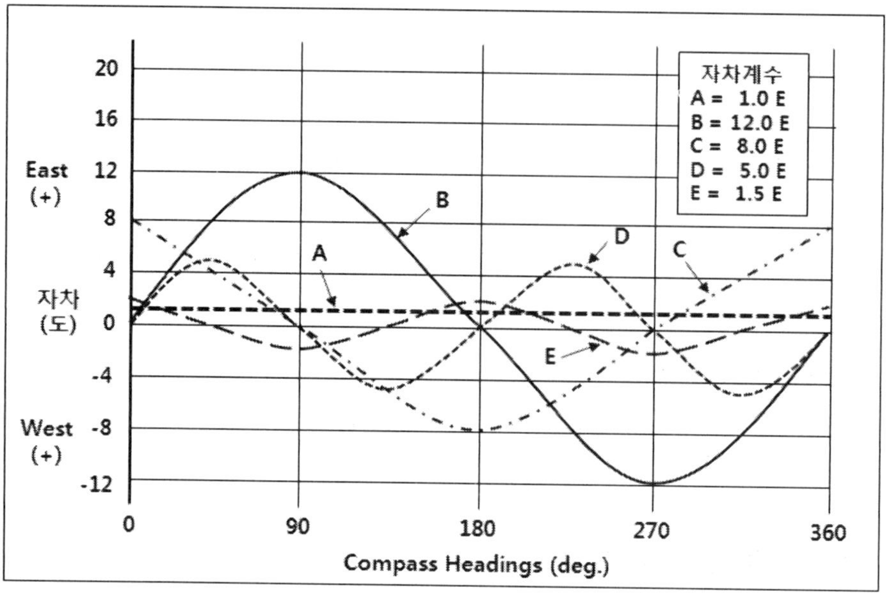

그림 2-31 자차 계수들의 선수방위에 따른 변화 양상(예)

① 선박의 자침로를 4방점(N, E, W, S) 중에서 어느 한 침로로 유지하고, 계수 B 또는 C 중 큰 쪽을 먼저 조정한다. 그림 2-31을 보면 자차 계수 B와 C의 값이 가장 큼으로 이를 우선 일차적으로 수정해야 한다. 그리고 주의할 것이 선박의 침로는 자기컴퍼스를 이용한 나침로(CC)가 아니라 지구자기 자오선을 기준으로 하는 자침로(MC)이다. 자침로는 자이로컴퍼스의 침로에 편차를 가감하여 구할 수 있다. 자이로컴퍼스가 없는 경우에는 해도에서 자침로를 구할 수 있다.

② 자침로 180°를 유지하고 C 자석을 조정한다. 그림 2-31에서 C 계수는 180도에서 가장 큰 값을 갖기 때문에 가장 큰 값을 우선 수정한다.

③ 자침로 270°로 유지하고, 이때 나타나는 자차의 절반만 B 자석으로 재조정하여 수정한다. 그림 2-31에서 B 계수는 90도와 270도에서 가장 큰 값을 갖는데 일단 270도에서 절반만 수정한다. 왜냐하면 B 계수를 조정하면 다른 계수들이 다시 영향을 받기 때문에 일단 절반만 수정하는 것이다.

④ 자침로 0°로 유지하고, 이때 나타나는 자차의 절반만 C자석으로 조정한다. C 계수는 000도와 180도에서 가장 큰 값을 갖는데, 2항에서 180도에 대해서 수정하였기 때문에 이번에는 000도에 대해서 절반만 수정한다.

⑤ 자침로 045°로 유지하고, 연철구를 조정하여 나타나는 자차를 전부 수정한다. 이것

은, D 계수와 E 계수에 해당하는 것으로 나머지 잔차 모두를 연철구로 수정하라는 의미이다.

⑥ 자침로 135°로 유지하고, 다시 연철구를 재조정하여 나타나는 자차의 절반만 수정한다. 5항의 수정에도 불구하고 남아 있는 잔차를 수정하라는 의미이다.

⑦ 수정용 자석 및 연철구 등을 고정시키고 잔존 자차를 측정한다. 일반적으로 잔존 자차는 3.0도 이내가 되어야 한다. 3.0도 이상이 되면 다시 수정 작업을 반복한다.

⑧ 잔존 자차가 3.0도 이내로 수정 작업이 종료되면 후술하는 자차곡선을 작도하여 선교에 게시해야 한다.

2.5.4. 분석수정법에 의한 자차 수정

수정작업에 앞서 각 자 차계수의 값을 알면 수정 량을 예측할 수 있고, 재조정의 필요성 여부를 결정할 수 있어서 수정작업이 간단해진다. 선박에 설치된 자이로컴퍼스와 비교하여 자차를 측정하고 이를 이용하여 수정하는 방법만 간단히 기술한다.

(1) 사전 자차 계수 계산

분석수정법을 적용하기 위해서는 다음과 같은 사전 자차계수 계산 작업이 필요하다.

① 우선, 앞에서 열거한 사전 점검을 실시하고 예비 수정을 한 다음에 수정작업 해역으로 간다.

② 선박을 천천히 선회시켜 8주요점에 대한 나침로(CC)[11]에 정침시키고, 그 때의 자침로(MC)를 조사한다.

③ 그리고 두 침로를 비교하여 자차를 구한다. 자차 구하는 방법은 이미 앞에서 설명한 바 있는데 이해를 도모하기 위하여 표 2-3에 8주요점의 자침로에 대한 자차를 다시

---

11) 여기서, 나침로는 영어로 Compass Course이고 자침로는 Magnetic Courser이기 때문에 각각 머리문자를 이용하여 CC와 MC로 약기하는 것이 일반적이다. 한편, 이와 혼동되어 사용하는 것이 나침 선수방위를 의미하는 Compass Heading(CH)과 자침 선수방위를 의미하는 Magnetic Heading(MH)이 있다. 여기서 Heading은 현재 시각의 선수방위를 의미하고, Course는 선박이 진행할 방향(침로)을 의미하는 바, 선수방위와 침로는 엄연히 다른 것임에 주의해야 한다. 한편, 자침로를 유지하라는 의미는 고정된 상태에서 선수방위를 유지하라는 의미이기 때문에 사실 CH와 MH를 사용하는 것이 정답이다. 그러나 오래전부터 관습적으로 CH와 MH를 사용하지 않고 CC와 MC를 사용해 왔기 때문에 본 교재에서는 혼돈을 피하기 위하여 관습적으로 사용해 온 CC와 MC를 침로 및 선수방위 양쪽 모두에 사용하였다.

나타냈다.

표 2-3 자침로에 대한 자차

자침로	δ_1(N)	δ_2(NE)	δ_3(E)	δ_4(SE)	δ_5(S)	δ_6(SW)	δ_7(W)	δ_8(NW)
자차	10.5°E	20.0°E	11.5°E	1.2°W	5.5°W	8.0°W	12.5°W	6.8°W

④ 그리고 앞에서 설명한 자차 계수 계산식을 이용하여 자차계수를 구한다.

즉, $A = (\delta 1+\delta 2+\delta 3+\delta 4+\delta 5+\delta 6+\delta 7+\delta 8)/8 = (10.5 + 20.0 + 11.5 - 1.2 - 5.5 - 8 - 12.5 - 6.8)/8 = +1°$, $B = (\delta 3 - \delta 7)/2 = [11.5 - (-12.5)]/2 = +12°$, $C = (\delta 1 - \delta 5)/2 = [10.5 - (-5.5)]/2 = +8.0°$, $D = [(\delta 2+\delta 6) - (\delta 4+\delta 8)]/4 = [(20.0-8) - (-1.2-6.8)]/4 = +5°$, $E = [(\delta 1+\delta 5) - (\delta 3+\delta 7)]/4 = [(10.5-5.5) - (11.5-12.5)]/4 = +1.5°$.

(2) 수정 작업 순서

수정작업은 다음과 같은 순서로 실시한다(이, 1976). 일단, 위의 결과에서 A와 E의 값은 미소하므로 그대로 두고, B, C, D만 수정한다. B 계수가 C 계수보다 크므로 우선 B 계수를 먼저 수정한다.

① 자침로를 090°로 유지하면 자차는 실용공식에 의하여 A+B-E가된다. 이 때 생기는 자차 중 A-E 즉 0.5°W는 남겨 두고 B = 12°가 줄어지도록 B 자석으로 조정한다. B가 +B이므로 B 자석이 삽입이 안 된 경우는 B 자석의 N단이 선수쪽으로 향하게 하고, 이미 N단이 선수쪽으로 향하여 삽입되어 있으면 자석의 수정량을 증가시키고, 반대 방향으로 삽입되어 있는 경우는 수정량을 감소시킨다. 이렇게 B를 수정하는 것은 플린더즈 바에 의하여 *cZ*가 이미 수정된 것으로 간주하기 때문이다. 그러나 B 값 중에서 B 자석으로 수정되어야 할 것(P에 의한 것)과 플린더즈 바로 수정되어야 할 것(*cZ*에 의한 것)을 분석하여 수정하기는 곤란하므로 완벽한 수정을 기대할 때 동서 침로에서 자차 변동이 심하면 B의 분석 수정이 완전하지 못한 것이므로 재조정을 해야 한다. 혹시 자기적도 부근을 항해하는 기회가 있으면 B 자석으로 B수정을 하고 그 외의 지역에서 나타나는 B는 플린더즈 바로 수정하는 것이 완벽한 B수정이 된다.

② 자침로를 180°로 유지하면 자차는 A-C+E가 된다. 이 자차 중 A+E 즉 2.5°E를 남

겨두고 C = 8.0°가 줄어지도록 C 자석으로 수정한다. C가 +C이므로 C 자석이 삽입이 안 된 경우에는 C 자석의 N단이 우현 쪽으로 향하게 하고 이미 N단이 우현 쪽으로 향한 C 자석이 삽입되어있는 경우에는 그 수정량을 늘리고, 반대 방향으로 C자석이 삽입된 경우에는 수정량을 감소시킨다.

③ 자침로를 225°로 유지하면, 이때의 자차는 A+D가 된다. 이 자차 중 A 즉 1.0°E만 남겨두고 D = 5°가 줄어지도록 연철구의 위치를 조정한다. D가 +D이므로 연철구를 양쪽 모두 같은 거리로 컴퍼스 쪽으로 가까이하여 수정량을 증가시킨다.

④ 이 수정이 완료되면 잔존 자차는 N(2.5°E), NE(1.0°E), E(0.5°W), SE(1.0°E), S(2.5°E), SW(1.0°E), W(0.5°W), NW(1.0°E)이 된다. 모든 자차가 3.0도 이내로 수정되었다.

⑤ 일반적으로 자차수정은 최종 잔존 자차가 3.0도 이내가 되도록 수정하는데, 3.0도 이상이면 다시 수정을 해야 하고, 3.0도 이내이면 수정작업을 종료한다.

2.5.5. 자차수정 이후의 자차도표 작성과 게시

자차 수정이 완료되면 그림 2-32의 자차도표를 작성하여 선교 해도대 벽면에 비치하여야 한다. 그리고 자기컴퍼스를 이용하는 경우에는 자차도표에서 해당하는 선수방위의 자차를 구하여 진방위를 구한다. 자차도표 작성 순서는 다음과 같다.

① 수정이 완료된 잔존 자차를 표 2-4와 같이 정리한다.

표 2-4 수정이 완료된 잔존 자차

자침로	δ1(N)	δ2(NE)	δ3(E)	δ4(SE)	δ5(S)	δ6(SW)	δ7(W)	δ8(NW)
자차	2.5°E	1.0°E	0.5°W	1.0°E	2.5°E	1.0°E	0.5°W	1.0°E

② 표 2-4의 자차를 이용하여 자차 계수를 계산한다. 이에 관해서는 이미 앞에서 설명했다.

③ 그림 2-32와 같은 자차도표에 표 2-4의 8주요점에 대한 자차를 점으로 찍은 후 매끈한 곡선으로 연결하여 작도한다. 그리고 자차도 하부에 5가지 자차계수를 기입한다. 여기서, 주의할 것은 자차도표에 작도한 곡선은 5가지 자차 계수로부터 계산된 것임에 명심

해야한다[12].

④ 그림 2-32의 자차도표에는 측정한 일자, 측정한 장소, 측정 장소의 지구자기요소(Var.은 편차, H는 수평자장, V는 수직자장)[13], 측정 방법, 측정 당시 기상 등을 기입한다.

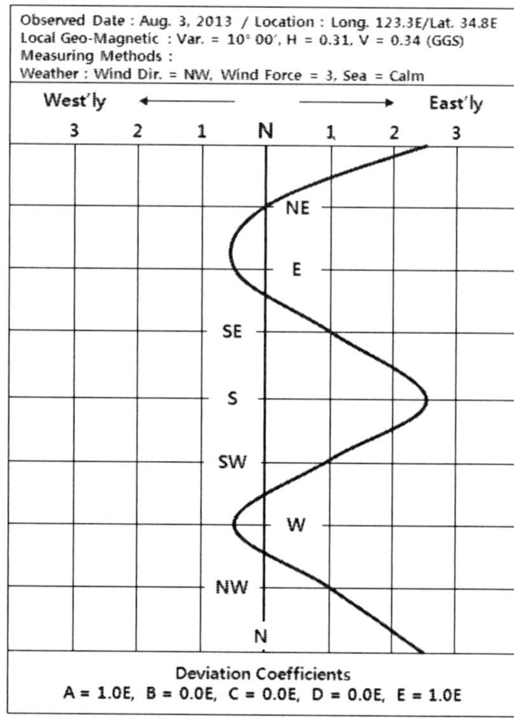

그림 2-32 자차도표

---

12) 일부 선박에서는 자차 수정이 번거롭고 시간이 많이 걸리며 어렵기 때문에 자차곡선을 임의로 작도하는 경우가 있다. 이러한 경우에도 각종 PSC 검사를 대비하여 반드시 5가지 자차계수를 이용한 자차 계산 결과와 일치하는 곡선을 작도해야 한다. 실무에서 그 방법을 배우기 바란다.

13) 측정 장소의 수평자장의 세기와 수직자장의 세기는 세계 편차도에서 구할 수 있다. 모르면 빈 칸으로 둔다.

3. 전자 컴퍼스

3.1. 개요

3.1.1. 전자컴퍼스의 개발 배경

앞에서 지구의 자장을 집적 측정하여 선박의 선수방위를 측정하기 위한 자기컴퍼스(Magnetic Compass)를 학습하였다. 이러한 자기컴퍼스는 13세기부터 우리 인류가 사용한 이래 가장 기본적인 선수방위 측정 장치인데, 영구적으로 발생하는 지구자장을 이용하기 때문에 전원이 필요 없고, 영구적 사용이 가능한 장점을 갖는다(임, 2002a; 임 등 2002b; 임 등, 2005).

그러나 자기컴퍼스는 자차 측정과 수정이 대단히 복잡하고, 수시로 자차를 측정해야 하며 편차를 가감해야만 진방위 또는 진침로를 획득할 수 있는 번거로움 때문에 현재는 자이로컴퍼스(Gyrocompass)가 그 역할을 대신하고 있다. 한편, 자이로컴퍼스의 경우에도 기계적인 가동부가 있어서 고장 발생의 우려가 크고, 전원이 반드시 필요하기 때문에 선박에서 전원 공급이 차단되면 사용할 수 없는 문제점이 있다.

그래서 아직도 선박에서는 자기컴퍼스가 가장 기본적이고 중요한 선수방위 측정 장치로 사용되고 있는데, 최근에는 전자적인 센서와 회로를 이용하여 자기컴퍼스의 장점을 극대화시킨 전자컴퍼스(Electronic Compass)가 선박에 적용되고 있다. 여기서 주목할 사항이 있는데, 최근 개정된 SOLAS 2000에는 자기컴퍼스에 대한 제반규정이 기존 규정보다 오히려 강화되었다. 그 중에서, 전자컴퍼스의 개념을 갖는 선수방위전달장치(Transmitting Magnetic Heading Devices, TMHD)의 장착이 IMO에서 권고되었는데, TMHD는 기존 자기컴퍼스의 자차를 수정한 후, 선수방위신호를 전기신호로 전달토록 MSC.86(70)에 명시되어 있다.

3.1.2. 전자컴퍼스 관련 규정

MSC.86(70)의 부속서 17은 IMO의 항해장비에 관한 신규 및 개정된 성능표준을 명시한 것으로, 부속서 2에 해상용 선수방위전달장치에 관한 성능표준이 권고되어 있다. 이하에서는 하기 참고자료에 나타낸 MSC.86(70)의 TMHD 내용을 설명한다.

■ 참고자료: MSC.86(70) Annex 17 Adaptation of New and Amended Performance Standards for Navigational Equipment, IMO, Annex 2 Recommendation on Performance Standards for Marine Transmitting Magnetic Heading Devices (TMHDs).

TMHD는 지구자장을 이용하여 선수방위 정보를 획득하기 위한 전자장치이다. 모든 해상용 TMHD는 의결서 A.694(17)에 명시된 일반 요구사항에 더하여 다음과 같은 최소한의 요구사항을 만족해야 한다.

(1) 적용

MSC.86(70)에 명시된 권고사항을 적용한 TMHD는 SOLAS 협약 제5장(항해안전)에 규정된 선수방위정보 제공을 위한 요구사항을 만족하는 것으로 본다. 또한, 이러한 MSC.86(70)에 명시된 권고사항을 적용한 TMHD는 선수방위 제공을 위한 최적 장치의 장착에 관한 HSC 코드 제13장에 명시된 요구사항을 만족하는 것으로 본다[14].

(2) 구성

TMHD는 다음 중 어느 하나의 형식으로 구성할 수 있다.

■ 형식-1 : 표준 자기컴퍼스 자침에서 발생하는 자장을 측정하는 센서와 센서에서 획득한 선수방위 신호를 다른 장비로 전송할 수 있는 전자회로로 구성된 형식. 이때 사용하는 표준 자기컴퍼스는 SOLAS 협약 제5장(항해안전)을 만족하는 것이어야 한다.
■ 형식-2 : 표준 자기컴퍼스를 사용하지 않고, 지구자장을 직접 측정하는 센서와 이 센서에서 획득한 선수방위를 다른 장비로 전송하기 위한 전자회로로 구성된 전자컴퍼스 (Electro- magnetic Compass) 형식이다.

14) HSC는 고속으로 이동하는 선박(High-speed craft)을 의미하는 것으로, IMO에서는 1994년에 고속선박의 안전을 위한 국제규약(International Code of Safety for High-Speed Craft, HSC Code)을 MSC.36(63)으로 채택한 바 있다(HSC, 2013). 그리고 HSC 코드 제13장은 고속선박에 장착하는 항해시스템과 장비 및 항해기록장치(VDR)에 관한 내용을 담고 있다(HSC Code Ch.13, 2013).

■ 형식-3 : 상기 형식-1과 형식-2 중에서 어느 하나에 동적성능을 향상시키기 위하여 레이트 자이로(rate gyro)를 부가한 형식

(3) 설치

■ TMHD에 사용하는 자기측정 센서에는 선수미 방향을 표시해야 하고, 선박의 실제 선수미선과 일치하도록 센서를 설치해야 한다. 이러한 센서의 선수미 방위표시 정밀도는 실제 선박의 선수미선과 ± 0.5°이내의 오차를 유지해야 한다. 만약 레이트 자이로를 사용하는 경우에는 레이트 자이로의 상부와 하부에 선수미 방위 표시를 해야 한다.

■ TMHD의 자차와 선수방위의 오차는 다음과 같은 값으로 보정할 수 있어야 한다.

① 경사오차를 야기하는 선체자기의 수직성분 : ±75 μT(마이크로 테슬라)[15]까지 보정할 수 있어야 한다.

② 자차계수 A 성분 : ±3.0°까지 보정할 수 있어야 한다.

③ 자차계수 B 성분 : ±(720/H)°까지 보정할 수 있어야 한다. 여기서, H는 마이크로 테스라(μT) 단위로 나타낸 지구자장의 자속밀도(flux density)에 대한 수평성분이다.

④ 자차계수 C 성분 : ±(720/H)°까지 보정할 수 있어야 한다.

⑤ 자차계수 D 성분 : ±7.0°까지 보정할 수 있어야 한다.

⑥ 자차계수 E 성분 : ±3.0°까지 보정할 수 있어야 한다.

■ 상기의 보정을 전자적으로 행하는 경우, 보정 값들은 적절한 수단을 이용하여 표시해야 하고, 이 값들은 저장된 후 스위치를 켜면 자동으로 재현될 수 있도록 해야 한다. 따라서 전자컴퍼스를 의미하는 TMHD는 앞에서 설명한 자기컴퍼스와 달리 자동으로 자차를 보정할 수 있는 장점이 있다.

■ TMHD에서 출력되는 모든 선수방위는 자차와 편차를 가감한 진방위로 출력해야 한다. 이 때 적용한 자차와 편차 값은 적절한 방법으로 표시되거나 또는 출력에 포함될 수 있어야 한다.

---

15) 테슬라(Tesla, T)는 지자기의 힘을 나타내는 단위이다. μT는 10^{-6}T를 의미한다.

(4) TMHD의 성능

지구자장의 수평성분이 18 μT인 조건과 선박에서 경험할 수 있는 환경 조건에서 다음과 같은 성능 표준이 필요하다.

① 선수방위 표시의 정적 정밀도는 ±1.0°이내가 되어야 한다.
② 선수방위 표시의 동적 정밀도는 위의 정적 정밀도를 포함하여 ±1.5°이내가 되어야 한다. 동적오차의 진동주기는 여러 가지 해상상태와 선박에서 경험할 수 있는 선박의 운동과 동일한 환경 조건에서 30초보다 짧아서는 안 된다.
③ 전송 시스템의 추종 정밀도는 자기측정 센서가 20°/sec.(즉, 1초에 20도)로 회전하는 경우 ±1.5°이내가 되어야 한다.

3.1.3. 전자컴퍼스의 특징

위에서 설명한 TMHD와 같은 전자컴퍼스는 현대 항법장치와 비교하여 많은 장점을 갖고 있는데 주요한 내용을 표 2-5에 정리하였다(KVH, 1998). 이 표는 전자컴퍼스를 자이로컴퍼스와 무선 또는 위성항법 장치들과 비교한 것이다. 표 2-5를 설명하면 다음과 같다.

표 2-5 전자컴퍼스와 관련된 항법장치 비교표

항목 \ 종류	전자컴퍼스	자이로컴퍼스	무선/위성항법 장치
측정 특성	지구자장	지구 자전	인공적인 신호
가격	50 ~ 500 달러(미화)	5,000 ~ 25,000 달러	500 ~ 5,000 달러
방위 정밀도	0.5° 이내	1° 이내	5° 이내
동적성능 특성	우수	매우 우수	저속에서 열악
기동시간	필요 없음	20 분 ~ 수 시간	1 ~ 5 분 정도
무게	100 g 정도	2 Kg 이상	1.5 Kg 이상
방위측정 연속성	대단히 우수함	대단히 우수함	열악함
내구성	대단히 우수함	우수함	대단히 우수함
측정 범위	자위도 80。 이내	진위도 70° 이내	신호상태에 다름
별도요구사항	필요 없음	필요 없음	필요
소비전력	100 mA	4.5 A	250 mA
유지 보수	필요 없음	필요함	필요 없음

■ 측정 특성 : 전자컴퍼스는 영구적으로 존재하는 지구자장을 측정하고, 자이로컴퍼스는 영구적으로 존재하는 지구의 자전을 측정하며, 위성항법장치는 인간이 만든 인위적인 신호를 이용한다. GPS와 같은 위성항법장치를 사용할 때는 인간의 조작에 의한 위치 정밀도의 저하와 작동중단 등을 충분히 고려해야한다.

■ 가격 : 전자컴퍼스는 50 ~ 500 USD(미화)인데 반하여, 자이로컴퍼스는 5,000 ~ 25,000 USD, 위성항법장치는 500 ~ 5,000 USD로써 고가이다.

■ 방위 정밀도 : 전자컴퍼스는 편차와 자차를 보정한 이상적인 경우에 최대 0.1 ~ 0.5도까지의 고정밀도를 획득할 수 있다. 자이로컴퍼스는 일반적으로 0.1 ~ 1.0도 정도, 위성항법장치는 1.0 ~ 5.0도 정도인데 모두 환경과 상황에 따라서 다르다.

■ 동적성능특성 : 장치가 작동할 때의 특성을 의미하는 동적인 특성(동특성)은, 자이로컴퍼스가 가장 우수하고, 전자컴퍼스가 다음으로 우수하며, GPS 등의 위성항법장치는 저속에서 방위오차가 크다. 근본적으로 위성항법장치는 위치를 측정하는 장비인데, 선박이 이동한 두 지점의 위치를 선으로 이어서 방위를 획득하기 때문에 두 지점 사이의 거리가 길어야 위치 정밀도가 높아진다. GPS를 이용하여 방위를 획득하는 경우, 저속 항해에서는 오차가 대단히 크게 나타남에 주의해야한다.

■ 기동시간 : 전자컴퍼스는 전원을 켜는 즉시 작동하고, 자이로컴퍼스는 약 20 분에서 1 시간가량 소요되며(규정에는 4시간으로 되어 있다), 위성항법장치는 1 ~ 5분(길으면 20분 이상)의 기동시간이 필요하다.

■ 무게 : 전자컴퍼스는 동전 크기보다 작은 소형 센서를 이용하기 때문에 가볍고, 자이로컴퍼스는 회전하는 고속 모터를 이용하기 때문에 2 Kg 이상이며, 위성항법장치는 대략 1.5 Kg 정도이다.

■ 방위측정 연속성 : 전자컴퍼스는 지구자기를, 자이로컴퍼스는 지구의 자전을 측정하기 때문에 방위의 연속측정이 가능하다. 그러나 위성항법장치는 인공위성에서 발사되는 전파를 수신해야하기 때문에 방위측정의 연속성이 열악하다.

■ 내구성 : 기온 변화나 진동 및 기타 외부 환경에 견딜 수 있는 제품의 내구성은 모두 우수하다.

■ 측정범위 : 전자컴퍼스는 자기 위도 80도까지, 자이로컴퍼스는 진위도 70도까지, 위성항법장치는 전 지구에서 측정 가능하다.

■ 필요한 외부 신호 : 위성항법장치만이 외부 신호가 필요하다.

■ 소비전력 : 전자컴퍼스는 소형 저전력 센서를 이용하기 때문에 소비전력이 낮다. 그러

나 자이로컴퍼스는 고속 회전 모터가 필요하여 약 4500 mA(4.5 A), 위성항법장치는 250 mA 정도를 소모한다.

- 요구되는 유지 : 자이로컴퍼스는 기계적인 가동 부분이 있기 때문에 유지 보수가 필요한데(최근의 광파이버 자이로를 이용한 자이로컴퍼스는 반영구적임), 전자컴퍼스와 위성항법장치는 반도체를 이용하기 때문에 반영구적 사용이 가능하다.

3.2. 전자컴퍼스의 원리

3.2.1. 자장측정 센서

표 2-6은 다양한 자장측정 센서의 종류와 이들 센서들의 측정 범위를 나타낸다(Michael et. al., 1998). 지구자장 측정에 적합한 센서로는 스키드(Squid), 광파이버(Fiber-Optic), 광학펌핑(Optically Pumped), 핵자기정렬(Nuclear Procession), 탐지코일(Search-Coil), 이방성 자기저항(Anisotropic Magneto Resistive), 프럭스게이트(Flux- Gate), 전자유도(Magneto-inductive) 등 다양하다.

표 2-6 다양한 자장측정 센서와 측정 범위

탐지범위(Gauss) / 센서의 종류	10^{-8}		10^{-4}		10^{0}		10^{4}		10^{8}	
Squid	■	■	■	■	■	■	■	■		
Fiber-Optic			■	■	■	■				
Optically Pumped	■	■	■	■	■					
Nuclear Procession		■	■	■	■	■				
Search-Coil		■	■	■	■	■	■	■	■	■
Flux-Gate			■	■	■	■				
Inductive Sensor				■	■					
Magneto-transistor					■	■	■			
Magneto-diode						■	■			
Magneto Optical Sensor						■	■	■	■	■
Giant Magneto-resistive					■	■	■	■	■	■
Hall-Effect Sensor						■	■	■		
지구자장의 범위				■	■					

지구자장의 크기는 위도마다 다른데 25 ~ 65 μT(마이크로 테슬라)이다. 이 값은 0.25 ~ 0.65 G(Gauss)에 해당한다(Wikipedia-EMF, 2013). 지구자장의 세기를 포함하는 1 μG(micro Gauss) ~ 10 G 범위를 측정하는 센서로는 프럭스게이트 센서, 전자유도 센서, 자기저항 센서 등이 대표적으로 사용되고 있다. 이러한 센서는 인공위성이나 지구에서 지구자장을 측정하기 위한 센서로 사용된다.

현재 항해장비에 사용되는 자장측정 센서는 프럭스게이트 센서와 전자유도 센서 등이 대표적인데, 이러한 센서들의 특성은 사용한 자성체의 투자율(magnetic permeability) μ 로 나타낸다. 어떤 주어진 자성체에 대한 투자율 μ 은 공기(μ = 1)와 비교하여 자기력선에 대한 경로를 만드는 정도로 측정한 것이다. 고투자율 자성물질에 대한 투자율을 표 2-7에 나타냈다(Kristin, 2001). 이 표의 투자율 값은 제조회사, 열처리, 기계적인 처리 등에 따라서 변한다.

표 2-7 자성물질에 따른 투자율의 범위

자성물질	투자율
수퍼멀로이(Supermalloy)	100,000 ~ 1,000,000
순수한 철(Pure iron)	25,000 ~ 300,000
뮤메탈(Mumetal)	20,000 ~ 100,000
퍼멀로이(Permalloy)	2,500 ~ 25,000
주조 철(Cast iron)	100 ~ 600

투자율 μ는 다음 식 (2-14)과 같이 자속밀도 B와 자화력 H와 연계시켜서 나타낼 수 있다.

$$B = \mu H \ (\mathrm{Wb/m^2}) \tag{2-14}$$

여기서, B는 자속밀도(Wb/㎡), μ는 투자율, H는 자화력(AT/m)

그리고 자기는 마치 전기회로와 같이 나타낼 수 있는데, 자기회로에서의 자속(magnetic flux)은 전기회로에서의 전류 I와 유사하기 때문에 자속밀도 B는 전류밀도와 대등하다.

그림 2-33은 위의 식 (2-14)을 그래프로 나타낸 것이다. 실선의 곡선은 x-축의 자화력 H와 y-축의 자속밀도 B 사이의 관계를 나타낸 것으로 잘 알려진 '정규자화 곡선' 또는 'B-H 커브'라 한다. 그리고 점선의 곡선은 정규자화 커브의 기울기는 투자율 μ의 커브가 된다.

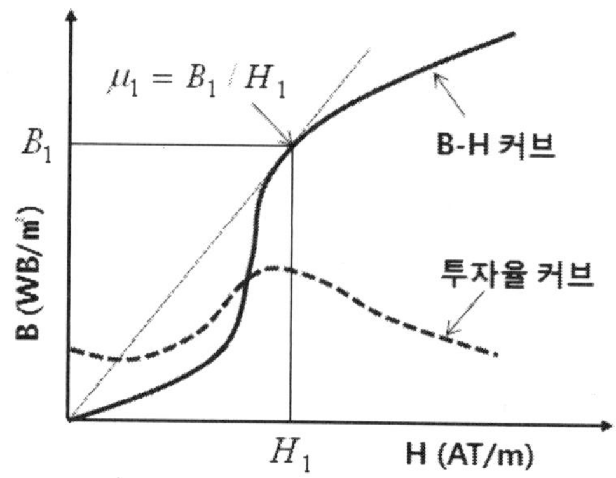

그림 2-33 자화곡선(B-H 곡선)

3.2.2. 상용 전자컴퍼스의 구성

프럭스게이트 센서(Fluxgate Sensor)는 지구자장을 측정하는 가장 대표적인 센서로써 약 100년 전부터 사용된 것이다. 이 센서를 이용한 자장측정장치를 프럭스게이트 마그네토미터(Flux-gate Magnetometers)라하며, 1928년경에 개발되어 주로 군사용의 잠수함 탐지에 사용되어 왔다. 그림 2-34는 프럭스게이트 센서를 자기컴퍼스 하부에 부탁하여 자침의 자장을 측정한 후, 선교에 있는 표시장치로 전송하는 시스템 구성도를 나타낸다. 이러한 방식은 기존 자기컴퍼스를 그대로 사용하면서 SOLAS 2000에 규정된 선수방위전달장치(TMHD)의 조건을 만족하기 위한 방법이다. 그림 2-34는 지구자장 측정 센서를 단독으로 이용한 프럭스게이트 마그네토미터를 나타낸다.

그림 2-35는 프럭스게이트 센서에 전자회로를 부가시킨 다양한 전자컴퍼스의 실제 모습을 나타낸다. 이와 같이 프럭스게이트 센서에 전자회로를 부가시키면 독립적인 고기능 전자컴퍼스를 개발할 수 있다. 그림 (a)는 수중에서 음원을 찾기 위한 전자컴퍼스이고, (b)는 독일 켈빈휴그(Kelvin Hugh) 회사의 KVH-100 선박용 전자컴퍼스, (c)는 미국 피엔아이(Precision Navigation Incorporation, PNI) 회사의 자기유도 센서를 이용한 TCM2 마그네토미터, (d)는 지오센서리(Geosensory) 회사의 소형 반도체를 이용한 전자컴퍼스를 나타낸다. 이 중에서 KVH-100 전자컴퍼스가 현재 상선은 물론 중대형 요트와 선박에 광범위하게 사용되고 있다. 가격은 약 150 ~ 300 달러 정도이다. 그리고 미국 PNI 회사의 TCM2 마그네토미터는 가격, 정밀도, 기능 등 모든 면에서 독일 KVH-100 전자컴퍼스를 능가하고 있으나, 선체의 움직임 감지를 위한 별도의 수평센서가 필요한 것이 단점이다.

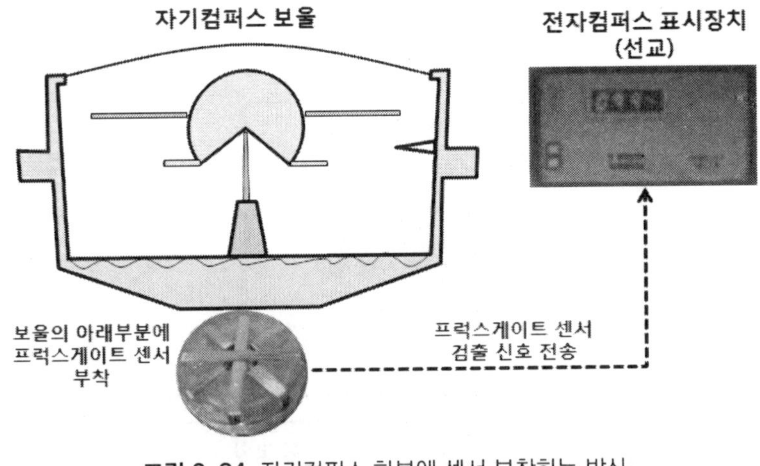

그림 2-34 자기컴퍼스 하부에 센서 부착하는 방식

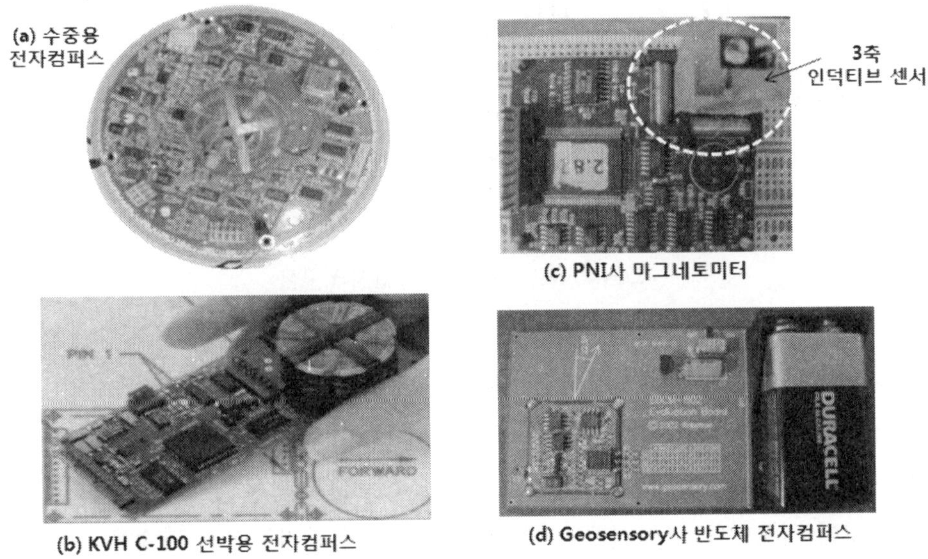

그림 2-35 다양한 상용 전자컴퍼스

3.2.3. 프럭스게이트 센서의 작동원리

그림 2-36은 2채널의 링 코어(Ring Core) 프럭스게이트 센서의 구성을 나타낸다. 2채널이란, 링 코어에서 변하는 투자율의 변화를 2개의 감지코일로 구성된 채널로 감지한다는 뜻이다. 그림 상단의 작은 그림은 실제 프럭스게이트 센서를 이용한 전자컴퍼스의 회로구성을 나타낸다. 전자컴퍼스는 2채널 프럭스게이트 센서, 여기회로, 위상검출회로

등으로 구성되어 있다.

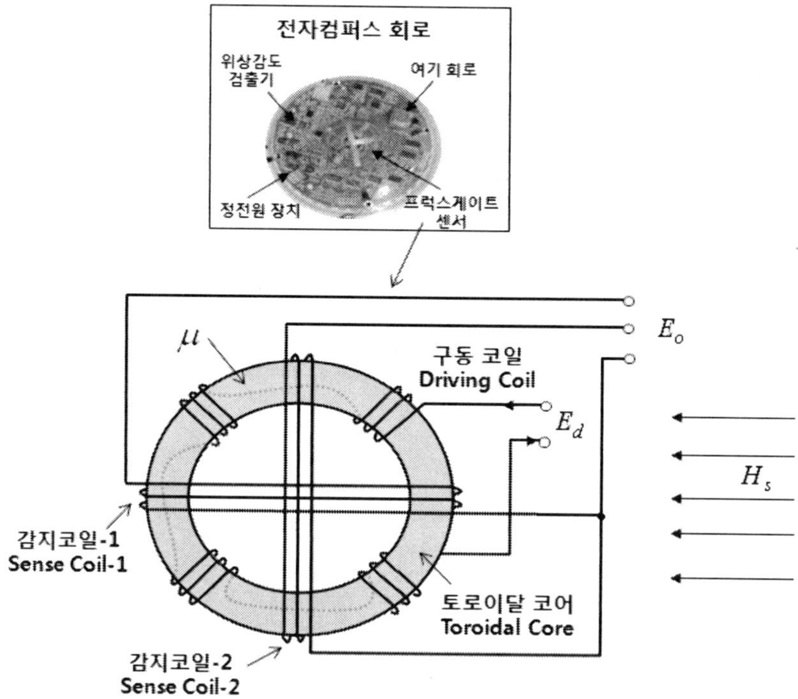

그림 2-36 프럭스게이트 센서의 구성

그림 2-36에 나타낸 프럭스게이트 센서는 에너지를 가해주는 구동코일(Driving Coil), 자장의 변화를 감지하는 감지코일(Sensing Coil), B-H 자화특성을 갖고 자장 변화의 차이를 발생시키는 토로이달 코어(Toroidal Core) 등으로 구성되어 있다. 특히 제일 중요한 것이 토로이달 코어인데, 여기에 구동코일이 감겨있어서 자속을 형성시키고, 토로이달 코어가 포화-불포화(saturation-unsaturation) 작용이 발생하도록 환형 내부를 관통하여 감겨져 있다. 그리고 2개의 감지코일은 서로 90도 직교방향으로 환형 자기코어 전체를 감싼 형태로 자장성분을 감지한다. 감지코일이 90도 직교하게 감겨져 있는 이유는 토로이달 코어를 둘러싸고 있는 지구자장의 직교 요소를 감지하기 위한 것이다.

그림 2-36에서, 구동코일에 10 KHz의 여기신호(E_d)를 공급하면 쌍으로 구성된 감지코일에서는 토로이달 코어의 자장 변화 차이를 감지한다. 이 자장 변화는 후술하는 회로에 있는 위상검출기(Phase Shifting Detector, PSD)라는 전자회로를 이용하여 지구자장의 변화를 전기신호로 출력한다. 즉, 프럭스게이트 센서는 지구자장의 변화를 토로이

달 코어라는 자화물질의 자화 변동 차이로 측정하는 지구자장 측정 센서이다. 프럭스게이트 센서의 감지코일에서 출력되는 신호는 다음 식과 같이 고조파 신호 E_0가 된다(Chew et. al., 2001).

$$E_0 = E_d(\frac{N_s}{N_d})^2\mu_a\frac{\mu'_{diff}}{\mu^2_{diff}}H_s \tag{2-15}$$

여기서, E_d는 구동 코일에 가해주는 여기전압, N_s는 감지코일의 권선 수, N_d는 구동 코일의 권선 수, H_s는 측정하려는 지구자장, μ_a는 지구자장 H_s에 대한 코어의 겉보기 투과율, μ_{diff}는 코어에 발생하는 투과율의 차, μ'_{diff}는 코어에 발생하는 투과율의 1차 미분

그림 2-37은 프럭스게이트 센서를 이용한 전자컴퍼스 블록선도를 나타낸다.

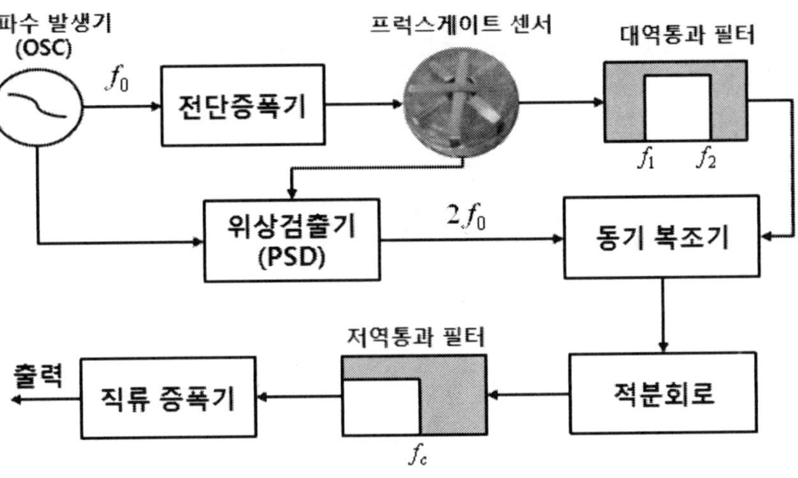

그림 2-37 프럭스게이트 센서를 이용한 전자컴퍼스의 블록선도

그림 2-37을 설명하면 다음과 같다. 먼저, 주파수 발생기(OSC)에서 구동용 10 kHz 신호가 발생된 후, 전단증폭기에서 증폭되고 프럭스게이트 센서의 구동코일에 여기전압으로 가해진다. 그러면 프럭스게이트 센서에서의 지구자장 감지신호가 감지코일에서 검출되고, 대역통과 필터에서 필터링되어 동기복조기에 입력된다. 위상검출기는 10 kHz에 동기된 상태에서 검출회로 출력에 대한 위상차를 측정하여 동기복조기에 입력한다. 동기

복조기에서는 복조출력을 적분회로에 송신한 후, 저역통과필터를 거쳐 필요한 주파수가 검출되고, 직류증폭기에서 증폭되어 최종 출력전압신호가 출력된다. 그림 2-38은 프럭스게이트 센서에서 발생되는 각종 전기적인 신호를 나타낸다.

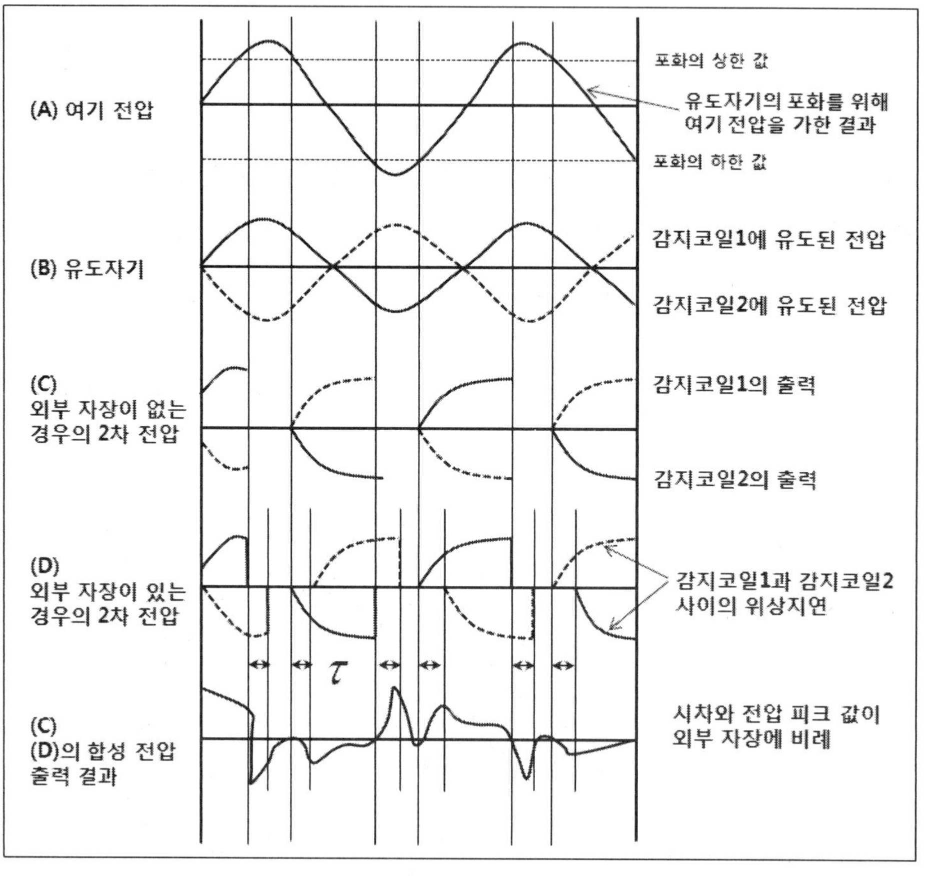

그림 2-38 2채널 링-코어 프럭스-게이트 센서의 전기적인 특성 파형

① 주파수 F_0 의 여기전압(A)이 구동코일에 가해지면, 감지코일1과 감지코일2에 유도된 자화 상태는 (B)과 같이 나타난다.

② 외부 자장이 없는 경우, 2개의 감지코일은 (C)과 같이 서로 동시에 포화되기 때문에 출력은 영(zero)이 된다.

③ 외부 자장이 가해진 경우, 하나의 감지코일이 시간차 τ 의 시간차를 두고 다른 쪽 감지코일이 포화되기 전에 포화된다. 따라서 (D)와 같이 2개의 감지코일 사이의 신호는 영(0)이 되지 않고 시간차 τ 에 해당하는 신호차가 출력된다.

④ 이러한 시간 차 τ 는 감지코일1과 감지코일2 사이의 위상차 $\Delta\phi$ 에 비례한 값이 된다. 즉, 프럭스게이트 센서를 한 바퀴 회전시키는 경우, 2 개의 감지코일 사이에 발생한 시간차 τ 가 회전각도에 비례하여 발생하고, 시간차 τ 는 두 코일 사이의 위상차로 나타난다.

⑤ 이러한 위상차를 측정하면, 현재 프럭스게이트 센서가 기준점을 기준으로 몇도 방위를 지시하고 있는지 측정할 수 있다.

⑥ 2개의 감지코일 사이에서 발생하는 출력파형은 (E)과 같이 구동코일의 여기 주파수 F_0 에 동기된 펄스 형태로 나타나는데, 이 펄스 길이와 피크 전압은 외부에 가해진 자장에 대한 함수가 된다.

⑦ 감지코일에서 출력되는 신호 주파수는 여기 주파수 F_0 에 대해서 포화-대-포화 전이가 두 번 발생하기 때문에 F_0 의 2배인 $2F_0$ 가 된다.

한편, 전자컴퍼스 역시 지구자장을 이용하는 것이기 때문에 선박이라는 철 구조물에 의하여 발생하는 자차 문제는 해결할 수 없다. 이러한 이유로 아직까지 전자컴퍼스가 기존의 기계식 자기컴퍼스를 대체하지 못하고 있다.

3.2.4. 전자컴퍼스의 편차 수정 방법

전자컴퍼스 역시 지구자장을 측정하는 장비이기 때문에 편차와 자차를 보정해 주어야 한다. 그런데 앞에서 설명한 자기컴퍼스와 달리 전자회로를 이용하기 때문에 자동으로 편차와 자차를 보정할 수 있다. 지구자장은 앞에서 설명한 바와 같이, 지구 내부에 마치 거대한 자석을 갖고 있는 것으로 모델링할 수 있다.

지구자장의 세기는 적도표면에서 약 30,000 nT(0.3 Gauss)[16]이고, 북극과 남극 표면에서는 약 60,000 nT(0.6 Gauss)이며, 지구 표면을 따라서 평행하게 자북(Magnetic North, MN)을 지시하고 있다. 이 현상이 모든 자기컴퍼스의 기초인데, 특히, 자장이 지구 표면에 대해서 평행이며, 자북을 갖고 있다는 것이 핵심이다.

편차(Variation)는 지구의 지리학적인 진북(True North, TN)과 지구자장의 자북(MN) 사이의 차이를 의미한다. 잘 알려진 바와 같이 현재 우리 인류는 지구자전을 기준

16) 가우스(Gauss)란 지자기의 힘을 나타내는 단위로 자속밀도(flux density)를 의미하는 것으로, 1 ㎠ 면적당 자력선의 수를 나타낸다. 10000 G(가우스) = 1.0 T(테스라)이므로 1 nT(나노테스라) = 0.00001 G이다.

으로 위도와 경도는 물론 방위를 측정하고 있다. 지구 자전을 기준으로 하는 자오선[17]을 진자오선(true meridian)이라 하며, 지구자기(magnetic meridian)는 진자오선에 대해서 6.5도 만큼 경사된 상태로 존재한다. 따라서 지구자기를 이용한 방위측정 장치에서는 이러한 편차를 구하여 보정함으로서 진자오선에 대한 진방위를 구할 수 있다.

한편, 미국 NASA에서는 전세계 편차를 5년 주기로 측정하여 발표하고 있으며, 5년 주기 이외의 년도에 대해서는 편차 V을 추정할 수 있는 식(2-15)을 사용한다(Alfred Hine, 1968; Kristin L. Makovec, 2001; Nils Olsen, 2002; White Paper, 2005).

$$\begin{aligned} V = a\Bigg(& \sum_{n=1}^{N_{MF}} \sum_{m=0}^{n} (g_n^m \cos m\varnothing + h_n^m \sin m\varnothing)\left(\frac{a}{r}\right)^{n+1} \\ & \times P_n^m(\cos\theta) + \sum_{n=1}^{N_{SV}} \sum_{m=0}^{n} (g_n^m \cos m\varnothing + h_n^m \sin m\varnothing)(t - t_o)\left(\frac{a}{r}\right)^{n+1} \\ & \times P_n^m(\cos\theta) + \sum_{n=1}^{2} \sum_{m=0}^{n} (q_n^m \cos m\varphi + s_n^m \sin m\varphi) \\ & \times \left(\frac{r}{a}\right)^n P_n^m(\cos\theta) + RC\left[\left(\frac{r}{a}\right) + Q_1\left(\frac{a}{r}\right)^2\right] \\ & \times [\tilde{q}_1^0 p_1^0(\cos\theta) + \tilde{q}_1^1 \cos\varnothing + \tilde{s}_1^1 \sin\varnothing) + p_1^1(\cos\theta)] \Bigg) \end{aligned} \quad (2\text{-}15)$$

여기서, a : 지구 장반경 6371.2 km, $(r, \theta, \varnothing)$: 지구중심 회전 타원체 좌표계로서 r, θ, $\varnothing$는 지구 중심 거리, 고각, 그리니치 자오선으로부터의 동경 등을 각각 나타냄, $p_n^m(\cos\theta)$: n차 m계의 슈미트 준규격화 르장드르(Legendre) 함수, (g_n^m, h_n^m), (q_n^m, h_n^m) : 각각 지구 내부와 외부의 가우스 함수

상기 식(2-15)에 나타낸 지구자장 편차는 실용적으로 다음 식(2-16)부터 식(2-25)까지를 이용하여 구할 수 있다.

$$V(r,\theta,\phi) = a\sum_{n=1}^{k}\left(\frac{a}{r}\right)^{n+1}\sum_{m=0}^{n}(g_n^m \cos m\phi + h_n^m \sin m\phi)P_n^m(\theta) \quad (2\text{-}16)$$

$$B_r = \frac{-\partial V}{\partial r} = \sum_{n=1}^{k}\left(\frac{a}{r}\right)^{n+2}(n+1)\sum_{m=0}^{n}(g^{n,m}\cos m\phi + h^{n,m}\sin m\phi)P^{n,m}(\theta) \quad (2\text{-}17)$$

---

17) 자오선의'자'는 한자로 북쪽을 의미하는 '子'이고, '오'는 한자로 남쪽을 의미하는 '午'이다. 즉, 남-북 선을 의미한다.

$$B_\theta = \frac{-1}{r}\frac{\partial V}{\partial \theta} = \sum_{n=1}^{k}\left(\frac{a}{r}\right)^{n+2}(n+1)\sum_{m=0}^{n}(g^{n,m}\cos m\phi + h^{n,m}\sin m\phi)\frac{\partial P^{n,m}(\theta)}{\partial\theta} \quad (2\text{-}18)$$

$$B_\phi = \frac{-1}{r\sin\theta}\frac{\partial V}{\partial \phi} = \frac{-1}{\sin\theta}\sum_{n=1}^{k}\left(\frac{a}{r}\right)^{n+2}\sum_{m=0}^{n} m\,(-g^{n,m}\sin m\phi + h^{n,m}\cos m\phi)P^{n,m}(\theta) \quad (2\text{-}19)$$

여기서,

$$g^{n,m} \equiv s_{n,m}g_n^m \quad (2\text{-}20)$$

$$h^{n,m} \equiv s_{n,m}h_n^m \quad (2\text{-}21)$$

$$s_{n,m} = [\frac{(2-\delta_m^0)(n-m)!}{(n+m)!}]\frac{(2n-1)!}{(n-m)!} \quad (2\text{-}22)$$

그리고 델타(delta) 함수는 $i=j$인 경우, $\delta_j^i = 1$이고, 그 외는 0이고, $P^{n,m}$는 다음과 같이 정의된다.

$$P^{0,0} = 1 \quad (2\text{-}23)$$

$$P^{n,n} = \sin\theta P^{n-1,n-1} \quad (2\text{-}24)$$

$$P^{n,m} = \cos\theta P^{n-1,m} - k^{n,m}P^{n-2m}$$

여기서,

$$k^{n,m} = \frac{(n-1)^2 - m^2}{(2n-1)(2n-3)},\ n>1,\ (0,\ n=1) \quad (2\text{-}25)$$

전자컴퍼스는 반도체를 내장하고 있기 때문에 프로그램을 이용하여 자동으로 편차를 계산할 수 있다. 상세한 내용은 본 교재의 학습범위를 벗어난 것이기 때문에 참고문헌에 나타낸 다양한 자료를 참고하기 바란다.

3.2.5. 전자컴퍼스의 자차 수정 방법

자차(Deviation)는 선박이 생성하는 선체자기 때문에 자기컴퍼스가 자북을 지시하지 못하는 오차를 의미한다. 전자컴퍼스에서의 자차는 선체자기는 물론 전선이나 전자장비 등에 의하여 발생하는 전기적인 자기성분 때문에 발생한다. 전자컴퍼스에 영향을 미치는 이러한 자기성분은 그림 2-39와 같이, 영구자기(Permanent magnetism), 유도자기(Induced mag- netism), 전자자기(Electromagnetism) 등으로 구분할 수 있다.

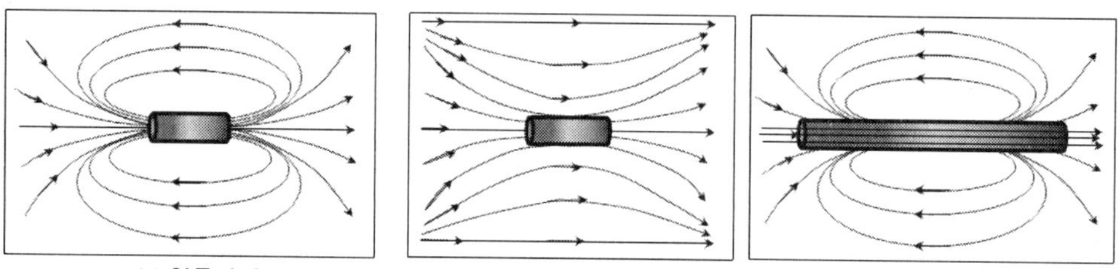

그림 2-39 전자컴퍼스에서 고려하는 외부자기의 종류

1) 영구자기 성분의 특징 : 영구자기 성분은 강철에 의하여 주로 발생한다. 영구자기는 외부에서 가한 자장 성분의 대부분을 그대로 유지하는 특성을 갖는다.
2) 유도자기 성분의 특징 : 어떠한 자기 특성을 갖지 않는 물체의 경우 일시적으로 자장을 가하면 일시적인 자성특징을 띠게 되는데, 이것을 유도자기라고 한다. 연철을 외부 자장에 두었을 때, 주위의 공기보다도 낮은 임피던스를 갖기 때문에 그림 2-33(b)과 같이 연철의 근처를 흐르는 자속이 구부러지는 현상이 발생된다.
3) 전자자기 성분의 특징 : 자장은 이동하는 전하[18]에 의해서 발생한다. 따라서 전기가 흐르는 모든 전선은 자장을 형성한다. 이러한 전자자기 성분은 전기를 흘릴 때만 발생하는 것이 특징이다. 따라서 전자컴퍼스와 같이 자기 센서와 전자회로를 이용하는 경우에는 주위에 다양한 전자자기 성분이 발생함에 주의해야한다. 그림 2-33(c)과 같이 전자자기 성분은 전선에 흐르는 전류와 전선의 길이 및 면적 등에 따라서 영구자기 보다 강할 수도 있고 약할 수도 있다.

18) 전하(electrical charges)란 전기적인 에너지를 갖는 입자를 의미한다.

전자컴퍼스의 자차수정 방법은 기존 자기컴퍼스의 자차수정 방법을 근거로 한다. 가장 유효하게 적용하고 있는 방법이 선체를 360도 회전시키면서 자차를 측정하는 원표방위법이다. 그러나 이 방법은 단순하게 형성된 강철과 연철 성분에 의한 자기영향을 측정할 수 있을 뿐이다. 그리고 이러한 성분들은 위도에 따른 경선차나 지구자장의 세기 등에 따라서 변한다. 따라서 전자컴퍼스의 경우에는 별도의 자차수정 방법이 필요하다.

전자컴퍼스에는 마이크로프로세서(microprocessor)와 같은 고성능 계산 기능에 수학 알고리듬을 적용시켜서 자차를 자동으로 수정할 수 있으나 이러한 장치는 아직 미개발 상태이다. 전자컴퍼스의 간단한 자차측정방법을 그림 2-40에 나타냈다. 전자컴퍼스를 x-축, y-축, z-축 등을 기준으로 각각 회전시키면서 각 축에서 획득한 자장성분을 분석하여 자차를 구한 후, 이 자차를 메모리에 저장시키면 자동으로 자차를 보정할 수 있다(Furuno, 2004; Kelvin Hugh, 2004; Kongsberg, 2004; PNI, 2004).

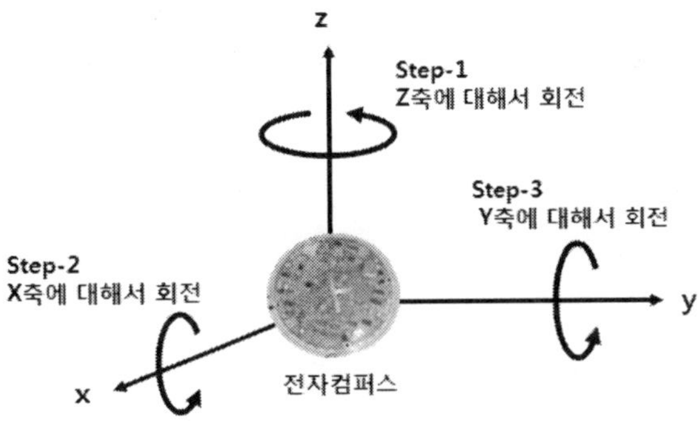

그림 2-40 전자컴퍼스 자차 측정방법

전자컴퍼스의 자차측정 절차는 다음과 같다.

① 우선 x-축, y-축, z-축 각각에 대해서 전자컴퍼스를 360도 회전시키면서 그 때의 방위를 측정한다. 여기서, 어느 한 축을 회전시키면 그 축만 회전하는 것이 아니라 다른 2개의 축도 동시에 회전된다. 그래서 x-y 축, x-z 축, y-z 축 등의 쌍으로 출력된 방위를 구한다.

② 이와 같이 2개축의 측정값의 쌍을 (X_1, Y_1)과 (X_2, Y_2)로 두고, 예를 들어 x-y 좌표에 대해서 측정할 지구자장을 (X_e, Y_e)로 두며, 자기외란 즉, 자차 성분을 (X_I, Y_I)로 두면, 측정한 값과 순수한 지구자장 (X_e, Y_e)은 다음 식(2-26)로 구할 수 있다.

$$\left.\begin{matrix} X_n = X_e + X_I \\ Y_n = Y_e + Y_I \end{matrix}\right\}, \quad \left.\begin{matrix} X_e = X_n - X_I \\ Y_e = Y_n - Y_I \end{matrix}\right\} \tag{2-26}$$

여기서, (X_1, Y_1)과 (X_2, Y_2)에는 (X_I, Y_I)가 포함되어 있기 때문에 X_1과X_2 및 Y_1과 Y_2 사이에는 다음 관계가 성립한다. 상기 식을 정리하면 다음 식(2-27)과 같이 자차 성분 (X_I, Y_I)를 구할 수 있다.

$$\left.\begin{array}{l} X_1 = \ \ X_e + X_I \\ Y_1 = \ \ Y_e + Y_I \\ X_2 = - X_e + X_I \\ Y_2 = - Y_e + Y_I \end{array}\right\}, \quad \left.\begin{array}{l} X_I = \dfrac{(X_1 + X_2)}{2} \\ Y_I = \dfrac{(Y_1 + Y_2)}{2} \end{array}\right\} \tag{2-27}$$

제3장
자이로컴퍼스

자이로컴퍼스는 자기컴퍼스와 달리 지구의 자전과 관성을 이용하는 것이 특징이다.

관성을 느끼는 것은 쉽지만, 관성을 측정하는 것은 어렵다. 그 이유는 인간은 지구와 함께 이동하기 때문이다.

관성은 물리학의 기초가 되는데, 관성을 어떻게 이용하여 자이로컴퍼스를 만들었는지 학습해 보자.

- 저자 -

1. 자이로컴퍼스의 기본 원리

1.1. 개요

자이로컴퍼스(Gyrocompass)의 개발 역사는 1880년대부터 시작되었다. 1880년 켈빈 경(lord Kelvin, 이름은 William Thomson)은 자이로스코프(Gyroscope)의 전신인 자이로스탯(gyrostat)을 개발하였고, 1885년에 보스(Marinus Gerardus van den Bos)는 자이로에 관한 특허를 출원하였다. 이어서, 1889년 크렙스(Arthur Krebs)는 자이로스코프에 세계 최초로 전기모터를 적용하였다. 그 결과, 현재와 같은 자이로컴퍼스가 개발될 수 있게 되었다. 1906년 안쉬츠(Hermann Anschütz-Kaempfe)에 의해서 현대식 자이로컴퍼스가 만들어 지고, 1908년에 독일 왕실 해군(German Imperial Navy)에서 사용되었다. 미국의 경우는 1908년에 스페리 자이로스코프 회사(Sperry Gyroscope Company)에서 특허(번호 1,242,065)가 출원된 이래 미 해군에서 사용되었는데, 1차 세계대전에서 큰 역할을 하였다. 한편, 1913년 씨프라스(C. Plath) 회사는 상선에 사용될 수 있는 자이로컴퍼스를 개발하였다(Wikipedia, 2013).

자이로컴퍼스는 고속으로 회전하는 자이로스코프를 이용한 장치로서, 기계역학적인 방법을 이용하여 선박의 진북을 측정하기 위한 장비이다. 지구자기와는 관계가 없기 때문에 편차나 자차를 고민할 필요가 없다. 자이로컴퍼스는 자기컴퍼스와 비교하여 많은 장점을 가지고 있는데, 설치장소에 구애받지 않고, 편차와 같은 부정오차도 발생하지 않으며 지북력도 위도에 따라 감소되지 않으므로 보다 안정적으로 진북을 표시할 수 있다. 또한, 방위신호를 간단히 전기신호로 바꿀 수 있기 때문에 많은 리피터컴퍼스[19]을 작동시킬 수 있다. 리피터컴퍼스에 의해서 침로기록기, 자동조타장치, 레이더, 통합선교장치 등에 방위정보를 제공할 수 있다.

그림 3-1은 스페리사의 TG-5000 상선용 자이로컴퍼스의 외부와 내부 모습을 나타낸다. 내부를 보면, 상부에 방위판이 있고, 중심에 고속으로 회전하는 자이로 구(gyro sphere)가 내장되어 있다. 이와 같이 자이로컴퍼스는 자이로 특성을 이용해서 그 지북단(north end)이 자동적으로 진북을 가리키는 장비이다.

---

19) 리피터 컴퍼스(Repeater Compass)는 자이로컴퍼스의 방위를 다른 항해장비나 장소로 전송하기 위한 장치이다. 자이로컴퍼스에서 출력되는 하나의 방위 정보를 전기적으로 여러 개로 분할하여 사용한다.

자이로컴퍼스의 원리는 19세기 중엽에 프랑스의 실험 물리학자 푸코(Leon Foucault)에 의해서 발견된 '회전체의 운동에 관한 법칙'에 의하여 알려지게 되었다. 푸코는 1851년에 흔들이 진자(Pendulous)를 사용해서 지구자전을 처음으로 입증했으며, 이듬해에 자이로스코프에 의해서 지구자전을 관측하였다. 즉, 3축의 자유를 갖고 있는 자이로의 회전축은 항상 우주공간의 일정한 방향을 가리킨다는 것을 입증하였다.

외관

내부구성

그림 3-1 스페리사의 TG-5000 자이로컴퍼스

3축의 자유를 갖고 있는 자이로를 푸코는 자이로스코프(Gyroscope)라 하였다. 자이로스코프라는 것은, 희랍어로 회전(자전)한다란 의미의 Gyros와 본다는 의미의 Skopein의 합성어로서 지구의 자전을 관찰한다는 의미에서 유래된 것이다. 그러나 그 당시에는 전기적 구동방법이 없었으므로 자이로에 일정한 회전력을 줄 수 없었고, 또한 기구적으로도 구조가 불안전하여 원하는 목적을 달성할 수 없었다.

그 후 자이로스코프에 지북작용과 제진작용을 적용할 수 있는 장치가 개발되면서부터 미국의 스페리사, 독일의 안슈츠사, 영국의 브라운사 및 일본의 동경계기 등에서 여러 가지 형식의 자이로컴퍼스가 제작되어 오늘에 이르고 있다.

1.2. 자이로스코프의 운동

1.2.1. 자이로스코프의 구조

자이로스코프(Gyroscope)는 자이로컴퍼스의 기초가 되는 장치이며, 비행기, 잠수함, 미사일 등에 사용되는 관성항법장치(Inertial Navigation System, INS)의 원리이기도 하다. 자이로컴퍼스와 INS는 서로 형제지간으로 고려하면 되는데, 자이로스코프는 비슷한 시기에 하나는 INS가 되었고, 하나는 자이로컴퍼스가 되었다. 자이로스코프가 항상 북쪽을 가리키도록 만든 것이 자이로컴퍼스이고, 항상 우주공간의 일정한 방향을 지시하도록 만든 것이 INS이다. INS에 대해서는 후술한다.

자이로스코프의 구조를 그림 3-2에 나타냈다. 중요한 것은 자이로스코프의 3개의 축이다.

- 로터축(X-X') : 로터축은 Rotor axis, Spin axis, Gyro axis 등으로 불리는 것으로, 로터의 중앙을 관통하는 축이며, 수평환(Horizontal ring)에 부착되어 있다. 로터(Rotor)는 자이로의 가장 중요한 부분으로 고속으로 회전하는 모터(motor)라는 의미에서 Rotor라 부른다.
- 수평축(Y-Y') : 수평축(Horizontal axis)은 로터축과 직각으로 부착되어 수직환(Vertical ring)에 연결되어 있다. 따라서 로터축은 수평축을 중심으로 경사운동을 할 수 있다.
- 수직축(Z-Z') : 수직축(Vertical axis)은 로터축과 수평축에 직각으로 수직환에 부착되어 있으며, 이 축을 중심으로 로터축은 선회운동을 할 수 있다.

이와 같이 어떤 질량과 공간을 갖고 고정점 주위를 회전할 수 있는 로터 구조를 자이로스코프라 한다. 즉, 자이로스코프는 로터축(X-X'), 수평축(Y-Y'), 수직축(Z-Z') 등의 3축 주위를 자유롭게 회전할 수 있다. 그래서 3축의 교점 O이 마치 고정된 것과 같은 효과를 얻을 수 있다.

특히 자이로스코프가 완전한 3축의 자유를 갖고 있을 때 자유 자이로스코프(Free gyro- scope)라 하고, 로터축(X-X')이 어떤 방향이라도 가리킬 수 있을 때 이러한 자이로스코프를 '3축의 자유를 가졌다'고 한다. 또한 수평축 또는 수직축 가운데 하나를 고정시켜서 그 축 주위로 선회할 수 없을 때에 자이로스코프는 그 운동의 일부를 억제 받게 된다. 이때의 자이로스코프는 '2축의 자유를 가졌다'고 한다. 이후부터 '자이로스코프'를 단순하게'자이로(Gyro)'라 부르기로 한다.

자이로에 3축의 자유를 주기 위해서는 자이로 및 지지부의 3축 어느 쪽에도 완전히 평형을 이루고 각 축의 연결부에 마찰이 없어야 한다. 그래서 자이로는 다음과 같은 구조로 제작된다.

① 로터는 회전축 양쪽 끝의 중심부를 연결한 선을 통과해야 하는데, 이를 정적평형상태 유지라 한다.
② 회전축은 회전면에 직각이어야 하는데, 이를 동적평형상태 유지라 한다.
③ 자이로컴퍼스 각 부는 정적/동적 모두 완전한 평형상태를 필요로 한다.

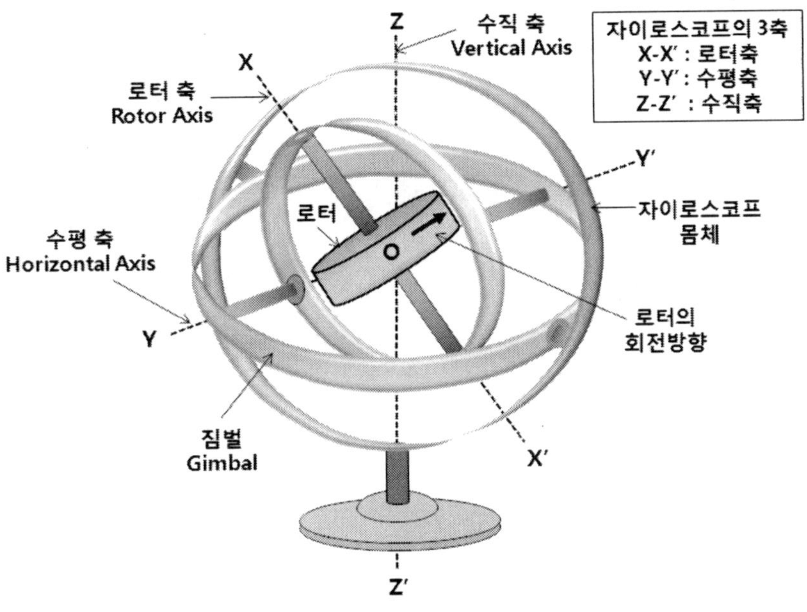

그림 3-2 자이로스코프의 구조

1.2.2. 자이로스코프의 방향보존성

(1) 자이로의 방향 보존성

자이로스코프의 '방향보존성'은 '회전타성'이라 부르기도 한다. 그림 3-3과 같이 3축의 자유를 가진 자이로의 로터(Rotor)를 고속으로 회전시키면 외부에서 토크(Torque)가 가해지지 않는 한 그 로터축은 지구자전의 영향을 받지 않고 공간에 대하여 항상 일정한 방향을 가리킨다.

즉, 우측 그림을 보면 Gyro를 기울였음에도 불구하고 로터축이 일정한 평형상태를 유지하고 있다. 이러한 특성을 회전타성 또는 방향보존성(Gyroscopic inertia 또는 Rigidity in space)이라 한다. 이것은 '모든 물체는 정지 또는 속도를 현재의 상태로 유지하려는 성질(관성)이 있다'는 뉴턴의 운동 제1법칙이 회전체에 적용된 것이다.

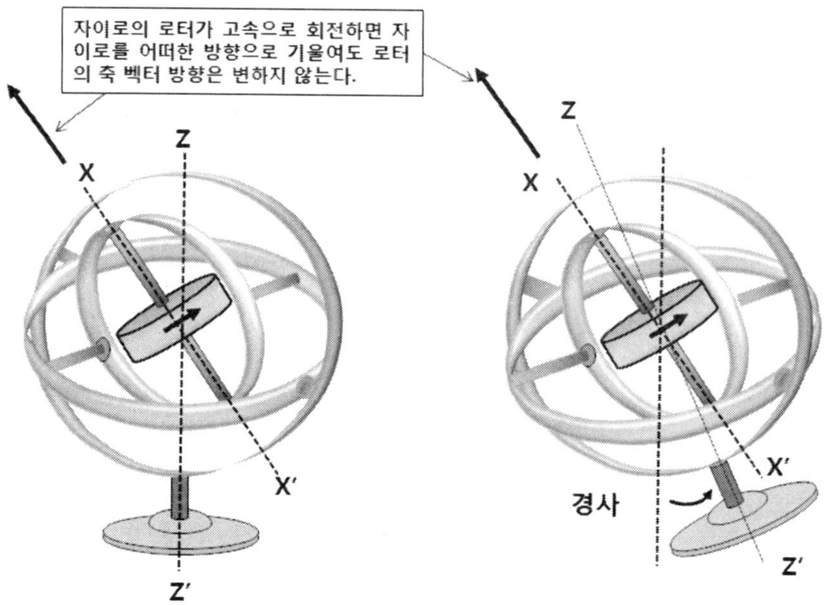

그림 3-3 자이로의 방향보존성(회전타성)

(2) 자이로 로터의 회전과 방향 보존성

그림 3-4와 그림 3-5는 자이로의 방향보존성(회전타성)을 설명한 것으로, 자이로컴퍼스의 원리를 이해하는데 가장 중요하다. 이 두 그림은 오른손 법칙이 적용된 자이로의 방향보존성 원리를 나타낸다. 중요한 것은 자이로는 고속으로 회전해야 한다. 회전하지 않으면 방향보존성은 발생하지 않는다. 자이로의 로터가 회전하는 방향을 오른손으로 감싸 쥐었을 때 엄지손가락의 방향이 로터의 축 벡터가 된다. 로터가 회전하면 로터의 축 벡터 방향으로 방향보존성이 발생하여 자이로는 항상 우주공간의 한 점을 지시하게 된다.

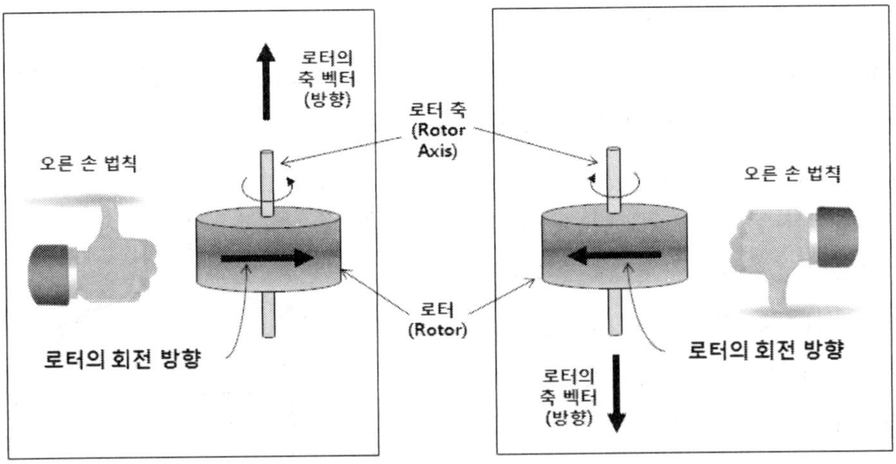

그림 3-4 자이로 로터의 축방향과 방향보존성-1

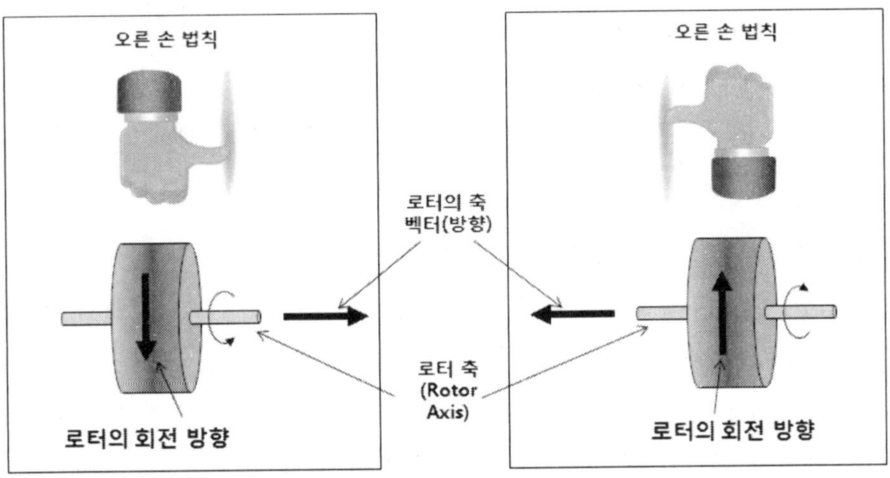

그림 3-5 자이로 로터의 축방향과 방향보존성-2

(3) 지구 자전과 인간

자이로의 방향보존성을 이해하기 위해서는 지구의 자전 모습을 상상할 수 있어야 하는데, 우리 인간은 지구가 자전하고 있는 모습을 볼 수도 없고, 느낄 수도 없다. 단지 태양이 뜨고 지기 때문에 지구자전이 발생한다고 느낄 뿐이다. 우주에서 지구를 바라보면 어떻게 될까? 자이로의 원리를 이해하기 위해서는 우리가 바라보는 자이로와 우주에서 바라본 자이로 양쪽 모두를 이해해야 한다.

그림 3-6은 우주에서 바라본 지구의 모습이다. 사람들은 각 위도에 해당하는 서로 다

른 수평면을 기준으로 살면서 하루 24시간에 360도를 회전하고 있다. 따라서 우리는 1시간에 360도/24시 = 15°/Hr.의 속도로 돌고 있다. 이 값은 과연 얼마일까? 1도는 60분이고, 1분은 1마일(mile)이며, 1마일은 1,825 미터(meter)이다.

따라서 우리는 1시간에 900마일(15°/Hr. × 60)로 돌고 있다. 시속으로 변환하면, 900마일/Hr. × 1,825m = 1,666,800 m/Hr. 즉, 1시간에 1,670 Km의 속도로 돌고 있다. 과연 느끼고 있는가?

이와 같이 우리 인간들은 지구가 자전하는 것을 느끼지 못하고 살고 있기 때문에 자이로컴퍼스의 원리가 어려운 것이다. 본 교재에서는 가능한 이해를 돕기 위하여 그림으로 이러한 현상을 나타내었다.

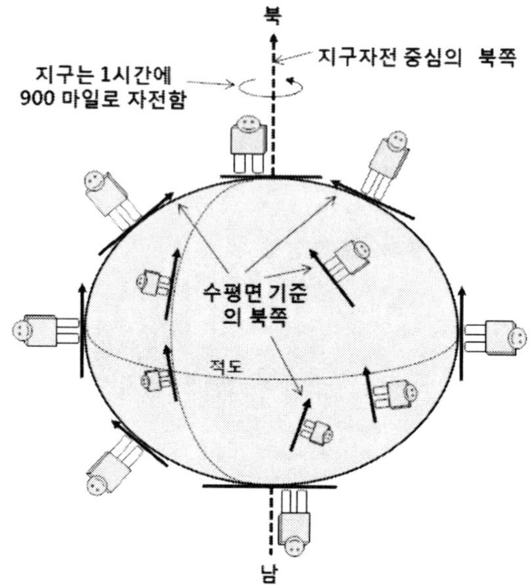

그림 3-6 우주에서 바라본 지구

(4) 적도에서 로터축을 남북 방향으로 두었을 때

다음 그림 3-7은 적도에 고속으로 회전하는 자이로 로터의 축을 남북의 수평방향에 두었을 때 이 자이로를 우주에서 본 모습이다. 이와 달리 그림 3-8은 그림 3-7을 우리 인간을 포함시켜서 우주와 지구에서 본 모습이다. 일단, 이 두 가지 그림에서 주의할 점은 지구가 회전하더라도 로터의 축 방향이 수평선과 항상 평행을 유지하면서 방향이 변하지 않는다. 즉 자이로의 방향보존성이 발생하고 있는 것이다.

그림 3-7의 상단 그림은 우주에서 본 모습이고 하단 그림은 우주에서 보되 자이로 로터가 놓여 있는 수평면 부분을 확대하여 본 것인데 지구의 자전으로 수평면(즉, 지반)은 지반의 경사운동이 발생하고 있다. 그림 3-8의 상단 그림은 우주에서 인간과 지반의 수평면을 동시에 보고 있는 모습인데 지반의 경사운동으로 지축을 중심으로 지반과 인간이 회전하고 있다. 하단 그림은 지구에서 인간이 자이로 로터를 바라본 모습이다. 상단 그림과 달리 아무런 변화가 없다. 그러나 상단 그림과 같이 지반이 현재 경사운동을 하고 있으나 인간이 보지 못할 뿐이다.

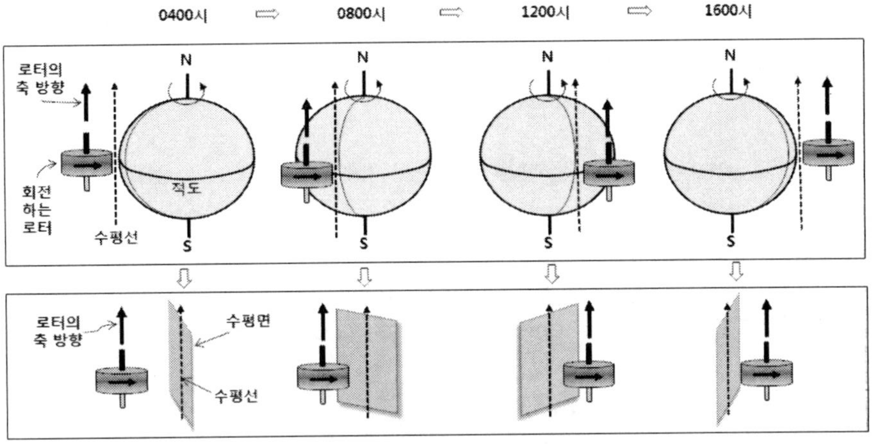

그림 3-7 적도에서 자이로 로터축을 남북방향에 두었을 때, 우주에서 본 모습(상단), 수평면 기준으로 본 모습(하단)

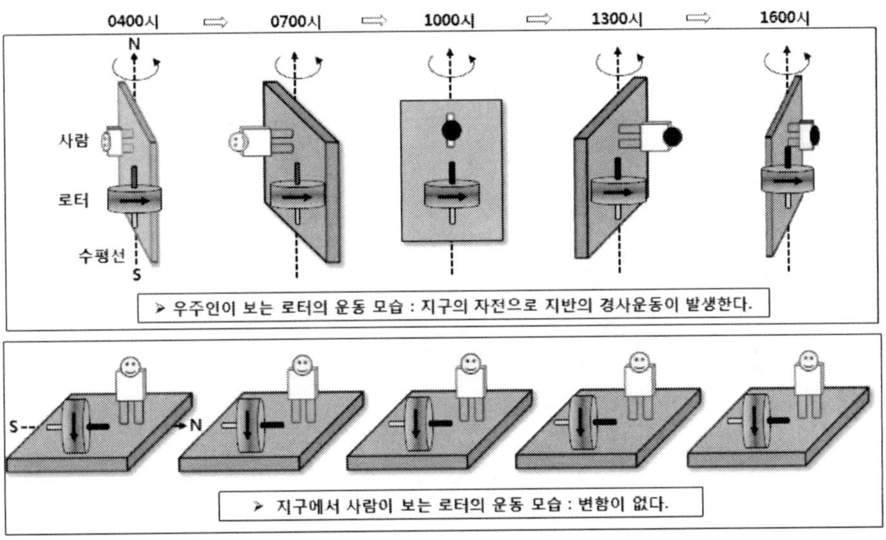

그림 3-8 적도에서 로터축을 남북방향에 두었을 때, 자이로와 인간을 우주에서 본 모습(상단), 인간이 본 모습(하단)

(5) 적도에서 로터축을 동서 방향으로 두었을 때

위에서 설명한 그림들은 로터의 축 방향을 남북 방향으로 두었을 때이다. 이제 자이로 로터의 축 방향을 동서 방향으로 두었을 때를 살펴보자.

그림 3-9 상단 그림은 적도에서 로터축 방향을 동서 방향으로 두었을 때, 우주에서 본 모습으로, 로터 축 방향은 방향보존성으로 인하여 변함이 없다. 그러나 하단 그림에는 지

반의 경사운동은 계속하여 발생하고 있다. 따라서 자이로 로터축은 수평면에 대해서 경사될 것이다. 그림 3-10에서 이 현상을 확실하게 볼 수 있다.

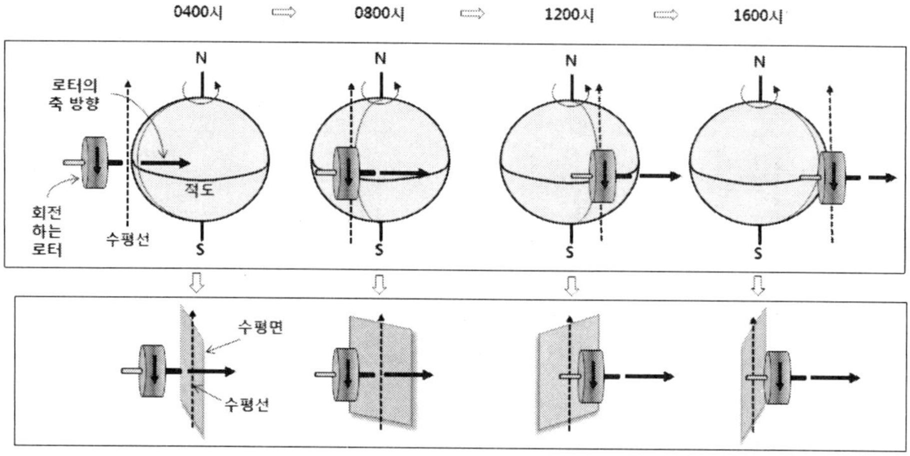

그림 3-9 적도에서 로터축 방향을 동서 방향으로 두었을 때 우주에서 본 모습(상단), 수평면을 기준으로 본 모습(하단)

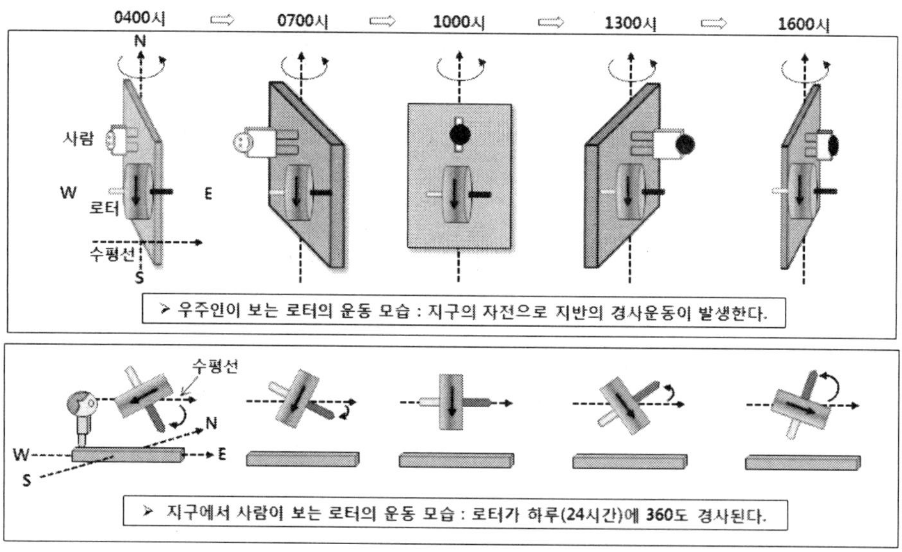

그림 3-10 적도에서 자이로 로터축을 동서방향으로 두었을 때, 인간과 자이로를 우주에서 본 모습(상단), 인간이 본 모습(하단)

그림 3-10의 상단 그림은 인간과 자이로의 로터를 동시에 우주에서 본 보습이다. 지구의 자전으로 지반의 경사운동이 발생하고 있음을 볼 수 있다. 이러한 경사를 영어로 Tilting이라 한다. 하단 그림은 인간이 자이로 로터를 바라 본 모습이다. 로터가 수평면을 기준으로 경사되는데, 하루에 360도 경사된다. 이와 같이 인간이 보았을 때 발생하는 경사를 시경사(Apparent Tilting)[20]이라 한다.

(6) 적도에서 로터축을 동서 방향으로 두고 남극에서 보았을 때

이제는 적도에서 자이로 로터축을 동서 방향으로 두고, 우주인이 남극에서 쳐다보았을 때 발생하는 현상을 살펴보자. 이 현상은 그림 3-11에 설명하였다.

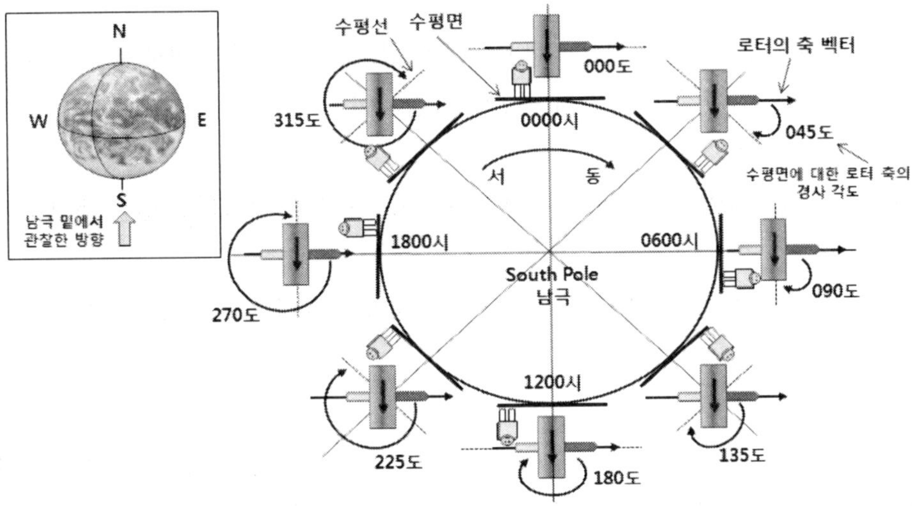

그림 3-11 적도지방에서 자이로 로터축을 동서방향으로 두고 남극에서 쳐다보았을 경우의 지반의 동방경사와 자이로의 경사운동

그림 3-11은 자이로 로터축을 동쪽 수평선 방향에 있는 어느 별을 가리키게 만들고 24시간 관찰한 모습이다. 로터축의 지북단(로터축 중에서 북쪽을 가리키는 끝 부분)은 방향보존성으로 인하여 24시간 계속 그 별을 지시할 것이다. 그런데 지구 표면에 살고 있는 우리 인간이 보기에는 마치 로터죽의 지북단이 24시간에 360도 선회하는 것으로 보인다. 그림 3-11을 시간에 따라서 보자. 여기서 주의할 점은, 이 그림은 남극에서 우주인이 쳐다 본 그림이라는 것이다.

---

20) 시경사에서 '시'자는 한자로 '바라볼 시'이다. 따라서 인간이 본 경사를 의미한다.

① 그림의 제일 상단에 나타낸 000시에 자이로 로터의 지북단을 동쪽 수평선에 있는 항성(별)을 향하게 한다. 자이로는 방향보존성으로 인하여 일정하게 별을 지시하고 있는데, 우리 인간은 지구의 자전 운동으로 인한 지반의 경사운동으로 로터축의 지북단이 점차 상승하는 것으로 보인다.

② 0600시에 로터축은 자오선에 정중하게 되며 그 때 최대의 앙각 90도를 갖는다. 그 후 지북단은 점차 하강하며 서쪽을 가리키고, 1200시에는 수평면에 대해서 180도 경사되고, 이제 항성이 수평선 밑으로 가라앉은 후에도 지북단은 시운동을 계속하므로 계속 경사된다.

③ 1800시에는 최대의 경사각 270도를 갖는다. 그 후 지북단은 점차 경사각이 상승하게 되고, 24시간 후인 0000시에는 는 다시 동쪽 수평선에 있는 항성을 지시하게 된다.

위에서 설명한 현상을 전문용어로는 '지반의 동방 경사'로 인하여 자이로에 '경사운동'이 발생했다고 부른다. 여기에는 두 가지 시점이 포함되어 있다.

- 우주인이 보았을 때, 자이로의 로터 축은 변하지 않고 지반만 경사되고 있는 것으로 보인다.
- 인간이 보았을 때, 자이로의 로터 축은 경사되고, 지반은 그대로 유지되고 있는 것으로 보인다.

즉, 우주인과 지구의 인간(지구인) 사이에는 상대적인 운동이 발생하는 것으로 보인다. 따라서 지구인들은 로터축의 지북단이 24시간마다 하나의 원을 그리는 것으로 보인다. 여기서 중요한 것은, 로터축의 지북단은 전혀 움직이지 않았다는 것이다. 지구가 자전한 결과, 지반이 경사되면서 지구에 살고 있는 지구인이 자이로의 지북단이 24시간에 360도 회전하는 것으로 보았을 뿐이다. 지구 지반의 경사운동에 의한 로터 회전타성의 크기는 각운동량(H)으로 표시되며, 다음 식으로 나타낼 수 있다.

$$H = I\omega \tag{3-1}$$

여기서, I는 로터축 주위의 관성모멘트, ω는 지구의 각속도로서 24시간에 360도 회전을 의미하는 것으로 900마일/Hr.가 된다.

(7) 극지방에 둔 로터축의 운동 모습

이제는 자이로 로터를 극지방에 두었을 때의 모습을 보자. 그림 3-12의 상단 그림은 우주인이 보았을 때의 모습으로, 자이로 로터의 방향보존성으로 로터의 지북단은 변함이 없으나 인간은 지구와 함께 자전한다. 그러나 하단 그림과 같이 지구인이 보았을 때는 로터의 지북단이 하루에 360도 회전하는 것으로 보인다. 이러한 회전을 Drift라고 한다.

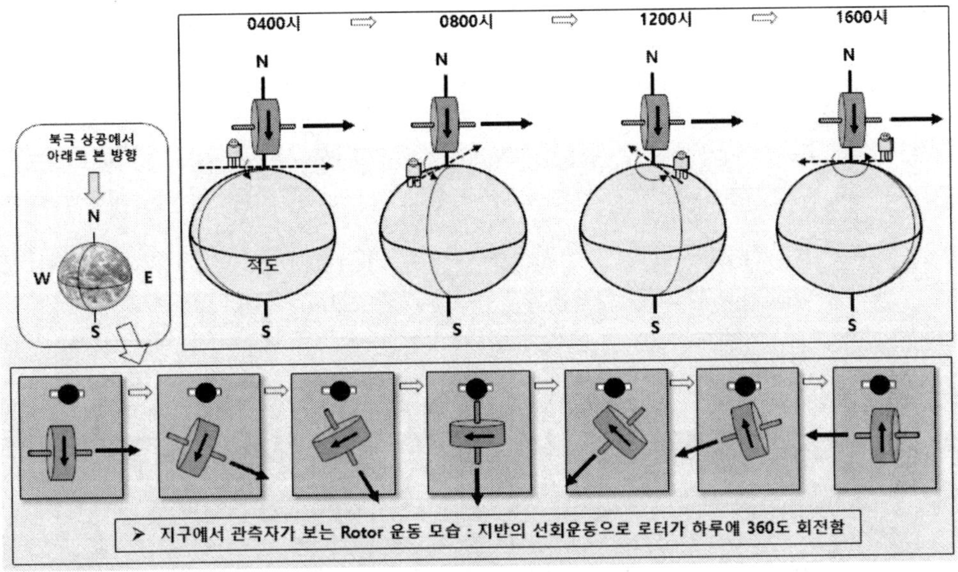

그림 3-12 극지방에 둔 자이로 로터를 우주인이 보았을 때(상단), 인간이 보았을 때(하단)

(8) 중위도 지방에 둔 로터축의 운동 모습

또한, 자이로 로터를 중위도 지방에 두었을 때의 모습을 보자. 이 때 로터의 지북단은 남북 방향으로 두었다. 그림 3-13의 상단 그림은 우주인이 보았을 때의 모습으로, 자이로 로터의 방향보존성으로 로터의 지북단은 변함이 없으나, 수평면과 로터축 사이에는 경사운동과 선회운동이 발생하고 있다. 이 현상은 복잡하여 이 그림에 나타내지 못했다. 그림 3-13의 하단 그림은 P 위치의 수평면이 지구 자전으로 회전하면서 형성하는 수평면의 경사운동과 선회운동을 나타내는데, 역시 그 현상을 그림에 나타내지 못했다.

중위지방에서의 현상은 그림 3-14와 같이 P 지점의 수평면이 지구 자전으로 인하여 이동하면서 형성하는 무한개의 수평면을 통해서 해석될 수 있다. 한편, 그림 3-15는 지구 자전에 따른 자이로 로터의 모습을 수평면 고깔에 나타낸 결과이다. 상단 그림은 우주인이 본 모습이고, 중간 그림은 지구인이 수평면에서 본 모습이며, 하단 그림은 지구인이 하늘에서 수평면을 내려다 본 모습이다. 상단 그림을 보면, 자이로의 로터축은 변함이 없으나 로터축에 대해서 수평면은 고깔 모양과 같이 비스듬하게 이동한 결과 회전과 경사운동이 발생한다. 아직은 회전과 경사운동을 이 그림에서 볼 수 없다. 중간 그림에서, 인간이 로터의 축을 바라보면, 로터의 지북단은 점차 경사되고, 하단 그림을 보면 로터의 지북단은 우측으로 회전하고 있다.

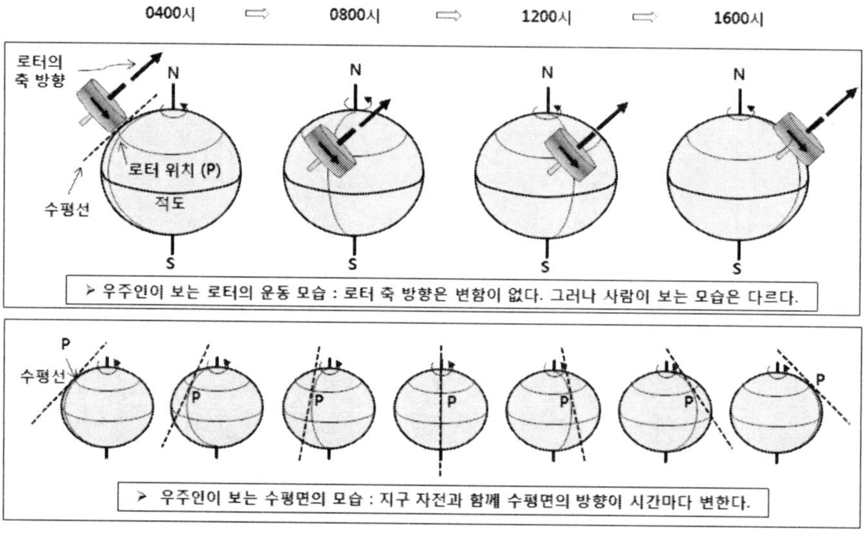

그림 3-13 중위도 지방에 자이로를 두었을 때 우주인이 본 모습(상단),
이 때 수평면의 변화 모습(하단)

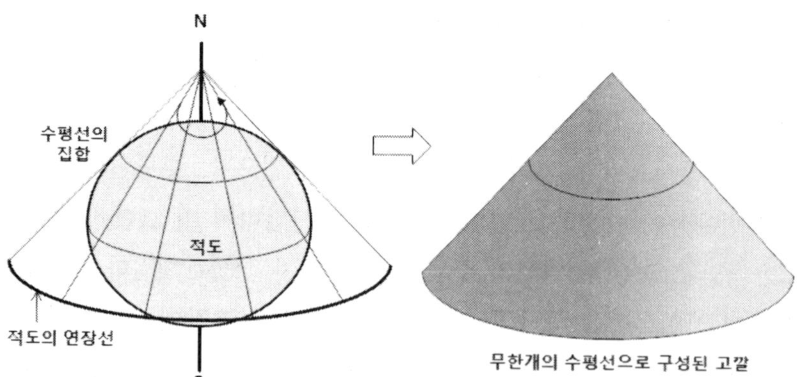

그림 3-14 중위도 지방에서 지구의 자전으로 발생하는 수평면
경사운동을 나타내기 위한 수평면 고깔

결론적으로, 중위도 지방에 자이로를 두었을 때 로터축은 지반의 경사와 회전으로 인하여 지구인이 보았을 때는 상대적으로 로터축이 경사운동과 선회운동이 동시에 발생하는 것으로 보인다. 그러나 실제 자이로 로터축은 변하지 않은 것이다. 단지 지구인이 보았을 때 이러한 경사와 회전 운동이 발생한다는 것이다. 즉, Tilting과 Drifting이 발생한 것이다.

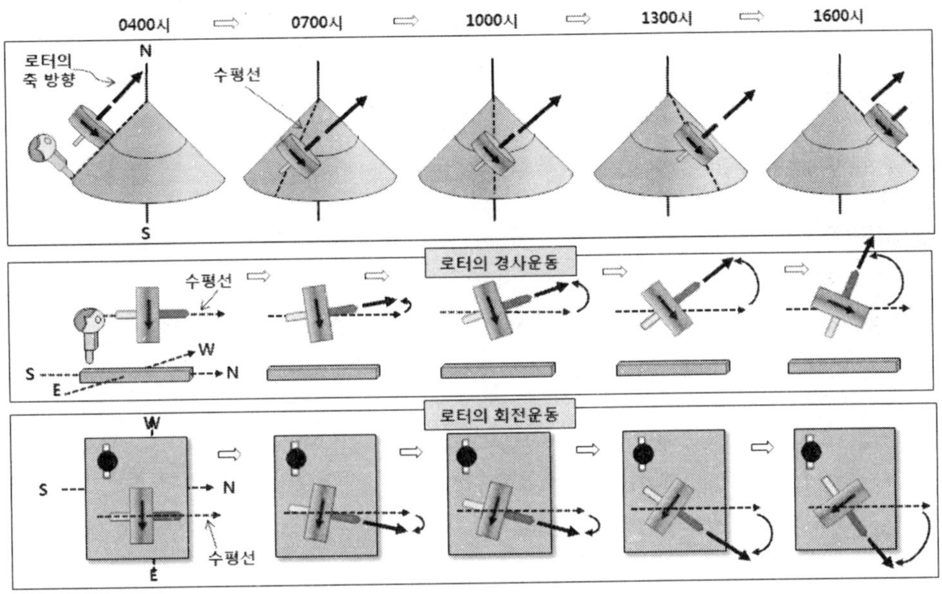

그림 3-15 지구 자전에 의한 자이로 로터의 모습을 수평면 고깔에 나타낸 결과. 우주인이 본 모습(상단), 지구인이 수평면에서 본 모습(중간), 상공에서 수평면을 내려다 본 모습(하단)

그러면 왜 인간을 중심으로 해석하는가? 자이로컴퍼스는 지구인들이 사용하는 것이지 우주인들이 사용하는 것이 아니기 때문이다. 즉, 지구가 자전하더라도, 지구상 어느 위치에서도 항상 진북을 가리키는 자이로컴퍼스를 인간이 원하기 때문이다.

그림 3-16은 완벽한 자이로컴퍼스의 개념을 나타낸다. 만약 자이로를 이용하여 완벽한 자이로컴퍼스를 만들었다면 그림 3-16의 현상이 발생한다. 상단 그림에서 지구자전과 함께 자이로 로터축은 항상 수평면에 대해서 평행한 북쪽을 지시한다. 우주인이 본다면 수시로 방향을 바꾸는 것으로 보일 것이다. 그 결과, 중간 그림과 같이 지구인이 쳐다보면 시간이 흘러서 지구가 자전하여 지반의 경사운동과 선회운동이 발생하더라도 일정한 북쪽 방향만 지시한다. 하단 그림과 같이 상공에서 쳐다본 경우에도 선회운동이 발생하지 않고 항상 진북을 가리키게 된다. 이와 같이 자이로가 지반의 경사운동과 선회운동

을 추종하기 위해서는 수시로 제차운동을 발생시켜서 로터의 지북단을 북쪽으로 돌려주어야 한다.

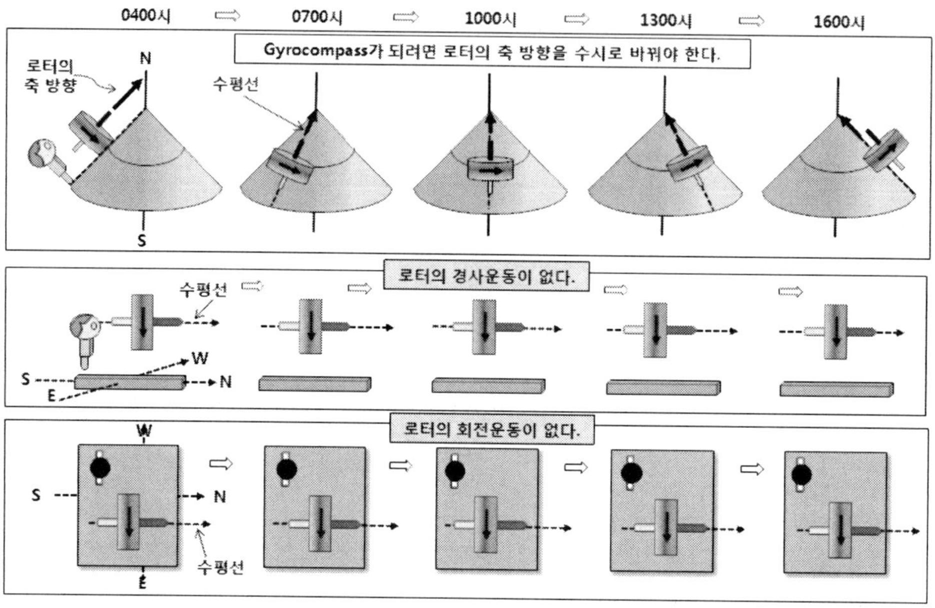

그림 3-16 우리 인간이 원하는 자이로컴퍼스

1.2.3. 자이로스코프의 세차운동

(1) 세차운동의 의미

고속으로 회전하고 있는 자이로 로터에 그 축과 일치하지 않는 토크(torque)를 가하면, 로터축은 자이로 자체의 각운동량 벡터와 가해진 토크 벡터와의 합성방향으로 최단거리를 따라서 움직이는데 이런 성질을 세차운동(Precession, 이하 Pr)이라 한다. 아직은 이해를 못했을 것이다. 그래서 여기서 잠깐 !

- 팽이를 생각해 보자. 팽이는 채찍으로 때리면 우뚝 솟아서 잘 돈다. 이 때 팽이를 회전축과 90도 방향 즉, 옆에서 막대기로 '툭'치면 팽이는 기울어지는 것처럼 보이다가 다시 원래 모습대로 우뚝 솟아서 계속 돈다. 여기서 막대기로 '툭'치는 순간 팽이는 막대기로 친 방향으로 넘어지는 것이 아니고 막대기로 친 방향과 90도 다른 쪽으로 살짝 넘어지는 것을 볼 수 있다.

■ 굴렁쇠를 굴리는 경우도 마찬가지이다. 굴렁쇠의 방향을 바꾸려면 굴렁쇠의 옆구리를 살짝 누른다. 그러면 누른 방향과 90도 다른 방향으로 굴렁쇠가 방향을 바꾸는 이치와 같다. 자전거도 마찬가지이다. 즉 회전하고 있는 물체의 방위를 바꾸려면 회전 방향과 90도 다른 방향으로 힘을 가해주어야 한다. 이것이 세차운동이다.

(2) 로터축에 토크를 가한 경우의 세차운동

그림 3-17은 로터축 방향에 대해서 90도 다른 방향에서 토크를 가했을 때의 세차운동을 나타낸다. 로터의 회전방향에 주목하면, 로터의 축 벡터 방향은 x-축 방향으로 나타난다. 축 방향으로 생성되는 벡터를 축성 벡터라 한다. 가해준 토크에 의해서 Y-축 방향으로 벡터가 발생한다. 앞에서 학습한 오른손 법칙을 생각해 보면 알 수 있다. 토크를 계속 가하면서 오른손으로 감싸 쥐어 보면 Y-축 방향으로 엄지손가락이 향할 것이다. 그 결과, x-축 벡터와 y-축 벡터의 합성 벡터가 생성된다. 그래서 로터의 북단은 합성 벡터 쪽으로 회전한다. 이것이 바로 세차운동이다. 결과적으로 가해준 토크는 발생한 세차운동 방향에 대해서 90도 다른 방향이 된 것이다.

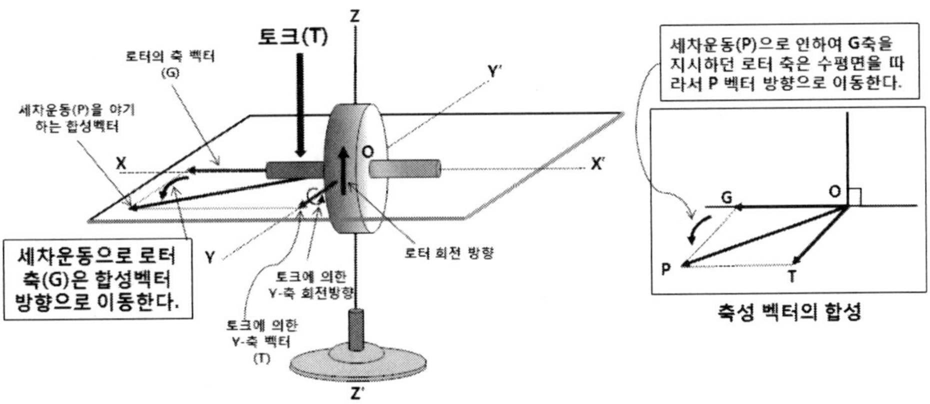

그림 3-17 로터축에 대해서 90도 방향에서 토크를 가한 경우의 세차운동

그림 3-17 우측에 나타낸 벡터를 이용하여 세차운동을 다시 설명한다. 여기서, G는 자이로 로터 회전에 의한 축성 벡터를 나타내고, T는 가해준 토크에 의한 측성 벡터, 그리고 P는 발생한 세차운동을 나타낸다. 로터와 같은 회전체의 관성력은 각운동량 벡터로 표시하는데, 회전체의 회전방향을 오른손으로 감싸 쥐었을 때의 엄지손가락 방향으로 향한 성분을 각운동량 벡터로 취급한다. 또 토크를 가했을 때 역시 회전축의 회전 방향을 오른손

으로 감싸 쥐었을 때의 엄지손가락 방향을 토크 벡터로 취급한다. 자이로 로터가 O-G 축을 중심으로 회전하고 있을 때 자이로 로터의 축성 벡터는 OG로 표시된다. 이 때 토크 T에 의한 토크 벡터는 OT로 표시되고, 세차운동은 OG와 OT의 합성벡터인 OP 방향으로 발생한다. 따라서 OG 축을 중심으로 돌고 있던 자이로 로터 축은 OP 방향으로 이동하게 된다. 이러한 세차운동의 각속도(P)는 작용한 토크(T)에 비례하고 자이로의 각운동량(H)에 반비례하므로 다음 식이 성립한다.

$$P = T/H \tag{3-2}$$

(3) 로터 옆면에 토크를 가한 경우의 세차운동

다음에는 토크의 방향을 바꾸어 보자. 그림 3-18과 같이 로터의 옆으로 토크를 가해보자. 로터의 회전에 의한 벡터는 x-축으로 발생하고, 가해준 토크에 대한 벡터는 z-축 방향으로 발생한다. 그 결과, x-축과 z-축 사이에 합성 벡터가 발생하여 로터의 북단은 아래로 경사된다. 즉, 가해준 토크와 90도 다른 방향으로 세차운동이 발생한다. 한편, 자이로에 가해지는 토크의 방향이 로터축과 일치하는 경우에는 자이로 로터의 회전속도를 증감시킬 뿐 로터축 방향을 변화시키는데 영향을 미치지 않는다.

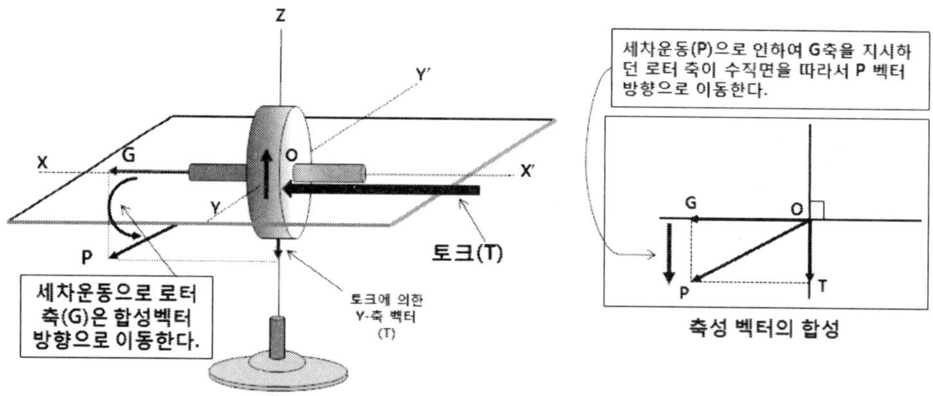

그림 3-18 로터의 옆으로 토크를 가한 경우의 세차운동

(4) 세차운동의 종합

위에 설명한 그림 3-17은 세차운동에 의한 로터축의 회전운동을 나타낸 것이고, 그림 3-18은 세차운동에 의한 로터의 경사운동을 나타낸 것이다. 이제 그림 3-19에 이 두 가지 현상을 종합하여 살펴보자. 이 그림에서, 토크를 아래에서 가해주거나 로터면의 반대측에서 가해주면 어떠한 현상이 발생하는지 고민해 보라. 결론은 그림 3-17과 같이 선회운동과 경사운동이 발생하는데, 다만, 세차운동의 방향이 변할 것이다. 이러한 결과를 종합하면 다음과 같다.

① 자이로 로터를 회전시키려면 로터축에 토크를 가해주면 된다.
② 자이로 로터를 경사시키려면 로터의 측면에 토크를 가해주면 된다.

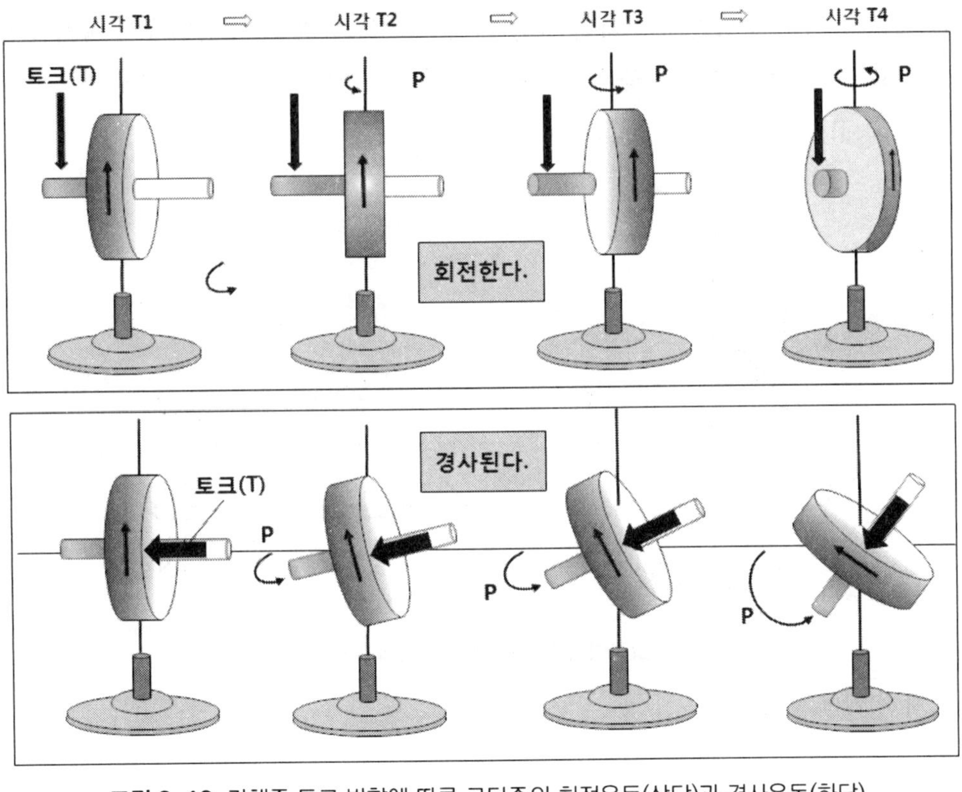

그림 3-19 가해준 토크 방향에 따른 로터축의 회전운동(상단)과 경사운동(하단)

1.3. 자이로와 지구의 자전 운동

1.3.1. 지구 자전과 자이로의 관계

지구는 24시간마다 약 360도[21] 자전하는데, 서쪽에서 동쪽으로 남북의 지축을 중심으로 회전하므로 그 회전 벡터의 방향은 북향이다. 즉, 북쪽을 중심으로 회전한다는 의미이다. 이것이 지구의 자전 각속도(360도/24시간)인데 위도마다 다르다. 그 이유는 다음과 같다. 그림 3-20에서 지구의 남북 축을 N-S로 두자. 그리고 지구의 자전 각속도를 ω로 두고, 지구 표면상 위도 φ에 있는 A 지점을 집중적으로 보면서 이에 대한 지구의 자전 운동을 살펴보자. 현재 A 지점은 자전 각속도 ω로 지축과 평행하게 회전하고 있는데, A 지점의 지반(즉, 수평면)은 N-S 축과는 경사되어 있다. 따라서 A 지점은 지축과 평행하게 회전함과 동시에 수평면에 수직인 방향(하늘로 솟은 방향)과 수평면에서 북쪽을 향하는 방향으로 나눌 수 있다. 즉, 북쪽방향으로의 각속도 성분 $\omega\cos\varphi$과 수직방향으로의 각속도 성분 $\omega\sin\varphi$으로 분해할 수 있다.

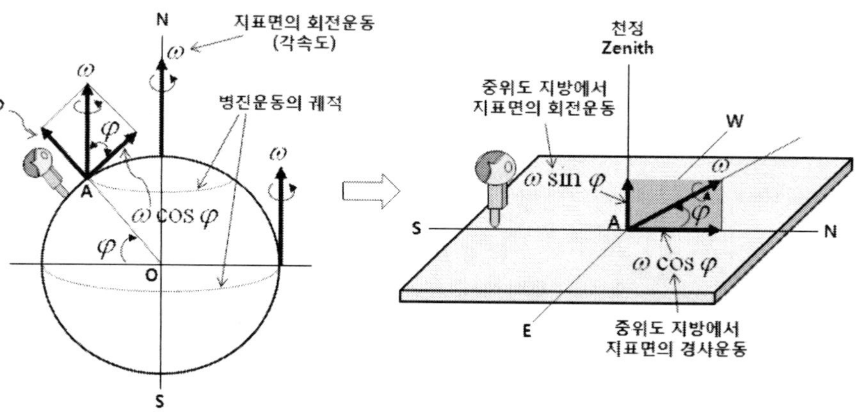

그림 3-20 지구 자전운동의 분석

여기서 생각해 보자!

- 위도가 0도인 적도면의 경우, 북쪽 방향의 $\omega\cos\varphi$의 각속도는 ω 가 되고($\cos 0 = 1$임으로), 수직방향의 $\omega\sin\varphi$의 각속도는 0이 된다($\sin 0 = 0$임으로). 따라서 적도에서는 북쪽방향의 각속도는 ω 만 남게 된다.

---

21) 엄밀히 말해서 360도가 아니다. 그래서 윤년과 윤달이 있는 것이다.

■ 위도가 90도인 북극의 경우는 이와 반대로 북쪽 방향의 $\omega\cos\varphi$의 각속도는 0이 되고 ($\cos 90 = 0$임으로), 수직방향의 $\omega\sin\varphi$의 각속도는 ω 가 된다($\sin 90 = 1$임으로). 따라서 북극에서는 수직방향의 각속도 ω 만 남게 된다.

그러면 실제 A 지점에서의 속도는 얼마일까? A 지점이 지구 자전에 의해서 이동하는 속도를 선형속도(linear speed)라 하는데, 지구의 반경 R과 위도에 따라서 다르게 나타난다. 이와 같이 지구표면상 임의의 A 지점에서는 지구의 자전에 따른 선형 속도가 발생하고, A 지점의 수평면(즉, 지반)을 고려하면, 이 수평면이 경사되면서 선회하는 현상이 나타난다. 이러한 지반의 경사를 지반의 경사운동(Tilting movement)이라하고, 지반의 선회 현상을 지반의 선회운동(Turning movement)이라 한다.

1.3.2. 지반의 선형 속도

그림 3-20을 다시 보면, A 지점의 선형속도는 A 지점의 거등권(A 지점의 위도를 연장한 선)을 따라 항상 서쪽에서 동쪽으로 $\omega R\cos\varphi$의 선형속도로 이동한다. 한편, 적도에서는 $900R$ 노트(knots)의 선형속도로 회전하고 있는데 계산 방법은 다음과 같이 간단하다. 적도는 위도가 0도이기 때문에 선형속도 $\omega R\cos\varphi$은 $\cos 0 = 0$임으로 ωR이 된다. 여기서 ω는 지구의 자전 속도이고, R 은 지구의 반경이다. 지구는 24시간에 360도 회전한다. 즉, 15°/ 1 Hr.가 된다. 1도는 60분이고, 1분은 1마일이다. 따라서 1시간에 15° × 60마일 = 900 노트[22]가 된다. 따라서 $\omega R = 900R$ kts.가 된다.

그리고 임의의 위도 φ 에서는 900×R×cosφ 노트가 되고, 극지방에서는 0이다(cos 90도는 0이니까). 그러면, 적도지방에 사는 사람은 900×R 노트의 무지하게 빠른 속도로 돌고, 극지방에 사는 사람은 0 노트의 속도로 빙글빙글 돌고 있다는 것인가? 정답은 그렇다. 그러면 어지러워서 살 수 있을까? 우리 인간은 지구의 크기에 비해서 무지하게 작은 존재이기 때문에 이를 느끼지 못하고 있을 뿐이다.

---

22) 노트(knot)는 1시간에 1마일(mile) 이동한 속도이다. 단위는 단수인 경우 kt. 복수인 경우 kts.를 사용한다.

1.3.3. 지반의 경사운동과 선회운동

(1) 지반의 경사운동

지반의 경사운동(Tilting Motion, 이하 Tg)은 수평방향의 각속도로 나타난다. 위도가 0도인 적도 지방의 지반(수평면)은 ω의 지구 자전 각속도로 항상 서쪽은 상승하고 동쪽은 하강하는 경사운동을 한다. 그러므로 적도 지방에서 초기에 동쪽을 향해서 가동시킨 자이로는 관성특성으로 인하여 24시간 일정하게 동쪽 방향만 지시할 것인 바, 여러분이 이 자이로를 보았을 때 지반의 동방 경사(즉, 지반의 동쪽이 경사된다는 의미)로 인하여 자이로의 회전축(또는 Rotor 축)은 15°/ Hr.의 각속도로 상승해서 24시간에 360°만큼 회전하는 것으로 보인다. 여기서, 자이로는 절대 움직이지 않고 여러분이 지구 자전으로 돌고 있기 때문에 이렇게 보이는 것이다.

또한 임의의 지점 A의 지반은 $\omega\cos\varphi$의 각속도로 동쪽은 하강하고 서쪽은 상승하는 경사운동하기 때문에 여러분이 쳐다본 자이로의 회전축(Rotor 축) 역시 이러한 경사운동이 지속적으로 발생하는 것으로 보인다.

극지방에서는 이러한 지반의 경사운동이 일어나지 않기 때문에 자이로 역시 경사운동이 발생하지 않는다. 여기서, 이와 같은 이유로 자이로를 이용한 자이로컴퍼스는 극지방에서 사용할 수 없다. 왜? 자이로컴퍼스는 지구 지반의 선회운동과 경사운동을 이용한 것인데, 극지방은 경사운동이 발생하지 않기 때문이다.

(2) 지반의 선회운동

지반의 선회운동(Drifting Motion, 이하 Dr)은 지반의 수직방향 각속도로 나타낸다. 북극에서 지반은 위에서 보면 지구의 자전 각속도 ω로 좌선회(시계반대방향)하고 있다. 따라서 북극에서 초기에 일정한 방향으로 지시하게 만든 자이로는 계속 그 방향만 지시하기 때문에 인간이 보기에는 지반의 선회에 따라 15°/1Hr.의 각속도로 우선회(시계방향)하면서 24시간에 360°회전하게 된다. 이러한 지반의 선회운동은 극지방에서 최대, 적도지방에서 최소가 되고, 중위도 지방에서는 $\omega\sin\varphi$가 된다.

1.4. 지반의 운동과 자이로컴퍼스의 원리

1.4.1. 자이로에 미치는 지반의 경사운동과 선회운동

이미 앞에서 지반의 경사운동과 선회운동에 의해서 자이로 역시 경사운동과 선회운동이 발생함을 설명했다. 우리가 사용할 자이로컴퍼스는 이러한 자이로를 이용한 것인데, 적도에서만 사용하는 것이 아니고 세계 어느 지점에서든지 작동되어야 한다. 즉, 경사운동과 선회운동 모두를 보상할 수 있는 기능이 필요하다. 그림 3-21에서 지구중심을 O로 두고 임의의 지점을 A라 둔다. 그리고 지구의 자전 각속도 크기 ω는 지구상 모든 점에서 같다(즉, 지구상 어느 지점이든지 24시간에 360도 회전함을 의미).

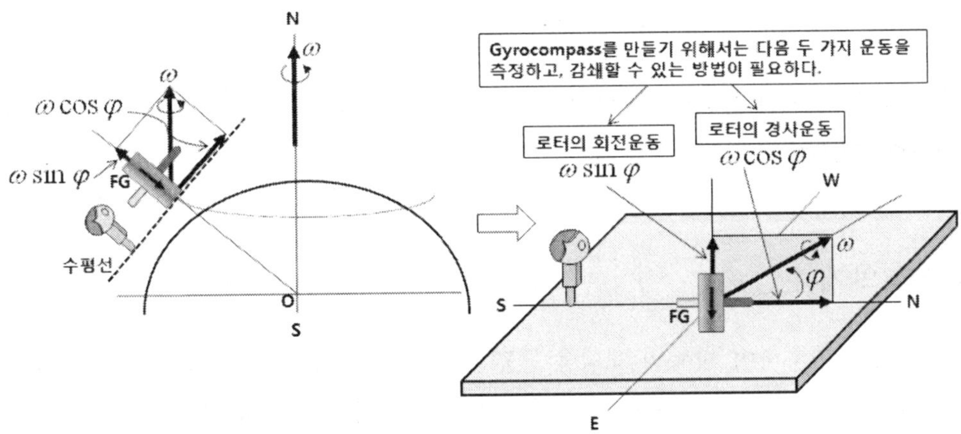

그림 3-21 지구자전과 자이로의 관계. 지구 위에서의 지반의 운동(좌), A 지점을 수평면에 나타낸 지반의 운동(우)

그림 3-21에서, A 지점의 각속도 ω는 남북방향의 수평축(자오선) 주위의 경사 각속도와 연직축의 주위의 방위선회 각속도로 분해할 수 있다. 남북방향의 수평축 주위의 경사 각속도는 $\omega\cos\varphi$로 나타낼 수 있고, 연직축 주위의 방위 선회 각속도는 $\omega\sin\varphi$로 나타낼 수 있다. 한편, 적도지방에서는 경사 각속도 ω만 나타나고, 극지방에서는 방위선회 각속도 ω만 나타나며, 중위도 지방에서는 경사 각속도와 방위선회 각속도 모두가 합성된 형태로 나타난다. 여기서 생각해 보자!

■ 왜 경사 각속도는 $\omega\cos\varphi$로 나타내고, 선회 각속도는 $\omega\sin\varphi$로 나타내야할까? 우선, 자명한 사실은 극지방은 위도 90도이고, 적도지방은 위도 0도이며, 극지방은 선회운동만 나타나고, 적도지방은 경사운동만 나타난다. 따라서 위도가 90도인 극지방의 선회운동을 나타내려면 $\omega\sin(90) = \omega$ 로 나타내야한다. 반면 위도 0도인 적도지방의 경사운동을 나타내려면 $\omega\cos(0) = \omega$ 으로 나타내야한다.

위도 34도 위치에서의 지반의 선회운동과 경사운동의 값은 어떻게 될까? 선회운동 A와 경사운동 B는 다음과 같이 계산된다.

$$A = 900miles/Hr. \times \sin(34) = 900 \times 0.56 = 504miles/Hr. = 8.4^\circ/Hr.$$
$$B = 900miles/Hr. \times \cos(34) = 900 \times 0.83 = 746miles/Hr. = 12.4^\circ/Hr.$$

단, 가해 주는 토크의 방향은 선회운동과 경사운동의 방향과 90도 다른 방향이다. 그리고 위의 계산에서 주의할 점은, 실제 지구는 편평타원체임으로 실제 지구의 크기를 고려해서 계산해야 한다.

1.4.2. 지북의 개념

그림 3-22를 이용하여 지북의 개념을 설명한다. 앞에서 설명한 바와 같이 프리자이로스코프(자이로) 로터축은 우주공간의 일정한 방향을 가리키므로 지구의 극지방에서는 그림 3-22와 같이 수평방향으로 하루에 한 바퀴씩 회전하는 것처럼 보이고, 적도에서는 하루에 한 바퀴씩 경사하는 것처럼 보인다. 적도와 극지방 이외의 지점에서는 이 두 가지 운동이 합성된 운동으로 나타난다.

여기서, 거의 위치가 변하지 않는 항성을 지구에서 보면 지구의 자전축 주위로 하루에 한 번씩 동에서 서로 도는 것처럼 보인다. 특히, 북극성은 지구 자전축의 연장선상에 있는데, 북극성 이외의 항성은 지구상에서 보면 북극성을 중심으로 시계 반대방향의 동심원 궤적을 따라 하루에 한 바퀴씩 회전하는 것처럼 보인다. 따라서 자이로 로터 축을 초기에 북쪽을 향하게 가동시켜서 24시간 관찰해 보면, 로터 축의 지북단(N)이 그리는 시운동 궤적은 그림 3-22와 같이 북극성을 중심으로 하는 동심원이 될 것이다. 즉 자이로는 계속 북쪽만을 지시하고 있는데, 지구가 자전하기 때문에 이렇게 보인다는 것이다.

우리가 원하는 자이로컴퍼스는 지구상 어디에서든지 북쪽을 가리키는 것이다. 그 것도 우리 인간이 살고 있는 수평면에 대해서 평행하게 진북을 가리키는 장비를 원한다. 이러한 장비를 구축하기 위해서는 자이로컴퍼스의 지북현상(북쪽을 지시한다는 의미)을 알아야 하고, 이러한 지북현상을 발생시키는 북탐운동과 제진운동을 알아야 한다.

그림 3-22의 우측에 나타낸 자이로컴퍼스는 북탐운동과 제진운동을 이용하여 수평면에 대해서 수평한 북쪽에 지북단이 수렴하게 만든 것이다. 이러한 수렴운동은 한 번에 발생하는 것이 아니라 지구 자전을 자이로 로터가 감지하면서 발생되기 때문에 상당한 시간이 소요된다. 일반적으로 84.5분 이상이 필요하다.

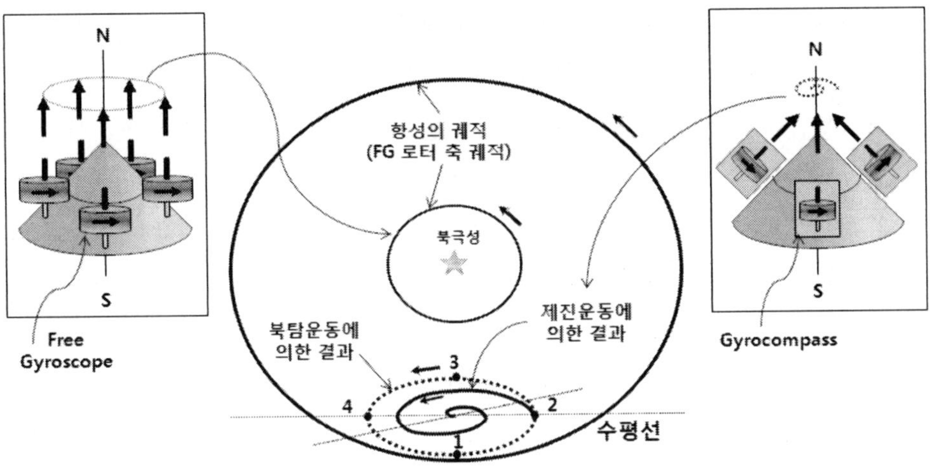

그림 3-22 자이로스코프와 자이로컴퍼스 로터축의 궤적

1.4.3. 지북을 위한 절차

자이로스코프를 이용하여 지구자전과 관계없이 항상 일정하게 진자오선에 대한 진북을 지시할 수 있는 자이로컴퍼스를 만들기 위해서는 다음의 절차가 필요하다.

① 자이로스코프(자이로)의 로터를 회전시키지 않은 초기 상태에서 자이로는 하나의 쇳덩어리에 불과하다. 이 때, 자이로의 지북단(N 단)은 어떠한 방향 그리고 어떠한 경사각으로 놓여 있고, 자이로는 고정된 쇳덩이와 같이 아무런 운동도 하지 않는다.

② 따라서 우선 필요한 것은 이러한 쇳덩어리에 불과한 자이로가 북쪽을 찾아가게 해야 한다. 그래서 자이로에 세차운동을 가하여 강제로 북쪽을 찾아가도록 제어한다. 이를

북탐운동(North Seeking Motion)이라 한다.

③ 자이로가 북쪽을 탐지하는 순간에도 지구는 계속 자전하고, 위의 북탐운동을 위해 자이로에 가한 세차운동 때문에 자이로는 진북을 지시하지 못하고 타원궤도를 따라서 회전한다.

④ 그래서 이번에는 북탐운동을 위해 가해준 세차운동과 반대 세차운동을 가해주면 자이로는 드디어 진북을 향해서 점차 수렴하게 된다. 이를 제진운동(Damping Motion)이라 한다.

⑤ 즉, 자이로를 자이로컴퍼스로 만들기 위해서는 2가지 세차운동이 필요하다. 그런데 문제는, 2가지 세차운동이 동시에 발생하면 자이로는 북탐운동도 하지 못하고 제진운동도 하지 못하는 그냥 쇳덩어리에 불과하게 된다. 그래서 북탐운동과 제진운동은 운동의 크기와 방향 및 운동발생시간이 서로 다르다.

⑥ 만약 북탐운동과 제진운동의 크기와 방향 및 발생 시간을 적당하게 조정하면 드디어 자이로의 지북단은 진북을 향해 수렴을 시작한다.

⑥ 그러나 자이로의 지북단이 진북을 지시하는 순간에도 지구는 자전하고, 북탐운동과 제진운동의 차이로 인하여 지북단은 정확하게 진북을 지시하지 못하고 또 다시 아주 작은 타원을 그리면서 회전한다.

⑦ 해결방안은 제3 세차운동, 제4 세차운동, 제5 세차운동 등, 무한대의 세차운동을 가해주면 되는데 이것은 현실적으로 불가능하다.

⑧ 그래서 상용 자이로컴퍼스에서는 북탐운동과 제진운동만 가해주고, 나머지 현상들은 그대로 오차가 발생하게 둔다. 그리고 이 오차를 각종 수정기구나 전자회로를 이용하여 수정한다.

⑨ 그래서 자이로컴퍼스에서는 오차 수정할 요소가 많이 발생한다. 참고로 후술하는 관성항법장치(Inertial Navigation System, INS)에서는 이러한 북탐운동과 제진운동을 이용하지 않고, 자이로가 지구자전에 의해서 경사되는 데로 두고, 이 경사된 값을 측정하여 방위를 측정한다. 마치 INS는 오차가 없는 완벽한 장비로 오해할 수 있으나 INS에서는 오차가 누적되어 장시간 사용이 불가능하다.

위의 내용을 요약하면 다음과 같다.

(1) 북탐운동 : 자이로에 북탐운동을 가하면 자이로의 지북단은 진북을 탐색한다. 북탐운

동에는 다음과 같이 2가지 방식이 있다.

- 탑헤비식(Top Heavy) : 자이로 로터의 윗부분(Top)을 무겁게 하여 북탐 세차운동을 발생하는 방식
- 보텀헤비식(Bottom Heavy) : 자이로 로터의 아랫부분(Bottom)을 무겁게 하여 북탐 세차운동을 발생하는 방식

(2) **제진운동** : 북탐운동을 하는 자이로에 제진운동을 추가하여 자이로의 지북단이 진북에 수렴할 수 있도록 한다. 여기에도 2가지 방식이 있다.

- 경사제진식(Damping in Tilt) : 자이로의 지북단이 경사되는 방향으로 제진 세차운동을 발생하는 방식
- 방위제진식(Damping in Azimuth) : 자이로 지북단의 방위가 진북을 벗어나면 제진 세차운동을 발생하는 방식

(3) **오차수정** : 다음과 같이 다양한 오차를 수정하면 우리가 원하는 자이로컴퍼스가 구현된다.

- 위도오차(Latitude Error), 속도오차(Speed Error), 변속도오차(Ballistic Deflection Error), 동요오차(Rolling Error), 선회오차(Turning Error), 기타 오차

1.5. 북탐 운동

1.5.1. 북탐 운동 제어 방식의 종류

북탐 운동(North seeking motion)은 자이로스코프가 진북(true north)을 지시하기 위하여 북쪽을 탐지하는 운동(즉, 북탐운동)을 의미한다. 방향 보존성이 있는 자이로의 로터축에 지구 중력에 의한 토크가 연직방향(수평축 주위)으로 주어지면 동서수평방향으로 세차운동이 일어난다. 세차운동과 지구 지반의 운동(경사운동과 선회운동)으로 인하여 발생하는 자이로 회전축의 시운동과의 합성운동으로 로터축은 남북방향을 중심으로 진동을 계속하는데 이를 북탐운동이라 한다.

북탐운동의 결과는, 위의 그림 3-22의 점선으로 나타낸 곡선과 같이 로터축의 지북단이 수평면 부근에서 1 → 2 → 3 → 4 의 타원 궤적으로 나타난다. 이 때, 타원의 크기는

초기에 로터축의 지북단이 놓여 있는 방향에 따라 결정되며, 그 진동 주기는 로터의 크기와 회전수 및 토크의 크기 등에 따라 결정된다.

선박용 자이로컴퍼스인 경우에는 북탐운동 주기가 약 84분이 되도록 설계되어 있는데, 타원 궤적의 높이는 지방에 따라 조금씩 다르다. 적도에서 타원의 장축은 로터의 중심을 기준으로 하는 수평면과 일치하지만, 북반구로 갈수록 장축은 수평면 위로 멀어지고 남반구로 갈수록 수평면 아래로 멀어진다. 그 이유는 지반을 지구 밖에서 보면 북반구에서는 시계반대방향으로, 그리고 남반구에서는 시계방향으로 도는 것처럼 보이기 때문이다.

이러한 북탐운동이 발생되기 위해서는 북탐 토크를 발생시켜야 하는데, 그 방법에는 지구 중력을 직접 이용하는 중력제어식과 토크모터(Torque motor)를 이용하는 전기제어식이 있다. 현재 가장 많이 사용하고 있는 것이 중력제어식인데, 중력제어식은 자연적인 중력을 이용하기 때문에 회로구성이 간단하다. 반면, 전기제어식은 토크모터를 이용하기 때문에 회로가 복잡하고 자칫 잘못하면 큰 오차를 야기할 수 있다. 또한 토크를 발생하는 방법으로는, 로터 케이스의 위쪽 부분을 무겁게 하는 탑헤비식(Top heavy)과 아래쪽을 무겁게 하는 보톰헤비식(Bottom heavy)이 있다.

(1) 탑헤비식

그림 3-23은 탑헤비식(Top Heavy)에서 세차운동이 발생하는 원리를 나타낸다. 상단 그림과 같이 로터축 위에 토크를 가해주거나, 하단 그림과 같이 로터 위의 측면에 토크를 가해주면 세차운동은 동일한 방향으로 발생한다. 탑헤비식은 하단 그림과 같이 로터 위 부분에 토크를 가해주는 방식이다.

그림 3-24는 수은 통을 이용하여 북탐동작을 발생시키는 스페리(Sperry)계 자이로컴퍼스를 나타낸다. 수은은 액체이지만 대단히 무겁고, 그래서 자이로가 경사되면 수은이 수은통에서 이동하면서 자이로 로터 윗부분을 누르는 효과를 유도한 것이다. 이러한 수은통을 안정기라 부른다. 그림 3-25의 좌측 그림과 같이 지반의 경사운동으로 자이로가 경사되면 수은통의 수은이 경사된 방향으로 흘러서 경사된 쪽의 수은통은 무겁게 된다. 이 현상은 마치 로터의 S 단을 누르는 효과를 발생한다. 우측 그림은 세차운동 발생 개념을 나타낸다. 현재 로터축의 북(N)단은 지반의 경사운동으로 인하여 남북(N-S) 축에서 벗어나 있는 상태이다. 일단 우측 상단 그림을 보면, 로터의 회전으로 인한 축성 벡터 G가 발생하고, 수은의 무게 때문에 로터축 남(S)단의 위에 토크가 가해진 결과 토크 벡터 T가 발생하며, 그 결과 세차운동은 합성벡터 P로 나타나서 로터축 북단은 북쪽으로 회전

하는데 우측 하단 그림에 나타냈다. 우측 하단 그림에서, 수은의 무게가 토크로 가해진 결과 로터축의 북단이 N-S 단에 도착하였지만 수은 이 수평상태가 되지 못하여 계속해서 세차가 발생하여 회전하게 된다. 북탐운동을 어떻게 하던지 수평으로 만들어 주어야만 더 이상 선회하지 않고 N-S 단을 지시하게 되는데(즉, 로터축 북단이 북쪽을 지시), 이를 제진운동이라 한다.

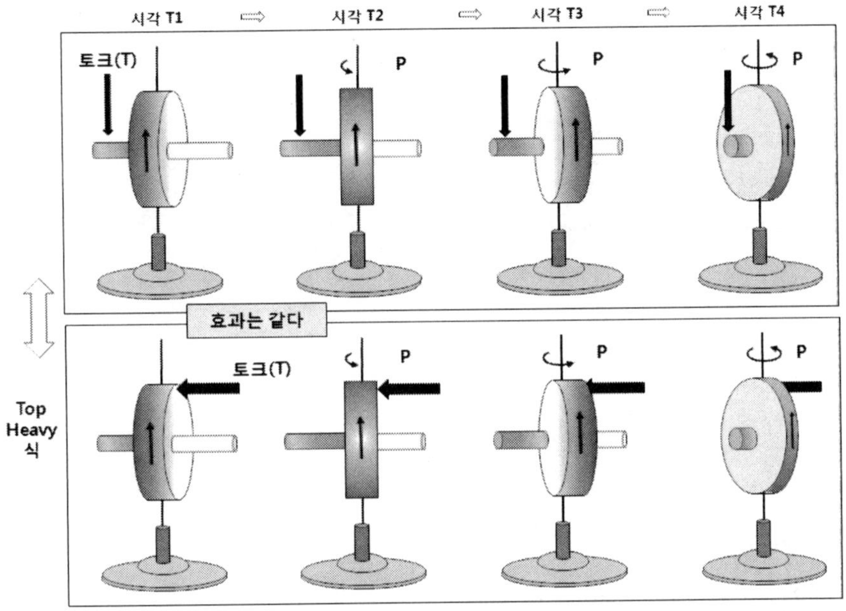

그림 3-23 탑헤비식에서 세차운동이 발생하는 원리

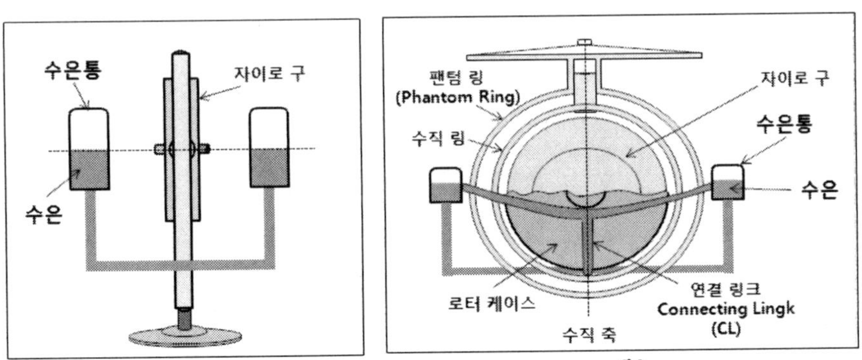

그림 3-24 수은통을 이용한 스페리(Sperry)계 자이로컴퍼스의 탑헤비식 자이로컴퍼스. 측면(a)과 전면(b)

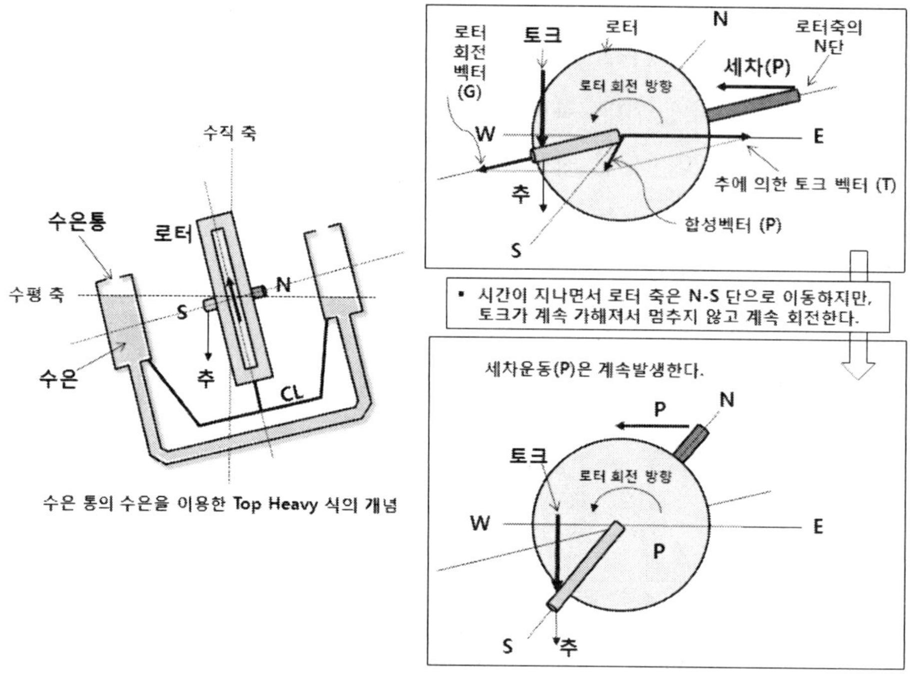

그림 3-25 탑헤비식의 구현 개념(좌)과 세차운동 발생 개념(우)

(2) 보텀헤비식

그림 3-26은 보텀헤비식(Bottom Heavy)에서 세차운동이 발생하는 원리를 나타낸다. 보텀헤비식은 탑헤비식과 달리 아래 부분을 무겁게 하여 세차운동을 발생시킨다. 여기서 주의할 것이 로터의 회전 방향이다. 앞의 그림 3-23과 달리 그림 3-26에 나타낸 로터의 회전 방향이 서로 다름에 주의해야 한다. 그러나 로터의 회전 방향은 다르지만 가해준 토크 방향이 다르기 때문에 세차운동 효과는 동일하게 발생한다. 그림 3-26의 상단 그림과 같이 로터축의 위 부분에 토크를 가해주거나, 하단 그림과 같이 로터의 아래 부분에 토크를 가해주면 세차운동은 동일한 방향으로 발생한다(단, 로터의 회전방향은 다르다).

그림 3-27은 보텀헤비식 자이로의 구조를 나타낸다. 좌측 그림과 같이 지반의 경사운동으로 자이로가 경사되면 공기 분사기를 이용하여 오히려 경사된 반대쪽으로 기름을 이동시켜서 경사된 반대 기름통을 무겁게 만드는 방법이다. 공기를 이용하기 때문에 무거운 수은을 이용하지 않고 기름을 사용한다. 이러한 기름통을 안정기라 부른다. 경사된 반대 기름통을 무겁게 한 결과는 마치 로터의 북(N)단을 누르는 효과로 나타난다.

그림 3-27의 우측 그림에 세차운동 발생 개념을 나타냈다. 현재 로터축의 북(N)단은 지반의 경사운동으로 인하여 남북(N-S) 축에서 벗어나 있는 상태이다. 일단 우측 위의 그

림을 보면, 로터의 회전으로 인한 축성 벡터 G가 로터축의 북(N)단쪽으로 형성되고, 기름의 무게 때문에 로터축의 북단 위에 토크가 가해진 결과 토크 벡터 T가 발생하며, 그 결과 세차운동은 합성벡터 P로 발생하여 로터축의 북단은 북쪽으로 회전한다. 탑헤비식과 효과는 동일함을 함을 알 수 있다[23]. 그림 3-27 우측 하단 그림은 계속해서 기름의 무게가 토크로 가해진 결과 로터축의 북단이 N-S 단에 도착하였지만 기름통이 수평상태가 되지 못하여 계속해서 세차가 발생하여 회전하는 모습을 나타낸다. 탑헤비식과 마찬가지로 제어를 위한 북탐운동이 필요하다.

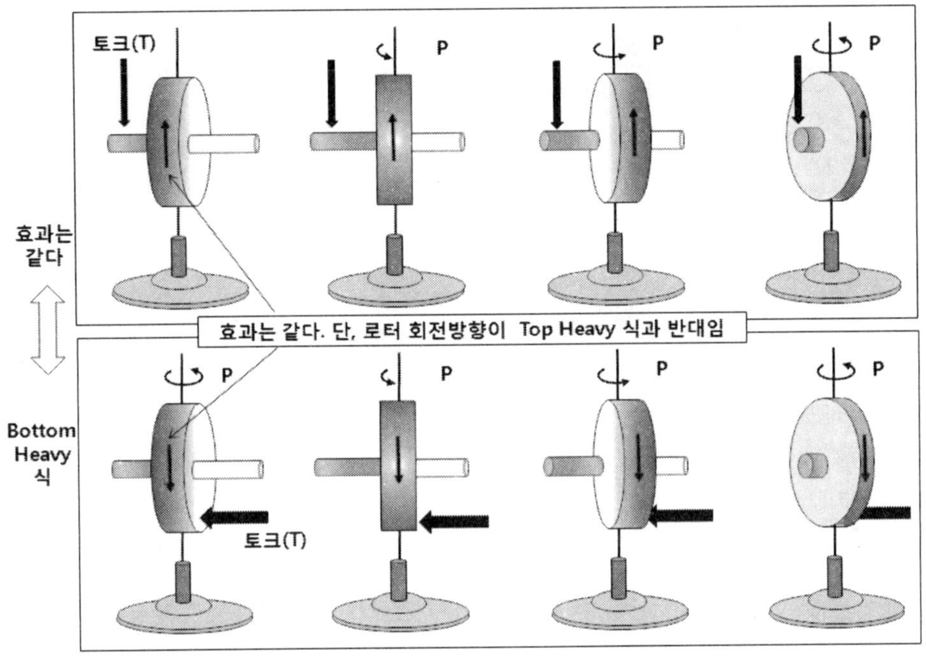

그림 3-26 보텀헤비식에서 세차운동이 발생하는 원리

23) 여기서, 왜 효과는 동일한데 보텀헤비식과 탑헤비식의 토크 방향을 반대로 가해준 것일까? 보텀이나 탑 중에서 어느 한 가지로 통일하면 안 될까? 아마도 특허문제 때문에 다양한 방법이 개발된 것으로 보인다. 북탐 제어방식에는 총 4가지가 있는데, 로터의 회전 방향을 시계 방향 또는 반시계 방향으로 하거나 여기에 더하여 머리를 무겁게 하거나 아래를 무겁게 하는 방법.

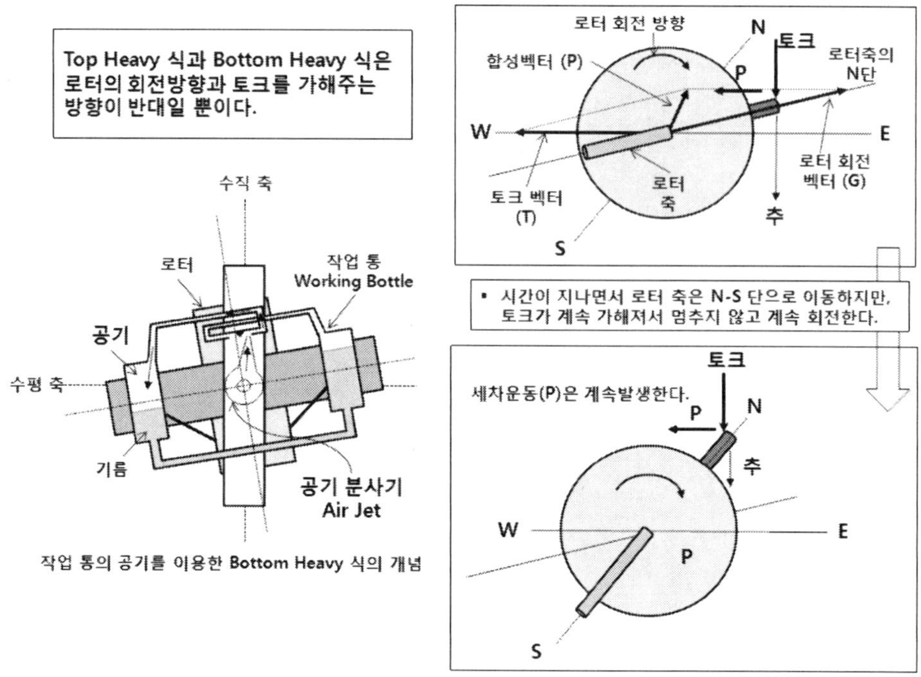

그림 3-27 보텀헤비식의 구현 개념(좌)과 세차운동 발생 개념(우)

보텀헤비식의 또 다른 방법이 그림 3-28과 같은 액체 부상에 의한 방법이다. 액체 내부에 자이로를 부상시키면 무게 중심(G점)이 부심(B점) 보다 낮게 되기 때문에 이를 이용하여 세차운동을 만드는 방법이다.

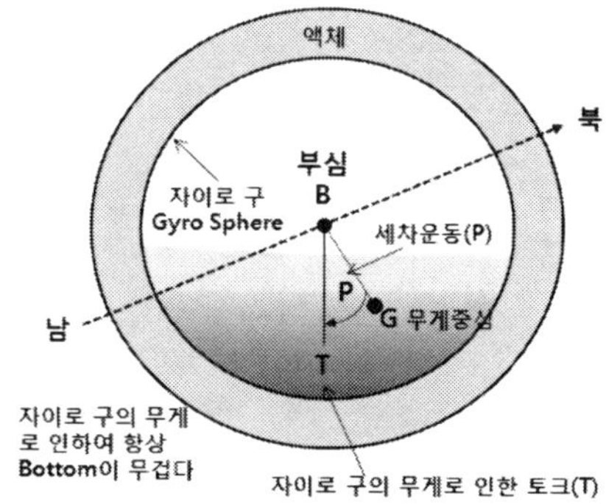

그림 3-28 액체 부상에 의한 보텀헤비식 구현 개념

1.5.2. 북탐 운동의 해석

(1) 북탐 운동의 개념

그림 3-29는 위에서 설명한 북탐운동에 의해서 발생되는 자이로 로터 북단의 이동모습을 나타낸다. 상단 그림은 고깔의 수평면에 둔 북탐운동 자이로를 우주에서 본 모습이고, 하단 네 개 그림은 수평면에 수직한 스크린에 나타낸 모습을 인간이 볼 때의 장면이다. 상단 그림과 같이 북탐운동을 하는 자이로 로터 북단은 지구 자전에 의한 경사운동으로 인하여 수평면 고깔을 중심으로 일정한 원을 그린다.

로터 북단의 궤적을 시간에 따라서 나타낸 것이 하단 그림인데, 지구가 자전하면서 로터의 북단이 장방형의 타원 궤적을 그리고 있다. 하단 그림의 1번과 같이 로터의 북단을 북쪽에서 오른쪽으로 치우친 동서수평방향으로 두고 자이로를 가동시키면 지반의 경사운동으로 북단이 상승되면서 세차운동(Precession: Pr)과 지반 경사에 의한 시경사운동(Tilting: Tg)이 일어난다. 이후 시간이 흘러서 2번과 같이 되는데, 로터의 북단이 하강되고, 3번에서는 최저점을 지나고 계속해서 4번과 같이 다시 상승하는 일련의 타원 궤적을 그린다. 이하에서는 로터 북단이 상승과 하강하는 원인을 설명한다.

(2) 적도 지방에서의 북탐 운동

그림 3-30은 앞에서 설명한 스페리계 자이로를 적도지방에 둔 경우에 자이로 로터의 북단이 형성하는 궤적을 설명한 것이다. 그림 3-30의 하단에 나타낸 네 개 그림의 이해를 위해서는 그림 3-31에 나타낸 수직 스크린의 좌표계를 이해해야 한다. 이 수직 스크린은 인간이 보는 모습을 나타낸 것으로, 수평면에 수직한 스크린을 세우고 이 스크린에 로터의 북단 끝이 지시하는 점들을 나타낸 것이다. 수평면으로부터 로터 북단이 지시하는 점까지의 거리는 로터 북단이 상승(하강)된 경사각 β을 나타내고, 진자오선(N'-M)에서 로터 북단이 편동 또는 편서된 각은 편각 α로 나타낸다.

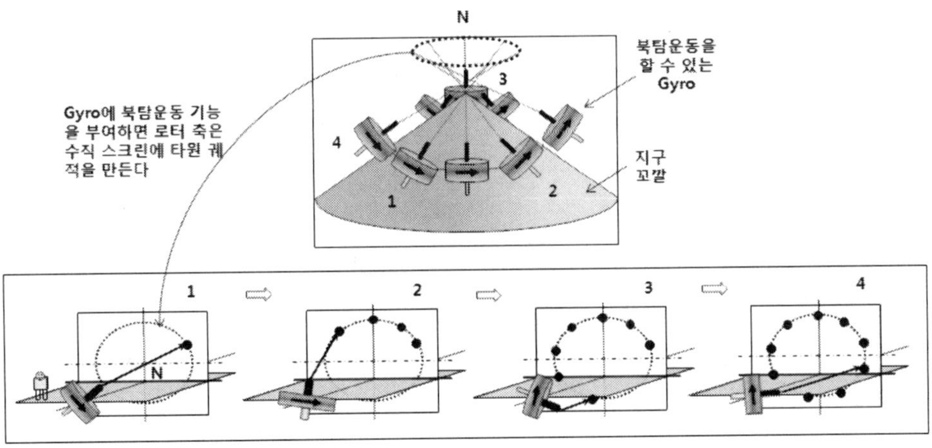

그림 3-29 북탐운동에 의한 자이로 로터 북(N)단의 운동 모습. 우주에서 본 모습(상단)과 수평면에 수직한 스크린에 나타낸 모습(하단 네 개 그림)

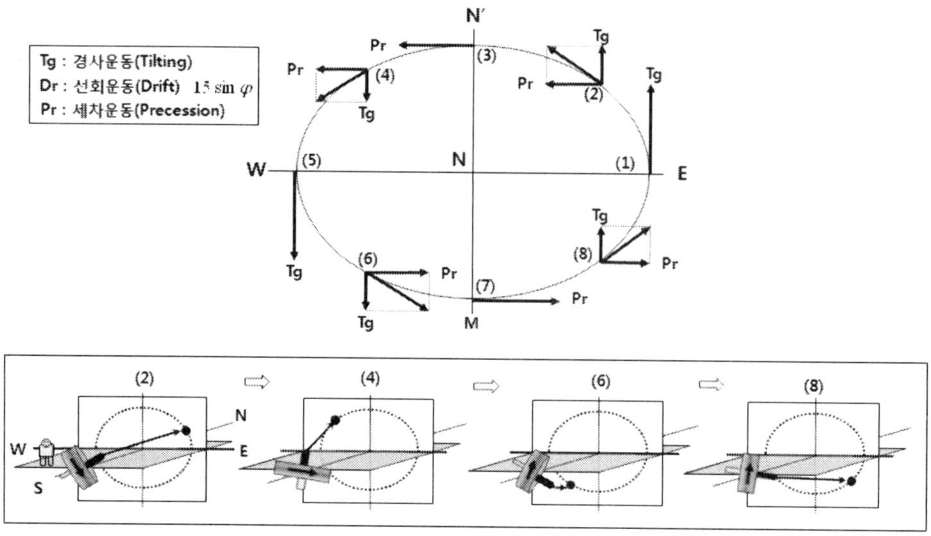

그림 3-30 적도지방에서 스페리계 자이로의 북탐운동

그림 3-30의 궤적을 중심으로 북탐운동을 설명해 보자. 그림 3-30의 궤적에 나타낸 (1)부터 (8)까지를 중심으로 설명한다.

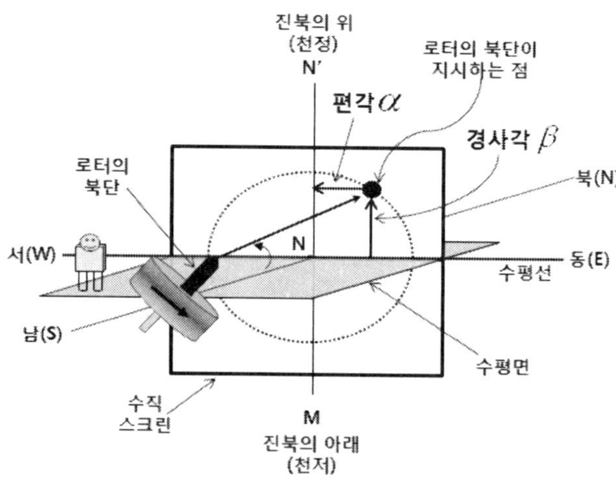

그림 3-31 수직 스크린의 좌표계 정의

① 그림의 (1)에 나타낸 바와 같이, 초기에 로터축의 지북단이 동쪽(E)으로 치우쳐져 있는 상태에서 자이로를 작동시킨다. 로터축의 지북단이 수평상태에서 동쪽(E) 지점을 지시하는 시간에 로터축은 수평상태가 되기 때문에 양쪽 수은통 역시 평형상태가 되어 세차운동(Pr)은 일어나지 않는다. 그러나 시간이 지나서 지구 자전에 의한 지반의 경사(하강)운동이 발생하면 로터축의 지북(N)단이 위쪽으로 향하는 시경사운동(상향 Tg)이 발생함으로 수은은 남측(S)으로 이동하게 된다. 그래서 로터 지북단이 상승하면서 (2)로 이동한다.

② 로터축의 지북단이 (2)를 지시할 때는 지북단이 경사되어 있기 때문에 액체가 남측으로 계속 이동하면서 남측 수은통이 무거워져서 세차운동(서향 Pr)이 생긴다. 한편, 이때의 편각(α)은 (1)의 지점을 지시할 때보다 줄어졌으므로 상향의 시경사운동(상향 Tg) 속도도 작아진다. 결국 (1)의 지점에서는 서향 세차운동과 상향 시경사운동의 합성방향으로 지북단이 이동한다. 그래서 로터 지북단은 (3)으로 이동한다.

③ 로터축의 지북단이 진북의 위쪽을 나타내는 (3)의 지점 (즉, (N')에 도달하면 지북단의 경사각(β)이 최대로 되어 수은은 남측으로 최대한 이동하므로 서향으로 향하는 세차운동(서향 Pr)도 최대로 된다. 그러나 편각(α)이 없으므로 시경사운동(상향 Tg)은 중단된다. 따라서 (3)에서 로터축의 지북단은 수평서향이 되고, 시경사운동(Tg)은 상향에서 하향으로 전환되면서 (4) 지점으로 이동한다.

④ (4) 지점에서 로터축의 지북단은 여전히 경사되어 있으므로 서향으로 향하는 세차운동(서향 Pr)이 일어나지만 경사각(β)이 작아졌으므로 진북을 나타낸 (3)지점 보다 세차운동 크기가 작아진다. 또한 로터축의 지북단이 서향이므로 하향의 시경사운동(하향 Tg)이 일어난다. 즉, (4)지점에서는 서향 세차운동과 하향 시경사운동의 합성방향으로 북단이 이동하여 (5)지점으로 향한다.

⑤ 로터축의 지북단이 (5)지점(즉, W)에 있을 때는 로터축이 다시 수평상태이므로 양쪽 수은통의 수은이 같게 되어 세차운동은 중단된다. 이 때 편서편각이 최대이므로 하향하는 시경사운동(하향 Tg)이 최대로 된다. 그러나 지북단이 부각(수평면 아래로 지시하는 각을 의미)을 갖게 되므로 세차운동은 동향으로 전환되어 (6)지점으로 이동한다.

⑥ 로터축의 지북단이 (6)지점에 도달할 때는 북측 수은통으로 수은이 이동하므로 동쪽 세차운동의 속도가 커진다. 이러한 동쪽 세차운동 때문에 편각이 줄어들어 하향의 시경사운동(하향 Tg) 속도 역시 (5)지점보다 작아진다. 그래서 (6)지점에서는 동향 세차운동과 하향 시경사운동의 합성방향으로 지북단이 이동한다.

⑦ 로터축의 지북단이 (7)지점 (즉, M)에 도달하면 북측 수은통으로 수은이 최대로 이동하므로 동향의 세차운동(동향 Pr)이 최대로 되지만 편각(α)은 없다. 그래서 시경사운동은 다시 하향에서 상향으로 전환된다.

⑧ (8)지점에서는 다시 편각(α)이 증가하므로 상향의 시경사운동(상향 Tg)의 속도가 증가하고 남측 수은통으로 수은이 이동하므로 동향의 세차운동속도 역시 (7)지점과 비교하여 감소된다. 결국 (8)지점에서는 동향의 세차운동과 상향의 시경사운동의 합성방향으로 로터축이 이동한다.

이와 같이 자이로 로터축의 지북단을 초기에 동서수평으로 편이시켜서 작동시킨 경우, 지북단은 동서수평운동인 세차운동과 수직운동인 시경사운동의 합성방향을 따라서 자오선을 중심으로 타원운동을 하게 된다. 위의 그림 3-30에 나타낸 바와 같이 진북을 중심으로 좌우로 요동하게 되어 아직까지는 자이로컴퍼스의 기능을 할 수 없다.

한편, 적도지방에서는 타원의 장축과 회전축을 기준으로 하는 수평면이 일치하게 된다. 즉, 적도지방에서는 지반의 경사운동만 있으므로 로터축의 시운동은 시경사운동만 고려하면 되기 때문에 타원궤적은 단순히 동서세차운동(Pr)과 시경사운동(Tg)에 의하여 결정된다. 그러나 적도 이외의 중위도 지방에서는 지반의 시경사운동(Tg)과 시선회운동(Dr)이 동시에 일어나므로 로터축이 그리는 타원궤적 역시 동서수평세차운동(Pr), 지반의 시경사운동(Tg) 및 지반의 시선회운동(Dr) 등의 3요소로 결정된다. 이러한 지반의 시선회운동(Dr) 방향은 지반의 선회방향과 반대방향이며 연직면을 기준으로 보면 북위도 지방에서는 동향, 남위도 지방에서는 서향이 된다.

(3) 북위도 지방에서의 북탐 운동

그림 3-32는 북위도 지방에서의 북탐운동을 나타낸다. 먼저, 북위도 지방에서 (3)지점에 로터축의 지북단을 동쪽으로 치우쳐지게 둔(수평편동) 상태에서 자이로를 작동시킨 경우 로터축의 운동특성을 살펴본다.

① 로터축이 (3)지점에 있을 때 로터축은 수평상태임으로 세차운동(Pr)은 중단된다. 그러나 북위도 지방이므로 동향의 시선회운동(동향 Dr)이 있고, 또한 로터의 지북단이 편동을 지시하고 있으므로 시경사운동(상향 Tg)이 발생한다. 따라서 지북단은 동향의 시선회운동(동향 Dr)과 상향의 시경사운동(상향 Tg)의 합성운동방향으로 이동한다. 그 결과 지북단이 상승되어 서향 세차운동이 생기기 시작한다. 그래서 시간이 흐르면 로터의 지북단은 (2)지점으로 이동한다.

② (2)지점에서는 서향 세차운동(서향 Pr)과 동향 시선회운동(동향 Dr)이 평형이 되기 때문에 오로지 상향 시경사운동(상향 Tg)에 의한 로터 지북단의 상승운동만 발생한다.

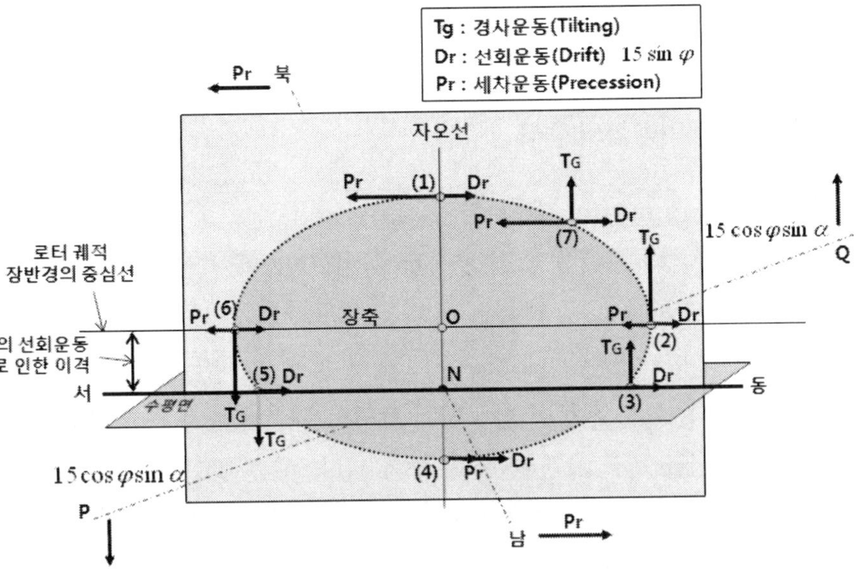

그림 3-32 북위도 지방에서의 북탐운동

③ 그러나 시간이 지나면서 (7)지점과 같이 서향의 세차운동(서향 Pr)이 동향의 시선회운동(동향 Dr)과 비교하여 크기 때문에 로터 지북단의 수평운동이 동향에서 서향으로 전환된다. 그래서 로터 지북단은 (7)지점에서 (1)지점으로 이동한다. 이하 설명은 앞에서 설명한 적도지방과 유사하기 때문에 생략한다.

위와 같이 북위도 지방에서는 세차운동(Pr)과 시경사운동(Tg) 및 시선회운동(Dr) 등 3가지 운동이 동시에 발생하기 때문에 로터 지북단은 타원 궤도의 중심점(O)을 지시하지 못하고 방황하면서 장축상의 어느 한 점만을 지시하게 된다. 즉, 북위도 지방에서는 지반의 선회운동에 의한 로터 지북단의 시선회운동(Dr)이 추가되기 때문에 적도지방과 달리 타원 궤적 장축의 중심선은 수평면보다 위에 있게 된다. 한편, 남위도 지방에서는 로터 지북단의 시선회운동 방향이 서향이 됨으로 장축이 수평면보다 아래에 있게 된다. 즉, 북위도와 남위도는 타원 궤도 장축의 중심선이 상하로 바뀌게 될 뿐이고, 모든 현상은 동일하게 발생한다.

그러면 어떻게 하면 로터 지북단이 타원 궤도의 중심점(O)을 지시하게 만들 수 있을까를 고민해야 한다. 왜냐하면 북탐운동만으로는 아직도 자이로의 지북단이 우리가 원하는 진북을 지시하지 못하기 때문이다. 정답은 이하에서 설명하는 제진운동에 있다.

1.6. 제진 운동

1.6.1. 제진 운동 제어방식의 종류

제진운동(Damping motion)은 로터의 지북단이 북쪽 근방을 탐지한 이후에 북쪽 방향을 지속적으로 지시하기 위한 수렴 운동을 의미한다. 북탐운동에서 살펴본 바와 같이 자이로의 로터축이 경사될 때 수평축에 대한 토크가 주어지면 수직축을 중심으로 동서수평세차운동(Pr)이 일어남과 동시에 지구 지반의 운동으로 인한 시경사운동(Tg)과 시선회운동(Dr)이 일어났다. 이들 운동이 합성되어 로터축은 진북 방향을 지시하지 못하고 타원형의 궤도 위에서 빙글 빙글 도는 진동을 하게 된다. 해결 방안은 북탐동작을 하는 자이로의 진동을 감쇠시켜 북쪽으로 수렴하도록 다음과 같이 적당한 토크를 추가로 가해주는 것이다.

북탐동작을 하는 자이로의 진동을 감쇠시키기 위하여 가해 주는 토크를 제진토크(Damping Torque)라 하고, 이로 인하여 발생하는 운동을 제진세차운동(Damping Precession) 이라 하며, 또한 수평세차운동을 하는 자이로에 제진세차운동을 추가하여 진동을 감소시켜 북쪽을 찾아가는 운동을 제진운동(Damping motion)이라 한다. 제진토크를 주는 방법은 제품의 특성에 따라 차이가 있지만 다음과 같은 2가지 방식이 있다.

① 경사제진식 : 수직세차운동이 수반되도록 하여 정지시키는 방식
② 방위제진식 : 북탐세차운동(동서수평세차운동)에 수평세차운동을 추가하여 정지시키는 방식

여기서, 이러한 제진세차운동은 북탐세차운동이 가해진 자이로에 추가하여 가해주는 것이지 단독으로 가해주는 것이 아님을 명심해야 한다.

1.6.2. 경사제진식

(1) 경사제진식의 원리

경사제진식은 자이로의 수평축을 중심으로 수직방향으로의 세차운동이 일어나도록 만든 것이다. 위에서 설명한 북위도 지반에서의 북탐운동에서 로터축의 지북단이 진동을

계속할 때, 장반경의 타원 궤적에서 지북단이 수평면 위로 향하는 앙각(+)의 경사각을 갖고 있으면 아래쪽으로의 제진세차운동이 추가로 발생하도록 만들고, 지북단이 수평면 아래로 향하는 부각(-)의 경사각을 갖고 있으면 위쪽으로의 제진세차운동이 추가로 발생하도록 제진하는 방식이다.

즉, 로터 지북단이 경사되는 것을 제진하기 때문에 '경사제진식'이라 한다. 그리고 경사제진식 자이로에서 세차운동이 발생하도록 토크를 가해 주는 방법은 다음과 같은 2가지가 있다.

① 제진 추(Damping weight)를 이용하는 방법
② 편심접촉점(Eccentric pivot)을 이용하는 방법

상기 두 가지 방법은 동서수평의 세차운동이 일어날 때 제진세차운동을 발생시켜서 로터축의 진동을 제진한다. 이 방식은 스페리 회사 제품에 사용되고 있으며 위도오차의 원인이 된다. 위의 두 가지 방법 중에서 그림 3-33과 같이 제진추(Damping weight, 이하 Wt)에 의한 제진방법을 설명한다.

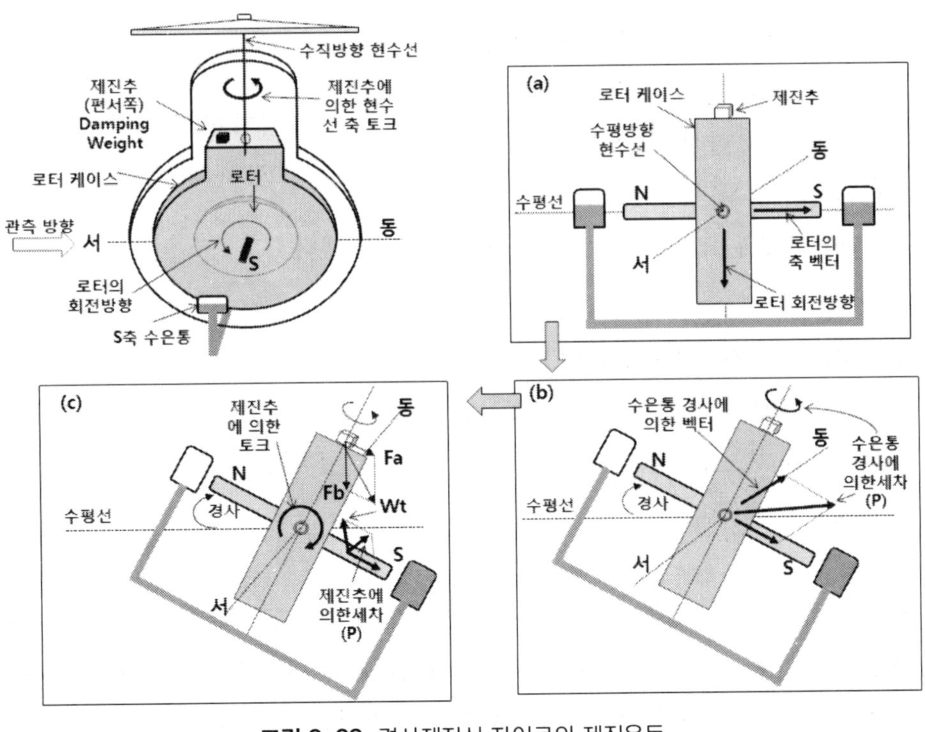

그림 3-33 경사제진식 자이로의 제진운동

이 방법은 그림의 좌측 상단(자이로컴퍼스의 구조)에 나타낸 바와 같이 자이로 로터 케이스(case) 서쪽 위에 100원짜리 동전크기 정도의 작고 가벼운 제진추를 부착시켜서 로터축이 경사되면 제진토크를 가해 주는 방식이다. 제진추는 로터 케이스 위 부분 중에서 서쪽으로 치우친 지점(편서쪽)에 부착되어 있다. 이러한 제진토크는 로터축의 경사각에 비례한다.

그림 3-33(a)를 보면, 자이로가 수평상태일 때는 수은통이 서로 평행이 되기 때문에 로터 케이스 위에 부착한 제진추는 어떠한 작용도 하지 않는다. 그 이유는 로터 케이스 상부에 있기 때문에 자이로 로터축과는 무관하기 때문이다. 그러나 그림 3-33(b)와 같이 지반의 시경사운동(Tg)과 시선회운동(Dr)으로 로터축을 포함하는 로터 케이스가 경사되면 수은의 이동으로 세차운동(Pr)이 발생하여 자이로의 북탐운동이 발생한다. 이와 동시에 로터 케이스 위에 부착한 제진추 역시 경사되면서 그림 3-33(c)와 같이 중력(Wt)이 발생한다. 제진추에 의한 중력(Wt)은 Fa, Fb 등 2개의 분력으로 나눌 수 있는데, 벡터 Fa는 로터의 수직축 주위에 작용하는 토크로 작용한다. 그래서 로터축이 경사되면 Fa에 의해서 제진세차운동이 일어난다.

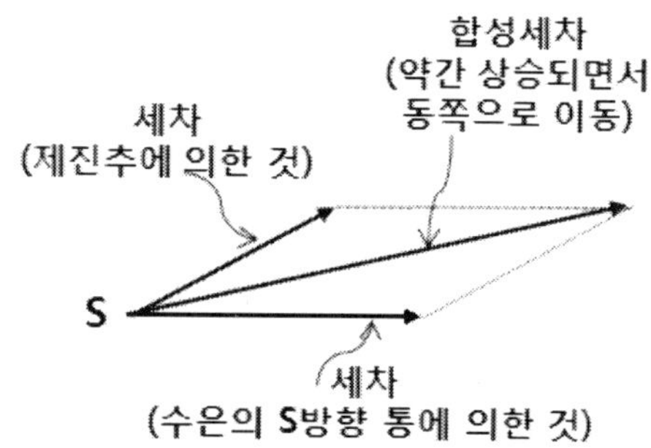

그림 3-34 벡터 합성

그리 3-34는 수은 이동에 의한 세차운동과 제진추에 의한 세차운동의 벡터 합성을 나타낸다. 이 그림과 같이 두 가지 세차운동이 합성되어 생성된 합성세차운동에 의해서 자이로 로터축의 지북단은 약간 상승되면서 동쪽으로 이동하게 된다. 그 결과는 그림 3-35에 나타냈다.

(2) 경사제진식의 적도 지방에서의 운동

그림 3-35는 적도지방에서 스페리 회사의 자이로를 기동시킨 경우, 로터축이 제진세차운동에 의하여 북으로 수렴하는 궤적을 나타낸다. 그림을 이해하기 위해서는 다음의 세 가지 운동을 이해해야 한다.

1) Pr(Controlled Precession) : 북탐운동을 야기하기 위한 동서수평방향의 북탐세차운동
2) Pr'(Damping Precession) : 제진운동을 야기하기 위한 수직방향의 제진세차운동
3) Tg(Tilting) : 지반경사운동에 의한 로터축의 시경사운동($\omega \cos\varphi \sin\alpha$)

그림 3-35를 각 단계별로 설명하면 다음과 같다.

① 앞의 북탐운동에서 설명한 바와 같이 자이로의 지북단을 초기에 E지점을 향하게 한 후 작동시키면, E지점에서 A지점까지는 지반경사운동(상향 Tg)에 의해 지북단이 상승한다. 동시에 제진추에 의한 지북단 하강의 세차운동(하향 Pr')이 일어난다. 그러나 지반경사에 의한 지북단 상승(상향 Tg)보다 제진추에 의한 지북단 하강의 세차운동(하향 Pr')이 더 크게 나타나도록 만들었기 때문에 이들이 합성된 결과 진폭이 작아져서 E지점에서 A지점으로 이동하지 않고 A'로 이동하게 된다.

② A'에서 W'까지는 로터의 지북단이 하강하기 때문에 제진추에 의한 제진세차운동(하향 Pr')도 커져서 진폭이 크게 감소한 결과, W'에서는 진폭이 작아진 상태로 로터축이 수평상태가 된다.

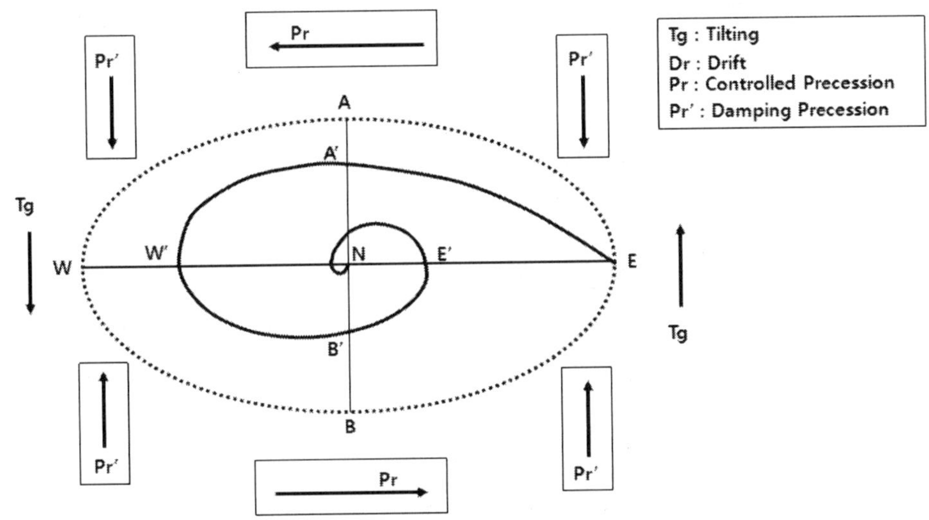

그림 3-35 적도지방에서 스페리계 자이로의 경사제진식 제진운동 궤적

③ 다시 W'에서 B'까지는 지반경사에 의해 지북단은 하강(하향 Tg)하지만 제진추에 의한 지북단은 상향 제진세차운동(상향 Pr')으로 상승함으로 이 둘이 합성되어 로터축의 진폭이 완만하게 감소하면서 B'에 도달한다.

④ B'에서 E'까지는 견사운동(Tg)와 제진세차운동(Pr') 모두 상승하기 때문에 지북단이 상승되면서 로터축의 진폭이 급격히 줄어들어 E'에 도달하고 로터축은 다시 수평으로 된다.

이와 같이 점차로 로터축의 진폭이 상하, 좌우로 줄어들어 결국 북쪽에 수렴하여 정지하게 된다. 이 경우 진폭의 감쇠율은 대략 30% 정도가 되도록 설계되어 있다. 그러나 적도 이외의 지방에서는 지반선회에 따른 시선회운동(Dr)이 추가된다.

(3) 경사제진식의 북위도 지방에서의 운동

그림 3-36은 북위도 지방에서 경사제진식 자이로의 지북단이 그리는 궤적을 나타낸다. 적도 지방과 달리 시선회운동(Dr)이 포함됨에 주의해야 한다. 경사제진식의 북위도 지방에서의 주요한 특징은, 자이로 로터의 지북단이 수평면 위로 경사된 경우에 제진세차운동(Pr')은 하향으로 발생하고, 수평면 아래로 경사된 경우는 상향으로 발생한다. 그림 3-36에는 네 가지운동이 나타나 있는데 다음과 같다.

1) Pr(Controlled Precession) : 북탐운동을 야기하기 위한 동서수평방향의 북탐세차운동
2) Pr'(Damping Precession) : 제진운동을 위한 수직방향의 제진세차운동
3) Dr(Drift) : 지반선회운동에 의한 로터축의 시선회운동($\omega \sin\varphi$)
4) Tg(Tillting) : 지반경사운동에 의한 로터축의 시경사운동($\omega \cos\varphi \sin\alpha$)

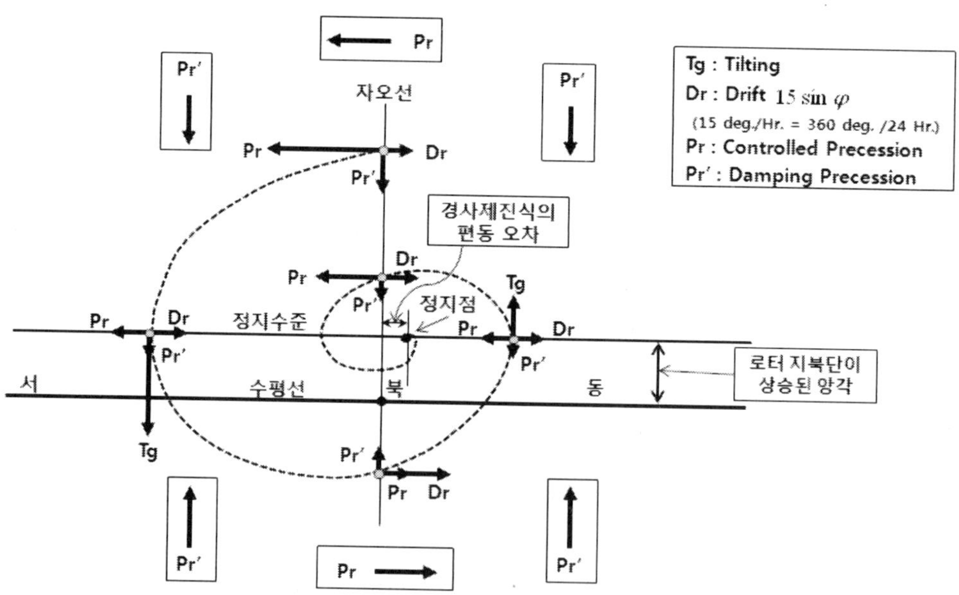

그림 3-36 북위도 지방에서의 경사제진식 자이로의 제진운동 궤적

경사제진식은 북위도 지방에서 위의 네 가지 성분이 복합적으로 발생하기 때문에 로터 지북단은 타원 궤적의 중심점으로 수렴한다. 중요한 내용은 다음과 같다.

① 로터의 지북단이 수평선 위에 있을 때는 제진세차운동(Pr')은 하방으로 작용하여 로터 지북단 궤적의 진폭을 감소시키고,
② 로터의 지북단이 수평선 아래에 있을 때는 제진세차운동(Pr')이 상방으로 작용하여 로터 지북단 궤적의 진폭을 감소시킨다.
③ 이 때 북탐세차운동(Pr)은 자오선을 기준으로 동편에 있는 때는 동쪽방향으로 증가되고, 서편에 있을 때는 서쪽방향으로 증가된다.

이와 같은 네 가지 세차운동 특성의 합성으로 인하여 자이로 로터 지북단 궤적의 진폭은 점차 작아져서 한 점에 수렴하게 된다. 드디어 우리가 원하는 자이로컴퍼스가 되었다. 즉, 평면에서 진북을 지시할 수 있는 자이로컴퍼스가 되었다. 그러나 경사제진식에서는 다음과 같은 오차를 갖는다.

① 경사제진식의 경우 자오선 중심점에 수렴하지 못하고 약간 동쪽으로 편중된 지점에 정지되기 때문에 편동오차가 항상 발생된다.
② 로터 지북단이 상승된 앙각을 항상 갖기 때문에 세차운동이 발생되고, 이것은 편동오차의 원인이 된다.

이러한 경사제진식 자이로컴퍼스의 오차에 대한 해결 방법은 없다. 따라서 항해사들은 항상 오차를 염두에 두고 항해해야 하며, 자이로컴퍼스의 오차를 점검해야 한다. 그러나 이 오차는 대단히 작기 때문에 안전항해에 지장을 초래할 정도는 아니다.

(4) 경사제진식의 정지점

그림 3-38은 경사제진식 자이로컴퍼스의 정지점을 나타낸다. 경사제진운동에 의하여 자이로 로터의 지북단은 일정한 위치에 점차 수렴하면서 정지하게 되는데 이것을 정지점(Settling point)이라 한다. 정지점은 자이로컴퍼스가 최종적으로 진북을 지시하는 경우, 수평상태에서 진북을 가리킬 수 있는지 없는지를 판단하는 기준이 된다. 정지점이 진북을 가리키지 못하는 양은 자이로컴퍼스의 오차로 남게 된다. 경사제진운동을 적용한 스

페리(Sperry) 회사 자이로컴퍼스의 지북단은 북반구에서는 동쪽으로 편각 α와 앙각의 경사각 β을 갖고 정지하고, 남반구에서는 서쪽으로 편각 α와 부각의 경사각 β을 갖고 정지한다. 이미 앞에서 설명한 바와 같이 편각 α과 경사각 β는 모두 위도에 비례하는 각이다. 그러나 β는 남북방향의 경사각이므로 위도에 영향을 미치지 않으나 α는 동서방향의 편각이므로 방위에 오차를 미치는데 이것이 위도오차가 된다.

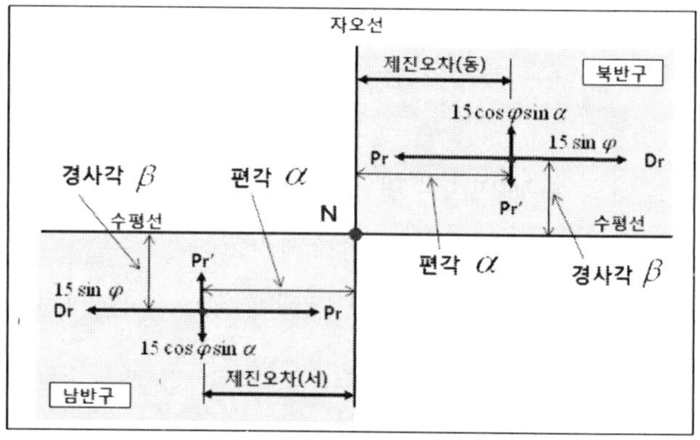

그림 3-37 경사제진식 자이로의 정지점 분석

1.6.3. 방위제진식

방위제진식은 로터축이 진북방향에 대하여 벗어나면 이것을 감소시키는 방향으로 동서수평세차운동(Pr')이 추가로 발생하도록 만든 것이다. 즉, 진북방향에 대해서 벗어나는 것을 제진하는 방식이라는 의미에서 '방위제진식'이라 부른다. 여기서는 간단하게 방위제진식의 수렴운동만을 설명하고, 나머지 내용은 경사제진식을 응용하여 생각하면 된다.

그림 3-38은 방위제진식 자이로의 제진운동 궤적을 나타낸다. 동서수평세차운동(Pr') 은 북탐세차운동(Pr)과 같이 발생하지만 서로 90도의 위상차를 두고 발생한다. 즉, 로터축의 지북단이 진자오면을 향하고 있으면 이 운동을 촉진하는 방향으로 제진세차운동(Pr')이 일어나고 지북단이 진자오면에서 멀어지면 이것을 억제하는 방향으로 제진세차운동(Pr')이 발생한다. 방위제진식에서 제진 토크를 얻는 방법에는, 영국 브라운(Brown) 회사에서 적용한 제진제어용 기름통(Damping bottles) 방식과 독일 안슈츠(Anschutz) 회사에서 적용한 제진제어용 유통관(Damping trough) 방식 등이 있다(이, 1984). 방위제진식에서 중요한 요소는 제진토크의 발생을 자이로 로터 회전축의 경사와 서로 90도의 위상차를 갖도록 만드는 것이다. 그리고 방위제진식의 정지점은 타원 궤적의 중심에 수렴될 수 있으나, 로터 지북단은 상승된 앙각을 갖고 있다.

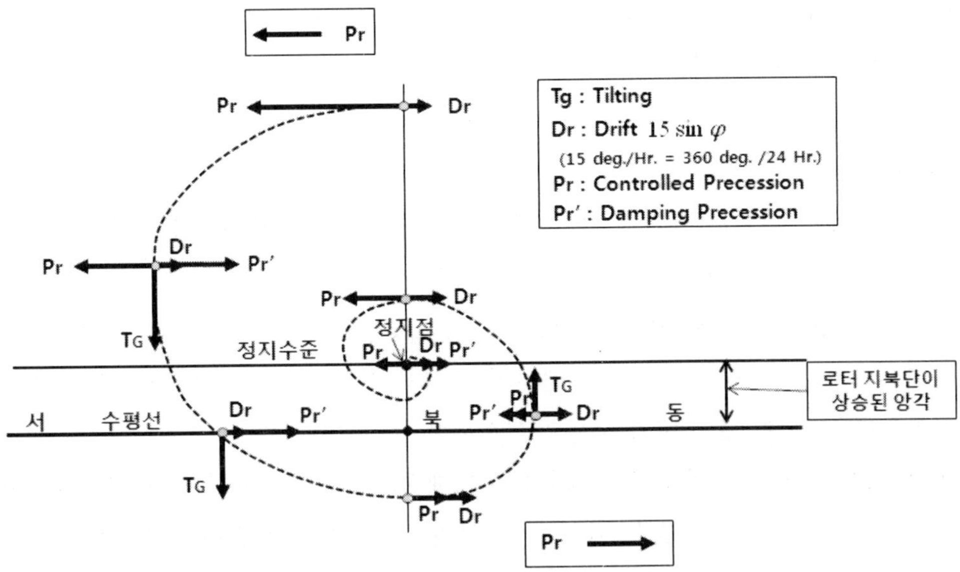

그림 3-38 방위제진식 자이로의 제진운동 궤적

1.6.4. 제진운동과 정지점

앞에서 설명한 두 가지 제진운동에 의해서 자이로스코프는 이제 북쪽에 수렴할 수 있는 자이로컴퍼스(Gyrocompass)가 되었다. 그러나 경사제진식의 경우에는 앞에서 설명한 바와 같이 제진운동을 가해주었음에도 불구하고 자이로 로터의 지북단이 정확하게 진북(000도)을 지시하지 못한 채 동쪽으로 편동된 편동 오차를 갖고 진북 부근에 수렴하게 된다. 한편, 방위제진식에서는 경사오차가 야기된다.

이러한 오차를 그림 3-39를 통해서 다시 한 번 고찰해 보자. 이 그림은 자이로에 제진운동을 가한 경우와 가하지 않은 경우, 자이로 로터의 지북단이 시간변화에 따라 변화하는 모습을 나타낸 것으로, x-축은 자이로의 작동경과 시간을 나타내고, y-축은 자이로 로터의 지북단이 가리키는 방위를 나타낸다. 이 그림에는 2가지 곡선이 있는데, '비제진운동 곡선'으로 표시한 곡선은 자이로에 제진운동을 가하지 않은(즉, 북탐운동만 가한) 경우에 작동시간변화에 따른 지북단의 지시 방위를 나타내고, '제진운동 곡선'으로 표시한 곡선은 자이로에 경사제진식 제진운동을 가한 경우(즉, 북탐운동과 제진운동 모두 적용한 경우)에 작동시간변화에 따른 지북단의 지시방위를 나타낸다. 제진운동에 의하여 자이로 로터의 지북단은 한 점에 수렴하게 되는데, 이상적인 경우라면 진북(000도)에 수렴해야한다. 그러나 작동시간이 지나면서 점차 진동의 진폭은 급격하게 감소하지만, 로터의 지북단은 진북(000도)을 지시하지 못하고 정지위치(007.4도)를 중심으로 동서방향으로 요동한다. 그 이유를 살펴보자.

(1) 쉴러 주기

그림 3-39에서, 작동시간이 경과되면서 '제진운동 곡선'은 경사제진식 자이로의 제진운동으로 인하여 점차 '정지위치'에 수렴하게 되고, '비제진운동 곡선'은 84.5분의 일정한 주기로 진북(000)을 중심으로 동서방향으로 진동한다. 여기서, '비제진운동 곡선'은 자이로에 북탐운동만 가해준 것이기 때문에 앞에서 설명한 바와 같이 진북을 중심으로 동서방향으로 약 ± 34도 정도의 진폭으로 진동한다.

독일 Anschutz ST6 자이로컴퍼스의 경우 비제진운동의 진동주기는 표준위도[24] 45도에서 84.5분으로 설계되어 있다. 이와 같이 설계하는 이유는 후술하는 가속도오차 또는 변속도오차(Ballistic Deflection)를 방지하기 위한 것이다. 이러한 84.5분의 진동주기에 대한 이론은 독일의 쉴러(Schuller)가 정립한 것이기 때문에 쉴러 주기라 하며, 다음 식으로부터 유도된 것이다(임, 1992; Burger).

$$2\pi\sqrt{\frac{R}{g}} = 2\pi\sqrt{\frac{H}{B\,\omega\cos\lambda}} \tag{3-3}$$

여기서, R은 지구반경, g는 지구의 중력가속도, H는 자이로 로터의 각운동량, $\omega\cos\lambda$는 위도 λ인 점에서 지구자전의 각속도, B는 제어정수

위의 식(3-3)에서 좌측 항은 길이가 지구반경(R)과 동일한 단진자(simple pendulum)의 주기(84.5분)에 해당되며, 우측 항은 비제진 자이로 로터축의 진동주기를 나타낸다. 자이로컴퍼스에서는 가속도오차를 피하기 위하여 제어정수 B을 조정해서 비제진시의 자이로 로터축의 진동주기가 단진자의 진동주기와 같도록 조정한다. 이 진동주기는 위도가 낮을수록 짧아지고, 위도가 높을수록 길어진다.

24) 표준위도는 자이로컴퍼스 제작회사 마다 다른데, 스페리(Sperry) 제품의 경우 45도, 안쉬츠(Anschutz) 제품의 경우 54도, 브라운(Brown) 제품의 경우 51.5도 등을 표준위도로 정하고 있다(이, 1984a)

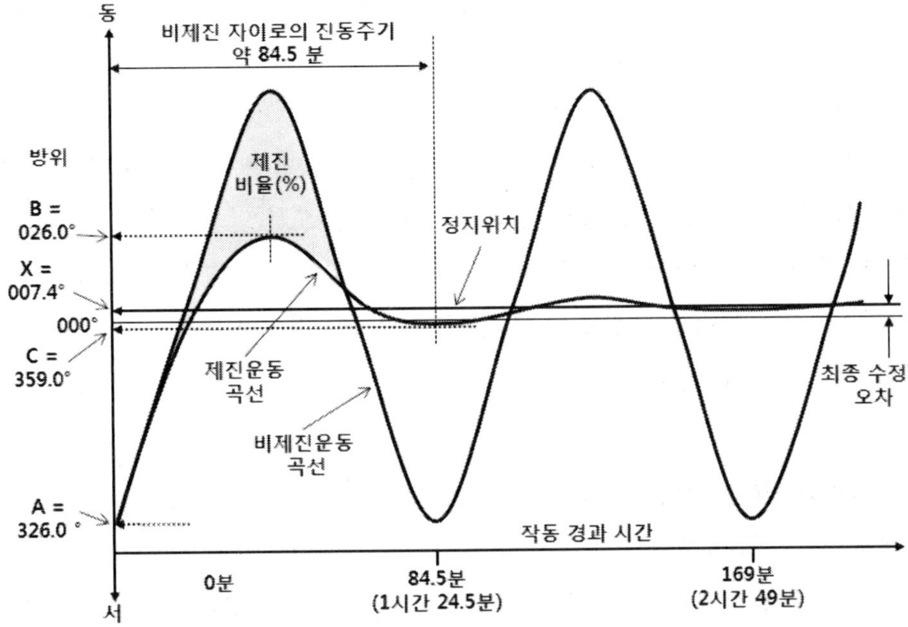

그림 3-39 제진운동에 의한 자이로 로터의 시간변화에 따른 방위 변화

(2) 제진 요소

이제는 그림 3-39의 '제진운동 곡선'을 살펴보자. 이 제진운동 곡선은 일정한 작동시간이 경과하면서 진폭이 대폭 감소되고 있다. 즉, 제진운동에 의하여 북쪽에 수렴하는 운동을 하고 있는 것이다. 진폭의 감소정도는 다음과 같이 계산할 수 있다. 제진운동 곡선에서 진동의 두 번째 진폭과 첫 번째 진폭과의 비율을 다음 식(3-4)에 나타낸 제진요소(damping factor) D_F 라 하고, 비제진운동 곡선과 제진운동 곡선사이의 감쇠비율을 제진비율 D_F라 하며 $D_F(\%) = (1 - D_F) \times 100$ 으로 계산할 수 있다(임, 1992; Burger).

$$D_F = \frac{(B \sim C)}{(A \sim B)} \qquad (3\text{-}4)$$

여기서, A 는 감쇠되는 진동이 첫 번째로 최대 진폭을 나타낼 때 로터축 지북단이 가리키는 방위, B는 두 번째 최대 진폭을 나타낼 때 로터축 지북단의 방위, C는 세 번째 최대 진폭을 나타낼 때 로터축 지북단의 방위

[예제] 그림 3-39와 같이 는 326도, B는 026도, C는 359도로 나타났다면, 이 때 제진 요소 D_F와 제진 비율 $D_F(\%)$을 구하라.

[정답] 제진요소 D_F = 0.45가 되고, 제진비율 $D_F(\%) = 55\ \%$가 된다.

즉, $A\ D_F = (026 \sim 359)/(326 \sim 026) = 27/60 = 0.45$ 여기서, 026도와 359도의 차이를 구하는 방법은 026도에 360을 더하여 386도를 만들어서 359도와 빼주면 된다. 그리고 제진비율은 $D_F(\%) = (1-0.45)\times 100 = 55\ \%$ 가 된다. 실제 자이로 컴퍼스에서는 이러한 제진요소 D_F 을 표준위도에 따라서 0.3 ~ 0.6 사이의 값을 취하고 있다(임, 1992).

(3) 제진요소와 자이로컴퍼스 오차

앞의 계산에서, 제진요소 D_F 가 0.45라는 의미는 감쇠진동이 작동시간이 경과하면서 최대 폭이 0.45배 감소한다는 의미이기 때문에 시간이 무한대 경과하면 어느 방위 U에 수렴하게 되는데 다음 식으로 구할 수 있다.

$$D_{FU} = \frac{(U-B)}{(A-U)} \qquad (3\text{-}5)$$

위의 예제를 이용하여 계산하면 $U = 367.379^0 \approx 7.38^0$ 가 된다.

즉, $0.45 = (X-(26+360))/(326-X)$을 계산하면 된다. 따라서 장시간 구동했음에도 불구하고 진북(000도)을 지시하지 못하고 약 7.4도를 지시하는 정지점(settling point) 오차가 발생한다. 한편, 이와 같은 정지점 오차들은 후술하는 바와 같이 지구자전 각속도와 위도, 제진방식 등을 고려하여 추정할 수 있기 때문에 수정할 수 있다. 정지점 오차는 추정하여 수정할 수 있는데, 문제는 일정한 작동시간이 경과되어야만 제어곡선이 정지점 위치로 수렴되는 것이다.

위의 그림 3-39에서, 84.5분(1시간 24.5분)이 경과되었는데도 불구하고 로터의 지북단은 정지점 위치에 수렴하지 못하고 359.0도를 지시하고 있으며, 169분(2시간 49분)이 경과했음에도 불구하고 정지점 위치에 수렴하지 못한다. 만약 84.5분의 3배인 253.5분(4시간 13.5분)이 경과되면 정지점 위치에 거의 근접할 것이다. 그래서 선박에서는 출항 전 4시간 전에 자이로컴퍼스를 작동하도록 IMO 규정에 권고되어 있는 것이다. 급박한 경우라면 최소한 2시간 정도의 시간이라도 경과되어야만 로터축의 지북단이 안정화된다.

뒤에서 설명하는 토키멕(TOKIMEC) 회사의 TG-6000 자이로컴퍼스의 경우, 정지점 수렴 시간은 4시간 이내이고, SLEW라는 형식으로 작동시키면 2시간 이내에 수렴하는 기능을 갖는다.

2. 자이로컴퍼스의 오차와 수정

2.1. 개요

자이로컴퍼스는, 우주공간의 절대방향을 지시하는 자유 자이로스코프의 회전축에 북탐 토크와 제진 토크를 가하여 북탐 제차운동과 제진 세차운동을 발생시켜서, 로터축의 지북단이 지구의 지반운동을 지속적으로 추종함으로써 수평면에 평행한 진자오선의 북쪽을 자동으로 지시한다. 따라서 지구표면에 있는 자이로컴퍼스가 진북을 지시하는 것은 지반의 경사 및 선회 운동과 북탐 및 제진 세차운동이 서로 평형상태를 유지하는 경우이다. 만약 어떠한 원인이 발생하면 이러한 평형상태가 깨져서 로터의 지북단은 진북에서 벗어난다. 이러한 평형상태가 깨지는 원인에는 자이로컴퍼스 자체의 결함에 의한 것과 선박 운동에 의한 것 등이 있다.

그러므로 항해중 기회가 있으면 천체방위를 측정하거나 자기컴퍼스와 침로를 비교하여 오차의 유무를 확인하여야 한다. 이러한 오차의 종류는 다음과 같으며 이들 오차가 발생하는 원인과 대응방법을 살펴본다.

- 위도 오차, 속도 오차, 가속도 오차, 제2가속도 오차, 동요 오차, 자체 오차

2.2. 위도오차

위도오차(Latitude error)는 액체 안정기 및 제진추에 의해서 북탐세차운동과 제진세차운동이 동시에 일어나는 경사제진식 자이로컴퍼스에만 있는 오차이다. 적도지방에서는 오차가 발생하지 않지만 그 이외의 지방에서는 오차가 발생한다. 그리고 북위도 지방에서는 편동오차, 남위도 지방에서는 편서오차가 발생하고 위도가 높을수록 증가한다. 이러한 오차를 위도오차 또는 제진방식에 기인한 오차라는 의미에서 제진오차(Damping error)라고도 부른다.

위도오차를 설명하기 위하여 이미 앞에서 학습한 경사제진식의 정지점을 다시 그림 3-40에 나타냈다. 그리고 위도오차는 이미 앞의 경사제진식 제진운동에서 편동오차가 발생하는 원인을 설명한 바 있으니 참고하기 바란다.

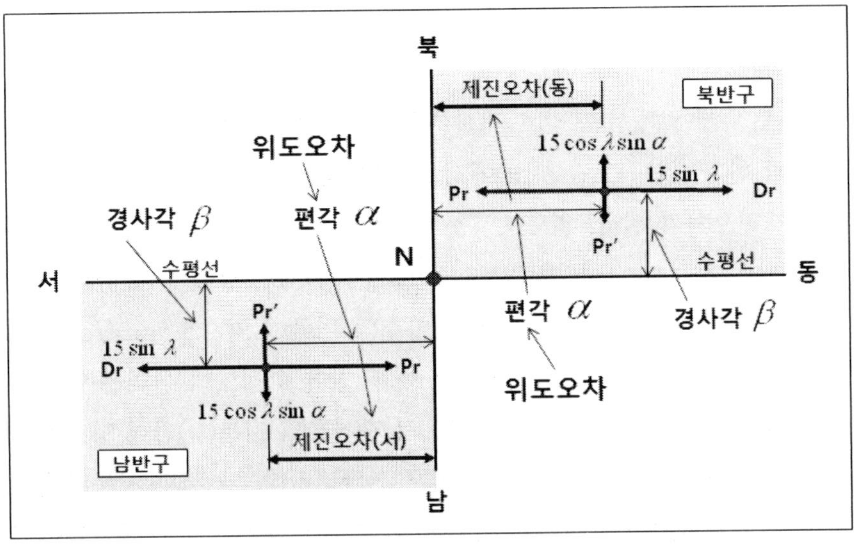

그림 3-40 경사제진식의 정지점과 오차

그림 3-40을 보면서 위도오차 또는 제진오차가 발생하는 원인을 설명한다.

① 북반구에서 위도 λ인 지점에서는 지표면이 $\omega\,\mathrm{sin}\lambda$의 크기로 시계반대방향으로 돌고 있다. 그래서 자이로의 로터가 이 지표면에 대해서 정지하여 북을 지시하기 위해서는 로터축도 이것과 동일하게 시계반대방향으로 세차운동을 계속하여야 한다. 참고로, 그림에서 지구의 선회각속도 $\omega = 360^0/24Hr. = 15^0/1Hr.$이기 때문에 그림에 $15\,\mathrm{sin}\lambda$로 표시한 것인데 단위는 (deg./$Hr.$)이다. 그리고 어떤 내용에서는 $900\,\mathrm{sin}\lambda$로 표시한 것이 있는데 이는 15도를 900 마일(miles)로 표기한 것으로, 이 때 단위는 ($miles/Hr.$)가 된다.

② 자이로 로터가 시계반대방향으로 세차운동을 계속하기 위해서는 적당한 경사각 β를 유지해야 하는데, 제진추를 이용하는 경우에는 경사각 β 때문에 수직축 주위에 토크가 발생하여 로터축의 지북단이 내려간다.

③ 그러면 경사각 감소로 인하여 세차운동은 지표면의 회전속도보다 느리게 된다. 그러므로 이것을 보상하기 위해서 로터축의 지북단을 동쪽으로 편각 α만큼 벗어나게 하면 이 지북단은 $\omega\cos\lambda\,\sin\alpha$(즉, $15\cos\lambda\,\sin\alpha$)만큼 상승한다.

④ 따라서 이 값이 제진 추에 의한 지북단 하강 속도와 같을 때 로터축은 지표면에 대하여 정지하게 되는데 편각 α을 갖은 상태에서 정지한다. 이 때 발생한 편각 α가 위도오차

가 된다.

이와 같이 위도 λ에 의해서 그리고 제진운동에 의해서 발생한다는 의미에서 위도오차 또는 제진오차라 한다. 위의 그림 3-40에서, 위도오차는 편각 α 가 되고, 편각 α 는 경사 제진식에서의 제진오차가 된다. 위도오차는 위도오차수정기(Latitude error corrector)로 수정하거나 완전 자동식 수정장치(일명 적분기라 함)로 수정할 수 있다.

그림 3-41은 적분기를 나타낸다. 로터 케이스의 위쪽에 약 15 rpm(revolution per minutes, 분당 회전수)으로 천천히 회전하는 원통 안에 고점도의 실리콘 액이 채워져 있고, 이 안에 철제 구가 떠 있다. 북위도 지방에서 자이로의 지북(N)단이 양각을 가진 채로 정지하고 있으면 철제 구는 서서히 지남(S)단으로 굴러간다. 그 결과 지북단에 서향의 세차운동이 추가로 일어나서 편각 α가 줄어들고 이에 따라 경사각 β도 줄어들어 결국 수평을 유지하면서 북을 가리키게 된다. 철제 구에 의한 수정양은 로터가 경사되어 있는 시간의 적분에 비례하여 연속적으로 변하기 때문에 적분기라고 한다. 한편, 최신 자이로컴퍼스에서는 GPS의 위도정보를 이용하여 위도오차를 자동으로 수정하고 있다. 후술하는 토키멕(TOKIMEC) 회사의 TG-6000 모델에는 위도를 항해사가 직접입력하거나 GPS의 방위정보를 자동으로 입력할 수 있도록 되어 있다.

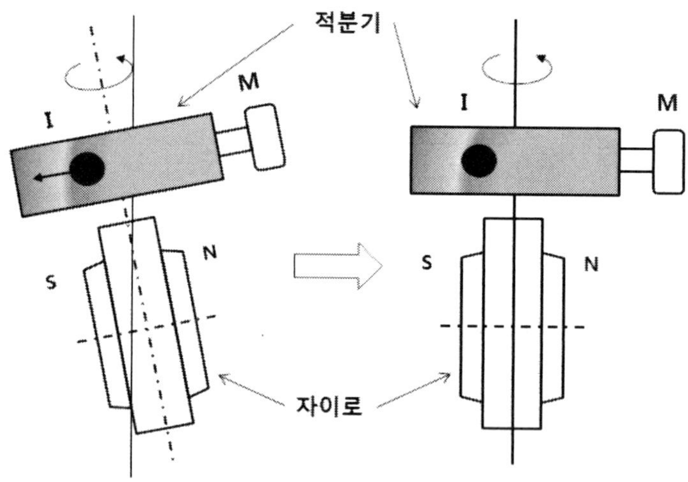

그림 3-41 적분기의 원리

2.3. 속도오차

자이로컴퍼스는 한 지점에 고정되어 있을 경우에 지반운동과 로터축의 세차운동이 평형을 이루어 진북을 지시하도록 설계되어 있다. 만약 항해 중에 지면에 대한 상대운동이 변하면 이러한 평형상태가 깨지는데, 이 때 발생하는 오차가 속도오차(Speed error)이다. 그림 3-42와 그림 3-43에 나타낸 바와 같이 속도오차는 자이로컴퍼스의 구조와 상관없이 선박의 속도에 기인한 것이므로, 제품에 관계없이 오차의 크기는 같다.

그림 3-42는 선박의 이동방향에 따른 속도오차 발생 개념을 나타낸다. 선박의 침로가 남북방향으로 향하게 되면 자이로 로터의 지북단(N)과 수평면 사이의 경사각도가 증가하게 된다. 즉, 지북단(N)이 상승하는 것으로 되기 때문에 수평축 주위에 토크가 발생하여 오차가 발생한다. 이러한 오차는 다음과 같은 특징을 갖는다.

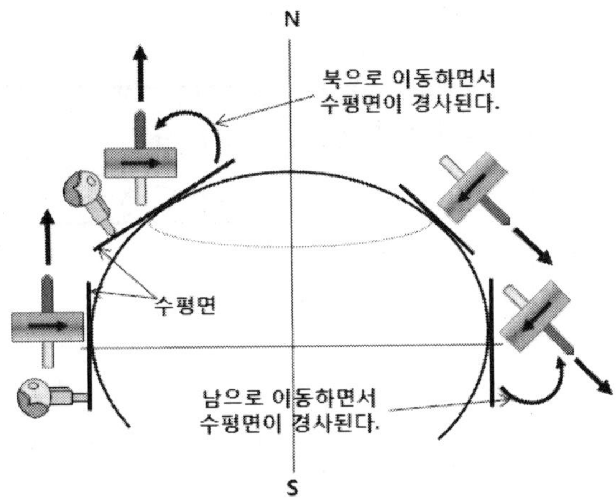

그림 3-42 선박의 이동방향에 따른 속도오차 발생원인

① 선속이 빠르고 선박의 침로가 남북 방향에 가까울수록 오차가 크다.

② 위도가 높아질수록 오차가 크다.

③ 오차의 방향은 선박이 북쪽으로 항해하면 편서, 남쪽으로 항해하면 편동이 된다.

아래에서 그 원인을 이론적으로 살펴본다.

그림 3-43에서 속도오차 δ_s는 다음 식으로 표시되며 단위는 라디안(radian)[25]이다(이, 1984b).

$$\tan\delta_s = \frac{V\cos\theta}{\omega R\cos\lambda + V\sin\theta} = \frac{V\cos\theta}{900\cos\lambda + V\sin\theta} \qquad (3\text{-}6)$$

25) 1라디안은 도수로 약 57.32도($180^0/\pi$)가 된다.

여기서, V는 선속, θ는 침로, λ는 위도, ω는 지구의 자전각속도($miles/Hr.$), R은 지구반경이다.

위의 식에서 $\omega R = 900$인 이유는 지구의 선회각속도 $\omega = 360^0/24Hr. = 15^0/1Hr.$이고, 15도는 900마일(1도는 60분이고, 1분은 1마일임으로 15도는 900마일에 해당)임으로 $\omega R = 900\,kts.\,(miles/Hr.)$가 되어, 900이 된 것이다.

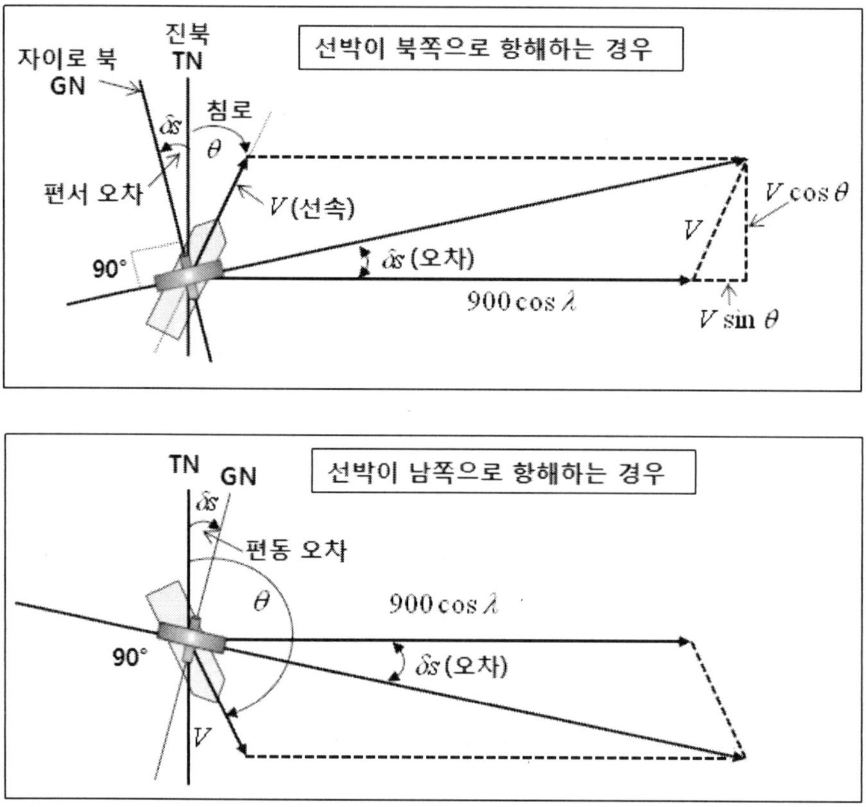

그림 3-43 자이로컴퍼스의 속도오차

위의 식(3-6)에서 $V\sin\theta$는 지구자전 속도와 비교하여 대단히 작은 값임으로 다음과 같이 간략하게 쓸 수 있다.

$$\delta_s \fallingdotseq \frac{V\cos\theta}{900\cos\lambda} \tag{3-7}$$

위의 식(3-7)과 같이 속도오차 δ_s는 선속 V이 클수록 증가하고, 침로 θ가 남북침로(즉 000도 또는 180도)로 향할수록 $\cos\theta$가 커짐으로 증가한다. 그리고 위도 λ는 위도가 높을수록 $\cos\lambda$가 작아짐으로 속도오차는 커진다. 위의 식과 같이 속도오차 δ_s는 침로, 위도, 선속의 함수임으로 'Course, Latitude and Speed Error'라고도 한다(Burger). 이러한 속도오차는 다음의 방법으로 처리한다.

① 속도오차 수정표에서 수정양을 구하고, 이것을 침로나 방위에 가감하는 방식 : 속도오차는 위의 식(3-7)에 나타낸바와 같이 침로, 위도, 속도 등을 알면 구할 수 있기 때문에 다음 3가지 표를 사전에 준비하여 속도오차를 수정할 수 있는데, 1) 위도 대 침로에 대한 속도오차 수정표, 2) 위도 대 속도에 대한 속도오차 수정표, (3) 속도 대 침로에 대한 속도오차 수정표.

② 자이로컴퍼스에서 자이로가 포함된 주동부에는 속도오차를 그대로 두고 컴퍼스 카드와 리피터컴퍼스 등에는 오차가 포함되지 않도록 속도오차수정기(Speed error corrector)를 조정하여 수정하는 방식 : 어차피 속도오차는 속도, 침로, 위도 등에 따라서 변하기 때문에 주동부는 그대로 두고 수정기를 수시로 이용하는 방법이다.

③ 주동부에서부터 속도오차를 근원적으로 수정하는 방식 : 전기적인 회로를 이용하여 근원적으로 주동부의 속도오차를 수정한다.

이러한 속도오차 역시 최근의 자이로컴퍼스에서는, (1) GPS에서 위도정보를 획득하고, (2) 선속측정기에서 선속을 구하여 침로를 수정한 후, (3) 다시 자이로컴퍼스에서 침로를 구하여, (4) 위도 및 선속 정보와 함께 연속적으로 속도오차를 자동으로 수정할 수 있는 방식을 채용하고 있다.

2.4. 가속도오차

2.4.1. 제1가속도오차

항해 중 선박의 속도가 증속 또는 감속되거나 침로가 변경되는 경우 주기성이 없는 가속력이 자이로컴퍼스에 작용할 수 있다. 그 결과, 제어용 액체나 자이로 구(Gyro Sphere)는 지구중력에 가속력이 더해져서 오차가 발생할 수 있다.

이 오차를 가속도오차(Acceleration error) 또는 변속도오차(Ballistic Deflection)라 하며, 후술하는 제2가속도오차(반변속도오차)와 구분하기 위하여 제1가속도오차라 부른다(이, 1984; Burger).

가속도오차가 주동부에 그대로 남아 있는 제품의 경우는 로터 축의 자유 진동주기를 약 84.5분이 되도록 설계하면 가속도 오차를 감소시킬 수 있다. 84.5분으로 설계하는 이유는 다음과 같다. 변침 또는 변속 전의 속도, 침로, 위도오차 등을 V_1, θ_1, δ_1 으로 나타내고 변침 또는 변속 후의 것을 V_2, θ_2, δ_2 로 나타내면 가속도오차 δ_a 는 다음 식과 같이 나타낼 수 있다.

$$\delta_a = \delta_1 \sim \delta_2 = \frac{V_1 \cos\theta_1 \sim V_2 \cos\theta_2}{900 \cos\lambda} \tag{3-8}$$

따라서 가속도 오차를 방지하는 방법은 다음 식과 같이 좌측항의 자이로 로터의 진동주기와 우측항의 가속도오차를 동일하게 하면 된다.

$$\frac{B\,\Delta V}{Hg} = \frac{\Delta V}{900 \cos\lambda} \tag{3-9}$$

단, $\Delta V = (V_1 \cos\theta_1 \sim V_2 \cos\theta_2)$ 이고, 여기서, g 는 지구의 중력가속도, H는 자이로 로터의 각운동량, $900 \cos\lambda$는 위도 λ 인 점에서 지구자전의 각속도, 자이로의 B는 제어정수

위의 식은 앞에서 설명한 바와 같이 다음과 같이 나타낼 수 있다.

$$\sqrt{R/g} = \sqrt{H/(B\,\omega \cos\lambda)} \tag{3-10}$$

좌측 항은 길이가 지구반경(R)과 동일한 84.5분의 자유진자의 주기를 나타내고, 우측항은 제진토크를 가하지 않은 로터의 진동주기가 된다. 이러한 84.5분에 대한 이론은 앞의 쉴러(Schuler) 주기에서 설명한 바 있고, 84.5분으로 주기를 제어하는 것을 쉴러튜닝(Schuler Tuning)이라 한다. 이와 같이 가속도 오차를 방지하기 위해서는 자이로의 비제진운동 주기를 84.5분으로 조정하면 된다. 그러나 845.분으로 조정한다 하여도 자이로컴퍼스는 제조회사마다 서로 다른 특정한 위도를 표준위도로 정하여 생산하기 때문에

그 밖의 위도에서는 가속도 운동이 발생한다. 즉, 스페리(Sperry) 제품은 위도 45도, 안쉬츠(Anschutz) 제품은 위도 54도, 브라운(Brown) 제품은 위도 51.5도 등을 표준위도로 정하여 제품을 생산한다(이, 1984a).

이러한 가속도오차는 남북방향으로 발생하는 가속도성분만이 오차의 원인이 되는데, 그 이유는 대부분의 제품에서 남북 방향으로 액체가 유통되거나(수은통의 경우), 구조상 동서방향의 가속성분에 의한 영향을 받지 않도록 자이로컴퍼스가 설계되어 있기 때문이다. 가속도오차는 자이로컴퍼스에 가속력 작용이 종료된 직후에 최대가 되고, 그 이후에는 사인파 형태로 점차 감소한다. 따라서 선박 출항 후 바로 자이로컴퍼스 오차를 점검할 때는 선박이 자주 변침하고 속도가 변하기 때문에 가속도가 발생하여 제1가속도오차가 측정한 선수방위에 포함될 수 있음으로 주의해야 한다.

한편, 속도오차가 주동부에서 실질적으로 수정되는 제품에서는 로터의 진동주기를 길게 하여 가속도오차를 감축시킨다. 그러나 이 진동주기가 너무 길면 자이로컴퍼스가 북으로 수렴하는데 시간이 많이 걸리므로, 대개 84.5분 보다 다소 긴 90에서 120분 정도로 설계되어 있다(이, 1984).

가속력이 작용하는 동안 제진토크가 차단되더라도 쉴러 튜닝이 유지되지 않으면 발생하는 것을 제1가속도로 정의할 수 있다. 반면, 가속력이 작용하는 동안에 쉴러 튜닝이 유지되더라도 제진토크가 작용하면 오차가 발생하는 것을 후술하는 제2가속도 오차라 한다. 그리고 이 둘의 가속도오차를 구분하지 않고 가속운동 중에 일어나는 오차를 가속도 오차라 한다.

2.4.2. 제2가속도오차

제1가속도오차에서 쉴러튜닝이 유지될 수 있다면 제1가속도오차를 방지할 수 있음을 설명한 바 있다. 그러나 조건은 가속력이 작용하는 기간에 제진토크가 가해지지 않을 때만 성립한다. 만약 제진토크가 가해지면 쉴러튜닝이 유지된다하더라도 제진세차운동에 의해서 로터축은 한동안 진동하게 된다. 이것을 제2가속도오차 또는 반변속도오차라 하며, 영어로는 Anti-Ballistic Deflection, Ballistic Tilt Effect, Damping Acceleration Error 등으로 불린다. 그러나 일반 상선용 자이로컴퍼스에는 이러한 제2가속도오차를 방지하기 위한 장치가 없으나, 일부 제품에는 제진토크를 차단하는 것도 있다(이, 1984). 이러한 제2가속도오차는 가속력이 종료된 후 20 ~ 30분 이후에 최대로 되고 그 이후에는 점차 사인파 형태로 감소된다. 제2가속도오차의 크기는 보통 1.5도 정도이다.

2.5. 동요오차

주기성을 갖는 파도가 쳐서 선체가 동요하는 경우, 자이로컴퍼스의 주동부는 주기성을 갖는 가속력이 작용할 수 있다. 이러한 주기성을 갖는 가속력은 자이컴퍼스의 주동부에 원심력 효과를 발생시킬 수 있는데, 이러한 원심력에 의해서 발생하는 오차를 제1동요오차라 한다. 그리고 주기성을 갖는 가속력은 남북 방향으로 설치한 제어용 액체를 어느 한 쪽으로 쏠리게 할 수 있는데, 이 때 발생하는 오차를 제2동요오차라 한다.

2.5.1. 제1동요오차

그림 3-44와 같이 납작한 원판을 매달고 좌우로 진동시키면 원판의 면은 흔들리는 방향과 일치하려고 한다. 즉, 원판을 한참 흔들면 결국 원판의 면은 흔드는 방향과 일치하게 된다. 이것은 그림 3-45에 나타낸 바와 같이 원판의 질점(C, D)이 원심력에 의하여 진동궤도 A, B로부터 멀어지려하기 때문이다.

자이로컴퍼스 주동부 수직환이 현수선에 의하여 매달려 있는 제품에서는 항해 중 선체가 요동하면 이와 같은 현상이 발생할 수 있다. 그것은 주동부의 수직환이 마치 현수선에 매달린 원판과 같기 때문이다. 이와 같은 원심력에 의해서 발생하는 자이로컴퍼스의 오차를 동요오차 또는 원심력에 의한 동요오차 또는 제2동요오차와 구별하기 위하여 제1동요오차 등으로 부른다. 제1동요오차를 예방하기 위하여 자이로컴퍼스의 남쪽과 북쪽 선상에 보정추(Compensation Weight)를 부착하여 진동주기를 평행하게 하면 오차를 줄일 수 있다. 보정추의 부착상태가 불량하거나 느슨하게 부착되어 있으면 오차가 발생할 수 있다.

2.5.2. 제2동요오차

제2동요오차는 주동부가 제어용 액체 통의 유통으로 제어되는 액체 중력식 제품에 한하여 발생하는 오차이다. 스페리(Sperry) 회사 제품의 경우 선박이 요동하면 선수방위에 따라서 제어용 액체가 한쪽으로 쏠리는 수가 있다. 이 때 제어용 액체가 흐르는 운동은 유통관의 굵기, 액체의 점성 등에 의해서 선체의 횡요운동보다 늦게 일어나게 설계되어 있는데, 이 시간 차이가 알맞게 되는 경우에는 선체가 요동하더라도 오차가 생기지 않으나, 그렇지 않은 경우에는 다소 오차가 생긴다. 이러한 오차를 제2동요오차라 한다. 제2동요오차를 감소하기 위해서는 액체통 위에 균형추(Balance Weight)를 부착하여 어느 정도 제2동요오차를 감소시킬 수 있다.

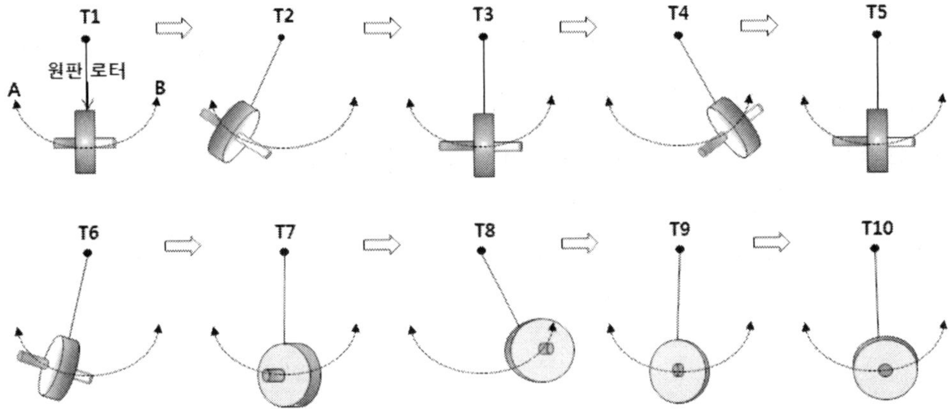

그림 3-44 원심력에 의해서 발생하는 원판의 방향 변화

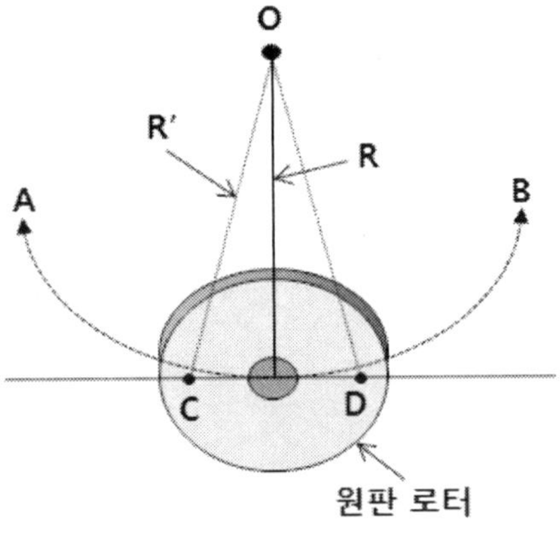

그림 3-45 원심력에 의한 동요오차

2.6. 자체 오차

자이로컴퍼스에 다음과 같은 상태가 발생하면 북탐 토크나 제진 토크 이외의 불필요한 토크가 가해지고, 이로 인하여 로터축의 세차운동은 지반의 운동과 평형하지 않게 되어 자체오차가 발생할 수 있다.

a) 자이로컴퍼스에 공급되는 전원의 전압 변동이 심할 때
b) 수은통이나 기름통과 같은 안정기의 남과 북쪽 통 사이의 유통 상태가 불량한 경우
c) 자이로의 질량 배치가 평형상태가 아닐 때
d) 추종 전동기, 발신기 등의 기어의 맞물림이 부드럽지 못할 때
e) 로터 케이스의 어느 한 쪽이 무거울 때
f) 주동부의 수직축에 불필요한 마찰이나 비틀림이 주어질 때

3. 자이로컴퍼스의 작동 원리

3.1. 자이로컴퍼스의 구조

3.1.1. 자이로컴퍼스의 실제 모습

그림 3-46은 TOKIMEC 회사의 TG-6000 자이로컴퍼스에 대한 마스터 컴퍼스(Master Compass) 내부 모습이다. 마스터 컴퍼스란 앞에서 학습한 북탐운동과 제진운동을 통하여 진북을 지시하는 자이로컴퍼스를 의미하는 것으로, 리피터 컴퍼스(Repeater Compass)와 구분하기 위한 명칭이다. 마스터 컴퍼스에서 측정된 선수방위는 선장집무실, 기관실, 자동조타장치 등 다양한 장소와 주변 항해장비로 분배되는데, 이때 마스터컴퍼스의 선수방위 정보를 그대로 추종하는 장치를 리피터컴퍼스라 부른다.

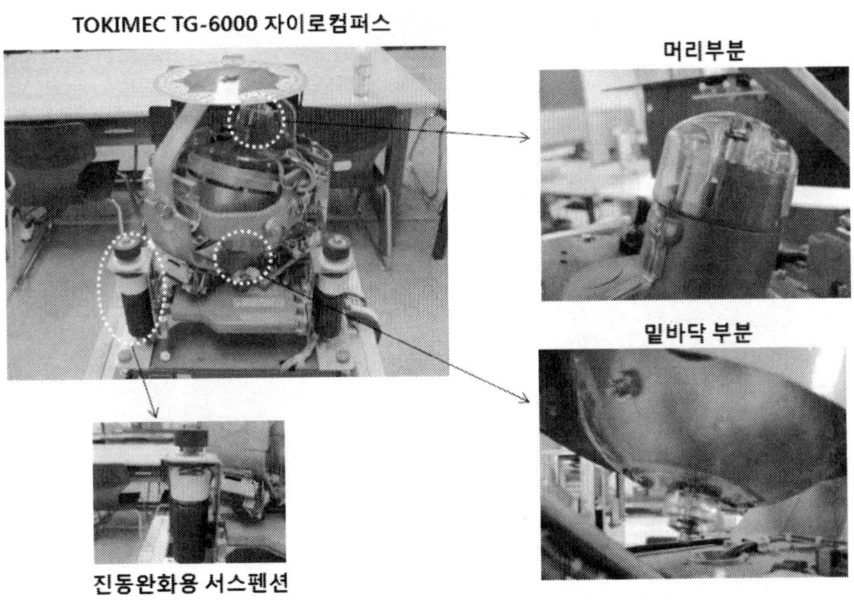

그림 3-46 TG-6000 자이로컴퍼스의 마스터 컴퍼스 내부 모습

마스터 컴퍼스 하부에는 진동과 충격완화를 서스펜션(Suspension) 장치가 설치되어 있고, 자이로 구(Gyro Sphere)가 내장된 주동부(Sensing Part)의 머리 부분과 밑바닥

부분에는 각종 감지 센서가 내장되어 있다.

그림 3-47은 자이로컴퍼스의 방위 카드를 나타낸다. 선수미 기준선을 기준으로 선박의 침로를 읽는 부분이다. 현재 약 320도를 나타내고 있다. 그리고 그림 3-48과 같이 마스터 컴퍼스 하부에는 전원공급을 위한 슬립-링(Slip-ring), 제어용 토크 발생기, 추종 모션(Follow-up Motion)을 위한 톱니바퀴 등이 설치되어 있다. 이러한 장치들은 모두 진북을 지시하는 자이로 구와 선박이 별도로 움직여야하기 때문이다. 즉, 자이로 구는 지속적으로 지반의 선회운동과 선회운동을 추종하여 진북을 지시함과 동시에 선박의 선회운동을 검출하여 컴퍼스 카드를 회전시켜야하기 때문이다. 즉, 분리된 부분이 많기 때문이다.

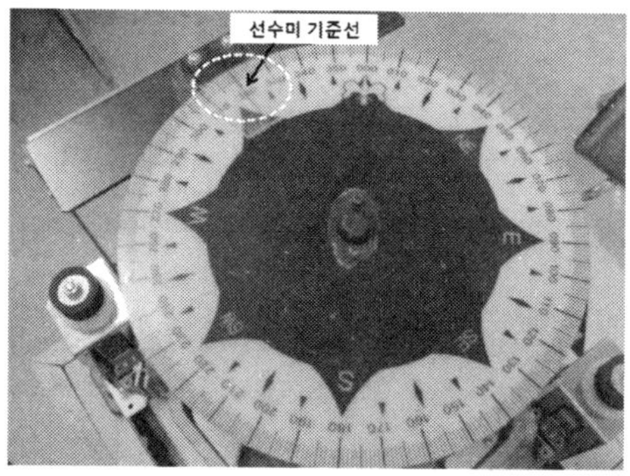

그림 3-47 컴퍼스 카드

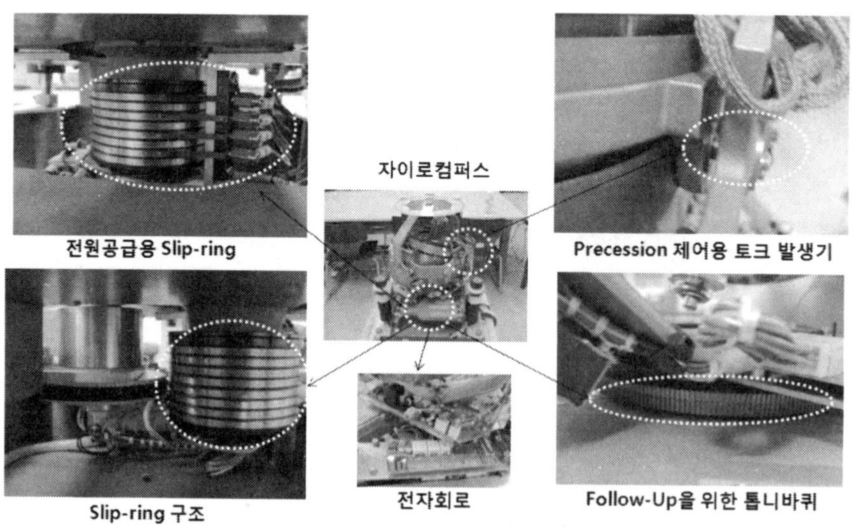

그림 3-48 TG-6000 자이로컴퍼스 전원공급과 각종 외부 장치

3.1.2. TG-6000 자이로컴퍼스의 주요 성능

TG-6000 자이로컴퍼스 매뉴얼에 기록된 주요한 성능은 다음과 같다.

(a) 정지점 정밀도
- 정지점 수렴 시간 : 4시간 이내 (SLEW 모드에서는 2시간 이내)
- 정지점 오차 : ± 0.3°이내
- 정지점의 RMS 오차 : 0.1° 이내
- 정지점 재현성 : ± 0.2° 이내
- 공식적인 정밀도 : ± 0.5° 이내

(b) 추종시간 : 24°/sec.
(c) 환경변동시 정밀도 : ± 0.5° 이내
(d) 환경 조건 :
- 짐발의 자유 각도 ± 45°(Roll/Pitch)
- 허용 가능한 작동 온도 -10 ~ + 50 ℃

중요한 것은 방위오차인데 공식적으로는 ± 0.5° 이내로 나타나 있고, 정지점 오차는 ± 0.3° 이내로 나타나 있다. 그리고 일반적으로 4시간 이내에 정지점에 수렴하고, SLEW 모드를 적용하면 2시간 이내에도 정지점 수렴이 가능하다. 따라서 최소한 선박이 출항하기 4시간 이전부터 자이로컴퍼스를 가동시켜 놔야 한다. 그리고 1초에 24도의 선박의 선회속도를 추종할 수 있고, 허용 가능한 작동 온도는 -10 ~ + 50 ℃이기 때문에 온냉방에 주의해야 한다.

3.1.3. 자이로컴퍼스의 주요 구성

그림 3-49는 자이로컴퍼스의 주요구성을 나타낸다. 제일 중요한 부분이 자이로 로터를 내장하고 있는 컴퍼스장치(Compass System)이다. 추종장치(Follow-Up System)는 지반의 운동과 선박 선회에 따라서 진북을 추종하기 위한 장치이다. 그리고 전원을 공급하기 위한 전원장치(Power Supplier), 선박의 선부방위를 기록하기 위한 침로기록기(Course Recorder), 선수방위를 외부에서 별도로 재현하기 위한 리피터컴퍼스(Repeater Compass) 등으로 구성되어 있다.

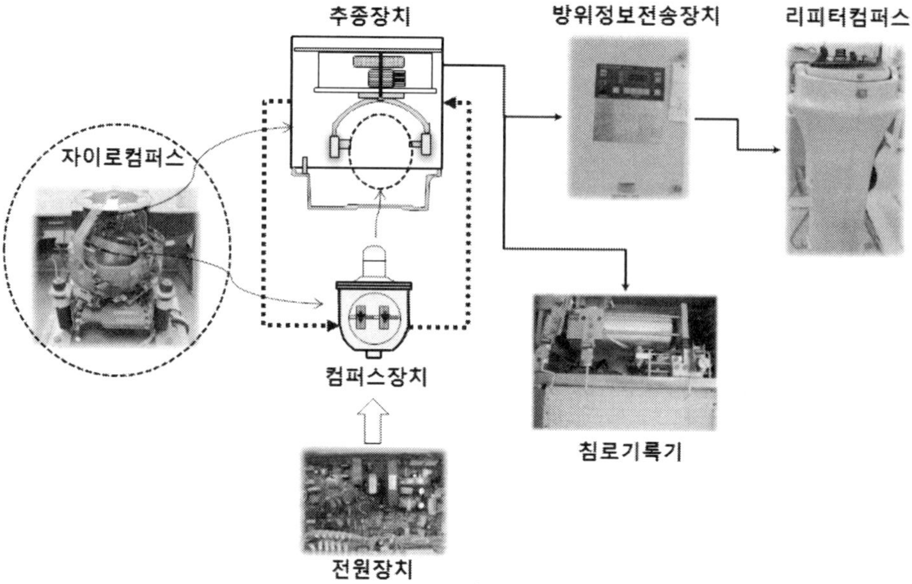

그림 3-49 자이로컴퍼스의 주요구성

3.2. 자이로컴퍼스의 세부 장치

3.2.1. 컴퍼스 장치

그림 3-50은 TG-6000 자이로컴퍼스의 실물과 비교하면서 나타낸 TG-5000 자이로컴퍼스의 마스터 컴퍼스(Master Compass) 구조를 나타낸다. 자이로컴퍼스에서 제일 중요한 부분은 자이로가 내장되어 있는 주동부(Sensitive element)인데, 고속으로 회전하면서 지반의 경사운동과 선회운동을 감지하는 자이로 구(Gyro Sphere)가 내장되어 있다. 이 주동부는 수평환 (Horizontal Ring)에 지지되어 있고, 수평환은 다시 팬텀 요크(Phantom yoke)로 불리는 추종환에 지지되어 있다. 그리고 추종환의 상부는 볼베어링이 들어가 있는 지지판(Supporting Plate)에 지지되어 있다. 그림과 같이 복잡한 구조로 되어 있는 이유는 주동부 내부에 있는 자이로 로터의 북단이 3축이 자유로운 상태에서 지반의 경사와 화전운동을 감지하여 진북으로 수렴하기 위한 운동을 해야 하기 때문이다. 즉, 선박에 고정 설치된 자이로컴퍼스의 자이로는 지구의 자전과 선박 사이에서 다음과 같이 서로 독립적으로 운동해야하기 때문이다.

① 자이로컴퍼스의 자이로는 지구자전에 의한 선회운동과 경사운동을 감지한 후, 북탐운동과 제진운동을 통해서 지구가 자전하더라도 진북을 항상 지시해야 한다. 즉, 앞의 자이로컴퍼스의 원리에서 학습한 바와 같이 자이로스코프는 우주공간상의 일정한 방향을 지시하기 때문에 진북을 지시하지 못한다. 그래서 시간에 따라서 항상 변하는 지반의 선회운동과 경사운동을 감지하여 북탐 세차운동과 제진 세차운동을 가하면 항상 진북을 추종할 수 있는 자이로컴퍼스를 만들 수 있다. 따라서 자이로의 북(N)단이 어떠한 방해도 받지 않고 연속적으로 진북을 지시할 수 있도록 자이로의 3축은 자유롭게 움직일 수 있는 가동부가 필요하다.

② 한편, 자이로컴퍼스는 선박에 장착되어 있다. 만약 선박이 회전하면 자이로컴퍼스 내부의 자이로 역시 선박과 함께 회전하게 되고, 그러면 진북을 지시하지 못하게 된다. 그래서 선박이 회전하는 경우 회전방향과 반대방향으로 자이로를 돌려서 항상 진북을 지시하게 만들어야 한다. 이를 추종시스템(Follow-up system)이라 한다.

③ 종합하면 자이로는 진북작용을 함과 동시에 선박의 회전운동을 감지하여 이를 동시에 보정해 주어야 한다. 그래서 자이로컴퍼스는 복잡한 가동부가 많은 것이다.

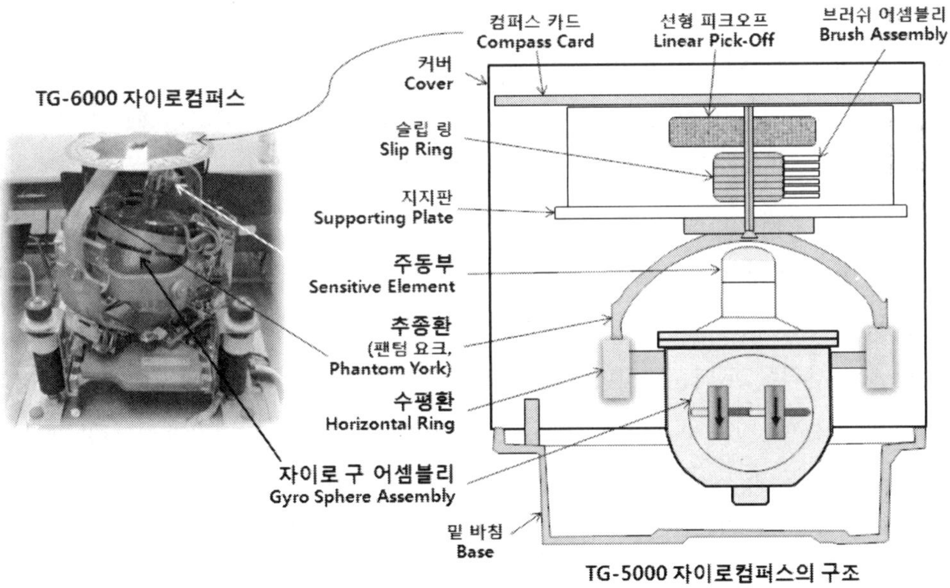

그림 3-50 TG-6000 자이로컴퍼스의 내부 모습(좌)과 TG-5000 자이로컴퍼스의 구조(우)

그림 3-50의 TG-5000 모델의 주요한 부분을 설명하면 다음과 같다.

(1) 자이로 구 어셈블리(Gyro Sphere Assembly)

그림 3-51은 로터(rotor)를 내장하고 있는 자이로 구의 내부와 외부 모습으로, 특징은 다음과 같다.

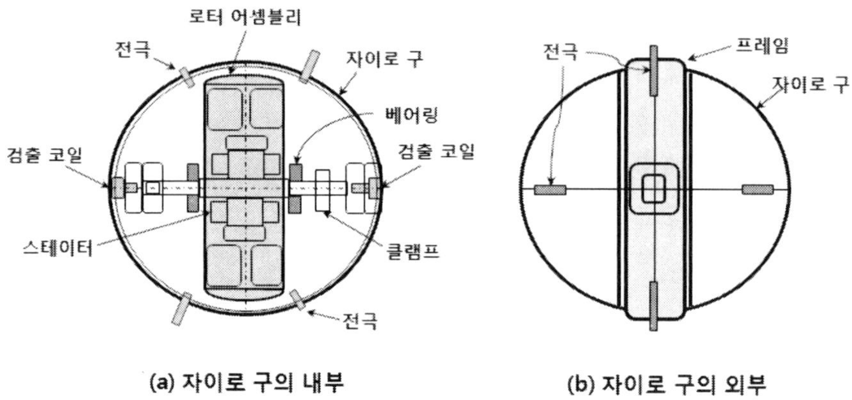

그림 3-51 자이로 구의 내부와 외부 모습

- 로터는 직경 약 100 ㎜, 두께 약 30 ㎜이고, 볼 베어링(ball bearing)으로 지지된 상태에서 약 12,000 rpm으로 회전한다. 로터를 지지하고 있는 볼 베어링에는 특수 윤활유가 사용된다. 로터는 회전할 때 진동이 발생되지 않도록 상하좌우가 일정하게 균형이 잡혀져 있다. 로터는 고속으로 회전하기 때문에 고온이 발생하는데, 로터의 중심위치가 온도변화에 의해서 수축 팽창되어 불균형이 발생하지 않도록 정밀하게 제작되어 있다. 로터는 자이로 구의 표면에 있는 프레임(frame)에 고정되어 있다.
- 로터를 회전시키는 모터는 3상(3-phase)의 유도 전동기 형태이고, 입력전원은 단상(2상)을 사용하는데, 자이로 구 내부에 있는 콘덴서에서 3상으로 변환해서 사용한다.
- 프레임의 북측(N)과 남측(S)에는 검출장치(Pick off device)가 설치되어 있어서 로터의 움직임을 검출한다. 그리고 프레임의 동측(E)과 서측(W)에는 입력전원용 전극이 설치되어 있다.
- 자이로 구는 프레임과 2개의 커버가 서로 조립되어 있고, 내부는 진공상태로 되어 있는데, 로터의 모터에서 발생하는 고온 때문에 소량의 헬륨가스가 주입되어 있다. 자이로 구는 고밀도의 실리콘(silicon) 액 중에 떠 있는데, 부력의 중심과 중력의 중심이 일

치하도록 제작되어 있고, 중력이 부력보다 크게 조정되어 있다. 자이로 구는 중심보다 약간 높은 점에서 2줄의 현수선(Suspension Wire)에 달려 있다.

(2) 검출장치(Pick-off device)

검출장치는 검출코일로 구성되어 있다. 그림 3-51와 같이 검출코일의 1차측은 자이로 구의 북측과 남측에 각각 설치되어 있고 직렬로 접속되어 있다. 2차측은 1차측과 정반대의 위치에 상부용기와 연결된 지지판에 각각 부착되어 있다. 검출장치는 자이로 경사, 방위추종 오차, 수평추종 오차 등 3가지 전기신호를 검출하기 위한 중요한 장치이다.

(3)주동부(Sensitive element)

그림 3-52는 주동부를 나타낸다. 주동부는 자이로 구를 내장하고 있으며, 진북을 지시하기 위한 제어와 각종 신호의 검출을 담당한다. 주동부 내부는 고밀도의 실리콘 액이 충진되어 있다. 캡(Cap)의 위부분에는 실리콘액의 온도변화에 의한 팽창 및 수축을 조정하기 위한 소결 합금판이 부착되어 있다.

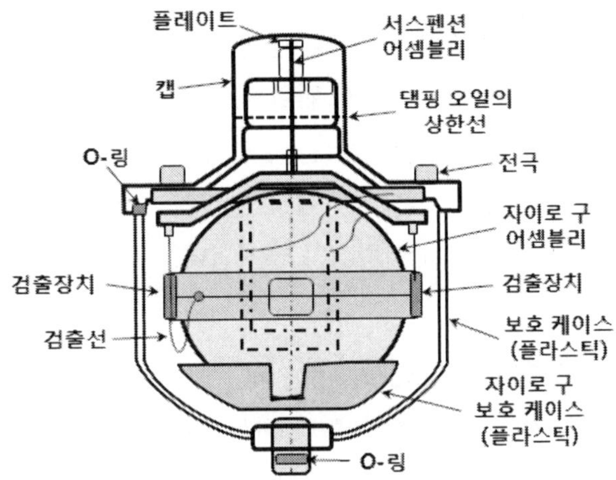

그림 3-52 주동부의 구성

(4) 현수선(Suspension Wire) :

그림 3-53은 현수선을 나타낸다. 자이로 구는 이 현수선에 매달려 있다. 현수선은 마치 피아노선과 같이 강한 탄성을 갖는 철심이기 때문에 잘 꼬여지지 않는다. 만약 현수선이 꼬이면 자이로 구는 꼬임을 풀기 위한 방향으로 회전하는 토크를 발생하게 된다. 또한, 현수선은 자이로 구 내부에 내장된 로터 모터의 입력전원용 리드선(Lead Line)으로서의 기능을 한다.

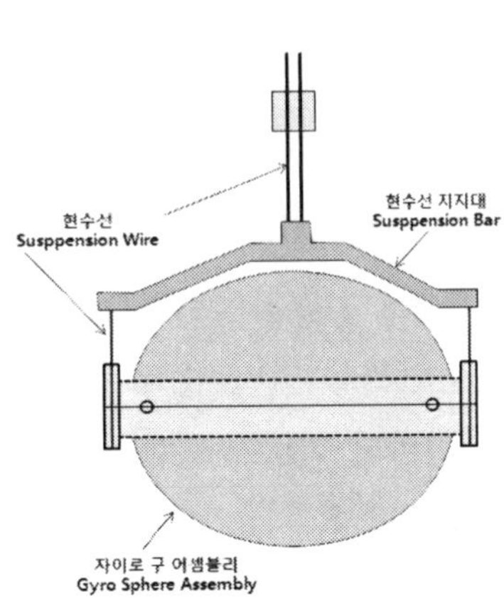

그림 3-53 현수선

(5) 수평환(Horizontal ring)

주동부를 고정하기 위하여 설치된 거치환(Mounting Ring)은 수평환(Horizontal Ring)에 지지되고, 이 수평환은 추종환(Phantom York)에 지지되어 있다. 수평환의 서측(W)에는 수평 서보추종장치(Servo System)가 부착되어 있어서 자이로스코프의 수평축 주위의 움직임을 추종한다.

(6) 추종환(Phantom yoke)

추종환은 수평환과 주동부를 지지하고, 이 추종환은 지지판 중앙에 있는 2개의 볼베어링에 의해서 지지된다. 추종환의 상부에는 방위 기어(gear)와 슬립링(Slip ring)이 고정되어 있다. 방위 기어는 자이로컴퍼스의 진북을 추종하기 위한 방위 서보추종기구를 구성하기 위한 것이다.

그리고 슬립링은 추종환과 회로기판 사이에서 전원을 공급하고 자이로 운동을 감지한 검출신호를 입출력하기 위한 장치이다. 아울러 추종환에는 속도오차를 수정하기 위해서 속도오차를 포함한 방위를 검출하는 선형 검출장치가 설치되어 있다. 이 장치에 의해서 검출된 신호와 전달장치에서 설정된 수정신호가 2차 서보 증폭기에 입력되어서 컴퍼스 카드에는 수정된 진방위가 지시된다.

(7) 지지판(Supporting plate)

지지판은 추종환 안쪽의 가동부를 지지하고, 각종 전자회로와 장치를 지지하기 위한 것이다. 이러한 지지판이 필요한 이유는 각 부분들이 지구자전과 선박의 선회에 대해서 각각 별도로 움직여야하기 때문이다.

3.2.2. 전원장치

(1) 전원장치의 구성

전원장치는 자이로컴퍼스를 작동시키는데 필요한 전원을 공급하는 장치이다. 구성은, 전원 안전용 인버터(Inverter) 회로, 자이로를 기동할 때 필요한 시퀀스(Sequence) 회로, 인버터 회로에 직류를 공급하는 회로, 자이로컴퍼스 조작용 스위치 패널 등 4개로 구성되어 있다.

그림 3-54는 전원장치의 계통도를 나타낸다.

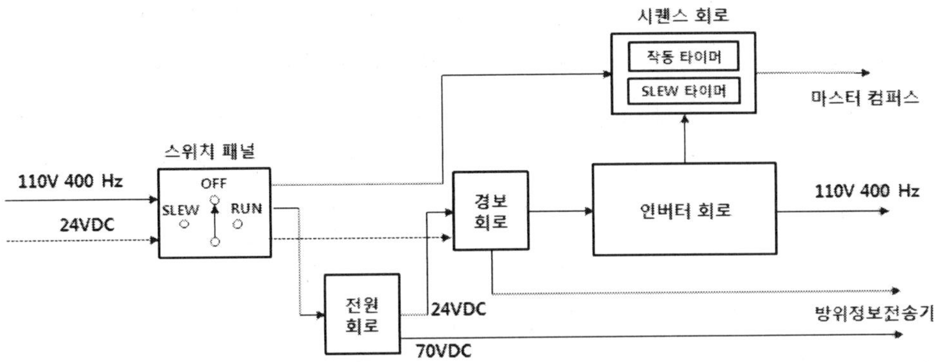

그림 3-54 전원장치의 계통도

① 전원회로(Power supply circuit) : 인버터(Inverter) 회로에 직류 24V(24VDC)를 공급하고, 직류 70V(70VDC)의 방위정보전송을 위한 리피터용 전원을 공급한다.

② 인버터회로(Inverter circuit) : 전원회로에서 공급된 직류 24V를 전압과 주파수가 안정된 교류를 만든다.

③ 시퀀스회로(Sequence circuit) : 마스터컴퍼스 추종계통의 시퀀스 신호(Sequence Signal)와 단기정지법(SLEW)을 이용하여 기동할 때의 시퀀스 신호를 만들어낸다. 항해에 중요한 기능을 제공하기 때문에 아래에 상세하게 설명한다.

④ 스위치 패널(Switch panel) : 자이로컴퍼스의 운전/정지, SLEW 등의 제어를 위한 스위치이다.

⑤ 경보회로(Warning circuit) : 자이로컴퍼스가 운전 중에 주전원이 차단된 경우 마스터컴퍼스는 직류 24볼트의 비상전원을 이용하여 작동된다. 운전 중이 아닌 경우에는 인버터회로에 비상전원이 공급됨과 동시에 램프와 부저로 주전원의 이상을 경보하게 된다. 주전원이 차단되면 부저와 램프가 작동하고 정지스위치를 누를 때까지 부저는 계속 울린다. 스위치를 누르면 부저는 멈추지만, 램프가 계속 점등되어서 비상전원으로 작동하고 있다는 것을 알린다. 주전원이 복구되면 다시 부저가 울려서 복구를 알린다. 다시 스위치를 누르면 부저는 정지하고 램프도 꺼진다.

(2) 시퀀스 회로의 구성과 단기정지법

TG-5000 자이로컴퍼스는 정지시간을 단축시키기 위한 시퀀스 회로를 갖는 단기정지법(SLEW 모드)과 일반기동법이 있다. 단기정지법은 컴퍼스 카드를 속히 안정화 시키는 방법인데, 일반적으로 자이로컴퍼스는 시동 후 3 - 5시간이 경과하면 카드의 N 단이 북쪽을 지시하는 수렴운동을 마치게 된다. 이 때 주동부에 알맞은 토크를 가하거나 로터를 일정 시간동안 저속으로 돌게 하면 이 시간을 훨씬 단축시킬 수 있다. 이러한 단기정지법은 해기사가 선박 입출항시 이미 알고 있는 선수방위 쪽으로 자이로 로터를 강제로 돌리면 된다. 그러나 해기사가 이러한 작용을 가하는 것은 적절하지 않기 때문에 SLEW 모드라는 별도의 기능을 시퀀스 회로를 이용하여 가해주는 것이다.

SLEW 모드로 작동시키면, 자이로에는 초기에 50 ~ 60 Hz의 전원이 공급되는데, 적당한 시간이 경과되면 약 400 Hz의 전원이 공급되고 1 ~ 2시간 이후에는 진동이 완료되어 진북을 지시하게 된다. 원리를 설명하면 다음과 같다(이, 1984c).

- 비제진시의 로터축의 진동주기 $T_0 = 2\pi\sqrt{H/(Mga\omega\cos\lambda)}$에서 진동주기 T_0는 $\sqrt{H}$ (H는 로터의 각운동량)에 비례한다는 점을 고려하여 초기에 로터를 저속으로 회전시켜서 H값을 작게 하여 진동주기가 단축되게 한다.
- 그리고 자이로가 비진동주기 운동을 할 때, 동서연직면상에 나타나는 N 단의 궤적타원을 기준으로 보면, 타원의 장축과 단축의 진폭의 비 α와 β는 $\alpha:\beta = \sqrt{Mga/(H\omega\cos\lambda)}$:이 됨으로, $\alpha:\beta = \sqrt{(Mga)}$: $\sqrt{(H\omega\cos\lambda)}$가 된다. 따라서 저속으로 회전하면 경사각 β가 작아진다. 즉, 초기에 저속으로 회전하면 진동주기가 짧아져서 N 단이 북으로 향하는 속도가 빨라지고 앙각도 작아짐으로 타원궤도의 진폭도 작아져서 컴퍼스 카드 N 단이 신속하게 북으로 수렴하게 되는 것이다.

이러한 단기정지법으로 자이로컴퍼스를 기동시키면 기동 후 약 2시간 안에 사용가능하며, 일반기동법으로 기동시키면 약 4시간이 걸린다. 그림 3-55는 SLEW 모드를 위한 시퀀스 회로 블록도를 나타낸다. 스위치를 [RUN] 위치로 두면 일반 기동시의 시퀀스가 작동하고, [SLEW] 위치로 두면 단기정지법에 의해서 이미 알고 있는 선수방위로 맞출 수 있다.

① [RUN] 위치: 자이로컴퍼스의 기동 스위치를 [RUN]으로 하면 시퀀스 회로에 있는 RUN 타이머 회로가 작동하여 인가전압을 정격의 1.5배로 하여 약 2분간 로터의 회전을 급격히 상승시킨다. 동시에 타이머 출력은 컴퍼스장치에 전달되고 수평추종 및 방

위추종 장치가 [OFF]로 된다. 이 사이에 수정서보장치가 작동하고 추종환 방위로 추종된다. 약 2분이 경과하면 로터 인가전압은 정격치가 되며 양 추종장치도 [ON]이 되어 신속하게 진방위에 정지하게 된다.

② [SLEW] 위치 : 기동 스위치를 [SLEW] 위치로 하면 SLEW 타이머가 작동하여 약 4분간 자이로 로터에 직류 제동전류가 흘러 로터의 회전이 정지된다. 약 4분경과 후 직류 제동전류가 단절되므로 SLEW 스위치의 조작이 가능하게 되며 이 상태가 SLEW 램프에 점등된다. 기동 스위치가 [SLEW]의 위치에 있을 때는 수정서보장치만 작동한다.

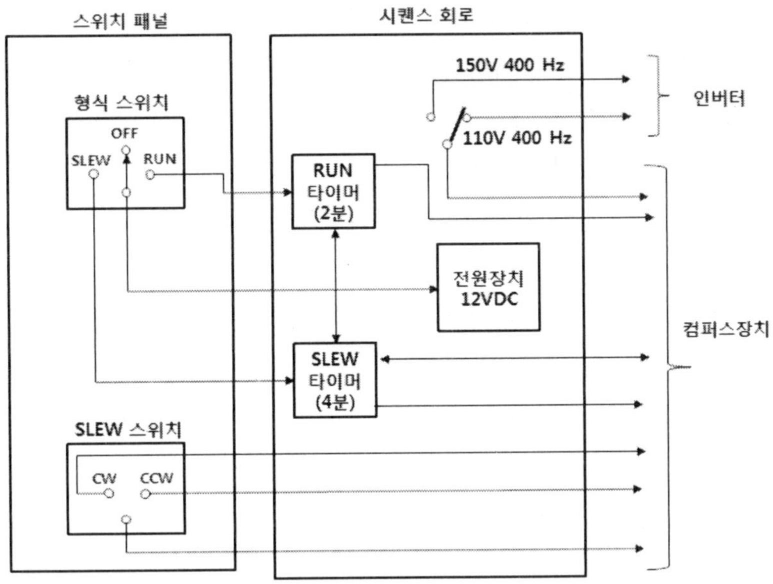

그림 3-55 시퀀스회로 블록선도

3.2.3. 추종 장치

(1) 추종 장치의 개념

추종장치(Follow-up system)는 주동부(Sensitive Element) 내부에 있는 자이로 로터의 지북(N)단과 컴퍼스 카드의 진북(000도)을 일치시켜서 진북 신호를 검출하기 위한 장치이다. 추종장치가 없다면 비록 자이로 내부의 로터가 진북을 지시하고 있을지라도 관측자는 이를 알 수 없다.

앞에서 학습한 바와 같이 자이로는 세차운동을 이용하여 북탐동작과 제진동작을 발생시켜서 진북을 지시하게 되는데, 이를 위해서는 자이로가 x-y-z 3개축에 대해서 자유롭게 움직일 수 있어야 하고, 이러한 움직임을 속히 검출하여 컴퍼스 카드를 진북 방향으로 돌려야한다. 또한, 선박이 선회하는 경우에는 자이로컴퍼스 전체가 함께 회전하기 때문에 이를 검출하여 컴퍼스 카드를 진북 방향으로 돌려주어야 한다. 이러한 동작을 자이로컴퍼스의 추종동작(Follow-Up Motion)이라 하며, 추종동작을 위해서는 수평 추종과 방위 추종이 필요하다. 그리고 선박의 속도와 위도에 따른 오차도 측정한 선수방위에 보정해 주어야만 진북을 지시할 수 있고, 검출한 선수방위정보신호를 적절한 수단으로 외부로 전송하여 리피터 컴퍼스를 구동할 수 있어야 한다. 따라서 추종장치는 자이로컴퍼스의 주요한 부분임으로 충분히 학습하기 바란다.

그림 3-56은 자이로컴퍼스를 장착한 선박이 선회하는 경우, 자이로컴퍼스에 발생하는 추종계통 개념을 나타낸다. 단, 자이로컴퍼스를 기동시킨 후 충분한 시간이 흘러서 제진동작이 완료된 상태로 가정한다. 그림 (a)은 선박이 선회하는 경우 발생하는 주동부, 자이로 로터, 검출기 등의 작동을 나타내고, 그림 (b)은 이 때 카드의 진북단과 선수방위의 개념을 나타내며, 그림 (c)은 이 때 적용되는 추종계통을 나타낸다.

① 먼저, 선박이 선회를 시작하면 선박에 고정 설치된 자이로컴퍼스는 선박과 함께 선회한다. 단, 주동부에 내장된 자이로 로터의 N단은 선박 선회를 따르지 않고 진북을 지시하고 있다(이것은 당연한 것으로 만약 로터의 N 단이 선박 선회와 함께 선회한다면 전원이 가해지지 않거나 고장이 발생한 로터일 것이다).
② 따라서 자이로 로터와 주동부 사이에는 선박 선회만큼의 편각이 발생하는데 이 편각을 편각검출기에서 검출한 후, 추종장치를 작동시켜서 로터를 제외한 주동부 모두를 선박의 선회 방향과 반대의 방향으로 수평 추종환과 방위추종환을 이용하여 돌려준다.
③ 그러면 자이로컴퍼스는 선박이 선회하기 이전의 안정된 상태를 유지할 수 있고, 이러한 운동으로 인하여 컴퍼스 카드의 N단은 진북을 지속적으로 안정되게 지시할 수 있어서, 진북을 기준으로 하는 선수방위를 지속적으로 획득할 수 있다.

이러한 추종동작(Follow-Up Motion)은 연속적으로 발생하는데, 그림과 같이 추종계통이 하나의 추종 루프(Loop)를 형성하기 때문이다.

한편, 이러한 추종동작의 결과는 관측자가 볼 때 컴퍼스 카드가 회전하는 것처럼 보이는데, 컴퍼스 카드는 항상 진북을 지시함으로 고정되어 있고 대신 선박이 선회하는 것으로 이해하길 바란다. 물론, 컴퍼스 카드가 선회하는 것이 맞지만, 이와 같이 고려해야만 추종동작이 이해되기 때문이다.

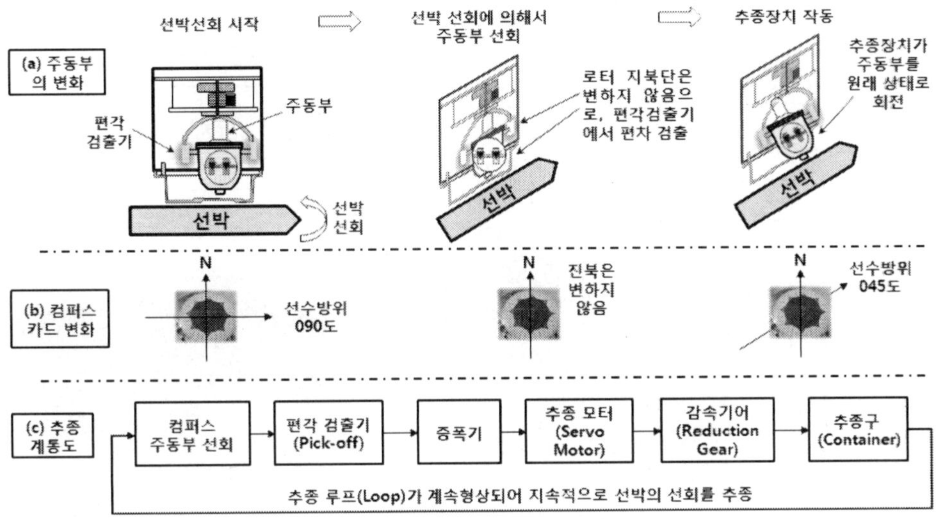

그림 3-56 추종계통의 작동 개념

(2) 추종 장치의 종류

그림 3-57은 더욱 상세하게 나타낸 실제 자이로컴퍼스 TG-5000의 추종장치 계통도를 나타낸다. 수평추종장치, 방위추종장치 및 수정추종장치 등으로 구분되어 있다.

1) 수평추종장치(Horizontal follow-up device)

로터를 내장하고 있는 자이로 구의 수평축 주위에 발생하는 운동을 추종하기 위한 장치이다. 수평축 주위에 운동이 발생하면 검출기에서 수평추종 오차(편각) 신호가 출력되고, 이를 수평추종증폭기를 통해 증폭한 후 수평환(Horizontal Ring)에 부착된 추종 모터를 돌린다. 그러면 자이로 구를 포함하고 있는 용기(Container)가 자이로 구에 추종된다. 한편, 이러한 운동은 방위추종장치와 수정추종장치에도 전달되는데, 검출기의 직류 신호로 변환된 검출기 신호가 수정추정증폭기에 공급된다. 그러면 수정추정증폭기에서는 추종장치를 안정시키기 위해서 신호의 위상을 보정한다.

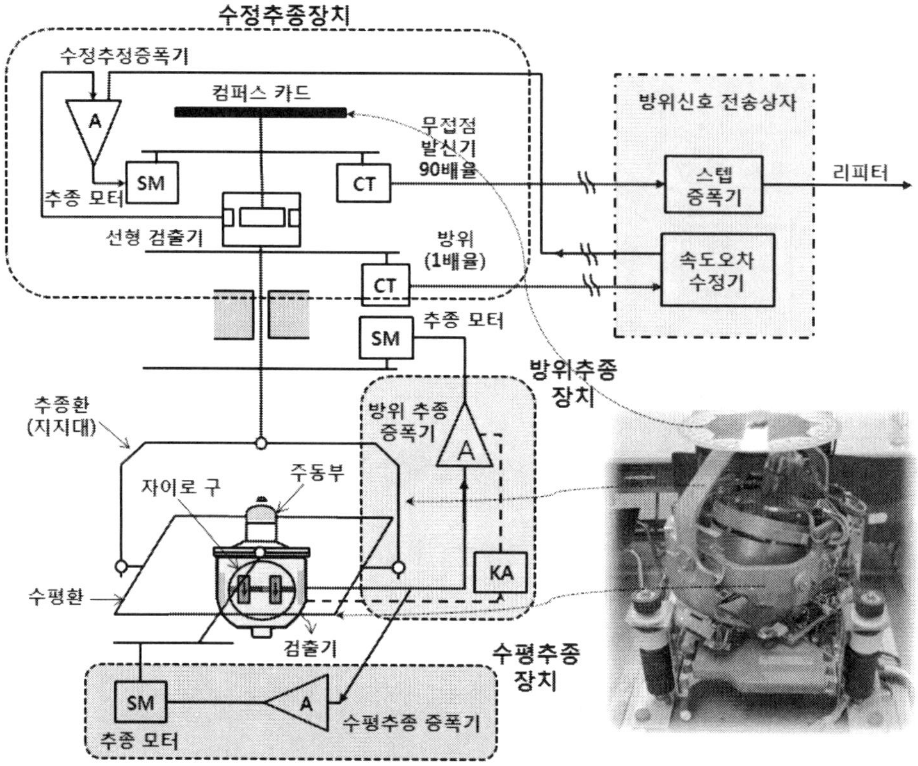

그림 3-57 TG-5000 추종장치의 계통도

2) 방위추종장치(Azimuth follow-up device)

로터를 포함하고 있는 자이로 구의 수직축 주위에 운동이 발생하면 검출기에서 방위 오차신호가 검출됨과 동시에 자이로의 경사신호도 검출하여 추종함과 동시에 자이로에 북탐 토크와 제진 토크를 가해주기 위한 장치이다. 즉, 북탐 토크와 제진 토크를 가하여 자이로 로터의 지북단이 진북을 지시하도록 세차운동을 야기하기 위한 것이 방위추종장치이다. 앞에서 북탐운동은 수은 통에 의하여 발생하는 원리를 설명한 바 있고, 제진운동은 제진 추를 이용하는 원리를 설명한 바 있다.

토키멕 회사의 TG-5000 모델에서는 이러한 수은 통과 제진 추를 사용하지 않고, 방위추종장치를 이용하여 자이로 구에 직접 북탐 토크와 제진 토크를 가해주기 때문에 시스템 구성이 간단하다. 그리고 TG-5000은 경사제진식 제진운동을 채용하고 있기 때문에 위도오차가 발생한다.

한편, 검출기에서 출력된 방위와 경사 오차에 대한 신호는 방위추정증폭기를 거쳐서 증폭되는데, 이 증폭기에 이득조정 기능을 부여하여 자이로에 가해지는 제진운동의 양을 조절할 수 있다. 그리고 이 증폭기에는 위도오차를 보상하기 위한 특별한 필터(KA)가 접속되어 있다. 검출기에서 출력된 경사신호는 증폭기와 필터(KA)를 이용하여 직류로 변환된 후, 일정한 지연시간을 갖는 증폭기와 미분회로를 통해서 위도오차가 제거된다. 필터(KA)는 일정한 지연시간을 갖는 미분회로 때문에 선박의 요잉과 같이 빠른 외력에 대해서는 응답하지 않도록 설계되어 있다. 방위추종증폭기와 필터(KA)에 출력된 신호는 방위추종 모터에 가해져서 자이로에 제진 토크를 가해주는 작용을 한다.

3) 수정추종장치(Correction servo device)

위의 그림 3-57에 나타낸 수정추종장치는 수정추정증폭기를 이용하여 오차를 수정하기 위한 장치이다. 이와 같은 수정추종장치를 갖고 있는 것이 TG-5000 자이로컴퍼스의 특징인데, 이러한 장치가 필요한 이유는 TG-5000이 경사제진식 제진운동을 채용하고 있기 때문에 위도오차가 발생하기 때문이다. 따라서 TG-5000 모델의 경우 방위추종장치에 있는 추종환에는 위도오차가 포함되어 있다. 이를 수정하기 위한 것이 수정추종장치이다.

선형 검출기에서 검출한 추종환과 컴퍼스 카드 사이의 편차신호는 방위신호전송기에 있는 속도오차수정기에 입력된다. 속도오차수정기에는 속도설정손잡이가 있어서 선박의 현재 속도를 입력할 수 있다. 여기서, 속도오차는 단순한 속도오차를 의미하는 것이 아니라 방위, 위도, 속도 등의 3가지 성분이 서로 연계되어 발생한 오차이다. 앞에서 이미 설명한 바 있다. 속도오차수정기에서 수정된 편차신호는 모두 직류로 변환된 후 다시 수정추종증폭기에 속도오차 수정 값으로 입력된다. 그러면 수정추정증폭기는 이 수정 값을 이용하여 추종 모터를 돌려서 컴퍼스 카드를 속도오차 수정 값이 더해진 위치에 추종시킨다. 그 결과 컴퍼스 카드는 오차가 최소화된 진북을 지시하게 된다.

4) 방위신호전송기

위의 그림 3-57에 나타낸 방위신호전송기는 마스터컴퍼스에서 출력된 방위신호를 다수의 리피터컴퍼스와 선수방위신호가 필요한 주변 항해장비로 전달하는 장치이다. 방위신호전송기에는 앞에서 설명한 속도오차수정기가 포함되어 있는데, 그 이유는 속도오차가 수정된 방위신호를 외부로 전송하기 위한 것이다. 방위신호전송기는 학습할 내용이 많음으로 아래에서 상세하게 설명한다.

3.2.4. 방위신호전송기

(1) 방위신호전송 개념

그림 3-58은 마스터컴퍼스에서 다수의 리피터컴퍼스와 주변 항해장비로 선수방위전보를 전달하는 개념을 나타낸다. 리피터컴퍼스는 선교 내부의 조타명령 장소와 좌우현측 선교(Wing Bridge)에 설치하여 물표의 상대방위 측정에 사용하거나 선장 집무실, 1항사 집무실, 기관실 등에서 참고하기 위한 용도로 사용되며, 자동조타기, 레이더, ECDIS, 항해데이터기록장치(VDR) 등 전송되어 각 목적에 따라 사용된다. 따라서 다수의 리피터를 지원하기 위한 기능이 필요한데, 방위신호전송기에 내장된 전달회로(Transmission circuit)에서 다수의 리피터컴퍼스를 구동하기 위한 신호를 만든다.

그림 3-59는 마스터컴퍼스와 리피터컴퍼스 사이의 동기화(synchronization) 개념을 나타낸다. 마스터컴퍼스에서 출력된 선수방위신호는 미약하기 때문에 먼 거리까지 전송될 수 있도록 무접점발신기(Non-contact Transmitter)를 통해서 고전압의 신호로 변환시켜 전달된다. 각 리피터컴퍼스의 스텝모터(Step Motor)에서는 이 신호를 수신하여 선수방위를 지시하게 된다. 이 때 무접점발신기와 스텝모터는 서로 동기(synchro)시켜서 신호를 전달하게 된다. 여기서 동기란, 송신측의 행동을 수신측이 그대로 따라하도록 유도하는 것을 말한다.

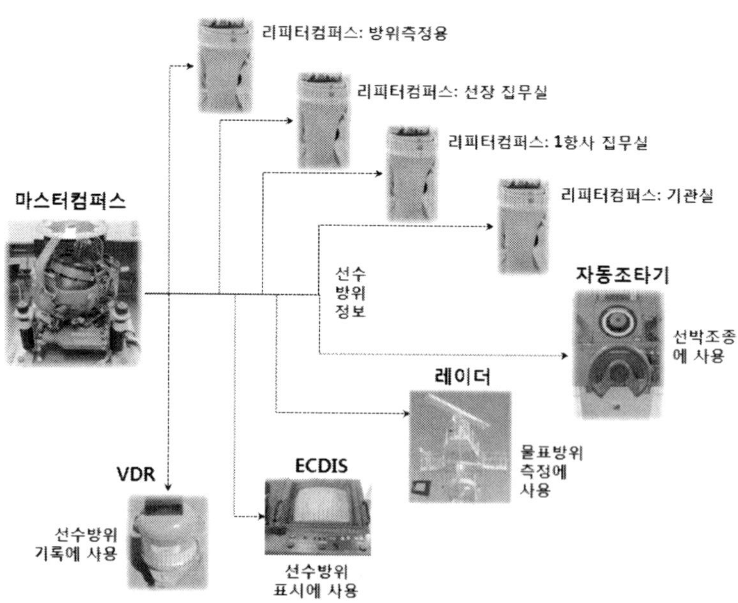

그림 3-58 다수 리피터컴퍼스에 의한 선수방위전달 개념

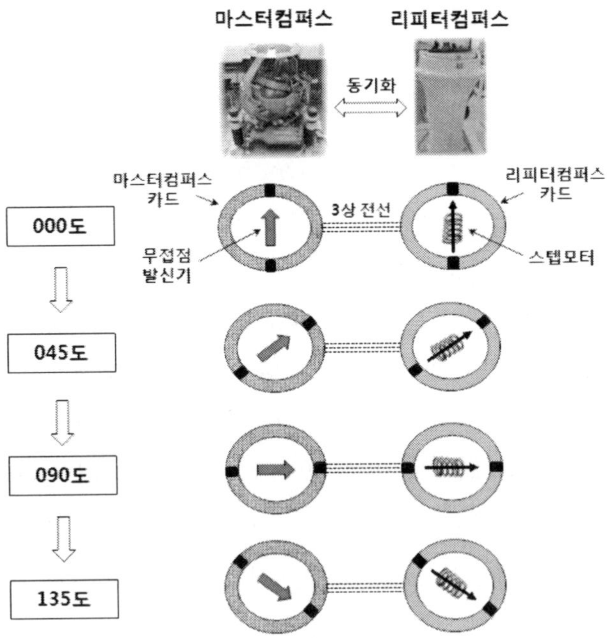

그림 3-59 방위신호 동기화 개념

(2) 무접점발신기과 리피터 모터

마스터컴퍼스의 선수방위정보는 무접점발신기(Non-contact Transmitter)에서 변화된 후, 전달회로(Transmission circuit)를 거쳐서 리피터컴퍼스의 리피터모터(스텝모터)에 전달된다. 그림 3-60은 무접점발신기와 스텝모터의 구조적인 개념도를 나타낸다.

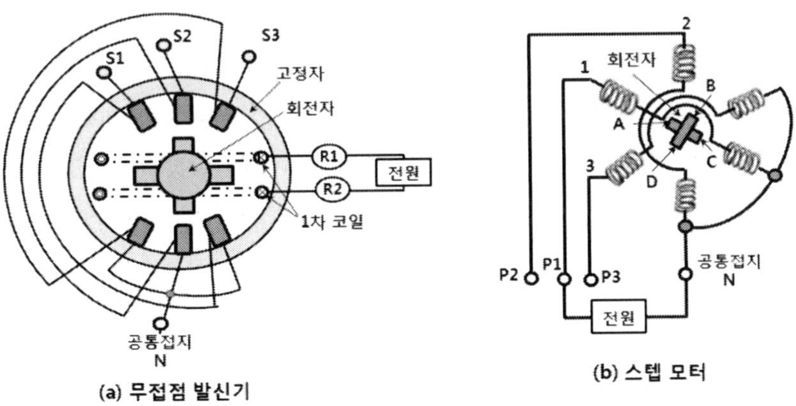

그림 3-60 무접점발신기(a)와 스텝 모터(b)의 구조

[무접점발신기]

그림 3-60(a)에 나타낸 무접점발신기(Non-contact Transmitter)는 마스터컴퍼스 카드의 방위정보를 리피터컴퍼스로 전송하기 위하여 컴퍼스 카드에 부착된 기어(gear)의 회전에 비례하는 신호를 출력하는 동기 모터(synchro motor)의 일종이다. 이러한 동기 모터는 전자유도 방식을 이용하기 때문에 전기를 흐르게 하는 접점(contact)이 없어서 고장발생이 적다. 그래서 무접점발신기라 부른다. 무접점발신기는 서로 마주보고 있는 2개의 2차 코일이 한 개의 쌍으로 구성된 것이 3쌍(즉, S3-S3', S2-S2', S1-S1') 있고, 코일은 철심에 감겨져 있으며 30도씩 떨어져 있다. 코일의 가운데에는 + 형태의 회전자(rotor)가 있는데, 회전자는 마스터컴퍼스 카드의 기어에 연결되어 자유롭게 회전한다. 그리고 고정자에는 1차 코일이 감겨져 있고 여기에 전원이 가해져 있다. 1차측 코일에 교류 110V, 주파수 400 Hz의 전원을 공급하면 고정자에 자장이 형성된다. 그리고 마스터컴퍼스 카드 기어에 접속된 회전자가 회전하면 3개의 쌍으로 구성된 2차 코일 중에서 회전자와 가장 근접한 2차 코일에 자기장이 형성되고 이 자기장은 전류로 변환되어 S1, S2, S3 단자에서 출력된다. 따라서 S1, S2, S3 단자에서 출력되는 전압은 회전자의 회전각(즉, 자이로 로터의 회전각 = 컴퍼스 카드의 회전각)에 비례하는데, 이 출력 전압은 서로 위상이 120도씩 벗어난 3개의 사인파 형식으로 나타난다. 이와 같은 방법으로 컴퍼스 카드의 방위를 전기신호로 변환시켜서 전송하기 위한 것이 무접점발신기이다. 한편, 무접점발신기에서 출력되는 신호는 9X 신호와 1X 신호가 있는데 그 의미는 다음과 같다(이, 1984d).

- 무접점발신기의 고정자에는 1차 코일이 감겨져 있고, 이 1차 코일의 내부에는 마스터컴퍼스 카드 하부의 기어에 연결된 회전자(rotor)가 있는데, 이 회전자에는 전자석이 부착되어 있다. 따라서 회전자의 위치에 따라서 S1, S2, S3 단자에 감겨진 2차 코일 중에 어느 하나 또는 2차 코일 양쪽에 기어의 회전에 비례하는 전류가 발생한다.
- 이때, 회전자가 비대칭이거나 코일의 선을 감은 권선상태가 불량한 경우에는 회전자가 정지해 있음에도 불구하고 전자유도에 의해서 잔류전압이 발생하여 동기 오차를 야기할 수 있다. 이러한 오차를 감소시키기 위해서는 마스터컴퍼스 카드 하부에 부착된 기어의 비율을 높여서 방위변화가 작더라도 기어가 회전하도록 만들면 된다. 일반적으로 기어의 비율을 n으로 나타내면 오차는 1/n으로 감소한다. TG-5000 모델의 경우 기어 비율을 1:1(이것을 1X라 하며, 마스터컴퍼스 카드가 1회전하면 기어가 1회전함을 의미)로 하는 동기방식과, 기어의 비율을 1:9(이것을 9X라하며, 마스터컴퍼스 카드가

1회전하면 기어가 9회전함을 의미)로 하는 동기 방식을 채용하고 있다.

- 여기서 주의할 것은, 1X 동기신호는 방위각 대 출력신호가 1:1로 전달되기 때문에 1도 미만의 오차가 발생할 수 있으나 큰 오차는 발생하지 않는다. 반면, 9X 동기신호는 1:9로 전달되기 때문에 오차를 1/9로 감소시킬 수 있으나 방위각의 변화가 큰 경우에는 동기 모터가 추종할 수 없는 상황이 발생하여 큰 오차가 발생할 수 있다. 그래서 TG-5000 모델에서는 1X와 9X 신호를 전달회로에서 방위각 변화에 따라서 적절하게 혼합하여 사용하고 있다.

[스텝모터]

그림 3-60(b)의 스텝모터(Step Motor)는 전달회로에서 출력되는 9X 또는 1X 신호를 이용하여 작동된다. 스텝모터는 입력된 신호에 대해서 일정한 각도 단위(즉, step)로 회전하는 모터를 의미하고, 그래서 스텝모터라 한다. 스텝모터는 무접점발신기와 반대작용을 하는 것으로, 코일에 전류를 흘러서 코일 내부에 있는 회전자를 돌리는데 회전자에는 카드가 부착되어 있기 때문에 전송된 선수방위가 표시된다. 스텝모터 역시 2개의 코일이 1개의 조로 구성된 것이 60도 간격으로 3개의 쌍(1, 2, 3으로 표시)으로 구성되어 있다. 만약 1번 코일 쌍에 전압이 인가되면 가장 가까운 회전자(A와 C, 이하 A-C로 표시)가 이 코일의 쌍을 지시하게 된다. 전압이 1과 2의 코일 쌍에 동시에 가해지면 회전자 A-C의 중심이 코일 1과 2의 중간에 위치한다. 따라서 회전자는 30도 간격으로 구분된 위치에 정지할 수 있는데, 이를 1 스텝이라 한다. 이와 같이 스텝모터는 코일 쌍에 순차적(즉, Step)으로 전압을 가하면 30도 위치마다 회전자를 위치시키면서 단계적으로 회전된다. 스텝모터의 1 스텝은 30도에 해당하고, 스텝모터의 회전자가 360도 회전하기 위해서는 12 스텝이 필요하다. 그리고 스텝모터에 부착된 리피터 카드는 정밀도를 높이기 위하여 스텝모터가 180번 회전하면 360도 회전하도록 리피터 카드에 부착된 기어의 비율이 180:1로 되어 있다. 그래서 스텝모터의 1 스텝(30도)에 대해서 리피터 카드는 1/6도(약 0.2도)씩 회전하기 때문에 정밀한 방위추종이 가능하다. 1/6도가 되는 이유는 다음과 같다.

- 스텝모터의 1회전(360도)은 12 스텝이다. 스텝모터가 180번 회전하면 리피터 카드가 360도 회전함으로 스텝모터의 1회전은 2도(즉, 360도/180)에 해당한다.
- 스텝모터의 1회전은 12 스텝이고, 이 때 리피터 카드는 2도 회전함으로, 2도/12스텝 = 1 스텝 당 1/6도가 된다.

한편, 무접점발생기의 경우에는 1 스텝이 15도이고, 마스터컴퍼스 카드와 무접점발생기 사이에는 90:1 의 비율을 갖는 기어로 결합되어 있다.

- 따라서 1 스텝은 15도에 해당함으로 마스터컴퍼스가 360도 회전하면 무접점발생기에는 총 24 스텝(360도/15도)이 발생한다. 90:1의 기어를 사용했음으로 무접점발생기의 1회전은 4도(즉, 360도/90)에 해당한다.
- 무접점발생기의 1회전은 24 스텝이고, 이 때 마스터컴퍼스 카드는 4도 회전함으로, 4도/24스텝 = 1스텝 당 1/6도가 된다.

따라서 무접점발생기의 코일 배치 간격(30도)과 기어의 비율(90:1), 그리고 스텝모터의 코일 배치 간격(60도)과 기어의 비율(180:1)은 같은 효과를 달성하기 위한 배치이다.

[무접점발신기와 스템 모터 사이의 연결]

그림 3-61은 무접점발신기와 리피터컴퍼스 사이의 원격지시기 구성개념을 나타낸다. 무접점발신기와 스텝모터 사이에 발신중계기를 포함하는 전달회로를 두면 마스터컴퍼스의 방위정보가 리피터컴퍼스로 전송된다. 그림 3-62는 TG-6000 자이로컴퍼스에 사용되는 리피터컴퍼스의 실제 구조를 나타낸 것으로, 무접점발신기와 스텝모터는 서로 동기화되어 있다. 이러한 이유로, 만약 마스터컴퍼스를 새로 작동하거나 오랜 시간이 경과되어 동기오차가 발생하면 그림 하단에 나타낸 방위조정용 놉을 이용하여 항해사가 리피터컴퍼스의 방위를 수정해야 한다. 최근에는 이러한 불편함을 방지하기 위하여 후술하는 디지털 리피터가 개발되어 있다.

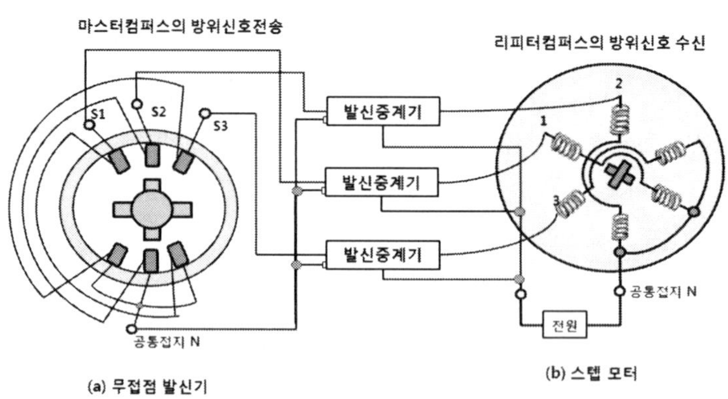

그림 3-61 무접점발신기와 스텝모터로 구성한 리피터컴퍼스의 원격지시기

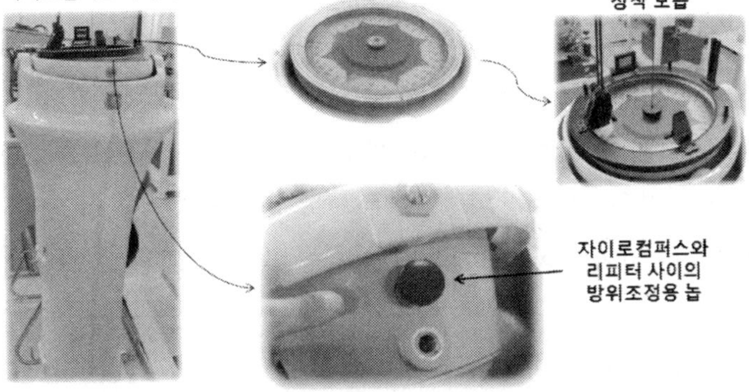

그림 3-62 TG-6000 자이로컴퍼스에 사용하는 리피터컴퍼스

(3) 디지털식 전송기

그림 3-63의 (a)부터 (C)까지는 독일 레이시온 안슈츠(Raytheon Anschutz) 회사의 다양한 디지털 리피터를 나타내고(Raytheon Anschutz, 2013), 그림 (d)은 SMS(2013) 회사의 동기식 자이로 리피터 변환기를 나타낸다.

(a) (b) (c) (d)

그림 3-63 다양한 디지털 리피터와 변환기
(a) 조타용 리피터 컴퍼스, (b) 방위측정용 리피터 컴퍼스,
(c) 디지털 리피터 컴퍼스, (d) 동기식 자이로 리피터 변환기

그림 3-63(a)는 선박 조타용 리피터 컴퍼스(Steering Repeater Compass)를 나타낸 것인데, 마스터컴퍼스에서 출력되는 아날로그(Analog)와 디지털(Digital) 형식의 선수방위정보 모두를 수용할 수 있다. 이와 같이 최근의 자이로컴퍼스에서는 아날로그 신호와 디지털 신호 모두를 이용하여 선수방위정보가 출력되고 있다. 디지털 형식의 리피터컴퍼스는 NMEA-0183 방식의 표준 프로토콜(Protocol)을 이용하여 신호를 메모리에 저장할 수 있고 전송할 수 있기 때문에 마스터컴퍼스와 리피터컴퍼스 사이의 동기화가 필요하지 않다.

그림 3-63(b)의 방위측정용 리피터 컴퍼스는 기계적인 컴퍼스 카드를 이용하여 각종 물표의 상대방위를 측정하기 위한 것으로, 아날로그와 디지털 신호 모두를 수용할 수 있다. 그리고 자이로컴퍼스뿐만 아니라 GPS를 이용한 방위도 나타낼 수 있다.

그림 3-63(c)의 디지털 리피터 컴퍼스는 선수방위와 선박의 선회율(ROT)을 동시에 표시할 수 있다. 특이한 것은, 선수방위를 적색과 녹색 2가지 컬러의 LED[26)]로 표시할 수 있다. ROT의 선회율을 감지하여 선박이 우현으로 회두하면 녹색, 좌현으로 회두하면 적색으로 나타낸다.

그림 3-63(d)의 동기식 자이로 리피터 변환기는 스캔디나비안 마이크로 시스템(Scandi- navian Micro Systems, SMS) 회사의 제품으로, 자이로컴퍼스는 물론 전자컴퍼스 등 모든 방위관련 아날로그 신호와 디지털 신호를 서로 변화하여 사용할 수 있는 범용 장치이다. 모든 출력은 NMEA-0183 프로토콜을 따르기 때문에 방위신호를 레이더와 AIS 등에 쉽게 전달 할 수 있다.

3.2.5. 모니터링 박스

그림 3-64는 TG-6000 자이로컴퍼스의 모니터링 박스(Monitoring Box)를 나타낸다. 모니터링 박스 전면에는 각종 고장상태를 표시하기 위한 경보표시 장치가 있다. 내부에는 전자회로가 내장되어 있다. 자이로컴퍼스에 이상이 발생하면 고장원인이 경보표시 장치에 숫자로 표시된다. 표 3-1과 같이 모니터링 박스 겉면에는 고장원인에 대한 오류코드(error code) 목록이 표시되어 있는데, 이 코드를 설명하면 다음과 같다.

- 오류코드 E1과 E2은 전원고장을 의미하는 것으로, 선내 전원의 공급여부와 퓨즈의 단락 등을 조사하면 알 수 있는 간단한 증상이다. 그러나 전원자체가 고장임으로 자이로컴퍼스의 작동이 중단될 수 있다. 한편 비상을 대비하여 일반적으로 비상 배터리가 연결되어 있기 때문에 전원이 차단되더라도 자이로컴퍼스의 마스터컴퍼스는 작동할 수 있다. 그리고 E3은 공급전원을 안정된 전원으로 변환시키는 인버터(Inverter)가 고장임을 나타낸다.

26) LED는 Light Emitted Diode를 의미하는 것으로 다이오드라는 반도체를 이용하여 빛을 방출하는 소자를 의미한다. 레이저 역시 LED의 한 가지 종류이다.

- 오류코드 E4의 제어전원 비정상은 각종 제어 시스템을 구동하기 위한 전원에 이상이 발생한 것으로, 이러한 경우 자이로컴퍼스는 사용할 수 없는 상태가 된다. 오류코드 E5부터 E8까지는 자이로 내부의 이상상태를 알리는 것으로 전문가에 의해서만 수리할 수 있다.
- 오류코드 E9의 메모리 이상은 NMEA-0183 프로토콜을 적용한 디지털 형식의 방위정보를 저장하는 메모리가 고장상태임을 의미한다. 그 결과 리피터컴퍼스에 전달된 선수방위에 큰 오차가 발생할 수 있으니 주의해야 한다.
- 오류코드 Ea와 Eb은 마스터컴퍼스와 기타 장비 사이의 통신 이상상태를 나타내는 것으로 이러한 결과 자동조타기와 레이더 등에 전달된 선수방위에 큰 오류가 발생할 수 있으니 주의해야 한다.
- 한편, 오류코드 Ec는 GPS 신호가 비정상인 상태를 나타낸다. 자이로컴퍼스에서 GPS 신호를 사용하는 이유는 GPS에서 자동으로 위도 정보를 획득하여 위도오차를 수정하기 위한 것이다. 따라서 이러한 경우에는 모니터링 박스에 있는 수동장치를 이용하여 항해사가 위도를 직접 입력시키면 되기 때문에 자이로컴퍼스 작동에는 영향을 미치지 않는다.

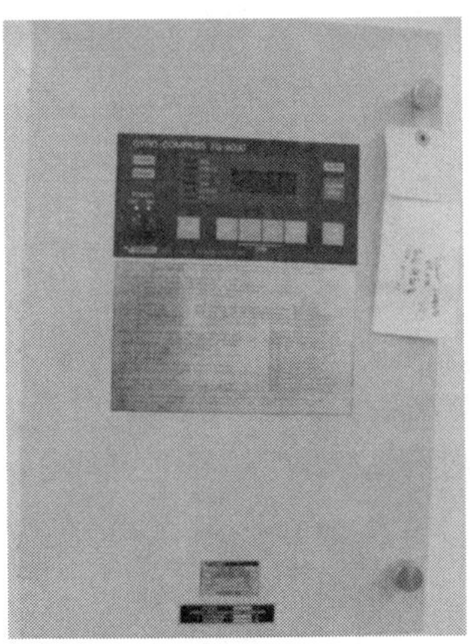

모니터링 박스 외관

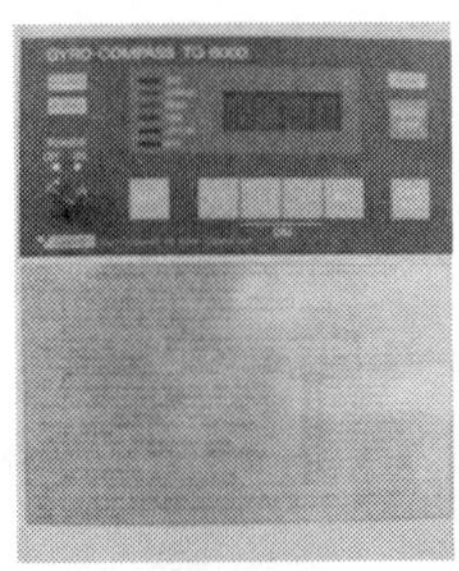

표시장치

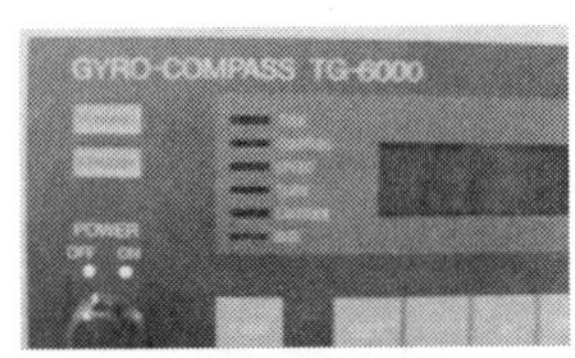

경보표시장치

내부에 있는 각종 전자회로. 특히 퓨즈 부분(우측)에 주의

그림 3-64 자이로컴퍼스 모니터링 박스

표 3-1 자이로컴퍼스의 오류코드

Error code list		오류 코트 목록
Code	Meanings	코드와 의미
E1	Main Power is abnormal	주전원 비정상
E2	Power is abnormal	전원
E3	Inverter is abnormal	인버터 비정상
E4	Control power is abnormal	제어 전원 비정상
E5	Gyro rotor current is abnormal	자이로 로터공급 전류의 비정상
E6	Tilt of rotor is abnormal	자이로 로터 경사의 비정상
E7	Servo loop is abnormal	추종 루프의 비정상
E8	Zero cross is abnormal	영점 교차의 비정상
E9	Memory is abnormal	메모리 비정상
Ea	Communication is abnormal(1)	통신 비정상(1)
Eb	Communication is abnormal(1)	통신 비정상
Ec	GPS signal is abnormal(1)	GPS 신호 비정상

3.3. 침로기록장치

항해 중, 자이로컴퍼스에서 출력된 선박 침로는 침로기록장치(Course Recorder)에 기록된다. 그림 3-65는 TOKIMEC사의 침로기록장치를 나타낸다. 선박의 침로는 열종이(Thermal Paper)라는 특수한 종이에 기록된다.

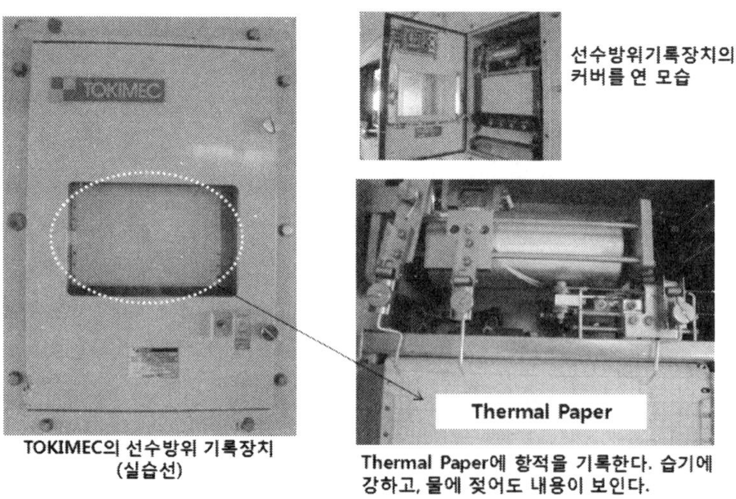

그림 3-65 선수방위 기록장치

그림 3-66은 침로기록용지의 구성을 나타낸다. 이 용지는 1)방위구분, 2)선수방위 기록, 3)타(Rudder) 사용 기록, 4)기록시간 등 크게 네 부분으로 구성되어 있는데, 이것은 제한된 여백에 가능한 많은 정보를 상세하게 나타내기 위한 것이다. 그림 3-67은 침로기록용지의 구성을 다시 상세하게 나타낸 것이다. 그리고 3개의 철제 펜을 이용하여 기록된다.

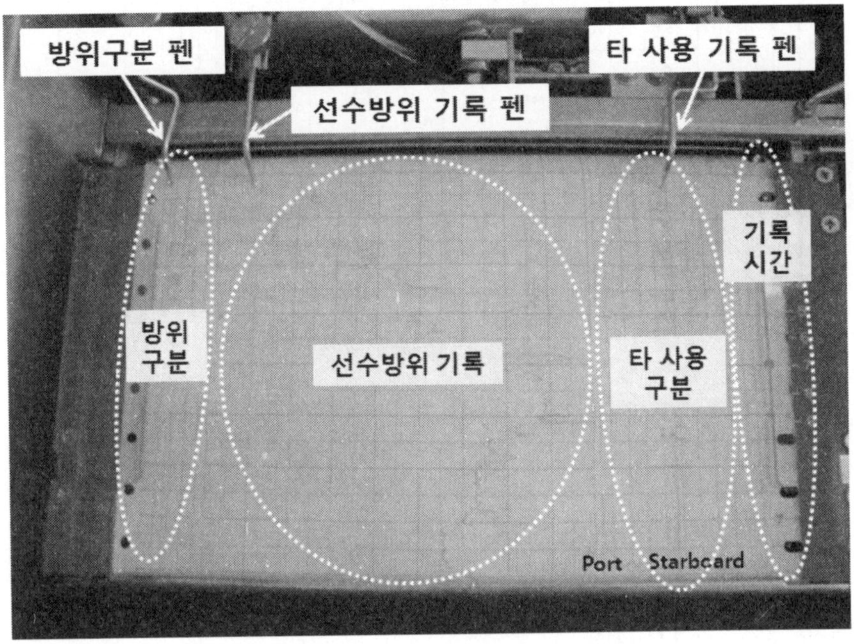

그림 3-66 침로 기록 용지의 구성과 기록 펜

그림 3-68은 실제 항해 때 나타나는 선수방위 기록 내용을 나타낸다. 기록 내용을 보면, 6시40분경 115도로 항해하다가 8시25분경에는 105도, 8시경에는 90도에서 80도로 변침하고, 계속하여 8시20분경에는 52도, 9시20분경에는 15도 등과 같이 반시계 방향으로 선박이 회두하는 상태를 나타낸다. 여기서 주의할 것이 방위구분인데, 4부분으로 구성되어 있다 즉, 000-090, 090-180, 180-270, 270-360 등. 이와 같이 구분한 것은 좁은 용지에 상세하게 침로를 기록하기 위한 것이다. 따라서 침로를 판독할 때 주의해야 한다. 아울러 그 당시 사용한 타 사용 내용도 기록된다. 이러한 침로 기록은 해양사고가 발생하는 경우 법적인 증거자료로 제출되기 때문에 일정 기간 보관해야 한다. 그래서 침로기록을 시작하고 종료할 때는 반드시 일자와 경위도, 지역명(항구) 등을 기록해야 한다. 최근에는 디지털 방식이 널리 사용되고, 항해기록장치(VDR)에도 침로가 디지털형식

으로 저장되어 있기 때문에 점차 침로기록기의 유용성이 저하되고 있다.

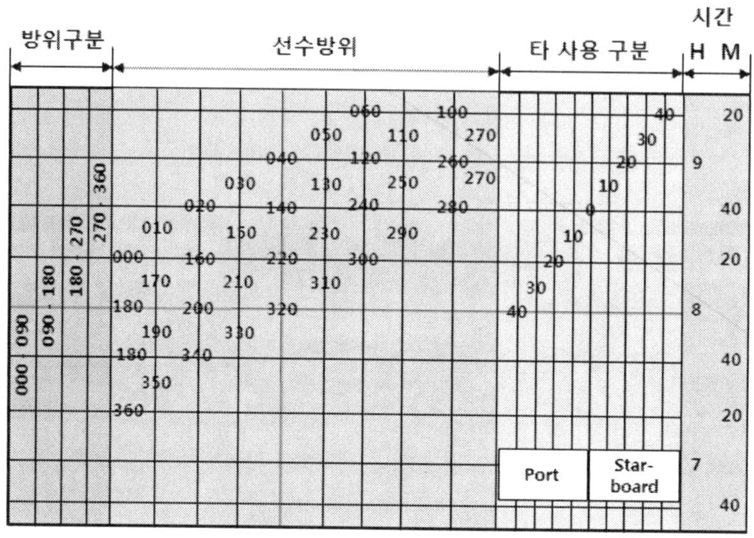

그림 3-67 기록용지의 구성

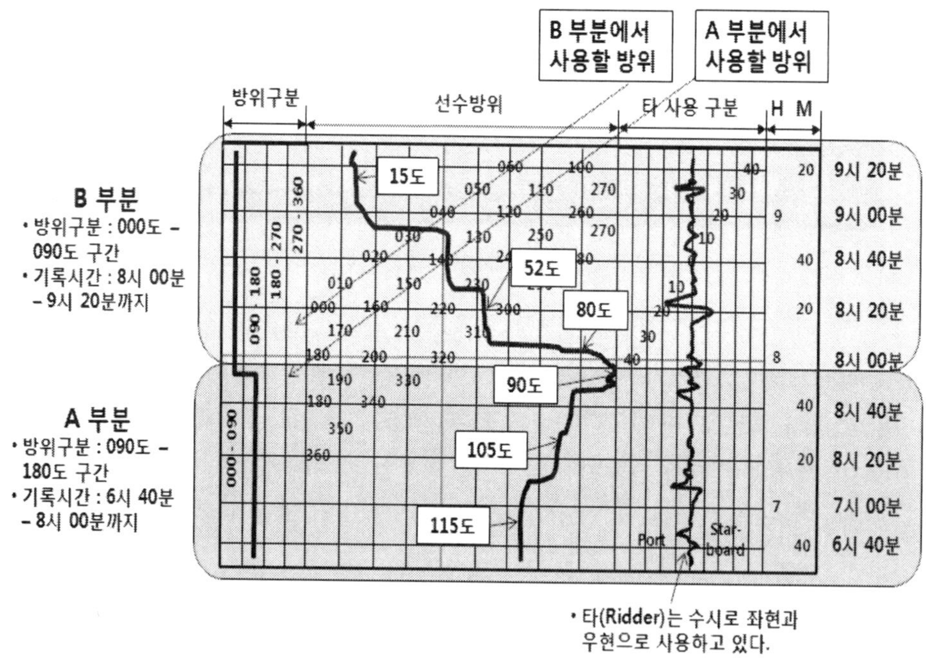

그림 3-68 침로기록의 예

3.4. 자이로컴퍼스의 작동과 유지보수 방법

여기서는 TG-5000 자이로컴퍼스를 중심으로 작동과 유지 보수 방법을 간단하게 살펴본다. 그림 3-69는 TG-5000 자이로컴퍼스가 내장되어 있는 PR-6000 자동조타장치의 모습을 나타낸다. 최근 자이로컴퍼스는 별도의 유지 보수가 필요 없을 정도로 오랫동안 고장 없이 사용할 수 있다. 상선에는 SOLAS 규정에 의거하여 2대 이상의 자이로컴퍼스를 갖고 있기 때문에 비상시 빠른 대처가 가능하다. 자이로컴퍼스는 일반적으로 자동조타스탠드 내부에 설치되어 있다.

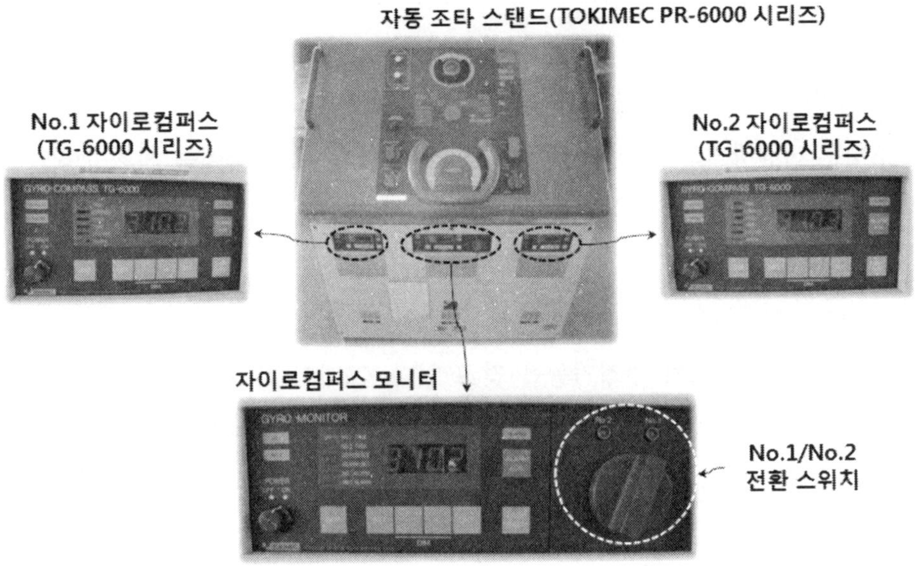

그림 3-69 TG-5000 자이로컴퍼스의 전환스위치

3.4.1. 작동 방법

(1) 초기 작동 방법

선수방위를 알고 있을 때는 다음의 순서에 의해 작동시키면 약 2시간 이내에 정지한다. 이것은 자이로컴퍼스의 SLEW 기능을 이용한 것으로 자이로 로터의 추종 시간을 단축시킬 수 있다.

① 전원장치에 부착되어 있는 스위치 패널의 형식 스위치를 [SLEW]로 설정하고 적색의

램프가 점등하는 것을 기다린다(약 4분).

② 점등하면 [SLEW] 스위치를 좌 또는 우로 하여 알고 있는 진방위에 맞춰서 컴퍼스 카드를 회전(동조)시킨다.

③ 형식 스위치를 [RUN]으로 한다.

④ 선수방위를 알 수 없을 때에는 전원장치에 부착되어 있는 스위치 패널의 형식 스위치를 [RUN]으로 한다. 이 경우에는 4시간 내에 정지한다.

(2) 정지 방법

전원장치에 부착되어 있는 스위치 패널의 형식스위치를 [OFF]로 한다.

(3) 카드 조명

카드 조명은 전원장치의 조명 손잡이를 돌려서 조정한다. 손잡이를 시계방향으로 돌리면 밝게 되고, 시계반대방향으로 돌리면 어두워진다.

(4) 속도오차수정

자이로컴퍼스는 속도오차 수정기능을 갖고 있다. 그래서 자이로 리피터에는 속도오차가 수정된 신호가 보내진다. 속도오차 수정량은 전달상자에 부착된 속도설정손잡이와 위도(LAT)설정손잡이를 맞추면 마스터컴퍼스 안에 잇는 수정서보장치에 입력된다. 속도오차는 선수방위의 cos량에 비례하고 선수방위가 북과 남에서 극성이 다르게 되지만, TG-5000 자이로컴퍼스의 경우는 자동으로 극성이 변하므로 수정조작은 단순히 선속과 위도만 맞추면 된다.

(5) 전원경보

선박의 AC전원이 정전된 경우 전원경보가 다음과 같이 울린다.

① 전달상자의 부저가 울리고 적색 램프가 점등한다. 이러한 경우 자동적으로 선박의 DC 전원으로 교체되고 마스터컴퍼스는 그대로 계속 작동된다. 이 경우 리피터는 사용할 수 없게 된다.

② 경보스위치를 누르면 부저는 멈추지만 적색 경보램프가 계속 점등된다.

③ 전원이 복구되면 다시 부저가 울리고 적색 경보램프는 계속 점등된다.

④ 다시 경보스위치를 눌러서 부저와 램프를 멈추게 한다.

(6) 리피터의 동조

① 리피터 스위치를 [OFF]로 하고 동조용 손잡이를 돌려서 마스터컴퍼스의 방위와 맞춘다.

② 방위가 일치하면 리피터 스위치를 [ON]으로 하고 마스터컴퍼스와 리피터의 방위가 일치하는 것을 확인한다. 한편, 동일 방위를 지시하지 않을 경우에는 같은 방법으로 방위를 다시 맞춘다. 이 리피터 스위치는 보통 [ON]시켜 놓고 덮개를 씌워둔다.

③ 리피터를 동조시킬 때는 자이로 모니터 교체상자의 자이로신호교체 스위치 위치에 주의한다. 만약 자이로와 리피터가 동일 방위를 나타내지 않을 때는 다시 조정한다.

(7) 방위차 경보

[No.1] 또는 [No.2] 마스터컴퍼스만을 운전할 경우 방위차 경보가 계속 울릴 때가 있다. 이 경우 자이로 모니터 교체상자 내부의 부저스위치를 [OFF]로 한다.

3.4.2. TG-5000의 유지보수 방법

TG-5000자이로컴퍼스는 이 매뉴얼에 따라 일반 공구 및 시험 기구를 이용해서 표준적인 기술자가 선상에서 간단하고 용이하게 유지보수 및 점검이 가능한 구조로 설계되어 있다. 여기서는 자이로컴퍼스의 보수를 위한 일상점검과 정기점검에 대해서만 살펴본다.

(1) 일상점검(Routine Inspection)

매일 적어도 1회 이상 다음 사항을 점검한다.

① 방위신호 전달 시스템이 정상적으로 작동하고 있는 경우, 리피터 카드가 마스터 컴퍼스 카드 방위와 일치하는지 점검한다. 만약 어떤 이유로 전원이 단절된 경우 방위 차이가 있는지의 여부를 확인하고 전원이 복구되면 리피터 카드와 동조시킨다.

② 가능하면 지문항법 또는 천문항법 등을 이용한 방위를 측정하여 자이로컴퍼스의 방위를 확인한다.

③ 전원전압이 일정한지 확인한다.

④ 마스터컴퍼스가 정상적으로 운전되고 있을 때 자이로는 괴음, 진동 및 과열 등을 동반하지 않아야 한다. 그래서 항해사는 정상인 경우의 상태를 숙지해서 비교해야 한다.

(2) 정기점검(Periodical inspection)

일상점검을 제외한 정기점검은 필요치 않으나 전선 연결부의 느슨함, 기름의 부착, 마손 등을 확인하고 필요하면 손질한다.

4. 방위측정장치 관련 규정

방위측정장치는 SOLAS(Safety Of Life At Sea) 제5장(항해안전)에 의거하여 선박에 장착해야하고, 정기적인 검사가 필요하기 때문에 국제규정의 숙지는 중요하다. 또한 국제법이나 규정에 명시된 명칭과 현재 국내에서 사용하고 있는 국문 명칭이 다소 다른 것이 있어서 혼란을 불러올 수 있으니, 반드시 공식적인 영문 명칭을 숙지해야 한다.

우선, 방위측정장치와 관련된 국제해사기구(International Maritime Organization, IMO)의 성능요건을 요약하면 다음과 같다.

① Magnetic Compass : Resolution[27)] A.382(X)
② Gyro Compass : Resolution A.424(XI)
③ Gyro Compass for High Speed Craft : Resolution A.821(19)
④ Marine Transmitting Magnetic Heading Device(TMHDs) : Resolution MSC.86 (70), Annex 2: 2000.1.1 이후 탑재되는 장비에 적용
⑤ Marine Transmitting Heading Device(THDs) : Resolution MSC.116(73): 2002. 7.1 이후 탑재되는 장비에 적용

상기 장치 중에서 주의 깊게 살펴보아야할 것이 다음의 두 가지이다.

- 자기선수방위전송장치(Transmitting Magnetic Heading Devices, TMHDs)
- 선수방위전송장치(Transmitting Heading Devices, THDs)

TMHD는 지구자장을 이용하여 선수방위를 측정한 후 이를 전송하는 장비를 의미하는 것으로, 적절히 조정된 자기컴퍼스 또는, 프럭스게이트(Flux-gate) 센서를 이용한 전자식 자기컴퍼스에 전자식의 수정 장치를 갖고 있는 장치를 의미한다. THD는 적절히 조정된 자기컴퍼스와 자이로컴퍼스 및 GPS와 같은 무선전자장치가 결합된 장치이다.

TMHD와 THD에 관한 규정이 명시된 배경은 다음과 같다. IMO의 해사안전위원회

27) Resolution은 한글로 '의결서'라 한다. 의결서는 국제적인 협약(Convention)이나 규정(Regulation) 등이 제정되기 이전에 IMO 회의에서 의결한 내용으로, 국제법적인 효력을 갖고 있지는 않으나 국제 협약이니 규정의 상세한 내용을 포함하고 있다.

MSC69에서 전자자기컴퍼스(Electromagnetic Compasses)의 성능기준(안)과 SOLAS 제5장의 19규칙(안)에 규정된 300 ~ 500 G/T 선박에 탑재하는 AIS, 9 GHz 레이더, 전자플롯팅장치 등에 전송하는 진선수방위의 요건이 불일치함을 지적하였다. 이에, 일본은 진선수방위(True Ship's Heading) 측정센서를 이용하여 진선수방위를 주변 항해장비로 송신할 수 있는 THD의 성능기준안을 제안하였고, NAV46에서 THD의 성능기준안이 확정되게 되었다. 개정된 1974SOLAS 내용 중에서, TMHD와 THD의 내용을 요약하면 다음과 같다.

표 3-2 TMHD와 THD의 개념

적용한 규정	분류 ＼ 선박 톤수	300G/T 미만	300~500G/T	500G/T 이상
구 SOLAS 제5장 규정	측정장치	자기컴퍼스	자기컴퍼스	자이로컴퍼스
	요구사항	자침방위	자침방위	진방위
새로 개정된 SOLAS 제5장 규정(MSC70과 NAV45에 명시된 내용)	측정장치	자기컴퍼스	TMHD*	자이로컴퍼스
	요구사항	자침방위	진방위	진방위
MSC72와 NAV46에 제출된 계획	측정장치	자기컴퍼스	THD*	자이로컴퍼스
	요구사항	자침방위	진방위	진방위

※ 참고: TMHD는 적절히 조정된 자기컴퍼스 또는, 프럭스게이트(Fluxgate) 센서를 이용한 전자식 자기컴퍼스에 전자식의 수정 장치를 갖고 있어야한다. THD는 Class B의 적절히 조정된 자기컴퍼스와 Class B의 자이로컴퍼스 및 GPS 등의 무선전자장치를 갖고 있어야한다.

제4장

선속측정장치

선박의 속력을 측정하는 목적은, 선박제어, 위치추정, 목적지까지의 거리 계산 등을 위함이다.
자동차의 속력은 바퀴의 회전수로 측정하는데, 선박은 수중에 투입시킨 음향 센서로부터 발사된 음파를 이용하여 측정한다.
정확한 선속측정이 가능해야 선박운항의 경제성을 평가할 수 있다.

- 저자 -

1. 개요

1.1. 선속측정 역사

선박의 속력(speed)을 측정하기 위한 장비를 선속계(Log)라 하며, 선박의 속력을 간단하게 선속이라 부른다. 선속의 단위는 노트(knot, kt.)[28]인데, 선박이 1 시간에 1 마일(mile) 항해한 거리이다. 가장 오래된 선속계는 항해 중 선수에서 나무 조각(log)을 바다에 던져서 선미까지 통과하는데 걸린 시간을 측정하는 유목측정기(Dutchman's Log)가 있다. 그래서 오늘날 선속계를 로그(Log)라고 부르고 있다.

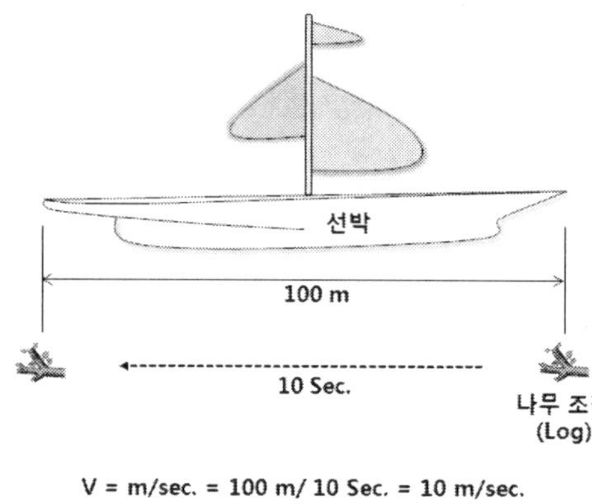

그림 4-1 로그(Log)의 개념

그림 4-1에서 선박길이 100 m, 선수에서 던진 나무 조각이 10 sec후에 선미에 도달했다면, 선속은 10 m/sec가 된다. 노트로 환산하면 약 20 kts가 되고, 선박이 10시간 항해했다면 항정(distance, 항해한 거리)은 200 마일이 된다.

이와 같이 선속을 알면 거리(distance)도 계산할 수 있기 때문에 선속계의 공식명칭은 속력항정측정기(Speed and Distance Measuring Equipment, SDME)이라 한다(Tetley et. al, 1986; DMA, 1984; IMO, 2000).

최초의 선속계는 17세기에 나타난 수용측정기[29](Hand lead)이다. 수용측정기는 물레에 감긴 긴 측정선의 끝에 경사진 나무판을 연결하여 물속에서 나무판이 회전하면서 측정선이 꼬이는 횟수로 속력을 측정한다. 그리고 측정선에는 길이를 알기 위해서 약 1 노트에 대응하는 길이마다 매듭(knots)을 표시했다. 현재 우리가 사용하고 있는 속력의 단위인 노트(knot)가 여기서 유래한 것이다.

한편, 유목측정기나 수용측정기는 순간적인 속력은 구할 수 있지만 항정은 알 수가 없

---

28) 노트(knot)의 단위는 단수 일 때 kt, 복수일 때는 kts로 사용한다. 즉, 1 노트 = 1 kt, 2 노트 이상부터는 2 kts, 3 kts 등으로 사용한다. 그리고 1 kt = 1 mile / 1 hour = 1,825 m(평균위도) / 3,600 sec ≒ 0.5 m/sec 이다.

29) 수용측정기의 '수'는 한자로 손의 의미이고, 손으로 사용하는 측정기를 의미한다.

었다. 그래서 출현한 것이 1861년에 워커(Walker)가 개발한 페이턴트로그(Patent Log) 인데[30], 회전체를 수중에 넣고 회전체의 회전수로 항정을 측정하였다. 이 측정기는 당시로서는 신발명품이었으므로 워커의 특허선속측정기(Walker's Patent Log) 또는 간단히 P-Log라 불렀다.

그러나 이때까지 개발된 어떠한 선속측정장치도 속력과 항정을 동시에 계산할 수 없었고 취급이 불편하며 정확도가 떨어지는 등의 많은 결점이 있었다. 그래서 개발된 것이 선저(선박의 아래)에서 선속을 측정하는 선저측정기(Bottom Log)이다.

대표적인 선저측정기로는 수압을 이용한 유압식측정기(Pressure Log), 선저에 흐르는 유체의 흐름을 이용한 전자로그(EM Log), 초음파를 이용한 도플러로그(Doppler Log), 음파의 상관(correlations)을 이용한 상관선속계 등이 있다. 이들이 오늘날 사용되고 있는 선속측정기들이다.

1.2. 속력항정측정기 관련규정

속력항정측정기(Speed and Distance Measuring Equipment, SDME)에 관한 선박강제장착규정은 1974 SOLAS에 나타나 있고, 이에 관한 성능기준은 각종 의결서(Resolution)에 규정되어 있다.

2000년도에 개정된 1974 SOLAS에 의하면, 2002.7.1이전에 설치한 SDME의 성능기준은 의결서 A.824(19)를 따르도록 규정되어 있고, 2002.7.1이후 탑재되는 SDME의 성능기준은 의결서 MSC96(72)의 부속서 14(Annex 14)를 따르도록 개정되었다(IMO, 2000).

이와 같이 SDME에 관해서 1974 SOLAS 규정이 개정된 이유는 SDME에 새로운 기능이 필요했기 때문이다. 즉, 기존의 의결서 A.824(19)에는 SDME이 전진속력만 측정해도 무방하였으나 APRA 및 ATA에는 전진과 후진 속력이 추가로 필요하였다. 그래서 의결서 MSC96(72)에 SDME에 전진과 후진속력 측정에 관한 성능기준이 추가되었다.

IMO의 성능요건이 명시된 문서와 그 탑재 요건은 다음과 같다.

---

30) Patent Log의 Patent는 특허를 의미하기 때문에 '특허선속측정기'라 할 수도 있지만, 원어 그대로 '페이턴트로그'라고 부른다.

① Resolution MSC.96(72): 2002.7.1 이후 탑재되는 것

② Resolution A.824(19): 1997.1.1 이후 2002.7.1 이전에 탑재되는 것

③ Resolution A.478(12): 1997.1.1 이전에 탑재되는 것

2. 유압을 이용한 선속계

2.1. 유압식 선속계의 측정원리

유압을 이용한 유압식선속계(Pressure Tube Log)는 1728년 프랑스의 피토(Henry Pitot)가 발견한 '유체의 압력은 유속의 제곱에 비례한다'는 원리를 이용한 것이다. 유압식선속계는 피토가 개발한 관(Pitot's tube)을 선저에 돌출시켜서 선속을 측정한다. 해수와 같이 유체가 흐르는 수중에 피토관을 담그면 선속에 비례하는 압력을 구할 수 있기 때문에 이로부터 속력과 항정을 획득하는 것이 유압식선속계이다. 유압식 선속계는 1914년에 SAL(Svenska Aktiebolaget Log)이라 불리는 선속계가 처음 개발되어 스웨덴 해군 함정 HMS Hugin에 탑재되었고, 이어서 1918년에는 민간용으로 개발된 것이 시초이다(SAL-Log, 2013).

그림 4-2는 유압식선속계의 구성을 나타낸다. 2개의 유압관(pressure tube)을 이용하여 선속을 측정한다. 유압관 A는 선박의 선저 아래로 돌출되어 있고, 유압관 B는 선저에 부착되어 있다. 그리고 압력탱크(pressure tank)를 이용하여 2개의 유압관에 가해진 압력차를 검출하여 선속을 측정한다. 선저에서 해수에 수직하게 유압관을 돌출시키면 돌출된 깊이 d 에 비례하는 압력이 유압관에 작용하는데 이러한 유압관의 특징은 다음과 같다.

① 유압관을 움직이지 않고 고정시켰을 때, 유압관에 발생하는 일정한 압력을 정압(static pressure)이라 하고, 정압을 측정하는 유압관을 정압관이라 한다.

② 일정한 깊이로 해수에 돌출시킨 유압관을 이동시킬 때 유압관에 발생하는 압력을 동압(dynamic pressure)이라 하며, 동압을 측정하는 유압관을 동압관이라 한다.

③ 유압관에 형성된 총 압력은 정압과 동압의 합이 되고, 이러한 총 압력을 측정하는 유압관을 유도유압관(Pilot's tube)이라 한다.

④ 유도유압관에 형성된 동압은 선속의 제곱에 비례하기 때문에 선속을 정확하게 측정하기 위해서는 유도유압관에서 정압을 제거해 주어야 한다.

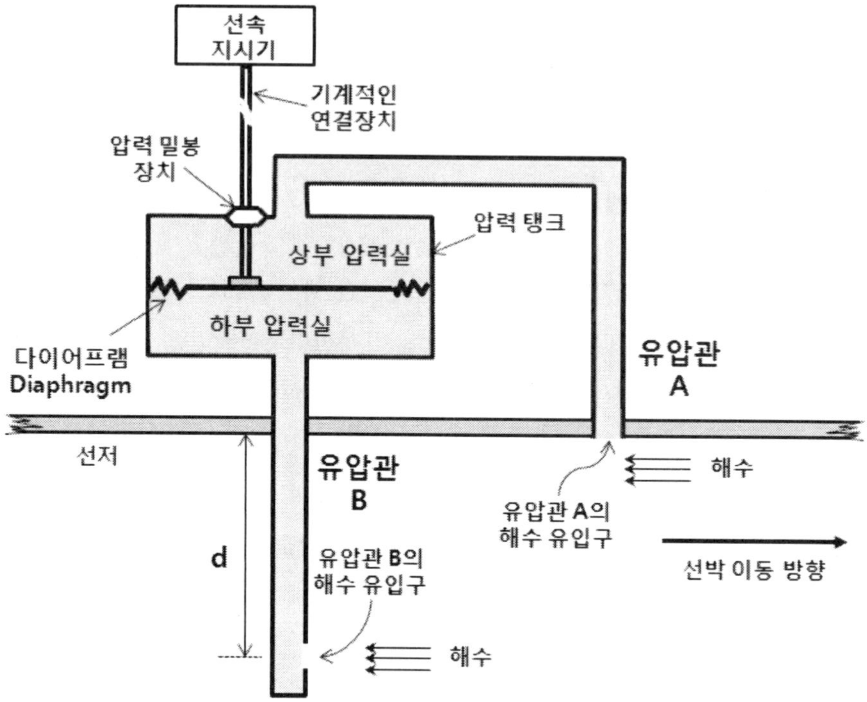

그림 4-2 유압식 선속계의 구성

그림 4-2의 구조를 설명하면 다음과 같다.

① 유압관 B는 유도유압관으로 작용하는데, 선저에서부터 해수유입구까지 깊이 *d* 만큼 돌출되어 있다. 유압관 A는 정압을 측정하는 것으로 선저용골(under keel)[31]에 부착되어 있다.

② 압력탱크(pressure tank)는 다이어프램(diaphragm)[32]을 중심으로 상부압력실과 하부압력실로 구분되어 있다. 다이어프램은 기계적인 연결장치를 이용하여 선속지시기와 연결되어 있다.

③ 상부압력실에는 유도관 A가 연결되어 있고, 하부압력실에는 유도관 B가 연결되어 있다.

④ 선박이 정지해 있는 경우, 유압관 A의 정압에 의한 상부압력실 압력과 유압관 B의 정

31) 용골이란, 선박의 선수미선을 기준으로 제일 아래바닥에 설치한 긴 철골구조를 의미하는 것으로, 선체의 뼈대가 된다.

32) 다이어프램(diaphragm)은 치마의 주름과 같이 올록볼록하게 만든 얇은 금속막으로 상부와 하부 압력실 사이의 압력차에 의해 위로 상승되거나 아래로 하강된다.

압에 의한 하부압력실 압력 사이에는 작은 차이가 발생한다. 그 이유는 유압관 B는 깊이 d 만큼 해수에 돌출되어 있어서 깊이 d 에 해당하는 정압이 추가되어 있기 때문이다.

⑤ 유압관 A와 B 사이의 작은 정압 차이는 속력오차를 야기하기 때문에 보정해 주어야 한다. 유압식 선속계에 있는 전기기계 시스템으로 보정하면 작은 정압의 차이를 제거할 수 있다. 정압 차이를 보정하면 상부압력실과 하부압력실의 압력차가 동일하게 되어 다이어프램이 평행을 유지하기 때문에 다이어프램에 연결된 선속지시기는 영(0) 노트를 지시한다.

⑥ 선박이 이동하기 시작하면, 유압관 B에 해수가 유입되면서 하부압력실에 원래 있던 정압과 동일한 크기의 동압이 더해진다. 그래서 하부압력실의 압력은 상부압력실 보다 커지고 이로 인하여 다이어프램은 위로 상승되면서 다이어프램에 연결된 기계적인 연결장치가 작동하여 압력차에 해당하는 선속이 선속지시기에 표시된다.

⑦ 선속이 더욱 증가하면 유압관 B의 동압이 증가함으로 다이어프램은 점차 위로 상승하고, 이로 인하여 속력이 증가하는 것으로 지시기에 나타난다. 이것이 유압식선속계의 측정원리이다.

2.2. 압력과 선속과의 관계

위에서 설명한 바와 같이 유압관 B에 형성된 동압은 해수에 대한 상대운동으로 발생하는데, 피토의 법칙(Pitot's Law)에 의하면 동압 P 는 선속 v 의 제곱에 계수 k_P을 곱한 것에 비례한다. 따라서 다음 식과 같이 동압과 선속과의 관계를 나타낼 수 있다.

$$P \approx v^2 \times k_P \qquad (4\text{-}1)$$

여기서, 계수 k_P는 선박의 톤수, 선체형상, 선속, 유압관 B의 선저에서부터 해수 유입구까지의 깊이 d 등으로부터 유도된 값

위의 식(4-1)에서, 동압 P 가 선속 v 의 제곱에 비례하기 때문에 압력과 선속 사이에는 비선형(none-lineality) 특성이 발생하여 선속오차를 야기할 수 있다. 그래서 압력식선속계에서는 다음 그림 4-3과 같은 비선형요소를 보정하기 위한 보정값을 적용하여 오차를 보정한다. 그림 4-3은 유압식선속계에서 압력과 선속과의 관계를 나타낸다. 유압식

선속계는 (1)번 곡선과 같이 선속이 다이어프램에서 검출한 압력과 비례하지 않는 비선형특성을 나타낸다. 이러한 비선형특성은 (2)번 곡선과 같은 보정값을 측정한 압력에 가해 주면, (3)번 곡선과 같이 속력 대 압력의 직선특성을 구할 수 있어서 정확하게 속력을 측정할 수 있다. 유압 선속계에서 이러한 오차보정은 세밀한 기계장치나 반도체회로의 시정수33)을 조정하여 선속과 유압차가 서로 비례관계를 갖도록 조정할 수 있으나 그래도 상당한 오차가 개입된다(IPC, 2013).

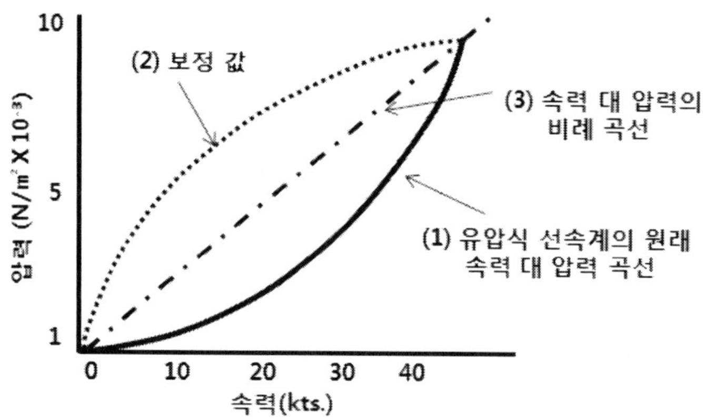

그림 4-3 유압식 선속계의 속력 대 압력 곡선

---

33) 시정수(time constant)는 전자회로에서 저항 R과 콘덴서 C, 코일 L 등을 이용하여 전기 에너지의 적분과 미분 시간을 조정하기 위한 것이다.

3. 전자기유도를 이용한 선속계

3.1. 전자기유도 선속계의 측정 원리

3.1.1. 개요

전자기유도 선속계(Electromagnetic Speed Log, EM-Log)는 '도체와 자계가 상대적인 운동을 할 때 도체에 기전력이 유도된다.'는 마이클 패러데이(Michael Faraday)의 전자기유도원리를 응용한 것이다.

전자기유도(electromagnetic induction)라는 것은, 코일에 전류를 흘리면 자기장(magnetic field)이 발생하고, 반대로 코일에 자기장의 변화를 일으키면 전류가 발생하는 현상을 의미한다. 달리 말하면, 어떤 전도체(conductor)를 자기장에서 이동시키면 소량의 기전력(electromotive force, e.m.f.)[34]이 발생하고, 반대로 전도체는 그대로 두고 자기장을 변화시키면 전도체에 기전력이 발생하는 원리이다.

EM-Log는 자기장은 고정시키고 전도체를 이동시켰을 때 발생하는 기전력을 이용하여 선속을 측정한다. 발생한 기전력을 전류로 변환시키면, 이 전류 값은 해수에 대한 선박의 상대속력에 해당된다. 이것이 EM-Log의 원리이다.

3.1.2. EM-Log 센서

그림 4-4는 EM-Log 센서의 외부와 내부 모습의 개념도를 나타낸다. 선저에 센서가 돌출되어 부착되어 있는데, 이 센서는 해수 중에 자기장을 형성하기 위한 솔레노이드 코일(solenoid coil), 자기장의 기전력 변화를 감지하기 위한 2개의 전극(electrodes)으로 구성되어 있다. EM-Log에서 선속을 측정하는 절차는 다음과 같다.

① 먼저, 솔레노이드 코일에 전류를 공급하면 센서케이스 주위에 자기장이 형성된다.
② 선박이 이동하면 해수가 센서케이스에 흐르면서 솔레노이드 코일에 의해서 발생된 자

---

34) 기전력이란, 전기의 강도를 물리적인 힘의 세기로 나타낸 것으로, 전기는 보이지 않기 때문에 물리적인 힘의 세기로 나타내는 것이다.

기장을 가로질러간다.

③ 해수는 염분(salinity)이나 각종 불순물이 포함되어 있기 때문에 하나의 전도체로 고려할 수 있다. 따라서 해수라는 무수히 많은 전도체가 센서케이스 주변에 형성된 자기장을 자르면(cutting) 해수에는 미량의 기전력(e.m.f.)이 발생한다. 이 기전력의 크기는 해수가 자기장의 자력선을 자르는 속도와 양에 비례한다.

④ 센서케이스 주변의 해수에 발생한 미량의 기전력을 센서케이스에 부착된 2개의 작은 전극으로 검출한 후 증폭하면 선속에 비례한 전류를 측정할 수 있다. 이 전류를 전자회로를 이용하여 속력으로 변환시키면 선박 속력을 측정할 수 있다.

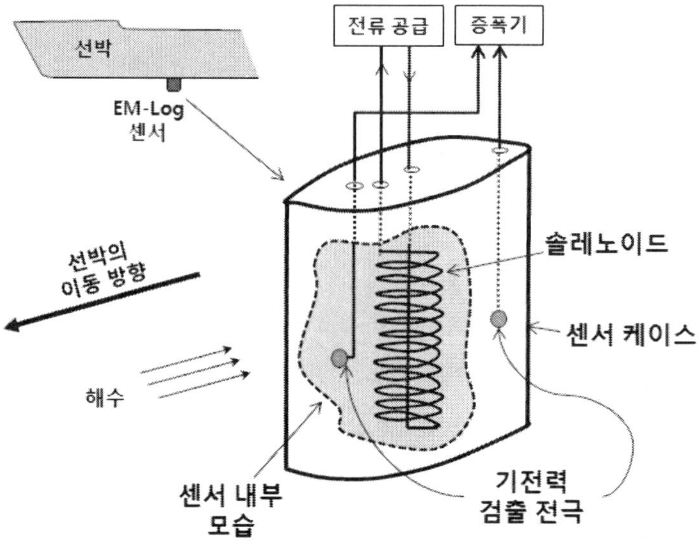

그림 4-4 EM-Log 센서의 구성

3.1.3. 전자기유도와 선속

그림 4-5(a)는 위에서 설명한 EM-Log 센서 내부의 솔레노이드 코일에 의해서 발생하는 자기장과 해수에 의한 전도체효과를 나타낸다. 선박이 이동하면서 발생한 해수의 흐름이 마치 전도체로 작용하기 때문에 센서케이스 주변의 해수에 발생하는 미량의 기전력(e.m.f.)이 발생하는 개념을 나타낸다. 이때, 그림 4-5(b)와 같이 플레밍의 오른손 법칙에 따라서 기전력은 자기장의 방향에 대해서 직각으로 발생한다.

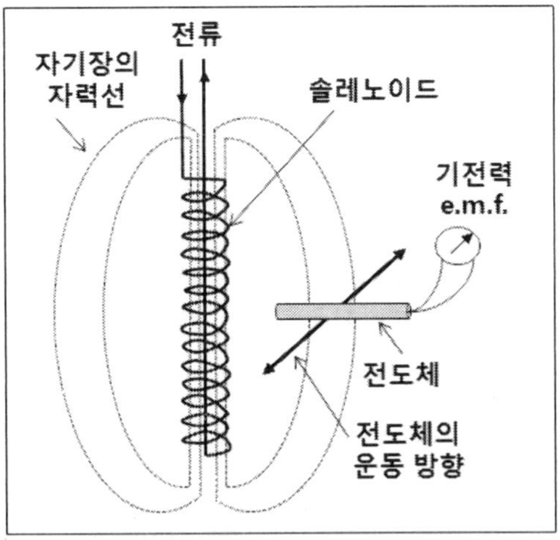

(a) 자기장 내에서 전도체의 운동 효과

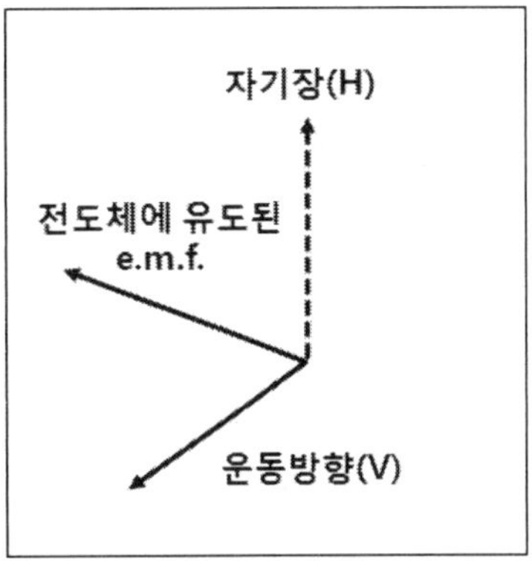

(b) 플레밍의 오른손 법칙

그림 4-5 자기장 내에서의 전도체의 운동효과(a)와 플레밍의 오른손 법칙

EM-Log 센서 주위에 자기장을 형성하기 위해서는 솔레노이드 코일에 전류를 가해주어야 하는데, 만약 직류전류를 가해주면 큰 전기저항이 발생되어 열이 발생하기 때문에 교류전류를 가해준다. 솔레노이드 코일에 교류전류를 가해준 경우, 전도체(즉, 해수)에 발생하는 기전력(e.m.f.)은 다음 식(4-2)으로 구할 수 있다.

$$e.m.f. = H_{ac}\ L\ v\ \sin(\omega t) \tag{4-2}$$

여기서, H_{ac}는 교류전류(ac, alternative current)에 의해서 솔레노이드 코일에 발생된 자기장의 강도, L은 전도체의 길이, v는 전도체의 속력을 나타내고, $\sin(\omega t)$는 시간에 따라서 사인파 형태로 변하는 교류전류를 나타낸 것으로, $\omega = 2\pi f$ (f는 주파수)이고, t는 시간이다.

만약 솔레노이드 코일에 의해서 발생된 자기장의 강도 H_{ac}가 일정하고 전도체의 길이 L이 일정하면, 기전력 e.m.f.는 전도체의 속력 v에 비례하게 된다. 즉, 선박의 속력에 비례하는 기전력을 획득할 수 있다.

3.2. 기전력과 선속측정

3.2.1. 기전력과 선속과의 관계

앞에서 설명한 바와 같이 선속이 변하면 기전력 e.m.f.도 변하는데, EM-Log의 경우는 앞에서 설명한 유압식 선속계와 달리 그림 4-6과 같이 선속에 비례한 기전력이 발생하기 때문에 선속측정 정밀도가 우수하다.

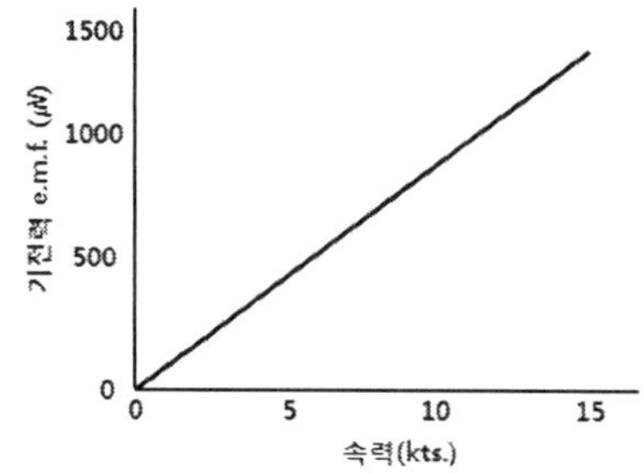

그림 4-6 EM-Log의 속력 대 기전력 사이의 관계

3.2.2. 선속측정시 주의사항

한편, 이러한 기전력 e.m.f.는 대단히 작기 때문에 솔레노이드 코일에 가해주는 교류전류를 증가시키거나, 솔레노이드 코일의 권선수(감아준 전선의 수)를 증가시켜서 기전력을 증가시킬 수 있다. 이 때 다음 사항에 주의해야 한다(IPC, 2013).

① 솔레노이드 코일에 가해준 교류전류는 솔레노이드 코일과 기전력검출용 전극의 신호전송선 사이에서 일정한 유도성전류(inductive current)를 생성시킨다. 유도성전류가 EM-Log의 전자회로에 전송되면 선속이 영(0)임에도 불구하고 마치 속력이 발생한 것과 같은 오차가 발생하는데, 이를 영점오차(zero error)라 한다. 따라서 솔레노이드 코일에 가해주는 교류전류의 증가범위는 제한된다. 영점오차는 EM-Log 선속표시기에 장착된 영점조정기를 이용하여 보상할 수 있다.

② 솔레노이드 코일에 의해서 센서케이스 주변에 형성되는 자기장은 솔레노이드 코일에 가해주는 교류전류와 온도변화에 의해서 변동되는데, 기전력은 2개 전극사이의 전압차로 측정하기 때문에 자기장의 변동성분은 2개의 전극에서 서로 상쇄되어 선속정밀도에 영향을 미치지 않는다.

③ 2개 전극 사이에서 검출된 기전력은 일반적으로 1 노트 당 수 백 μV (1 마이크로 볼트 = 10^{-6} 볼트) 정도로 대단히 미약하다. 그래서 EM-Log의 선속은 해수의 전도성(conductivity)[35]에 의해서 크게 변동한다. 이러한 오차를 방지하기 위하여 EM-Log

35) 전도성(conductivity)은 도체가 전류가 잘 흐르게 하는 정도를 의미한다.

에서는 2개의 전극을 약 20 MΩ(메가 오옴 = 10^6 오옴)의 대단히 높은 입력 임피던스(impedance)를 갖는 전자회로에 연결되어 있다. 그러면 2개의 전극은 마치 해수에 대해서 전기가 흐르지 않는 폐루프(open-loop)를 형성하기 때문에 해수의 염분이 변동하더라도 선속측정에 영향을 미치지 않는다.

④ 선속은 선저에 흐르는 해수의 속력에 비례하는 기전력을 이용하여 측정하기 때문에 만약 선저가 비선형으로 울퉁불퉁한 경우에는 유체의 속력이 변동되기 때문에 측정한 선속에 오차가 발생할 수 있다.

⑤ 그리고 선저에 흐르는 해수에 조류가 발생하면 선박이 정지해 있더라도 해수가 흘러서 오차를 야기한다. 아울러 선박이 이동하는 동안에 조류가 발생하면 조류의 크기성분이 가감되기 때문에 선속오차가 발생한다.

⑥ 황천시 선박이 피칭(pitching)과 롤링(rolling)을 하면 선속과 해수 속력 사이에 영향을 미쳐서 동요오차가 발생한다. 선박이 심하게 동요하면 검출된 기전력이 크게 변동되는데, 이 때 EM-Log 수신기의 감도를 저하시키면 동요에 의한 오차를 보상할 수 있다. 또한, 수신기 전자회로의 시정수(time constant)를 크게 하면 수신된 신호는 긴 시간동안 적분되어 평균됨으로 동요효과를 감쇠시킬 수 있다.

⑦ 일반적으로 EM-Log의 선속측정정밀도는 선박이 진행하는 선수미방향으로는 정밀도가 높고, 선박의 좌우방향에 대해서는 낮다. 이것은 위의 그림 4-4에 나타낸 EM-Log 센서의 구조와 장착방향에서 확인할 수 있는데, 센서의 장착방향이 선수미 방향이기 때문에 정횡방향으로는 정밀도가 낮다.

3.3. EM-Log 속력전송시스템

그림 4-7은 EM-Log의 속력전송시스템의 구성도를 나타낸다(IPC, 2013). 그림 우측 아래에 나타낸 EM-Log 센서에서 기전력을 검출하면 다음과 같은 절차에 따라서 선속을 표시하게 된다.

① EM-Log 센서의 2개의 전극에서 검출한 미량의 기전력 e.m.f.(1)과 e.m.f.(2)가 전압차검출변압기에 입력되면 이들 사이의 기전력차가 검출된다. 기전력차는 차동증폭기에 입력된 후 증폭되어 서보모터(servo motor)를 구동시킨다. e.m.f.(2)는 가변저항기와 연결되어 있어서 기전력의 양을 조정할 수 있도록 구성되어 있다.

② 서보모터는 기계적인 연결장치로 속력지시기와 연결되어 있어서 기전력차에 해당하는 선속을 나타낸다. 서보모터는 다시 가변저항기와 연결되어 있기 때문에 속력지시기에 선속신호를 전송함과 동시에 가변저항기를 돌려서 기전력 e.m.f.(2)가 e.m.f.(1)과 동일한 값이 되도록 조정한다. 그러면 전압차검출변압기의 기전력차는 영(0)이 되어 선속지시기는 더 이상 돌아가지 않는다.

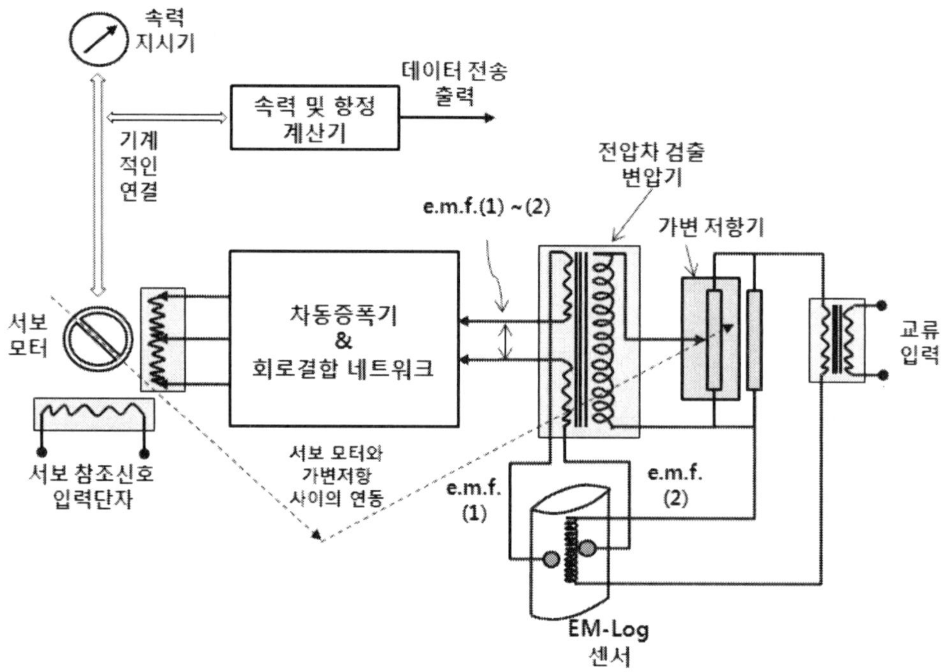

그림 4-7 EM-Log 속력전송 시스템의 구성도

③ 따라서 선속지시기는 이전시간에서 발생한 기전력차보다 크거나 작은 값이 입력되지 않는 한, 이전시간의 지시값을 계속 안정되게 지시한다.

④ 만약, 선속에 변화가 발생하면 기전력차가 발생하고, 앞의 순서와 동일한 절차에 따라 선속지시기는 새로 발생한 기전력차에 해당하는 선속을 지시하게 된다.

⑤ 상기 과정은 짧은 시간동안 수시로 발생하면서 기전력차에 비례하는 선속을 표시한다. 이와 동시에 속력이 적분되어 선박이 항해한 항적(거리)이 계산된 후 표시된다.

3.4. EM-Log 센서 부착방법

EM-Log 센서는 선저에 구멍을 내어서 수중으로 돌출시켜야하기 때문에 특이한 구조로 되어있다. 그림 4-8은 스페리마린회사의 EM-Log 센서를 선저에 장착하는 두 가지 방법을 나타낸다.

그림 4-8(a)은 선저에 돌출된 형태로 센서를 장착하는 방식이다. 센서는 선저에 돌출되어 있기 때문에 어망이나 해수중의 불순물에 의해서 센서 파괴가 빈번하게 발생하는 문제가 있으나, 해수에 직접 돌출되어 있어서 감도가 우수하고, 큰 기전력발생이 용이하다. 대형 상선에 주로 적용하는 방법이다. 한편, 그림 4-8(a)과 같은 구조는 항해 중에 센서가 파괴되어 교체하기 위해서는 센서를 선내로 끄집어 내야하는데, 이때 선저구멍으로부터 해수가 유입될 수 있기 때문에 해수유입 차단밸브가 있다. 그리고 송수파기를 수중으로 돌출시키기 위해서는 밸브의 상부에서 하부까지 1.1 m 정도의 여유 길이가 필요하다. 일반적으로 동관의 끝에 센서를 부착하여 밸브에 삽입한다.

그림 4-8(b)는 선저에 센서를 매립시키는 돔(Dome)형태의 방식을 나타낸다. 수중장애물이 빈번하게 나타나는 지역을 항해하는 소형 선박이나 소형 고속선박에 주로 사용하거나, 고속선박에서 해수의 저항을 피하기 위한 용도로도 사용한다.

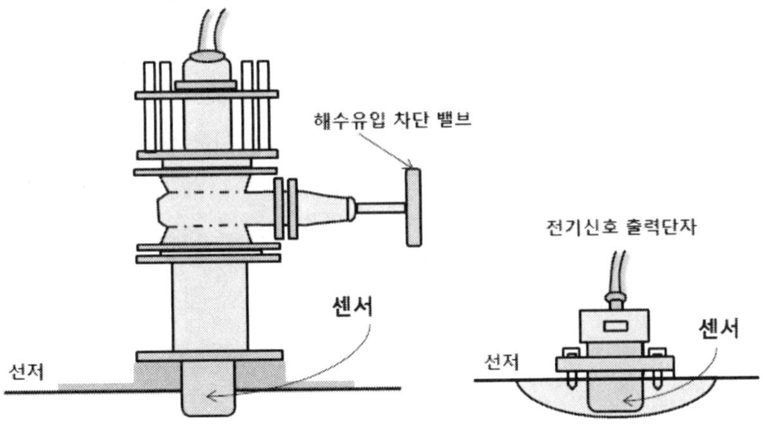

(a) 밸브형 센서 (b) 매립형 센서

그림 4-8 EM-Log 센서의 선저장착형식: 밸브형 센서(a), 매립형 센서(b)

4. 도플러효과를 이용한 선속계

4.1. 도플러선속계의 원리

4.1.1. 도플러효과

19세기 초에 도플러(Christian Doppler)는 하늘을 가로지르면서 지구와 상대운동을 하는 항성의 색이 변하는 현상을 관측하였다. 이러한 항성의 빛은 하나의 파(wave)로 해석할 수 있는데 이를 광파(light wave)라 한다. 광파 역시 다양한 주파수가 포함된 전파의 스펙트럼으로 고려할 수 있기 때문에 수신한 빛의 파장이 변하면 지구에서 관찰하는 겉보기 주파수 역시 변하게 된다. 이러한 현상을 도플러(Doppler) 효과라 한다.

물리학적인 측면에서 도플러 효과는, 움직이는 물체가 관측자에 접근하고 있을 때는 주파수가 증가되어 수신되고, 멀어지고 있을 때는 주파수가 감소되어 수신되는 현상이다. 그리고 어느 물체에서 발사된 음파가 다시 다른 물체에서 반사되는 경우, 양 물체 사이의 상대속력이 있다면 송신주파수와 수신주파수 사이에 주파수차가 발생하는데, 이를 주파수편이(Doppler shift) 또는 도플러주파수(Doppler frequency)라 한다.

한편, 앞에서 설명한 압력로그(Pressure Log)와 전자로그(EM-Log)는 모두 대수속력(speed through the water)만 측정할 수 있기 때문에 속력오차가 크다. 그래서 항해사들은 대지속력(speed over the ground)을 측정할 수 있는 기기를 요망하여 왔다. 이에 대해서 개발된 항해계기가 도플러효과를 이용한 도플러선속계(Doppler Speed Log)이다. 일명 DO-LOG라고도 불린다.

도플러선속계는 초음파(ultrasound)[36]을 해수 중에 방출한 후 반사되는 음파의 주파수편이를 검출하여 이에 해당하는 속력을 측정한다. 이와 같이 측정한 속력에는 다음의 두 가지 종류가 있다.

---

36) 초음파는 가청 주파수 범위를 넘는 소리(음, sound))의 주파수를 의미하고, 가청 주파수는 인간이 들을 수 있는 주파수를 의미한다. 지향성을 갖는 음파를 생성하기 위해서 주파수가 높은 초음파를 사용한다. 그리고 만약 가청 주파수를 해수 중에 방사하면 대단히 큰 소리가 선체에 전달되어 많은 문제점을 야기할 수 있다.

(a) 대수속력(speed through the water) : 수중에 있는 물 덩어리(즉, 수괴, water mass)에 초음파를 반사시켜서 측정한 속력을 의미하는 것으로, 수괴가 이동하고 불안정하기 때문에 속도오차가 발생할 수 있다. 대수속력으로 계산한 항정을 대수항정이라 한다. 도플러선속계어서는 해저까지의 수심이 너무 깊어서 음파가 도달할 수 없는 경우에만 대수속력을 측정하고 그 외는 가능한 대지속력을 측정한다.

(b) 대지속력(Speed over the ground) : 수중 아래에 고정된 해저지면(해저면)에서 반사된 음파로 속력을 측정하기 때문에 오차가 거의 없다. 대지속력으로 계산한 항정을 대지항정이라 한다. 해저까지 음파가 도달할 수 있는 수심에서 대지속력을 측정하고, 수심이 깊은 곳에서는 대수속력측정형식으로 전환된다.

4.1.2. 도플러 선속측정원리

도플러선속계는 그림 4-9와 같이 선저 용골(keel)에 부착한 송수파기에서 초음파를 해저에 방출한 후, 해저나 수괴에서 반사된 반사음파를 수신하여 다음 식(4-3)과 같은 주파수 편이 f_d 을 측정하여 이에 비례하는 선속 v_r 을 구한다.

$$f_d = 2\frac{v_r f_t}{\nu_s} \qquad (4\text{-}3)$$

여기서, f_d 는 도플러 주파수편이(Hz), v_r 은 해저나 수괴로 송신한 초음파 방향에 대해서 측정한 선박의 상대속력(m/sec), f_t 는 송신 주파수(Hz), ν_s 는 전파의 전파속도로 해수 중에서는 약 1,500(m/sec)[37]이다.

여기서, 초음파가 송수파기에서 해저로 발사될 때 송수파기는 마치 움직이는 물체로 작동하고, 해저나 수괴는 마치 고정된 관측자와 같은 역할을 한다. 반대로 초음파가 반사되어 되돌아 올 때는 해저나 수괴는 마치 움직이는 물체의 역할을 하고, 송수파기는 마치 관측자와 같은 역할을 한다. 따라서 송수파기와 해저 사이에서 주파수 변화는 두 번 일어난다. 그래서 위의 주파수 편이 공식에 2가 곱해져 있는 이유이다.

위의 식(4-3)의 주파수편이공식과 같이 해저에서 반사된 음파의 주파수 편이 f_d 는 선속 v_r 과 비례하는데, 속력은 수괴나 해저에 대한 선박의 상대속도로 나타난다. 따라서 해

37) 해수 중 음파의 전파속도는 염분과 압력, 온도 등에 따라 변동됨에 주의해야한다.

저는 움직이지 않기 때문에 속도오차가 없으나 수괴의 경우에는 이동할 수 있기 때문에 속도오차가 발생한다.

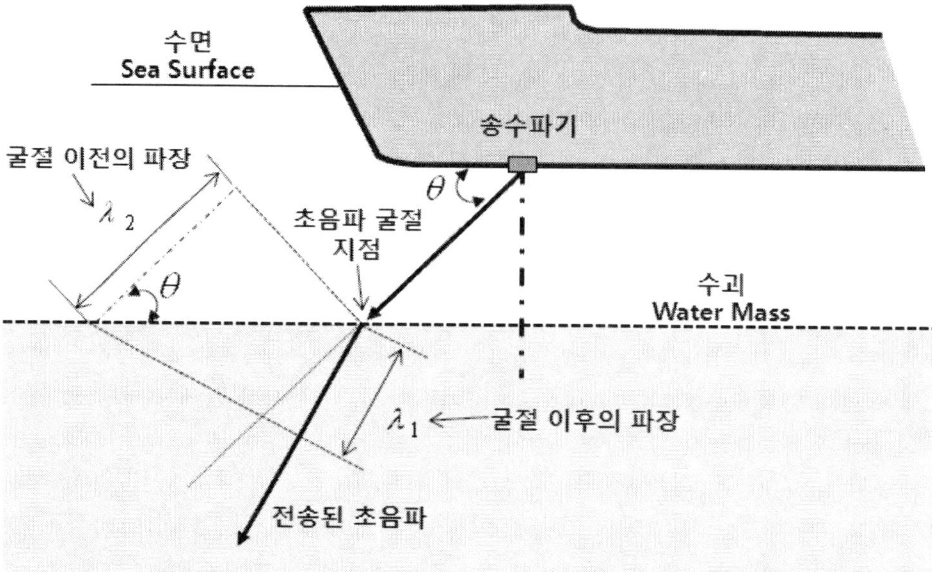

그림 4-9 음파가 수괴를 가로지르는 경우 발생하는 파장의 변화

그림 4-9와 같이 초음파빔(ultrasound beam)[38]을 선수방향쪽으로 방사하는 경우, 수괴에서의 반사음파와 송신한 초음파 사이에는 도플러효과에 의한 주파수편이가 발생한다. 이러한 주파수편이는 선속에 비례한다.

도플러 선속계는 해저에 대한 대지속력 측정의 경우 대단히 높은 정밀도를 갖는데, 높은 정밀도를 유지하기 위해서는 해양환경이 변하더라도 주파수편이와 선속 사이에는 일정한 비례관계가 형성되어야 한다.

주파수편이를 나타내는 공식은 $f_d = 2v_r f_t / \nu_s$이기 때문에, 주파수편이는 (1)방사한 음파의 주파수 f_t, (2)방사한 음파의 속도 ν_s, (3)선박의 상대속도 v_r등의 함수가 된다. 여기서, 음파의 속도 ν_s는 해수의 염분(salinity)과 온도 및 수압에 의해서 변동하는데, 주로 염분과 온도에 의해서 크게 변동한다.

수중에서는 수심에 따라서 염분과 수온이 크게 변하기 때문에 주파수편이가 변동됨으

38) 초음파빔(ultrasound beam)이란, 마치 초음파 덩어리를 하나의 묶음(beam)으로 고려하여 초음파가 일정 방향을 향해서 직진하는 성질을 나타내기 위한 개념이다.

로 선속오차가 발생하기 때문에 이를 방지해야 한다. 방법은 다음과 같다.

도플러선속계에서는 그림 4-9와 같이 선박이 전진운동하면서 방사하는 초음파를 수직으로 방사하지 않고, 수평면에 대해서 $\theta = 60^o$ 의 각도로 방사한다. 이와 같이 60도의 각도로 초음파를 방사하는 이유는 다음과 같다.

① 60도의 각도로 초음파를 방사하면 선박이동 중에도 수신기에서 충분히 수신할 수 있는 강도의 반사파가 발생한다. 만약 수직으로 방사하면 선박이 고속으로 이동하는 경우 반사된 초음파를 수신할 수 없는 경우도 발생할 수 있다.

② 그리고 해저지형은 굴곡 되어 있기 때문에 반사파는 여러 방향으로 분산될 수 있는데, 60도 각도로 초음파를 방사하면 대부분의 반사파 에너지를 수신할 수 있다. 그리고 이러한 해저의 울퉁불퉁한 형상은 주파수편이에 영향을 미치지 않는다.

③ 더욱 중요한 이유는, 방사각도 60도를 위에서 설명한 도플러주파수편이 공식에 적용해 보면 그 이유를 확실하게 알 수 있다.

방사각도 60도를 주파수 편이 공식 $f_d = 2v_r f_t / \nu_s$ 에 대입하기 위해서는 $\cos\theta$ 항을 추가해야 한다. 즉, $f_d = 2v_r f_t \cos\theta / \nu_s$가 된다. 여기에 $\cos(60^o) = 0.5$를 대입하면, $f_d = 2v_r f_t\, 0.5/\nu_s = v_r f_t/\nu_s$ 가 되어 공식이 간단해진다. 즉, 60도로 초음파를 방사하면 주파수편이만으로 속력을 구할 수 있음을 알 수 있다.

4.1.3. 야누스 구조

선박에서 과도한 트림(trim)이나 피칭(pitching)이 발생하면 초음파 방사각도 θ 가 변한다. 이러한 원인으로 θ 가 60도가 안 되는 상황이 발생하면 $\cos\theta$ 값이 변하기 때문에 주파수편이 f_d 가 변하여 선속측정에 오차가 발생한다. 초음파의 방사각도 θ 의 변동문제를 해결하기 위한 것이 그림 4-10과 같은 야누스(Janus)[39] 구조이다. 야누스구조는 2개의 송수파기를 이용하여, 하나는 초음파빔을 선수방향쪽으로 방사하고 다른 하나는 선미방향쪽으로 방사한다.

---

39) 야누스(Janus)는 2개의 얼굴을 가진 로마의 신을 의미하는 것으로 초음파 빔 2개를 서로 다른 방향으로 방사한다는 의미이다.

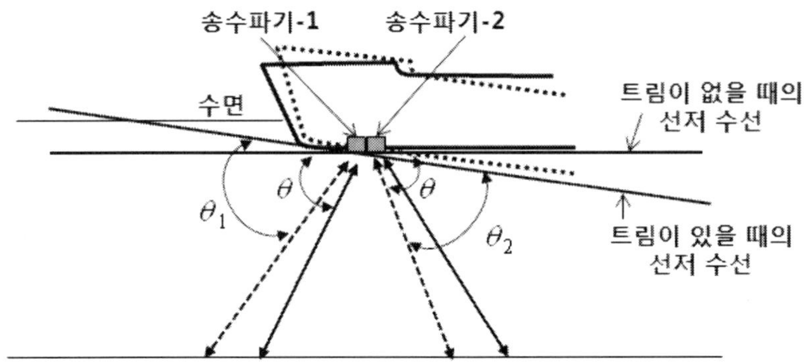

그림 4-10 야누스 구조의 트림이나 피칭에 의한 효과

그림 4-10과 같은 야누스구조를 이용할 때 트림이나 피칭이 발생하는 경우의 주파수 편이를 고려해 보자. 선수와 선미로 방사한 초음파빔에 대한 주파수편이는 다음 식(4-4)으로 나타낼 수 있다.

$$f_d = 2\frac{v_r f_t}{\nu_s}(\cos\theta_1 + \cos\theta_2) \tag{4-4}$$

의의 식(4-4)에서, θ는 60도인데, 트림이나 피칭이 발생하더라도 한쪽의 초음파빔의 방사각도 θ_1가 증가하면 다른 쪽의 초음파빔 방사각도 θ_2는 감소되어 그 영향이 서로 상쇄됨으로 θ_1과 θ_2는 모두 60도를 유지할 수 있다.

따라서 $(\cos\theta_1 + \cos\theta_2) = 0.5 + 0.5 = 1.0$ 이기 때문에 음파빔의 송출각도 θ는 무시할 수 있게 된다.

이와 같이 야누스구조의 송수파기를 이용하면 선속오차를 줄일 수 있다. 그림 4-11은 트림각도에 따른 선속오차(%)[40]을 나타낸 것으로, 1개의 송수파기를 이용한 단일구조와 선수와 선미방향 쪽으로 이중의 송수파기를 갖는 야누스구조에 대한 선속오차(%)를 나타낸다. 단일송수파기를 이용한 경우에는 3도의 트림 변화에 대해서 약 5%의 선속오차가 발생하는데, 야누스구조에서는 0.2%로 대폭 감소한다. 그러나 아직도 0.2%의 선속오차가 존재한다.

---

40) 선속오차는 ± 0.8 노트, ± 1.4 노트와 같이 정확하게 나타낼 수 있으나, 특정 장비가 아닌 경우에는 %로 나타낼 수 있다. 즉, 20 노트에 대해서 10%의 오차를 갖는다면 오차는 2 노트(20×0.1)라는 의미이다.

이러한 문제를 해결하기 위한 구조가 그림 4-12와 같이 야누스구조를 확장한 이중축(dual axis) 구조의 도플러선속계이다. 이중축 구조의 야누스도플러선속계는 선수와 선미 방향의 송수파기에 더하여 선박의 정횡방향으로 송수파기를 추가 설치한 것이다. 선수방향, 선미방향, 우측방향, 좌측방향 등에 대한 선속을 측정하기 위하여 4개의 송수파기가 사용된다. 이러한 이중축 구조의 야누스도플러선속계는 송수파기 2개를 이용한 구조와 비교하여 오차를 대폭 줄일 수 있다. 그러나 완벽하게 오차를 영(0)으로 줄일 수는 없다.

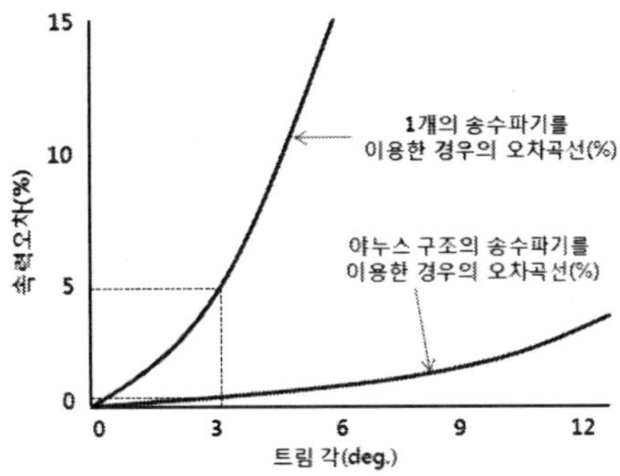

그림 4-11 야누스 구조와 아닌 경우의 속력오차 곡선

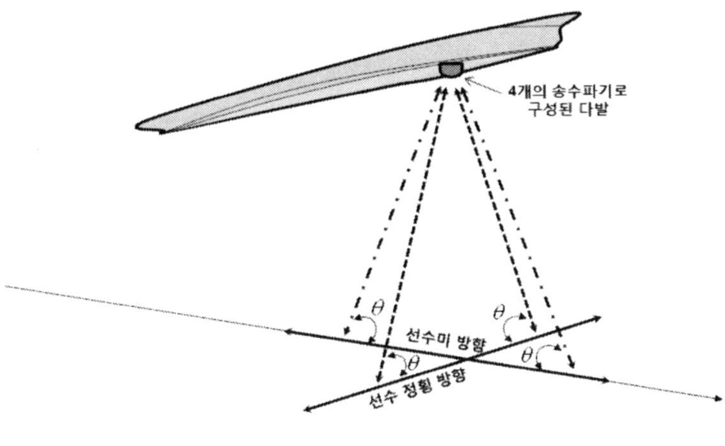

그림 4-12 이중축 구조의 야누스 도플러 선속계 개념

4.2. 선속측정에 영향을 미치는 요소

4.2.1. 송신주파수에 의한 영향

도플러주파수편이는 $f_d = 2v_r f_t / \nu$로 나타나기 때문에 주파수편이 f_d는 송신주파수 f_t에 비례한다. 따라서 송신주파수를 높게 하면 동일한 선속에 대하여 주파수편이도 커진다. 한편, 송수파기의 크기는 송신주파수에 따라 결정되는데 주파수가 높으면 파장이

작아지기 때문에(즉, $\lambda = 1/f$) 송수파기의 크기를 작게 만들 수 있고, 주파수가 낮으면 반대로 파장이 길어져서 송수파기의 크기를 크게 해야 한다. 이와 같이 송신주파수가 높으면 미소한 선속변동에 대해서도 감도가 크고, 빔 폭이 좁아져서 지향성이 좋아지기 때문에 선속오차를 피할 수 있다. 그러나 높은 지향성 때문에 음파빔이 물 입자나 불순물에 의해서 쉽게 확산된다. 또한, 방사한 음파가 해수 중에서 감쇄되는 정도는 주파수에 대해서 지수함수적으로 증가하기 때문에 주파수를 너무 크게 하면 음파의 감쇄가 커진다. 아울러, 송수파기는 가능한 크기를 작게 만들어서 전력소모를 줄일 필요가 있다. 또한, 송수파기의 소자들을 제한된 면적에 설치하는 경우에는 소자의 크기가 제한되고 소자들을 장착하기 곤란하다.

이와 같이 송신주파수는 장착할 소자의 크기와 개수, 송수파기의 크기 등이 서로 연계되어 있기 때문에 잘 고려하여 결정해야 한다. 특히, 제일 중요한 것은 수신 가능할 정도의 세기를 갖는 반사음파가 형성되도록 주파수에 따른 음파의 감쇄를 고려해야 한다. 도플러 선속계에서 송신주파수는 이러한 다양한 조건을 고려해야하기 때문에 굉장히 범위가 넓다. 일반적으로 100 kHz ~ 1 MHz 사이의 송신주파수를 이용한다.

4.2.2. 해수에 대한 음속변동의 영향

해수 중에서 음속변동은 일반적으로 수온, 염분 및 수압에 의하여 변하지만 수압은 거의 변화가 없기 때문에 보통은 염분과 수온에 대한 보정만을 행하여 속력을 계산한다. 이러한 보정을 위하여, 염분센서와 온도센서를 별도로 설치하여 음속변동을 보정할 수 있다. 그러나 별도의 센서가 필요하고 염분과 온도정보를 획득한 후 다시 선속에 보정해야 하기 때문에 시스템이 복잡해지는 문제점이 발생한다. 그래서 크룹아틀라스(Kruup ATLAS) 제품에서는 아래에 설명하는 알파(ALPHA) 구조의 송수파기 다발(array)을 이용하는데, 이 방법은 다수의 소자 각각에서 발생하는 초음파의 위상을 서로 달리하여 송출함으로써 효과적으로 염분과 수온에 의한 오차를 자동으로 제거할 수 있다.

4.2.3. 알파 송수파기의 구조

일반적으로 송수파기에서 위상이 다른 음파를 방사하기 위해서는 송수파기를 경사시켜서 선저용골에 장착해야 하는데, 해수 중에 돌출된 송수파기의 모서리가 어망이나 해저에 부딪혀서 손상될 우려가 있다.

그래서 크룹아틀라스 제품에서는 평면형 송수파기에 다수의 소자를 장착한 후, 소자 각각의 위상을 조정한 후 방사하여 초음파빔의 각도를 조절하는 기술을 적용하고 있다. 이러한 송수파기를 '아트라스 회사의 저주파 위상이 조정된 다발 소자'라는 의미에서 ALPHA(Atlas Low Frequency Phased Array) 구조라 한다. 알파송수파기는 야누스구조와는 다른 특징을 갖는 것으로, 1개의 송수파기에 총 72개의 평면형 소자(한 줄에 18개씩 4줄)를 집적시킨 구조이다. 이론적으로는 72개 보다 더 많은 소자를 송수파기에 설치할 수 있지만, 소자 사이의 간격은 반드시 일정한 거리만큼 이격시켜야만 반사되는 음파수신에 영향을 미치는 측엽(side lobe)을 감소시킬 수 있다.

그림 4-13은 음파빔의 주엽(main lobe), 측엽, 후측엽(opposit side lobe) 등의 개념을 나타낸 것으로, 초음파를 000도 방향으로 송출하는 경우를 나타낸다. 000도 방향을 향해서 대부분의 초음파 에너지가 방사되고 있는데 이를 주엽이라 하고, 원점에서 마치 나무의 곁가지(한자로 측엽)와 같이 원하지 않는 방향으로 형성되는 빔을 측엽이라 한다.

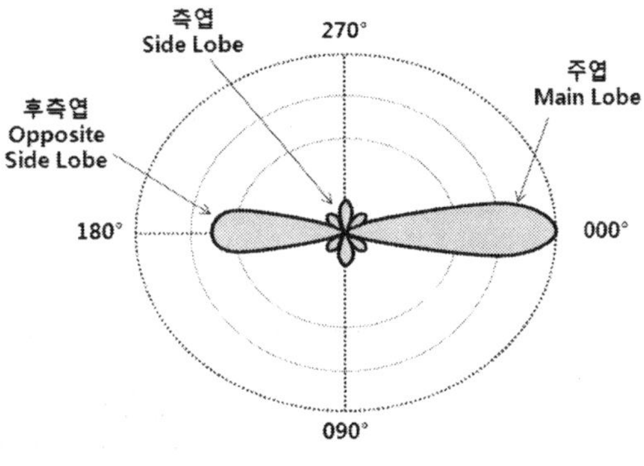

그림 4-13 극좌표에 나타낸 음파빔의 주엽, 측엽, 후측엽의 개념

그림 4-14는 알파송수파기의 구조를 나타낸다. 총 72개의 소자를 나타내야 하는데 지면관계로 일부만 나타냈다. 그리고 그림 4-15는 알파송수파기의 원리를 설명하기 위하여 선저에 설치한 알파송수파기의 일부분을 나타낸다. 그림 4-14와 그림 4-15에서, 알파송수파기는 한 줄에 18개의 소자가 배치되어 있는데, 만약 18개의 소자에 동일한 위상을 갖는 전기신호를 동시에 가하면 음파빔은 해저에 대해서 수직하게 방사될 것이다. 그런데 각 소자들에 가해준 전압신호를 소자마다 일정한 위상차를 갖도록 조정하면 방사한 초음파빔은 해저에 수직하게 방사되는 것이 아니라 그림4-15와 같이 일정한 각도 θ 의 방향으로 방사된다. 이 그림은 4개의 소자에 120도의 위상차를 갖는 전압신호를 시계방향으로 각각 가해준 경우를 나타낸 것으로, 방사한 초음파빔은 약 50도의 경사각 θ 로 방사된다.

한편, 야누스구조에서는 동일한 2개 또는 4개의 소자에 교호로 번갈아가면서 시계방향과 반시계방향으로 위상차를 갖는 사인파를 입력시켰는데, 이것이 야누스 구조와 알파송수파기가 다른 점이다.

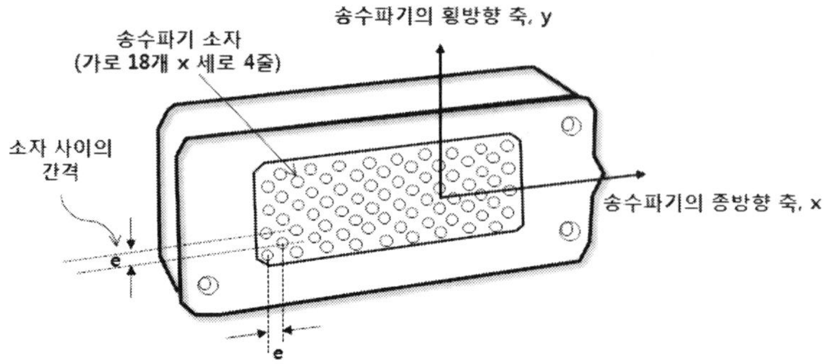

그림 4-14 알파 구조의 송수파기

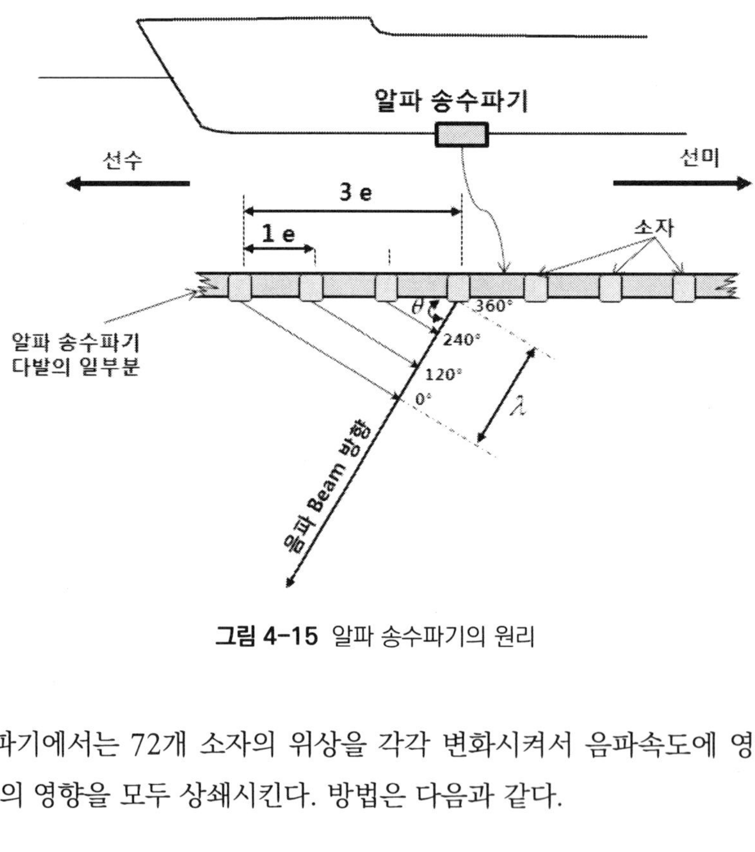

그림 4-15 알파 송수파기의 원리

알파송수파기에서는 72개 소자의 위상을 각각 변화시켜서 음파속도에 영향을 미치는 염분과 수온의 영향을 모두 상쇄시킨다. 방법은 다음과 같다.

① 앞에서 설명한 도플러주파수편이공식 $f_d = 2v_r f_t \cos\theta \,/\, \nu_s$ 에서, 선박의 상대속력 v_r 과 음파의 속도 ν_s 는 모르는 변수이고, 송신주파수 f_t 와 송수파기의 경사각 θ 는 공장에서 제작할 때 고정된 값이기 때문에 그 값을 안다.

② 우리가 원하는 것은 선박의 속력 v_r 인데, 도플러주파수편이 f_d 는 송수파기에서 측정할 수 있지만, 문제는 음파의 속도 ν_s 이다. 해수 중에서 음파의 속도는 염분과 온도에 의해서 변한다. 따라서 염분과 온도센서를 이용하지 않는 한, 음파의 속도 변동값을 알 수 없다. 하나의 방법으로, $f_d = 2v_r f_t \cos\theta / \nu_s$ 에서 음파속도 ν_s 을 없앨 수 있다면 음파속도에 의한 영향을 무시할 수 있다.

③ 알파송수파기의 전송각도 θ 는, 위상차를 갖는 많은 소자들로 구성되어 있기 때문에 음파속도의 함수가 된다. 즉, 그림 4-15에서 $\cos\theta = \lambda / 3e$ 가 될 것이다. 그런데 $\lambda = \nu_s / f_t$ 이기 때문에 $\cos\theta = \nu_s / 3ef_t$ 가 된다. 여기서, e 는 소자 사이의 간격을 의미하는 것으로 이미 알고 있는 값이다.

④ $f_d = 2v_r f_t \cos\theta / \nu_s$ 에 $\cos\theta = \nu_s / 3ef_t$ 을 대입하면 주파수편이 f_d 는 다음 식과 같이 음파 속도 ν_s 가 제거된 형태가 된다.

$$f_d = \frac{2v_r}{3e} \tag{4-5}$$

위의 식에서, $3e$ 는 고정된 값이기 때문에 도플러주파수편이 f_d 만 측정하면 선속 v_r 을 구할 수 있다. 즉, 음파의 속도 ν_s 와 경사각 θ 가 제거된 형태가 된다.

4.2.4. 송수파기 배치에 의한 영향

위에서 설명한 알파구조의 송수파기는 72개의 소자를 이용하기 때문에 구조가 복잡하고, 제한된 면적에 소자를 집적시켜야하기 때문에 소자의 크기가 제한된다. 또한, 많은 소자 중에서 일부가 고장이 나면 선속측정에 오차를 유발할 수 있다. 그래서 알파구조의 송수파기 개념과 야누스구조의 송수파기를 혼합하여 사용함으로써 문제를 해결할 수 있다. 이하에서는 이러한 개념을 기반으로 수정한 야누스구조의 송수파기배치에 대해서 설명한다.

야누스구조에서는 송수파기의 설치방향에 따라서 음파빔의 방사각도가 달라지고, 송수파기의 설치장소에 따라서 측정하는 선속성분이 다르게 된다. 그리고 트림(trim)이나 피치(Pitch) 등과 같은 선박의 경사운동에 의해서 도플러주파수편이 값이 달라진다. 이러한 문제는 앞의 그림 4-12와 같이 기존 야누스구조에서는 선수쪽에만 4개의 송수파기를 갖고 있기 때문이다. 이러한 송수파기 배치에 따른 선속오차를 방지하기 2개의 송수파기 다발을 선미에 설치하여 선수와 선미방향의 속도성분을 동시에 측정하는 것이 그림 4-16과 같은 수정된 야누스구조이다.

그림 4-16의 구조를 적용하면, 길이가 긴 선박을 부두에 접안시킬 때, 선수위치에서의 정횡방향 속력과 선미위치에서의 정횡방향이 각각 다르게 나타나는 문제를 해결할 수 있다. 즉, 선수위치에서는 선수미방향과 정횡방향의 속도를 측정할 수 있도록 4개의 송수파기 다발을 설치하고, 선미위치에서는 정횡방향의 속력을 측정할 수 있도록 2개의 송수파기 다발을 설치한다. 이와 같이 설치하면 정밀한 속도를 측정하고 분석할 수 있다. 이러한 속도성분분석에 관해서는 뒤에서 상세하게 설명한다.

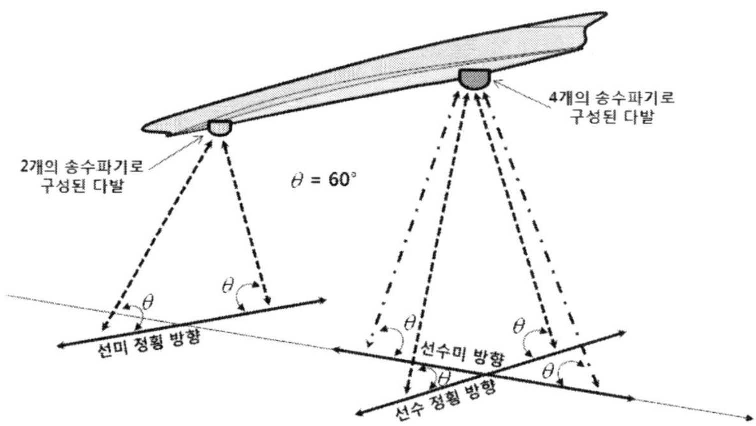

그림 4-16 선미 송수파기가 추가된 야누스 구조

4.2.5. 해저상황 및 트림과 기포에 의한 영향

해저 굴곡과 경사가 심한 해역에서는 선속오차가 크게 발생할 수 있다. 그러나 일반적으로 해저경사는 완만하고, 울퉁불퉁한 해저지형에 의한 영향은 장시간 평균하면 그 영향은 무시할 수 있다. 그리고 트림의 경우, 선박의 적화상태 및 그 외의 원인으로 선박이 경사되면 현재 선속보다 작게 나타나지만 트림이 3°미만이면 무시할 수 있다.

특히, 야누스구조와 알파구조에서는 이러한 트림에 의한 영향을 무시할 수 있다. 야누스 구조나 알파 구조 모두 해수 중에 물방울과 같은 기포가 있으면 음파의 감쇠가 심하여 되돌아온 반사파의 강도가 약해지기 때문에 선속측정에 영향을 미치게 된다. 특히 흘수가 작은 선박이 급선회나 후진할 때 프로펠러나 선체운동에 의해서 발생한 기포가 송수파기 부근까지 오면 일시적으로 수신불능이 되어 측정치가 부정확한 경우가 발생할 수 있다. 주의해야 한다.

4.3. 도플러선속계의 음파전송형식

도플러선속계는 음파전송형식에 따라서 다음 그림 4-17과 같이 두 가지 방식이 있다. 그림 4-17(a)은 사인함수 형태의 지속파(Continuous Wave, CW)를 이용하는 형식이고, 그림 4-17(b)은 펄스파(Pulse Wave, PW)를 이용하는 형식이다.

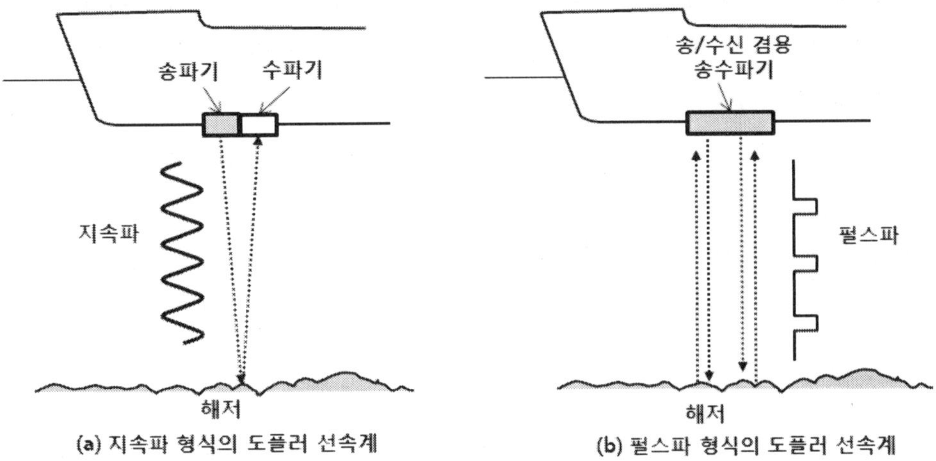

그림 4-17 도플러선속계 음파전송형식: 지속파형식(a), 펄스파형식(b)

4.3.1. 지속파 형식

지속파형식(Continuous Wave Mode, CW형식)은 그림 4-17(a)과 같이 연속하여 초음파를 방사할 수 있는 지속파를 이용하여 선속을 측정한다. 그리고 송파기와 수파기는 별도로 구분되어 있는데, 송파기는 연속적인 음파를 방출하고 수파기는 반사된 음파를 지속적으로 수신한다. 따라서 CW형식은 연속측정이 가능하여 속도분해능[41]이 좋고, 연속적인 데이터를 이용할 수 있어서 선속측정 정밀도가 높다. 저속에서 높은 분해능과 정

41) 속도분해능은 속도를 어느정도까지 상세하게 세분하여 측정할 수 있는지를 나타내는 지표이다. 즉, 1, 2, 3 노트 등과 같이 1 노트 단위로 세분하여 측정 가능한지, 1.0, 1.1, 1.2 노트 등과 같이 0.1 노트 단위로 세분하여 측정 가능한지를 나타낸 것으로, 세분하여 측정할수록 속도분해능이 좋다고 한다.

밀도가 필요한 대형선의 접안 및 투묘 작업시 우수한 성능을 발휘한다.

한편, CW형식은 강한 초음파 에너지 방사가 곤란하여 선속측정 수심이 제한되는데, 해저 수심 20 m 이내에서는 대지속력 측정이 가능하지만 20 m을 초과하는 경우에는 선저 용골 하부 12 m 근방의 수괴를 이용하여 대수속력을 측정한다.

그리고 수심이 낮은 곳에서는, 공기방울(기포)이나 물이 소용돌이치는 소형 와류 등과 같은 교란류(turbulences)가 발생할 수 있다. 이러한 교란류에 송신파의 측엽(side lobe)이 반사되면 해저나 수괴에서 반사된 음파와 서로 중첩되는 현상이 발생하여 수신한 음파는 변동된다. 수심이 깊은 경우에도 문제가 발생하는데, 깊은 수심에 방사한 음파는 물 입자에 의해서 여러 방향으로 분산되면서 수신기로 되돌아오는데, 이때 해저나 수괴에서 반사된 음파와 서로 중첩되어 수신음파는 변동할 수 있다. 수신음파에 큰 변동이 발생하면 선속지시기가 대단히 불규칙한 상태로 지시하게 되면서 최악의 상황에서는 영(0)점을 지시하게 된다.

한편, CW형식에서는 송파기와 수파기의 간격을 크게 하여 측엽에 의한 영향과 교란류에 의한 음파중첩영향을 감소시켜서 측정 가능한 최대심도를 증가시킬 수 있다. 일반적으로 CW형식에서 대지속력의 측정 가능한 최대심도는 약 60 m 정도이다.

4.3.2. 펄스파 형식

CW형식의 문제점을 해결하기 위해 개발된 것이 펄스파형식(Pulse Wave Mode, PW형식)이다. PW형식은 음파의 송신과 수신을 1개의 송수파기로 실시하는데, 펄스파를 방사할 때는 송수파기를 송신형식으로 두고, 송신이 종료되면 자동으로 수신형식으로 전환되어 반사된 음파를 수신한다. 이러한 송신과 수신은 전자회로에 있는 클록(clock)에 의해서 일정한 시간간격으로 자동으로 전환된다.

이와 같이 PW형식은 1개의 송수파기를 이용하기 때문에 펄스와 같은 강한 에너지를 방사할 수 있어서 측정 가능한 수심이 깊다. 대지속력을 측정할 수 있는 최대심도는 사용주파수와 사용전력에 따라 다르지만 약 200 ~ 300 m이다. 그리고 송신과 수신이 분리되어 있어서 측엽에 의한 영향이 작기 때문에 물 입자에 의한 음파의 분산발생이 작게 된다. 그래서 대부분의 도플러선속계는 PW형식을 이용하고 있다. 그러나 PW형식에서도 문제점이 있다. 즉, PW형식은 일정한 시간간격으로 펄스파를 송신하기 때문에 연속적인 음파를 방사할 수 있는 CW형식과 비교하여 속도분해능이 떨어지는데, 특히 수심이 얕은 천수에서는 측정오차가 크다.

4.3.3. 지속파와 펄스파 형식의 비교

위에서 설명한 도플러 로그에서의 지속파와 펄스파 형식을 비교하면 다음과 같다. 중요한 내용이니 잘 숙지하기 바란다.

① 펄스파형식(PW형식)은 전송주파수와 전송전력에 따라 다르지만 약 200 ~ 300 m까지의 수심에 대해서 대지속력을 측정할 수 있고, 대수속력의 경우는 수심의 영향을 받지 않는다. 반면, 지속파형식(CW형식)은 약 60 m 이하의 수심에 대해서만 속력측정이 가능하다.

② 한편, CW형식은 수심이 매우 낮은 곳에서는 오히려 PW형식 보다 우수하다. 그 이유는, PW형식의 경우 수심이 낮은 곳에서 속도분해능을 높이기 위해서는 아주 짧은 시간동안 펄스를 자주 발생시켜야 하는데, 1개의 송수파기를 이용하여 송신과 수신을 반복해야 하기 때문에 펄스의 반복주파수(pulse repetition frequency, PRF)가 제한될 수밖에 없어서 속도분해능을 높일 수 없다. 반면, CW형식에서는 연속적으로 초음파를 방사하고 별도의 수신기로 수신하기 때문에 수심이 낮은 곳에서도 속도분해능이 높다.

③ 반면에, PW형식은 단지 1개의 송수파기만 필요한데(야누스 구조에서는 2개), CW형식에서는 독립된 송파기와 수파기가 필요하다.

④ CW형식에서는 수심이 낮은 곳에 형성된 수괴에서 반사된 음파를 이용하기 때문에, 선박의 프로펠러에 의해 발생하는 공기방울의 영향을 크게 받는다. 공기방울은 음파를 분산시키기 때문에 수괴에서 반사된 음파를 분산시켜서 큰 속도오차를 야기할 수 있다. 특히 선박이 후진하는 경우, 후진하면서 발생하는 공기방울이 송수파기 쪽으로 밀려오기 때문에 큰 영향을 미친다.

⑤ 일반적으로 PW형식의 선속측정 정확도는 CW형식과 비교하여 약간 저하된다. 그러나 PW형식은 모든 수심에서 일정한 선속측정 정확도를 갖는데 반하여, CW형식은 수심이 낮은 곳에서는 우수하고 수심이 깊은 곳에서는 급속도로 정확도가 저하된다.

4.4. 선속계의 정확도에 영향을 미치는 환경요소들

해수 중의 공기방울이나 불순물 등은 선속오차를 야기하거나, 때로는 수신음파에 큰 변동을 야기해서 선속지시기의 지시상태를 대단히 불규칙하게 만들 수 있다. 선속계의 정확도에 영향을 미치는 요인들은, 주로 음파의 송신과 수신 사이에 존재하는 환경요소들에 의한 것이고, 일부는 선박상태에 기인한 것이다.

① 해수의 투명도 : 해수에는 공기입자가 포함되어 있는데, 이러한 공기입자는 반사음파에 원하지 않는 산란을 야기하여 적절한 신호가 수신되는 것을 방해한다. 특히, 불순물이 전혀 없는 순수한 청수(fresh water)에는 더 많은 공기입자가 포함되어 있기 때문에 이러한 산란은 더욱 크게 발생한다. 이러한 현상은 흔한 것은 아니지만 강 입구나 호수를 항해하는 경우에는 주의해야 한다. 한편, 대부분의 해수 중에는 불순물 입자들이 있고 미생물이 있기 때문에 적절한 음파의 반사가 가능하다.

② 공기방울 : 공기방울이 포함된 해수가 송수파기 앞면에 발생하면 수신음파를 분산시키기 때문에 해저에서 반사된 음파의 강도를 저하시킨다. 이러한 공기방울이 송수파기에 발생하면 선속오차를 야기하기 때문에 선저에 부착한 송수파기의 위치를 최적으로 조정하여 기포의 영향을 받지 않도록 조정해야 한다. 특히 바우쓰러스트(bow thruster)[42]나 프로펠러(propeller)에서 멀리 떨어지게 설치하면 이러한 오차를 제거할 수 있다.

③ 조류나 조석 : 강한 조류(currents)나 조석(tide)[43]이 발생하면 오차가 발생할 수 있다. 대수속력측정형식은 선저 수십 미터 아래에 형성된 다양한 수괴층에 대해서 상대속도를 측정하는데, 수괴층들이 해수표면과 반대방향으로 흐르면 선속오차가 야기될 수 있다.

④ 해양의 와류 : 와류(eddy current)[44]는 대부분의 해양에서 발생하지만 이에 대한 선속측정의 영향은 작다. 특히, 큰 조석간만의 차가 발생하는 제한된 수심 또는 강의 입

42) 바우쓰러스터(bow thruster)는 선수(bow) 하부에 큰 구멍을 내고 여기에 선박의 정횡방향으로 해수를 강하게 흐르게 할 수 있는 대형 전기펌프를 설치한 것이다. 보통 입출항시 사용하는데, 선수를 정횡방향으로 회전시키기 위한 장치이다. 선미에 부착한 것을 선미쓰러스트라고 한다.

43) 조류(currents)는 해수가 수면에서 흐르는 정도를 의미하고, 조석(tide)은 해수의 양이 달과의 관계로 인하여 수직방향으로 증가하거나 감소하는 정도를 의미한다.

44) 와류(eddy current)는 해수가 빙글빙글 도는 현상을 나타낸다.

구와 같은 곳에서는 와류에 의한 영향이 발생할 수 있다.

⑤ 해상상태 : 선박의 뒤를 밀어주는 파도가 발생하면 선수/선미 또는 우현/좌현의 선속 측정에 영향을 미친다. 이러한 파는 선박의 선수미축을 따라서 상대적인 벡터로 합성되기 때문에 선속측정에 영향을 미친다.

⑥ 해수의 온도 : 수온은 음파의 전파속도에 영향을 미친다. 온도센서를 이용하여 정확한 수온데이터를 확보하여 전자회로에서 보정할 수 있다. 또는, 알파(ALPHA)구조의 송수파기에서는 많은 소자들에 가해주는 위상을 조정하여 이러한 영향을 방지하고 있다.

⑦ 선박의 트림과 경사 : 선박에 트림(trim)이 발생하면 송수파기가 선수미 방향으로 경사되기 때문에 선수와 선미 속력에 영향을 미치고, 과도한 경사가 발생하면 정횡방향 속력에도 영향을 미친다. 야누스구조의 송수파기는 이러한 오차가 감소되는 구조를 갖고 있다.

4.5. 도플러선속계를 이용한 속도성분 분석방법

선박의 길이가 긴 대형 선박은 선박 위치마다의 정횡방향 속력이 대단히 중요하다. 특히, 대형 선박의 선수를 우측이나 좌측으로 선회시키면서 선박을 조종하는 회두조선[45]의 경우에는, 선수부분의 정횡방향 속력과 선미부분의 정횡방향 속력은 각각 다르게 나타난다. 이것은 선박의 길이가 길기 때문에 마치 뱀과 같이 머리와 꼬리가 따로 움직이는 현상이 발생하기 때문이다. 해결방법은 선박의 위치마다 선속을 측정하는 것이다. 특히, 야누스구조의 도플러선속계는 다음과 같이 선수미방향과 정횡방향을 각각 측정할 수 있는데, 이러한 속도성분을 이용하면 회두속도뿐만 아니라 다양한 선박위치에서의 방향별 속도성분을 추정할 수 있다.

4.5.1. 조류가 없을 때 우현회두의 속도변화

4개의 송수파기로 구성된 이중축(dual axis) 도플러선속계는 송수파기 위치에서 선수미방향과 정횡방향의 속력을 동시에 측정할 수 있다. 그림 4-18은 조류가 없을 때, 타

45) 회두조선의 '회두'는 선수를 돌린다는 의미이다. 즉, 선박의 머리 부분을 돌려서 제어하는 선박조종법을 의미한다. 이때 발생하는 선수속도를 선회속도라 하고, 선수각속도를 선회각속도(angular velocity)라 한다.

(rudder)를 우현으로 돌려서 선수를 오른쪽으로 회전시키는 우현회두를 나타낸다.

이중축 도플러선속계는 선미의 P1지점과 선수의 P3지점에 설치되어 있다. 이때, 선박은 M점을 중심으로 우현회두운동이 발생하면서 P1, P2, P3 각 지점의 정횡방향(V_{1y}, V_{2y}, V_{3y})의 선속성분은 각각 다르게 나타난다.

선미의 P1지점을 보면, 마치 가상의 중심점 M을 중심으로 반경 r1을 갖는 선회권에서 이동하는 것으로 나타나는데, 이때 선회속도 V_1은 정횡방향 속도성분 V_{1y}와 선수미방향 속도성분 V_{1x}로 구분할 수 있고, 선회속도 V_1과 선수미방향 속도성분 V_{1x}사이에는 α_1 각이 발생한다. P2, P3지점 역시 P1지점과 같은 형태로 나타난다.

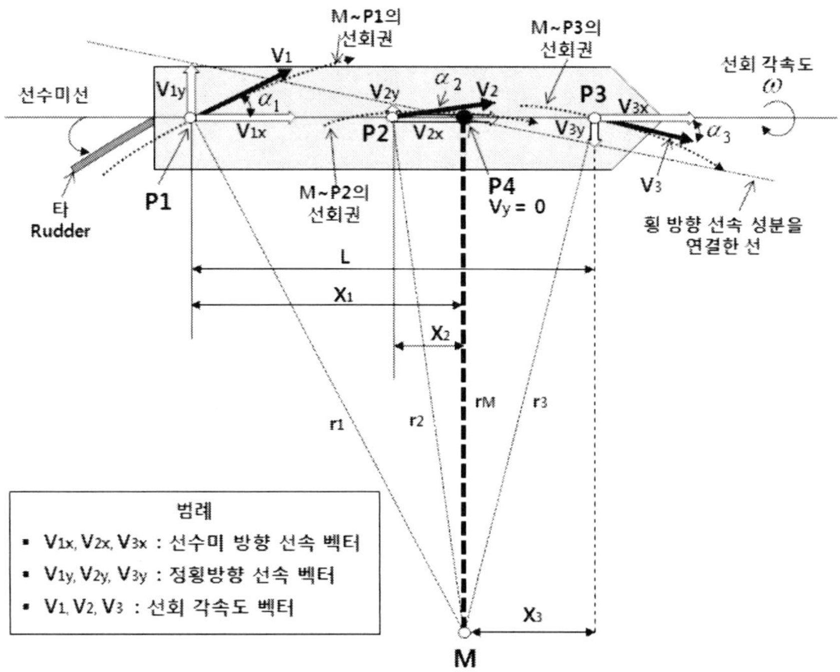

그림 4-18 조류가 없을 때 우현회두시 속도성분의 변화

이러한 선박의 회두에 대한 선회운동에서의 정횡방향 속도성분 V_{1y}, V_{2y}, V_{3y}등은 P1, P2, P3지점마다 다르게 나타나고, 선수미방향의 속도성분 V_{1x}, V_{2x}, V_{3x}등은 일정하게 나타난다. 이러한 정횡방향 속도성분 V_{1y}, V_{2y}, V_{3y}등은 선박위치마다의 선회속도를 나타내기 때문에 선박을 부두에 접안시킬 때 중요한 정보가 된다. 즉, 선수와 선미가 마치 뱀처럼 따로 놀기 때문에 회두조선시에는 이를 잘 고려해야 한다.

특히, 그림에서 정횡방향의 속도성분 V_{1y}, V_{2y}, V_{3y}등은 서로 방향이 다름에 주의해야 한다. V_{1y} 는 좌현쪽 방향을 지시하고, V_{2y} 는 좌현쪽이지만 속도성분이 대폭 줄어 있고, V_{3y} 는 우현쪽 방향을 지시하고 있다. 이와 같이 정횡방향 속도성분의 방향이 서로 다른 이유는, P4지점에서 정횡방향 속도성분 V_y 은 영(0)이 되는데, 선박은 P4지점과 가상의 중심점 M을 잇는 선 rM을 반경으로 하는 선회권을 따라서 우현회두가 발생하기 때문에 P4 이외의 지점에서는 각각 다른 방향과 속도로 선회하기 때문이다.

이러한 정횡방향 속도성분은 선수미방향의 속도성분과 선회각속도(Rate Of Turn, ROT), 기상, 조류 등의 조건에 따라 변한다. 그리고 그림과 같이 P1과 P3지점의 선수미 방향 또는 정횡방향의 속도성분을 측정하면, P2지점은 물론 다른 지점에 대한 속도성분을 계산할 수 있다. 그 예를 들어 보자.

[예제] 선박의 길이 L은 300m이고, 선박의 회두각속도(ROT)가 분 당 35도($\omega = 35^o/\mathrm{min}$)라 가정하자. 그리고 다음 표 4-1과 같이 선수미방향 속도성분 $V_{nx} = 8.0\,kts$ ($n = 1,2,3$)로 일정하고, 정횡방향 속도성분 V_{ny} ($n = 1,2,3$)은 표 4-1과 같이 측정했다면, 위의 그림 4-18에 나타낸 다양한 변수들을 계산해 보자.

표 4-1 조류가 없을 때 우현회두 선박의 각종 선속성분

위치	측정한 변수 값		계산한 변수 값			
n	$V_{nx}(kts)$	$V_{ny}(kts)$	$V_n(kts)$	$\alpha_n(\deg)$	$r_n(miles)$	$X_n(m)$
1	8.0	-4	8.94	-26.57	0.2447	213
2	8.0	-1	8.06	-7.13	0.2327	53
3	8.0	+2	8.25	+14.04	0.2385	106

[풀이] 다음과 같은 절차를 따르면 표 4-1에 나타낸 '계산한 변수 값'이 계산된다.

1) 먼저, 선박의 선회각속도(ROT) ω 을 구한다. 이러한 $\omega = (V_{1y} - V_{3y})/(X_1 \sim X_3)$ 로 구할 수 있다. 표 4-1에서 $V_{1y} - V_{3y} = -4 - (+2) = -6\,kts$가 된다. 6 노트 = 6 (miles/Hr)임으로, (m/min)으로 변환시키면 약 185.2 (m/min)가 된다. 즉, 6 (miles/Hr) = [(6 ×1,852 m) / 60 min] = 185.2 (m/min)가 된다. 여기서, 1마일은 평균위도에서 1,852 m이고, 위도마다 다르다. 한편,

$(X_1 \sim X_3)$은 위의 그림 4-18에서 선박길이 L에 해당함으로 300 m이다. 따라서 $\omega = 185.2(m/\text{min})/300(m) = 0.617(\text{min}^{-1})$가 된다. 이 값은 라디안(radian) 값이기 때문에 도수로 변환해야 한다. 1 라디안은 $57.32^0(1\,rad = 180^0/\pi = 180^0/3.141592 = 57.32^0)$이다. 따라서 $\omega = 0.617(\text{min}^{-1}) \times 57.32^0 \approx 35.3^0/\text{min}$가 된다. 계산상에 오차는 있지만 대략 문제에서 주어진 $\omega = 35^o/\text{min}$와 일치한다. 이와 같이 선회각속도(ROT) ω는 위의 계산과 같이 P1과 P3지점의 정횡방향 선속성분 V_{1y}, V_{3y}을 선속계로 측정하여 구할 수 있다. 이러한 선속벡터를 이용하여 선회각속도를 예측하면 큰 오차가 발생할 수 있기 때문에 실제 선박에서는 자이로컴퍼스를 이용하여 측정한다. 그리고 $\omega = (V_{1y} - V_{3y})/(X_1 \sim X_3)$공식을 이용하면, P1지점(선미)에서의 정횡방향 선속성분은, $V_{1y} = V_{3y} + \omega L$과 같이 P3지점(선수)의 정횡방향 선속성분을 이용하여 계산할 수 있고, P3지점의 정횡방향 선속성분 역시 $V_{3y} = V_{1y} - \omega L$ 과 같이 P1지점의 정횡방향 선속성분을 이용하여 구할 수 있다.

2) 선회속도 V_n은 $V_n = \sqrt{V_{nx}^2 + V_{ny}^2}$으로 구한다. 이 계산은 간단하기 때문에 생략하고 계산결과만 표 4-1에 나타냈다.

3) P_n 지점과 M 사이의 반경 r_n은 $r_n = V_n / \omega$로 구한다. 이 공식을 계산하기 위해서는 V_n을 알아야 한다. 여기서는 $n=1$에 대한 V_1만 계산한다. 위의 2)에서 계산한 V_1을 표 4-1에서 찾아보면 8.94 kts이다. $V_1 = 8.94\,kts$에 대한 반경 r_n을 계산하기 위하여 이 값을 (miles/min)로 변환하면, 약 0.149(miles/min)가 된다. 즉,

$8.94\,(miles/Hr) = 8.94\,(miles)/60\,(\text{min}) \approx 0.149\,(miles/\text{min})$그리고

$1\,\text{deg.} = \pi/180^0 \approx 0.01745$ 이므로,

$\omega = 35(\text{deg./min.}) \times 0.01745 \approx 0.61(rad./\text{min.})$가 되어,

$r_1 = V_1/\omega = 0.149/0.61 = 0.244(miles)$ 이 되고, 미터 단위로 환산하면 약 452m 정도가 된다.

4) 정횡방향 속도성분이 영(0)이 되는 $V_y = 0$ 지점과 M점 사이의 반경 r_M은 $r_M = V_x/\omega$로 계산한다. 위의 방법으로 계산하면 $r_M = 0.2298(miles)$ 가 되고, 미터로 환산하면 약 425 (m)가 된다.

5) 정횡방향속도성분이 영(0)이 되는 $V_y = 0$ 지점으로부터 P_n 까지의 거리 X_n 은 $X_n = V_{ny} / \omega$ 로 구할 수 있다. 위의 방법으로 계산하면, X_1 = 0.1149(miles)이 되어 약 213 m가 되고, X_2 = 0.0287(miles)이 되어 약 53 m가 되며, X_3 = 0.0574(miles)이 되어 약 106 m가 된다. 한편, 위의 그림에서 X_1 + X_3 = 선박 길이(L)가 되는데, 문제에서는 300 m로 나타나 있으나, 계산결과 213 m + 106 m = 319 m로 계산되었다. 이것은 선속오차에 기인한 것인데, 정횡방향 속도성분이 정확하다면 이러한 값들은 정확하게 계산될 수 있다. 그러나 아무리 정확한 선속계라 하더라도 선속오차가 개입될 수 있음에 주의해야 한다.

6) 마지막으로, V_{nx}와 V_{ny} 사이의 각 α_n 는 $\alpha_n = \tan^{-1}(V_{ny} / V_{nx})$로 구할 수 있다. 계산절차가 간단하기 때문에 계산결과만 표 4-1에 나타냈다.

위의 예제와 같이 선수미방향과 정횡방향의 속도성분을 측정하면, 선박의 다른 지점에 대한 속도성분 계산이 가능함을 알 수 있다.

4.5.2. 조류가 있을 때 우현회두의 속도변화

그림 4-19는 4 kts의 조류가 선체 우현에서 좌현방향으로 흐르는 경우를 나타낸다. 이러한 조류의 영향은 정횡방향 선속성분에 영향을 미치는데, 조류가 없는 경우를 나타낸 위의 그림 4-18과 달리, 그림 4-19에서는 P1, P2, P3 지점 모두의 정횡방향 선속성분 V_{1y}, V_{2y}, V_{3y}등이 좌현쪽으로 발생하고 있다.

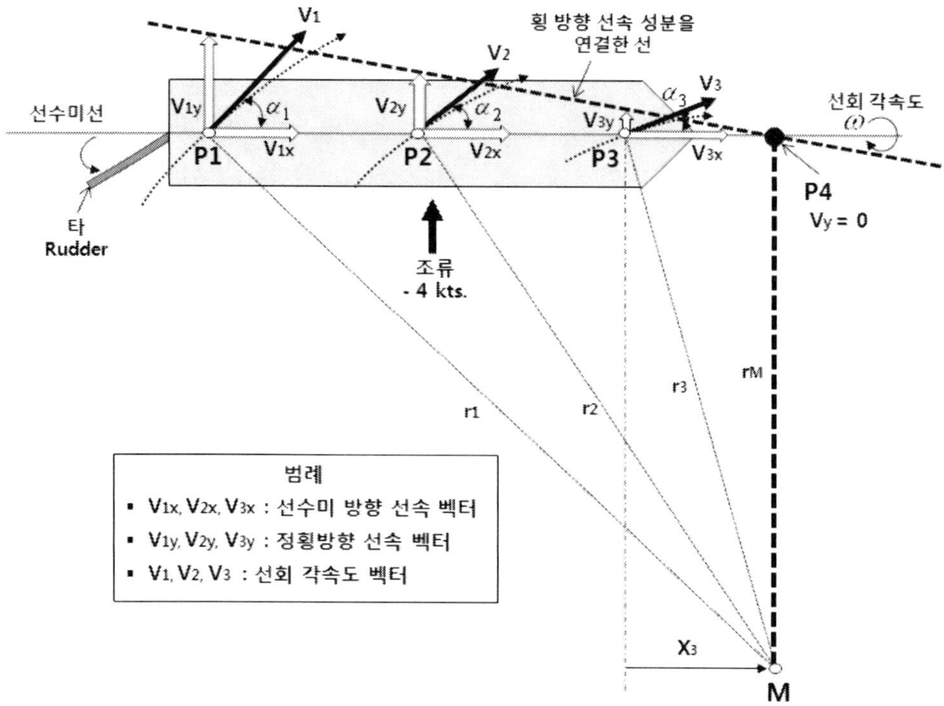

그림 4-19 조류가 발생한 경우 우현회두시 속도성분의 변화

그림 4-19에서, 정횡방향 속도성분 V_{1y}, V_{2y}, V_{3y}의 증감양상을 고찰하기 위하여 정횡방향의 속도성분을 점선으로 연결하여 나타냈다. 이 점선이 선수미선과 만나는 P4지점은 정횡방향 선속성분 V_y가 영(0)이 되는 지점($V_y = 0$)인데, 이 지점과 M점을 연결한 선을 회두반경 r_M으로 하여 선박은 회두한다. 따라서 선박은 타를 우현으로 돌리면 P4지점까지 선박이 도달한 이후에 회두를 시작한다. 즉, 회두하는데 지연시간이 발생한다.

따라서 길이가 긴 선박에서는 이러한 정횡방향 속도성분의 변화를 미리 예견하여 조선해야만 정확한 위치에서 회두조선이 가능함에 주의해야 한다. $V_y = 0$이 되는 P4지점은 선박이 M점을 중심으로 선회하는 경우, 일반적으로 선박길이의 1/3이 되는 선수쪽에 나타난다. 이와 같이 선박의 정횡방향 선속성분은 선박 조선에 대단히 중요한 정보를 제공한다. 조류가 있는 지역에서 앞의 표 4-1과 같은 계산을 통해서 각종 변수들을 계산해 보자.

[예제] 선박의 길이 L = 300 m이고, 선박의 회두각속도(ROT)는 분 당 35도($\omega = 35^o/\mathrm{min}$)이다. 이 때, 다음 표 4-2와 같이 선수미방향 속도성분 $V_{nx} = 8\ kts(n = 1,2,3)$로 일정하고, 정횡방향 속력 성분 $V_{ny}(n = 1,2,3)$을 표 5-2와 같이 측정한 경우, 다양한 변수를 계산해 보자.

[정답] 앞의 표 4-1에서 설명한 공식을 이용하여 계산한 결과는 표 4-2와 같다. 여러분이 한번 계산해 보라.

표 4-2 조류가 발생할 때 우현회두 선박의 각종 속도성분

위치	측정한 변수 값		계산한 변수 값			
n	$V_{nx}(kts)$	$V_{ny}(kts)$	$V_n(kts)$	$\alpha_n(\mathrm{deg})$	$r_n(miles)$	$X_n(miles)$
1	8.0	-8.0	11.31	-45.00	0.325	424
2	8.0	-5.0	9.43	-32.00	0.271	266
3	8.0	-4.0	8.94	-26.56	0.257	213

4.5.3. 선속성분을 이용한 최적 조타 방법

이중축 도플러선속계는 선수미방향의 속도성분(V_x)과 정횡방향 속도성분(V_y)을 정확하게 측정할 수 있다. 이러한 속도정보는 선박을 최적으로 조종하기 위한 자동조타제어에 적용할 수 있다. 후술하는 적응제어자동조타장치에서도 이러한 속도성분을 계산하여 조타제어에 적용한다.

그림 4-20과 같이 선박의 침로는 바람과 조류에 의한 영향으로 계획한 침로(즉, 설정침로)에서 벗어나기 때문에 벗어난 정도(편각)를 수시로 측정하여 계획한 항로를 따라서 선박이 이동할 수 있도록 최적으로 조종해야 한다. 그림 4-20의 선박은 원래 P1지점을 항해하다가 바람이 불어서 풍압이 발생하여 P2지점으로 밀렸고, 다시 조류가 흘러서 P3지점으로 밀리는 모습을 나타낸다. 이 때 선박의 선수방위는 변하지 않고, 선박은 그림의 S1, S2, S3 등으로 나타낸 모습과 같이 진침로에서 점차 항로가 이격되는 형태로 나타난다(Krupp Atlas Electronik).

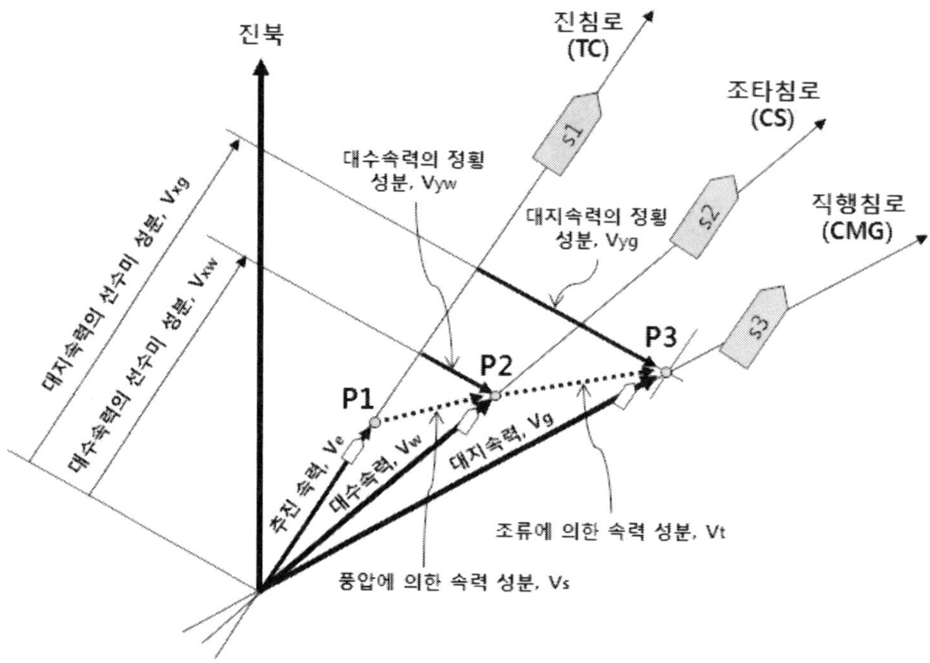

그림 4-20 환경영향에 의한 선박침로의 궤적변동 양상

그림 4-20과 같이 선박이 설정침로에서 벗어난 경우, 선박의 선수미방향 속도성분 V_x 과 정횡방향 속도성분 V_y 을 측정한 후, 설정침로와 실제침로 사이의 편이각(drifting angle)을 구할 수 있다. 후술하는 자동조타장치에서는 편이각을 편각이라 부르고, 이러한 편각은 선속계가 아니라 자이로컴퍼스의 선회각속도를 이용하여 계산된다. 이와 같이 선속계의 정밀도가 우수하다면 선속으로부터 편각도 측정할 수 있다.

편이각은 다음 식과 같이 설정침로와 변동된 침로 사이이의 각 α_{course} 으로 구할 수 있다.

$$\alpha_{cpurse} = \tan^{-1}\frac{V_y}{V_x} \qquad (4\text{-}6)$$

우선, 그림 4-20에 나타낸 용어를 정의한다. 이러한 용어는 이미 지문항법이나 천문항법 등을 통해서 학습한 것으로 간주할 수 있으나 독자들의 이해증진을 위하여 다시 정의한 것이다.

① 추진속력(speed by propelling) : 선박이 실제 추진기(propeller)를 이용하여 이동한 속력을 의미하고, 이때 선박이 이동한 침로는 진침로(true course)가 된다.

② 대수속력(speed through the water) : 풍압에 의하여 선박이 밀리면서 발생한 속력의 증감 성분은 대수 또는 대지 속력으로 측정할 수 있는데, 이 그림에서는 대수속력을 나타낸다. 대수속력은 선수미성분과 정횡성분으로 나눌 수 있고, 정횡성분의 값만큼 선박은 진침로에서 이탈하여 조타침로(course to steer)를 형성한다.

③ 대지속력(Speed over the ground) : 해수표면 이동에 의한 조류(currents)의 속도 성분은 대지속력으로 측정할 수 있는데, 대지속력 역시 선수미성분과 정횡성분으로 나눌 수 있다. 정횡성분의 값만큼 선박이 진침로에서 벗어난 결과 직행침로(Course Made Good, CMG)를 형성한다.

④ 진침로(True Course, TC) : 환경의 영향을 받지 않고, 선박 프로펠러의 추진속력 V_e으로 이동한 선수방위의 궤적(track)을 의미한다.

⑤ 조타침로(Course to Steer, CS) : 풍압에 의해서 선박이 진침로를 벗어나 이동한 선수방위의 궤적을 의미하고, 이 성분은 대수속력으로 나타난다.

⑥ 직행침로(Course Made Good, CMG) : 조타침로에 조류가 더해져서 발생한 선수방위의 궤적을 의미하고, 이 성분은 대지속력으로 나타난다.

위의 그림 4-20에서, 대수속력벡터(Vw)는 선박의 추진력에 의한 선속벡터(Ve)와 풍압에 의한 선속벡터(Vs)의 합성벡터이다. 그리고 대지속력벡터(Vg)는 대수속력벡터(Vw)와 조류벡터(Vt)의 합성벡터이다. 그림 4-20과 같이 도플러선속계를 이용하여 다양한 선수미방향의 속력(Ve, Vw, Vg)을 구한 후, 풍압이나 조류에 의한 편이보정각도(drift correction angle)를 다음과 같이 계산하여 최적의 침로를 설정할 수 있다.

① 대수속력 측정형식에서 편이각 α_{course}는 바람에 의해서 발생하는 풍압차 각도가 되는데, 이 각도는 해수에 대한 진침로(TC)와 직항침로(CMG) 사이의 각이 된다.

② 대지속력 측정형식에서 편이각 α_{course}은 바람과 조류에 의해서 발생하는 각도가 되는데, 이 각도는 해저에 대한 진침로(TC)와 직항침로(CMG) 사이의 각이 된다.

4.6. 도플러선속계의 구성

그림 4-21은 토키멕(TOKIMEC) 회사의 모델 TD-501 도플러선속계의 구성을 나타낸다. 선저에는 송수파기가 해수 중에 돌출되어 있고, 선교에는 선속표시장치 본체가 있으며, 선박을 조종할 때 쉽게 선속을 알 수 있도록 선교 천정에는 큰 눈금의 아날로그형태의 속력표시기가 설치되어 있다.

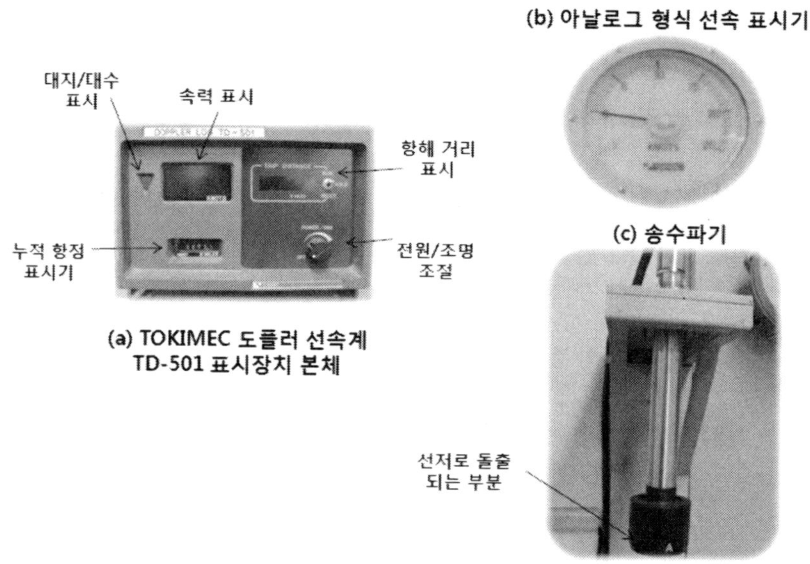

그림 4-21 TD-501 도플러 선속계장치의 구성

이러한 도플러선속계는 다양한 전자회로로 구성되어 있는데, 그림 4-22는 레이시온(Raytheon) 회사의 모델 DSL-200 도플러선속계의 신호흐름도를 나타낸다. 이 도플러선속계는 송수파부, 결합부, 메인전자회로부, 지시부 등으로 구성되어 있다. 각 부분의 기능을 설명하면 다음과 같다.

1) 송수파부는 전기적인 신호를 송수파기를 통해서 초음파로 변환시켜 해수 중에 송출하고, 다시 반사된 음파를 전기신호로 변환시키는 부분이다. 동시에 수온검출 센서가 있어서 수온도 검출하는데, 수온에 대해서 속도를 자동으로 보정한다. 한편, 앞에서 설명한 바와 같이 야누스구조와 알파구조에서는 이러한 수온보정장치는 필요하지 않다. 따라서 이 그림에 나타낸 모델 DSL-200 도플러선속계는 구형 제품임을 알 수 있다.

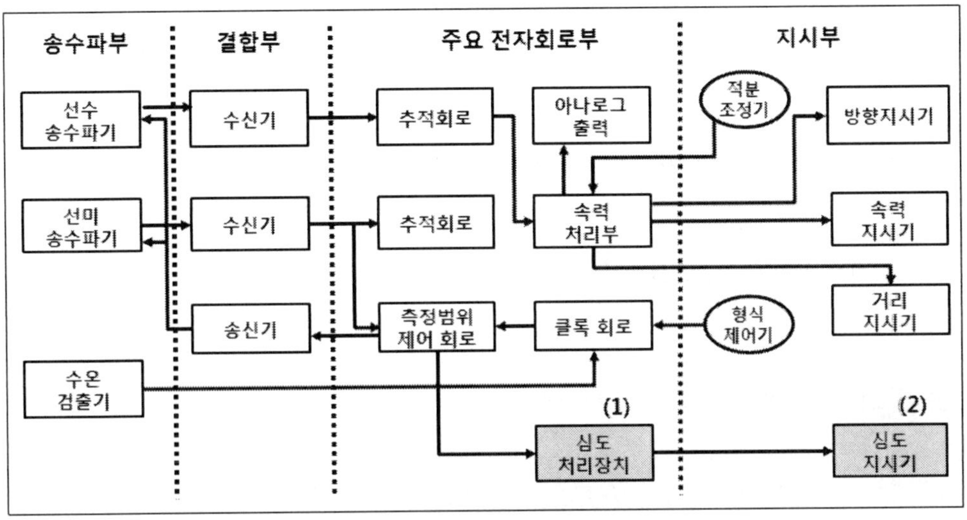

그림 4-22 레이시온(Raytheon) 회사 DSL-200 도플러 선속계 신호 흐름도

2) 결합부는 송수파기에서의 송신과 수신 음파를 송수신하여 증폭하기 위한 송신기와 수신기로 구성되어 있다. 기관실에 설치되어 있다. 기관실부터 선교까지 대단히 거리가 멀기 때문에 결합부의 신호를 선교로 전송하기 위해서는 높은 전압의 특수한 전기신호가 필요하다.

3) 메인(main)전자회로부에서는 선속계에 필요한 모든 신호를 생성하고 송수파기에서 입력된 신호를 처리한 후, 속력 데이터를 각종 지시장치로 전송한다. 주요 구성 내용은 다음과 같다.

   ① 추적회로(tracker circuit) : 수신한 반사음파의 주파수를 추적하고 검출한 후, 도플러주파수 차이에 비례하는 펄스(pulse)를 생성한다.

   ② 속력처리부(speed processor) : 추적기에서 출력한 펄스를 이용하여 속력과 거리를 계산한다.

   ③ 클록회로(clock circuit) : 시스템의 모든 시각(timing) 신호를 생성하고 제어하기 위한 클록신호를 생성한다.

   ④ 측정범위제어회로(range gate circuit) : 초음파의 송수신 전송시간을 측정하여 송신시작 시기와 수신차단 시기를 제어한다. 즉, 각 형식마다 다른 펄스(pulse)를 발생하여 측정범위를 제어한다.

   ⑤ 심도처리장치(depth processor) : 측정범위 제어기에서 송출한 심도정보를 주파수로 변환시켜서 심도지시기에 전송한다. 여기서 심도를 측정하는 이유는, 수심

에 따라서 사용하는 주파수와 사용 전력이 달라지기 때문이다. 후술하는 수심측정장치에서 의미하는 수심과는 다른 것임에 주의하기 바란다.

4) 지시부는 동작형식을 결정하고 선속정보를 표시하는 부분이다. 어느 방향에 대한 선속인지를 표시하는 방향지시기, 속력을 나타내는 속력지시기, 속력을 적분하여 항정을 표시하는 거리지시기, 심도를 나타내는 심도지시기 등이 있다.

4.7. 도플러 선속계 취급상 주의사항

① 대수/대지속력 전환은 해저의 반사강도에 따라서 행한다. 보통은 수심 약 150 m을 중심으로 전환하지만, 해저 저질의 상황 및 해수상황에 따라 150 m 이내에서도 전환될 수 있다. 이러한 전환수심은 야누스구조와 알파구조에서는 다르게 된다.

② 대수속력 측정시 조류가 큰 경우, 대지속력에 비해서 큰 오차가 생길 수 있다. 이때는 대수속력조정 손잡이로 조류의 영향을 수정한다.

③ 대수/대지속력 측정 전환시 속력이 급변할 수 있으므로 20 ~ 30초 동안 지시기가 안정될 때까지 기다린다. 단, 지속파(CW)형식과 펄스파(PW)형식 여부에 따라서 상황이 다르게 나타날 수 있다.

④ 송수파기의 설치장소 및 선박의 흘수가 변하면 초음파빔의 방사각도가 달라져서 측정된 속력에 오차가 생길 수 있다. 단, 야누스구조와 알파구조에서는 방사각도에 따른 오차는 없다.

⑤ 입거(dry dock)시에는 선저에 부착된 송수파기 표면을 점검하여 해조류, 조개 등의 이물질이 부착되어 있는지 확인하고, 필요시에는 신중히 제거한다. 특히, 송수파기 표면은 음파 검출에 중요한 부분임으로 페인트를 칠하거나 심하게 긁어서는 안 된다.

⑥ 양쪽 현측에 추가로 선속지시기가 있는 경우에는 태양의 직사광선 때문에 내부온도가 상승해서 부품을 손상시킬 수 있으므로 사용하지 않을 때는 덮개를 덮어서 온도상승을 막는다.

⑦ 기타 기기의 취급설명서를 잘 읽어서 점검 및 조정을 행한다.

4.8. 크룹아틀라스 선속계

4.8.1. 개요

그림 4-23에 나타낸 크룹아틀라스(Krupp ATLAS) 회사의 선속계는 앞에서 설명한 알파(ALPHA) 송수파기 구조를 이용한 선속계이다. 도플러원리를 이용하기 때문에 일명 DOLOG(Doppler Log의 의미)라 부르고 있다. 이 그림은 현재 정횡방향 속력이 0.1 노트이고, 선수미방향 속력은 12.6 노트이며, 지금까지 항해한 항적은 148.1 마일(NM, Nautical Mile)임을 나타낸다. 그리고 지시 패널 우측중간을 보면, 'B'라고 표시되어 있는데, 이 의미는 해저(Bottom)를 이용한 대지속력을 측정 중이라는 뜻이다.

그림 4-23 크룹아틀라스 DOLOG의 지시패널

크룹아틀라스 DOLOG는 대양, 항구 및 하천 등 다양한 환경에서도 정확하게 선속을 측정할 수 있다. 특히 선수에서, 선수미 방향 또는 선수미 방향과 정횡방향 등에 대한 대지/대수 속력측정이 가능하고, 선박의 선미에서, 정횡방향에 대한 대지/대수 속력을 측정할 수 있다. 그리고 속력측정이 매우 정확하여 선박의 미소한 움직임(수 cm/s이하)도 측정할 수 있다. 또한, 앞에서 설면한 바와 같이 대수속력과 대지속력을 동시에 측정하여 진침로에서 벗어난 조타침로 또는 직항침로의 편이각도를 계산할 수 있다. 아울러 선수미방향의 이동거리, 합성이동거리, 합성속력 등을 계산할 수 있다.

4.8.2. 선속측정방법

그룹아틀라스선속계는 알파 송수파기 구조를 이용하기 때문에 수온에 따른 선속오차가 발생하지 않아서 별도의 수온보정회로가 필요 없다. 그리고 자이로컴퍼스에서 출력되는 선회각속도(Rate Of Turn, ROT)를 이용하여 선수 또는 선미 중에서 어느 한 쪽의 정횡방향속력을 계산할 수 있다.

(1) **대지속력측정** : 대지속력측정을 위해서는 해저에서의 반사음파를 측정해야 하는데,

이를 위해서는 당연한 것이지만, 반드시 해저에서 반사음파가 실제로 수신되어야 한다. 만약 수심이 대단히 깊어서 해저에서의 반사음파가 너무 약하면 수중에서 생성되는 반사음파를 이용하기 위하여 대지속력형식에서 대수속력형식으로 자동 전환된다. 이 때 지시기에는 대지속력을 나타내는 B(Bottom의 의미) 표시가 사라지고 대수속력을 나타내는 W(Water의 의미)가 나타난다. 그러다가 수심이 감소하여 해저 반사파를 이용할 수 있게 되면 다시 자동으로 대지속력으로 전환된다.

(2) **대수속력측정** : 대수속력을 측정하기 위하여 선박의 용골(Keel) 하부에서 발생하는 반사음파를 이용하는데, 만약 수심이 너무 낮아서 대수속력측정이 불가능하면, 자동적으로 대지속력으로 전환된다.

4.8.3. 환경에 의한 영향

환경영향은 종종 시스템의 고장이나 속력오차의 원인이 된다. 크룹아틀라스 DOLOG의 최적성능은 전적으로 전자시스템의 기능과 수중음파의 송수신 양상에 의거하여 결정된다.

(1) 기포에 의한 영향

정밀한 선속측정을 방해하거나 억제하는 교란류(turbulences)는 전기신호를 음파로 변환하는 송수파기와 해수 사이의 변이에서 발생할 수 있는데, 이러한 교란류는 송수파기 표면에 기포가 있을 때 발생한다. 이 경우 가끔 도플러 주파수 측정을 심하게 방해하여 속력판독에 영향을 준다.

(2) 공선항해에 의한 영향

선박이 공선항해를 할 때에는 흘수가 최저가 되므로, 기포에 의해서 야기되는 교란류 발생확률이 가장 크다. 기포가 해수 중에 침투하게 되는 깊이는 다음과 같이 추정할 수 있다. 우선, 파의 높이를 나타내는 파고(m)는 대략 해수 중에 있는 기포의 깊이와 일치한다. 이러한 기포에 음파가 반사되면 반사파가 심하게 산란되기 때문에 속력오차가 크다. 이러한 오차는 주파수와 기포의 정도에 의존하게 된다.

(3) 만선항해에 의한 영향

선박이 만재상태에서 흘수가 깊어지면 선속오차는 거의 발생하지 않지만 황천상태에서는 발생할 수도 있다.

(4) 다른 선박에 의한 영향

본선의 전방을 항해하는 선박 또는 본선의 항로를 가로지르는 선박은 프로펠러에 의한 물거품 항적을 남긴다. 이러한 물거품에 의해 야기되는 교란의 정도는 이들 선박의 흘수와 엔진출력 그리고 본선의 흘수에 의하여 결정된다. 이러한 물거품에 의한 교란은 교란을 일으킨 선박이 관련된 지점을 통과한 후 수분 내에 영(0)으로 감소된다.

4.8.4. 유지 보수 및 수리고장

(1) 송수파기 설치시 주의사항

송수파기 주위에 기포가 생기면 이 기포가 송수파기에서 입출력되는 음파에 대해서 흡수, 반사, 산란, 주파수 변위 등을 야기하기 때문에 송수파기의 성능을 현저히 감소시킨다. 그래서 송수파기는 기포가 생기지 않는 곳에 설치해야 한다. 일반적으로 선박에서는 본선 프로펠러에서 발생하는 기포의 영향이 가장 크다. 그래서 가능한 프로펠러에서 먼 거리에 송수파기를 설치하지만, 프로펠러에 의한 기포의 영향을 무시할 수 있을 정도의 거리를 유지하기 어렵다. 그 이유는 상선에서는 기관실 선저에 송수파기를 설치하기 때문인데[46], 기관실 선저 후미에는 프로펠러가 장착되어 있어서 결국, 송수파기와 프로펠러 사이는 충분한 거리를 둘 수 없는 경우가 발생한다.

그리고 선저 수중에 장착한 송수파기와 기관실에 설치한 결합장치 사이의 케이블 길이는 37.5 m을 넘지 않아야 하고, 결합장치와 선교에 있는 메인전자회로부 사이의 케이블 길이는 300 m을 넘지 않아야 한다. 위의 그림 4-22에 나타낸 바와 같이 결합장치와 메인전자회로부 사이에는 다양한 전기신호가 연결되어 있는데, 먼 거리로 전송되는 경우 신호감쇠가 발생함과 동시에 다양한 잡음이 개입될 수 있다. 일반적으로 대형 상선의 경우 기관실과 선교까지 꾸불꾸불한 격벽을 따라서 전선을 설치해야하기 때문에 300 m을 초과하는 경우도 발생한다. 이때는 중간에 중계기를 설치하여 다시 증폭시켜야 한다.

46) 더욱이 안전문제와 신호전송 문제로, 기관실에서 멀리 떨어진 화물창 하부를 뚫고 설치할 수는 없다.

(2) 입거시 주의사항

선박을 수리하거나 점검을 위해서는 조선소에 선거(dry dock)된다. 선거는 육지에 설치한 거대한 콘크리트 구조물로, 여기에 해수를 채운 후 선박을 진입시키고 다시 해수를 뺀다. 이때 선저가 콘크리트 바닥에 직접 닿게 되면 센서에 손상이 가해질 수 있다. 그래서 선거 시에는 많은 나무 조각을 선저 하부와 콘크리트 바닥 사이에 두어서 일정한 공간을 비워둔다. 특히, 나무 조각 위에 송수파기가 놓이게 되면 파손되기 때문에 주의해야 한다. 보통 일등항해사가 사전에 조선소에 선체도면을 송부하여 선저의 각종 센서 위치를 알려준다. 그리고 명심할 것이 하나 있는데, 센서에 페인트를 칠하면 성능저하 또는 오동작할 수 있기 때문에 센서에는 절대로 페인트를 칠해서는 아니 된다. 페인트는 음파의 송수신을 방해하기 때문이다.

(3) 유지 보수와 고장수리

공기를 이용하여 열을 식히는 공랭식전자회로장치는 6개월마다 공기필터를 청소해야 한다. 필터가 이물질로 막혀 있으면 공기흐름을 방해하여 전자회로가 가열될 수 있다. 만약 전자회로나 센서가 고장이 나는 경우에는 고장진단매뉴얼(manual for trouble shooting)을 참고하여 고장원인을 식별한 후, 예비 센서나 전자회로로 교체하고, 이 사실을 회사에 즉시 통보한다. 고장원인을 식별하지 못하고 단순하게 예비 부품으로 교체하면 추후 동일한 고장이 발생하고, 예비 부품이 더 이상 없는 경우가 발생할 수 있다. 예비 부품이 없는 경우에는 속히 제조회사 또는 전문기술자에게 장비의 명칭과 제조회사, 모델, 고장원인, 고장식별코드 등을 통보하여 입항즉시 수리할 수 있도록 한다.

5. 음향의 상관을 이용한 선속계

5.1. 상관선속계의 원리

상관선속계(Correlation Velocity Log, CVL)는 수중에 초음파를 송신하는 송파기와 여러 개의 소자(element)가 다발형태로 장착된 수파기로 구성되어 있다. 송파기에서 초음파를 방사하고 다발형태의 수파기에서 반사음파를 수신한 후, 송신과 수신 음향신호 사이의 상관(correlation)을 이용해서 선속을 측정하는 것이 상관선속계이다. 앞에서 설명한 유압식선속계, EM-Log, 도플러선속계 등과 원리와 구조가 크게 다르다.

상관선속계는 유압식선속계, EM-Log 등과 비교하여 정밀도를 크게 증가시킬 수 있고, 가볍고 저전력으로 구동시킬 수 있는 장점이 있다. 그리고 도플러선속계와 마찬가지로 해수에 대한 대수속력과 해저에 대한 대지속력 모두 측정할 수 있다.

이러한 상관선속계의 개발역사는 대단히 깊은데 다음과 같다. 1914년에 스벤스카 어큐뮤레이터(Svenska Ackumulator)라는 회사가 피토관(Pitot tube)의 원리를 이용하여 유압식 선속계인 SAL(Svenska Aktiebolaget Logg)를 최초로 개발한바 있다. 그 후 준거인스트루먼트(Jungner Instruments)라는 회사로 변경되면서 1972년에 SAL ACCOR (ACoustic CORrelation)이라는 상관선속계를 세계최초로 개발한 바 있다 (SAL-Log, 2013; Boltryk et. al., 2004).

한편, 상관선속계는 도플러선속계와 유사한 양상으로 개발되어 왔는데, 상관선속계는 상관계산에 고성능 마이크로프로세서(microprocessor) 기술이 필요하였기 때문에 도플러선속계보다 연구개발이 더디게 진행되었다. 그 결과, 상선에서는 주로 도플러선속계가 사용되었으나 최근 마이크로프로세서 기술의 발달로 상관선속계가 도플러선속계를 능가할 수 있는 장비로 각광을 받고 있다.

5.1.1. 상관의 의미

수학에서 시호의 상관(correlation) 계산을 콘볼류션(convolution) 연산이라 한다. 그림 4-24는 상관(correlation) 계산을 위한 콘볼류션(convolution) 연산개념을 나타낸다. 설명하면 다음과 같다.

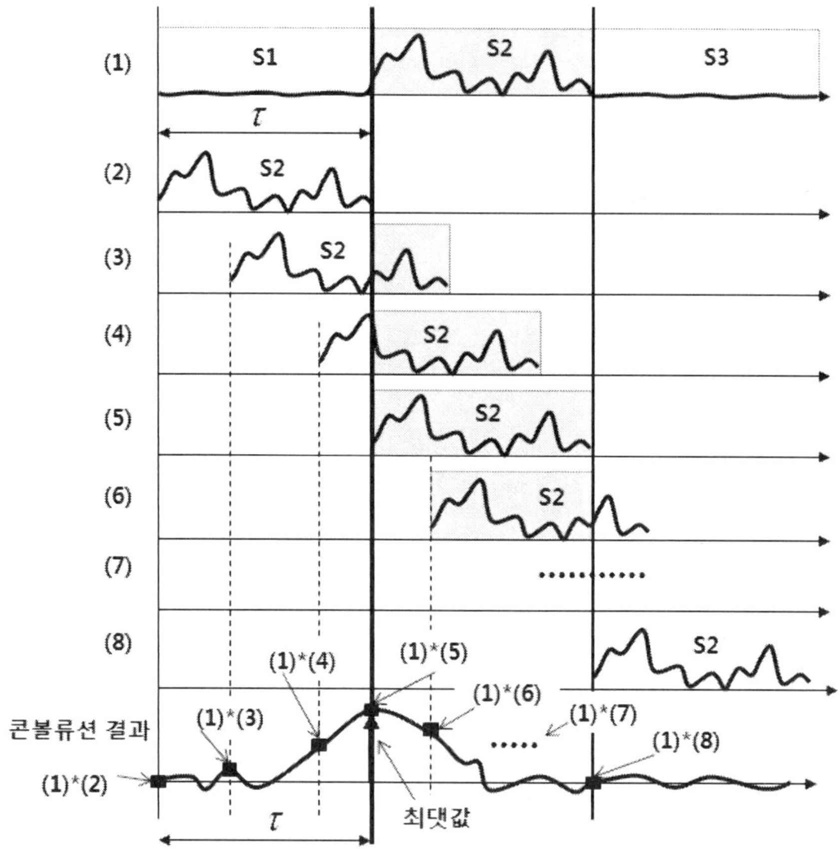

그림 4-24 콘롤류션 연산에 의한 상관 계산 방법의 개념

① 상관선속계를 이용하여 (1)번과 같은 신호파형을 획득했다고 가정하자. 이 신호는 S2 부분에만 신호값이 있고, S1과 S3부분은 모두 영(0)의 신호 값을 갖는다.

② (2)번과 같이 (1)번의 S2부분을 시간 τ 만큼 왼쪽으로 이동시켜둔다. 그리고 동일한 시간에 해당하는 (1)번과 (2)번의 신호를 곱하여 합한다. 이를 콘볼류션연산(convolution summing)이라 하며, 일반적인 곱하기와 더하기가 아니기 때문에 (1) ∗ (2)와 같이 나타낸다(∗ 표시는 콘볼류션 연산을 의미). 그러면 (2)번의 S2에 해당하는 시간에 (1)번의 신호는 모두 영(0)이기 때문에 곱하면 영(0)이 된다. 이 결과를 그림 제일아래의 '콘볼류션결과'에 나타냈는데, 이 결과는 (2)번 신호가 시작하는 부분에 나타낸다.

③ 이어서, 위와 같은 방법으로 (3)번과 (1)번을 콘볼류션연산한다. (3)번의 S2신호의 일부분은 (1)번의 S2신호와 일부 겹치기 때문에 콘볼류션연산결과는 영(0)이 아닌 값이

된다. 이 계산결과를 '콘볼류션결과'에서 (3)번이 시작하는 부분에 표시한다.

④ 계속해서 (1)번의 신호와 (4)번부터 (8)번까지에 대한 신호를 각각 콘볼류션연산하여 그 결과를 보면, (1)번과 (5)번에 대한 콘볼류션연산 값이 가장 크게 된다. 이것은 당연한 것으로, (1)번의 신호 S2와 (5)번의 S2는 동일한 위상과 크기를 갖기 때문에 최댓값을 갖는다.

⑤ 따라서 콘볼류션연산결과, 최댓값을 나타내는 지점은 지연시간 τ에 해당하는 곳이 된다.

이와 같이 2개 신호 사이의 중첩된 에너지가 최대가 되는 시간지연 τ을 콘볼류션연산으로 구하는 과정을 상관(correlation)이라하며, 상관결과를 지연시간 각각에 대한 함수로 계산한 것을 상관계수(correlation coefficients)라 한다. 서로 다른 신호들 사이의 상관계산을 상호상관(cross-correlation)이라 하고, 동일한 신호를 두 개로 분리한 후 계산하는 것을 상호상관(auto-correlation)이라 한다. 상관선속계는 이와 같은 상관을 이용하여 2개 신호사이의 시간지연차 τ을 계산해서 선속을 측정하기 때문에 붙여진 이름이다.

5.1.2. 상관과 선속 사이의 관계

그림 4-25와 같이 선저 용골(keel)에 2개의 센서(A, B)를 설치하고, 이 2개의 센서에는 해수 중의 작은 입자에 의해서 반사되는 신호가 수신된다고 가정하자.

우선, 그림 4-25(a)와 같이 선박이 정지한 경우를 고려하자. 이동하는 입자들에 의해서 발생하는 신호는 센서 A에 먼저 수신되고, 다음에 거리 d 만큼 떨어진 센서 B에 수신될 것이다. 이러한 센서 A와 B의 신호에 대해서 상관을 취하면 거리 d에 해당하는 시간지연 $\tau = \tau_1$이 발생한다.

이제는 그림 4-25(b)와 같이 선박이 천천히 이동하는 경우를 가정하자. 그러면 센서 A에 입력된 신호와 B에 입력되는 신호의 시간지연 $\tau = \tau_2$는 선박이 정지해 있을 때와 비교하여 짧아진다. 또한, 그림 4-25(c)와 같이 더욱 빠르게 선박이 이동하면 센서 A와 B 사이의 시간지연 $\tau = \tau_2$는 더욱 짧아진다.

여기서, 선속은 일정한 시간(sec) 동안 이동한 거리(m)임으로 $v = d/\tau$(m/sec)이 되고, 시간지연 τ 값이 작으면 작을수록 선속 v는 증가한다. 따라서 상관을 이용하여 시간지연 τ을 측정하면 선속 v을 측정할 수 있다. 단, 센서 사이의 거리 d는 사전에 알고 있어야 한다. 이것이 상관선속계의 원리이다.

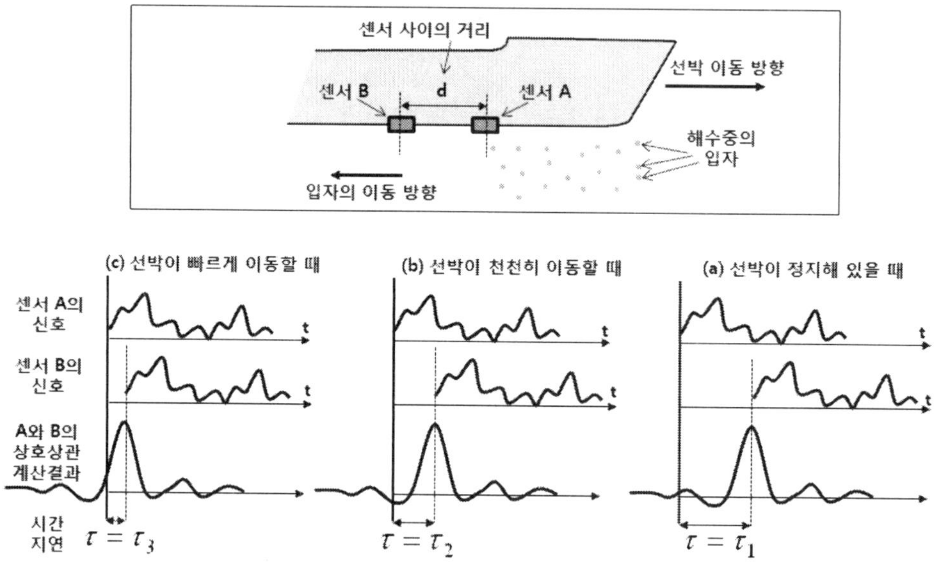

그림 4-25 상관과 선속 사이의 관계 개념

5.1.3. 상관선속계의 원리

상관선속계에서 선속은 수신기 소자들 표면에 형성되는 반사음파의 파전면(wavefront)에서 검출한다. 즉, 2개의 펄스를 시간 τ의 간격을 두고 연속하여 송신기에서 수중으로 방사한 후, 해저나 수괴에서 반사되어 수신기에 입력된 반사음파 사이의 상관을 계산해서 선속을 측정한다. 상관선속계는 그림 4-26과 같이 두 가지 방식이 있다(Boltryk et. al., 2004).

- 공간측정상관선속계(Spatial CVL, S-CVL) : 수신한 음파가 수신기의 각 소자들 표면에서 형성하는 일정한 공간적인 패턴으로 선속을 측정한다.
- 시간측정상관선속계(Temporal CVL, T-CVL) : 송신음파와 수신한 반사음파 사이의 시간차를 측정하여 선속을 측정한다.

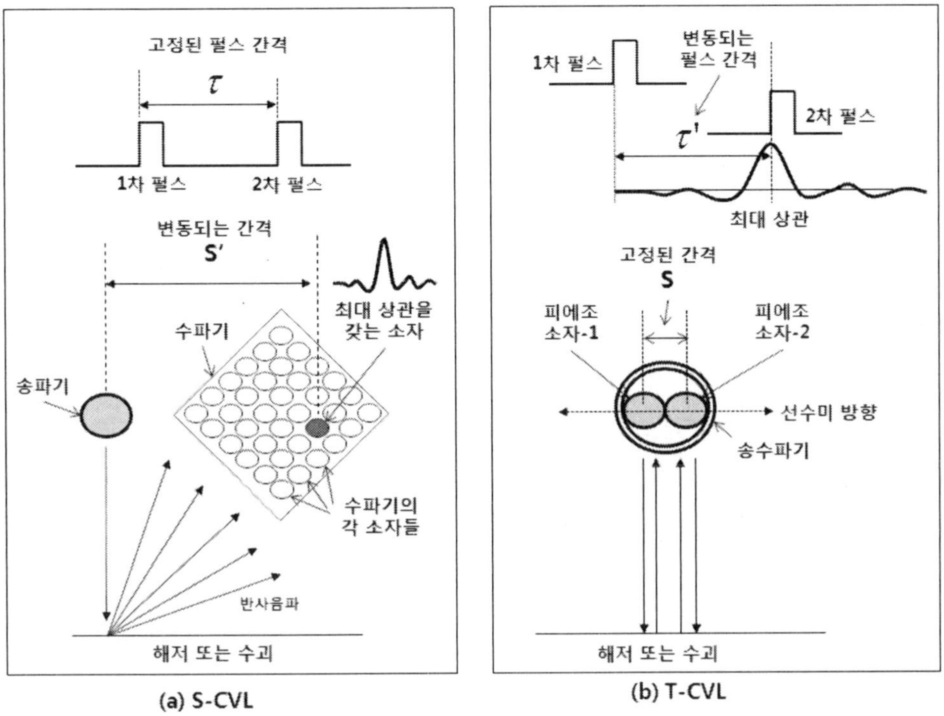

그림 4-26 공간측정상관선속계(S-CVL)(a), 시간측정상관선속계(T-CVL)(b)

(1) 공간측정상관선속계의 원리

반사음파가 수신기 표면에 형성하는 공간 패턴을 이용하는 공간측정상관선속계(S-CVL)는 그림 4-26(a)과 같이 1개의 초음파 송파기와 다수의 소자를 갖는 다발(array) 형태의 수파기를 이용하는 것이 특징이다. 그림 4-26(a)에서, 펄스파 사이의 시간차(τ)가 고정된 연속된 2개의 초음파신호를 짧은 시간동안에 용골(keel)에 부착된 송파기에서 해저로 방출한다. 그러면 이 음파펄스들이 해저와 수괴 양쪽에서 반사되면서 분산되어 다시 수파기로 입력된다. 수파기 소자들은 다발 형태로 평면에 정렬되어 있기 때문에 수파기에서 검출한 반사음파는 다양한 방향에서의 반사파들이 서로 중첩된 형태로 나타난다. 중첩된 반사음파는 해저나 수괴에서 분산되어 반사될 때의 방향성과 송파기와 수파기의 각 소자들의 상대적인 위치에 의해서 형성된다.

S-CVL은 중첩된 반사음파 속에서 이동하면서 수파기 소자들 표면에 형성된 반사음파의 특징을 검출하여 선박의 이동형태를 분리한 후 선속을 측정한다. 이를 위해서는 대단히 복잡하고 방대한 상관계산과 중첩된 반사음파 사이의 분리기술 등이 필요하다. 이 내용은 대단히 전문적이기 때문에 참고문헌을 참고하기 바란다(임 등, 1998; 김, 1987; 임

등, 1992; Burdic, 1984). S-CVL의 선속계산 절차는 다음과 같다.

① 우선, 1차 펄스를 송신한 후, 수신기의 각 소자에서 반사음파를 수신한다. 그리고 수파기의 각 소자들의 표면공간에 생성된 음파 사이의 상관계수(correlation coefficients)를 모두 계산하여 최대 상관계수 값을 갖는 소자를 검색한다.

② 그 다음에는 최대 상관계수 값을 갖는 소자와 2차 펄스를 서로 비교하여 송파기와 최대 상관계수 값을 갖는 소자사이의 거리 S'을 측정한다.

③ 선속은 시간 당 이동한 거리인데, 여기서의 시간은 1차 펄스와 2차 펄스 시간차 τ(sec)로 고정되어 있기 때문에 알고 있는 값이다. 따라서 위에서 측정한 거리 S'을 이용하면 다음 식(4-7)과 같이 선속 v을 측정할 수 있다(Boltryk et. al., 2004). 이 식에서 분모의 2는 S'가 송신과 수신 사이에 두 번 왕복한 것이기 때문에 나눈 것이다.

$$v = \frac{S'}{2\tau}(m/\sec) \tag{4-7}$$

(2) 시간측정상관선속계의 원리

시간측정상관선속계(T-CVL)는 공간측정상관선속계(S-CVL)와 달리 송신파와 수신한 반사음파 사이의 시간차를 측정하여 선속을 측정하는 방법이다. 그리고 T-CVL은 S-CVL과 같이 다수의 수파기 소자를 사용하는 것이 아니라 그림 4-26(b)과 같이 2개의 소자를 갖는 송수파기를 이용하는데, 이 송수파기에 장착된 2개의 소자는 송파와 수파를 동시에 겸용하는 것이 특징이다. 그리고 2개의 소자는 일정한 거리 S만큼 고정되어 이격되어 있다. 선속측정 절차는 다음과 같다.

① 2개의 소자를 동시에 송신형식으로 전환시켜서 1차 펄스를 2개의 소자에서 동시에 방사한다.

② 그리고 2개의 소자를 모두 수신형식으로 전환시켜서 반사음파를 각각 검출한다.

③ 그리고 2차 펄스와 1차 펄스의 반사음파 사이의 상관계수 값이 최대가 되는 지연시간 τ'을 2개의 피에조(piezo) 소자에서 계산한다.

④ 그러면 다음 식(4-8)과 같이 속도 v을 구할 수 있다(Boltryk et. al., 2004). 여기서, 거리 S는 고정된 값이고, 지연시간 τ'는 변동되는 값이다.

$$v = \frac{S}{2\tau'}(m/\mathrm{sec.}) \tag{4-8}$$

즉, S-CVL은 수파기 소자들의 표면에 나타난 상관계수패턴에서 고정된 시간 τ 동안 선속변동으로 발생하는 반사음파 사이의 거리 S'을 구하여 선속을 측정하는 것이고, T-CVL은 고정된 수파기소자 사이의 거리 S에 해당하는 펄스지연시간 τ'을 측정하여 속력을 구하는 방식이다.

S-CVL은 구성이 대단히 복잡하고 많은 소자들 사이의 상관계수를 계산해야하기 때문에 고성능 디지털신호처리(Digital Signal Processing) 기술이 필요한 단점이 있으나 속도 정확도가 대단히 높은 장점이 있다.

반면, T-CVL은 2개의 수신소자만을 이용하기 때문에 구조가 간단하다. 그래서 선박용으로는 T-CVL을 상관선속계로 사용하고, 정밀도를 요하는 선박이나 항법체계에서는 S-CVL을 상관선속계로 사용하고 있다(Boltryk et. al., 2004).

5.2. 선박용 상관선속계의 구성

5.2.1. 송수파기의 구성

선박용 상관선속계는 초음파의 송수신 지연차를 이용하는 시간측정상관선속계(T-CVL) 방식을 적용한 것으로, 2개의 채널에서 수신한 반사음파 사이의 상관을 이용하여 선속을 측정한다. 이러한 상관선속계는 최대 수심 200 m까지의 해저에 대해서 대지속력을 측정할 수 있다. 만약, 해저에서 반사된 반사음이 약하거나 수심이 200 m을 초과하는 경우에는 자동으로 수괴를 이용한 대수속력형식으로 전환되는데, 일반적으로 선저의 용골(keel) 하부 12 m 근방에 형성된 수괴를 이용한다(IPC, 2013).

그림 4-27은 상선에서 사용하는 T-CVL 방식의 상관선속계의 송수파기 구조를 나타낸다. 2개의 피에조세라믹(Piezoceramic) 소자로 구성된 송수파기를 이용하여 150 kHz의 주파수를 갖는 음파펄스를 수중에 방사한 후 수신하여 선속을 측정한다.

그림 4-27에서, 2개의 소자는 선수미 방향으로 설치되어 있고, 해저에 대해서 수직한 방향으로 동시에 초음파빔을 송출한 후, 자동으로 수신형식으로 전환되어 수괴나 해저에서의 반사음파를 2개의 소자가 2개의 채널(channel)로 동시에 수신한다. 해저 또는 수괴

에서 반사된 2개 채널의 반사음파 사이에는 해저의 지형에 따라서 시간지연(τ)이 발생한다. 그리고 수신한 반사음파 신호에는 각 센서 소자의 순간적인 위치에 선속이 포함되기 때문에 이들의 상관을 구하면 시간지연 τ을 구할 수 있다. 그리고 2개의 반사음파에는 해수의 염분과 온도변화에 의한 음파속도의 변화성분이 동일하게 포함되어 있기 때문에 해양환경변화에 의해서 선속오차가 발생하지 않는다. 이것이 T-CVL을 선박용 상관선속계로 사용하는 가장 큰 이유이다.

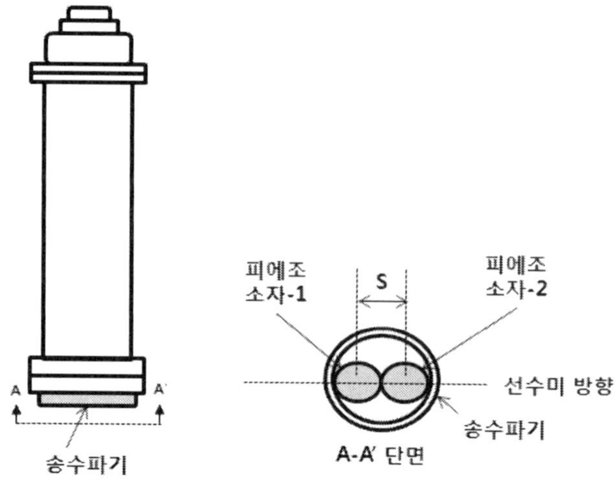

그림 4-27 T-CVL 상관선속계의 송수파기 모습(a)과 센서표면의 단면(b)

그리고 상관선속계에서는 수심(선속이 아니라 수심임에 주의)도 측정하는데, 정밀한 수심측정을 위한 것이 아니라, 상관선속계에서 얼마만한 수심에 대해서 측정하고 있는지를 파악하여 대수속력을 측정할 것인지, 대지속력을 측정할 것인지를 결정하기 위한 것이다. 수심 D_s(m)은 시간지연 τ(sec)를 이용하여 다음 식과 같이 계산할 수 있다.

$$D_s = \frac{\tau}{2} \times \nu_s \tag{4-9}$$

여기서, ν_s는 표준상태의 해수 중에서 음파의 속도(1,500 m/sec)

한편, 송수파기에 사용하는 2개의 소자는 주파수를 높여서 가능한 크기를 줄여야 함과 동시에, 송출하는 음파빔의 폭을 넓게 해야 한다. 넓은 빔 폭이 필요한 이유는, 상관선속계는 음파에 반사된 물표의 상세한 크기가 중요한 것이 아니라 음파를 송신한 후 선박이 이동하더라도 반사음파를 포착하는 것이 중요하기 때문이다. 즉, 음파빔의 폭을 크게 하면 선박이 이동하더라도 큰 음파빔 폭 때문에 반사음파를 수신할 수 있다.

5.2.2. T-CVL상관선속계의 시스템 구성

T-CVL상관선속계는 그림 4-28에 나타낸 바와 같이 검출회로, 변환회로, 주회로 등으로 구성되어 있다.

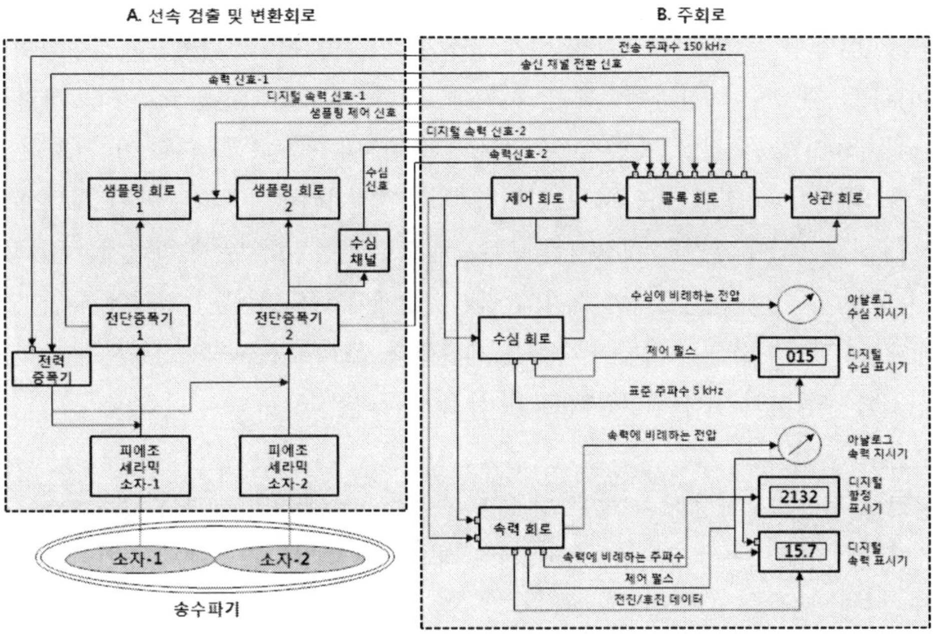

그림 4-28 T-CVL 상관선속계의 구성

(1) 선속검출 및 변환회로

그림 4-28에 나타낸 [A 선속검출 및 변환회로]에서, 처음 시스템을 작동하면 [B 주회로]에 있는 클록회로의 제어에 의해서 전력증폭기가 150 kHz의 전기신호를 2개의 [피에조세라믹소자]로 전송한다. [피에조세라믹소자]에서는 전기신호를 초음파신호로 변환시켜서 수중에 방사하고, 방사된 초음파는 해저나 수괴에서 반사된다. 여기서, 2개의 [피에조세라믹소자]는 송신과 수신을 겸용한다. 반사된 초음파가 다시 2개의 소자로 수신되면, [전단증폭기]를 거쳐서 [샘플링 회로][47]에 입력된다. [샘플링 회로]는 입력된 아날로그신호를 디지털신호로 변환시켜서 신호 손실 없이 [B 주회로]에 전송한다. 이러한 신호

47) 샘플링(sampling)이란, 연속된 아날로그 신호(analog signal)를 디지털 신호(digital signal)로 변환하기 위한 A/D(Analog-to-Digital) 변환기에서 일정한 시간마다 아날로그 신호의 양을 측정하는 것을 의미한다.

의 샘플링은 [클록회로]에서 제어하는데, [클록회로]는 안정된 150 kHz의 신호를 생성한다. 150 kHz 신호는 다른 전자회로의 표준 주파수로 사용되는데, 150 kHz를 5 kHz로 분주시켜서 속력지시기를 작동시킨다.

(2) 주회로

그림 4-28의 [B 주회로]는 상관선속계의 모든 기능을 제어한다. 특히, [수심회로]와 [속력회로]를 제어하여 상관선속계가 해저에 대한 대지속력(B-track이라 하며 B는 Bottom을 의미)을 측정할 것인지, 수괴를 이용한 대수속력(W-track이라 하며 W는 Water의 의미)을 측정할 것인지를 결정하게 한다. 이러한 기능은 마이크로프로세서(microprocessor)에 사전에 내장시킨 프로그램으로 작동된다. 실제 속력계산은 [상관회로]에서 하는데, 이 과정은 2개의 소자에 연결된 2개 채널의 샘플링 결과에 대한 상관을 계산한 후, 시간지연차를 추적하여 속력을 계산한다. 그리고 [속력회로]에서는 속력과 항정 계산기를 구동하기 위하여 다음과 같은 신호를 출력한다.

- 아날로그 선속지시기신호: 1 노트 당 0.1 볼트(0.1 V/kts)의 간격을 갖는 아날로그전압을 생성하여 서보모터(servo motor)로 작동되는 아날로그 선속지시기를 구동시켜서 눈금으로 선속을 표시한다.
- 디지털 선속지시기신호 : 숫자로 표시되는 디지털 선속지시기는 속력에 비례하는 펄스주파수를 이용한다. 이 펄스주파수는 1 노트 당 1초에 200개 또는 36개의 펄스(200/36 pulses/sec/kts)에 해당한다. 그리고 1.8 초의 제어펄스를 이용하여 디지털 속력표시기를 제어한다.
- 전진/후진 표시 또는 대지속력을 표시하는 B-트랙과 대수속력을 의미하는 W-트랙의 표시는 정(+)/부(-) 전압을 이용하여 표시한다.
- 디지털 항정표시기는 스텝모터(Step Motor)[48]로 구동되는데, 이 때 1 마일 당 2,000개의 펄스(2000 pulses/mile)를 이용하여 항정을 표시한다.

그리고 수심회로는 음향측심기능을 사용할 때 구동시키는데 다음과 같다.

---

48) 스텝모터(step motor)는, 연속적으로 회전하는 것이 아니라, 펄스신호가 주어질 때마다 스텝별로 미세한 각도만큼 회전하는 모터이다.

- 1 미터 당 0.01 볼트(0.01 V/m)의 분해능을 갖는 아날로그전압을 생성해서 아날로그 방식의 수심지시기를 구동시킨다.
- 디지털 수심표시기는 1 미터 당 2 밀리초(2 milli-sec/m)의 펄스를 이용하여 수심을 표시하는데, 이 펄스는 5 kHz의 표준제어주파수로 제어된다.
- 정(+)/부(-)의 전압은 정상작동 또는 범위초과 등의 표시기를 구동하는데 사용한다.

모든 보정이 완료되면, T-CVL의 상관선속계는 선속정밀도가 ±0.1 knot가 되고, 항정정밀도는 0.2% 정도가 된다.

5.3. 상관선속계와 도플러선속계의 차이

상관선속계(Correlation Velocity Log, CVL)는 도플러선속계(Doppler Velocity Log, DVL)와 비교하여 다음과 같은 많은 장점을 갖는다(Boltryk, 2004).

① CVL은 수파기의 소자다발에서 검출한 반사음파의 시간 또는 공간에 따른 신호형태를 검출하는 방식이고, DVL은 송신음파와 해저나 수괴에서 반사된 반사음파 사이의 도플러주파수편이를 검출하는 방식이다.

② DVL에서는 도플러효과를 검출하기 위하여 야누스구조의 경우 4개의 독립된 좁은 빔폭의 신호를 이용하기 때문에 빔의 지향성(directivity)이 중요하다. 그러나 이상적인 CVL의 송파기는 거의 빔폭이 60도에 달하는 넓은 빔폭을 사용한다. 여기서, 넓은 빔폭을 만들기 위해서는 주파수를 낮추고, 좁은 빔폭을 만들기 위해서는 주파수를 증가시켜야 한다. 그래서 DVL에서는 일반적으로 100 kHz ~ 1 MHz의 고주파수를 사용하고, CVL은 150 kHz의 상대적으로 낮은 주파수를 사용한다.

③ CVL은 낮은 주파수를 사용할 수 있기 때문에 DVL과 비교하여 더 깊은 수심에서 작동가능하고, 동일한 수심의 경우 더 적은 전력만 있어도 선속측정이 가능하다. 이로 인하여 송수파기의 크기를 더 작게 할 수 있다.

④ CVL은 대단히 짧은 시간동안의 펄스를 사용하는데, 이 짧은 시간동안 발생한 반사음파의 상관을 구한 후 속력을 측정한다. 이와 같이 짧은 시간동안에 수중환경조건은 거의 일정하기 때문에 DVL과 같이 염도와 해수 온도에 의한 영향을 받지 않는다. 또한 상관을 이용하여 선속을 구하기 때문에 수중환경조건에 영향을 받지 않는다. 반면,

DVL은 송신한 음파가 반사될 때까지 기다려야 하기 때문에 CVL과 비교하여 송수신 시간이 길어지는데, 이 때 해수의 염도나 온도 등의 수중환경조건이 변하면 도플러주파수편이에 오차가 발생하여 선속오차가 발생할 수 있다.

⑤ CVL은 DVL과 비교하여 저주파수를 이용하기 때문에 작고 가벼운 송수파기를 이용할 수 있어서 시스템의 무게를 줄일 수 있다. 그래서 소형 무인잠수정과 같은 특수한 항법체계에 적합하다.

⑥ 또한 CVL은 DVL과 비교하여 저주파수를 이용하기 때문에 수중에서의 음파감쇄가 작아서 더 깊은 수심측정이 가능하다.

⑦ DVL은 저속으로 항해하는 경우 도플러주파수편이의 검출정밀도가 저하되어 선속오차가 큰데, CVL은 단지 시간과 공간상에서 발생하는 상관을 계산하여 선속을 측정하기 때문에 저속에서도 고정밀도의 선속측정이 가능하다.

제5장

수심 측정장치

수심을 모르면 암초에 좌초될 수 있다. 선속측정장치와 마찬가지로 수심측정 역시 수중에 넣어둔 음향장치를 이용한다.

수중에서의 음파는 복잡하게 굴절되어 수심측정에 오차를 야기한다. 이 장에서는 음파를 이용한 수심측정장치를 학습한다.

\- 저자 -

1. 개요

선박에서 수심을 측정하는 장비를 수심측정기(또는 측심기)라 한다. 고대부터 수심을 측정하기 위한 항해장비가 수용측심기[49](Hand Lead)인데, 고대 이집트인들이 사용한 것으로 문헌에 나와 있다(Cline Duane A., 1999). 수용측심기는 납(Lead)과 같이 무거운 추를 이용하여 수심을 측정하는 것으로, 유용성이 커서 아직도 상선에서 많이 사용되고 있다.

수용측심기의 결점을 보완한 것이 1878년 영국의 캘빈(Kelvin)이 고안한 캘빈측정기(Kelvin's Sounding Machine)이다. 수압의 차이를 이용하여 수심을 측정하였다. 그러나 저속력에서만 측정이 가능하고 연속측정이 불가능하였다.

20세기 초에는 음파를 이용하여 연속적 측정이 가능한 페센더(Fessender)식 음향측심기(일명 Fathometer)가 미국 해군에 의해 고안되었다. 그러나 이것은 사람이 들을 수 있는 가청주파수의 음파를 사용했기 때문에 수중에서 듣기 이상한 소리가 발생하였다. 뿐만 아니라 지향성이 없어서 음파가 사방으로 확산되어 정확한 측심이 불가능하고, 큰 전력이 필요 하는 등의 많은 결점이 있었다.

그 후 1922년에 프랑스의 피에르 랑지뱅(Pierre Langevin)이 수정(Crystal)[50]의 압전효과를 이용한 초음파방식의 음향측심기를 개발하였고, 1935년 영국의 헨리휴그(Henry Hugh) 회사는 자의식 트랜스듀서(transducer)와 기록기를 이용하는 음향측심기를 개발하였다.

현재는 수중에 송출한 음향이 해저에서 되돌아오는 반향(echo)을 이용한 음향측심기가 사용되고 있는데, 반향(echo)를 이용한다는 의미에서 에코사운더(Echo sounder)라 부르고 있다. Echo Sounder와 관련된 IMO의 성능요건은 다음 의결서에 기록되어 있다.

(1) Resolution MSC.74(69), Annex 4 : 2001.1.1 이후 탑재되는 것

(2) Resolution A.224(VII) : 2001.1.1 이전에 탑재되는 것

---

49) 수용측심기의 '수'자는 한자로 손(Hand)을 의미한다. 즉, 손으로 측정하다는 의미이다. 그리고 Lead는 납을 의미한다.

50) 수정(Crystal)은 맑고 투명한 돌을 의미하는데, 유리와 같은 탄소 구조를 갖고 있다.

2. 수용측심기

수용측심기(Hand Lead)는 고대 이집트인들이 사용하던 오래된 항해장비인데 아직도 상선에서 유용하게 활용되고 있다. 수용측심기는 그림 5-1과 같은 구조를 갖고 있다.

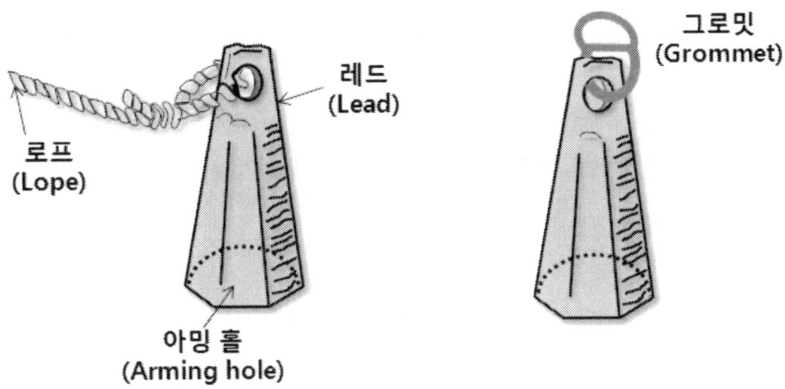

그림 5-1 수용측심기의 구조

수용측심기 주요특징은 다음과 같다.

① 몸체는 약 7 ~ 9 Kg의 무거운 납(Lead) 덩어리로 구성되어 있다. 이것은 어느 정도의 조류가 흐르더라도 수용측심기를 수중에 수직하게 내리기 위한 것이다. 구부러지면 정확하게 수심을 측정하기 어렵다.

② 납덩어리 몸체 상부에는 구멍이 있고, 여기에 그로밋(grommet)이라는 고리가 있어서 로프(rope)를 묶을 수 있다.

③ 수심은 긴 로프로 구성된 측연선(Hand Lead-Line)으로 읽는데, 측연선에는 수심을 나타내기 위하여 가죽 천 조각이나 색깔이 있는 천 조각 등이 일정한 간격의 매듭(knots)형태로 묶여 있다. 일반적으로 국내에서 사용하는 것은 1 m 간격으로 가죽 조각이나 천 조각을 묶는다. 미국이나 영국에서는 패덤(fathom)[51]을 기준으로 다음과 같이 사용한다.

- 2 fathom (약 0.6 m) : 가죽 줄 2 가닥

51) 1 fathom은 6 feet이고, 약 30.48 cm에 해당한다.

- ■ 3 fathom (약 0.9 m) : 가죽 줄 3 가닥
- ■ 5 fathom (약 1.5 m) : 흰색 천 1 개
- ■ 7 fathom (약 2.1 m) : 적색 천 1 개
- ■ 10 fathom (약 3.0 m) : 구멍 난 가죽 끈 1 개
- ■ 13 fathom (약 4.0 m) : 청색 천 1 가닥
- ■ 15 fathom (약 4.5 m) : 흰색 천 1개
- ■ 17 fathom (약 5.0 m) : 적색 천 1 가닥
- ■ 20 fathom (약 6.0 m) : 2번 묶은 가죽 끈 1 개

④ 그리고 납덩어리 아래 부분에는 움푹 파인 아밍홀(arming hole)이 있다. 이 홀에 끈적끈적한 기름 덩어리를 채워두는데, 측정하는 해역의 바닥에 있는 자갈, 모래, 조개, 바위 등의 저질을 알기 위한 것이다.

이러한 수용측심기는 수심 약 50 m 이내에서 사용한다. 수용측심기는 주로 선박 접이안시 좌주(grounding)를 방지하기 위하여 사용하는데, 선박 접이안 장소와 같이 수심이 낮은 곳에서 음향측심기가 정밀하게 측정하지 못하고, 더욱이 음향측심기의 송수파기는 일반적으로 선미에 장착되어 있기 때문에 선수부분의 수심을 측정하지 못한다. 그래서 상선에서는 주로 선수에서의 수심측정에 수용측심기를 사용한다.

수용측심기는 사용이 간단하고, 아밍홀에 부착된 모래나 조개껍질 등을 통해서 저질을 파악할 수 있다. 저질을 파악하는 이유는 투묘(anchoring)하는 경우 앵커(anchor)가 해저에 견고하게 박힐 수 있는지를 파악하기 위한 것이다. 만약 아밍홀에 아무 것도 부착되어 있지 않다면 큰 돌이나 바위로 추정할 수 있다. 이러한 장소에 투묘하면 돌이나 바위 사이에 앵커가 끼여서 출항시 앵커를 들어 올리지 못하게 된다. 만약 박혀있지 않은 경우라면 앵커가 끌리게 되는데, 황천시 앵커가 끌리면서 선박이 해안으로 밀려서 좌초할 수 있다.

그리고 측연선이 수중에 수직하게 내려가지 못하면 정확한 수심을 측정할 수 없을 뿐만 아니라 레드가 옆으로 경사되어 해저에 도달함으로 저질을 확인할 수 없는 경우도 발생한다. 그래서 조류가 강한 곳이나, 선박의 속력이 있는 경우에는 주의해야 한다. 그리고 사람이 측정하는 것이기 때문에 음향측심기와 달리 연속적인 수심측정은 불가능한 단점이 있다. 대신 수고스럽지만 여러 번 측정하면 된다.

3. 음향 측심기

3.1. 측심 원리

음향측심기(echo sounder)는 그림 5-2와 같이 선저에 부착한 트랜스듀서(transducer)에서 짧은 펄스(pulse)의 초음파를 해저로 발사한 후, 발사한 초음파[52]가 해저에서 되돌아오는 시간을 측정하여 수심을 측정한다. 측정한 수심은 수심기록기에 기록된다.

그림 5-3은 음향측심기의 원리를 나타낸다. 선저에 부착된 트랜스듀서에서 초음파를 해저로 발사한다. 해저에 도달한 음향 신호의 일부는 해저에 흡수되고, 나머지는 반사(Echo)되어 되돌아온다. 여기서, 음파의 전송 거리는 음파의 속도 v (m/sec.) × 시간 차 t (sec.)로 계산할 수 있데, 음파의 속도는 공기 중에서 약 340 m/sec., 수중에서는 약 1,500 m/sec가 된다. 단, 공기 중에서는 공기의 압력과 온도 습도 등에 따라서 속도가 변하고, 수중에서는 염분(Salinity), 온도, 수심 등에 따라서 속도가 변한다.

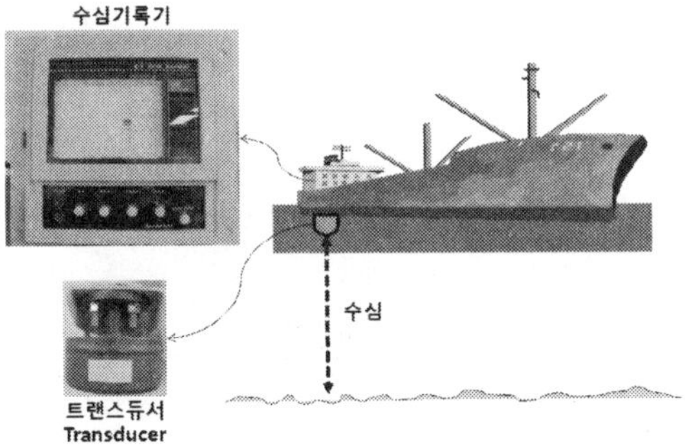

그림 5-2 음향 측심기의 구성

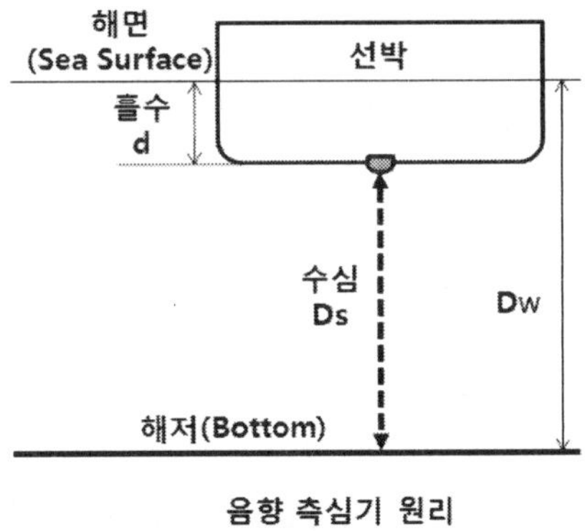

그림 5-3 음향측심기의 원리

그림 5-3에서 초음파는 선박의 선저와 해저 사이에서 왕복하기 때문에 측정한 거리는 수심(D_s)의 2배가 된다. 즉, $2D_s = vt$ 이므로 다음 식과 같이 계산될 수 있다.

52) 초음파는 20 ~ 20 kHz 사이의 가청 주파수가 보다 높은 음파를 의미한다.

$$D_s = \frac{1,500(m/\sec.)\times t(\sec.)}{2}(m) \tag{5-1}$$

여기서, v: 해수 중에서 음파의 전파속도(평균 1,500 m/sec.), t : 음파가 진행한 시간(sec.)

예를 들어, 음파의 송신시간과 반사 음파의 수신시간 사이의 차이가 0.1 초라면 수심은 75 m가 된다(1,500 m/sec. × 0.1 sec = 150 m / 2 = 75 m). 한편, 위의 식(5-1)은 선저에서 해저까지 측정한 것인데, 해수면에서부터 해저까지의 수심(D_w)은 식(5-1)에 선박의 흘수(d)를 더하여 다음 식으로 구할 수 있다.

$$D_w(m) = D_s(m) + d(m) \tag{5-2}$$

실제 선박에서는 선박의 흘수를 알고 있기 때문에 음향측심기의 흘수조정기를 이용하여 흘수를 설정하면 바로 D_w을 알 수 있다.

3.2. 음향측심기의 구성과 종류

3.2.1. 음향 측심기의 구성

그림 5-4는 일본 JRC(Japan Radio Company) 음향측심기의 간단한 구성을 나타낸다. 음향측심기 구조는 일반적으로 트랜스듀서에 내장되어 있는 송파기와 수파기, 수중에서 초음파를 발생하기 위한 펄스 발생기, 증폭기 및 지시기 등으로 구성되어 있다.

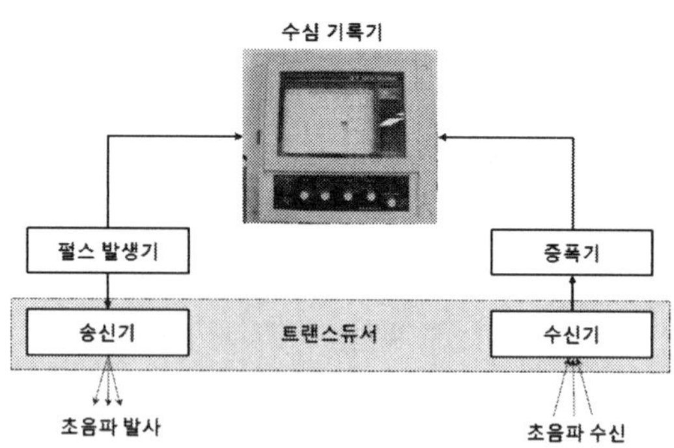

그림 5-4 JRC 음향측심기의 간단한 구성

펄스 발생기에서 생성한 전기적인 펄스 신호는 트랜스듀서의 송신기에서 초음파의 음향신호로 전환된다. 그리고 반사된 초음파 신호는 다시 트랜스듀서의 수신기에 입력되어 전기적인 신호로 변환되고 증폭되어 수심기록기에서 기록된다.

3.3.1. 음향측심기의 종류

음향측심기는 제조 회사나 적용한 방식 등에 따라서 다양한 구조가 있는데 다음과 같이 분류할 수 있다.

① 음파의 종류에 의한 분류 : '가청음파 방식'과 '초음파 방식'이 있는데 가청음파 방식은 최근 사용하지 않고 초음파 방식을 대부분 사용한다. 초음파 방식은 지향성이 높고 정밀 수심 측정이 가능하다.
② 음파의 변환방식에 의한 분류 : 수정(Crystal)과 같은 수정체를 이용하는 '수정체 진동방식'과 자석과 같은 자성체를 이용하는 '자성체 진동방식'이 있다.
③ 지시방식에 의한 분류 : 숫자로 수심을 나타내는 '디지털 방식'과 기록용지를 이용하는 아날로그 방식의 '기록 방식'이 있다.

3.3. 수중 음파의 성질

3.3.1. 음파의 특성

(1) 음파의 빔 각

음향측심기의 송파기에서는 초음파 빔(Beam)[53]이 발사된다. 초음파 빔이라는 것은 하나의 개념인데, 초음파 하나만 발사되는 것이 아니라 수많은 초음파들이 묶음으로 발사된다는 의미이다. 따라서 트랜스듀서의 송파기에서 발사되는 초음파 빔은 어느 정도의 빔 폭(Beam Width)을 갖는다. 이로 인하여 그림 5-5와 같이 빔 각(Beam Angle)이 발생하는데, 일반적으로 12 ~ 25°로 형상된다.

그림 5-5(좌측)는 음파의 빔이 발사되는 경우 가장 현저한 음파의 세기를 갖는 빔 각을 나타낸 것으로, A점과 B점 사이 이외의 곳으로도 음파가 발사된다. 그리고 A와 B점의 음파의 세기는 C점과 다르다. 음파의 세기는 O-C 방향에서 가장 크고 양쪽으로 갈수록 점차 약해진다. 빔 각의 한계는 그림과 같이 O-C 방향 최대 전력치의 절반에 해당하는 각도가 된다. 이러한 음파 빔의 개념은 전파와 같은 원리로 고려할 수 있는데, 음파 빔 역시

53) 빔(Beam)이라는 것은 묶음을 나타내는 것으로, 수많은 음파를 하나로 묶었다는 의미이다. 따라서 수많은 음파가 여러 방향으로 송수신되기 때문에 빔 폭(Beam Width)이 형성된다.

그림 5-5(우측)와 같이 주엽(Main Lobe)[54]과 측엽(Side Lobe)이 발생하는 것으로 해석할 수 있다. 수심을 측정하는 경우 이러한 측엽은 큰 영향을 미치지 않는다.

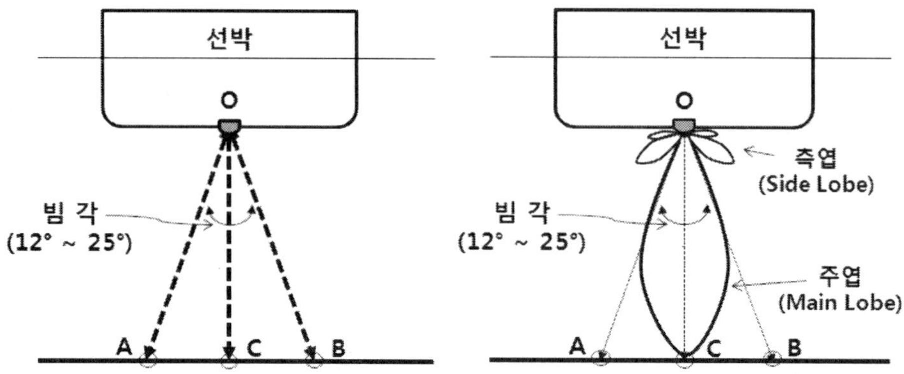

그림 5-5 음파의 빔 각 형성 개념(좌), 주엽과 부엽의 개념(우)

(2) 음파의 반사와 굴절

음파가 해수 중에서 매질이 서로 다른 경계층을 지날 때는 그 층에서 굴절과 반사가 일어난다. 마치 유리컵에 막대를 꽂고 보면 휘어지는 원리와 같다. 그리고 해저는 불규칙하게 울퉁불퉁 굴곡져 있기 때문에 해저에 도달한 음파는, 마치 거울에서 반사되는 것과 같이 입사각과 반사각이 일정한 거울면 반사가 발생함과 동시에 여러 방향으로 반사되어 산란된다. 이와 같이 음향측심기에 수신되는 반사파는 대부분이 해저에서의 산란에 의한 것이다.

반사된 음파가 산란되어 수신되면 수심기록기에는 다양한 수심이 나타난다. 그래서 이를 본 항해사들은 어떠한 수심이 해저에서 반사된 것이지 헷갈릴 수 있다. 여기서, 음파의 파장(λ)이 짧으면 해저의 굴곡진 곳에 잘 파고들어가서 다시 반사가 되는데 반하여, 파장이 긴 음파는 굴곡진 곳으로 파고들지 못하여 바로 튕겨져 나온다. 이와 같이 해저의 불규칙한 면의 평균 높이보다 음파의 파장이 짧을수록 산란은 심해지고, 거울면 반사는 약하게 됨으로 파장이 짧은 음파는 산란이 심하다. 파장(λ)이 짧다는 의미는 주파수(f)가 높음을 의미한다. 파장은 주파수에 반비례하기 때문이다. 즉, $\lambda = \frac{1}{f}$.

한편, 음향측심기의 경우 고정된 장소에서 음파를 발사하고 수신해야만 정확하게 수심

54) 주엽(Main Lobe)의 '엽'자는 나무의 잎사귀(Lobe)를 의미하는 것으로 빔 형성이 마치 잎사귀와 형태와 유사하기 때문에 이렇게 부른다.

을 측정할 수 있다. 그런데, 항해 중인 선박은 음파가 발사되고 수신되는 사이에도 이동한다. 따라서 발사한 장소와 다른 장소에서 음파를 수신하게 되어 오차가 발생된다. 만약 선박의 속력이 50 노트(kts.)로 무지하게 빠르고, 수심이 300 m라면 음파가 송신된 후 수신할 때까지 선박의 이동 거리는 얼마가 될까?

- 1 노트는 1 시간에 1 마일(mile = 1,825 m) 항해한 거리를 의미한다. 따라서 1 노트는 1,852(m/hr.)이고, 50 노트는 91,000(m/hr.)이 되며, 이를 초 단위로 바꾸면 25 m/sec. (91,000 m / 3,600 sec.)가 된다. 수심 300 m을 왕복하려면 600 m가 되고, 음파는 1초에 1,500 m 전파됨으로 600 m 전파에는 0.4 초가 걸린다. 0.4초 동안 선박은 10 m (25 m/sec × 0.4 sec.) 이동한다.

상선은 아무리 속력이 빠르다고 해도 50 노트를 초과하는 경우는 극히 드물다. 따라서 속력이 빠른 선박이라 하더라고 음파가 송신된 후 수신될 때까지는 10 m 정도에 불과함으로 선박의 동에 따른 축미 오차는 무시할 정도이다. 그리고 음파는 전파되는 도중에 물임자에 의해서 음파 에너지가 흡수되어 감쇠된다. 그래서 수심이 2배 증가하면 빔의 단면적은 4배로 증가하므로 단위 면적당 음파의 전력은 1/4로 감소한다. 이와 같이 수심에 따라서 반사되는 음파의 세기는 크게 변하기 때문에 이러한 음파의 변동을 줄이기 위해서 늦게 도착하는 반사파는 측심기에서 자동적으로 증폭시킨다. 상선용 음향측심기의 최대 측심범위는 보통 1,000 ~ 1,500 m이며, 최소 측심 한계는 0.5 ~ 1 m이다.

3.3.2. 음파 속도와 사용 주파수

음파의 속도는 해수의 평균 염분(3.4 ‰)과 수온 16 ℃에서의 1,505 m/sec.로 일정하다고 볼 수 있는데, 일반적으로 음향측심기에서는 음파의 속도를 1,500 m/sec로 조정하고 있다.

음파의 실제 속도가 음향측심기에 조정된 속도와 다르면 이것에 비례하는 오차(속력 오차)가 생기므로 실제 수심은 표시된 수심의 k배가 된다. 여기서 k는 비례상수이며 정확하게 조정된 경우에는 1이 된다.

해수에서 음파의 속도는 온도, 염도, 압력이 클수록 증가한다. 음향측심기를 해수에 대해서 정확하게 조정할 경우, 담수에서의 실제 수심은 지시한 값보다 약 3% 정도 작다. 압력이 증가하면 음파의 속도는 수심 100 m마다 약 1.8 m/sec씩 증가하며, 온도 및 염분의 변동은 수심이 깊을수록 음파의 속도에 큰 영향을 미친다.

그림 5-6은 음파의 속도 변화에 따라서 음파의 진행 방향 변화를 나타낸다. 음파 빔의 진행 방향은 음파가 전파되는 파전면(wave front)을 갖고 해석할 수 있는데, 파전면은 음파의 전파 방향에 수직인 평면이다.

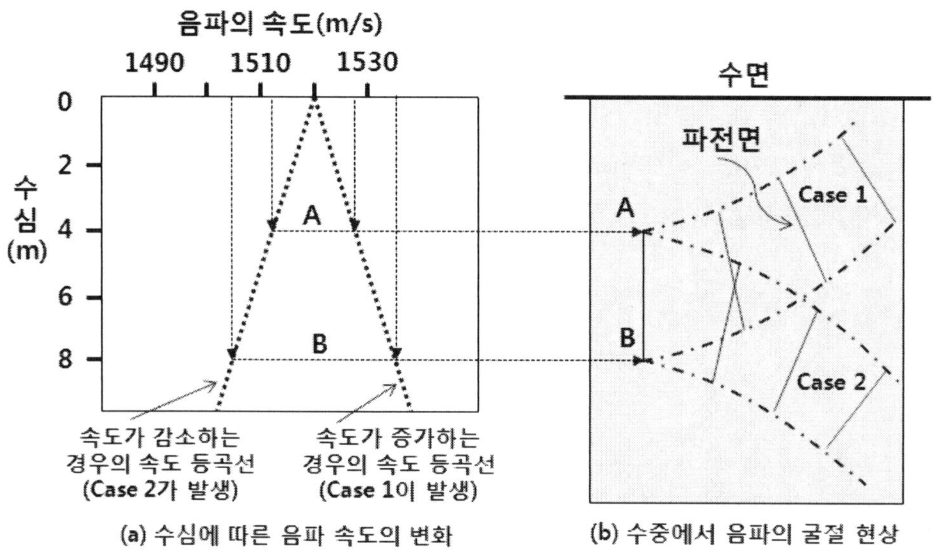

그림 5-6 음파의 속도 변화

그림 5-6에서, 점 A에서의 속력이 점 B에서의 속력보다 크면 빔은 아래쪽으로 굽어지고(Case 2에 해당), 점 A에서의 속력이 점 B에서의 속력보다 작으면 빔은 위쪽으로 굽어진다(Case 1에 해당). 만약 음파의 빔이 수면에 도달하면 보통은 다시 아래쪽으로 반사된다. 한편, 음향측심기에서 이러한 음파의 굴절은 음파 빔이 수직 방향으로 향하므로 생기지 않는다.

표 5-1은 음향측심기의 측심 범위에 따른 사용 주파수를 나타낸다. 측심 범위가 넓을수록 사용하는 주파수는 낮다. 그 이유는 주파수(f)와 파장(λ)는 반비례하기 때문에 주파수가 낮을수록 파장은 길어지고 그래서 멀리 전파될 수 있다. 주파수가 높으면 파장이 짧아져서 작은 입자에도 잘 반사되고 물 입자에 흡수가 잘되기 때문에 멀리 전파될 수 없다. 반대로 주파수가 높아서 파장이 짧으면 파장 사이의 폭이 좁아서 더 정확하게 수심을 측정할 수 있다. 그래서 측심 범위가 작을수록 높은 주파수를 사용하는 이유이다. 마치 측정 범위가 넓은 자는 작은 범위를 재는 경우 큰 오차를 야기하는 것과 같은 원리이다.

표 5-1 음향측심기의 측심범위와 사용 주파수

측심 범위	사용 주파수(kHz)
1,000 m 이상	10 ~ 30
0 ~ 1,000 m 까지	20 ~ 50
0 ~ 500 m 까지	50 ~ 100
0 ~ 100 m 까지	75 ~ 200
0 ~ 수 m 까지	200 ~ 400

음향측심기에서는 분당 약 10 ~ 600 개의 펄스를 발사하며, 사용 주파수는 10 ~ 55 kHz(보통은 30 ~ 50 kHz)의 초음파를 사용한다. 초음파를 사용하는 주된 이유는 선박의 프로펠러(propeller)와 선박 운동으로 인하여 발생하는 주파수가 20 ~ 20 kHz 사이의 가청주파수이기 때문에 음향측심기에서 사용하는 주파수와 혼선이 발생하지 않도록 초음파를 사용하는 것이다.

그래서 측심기의 트랜스듀서에 있는 수신기는 가청 주파수를 수신하지 않게 되며, 만약 가청 주파수가 수신된다 하더라도 필터(filter)가 있어서 초음파만 수신할 수 있다. 그리고 초음파와 같이 높은 주파수를 사용하면 일정 빔 각도에 대해서 변환기의 크기를 작게 만들 수 있다. 그러나 고주파수에서의 전력손실은 주파수의 제곱으로 증가하기 때문에 가청 주파수를 사용하는 경우 보다 더 큰 전력이 필요하다.

3.4. 송수파기

트랜스듀서에 내장된 송파기는 전기 에너지를 음파라는 진동 에너지로 변환시키고, 수파기는 진동 에너지를 다시 전기 에너지로 변환시키는 장치이다. 송파기는 마치 스피커(speaker)와 같고 수파기는 마치 마이크(microphone)외 같은 원리를 갖는다. 스피커를 개봉해 보면 자석과 코일이 있고 여기에 얇은 금속판이나 딱딱하고 질긴 천 조각이 붙어 있다. 이 금속판이나 천 조각이 전기 에너지에 의해 움직이면서 공기의 압력을 만들기 때문에 소리가 들리는 것이다. 마이크는 스피커의 반대로 생각하면 된다.

이와 같이 전기 에너지를 진동 에너지로 변화시키거나 진동 에너지를 전기 에너지로 변환시키는 방법은 공기 중과 수중이 서로 다른데, 수중에는 물이 있어서 강한 압력을 받기 때문에 공기 중과 다른 변환장치가 필요하다. 수중에서는 수정(Crystal)을 이용하는 방법과 자성체를 이용하는 방법을 사용하고 있다.

3.4.1. 수정진동자

수정진동자[55]는 맑은 흰색의 돌의 일종인 수정(Crystal)을 이용하기 때문에 붙여진 이름이다. 그림 5-7과 같이 수정에 압력(힘)을 가하면 그 표면에 전기 입자인 전하(electric charge)가 발생하고, 반대로 수정에 전계(전기적인 자석 성질)를 가하면 일그러짐이 발생하는 특징을 갖고 있다.

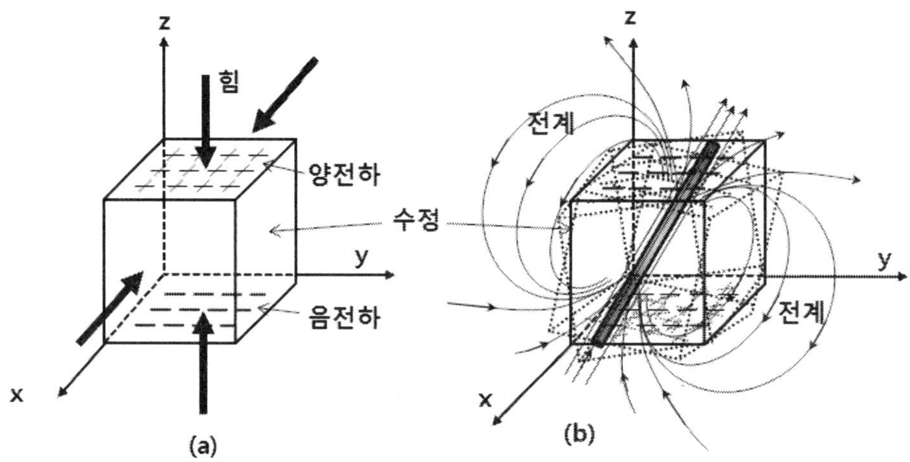

그림 5-7 수정진동자. 힘에 의한 전하 발생(a), 전계에 의한 찌그러짐(b)

수정진동자는 수정을 일정한 각도로 얇게 잘라서 금속판 사이에 넣어서 만든다. 수정진동자에 전계 에너지를 주기 위하여 교류전압을 가하면 초음파가 발생되는데, 공기 중에서는 '틱틱'하는 작은 소리만 발생하는데, 수중에서는 매우 큰 '핑'하는 소리가 들린다. 수정진동자의 고유주파수와 교류전압의 주파수를 같게 하면 큰 진동을 얻을 수 있는데, 마치 유리잔에 입으로 계속하여 '우~'하는 소리를 가하면 오랜 시간 후 유리잔이 진동하면서 깨지는 것과 같은 현상이다.

수정진동자는 구조가 간단하고 작은 전력으로 비교적 높은 주파수의 초음파 발생에 적합하므로 상선용으로 많이 사용되고 있다. 그리고 보통은 하나의 수정진동자로 송수파기를 구성하여 초음파를 송신하고 수신한다.

---

55) 예전 교재에는 전왜진동자라 기록되어 있는데, 이 용어는 일본식 한자이다. 전기가 왜곡되면서 진동한다고 하여 붙여진 명칭이다. 본 교재에서는 이를 사용하지 않고, 수정 진동자라 하였다.

3.4.2. 자성체진동자

자성체진동자[56]는 자성체에 자계를 가하면 변형되는 현상을 이용한 것이다. 자성체를 자화시키면 변형이 생기고, 반대로 외력을 가하여 변형시키면 자화상태가 변하는데, 이러한 현상을 자기 일그러짐 현상이라 한다. 철, 니켈, 코발트 등의 합금에 자장의 변화를 주면 철은 늘어나고 니켈은 수축한다. 이러한 자성체의 변형에 의해서 음파가 발생하는 현상을 줄 효과(Joule effect)라 하고, 자화상태가 변하는 것을 빌라리 효과(Villlari effect)라 한다. 이 두 효과를 합쳐서 자성체의 일그러짐 현상이라 한다.

이러한 합금의 자성체에 양(+)극의 자계와 음(-)극의 자계를 서로 번갈아 가해주면 자성체 일그러짐으로 인하여 기계적인 진동이 발생한다. 이러한 진동은 수중에서 초음파를 발생시킨다. 자성체의 일그러짐 현상을 일으키는 금속은 니켈, 알페르(철과 알루미늄 합금), 퍼멘듀르(철과 코발트 합금) 및 아연 페라이트 등이 있다. 자성체진동자는 비교적 낮은 주파수의 초음파 발생에 적합하여 깊은 수심을 측정하는데 주로 사용된다. 최근에는 어군 탐지용으로도 사용되고 있다.

3.5. 지시기

음향측심기 지시기의 표시방식에는 크게 기록식과 전자식이 있다. 기록식은 기록용 종이에 해저의 형상과 수심을 표시하는 방식이다. 상선에서는 오래전부터 기록용 종이를 이용하는 기록기(Recorder)를 사용해 왔으나, 최근 전자기술의 발달로 전자식이 널리 사용되고 있다. 기록용지를 이용하는 기록기는 항상 충분한 용지를 보충해야 하는데 기록용지 교체방법이 까다로워서 한번 실습하지 않은 초보 항해사들은 어렵게 느껴질 수 있다. 그림 5-8은 JRC(Japan Radio Company)의 음향측심기 모델 JFE-570S의 기록식 지시기를 나타낸 것으로 특수한 용지를 이용하여 수심을 기록한다. 기록용지(Chart Paper)는 양쪽 스풀(Spool)에 길게 감겨진 두루마리 종이인데 모터에 의해 일정한 속도로 움직인다.

---

56) 예전 교재에는 자왜진동자로 기록되어 있다. 자석의 찌그러짐을 이용한 진동자라는 의미인데, 일본식 한자에서 비롯된 것이다. '왜'자가 찌그러질 '왜'자이다. 본 교재에서는 자성체진동자라 부른다.

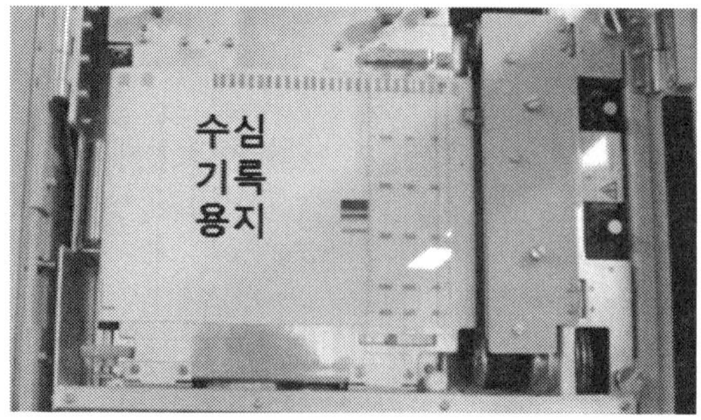

그림 5-8 JRC JFE-570S 모델의 음향측심기의 기록식 지시기

3.6. 음향측심기의 시스템 구성

그림 5-9는 아트라스(ATLAS) 회사의 음향측심기 원리에 대한 블록선도를 나타낸다. 우선 그림 우측의 상단에 나타낸 '펄스 발생기'에서는 음파 발생에 필요한 펄스(pulse)를 생성하는데, 이 펄스는 수심기록용지와 동기화된 송신클록(Transmission clock)으로 변환되고, 고전압 발생기에서 높은 전압으로 변환된다. 그리고 고전압 펄스는 송신/수신 절환 스위치로 입력되어 트랜스듀서의 송파기를 통해서 음파가 수중에 방사된다. 반사파를 수신하는 경우에 송신/수신 절환 스위치는 수신 모드로 작동된다. 수신된 미약한 반사파는 전치 증폭기(Pre-amplifier)를 통해서 증폭된 후, 기록 메모리에서 처리되어 기록 증폭기에 입력된다.

기록 증폭기에서는 기록에 필요한 전류를 기록 펜(stylus)에 공급하여 시간과 크기에 따라서 기록용지를 태운다. 기록용지에 탄 흔적들은 수심이 된다. 그리고 전치 증폭기에서 증폭된 신호는 반향(Echo) 처리기에도 입력되는데, 반향 처리기는 여러 개의 반사 신호가 수신된 경우 정확한 해저 신호만을 나타내기 위한 것이다. 그리고 경보는 설정한 수심 보다 낮게 되면 경고하기 위한 것인데 설정한 수심을 초과하면 부저가 울리고 측정범위 지시가 깜박거린다.

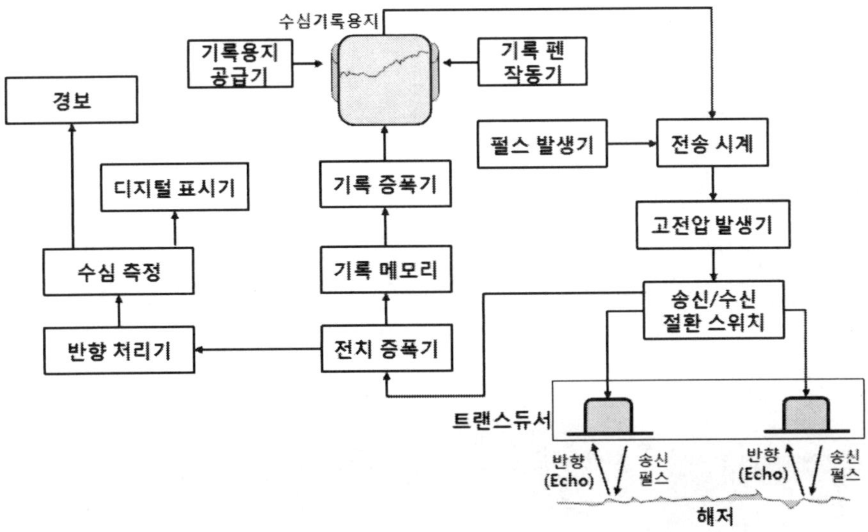

그림 5-9 아트라스 음향측심기 시스템 블록선도

4. 기록식 음향측심기 작동 유지 보수 방법

4.1. 수심 기록장치의 구성

그림 5-10은 JRC 수심 기록장치의 모델 JFE-570S의 외관과 내부 모습을 나타낸다.

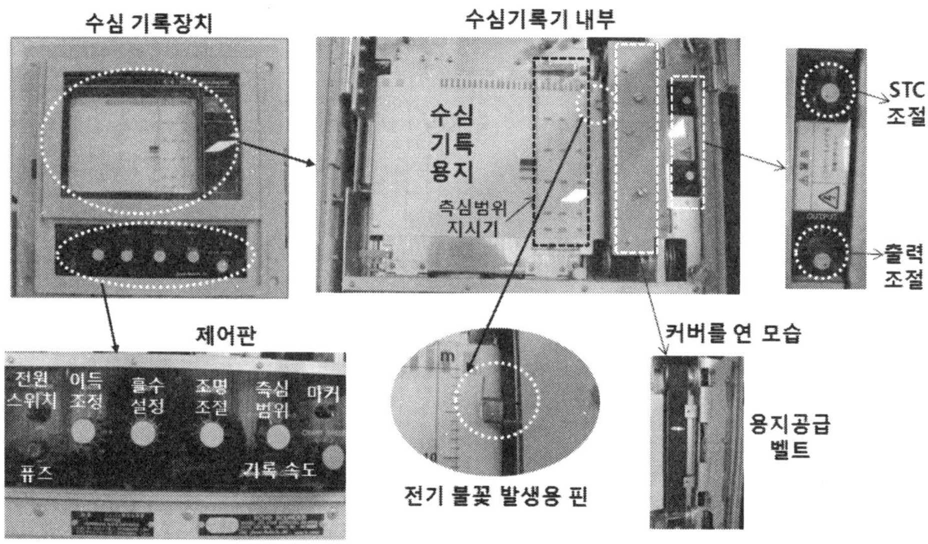

그림 5-10 JFE-570S 수심 기록장치의 구성

우선, 제어판에 있는 다양한 제어장치를 설명하면 다음과 같다.

① 전원 스위치(Power Switch) : 수심 기록장치를 작동시키거나 중지시킬 때 이 스위치를 이용한다. 하부에 퓨즈(Fuse)가 있어서 과도한 전류가 흐를 때 전원이 차단된다. 퓨즈가 끊어지면 예비 퓨즈로 바꾼다.

② 이득조정(Gain Control) : 수신한 반사파의 감도를 조정하기 위한 것으로, 약한 반사파는 이득이 충분히 높을 때만 기록된다. 이득조정은 최초의 해저 반사파를 확실히 감지할 수 있을 정도로 조정한다.

③ 흘수(Draft) 설정 : 해수면에서부터 해저까지를 측정하기 위하여 흘수를 조절한다.

④ 조명조절(Dimmer) : 야간에는 조명을 어둡게 하기 위한 것이다.

⑤ 마커(Marker) : 마커 버튼을 누르면 기록용지의 세로방향으로 기준선이 그려진다. 수심기록을 시작하는 지점이라는 의미에서 기준선을 나타낸다. 기준선은 아래 그림 5-10에서 볼 수 있다.

⑥ 기록 속도(Chart Speed) : 기록지가 이동하는 속도를 조절한다. 기록 속도를 증가시키면 세밀하게 속도를 기록할 수 있는데, 수심이 낮은 경우에는 속도를 증가시키고, 수심이 깊은 곳에서는 기록 속도를 낮추어서 기록 용지를 절약한다.

⑦ 전기 불꽃 발생용 핀 : 기록용지에 전기 스파크(spark)를 발생시켜서 용지를 태우는 핀이다.

⑧ 기록용지 : 비전도성의 얇은 알루미늄 가루로 코팅되어 있고, 기록 펜(Stylus)에 고전압이 공급되면 알루미늄의 상층부를 태워서 수심을 기록한다. 그래서 냄새를 맡아 보면 타는 냄새가 난다. 그리고 기록용지가 특수 코팅되어 있어서 물에 젖어도 기록된 내용이 지워지지 않는다. 한 두루마리는 보통 30 ~ 100시간 정도 사용할 수 있다.

⑨ 용지공급 벨트 : 용지를 이동시키기 위하여 고무벨트가 전동 모터에 감겨져 있다.

⑩ 감조시간조절기 STC(Sensitivity Time Control) : 반사파의 감도를 시간에 의해서 조절한다.

⑪ 출력 조절 : 기록지에 기록되는 그을림의 세기를 조절한다. 그을림 없이 암도가 강하면 최적 상태에 도달한 것이다.

수심기록용지는 그림 5-11을 이용하여 설명한다.

⑫ 측심범위(Range) : 측심범위를 설정한다. 그림 5-11과 같이 3가지 측심범위가 있다. D는 깊은 수심(Deep)을 측정하기 위한 것으로, 0 m ~ 450 m까지가 범위이다. M은 중간 수심(Medium)으로, 0 m ~ 225 m까지가 범위이고, S는 낮은 수심(Swallow)을 의미하는 것으로, 0 m ~ 45 m 까지를 범위로 한다.

⑬ 수심표시 : 그림 5-11과 같이 수심은 위에 그을린 부분에서부터 아래 검게 그을린 부분의 상단까지에 해당된다. 수심을 측정하기 전에는 반드시 측정한 일자와 장소, 경도/위도를 용지에 기록해야 한다. 그래야 언제 어디에서 측정한 것인지를 알 수 있다.

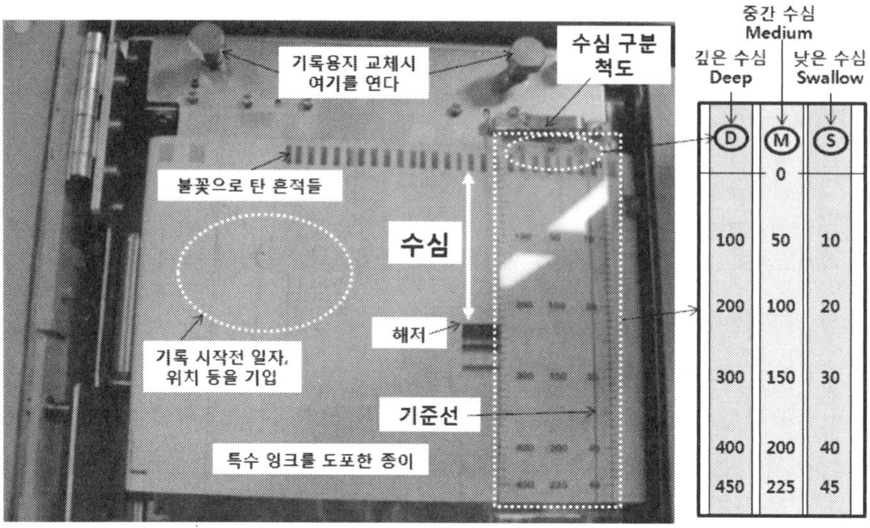

그림 5-11 수심기록용지

4.2. 유지 및 보수 방법

4.2.1. 안전 조치

모든 작업 중 사고방지를 위하여 관련 규정을 준수하여야 한다.

① 장치를 열기 전에 전원을 모두 꺼야 한다. 왜냐하면 음향측심기는 수 천 볼트의 고전압을 사용하기 때문이다. 잘못하면 감전의 우려가 있다. 아울러 작업 중임을 알리는 경고 문구를 전원을 공급하는 배전반에 부착하여야 한다.

② 기록 펜에 주의한다. 기록 펜이 장착된 상태에서 기록용지를 교체하기 위하여 커버를 여는 경우, 기록 펜이 휘어질 수 있다.

③ 선거(Dry Docking) 이후에는 반드시 출항 후 해수 중에서 트랜스듀서를 작동해야 한다. 그리고 선거에서 출항하기 이전에 반드시 트랜스듀서 표면에 기계적인 처리나 페인트칠이 되어 있는지 확인한다. 손상되었다면 트랜스듀서를 교체하고, 페인트칠이 되어 있으면 페인트를 제거해야 트랜스듀서에서 정상적으로 음파가 송수신된다.

④ 그림 5-12와 같은 문구를 주의 깊게 살펴본다. 수심측정기를 외부 전문 업체에 수리를 의뢰하는 경우에는 제조회사와 모델을 사전에 알려주어야 하는데 그림과 같이 제

조회사는 JRC이고, 모델은 JFE-570S이며, 시리얼 번호는 HC28290이다. 그리고 '주의' 내용을 보면, 마그네틱 컴퍼스와의 표준 거리는 반드시 1.5 미터 이상 이격시키고, 조타 컴퍼스와는 1.2 미터 이상 이격시켜야 한다. 음향측심기의 몸체가 강한 자장을 생성하기 때문에 자기컴퍼스에 영향을 미칠 수 있기 때문이다. 그리고 '경고'에 나타낸 것과 같이 내부에 고압이 흐르니 조심해야 한다.

수심측정기(ECHO SOUNDER)
- 모델 JFE-570S / 형식승인번호 No. 2040
- 제조일 1995년 9월 / 시리얼 번호 HC28290
- 제조사 일본무선㈜

주의 콤파스 사이의 안전거리
알림(NOTICE)
컴퍼스 안전 거리(COMPASS SAFE DISTANCE)
- 표준 컴퍼스 Standard 1.5 m
- 조타 컴퍼스 Steering 1.2 m

경고
이 커버를 열면 감전의 우려가 있음

그림 5-12 수심기록장치에 표시된 각종 문구

4.2.2. 커버를 여는 방법

그림 5-13은 JRC의 FE-570S 모델의 수심기록장치의 커버를 여는 방법과 내부 구조를 설명한 것이다. 수심기록장치는 3개의 공간으로 구분되어 있다. 수심 기록장치의 커버를 열면, 'A'와 같은 수심 기록공간에 수심기록용지판이 있다. 다시 기록용지판을 열면, 'B'와 같이 기록용지 적재 공간이 열린다. 여기에는 기록용지 공급용 롤러가 있다. 다시 기록용지 롤러 판을 열면, 'C'와 같이 전자회로 적재공간이 보인다. 여기에는 고압의 전자회로가 있으니 안전에 주의해야 한다.

4.2.3. 기록용지 교체 방법

① 커버 고리를 살짝 누르면서 연다.

② 기록용지판의 고정나사를 돌려서 판을 연다.

③ 판을 열면 기록용지 공급 롤러 2개가 보인다.

④ 기록용지 공급 롤러를 빼내고 새로운 기록용지로 교환한다.

⑥ 기록용지는 해양사고 발생시 법적인 증거가 됨으로 교체한 시기와 장소 등을 기록하여 잘 보관한다. 함부로 버리면 안 된다.

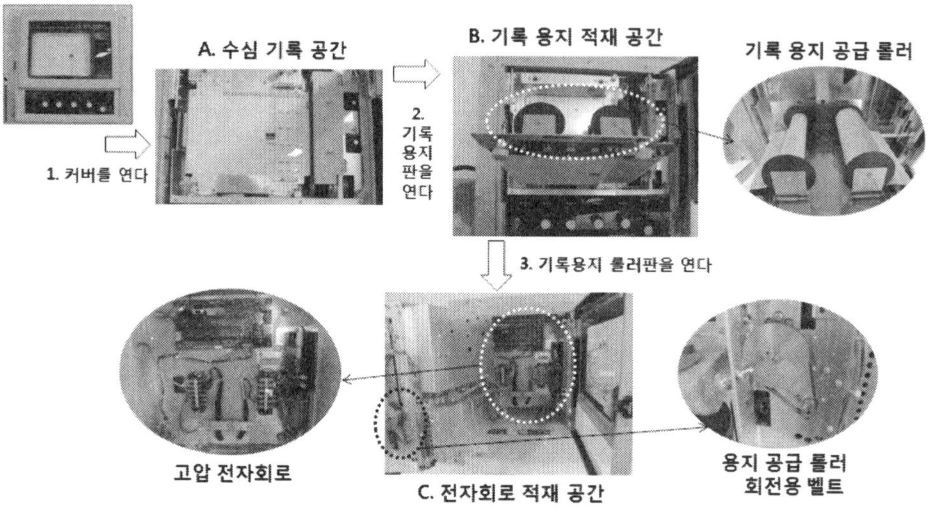

그림 5-13 수심기록장치의 3가지 공간 여는 방법

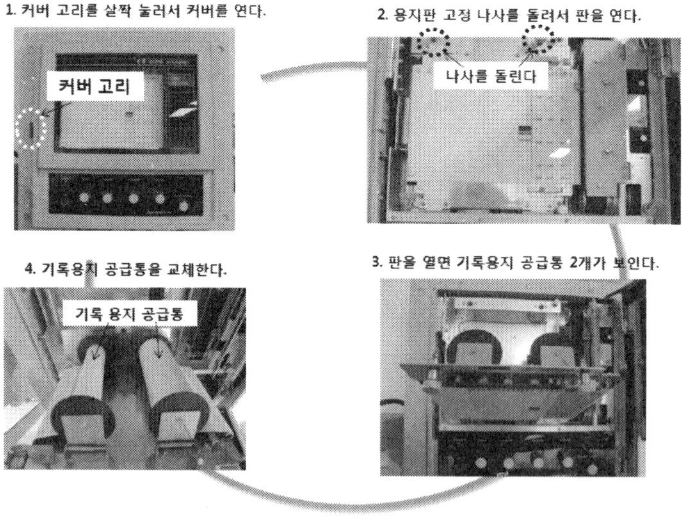

그림 5-14 기록용지 교체 방법

5. 전자식 음향측심기

5.1. FE-700 소개

전자식 음향측심기는 기록용지가 필요 없고, 측정한 수심 데이터를 메모리(memory)에 저장할 수 있는 것이 가장 큰 특징이다. 저장한 데이터를 이용하여 과거 수심 정보를 호출하여 분석하거나 해도에 기록된 수심 정보와 비교할 수 있는 등의 다양한 기능을 부여할 수 있다. 전자식 음향측심기의 측심원리는 앞에서 설명한 기록식 음향측심기와 유사하다. 다만, 수심의 표시 방법과 기록 방법, 수심 데이터의 저장과 재생 방법 등을 모두 디지털 방식으로 전환했을 뿐이다. 그림 5-15는 후루노(FURUNO) 회사의 모델 FE-700 전자식 음향측심기의 화면표시장치와 모델 PP-505 FE 프린터의 모습이다. 주요 특징은 다음과 같다(FURUNO, 2013).

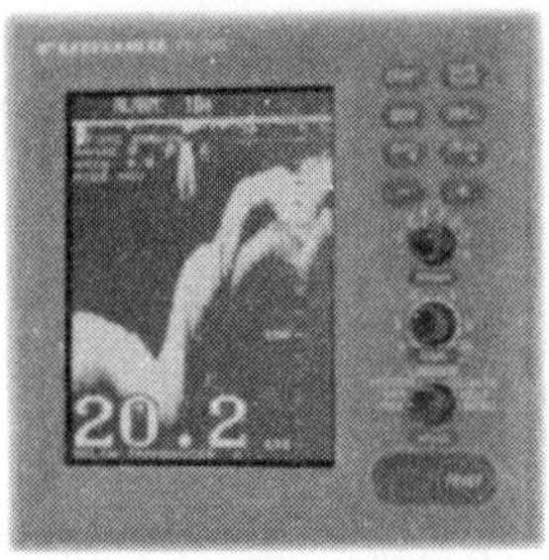

FE-700 음향측심기의 화면표시장치

PP-505 FE 프린터

그림 5-15 FE-700 전자식 음향측심기 표시화면과 프린터(FURUNO, 2013)

- 기록용지가 필요 없는 디지털 방식을 채용하였기 때문에 경제적이고, 고정밀도의 수심 측정이 가능하며, 첨단 전자회로로 시스템이 구성되어 있어 기록식과 비교하여 고신뢰성을 갖는다.
- 6.5 인치의 컬러 LCD 화면을 이용하기 때문에 화면이 넓고, 시야각이 넓으며, 화면의 밝기를 조절할 수 있다. 그래서 화면 판독이 용이하다.
- 송신 주파수의 경우, 수심이 낮은 곳에서는 200 kHz의 고주파수 초음파를 이용하기 때문에 높은 분해능의 수심 측정이 가능하고, 수심이 깊은 곳에서는 50 kHz의 저주파수 초음파를 이용하기 때문에 깊은 수심에 대해서도 안정된 측심이 가능하다.
- 다양한 화면표시 형식이 있어서 다양한 정보를 이용할 수 있고, 표시장치가 간결하기 때문에 설치가 용이하다.
- 24시간 동안 수심 데이터를 메모리에 저장할 수 있기 때문에 과거 측심 정보를 재현하

여 볼 수 있다.

- 디지털 인터페이스가 있어서, 레이더(Radar), 항해정보기록장치(VDR), 전자해도및표시장치(ECDIS) 등은 물론 다른 항해장비나 무선통신장비로 측심 정보를 송신할 수 있다.

이러한 FE-700 모델은 특수 종이에 수심을 기록하는 기록식 음향측심기의 문제점을 해결하기 위해 개발되었다. 그리고 FE-700은 수심 중에서도 특히 낮은 수심을 측정하여 항해안전을 도모하기 위한 것으로 IMO 표준에 의거한 SOLAS 규정을 준수한 장비이다. 모델 PP-505FE 프린터(Printer)는 FE-700에 사용하는 프린터기로 수심 곡선을 프린트하기 위한 것이다. 마치 재래식 종이기록기와 같은 역할을 하는 것으로 기존 것 보다 소형이다.

5.2. 화면 표시 형식

5.2.1. 화면의 구성

그림 5-16은 모델 FE-700 전자식 음향측심기의 화면표시를 나타낸다. 여기서 주의할 사항은 이러한 화면표시를 잘못 해석하면 판독한 수심에 오류가 발생하여 자칫 선박이 좌초, 좌주, 접촉 등의 위험한 상황에 처할 수 있다. 따라서 화면에 표시되는 내용의 의미를 완벽하게 숙지하고 있어야 한다.

특히, 측정한 수심이 수면으로부터 측정한 것인지 선저로부터 측정한 것인지에 따라서 표시되는 수심이 다르니 주의해야 한다. 한편, FE-700 모델에서는 가능한 이러한 판독 실수가 발생하지 않도록 화면이 구성되어 있다. 그림의 번호를 따라서 화면에 표시된 내용을 설명하면 다음과 같다.

(1) **설정한 경보 수심** : 위험 경보를 울릴 최저 수심을 나타낸다. 화면에는 'ALARM: 10m'로 나타나 있다. 즉, 수심이 10 m 이내가 되는 즉시 부저를 이용한 청각 경보와 불빛을 이용한 시각경보를 동시에 울린다. 경보가 울리면 즉시 안전조치를 취해야 한다. 특히, 호주와 같이 산호초가 급격하게 자라는 해역은 해도의 수심과 실제 수심 사이에 큰 차이가 발생할 수 있으니 주의해야 한다. 한편, 음향측심기는 일반적으로 선

미 부근에 설치하기 때문에 길이가 긴 선박에서는 선수 부근에서 발생하는 급격한 수심 저하를 즉시 측정할 수 없는 경우도 고려해야 한다. 이를 위하여 FE-700에서는 최대 3개까지의 송수파기를 장착할 수 있다.

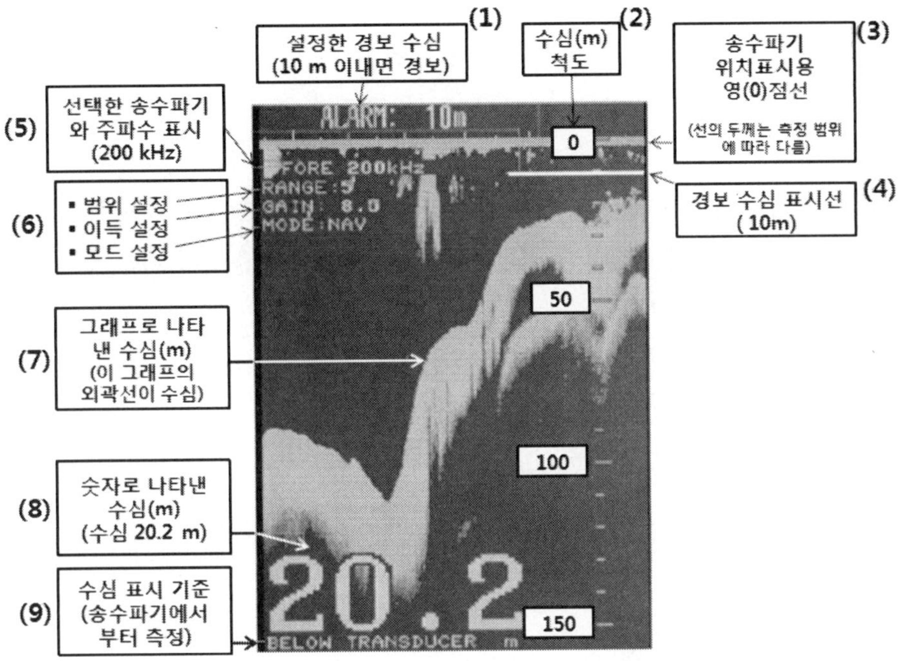

그림 5-16 FE-700 전자식 음향측심기의 화면 표시(FURUNO, 2013)

(2) **수심(m) 척도** : 즉, 수심을 구분하는 측정 간격을 의미하는 것으로, 측정한 수심에 따라서 자동으로 설정된다. 현재 화면에는 0 ~ 150 m까지로 나타나 있다.

(3) **송수파기 위치표시용 영(0)점선** : 측정한 수심은 송수파기로부터 해저까지의 거리이다. 해수면으로부터 측정한 거리가 아니다. 해수면에서 송수파기까지의 거리는 선박의 흘수(m)에 해당한다. 따라서 흘수를 고려하여 송수파기의 위치를 표시하면 해수면에서 해저까지의 거리도 측정할 수 있다. 영(0)점선의 두께는 측정 범위에 따라 자동으로 조정된다.

(4) **경보 수심 표시선** : 위험 경보를 울릴 최저 수심을 그래프에서 쉽게 확인하기 위하여 한 줄의 선을 표시한다. 이 화면에는 10 m에 표시되어 있다.

(5) **선택한 송수파기와 주파수 표시** : 화면에 'FORE 200 kHz'로 표시되어 있는데, 선수(FORE)에 설치한 송수파기로 측정한 수심을 의미하고, 이 때 송출 주파수는 200

kHz라는 의미이다. 여기서, FE-700 모델은 수심이 낮은 곳에서는 200 kHz의 송출 주파수를 사용하고, 수심이 깊은 곳에서는 50 kHz의 송출 주파수를 사용한다. 주파수가 낮을수록 파장이 길어져서 음파가 멀리 송신된다. 주파수와 파장은 반비례함으로 수심이 깊을수록 송출 주파수는 높게 해야 한다.

(6) **범위 설정, 이득 설정, 모드 설정** : 범위 설정은 '5'로 나타나 있는데 큰 눈금 사이를 5개로 구분했다는 의미이다. 따라서 화면에서 작은 눈금 사이는 10 m가 된다. 이득 설정은 '8.5'로 나타나 있고, 모드(mode, 형식) 설정은 항해 형식을 의미하는'NAV'가 표시되어 있다.

(7) **그래프로 나타낸 수심(m)** : 그래프의 외곽선이 수심을 나타낸다. 주의할 것은 이러한 수심은 하나만 나타나는 것이 아니라 수중의 다양한 경계층이나 어군에 의한 반사파에 의해서 다중으로 나타나는 경우도 있다.

(8) **숫자로 나타낸 수심(m)** : 수심 20.2 m가 표시되어 있다. 그래프로 나타낸 수심과 달리 즉시 수심을 확인할 수 있다. 이것이 전자식 음향측심기의 특징이다.

(9) **수심 표시 기준** : 수심을 측정한 기준이 송수파기인지, 해수면인지를 의미한다. 송수파기인 경우는'BELOW TRANSDUCER'로 화면에 표시되고, 해수면인 경우에는 'BELOW SURFACE'로 나타난다. 현재는 송수파기를 기준으로 측정한 수심이다.

그 외의 화면 표시 내용을 분석하는 경우 다음 사항을 고려해야 한다.

(1) FE-700 음향측심기에서는 수심에 따라서 자동으로 측심 범위가 조종되는데, 항해사가 수동으로 측심 범위를 설정할 수 있다.

(2) LCD 화면에 표시된 수심은 15 분간 측심한 것으로, 현재 측정된 수심은 그래픽 표시와 함께 숫자로 즉시 표시된다.

(3) 측정한 수심은 시간과 측정 위치의 정보를 포함시켜서 24시간 동안 메모리에 저장된다. 이 데이터는 언제든지 호출하여 다시 볼 수 있다.

(4) 경보는 수신 감도가 낮아서 해저지면에 대한 반사파 추적에 실패한 경우 또는 측심 범위를 벗어난 경우 등에 발생한다. FE-700 모델에서는 자동으로 수심을 추적하여 수신 감도를 조절하는데, 해수면에서 발생하는 다양한 잡음을 감쇄시키기 위하여 항해사가 수동으로 감도를 조절할 수 있다.

(5) 송수파기는 200 kHz 또는 50 kHz의 송출 주파수를 선택할 수 있는데, 200 kHz는

기상악화시나 천수지역에서 선박이 폭주하는 수로를 통항하는 경우 사용할 것을 권장하고, 50 kHz는 수심이 깊은 지역에 사용할 것을 권장하고 있다.

5.2.2. 화면 표시형식의 종류

그림 5-17은 FE-700 모델의 전자식 음향측심기에 있는 다양한 화면표시 기능을 나타낸다(FURUNO, 2013). 그림(a)은 GPS 정보를 이용하여 본선의 수심을 측정하는 표시형식이다. 그림(b)은 수심은 물론 해저의 다양한 경계층에서 발생하는 반사음파를 동시에 그래프로 표시하는 형식이다. 그림(c)은 흘수를 수심에 더하여 해수면에 대한 수심으로 표시하기 위한 형식이다. 그림(d)은 마치 로그북(Logbook)과 같이 수심 데이터를 저장하기 위한 표시형식이다. 이러한 표시형식을 설명하면 다음과 같다.

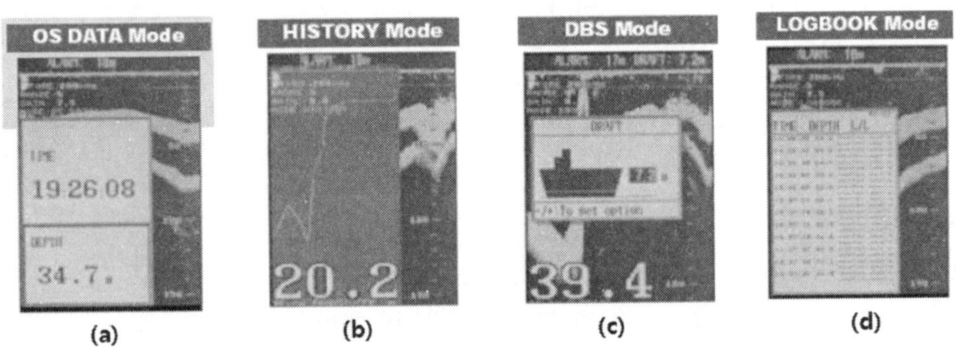

그림 5-17 FE-700의 표시형식: (a)OS 데이터 형식, (b)히스토리 형식, (c)DBS 형식, (d)LOGBOOK 형식

(1) 나브 형식

나브 형식(NAV)은 FE-700 전자식 음향측심기를 작동하면 나타나는 기본 화면으로, 위의 그림 5-16을 의미하는 것으로 위의 그림 5-17에는 나타내지 않았다. 이 형식은 IMO에서 요구하는 음향측심기의 기본 기능을 수행하기 위한 것이다. 음향측심기를 처음에 작동시키면 송수파기에서 미터 단위의 수심을 측정한 후 화면에 그래픽으로 표시하는데, 해저는 갈색으로 표시된다. 낮은 수심에 대한 경보는 초기에 송수파기 아래 20 m에 대해서 자동으로 설정된다. 그리고 측심 척도는 수심에 따라 자동으로 조절된다.

(2) OS 데이터 형식

화면을 OS 데이터 형식(OS Data Mode)으로 전환시키면 본선(Own Ship, OS) 위치, GPS 측정 침로와 속력, 시간과 속력이 숫자나 글자로 표시되는 디지털 형식으로 표시된다. 글자나 숫자 크기는 수동으로 조절할 수 있다.

(3) 히스토리 형식

히스토리 형식(HISTORY Mode)은 해저 지형의 윤곽선과 해수 중의 다양한 경계층(수괴, 어군층 등)에 의해 발생하는 윤곽선을 동시에 표시하는 형식이다. 송수파기에서 방사된 초음파는 해수의 다양한 경계층에 의해서도 반사되기 때문에 해저에서 반사된 음파와 혼합된다. 이러한 경우 어떠한 곡선이 수심을 나타내는지 혼동될 수 있다. 히스토리 형식을 선택하면 모든 반사음파에 대한 윤곽선이 화면에 나타나는데, 해저 지형에 대한 수심은 과거 24시간 동안 측정한 데이터가 표시되고, 수중의 다양한 경계층에서 반사된 수심은 과거 5분간의 데이터만 표시된다. 어선에서는 어군(고기 무리)을 탐지하는 경우 사용한다.

(4) DBS 형식

DBS(Depth Below Surface, DBS) 형식은, 측심 데이터에 선박의 흘수를 더하여 해수면을 기준으로 한 수심을 표시하기 위한 것이다. 이 형식을 이용하면 해도에 나타난 수심을 점검할 수 있다. 이 형식을 선택하기 위해서는 형식 선택 스위치의 DBS 위치에서 [DRAFT] 키를 누르고 흘수를 조정하면 된다. 만약 흘수가 설정한 값과 다르면 나브 형식에서 이 정보를 확인할 수 있다.

(5) 로그북 형식

로그북(LOGBOOK) 형식은 측정한 수심과 시간 데이터를 동시에 저장하여 마치 항해 중 기록하는 일지(로그북)와 같은 효과를 얻기 위한 것이다. 저장 간격은 5초, 1분, 2분 등으로 선택할 수 있다. 이 형식에서는 60쪽 분량의 정보가 기록되는데 쪽 절환 키(key)를 이용하여 로그북에 기록된 정보를 볼 수 있다. 24시간 동안 5초 간격으로 기록하도록 초기 설정되어 있다.

5.3. FE-700의 구성

5.3.1. FE-700 구성의 특징

모델 FE-700 전자식 음향측심기의 구성은 다음과 같다(FURUNO, 2013).

① 표시장치 : 6.5인치 컬러 LCD 화면을 이용하는데, 이 화면은 8가지 컬러 또는 8가지 수준의 흑백을 표시하고, LCD는 320×234 픽셀의 해상도를 갖는다. 화면에는 15분간 측정한 수심이 그래프로 나타난다.

② 데이터 저장과 재현 : 24시간 동안의 수심과 위치가 동시에 5초마다 저장되고, 저장된 데이터는 5초, 1분, 2분 등의 간격으로 재현 가능하다.

③ 초음파 송출 주파수 : 50 kHz와 200 kHz / 출력 파워 : 60 와트

④ 측심 척도(Range Scale) : 5, 10, 20, 40, 100, 200, 400, 800 m 등의 간격으로 표시 가능하다.

⑤ 측심 정밀도 : 모든 측심 범위에서 ± 2.5%

⑥ 최소 측심 : 200 kHz에서 0.5 m, 50 kHz에서 2.0 m

⑦ 측심 분해능(Discrimination): 20 m 측심 범위에서 1 미터 당 5.8 mm, 200 m 측심 범위에서 1미터 당 0.58 mm

⑧ 펄스반복율(Pulse Repetition Rate, PRR) : 아래 표에서 PRR(pulses/min.)은 1분에 송출하는 펄스의 개수를 나타낸 것으로, 수심이 깊을수록 해저까지의 거리가 멀기 때문에 송파와 수파 사이의 시간을 고려하여 PRR이 자동으로 작게 조정된다.

Depth(m)	P/L(ms)	PRR(pulses/min.)
5/10	0.25	750
20	0.25	750
40	0.38	375
100	1.00	150
200	2.00	75
400/800	3.60	42

⑨ 인터페이스 : 다른 항해장비로 수심 데이터를 전송하기 위한 인터페이스가 IEC 61162-1 규정에 의거하여 설치되어 있다.

⑩ 경보 기능(Alarms) : 설정한 경보 수심 보다 수심이 낮거나 반사음파가 수신되지 않는

경우, 전원이 고장 난 경우 등에 시각과 청각 경보가 울린다.

⑪ 송수파기의 빔 폭 : 모델 50B-6B의 경우는 28°이고, 모델 200B-8B는 5.4°이다.

⑫ 전원 : 시스템은 24 볼트의 직류전압(VDC)을 사용하는데, 115 또는 230 교류전압(VAC)을 정류해서 사용한다. 소비전력은 0.8 와트(Watt)이다.

⑬ 환경에 의한 영향

- 작동 가능 온도 : -15 ℃ ~ +55 ℃ (IEC 60945 규정에 의거)
- 수밀 기능 : 표시장치는 IEC 60529 규정과 미해안경비대(USCG)의 CFR 46 규정에 의거하여 IPX5 수준의 수밀을 유지하고, 신호분기용 박스와 결합부 박스(Distribution box, Matching box)는 IPX2 수준의 수밀을 유지한다. 여기서, IPX2는 장치나 장비를 보호하기 위한 국제표준 등급으로, IPX2는 분당 3 ~ 5 mm 정도의 비가 10분 동안 내리는 정도의 물을 분사한 상태에서 장비를 15도까지 경사시켜도 방수되는 정도를 의미한다. 그리고 IPX5는 3 m 거리에서 30 kN/m^2의 압력으로 3분간 12.5 리터/분의 분사속력으로 6.3 mm 노즐을 이용하여 모든 방향에서 분사했을 때 방수가 되는 보호 수준이다.

5.3.2. FE-700의 시스템 구성

그림 5-18은 모델 FE-700 전자식 음향측심기의 표준 구성도를 나타낸다(FURUNO, 2013). FE-700 모델은 표시장치, 신호분배 박스, 결합 박스, 송수파기 등으로 구성되어 있다. 송수파기 전환 박스 EX-80 모델은 선택사양인데, 동일한 주파수 또는 서로 다른 주파수를 사용하는 여러 대의 송수파기에서 반사음파를 수신하는 경우에 사용할 수 있다. 그리고 측심 데이터는 IEC 61162 형식으로 변환시켜서 GPS 수신기와 같은 전자적인 위치측정장치를 의미하는 EPFS(Electronic Position-Fixing System), 레이더(Radar), 전자해도및표시장치(ECDIS), 항해데이터기록장치(Voyage Data Recorder, VDR) 및 다른 항해장비나 통신장비로 신호를 전송할 수 있다. 또한, 선택적으로 별도의 소프트웨어를 이용하여 측심 데이터를 개인용 컴퓨터로 전송하여 프린터로 출력할 수 있다.

그리고 그림 5-18에 3개의 송수파기가 연결되어 있는데, 표준 사양은 송수파기-1의 1대이고, 송수파기-2와 송수파기-3은 선택적으로 추가할 수 있다. 이와 같이 송수파기 3대가 필요한 이유는 길이가 긴 선박에서 선수, 중간, 선미 등 3군데에 송수파기를 설치하기 위한 것이다.

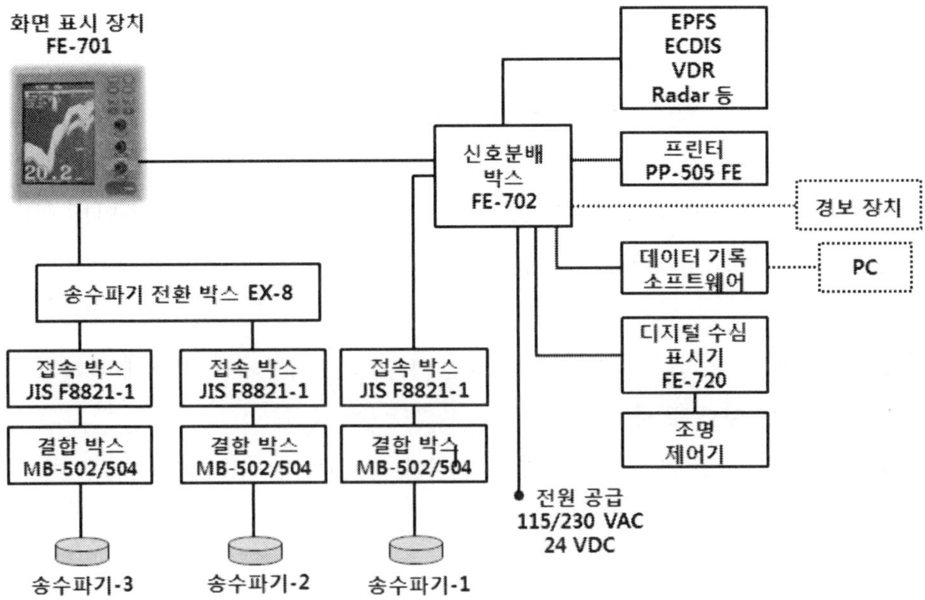

그림 5-18 후루노 FE-700 모델의 전자식 음향측심기 구성도

모델 FE-700의 표준 사양에 따른 구성품은 다음과 같다.

- 표시장치 FE-701 : 1 대
- 신호 분배 박스(Distribution Box) FE-702 : 1 대
- 결합 박스(Matching Box) MB-502(50B-6B) 또는 MB-504(200B-8B) : 1 대
- 송수파기에 연결 가능한 케이블 : 50B-6B 모델의 경우는 15 m 또는 40 m 케이블 1 세트, 200B-8B 모델의 경우는 15 m 케이블 1 세트
- 송수파기 장착용 탱크(Transducer Tank) : 선저의 철판 두께에 따라 다양한 것이 있다.

그리고 모델 FE-700의 선택 사양은 다음과 같다.

- 송수파기 전환 박스(Transducer Switch Box) : 모델 EX-8
- 디지털 수심 지시기(Digital Depth Indicator) : 모델 FE-720
- 조명 제어장치(Dimmer Controller) : 디지털 수심 지시기의 조명을 제어하기 위한

것으로 모델 FE-720을 사용한다.

- 접속 박스(Junction Box) : 다양한 전선을 결합하기 위한 박스로 모델 JIS F8821-1을 사용한다.
- 데이터 기록용 소프트웨어(Data Recording Software): PC에서 수심 데이터를 획득하기 위한 것으로 PC 02-522-990 모델에 사용한다.
- 송수파기 선저 장착 키트(Flush Mount Kit) : 송수파기는 선저에 돌출되는 형태와 선저에 평행하게 부착하는 형태가 있는데, S-type(OP02-80)과 F-type(OP02-79)이 있다.
- 격벽에 전자회로를 부착하는 키트(Bulkhead Kit) : 표시장치를 격벽에 부착하기 위한 것으로 OP02-78 모델을 사용한다.
- 프린터(Printer) : 수심 곡선을 프린트하기 위한 것으로 PP-505 FE 모델을 이용한다.

제6장

선수제어장치

선수제어장치는 선박의 머리(선수)를 제어하기 위한 장치이다. 일명 자동조타장치(Autopilot)라 하는데, 왜 선수를 제어하는가? 꼬리는?

약 19세기부터 인간은 자동으로 항해하는 장비를 고안하였는데, 인간이 선박을 제어하는 것이 지루하고 피곤하며 효율성이 낮기 때문이다. 그러면 현재 모든 시스템이 자동화 되어있을까? 아직도 선박에는 조타수가 있다.

이 장에서는 자동조타장치의 원리와 기능 및 사용방법에 대해서 학습한다.

- 저자 -

1. 자동조타장치

1.1. 개요

1.1.1. 선수제어장치와 자동조타장치의 의미

계획된 항로(routes)를 따라서 선박을 제어하는 장치가 선수제어장치(Heading Control System)이다[57]. 선수제어는 사람이 직접 선박을 제어하는 수동조타와 자동제어에 의한 자동조타가 있다.

수동조타는 조타수(helm's man)가 끊임없이 타를 사용해야 하므로 비능률적이지만, 자동조타는 지능화된 시스템으로 조타하기 때문에 효율적이고 경제적이다. 자동조타장치는 자동조타를 위한 제어장치를 의미하는 것으로, 영어로는 Automatic Piloting System이다. 현재 선박에서는 이를 간단하게 줄여서 Autopilot(오토파일럿)이라 부르고 있다. 자동조타장치는 기관실의 조타기실(steering room)의 조타기(steering gear)를 제어하는 장치이기 때문에 자동조타장치라는 표현보다는 조타기제어장치(steering gear control system) 또는 선수제어장치(Heading Control System)라 부르는 것이 기능상의 목적에 적합하다. 특히, 해상인명안전조약(SOLAS)에는 포괄적인 의미에서 선수제어장치(Heading Control System)로 표시되어 있다.

현재 선박에서는 선수제어장치(Heading Control System) 보다는 간편하게 부를 수 있는 '자동조타장치' 또는 '오토파일럿'이 일반적으로 사용되고 있다. 따라서 이 교재에서도 실용적인 측면에서 선수제어장치 보다는 자동조타장치라는 용어를 사용한다. 그러나 SOLAS 규정에 명시된 공식명칭은 선수제어장치임을 주의해야 한다.

자동조타장치는 주로 타(rudder)를 이용하여 선박의 선수방위를 제어한다. 그림 6-1은 자동조타장치(TOKIMEC PR-8000)의 모습을 나타낸 것으로, 선미 하부에 설치된 타(Rudder)를 제어하여 선박을 계획한 항로로 유도한다.

---

57) 선수(heading)란 선박의 머리 부분을 의미하는 것으로, 상선은 길이가 길기 때문에 머리 부분만 원하는 방향으로 제어하면 꼬리(선미)는 자연스럽게 따라오기 때문에 부르게 된 것으로 고려된다.

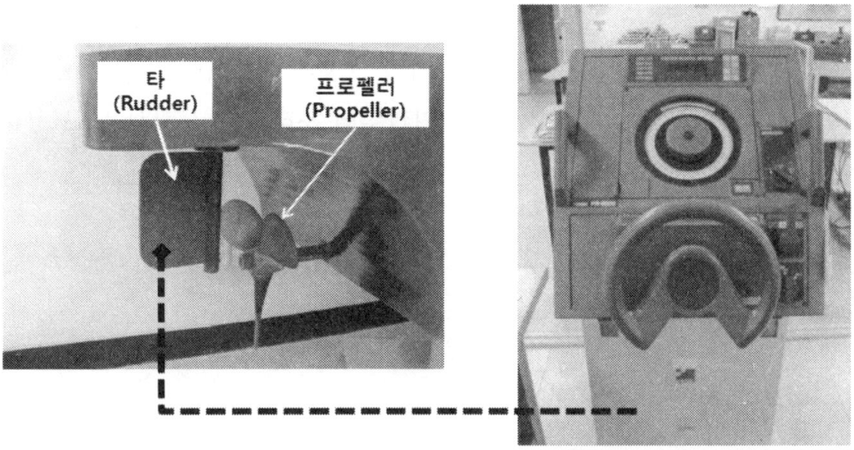

그림 6-1 타와 프로펠러를 이용하여 선박을 제어하는 자동조타장치의 모습

1.1.2. 자동조타장치의 역사

자동조타장치는 자이로컴퍼스(gyrocompass)의 방위신호를 참고하여 설정된 침로로 선박을 제어한다. 자동조타장치는 1910년경 실용화되었는데(Wikepedia, 2013a), 그 후 1920년경 미국의 스페리(Sperry) 회사, 영국의 브라운(Brown) 회사 및 독일의 안슈츠(Anschütz) 회사 등에서 제품화되었고, 최초로 탱커(tanker) J. A. Moffet호에 탑재되었다(Wikepedia, 2013b).

1920년대에 최초로 만들어진 조타장치는 대부분 단일구조의 조타장치로서 텔레모터(telemotor) 를 이용하여 선교에서 멀리 있는 기관실의 조타기를 제어하였다(그림 6-2 위의 그림). 그 후 선교에 있는 조타스탠드와 텔레모터를 이중으로 사용할 수 있는 이중구조의 조차장치가 개발되어 고장이 발생해도 즉각 대처할 수 있는 시스템이 개발되었다(그림 6-2 중간 그림). 그러다가 전자기술이 발전하면서 전기신호를 이용하여 선교에서 멀리 있는 기관실의 조타기를 작동시키는 시스템이 개발되었다(그림

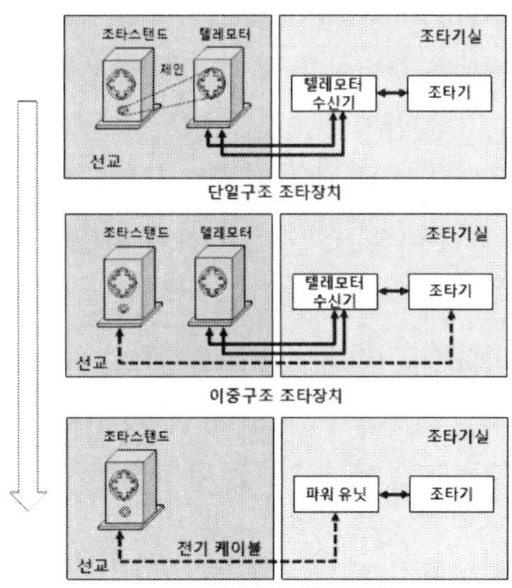

그림 6-2 조타장치의 변천사.
단일구조(상단 그림), 이중구조(중간 그림),
전기계통구조(하단 그림)

6-2 아래 그림).

이와 같이 조타장치가 변천된 이유는 조타기의 고장을 대비하여 이중 삼중의 안전장치가 필요하였고, 선교에서 멀리 떨어져 있는 기관실의 조타기를 신뢰성 높고 정확하게 제어하기 위함이었다.

1.2. 자동조타장치의 원리

1.2.1. 수동조타의 개념

선박의 선수방위를 제어하는 방법에는 사람이 직접 제어하는 '수동조타'와 자동시스템을 이용하는 '자동조타'로 구분할 수 있다. 우선 수동조타의 개념을 살펴본다. 그림 6-3은 인간에 의한 수동조타계[58]의 블록선도(block diagram)[59]을 나타낸다. 화살표방향으로 명령이나 신호가 전달되는데, 실선은 블록과 블록이 직접 연결됨을 의미하고, 점선은 연결되지 않음을 의미한다. 여기서, '선수방향'으로 표시한 블록과 '자이로컴퍼스 또는 자기컴퍼스' 블록은 점선으로 표시되어 있고, '자이로컴퍼스 또는 자기컴퍼스' 블록과 '인간' 블록 사이에도 점선으로 표시되어 있다.

선수방위는 자이로컴퍼스나 자기컴퍼스와 같은 방위측정장비로 측정하고, 인간은 설정침로와 방위측정장비로 측정한 방위를 서로 비교하여 선박이 설정침로를 추종하는지 여부를 확인한다. 만약 설정침로를 추종하지 않고 있다면 설정침로와 측정침로 사이의 +/- 편각(deviation angle)을 계산하여 +/- 편각이 영(0)이 되도록 새로운 명령타각을 주어서 속히 선박이 설정침로를 유지하도록 해야 한다. 이러한 과정은 수시로 발생하는데, 그 이유는 외란에 의해서 선박은 수시로 설정침로를 벗어나기 때문이다.

이와 같이 수동조타는 인간이 개입되어 수시로 선박이 설정침로를 추종하는지 여부를 확인하고 이에 대한 명령타각을 수시로 수정해야 한다. 대단히 번거롭고 지루한 일인데, 이것이 수동조타의 특징이다. 이와 같이 인간이 개입되어 전체 실행과정이 직선으로 연결되지 못한 시스템을 개루프시스템(open-loop system)이라 한다. 즉, 조타동작 중간

---

58) 수동조타계는 수동조타 시스템(system)을 의미하는 것으로, 영어 System이 한글로 '계'에 해당한다. 시스템이란 복수의 기능을 갖는 회로나 기계장치가 연결된 것을 의미한다. 예를 들어, 현금인출시스템은 조작기능, 금액정보표시기능, 현금계산기능 등이 복합적으로 연계되어 있다.

59) 블록선도(block diagram)라는 것은 어떠한 복합 시스템의 복잡한 기능을 여러 개의 단위 블록으로 구분한 후, 전체적인 실행절차를 블록과 블록 사이의 선으로 이어서 설명하는 방법이다. 하나의 블록은 고유의 기능을 갖는다. 블록으로 나타내기 때문에 전체적인 실행절차를 쉽게 파악할 수 있다.

에 루프가 열려(한자로 열릴 '개')있어서 인간이 개입되기 때문에 개루프시스템이라 한다.

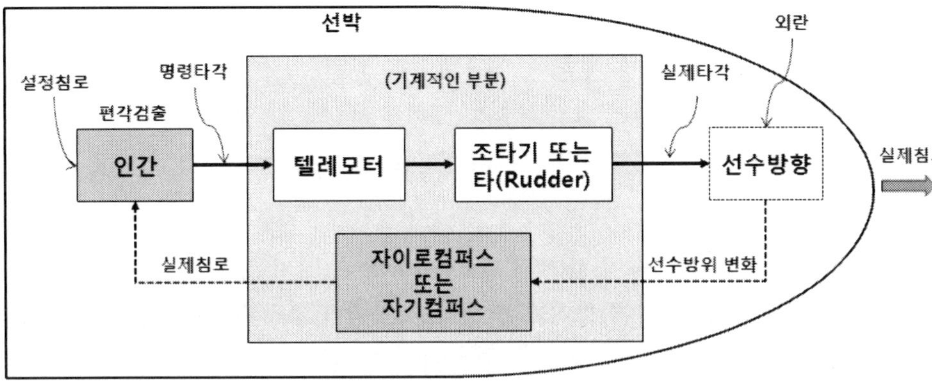

그림 6-3 수동조타계의 블록선도

그림 6-3에 나타낸 다양한 용어들의 정의는 다음과 같다.

- 설정침로(set course) : 선박을 진행시키고자 하는 지구상 일정한 두 지점 사이의 직선항로에 대한 방위를 의미하는 것으로, 원하는 침로(wanted course)라고도 한다. 진북을 기준으로 000도부터 360도까지 측정한다. 일반적으로, 일정시간동안 선박을 진행시키고자 하는 변침점 사이의 직선항로에 대한 방위를 의미한다.
- 방향(direction) : 포괄적인 의미를 갖는 것으로 일정한 짧은 시간동안 선박의 선수가 향하는 방위를 의미한다.
- 방위(bearing) : 지구 자오선과 선수 사이의 각도로, 진북을 기준으로 000도부터 360도까지 측정한다. 특히, 선수방위는 heading이라 한다.
- 침로(course) : 선박이 진행한 지구상 두 지점 사이의 직선항로를 의미하는 것으로, 직선항로가 지구 자오선과 이루는 방위로 표시한다. 침로는 순간적으로 변하는 선수방위로 측정하는 것이 아니라 일정한 짧은 시간동안의 평균침로로 측정하는데, 선박은 외란의 영향으로 수시로 선수방위가 변하기 때문이다. 침로는 '침(나침판)'+ '로(길)'을 나타내는 것으로, '나침판으로 나타낸 길(항로)'를 의미한다.
- 명령타각(ordered rudder angle) : 선박을 설정침로로 유지하기 위하여 명령한 타의 각도로, 일반적으로 타를 중심으로 좌/우로 00도부터 35까지의 각도를 준다.
- 실제타각(true rudder angle) : 선교에서 내린 명령타각이 실제 선저하부에 있는 타에

전달되기까지는 다소 시간이 걸리고, 타가 해수에 잠겨 있고 파도나 너울이 타의 회전 운동에 저항을 주기 때문에 실제 타가 회전하기까지는 시간이 걸린다. 그래서 명령타각에 대해서 실제 타가 응답한 시간에는 지연(delay)이 발생한다. 이러한 의미에서 명령타각과 실제타각으로 구분하는 것이다.

- 외란(disturbances) : 외란이란 외부에서 가해지는 원하지 않는 복잡한 물리현상을 의미하는 것으로 선박의 경우에는 바람, 파도, 너울, 조류 등이 해당된다. 외란은 선박이 설정침로를 유지하는데 큰 방해가 된다. 외란이 발생하면 선박은 원하지 않는 침로를 야기한다.
- 실제침로(true course) : 실제 선박이 추종한 침로를 의미하는 것으로, 외란으로 인하여 설정침로와 실제침로 사이에 차이가 발생하면 명령타각을 수정해야 한다. 실제침로는 일정한 짧은 시간동안의 평균침로로 측정하는데, 선박은 외란의 영향으로 수시로 선수방위가 변하기 때문에 순간적인 선수방위를 침로로 정할 수 없기 때문이다.
- 선수방향(heading) : 순간적으로 변하는 선박의 방위
- 선수방위 변화 : 외란의 영향으로 변한 선수방위
- 자이로컴퍼스 또는 자기컴퍼스 : 선박의 진행방향을 측정하기 위한 항해장비로, 순간적인 선수방위의 변화를 측정할 수 있다.

그리고 선박이 항해 중일 때 조타수(helm man)는 선장이나 당직 항해사의 명령에 따라서 수시로 타를 좌우로 돌려서 설정침로를 유지한다. 선박이 설정침로를 유지하고 있을 때는 타를 사용할 필요가 없을 것이다. 그러나 설정침로를 벗어나거나 새로운 침로로 변경하기 위해서는 이에 필요한 다음의 두 가지 조타동작을 취해야 한다.

- 보침동작(actions for keeping course) : 설정침로 유지를 위한 조타동작
- 변침동작(actions for altering course) : 침로를 변경하기 위한 조타동작

여기서, '보침'의 의미는 침로(침)를 보호(보)한다는 의미이고, '변침'은 침로(침)를 변동시킨다는 의미이다.

1.2.2. 자동조타의 개념

그림 6-4는 자동조타계의 블록선도를 나타낸다. 수동조타계와 달리 자동조타계는 블록과 블록이 모두 실선으로 연결되어 있는데, 이러한 시스템을 폐루프시스템(closed-loop system)이라 한다. 자동조타계는 인간이 침로설정기에 설정침로를 입력하면 자동조타계가 자동으로 연속하여 선박을 설정침로에 정침(on course)[60]시킨다. 즉, 인간이 개입될 여지없이 자체적으로 연결(즉, 폐쇄를 의미하는 '폐')되어 있기 때문에 폐루프시스템이라 한다.

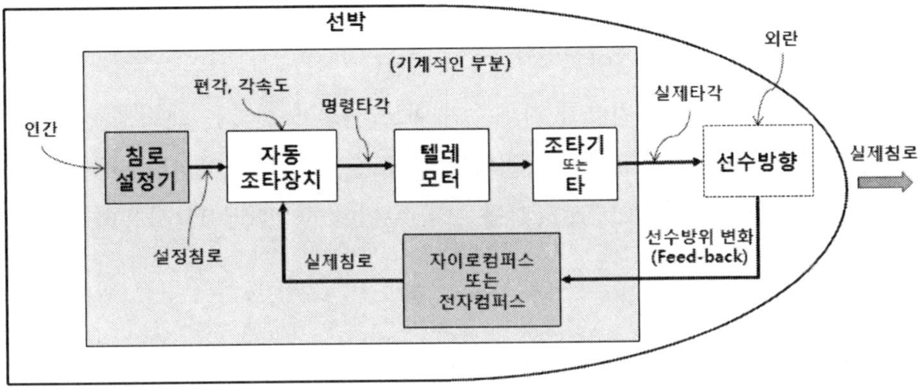

그림 6-4 자동조타계의 블록선도

자동조타계에는 수동조타계와 달리 '침로설정기'와 '자동조타장치'가 있다. 자동조타장치는 측정한 선박의 실제침로와 설정침로 사이의 +/- 편각과 선박의 선회각속도(turning angular velocity)[61]을 계산하여 이에 해당하는 적절한 명령타각을 텔레모터에 전송한다. 텔레모터는 +/- 편각의 양과 각속도의 증감분에 해당하는 조타각도를 조타기에 지시하고, 조타기는 타를 돌려서 선박을 회두시킨다. 그러면 방위측정장치는 매우 빠른 속도로 선수방위를 측정하여 자동조타장치로 전송하고, 자동조타장치는 설정침로에 정침되는지의 여부를 판단하여 현재의 타각을 유지할 것인지? 타각을 증가 또는 감소시킬 것인지? 등을 지능적으로 결정하여 선박을 부드럽게 설정침로로 정침시킨다.

자동조타장치는 후술하는 바와 같이 대단히 복잡한 구조로 되어 있는데, 마치 유능한 조타수가 선박을 조종하는 것과 같이 외란을 고려하여 부드럽고 신속하게 선박을 설정침로에 정침시키기 위해서는 다양한 기능이 필요하기 때문이다. 이를 위해서는 선박이 설

60) 정침(on course)이란 선박을 설정침로에 둔다는 의미이다.

61) 선회각속도(turning angular velocity)는 선박의 선수가 좌현 또는 우현으로 회두하는 단위시간당 회전속도(deg/min.)를 의미한다. 자이로컴퍼스에서 출력되는 각속도를 이용하는데, 선회율(Rate Of Turn, ROT) 지시기에 각속도가 표시된다. 자이로컴퍼스는 항해사가 느끼지 못할 정도의 미미한 각속도를 순식간에 측정할 수 있다. 실제 이 값은 선박을 조정하는 경우 순식간에 좌우로 빠르게 변한다.

정침로를 벗어나기 전에 미리 타를 조종하기 위한 선박행동 예측기능이 필요하다. 왜냐하면 선박은 외란에 의해서 한번 선회하기 시작하면 계속 선회하려는 회전타성(angular momentum)이 발생하는데, 선박이 선회를 시작할 시점에 선회방지를 위한 타각을 가해주더라도 순식간에 선회가 중지되지 못하고 일정한 시간이 경과된 이후에 선회가 중지되기 때문이다. 그래서 자동조타계에서는 다음과 같은 두 가지 조타동작을 이용한다.

- 복원타 : 설정침로와 실제침로 사이의 편각에 비례해서 가해주는 조타동작으로, 편각과 반대쪽으로 타각을 준다. 그래야만 회두가 중지된다.
- 제동타 : 편각에 비례하는 복원타를 가해주면 어느 시점에 선박은 선회를 멈춘 후 다시 반대쪽 방향으로 선회한다. 그래서 복원타를 가해준 이후 어느 일정시점에서 복원타는 중지시키고, 복원타와 반대쪽으로 타각을 미리 주어야 하는데 이때 사용하는 조타동작을 제동타라한다.

아래에서 복원타와 제동타를 상세하게 설명한다.

1.2.3. 복원타

복원타는 선박의 실제침로와 항해사가 설정한 설정침로 사이의 편각에 반비례하는 타각을 주어서 설정침로를 유지하는 조타동작으로, 제어공학적인 의미에서 비례동작(Proportional motion, P동작)이라 부르고, P동작을 위한 제어를 비례제어(Proportional control, P제어)라 한다. 그림 6-5는 편각과 복원타 사이의 관계를 나타낸다. 이 그림은 선박이 현재시각(t1)에서 설정한 침로를 따라 항해하면서 좌우로 요잉(Yawing)하는 현상을 각 시각마다 나누어 그린 것이다. 그림 상단은 설정침로와 실제침로 사이의 편각을 나타내고, 그림 하단은 편각을 억제하기 위한 복원타를 나타낸 것으로 편각의 방향과 반대쪽으로 복원타를 가해준다.

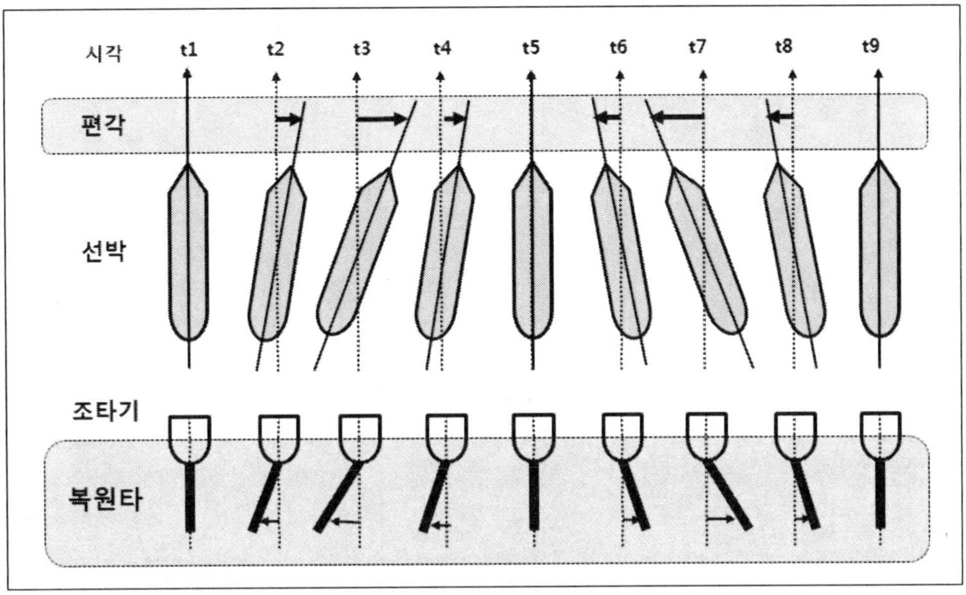

그림 6-5 편각과 복원타

그림 6-6은 그림 6-5와 달리 시간경과에 복원타에 의한 선박의 요잉(yawing)현상을 나타낸 것이다. 그림 (a)은 선박이 설정침로에서 복원타에 의하여 좌우로 요잉하는 현상을 나타내고, 그림 (b)은 설정침로를 벗어나서 좌우로 요잉하는 현상을 나타낸다. 두 가지 그림 중에서, 그림 (a)은 소형 선박에서 발생할 수 있는 현상을 나타내고, 실제 대형 상선에서는 그림 (b)과 같은 현상이 발생한다[62]. 위의 그림 6-5는 그림 6-6(b)과 같은 현상을 시각별로 구분한 것임에 주의하기 바란다.

여기서는 그림 6-5를 이용하여 복원타를 설명한다. 학습자들은 그림 6-6을 병행하여 이해하기 바란다. 그림 6-5에서, 선박이 시각 t1에서의 설정침로에서 벗어나면 복원타를 취하는데, 복원타의 크기는 자이로컴퍼스에서 획득된 실제침로와 설정침로 사이의 편각에 반비례한 값으로 정한다.

① 시각 t2부터 t4까지를 보면, 편각을 억제하기 위한 좌현 복원타 효과로 인하여 선박은 점차 설정침로 쪽으로 선회하고 그 결과 시각 t5에서는 설정침로에 위치하게 된다.

62) 대형 상선이 일정한 속력으로 진행하는 경우, 이에 상응하는 선회권과 회전타성 등 복잡한 물리적 현상이 발생하기 때문에 한 지점에서 좌우로 요잉하기는 어렵다. 단, 상선이 정지해 있거나, 강력한 쓰러스터(thruster) 또는 터그(tug) 등의 지원을 받는 경우는 가능할 것이다.

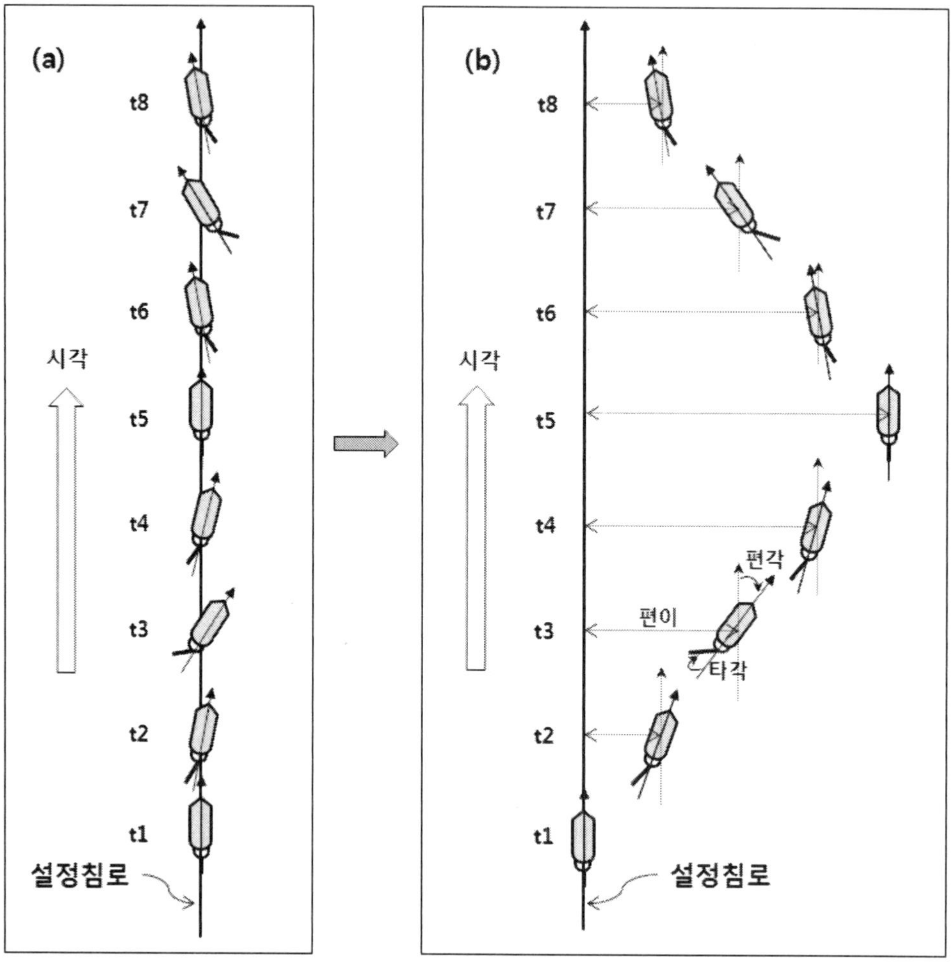

그림 6-6 시간경과에 따라 나타낸 편각과 복원타의 관계

② 그러나 시각 t2부터 t5까지에서 가해준 좌현 복원타의 회전타성(angular momentum) 때문에 선박은 설정침로에 정침하지 못하고 시각 t6과 같이 설정침로의 좌측으로 다시 선회한다.

③ 그래서 시각 t6 이후부터는 다시 우현 복원타를 사용하여 선박을 설정침로 쪽으로 선회시킨다.

④ 그 결과 시각 t9에서 설정침로에 위치하게 되지만, 시각 t6부터 t8까지에서 가해준 우현 복원타의 회전타성 때문에 다시 선박은 설정침로의 우측으로 선회한다.

이와 같이 편각에 반비례하는 복원타만 사용하면 선박은 설정침로를 추종하지 못하고 지그재그(zig-zag)로 요잉하게 된다. 이 문제를 해결하기 위한 것이 뒤에서 설명하는 제동타이다. 그러면, 복원타를 사용하지 않고 사전에 제동타를 사용하면 선박이 설정침로에 속히 정침하지 않을까? 이것은 불가능하다. 왜냐하면, 우선 복원타를 이용하여 선박을 설정침로 부근까지 회두시킨 후, 그 이후부터 제동타를 사용해야 정침할 수 있기 때문이다. 즉, 복원타가 필수적으로 선행되어야 한다. 따라서 복원타를 위해서는 편각에 반비례한 타각을 결정하는 것이 중요하다.

그림 6-5의 상태를 그래프로 나타낸 것이 그림 6-7이다. x-축은 설정침로를 기준으로 선박이 좌우로 요잉하는 위상(deg)을 나타내고, y-축은 이때 가해주는 복원타의 타각(deg)을 나타낸다. 그림 6-7은 앞의 그림 6-6과 같이 시간 축을 따라서 선박이 진행하는 현상을 나타낸 것이 아님에 주의해야 한다. 즉, 이 그림은 편각이 마치 정현곡선(sine curve)처럼 나타나는 경우 이에 해당하는 복원타를 나타내기 위한 것이다. 요잉의 위상 90도(sine 90=1.0)는 편각이 설정침로의 좌현쪽으로 최대임을 의미하고, 270도(sine 270=-1.0)는 편각이 우현쪽으로 최대임을 의미한다. 0도와 180도는 편각이 영(0)임을 의미한다. 즉, 편각과 복원타 사이의 관계를 위상(phase)으로 나타낸 것이다.

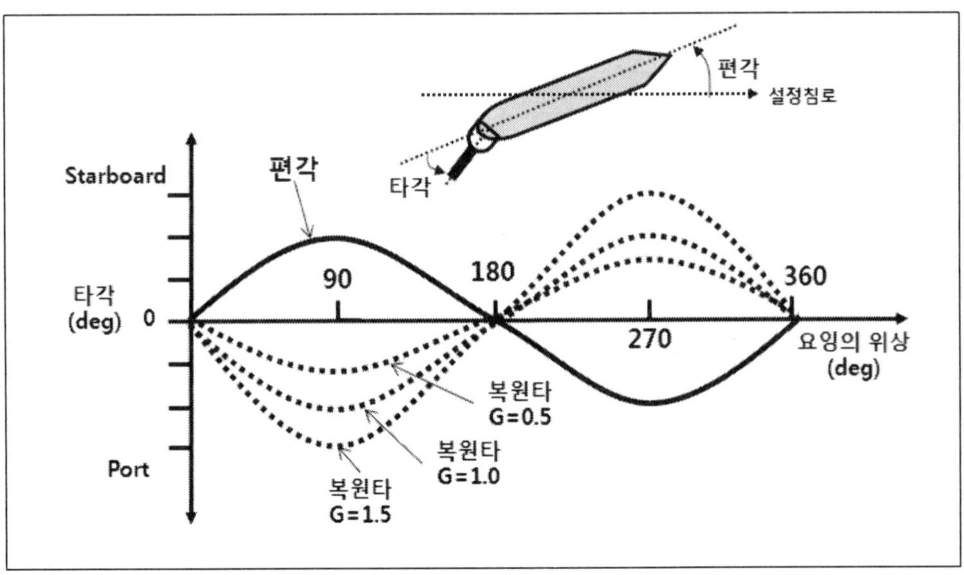

그림 6-7 요잉의 위상을 기준으로 나타낸 편각과 복원타의 관계

이와 같이 편각의 양에 비례하고 편각의 방향에 반비례하는 타의 동작이 복원타이다. 여기서, 강한 바람이나 높은 파도와 같은 강한 외력이 선박에 작용하면 편각이 작더라도 외력에 의한 저항을 극복하기 위하여 복원타각은 크게 해야 한다. 또한, 선박의 화물종류와 적하상태에 따라서 타에 의한 선박조종성능이 달라지기 때문에 편각에 대한 복원타각의 비율은 상황에 따라서 다르게 적용해야 한다.

그림 6-7에는 편각에 대한 복원타각의 비율이 각각 0.5, 1.0, 1.5인 세 가지 복원타를 나타냈다. 이러한 편각 대비 복원타각의 비율을 타각비(ratio of rudder angle) 또는 간단하게 이득(Gain, G)이라 한다. 이득 G=0.5의 의미는 편각의 1/2(즉, 0.5)에 해당하는 복원타각을 준다는 의미이고, G=1.0은 편각에 비례한 복원타각을 의미하며, G=1.5는 편각의 3/2(즉, 1.5)에 해당하는 복원타각을 준다는 의미이다. 실제 자동조타장치에서는 복원타조정장치를 이용하여 이득을 가감할 수 있는데, 자동조타장치에는 스마트한 프로그램이 내장되어 있어서 자동으로 이득이 조정되는 경우가 대부분이다.

복원타는 편각에 비례한 타각이므로 비례동작(P동작)이라하고, 복원타각의 크기는 식과 같이 나타낼 수 있다.

$$\mu_P = -N\theta \qquad (6\text{-}1)$$

여기서, N은 타각비(또는 이득), θ는 편각을 나타내고, (-) 부호는 복원타각의 방향이 편각과 반대방향임을 나타낸다.

타각비 N은 자동조타장치를 선박에 설치한 후 기술자들이 실선실험을 통해서 선박유형에 적합한 값으로 사전에 설정하고, 이후에는 기상이나 적하상태에 따라서 항해사가 조정할 수 있다. 최근의 자동조타장치는 자동으로 N을 조정할 수 있다. 이러한 N의 조정을 타각조정이라 부른다.

앞에서 설명한 바와 같이 복원타만으로는 선박을 설정침로에 정침시킬 수 없음을 알 수 있다. 그래서 이하에서 설명하는 제동타가 필요하다.

1.2.4. 제동타

그림 6-8은 선회각속도와 이에 대한 제동타의 개념을 나타낸 것으로 그림의 의미는 앞의 그림 6-5와 같다. 이 그림은 학습자들의 이해증진을 위하여 복원타를 함께 나타낸 것이다.

그리고 그림 6-9는 시간경과에 따라 나타낸 제동타의 개념을 나타낸 것으로, 그림 (a)는 복원타 개념이고 그림 (b)는 제동타 개념이다. 다소 복잡할 수 있으나 학습자들은 그림 6-8과 그림 6-9를 비교하면서 학습하기 바란다.

제동타는 복원타만으로는 설정침로를 따라서 선박을 추종시킬 수 없기 때문에 가해주는 타이다. 실제 자동조타장치에서는 복원타를 가해준 이후 적절한 시기에 복원타를 중지하고 선회각속도에 반비례하는 제동타를 가해준다. 그래야 선박을 원하는 침로에 정침시킬 수 있기 때문이다.

우선 그림 6-8의 시각 t1 위치에서 선회각속도가 우현쪽으로 가장 크게 나타난 이유를 알아야 한다. 그 것은, 이 그림에는 나타내지 않았지만, 시각 t1 이전에 선박의 우현쪽으로 최대 복원타를 가한 결과 선박이 우현으로 선회하기 시작하였고, 그 결과 시각 t1에서 선박이 설정침로에 놓여 있음과 동시에 우현 선회각속도가 최대가 된 것이다. 선박을 이 상태로 두면 선박은 우회두하기 때문에 정침을 위해서는 다음 절차를 따른다.

① 시각 t1에서 우현 선회각속도가 최대이기 때문에 최대의 좌현 제동타를 가한다.
② 시각 t2에서는 시각 t1에서 가한 좌현 제동타의 영향으로 우현 선회각속도가 감소되기 때문에 제동타각을 줄인다.
③ 시각 t3에서는 선회각속도가 완전히 감소되었기 때문에 제동타는 가하지 않는다.
④ 시각 t4에서는 t3에서 가한 최대 좌현 복원타로 인하여 좌현 선회각속도가 발생하기 때문에 우현 제동타를 가한다.
⑤ 시각 t5에서 선박은 순간적으로 설정침로에 놓이지만, 시각 t5 이전의 복원타 영향으로 좌현 선회각속도가 최대이기 때문에 정침을 위하여 최대의 우현 제동타를 가한다.
⑥ 시각 t6 이후부터는 앞의 순서와 동일하다.

위에서 설명한 바와 같이, 제동타는 선박의 선회각속도에 반비례하여 가해주는 타이다. 그리고 선회각속도는 편각이 발생하기 이전과 이후에 일정한 시간차(이를 위상차라고 함)를 두고 발생함을 알 수 있다.

위의 그림 6-8에서, 복원타와 제동타를 선택적으로 사용할 수 있다면 선박은 좌우로 요잉함이 없이 설정침로를 따라서 항해할 수 있다. 실제 자동조타장치에서는 복원타와 제동타를 순간마다 선택하여 사용하는데, 복원타가 기본이 되고, 제동타는 보조역할을 한다. 이 내용은 뒤의 '복원타와 제동타의 합성'에서 설명한다.

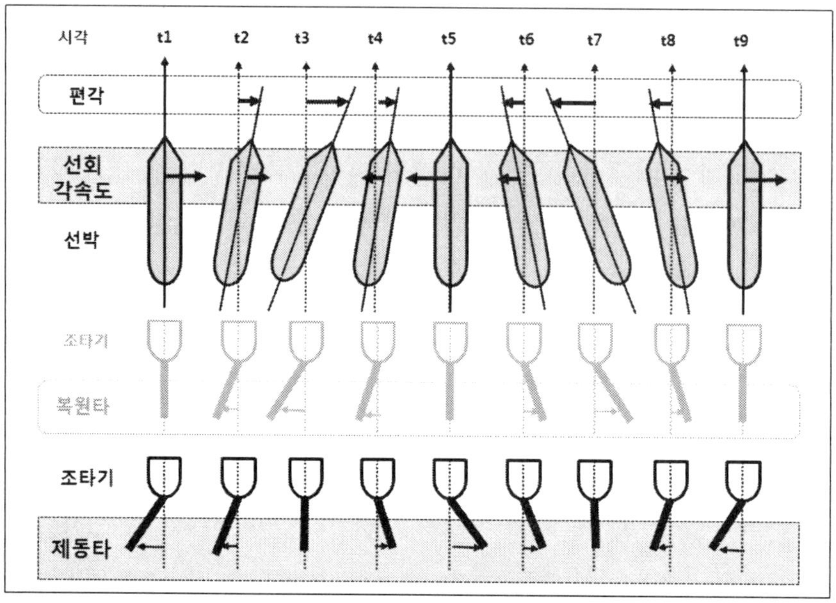

그림 6-8 선회각속도와 제동타

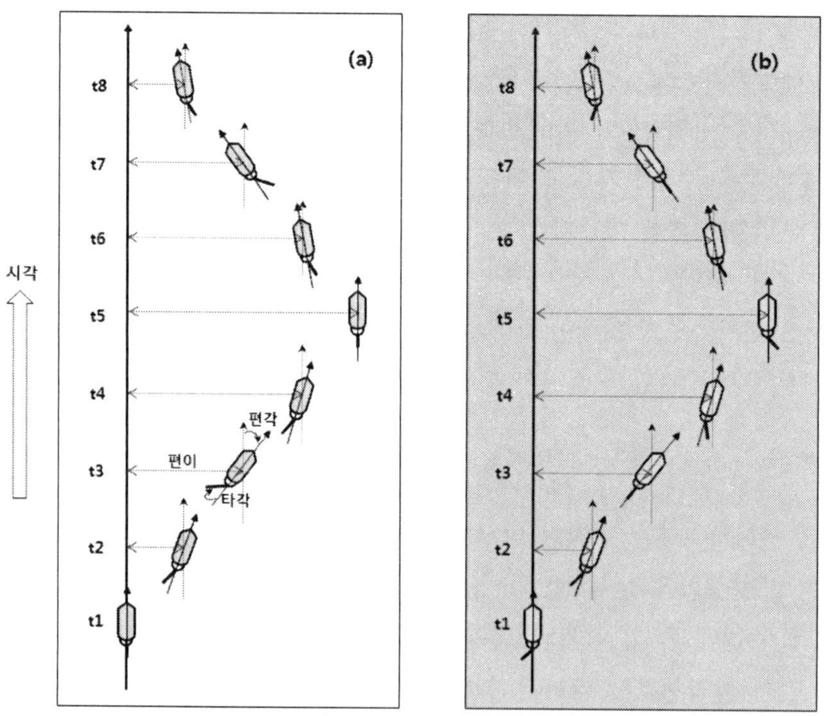

그림 6-9 시간경과에 따라 나타낸 복원타(a)와 제동타(b)의 관계

이와 같이 제동타는 일정한 시간간격동안 발생하는 선회각속도에 대해서 타를 사용한다는 의미에서 미분동작(Differential motion, D동작)이라 하고, D동작을 위한 제어를 미분제어(Differential control, D제어)라 한다. 미분의 의미는 짧은 시간동안 발생한 물리량의 변화 값을 의미하는데, 선회각속도 역시 일정한 시간동안 변한 선수방위의 변화 값이기 때문에 선회각속도에 대한 제동타를 미분동작이라 부르는 이유이다.

그림 6-10은 복원타에 대한 위상과 선회각속도 및 제동타의 관계를 나타낸 것으로, 편각도 참고로 표시하였다. 그림 6-10에서 중요한 것은, 선박의 선회각속도는 편각에 대해서 90°만큼 위상이 빠르게 나타나는 것이다. 이 현상은 위의 그림들에서 살펴본 바와 같이 편각이 발생하기 이전에 선회각속도가 발생하기 때문이다. 그림 6-10(b)에는 선회각속도에 반비례하는 3가지의 제동타의 비율(즉, 이득 G)을 나타냈다. 이러한 제동타의 이득은 복원타와 마찬가지로 선박의 종류, 선형, 속력 등에 의해서 결정된다. 특히 바람이나 파도 등의 외력의 크기를 고려하여 이득 G를 결정해야 한다.

복원타의 미분동작(D동작)은 제동타의 크기를 μ_D로 두고, 선회각속도를 $d\theta/dt$로 두면, 다음 식(6-2)로 나타낼 수 있다.

$$\mu_D = -R\frac{d\theta}{dt} \qquad (6\text{-}2)$$

여기서, R은 선회각속도 대비 제동타각의 비율(rate)을 나타내고, 부호 (-)는 선회각속도의 방향과 제동타가 반대임을 나타낸다.

위의 식(6-2)에서 R을 어떻게 설정하느냐에 따라서 제동타의 값이 결정된다. R 값은 하나의 상수(constant)인데 조선소에서 선박을 건조한 후 기술자들이 실선실험[63]을 통해서 자동조타기의 R을 설정하고, 이후에 항해사가 선박환경을 고려하여 재조정한다. 그러나 최근 자동조타기에는 자동으로 R을 조정하는 기능이 있다. 이러한 R의 조정을 비율조정(rate control)이라 하고 복원타의 N 조정과 함께 자동조타기의 성능을 결정하는 중요한 변수이다.

63) 선박을 건조한 다음에는 안전한 해역에서 건조선박에 대한 다양한 실선실험을 하는데, 이때 기술자들이 건조선박에 최적의 제어상수를 측정하여 자동조타장치에 입력시킨다. 일반적으로는 건조선박과 유사한 표준 선박의 제어상수가 입력된다.

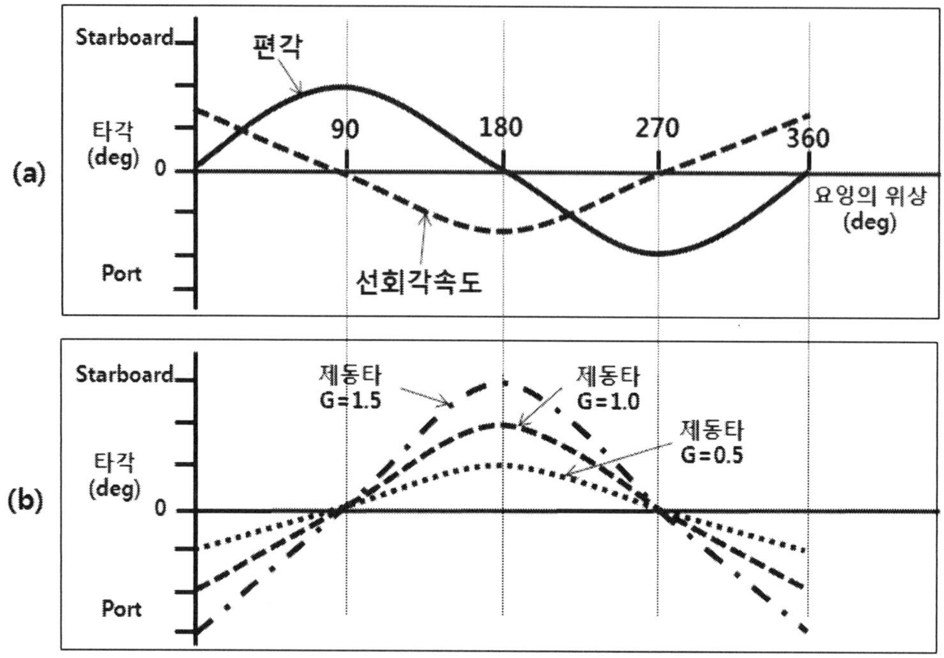

그림 6-10 요잉의 위상을 기준으로 나타낸 편각과 선회각속도(a) 및 이에 대한 제동타(b)의 개념

1.2.5. 복원타와 제동타의 합성

실제 선박조종에는 복원타와 제동타를 동시에 적용하는 것이 아니라 상황별로 적절하게 선택적으로 합성하여 적용한다.

이를 복원타와 제동타의 합성이라 한다. 그리고 복원타는 제어공학적인 측면에서 비례동작(P동작)을 의미하고, 제동타는 미분동작(P동작)을 의미하기 때문에 복원타와 제동타의 합성타는 비례적분동작(Proportional and Differential motions, PD동작)을 하게 된다.

실제 자동조타장치에서는 마이크로프로세서(microprocessor)와 회로를 이용한 비례적분제어(Proportional and Differential control, PD제어)장치를 이용하여 PD동작을 구현한다.

그림 6-11은 앞에서 설명한 복원타 동작(그림 a)과 제동타 동작(그림 b) 및 이들의 합성타에 의한 선박조종(그림 c) 개념을 나타낸다.

실제 선박을 조종하는 경우, 선박이 설정침로에서 벗어나면 우선 복원타를 이용하여 속히 선박을 설정침로 쪽으로 선회시키고, 선박이 설정침로에 접근하기 이전에 제동타를 취하면 선박은 요잉없이 부드럽게 설정침로에 수렴하게 된다. 복원타와 제동타를 적절하게 사용하면 그림 6-11(c)와 같이 설정침로로부터 편이된 거리(편이)가 점차 줄어들면서 설정침로에 빠르고 부드럽게 시각 t5에 수렴하게 되고, t5 이후부터는 요잉없이 설정침로를 잘 추종하게 된다.

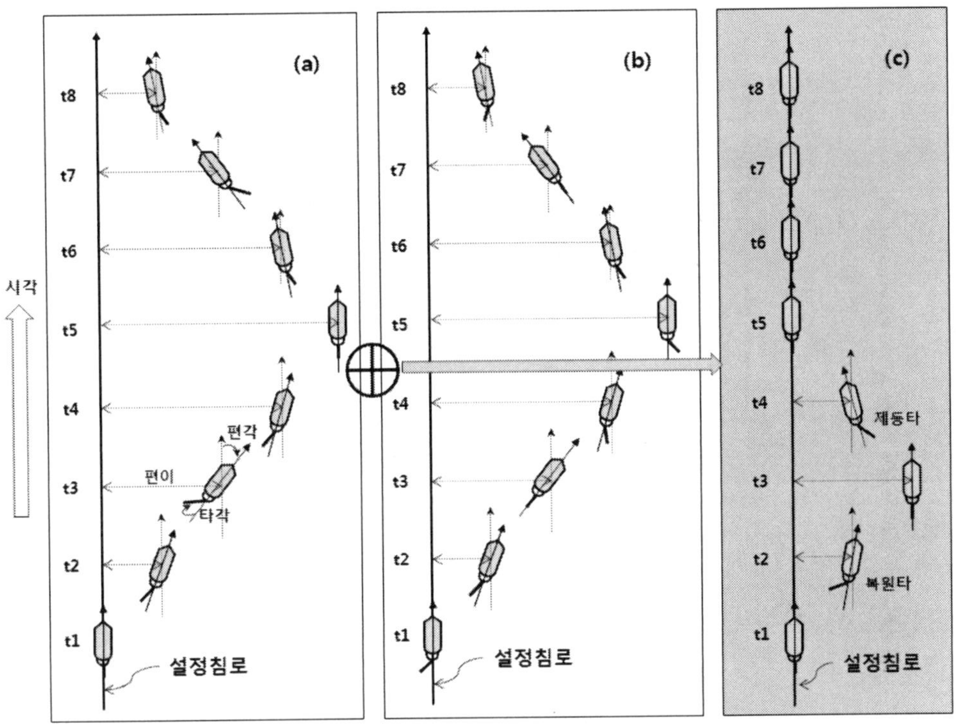

그림 6-11 복원타(a)와 제동타(b)의 합성타(c)에 의한 선박조종 개념

이와 같이 복원타와 제동타를 합성하면, 합성한 타의 위상은 제동타의 영향으로 복원타의 위상보다 빠르게 된다. 그림 6-12는 복원타와 제동타의 한 가지 종류만을 합성한 파형을 나타낸다. 이 그림에서 복원타 + 합성타의 개념은 복원타와 합성타를 수학적으로 합한 개념이 아니라 위상의 개념에서 합한 것임에 주의하기 바란다.

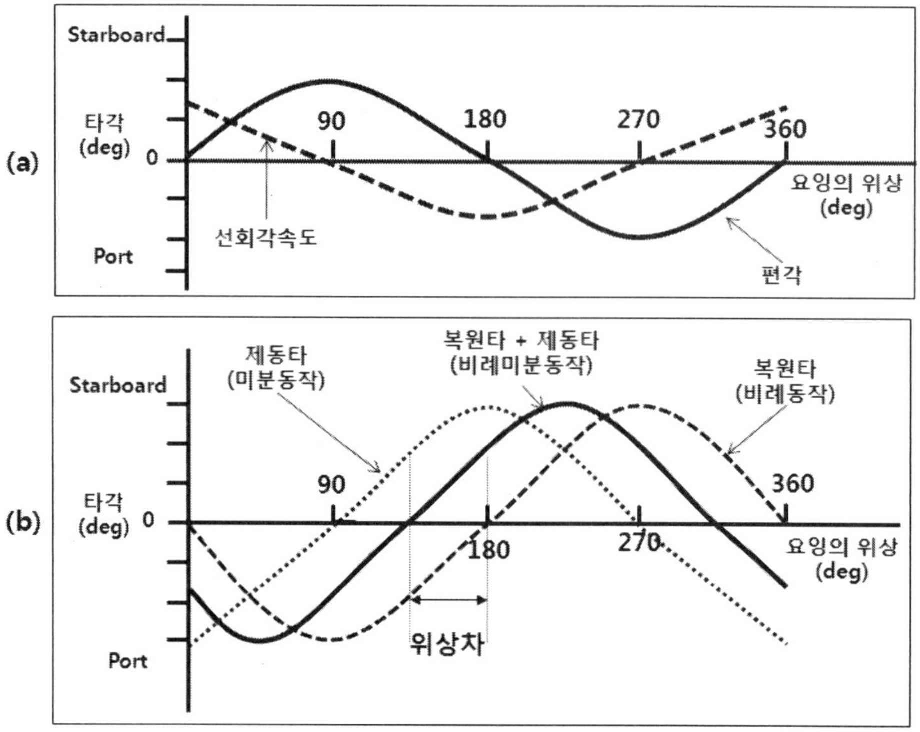

그림 6-12 복원타와 제동타의 합성타

위에서 설명한 식(6-1)과 식(6-2)을 합성한 타각을 μ_{PD}라 두면, 합성한 타각의 효과는 다음과 같은 두 가지 식으로 나타낼 수 있다.

$$\mu_{PD} = \mu_P + \mu_D = -(N\theta + R\frac{d\theta}{dt}) \tag{6-3}$$

$$\mu_{PD} = \mu_P + \mu_D = -N(\theta + R\frac{d\theta}{dt}) \tag{6-4}$$

여기서, $\mu_P = -N\theta$는 복원타를 나타내고, $\mu_D = -R\frac{d\theta}{dt}$는 제동타

위의 식(6-3)과 식(6-4)은 실제 자동조타기에 적용되는 합성타각 결정방법을 나타내는데, 식(6-3)은 타각 θ에 대한 복원타의 제어상수 $N(N\theta)$과, 미분타각 $d\theta$에 대한 제동타의 제어상수 $R(R\frac{d\theta}{dt})$을 각각 변화시켜서 합성타를 결정하는 방법이다. 그리고 식(6-4)은 타각 θ과 미분타각 $d\theta$에 대해서 복원타의 제어상수 N을 하나의 상수로 고정시키고,

제동타의 제어상수 $R\,(R\dfrac{d\theta}{dt})$을 변화시켜서 합성타를 결정하는 방법이다.

이와 같이 두 가지 방법이 개발된 이유는, N과 R을 각각 조정하는 경우 복잡하기 때문에 어느 한 가지 상수는 고정시키고, 다른 상수를 조정하여 간단하게 합성타의 위상을 제어하기 위한 것이다. 일반적으로, 복원타의 제어상수 N은 단순하게 편각에 비례한 값이고, 제어상수 R은 제동타의 위상(즉, 제어시간)을 조정하기 위한 것이기 때문에 N은 고정하고 R을 제어하는 것이 선박조종에 효과적이다.

그림 6-13은 N을 고정시킨 후 R을 제어하는 식(6-4)의 적용결과를 나타낸다. 세 가지 점선들은 복원타의 제동타의 제어상수 R을 변화시킬 때 나타나는 합성타의 위상변화(즉, 시간변화)를 나타낸 것으로 R 값에 따라서 합성타의 위상이 달라진다. 이와 같이 위상을 시간으로 고려한 것을 제동타의 시정수(미분시간)라 한다.

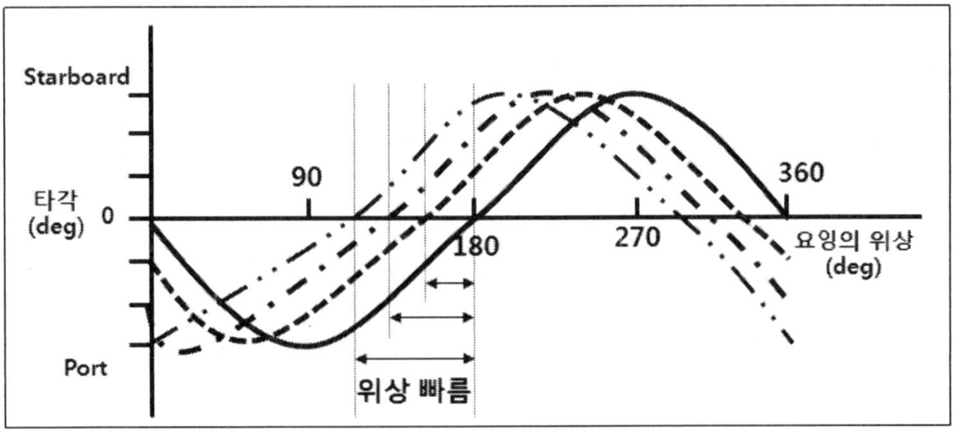

그림 6-13 합성타의 위상 변화

그림 6-13과 같이 제어상수 N과 R은 자동조타 기능에 대단히 중요한 역할을 함으로 최적의 조건으로 설정해야 한다. 이에 관해서 아래에 설명한다.

선박 자동조타장치의 제어상수는 선박 건조당시 실선실험을 통해서 최적의 제어상수를 측정하여 입력시키거나, 건조선박과 유사한 표준선박의 제어상수를 설정한다. 그러나 실제 운항 중인 선박은 적하상태나 기상환경 등이 수시로 변하기 때문에 이에 최적인 제어상수 값으로 보정해야 한다.

① 일반적으로 복원타의 제어상수 N을 크게 하면 편각에 반비례하는 복원타각이 커져서 선회주기[64)]가 짧게 되기 때문에 빠르게 설정침로에 접근할 수 있지만, 위의 복원타에서 학습한 바와 같이 설정침로 좌우로 요잉하게 되어 보침성(keeping course quality)[65)]이 나쁘게 된다.

② 반대로 제동타의 제어상수 R을 크게 하면 제동타각이 커져서 보침성은 향상되지만 늦게 제동타가 발생하여 설정침로에 수렴하는데 시간이 걸린다. 왜냐하면 R은 그림 6-13에 설명한 바와 같이 복원타와의 위상차(시간차)를 조정하는 제어상수이기 때문이다.

제어상수 N과 R은 표 6-1과 같이 자동조타장치를 제작하는 회사마다 부르는 명칭과 기능이 다르다.

표 6-1 제어상수 N과 R의 명칭

구분 / 회사	N	R
독일 안슈츠 회사 (Anschutz)	조타 조정 Helm Adjust	타 조정 점검 Checking Rudder Adjust
영국 스페리 회사 (Sperry)	타 조정 Rudder Adjust	비율 조정 Rate Adjust

제어상수 N과 R의 설정은 보침성을 결정하는 주요사항이기 때문에 반드시 그 원리를 숙지해야 한다. 그림 6-14는 N과 R의 설정에 따른 선박의 설정침로에 대한 개념적인 수렴결과를 나타낸다.

1) 그림 6-14(a)와 같이 복원타에 대한 제어상수 N이 제동타에 대한 제어상수 R보다 큰 경우, 복원타각은 커지고 제동타각은 작아진다. 이로 인하여 설정침로에 빠르게 접근할 수 있으나, 접근한 이후에는 설정침로를 중심으로 좌우로 요잉을 반복한다. 시간 경과에 따라 점차 요잉의 진폭이 작아지는 제동(damping) 현상이 발생하면서 점차

64) 선회주기는 선박이 한 바퀴 선회하는데 걸리는 시간을 의미하는 것으로, 타각이 크면 저항이 커지기 때문에 선박의 선회주기가 짧아지고 이로 인하여 선박은 빠르게 한 바퀴 선회한다.

65) 보침성(keeping course quality)은 선박이 설정침로를 안정적으로 추종할 수 있는 성능이나 품질을 의미한다.

설정침로 쪽으로 수렴한다. 따라서 설정침로에 수렴하는 시간이 길어진다. 이러한 제동을 부족제동(under damping)이라 한다.

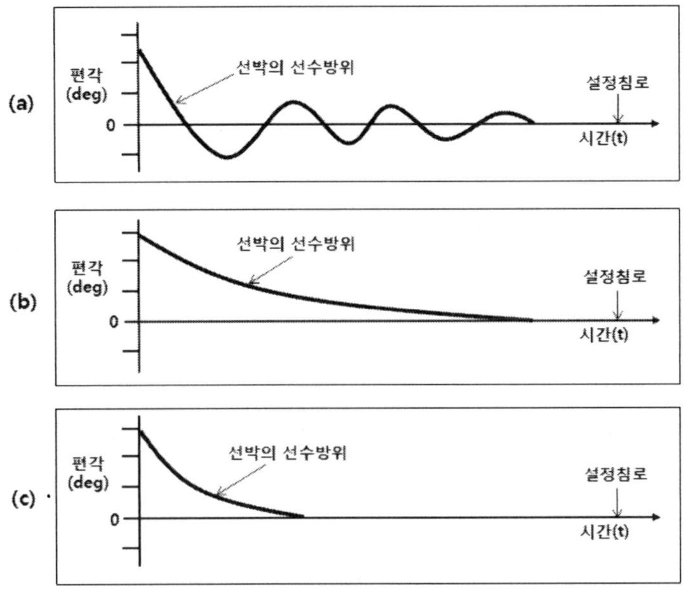

그림 6-14 N이 큰 경우(a), R이 큰 경우(b), N과 R이 적절한 경우(c)

2) 위의 경우와는 반대로 그림 6-14(b)와 같이 제동타에 대한 제어상수 R이 복원타에 대한 제어상수 N보다 큰 경우, 제동타각은 커지고 복원타각은 작아진다. 이로 인하여 설정침로를 중심으로 요잉은 발생하지 않지만, 설정침로에 수렴할 때까지 시간이 너무 많이 걸린다. 이러한 제동을 과도제동(over damping)이라 한다.

3) 그림 6-14(c)와 같이 제동타에 대한 제어상수 R과 복원타에 대한 제어상수 N을 적당하게 설정한 경우, 부족제동에 의한 요잉이나 과도제동에 의한 수렴시간지연 등의 발생 없이 부드럽고 빠르게 설정침로에 수렴한다. 이러한 제동을 임계제동(critical damping)이라 하는데, 임계제동을 위해서는 기상이나 선박의 적하상태 등을 고려한 고도의 상황예측기능이 필요하다. 자동조타장치에는 이러한 기능이 내장되어 있다. 한편, 임계제동이 가능하기 위해서는 선박의 속력(선속)을 고려한 N과 R의 결정이 필요하다. 왜냐하면 선속이 크면 타에 미치는 유체의 저항이 크게 되고, 그래서 작은 타각을 이용하더라도 선박조종이 용이하기 때문이다. 마치 N이 커진 것과 동일한 효과가 발생한다. 따라서 선속이 큰 경우는 N을 작게 하고 R은 크게 한다. 그래서 자동조타장치에서는 선속측정장치에서 선속을 획득하여 자동으로 N과 R을 조정한다. 또

한, 임계제동이 가능하기 위해서는 적화상태도 고려해야 한다. 왜냐하면 적화양이 증가하면 흘수가 증가하여 타의 효력(즉, 타효)이 감소되어 작은 타각으로는 선박조종이 어렵게 된다. 이러한 경우에는 복원타의 제어상수 N을 크게 하여 복원타각을 크게 해야 한다.

여기서 주의할 사항은, 선박의 형태와 선속, 적화양 등에 따라서 N과 R의 발생효과가 변하기 때문에 자동조타장치에서 자동으로 N과 R을 조정한다 하더라도 항해사는 항상 N과 R의 적합성 여부를 확인해야 한다.

1.2.6. 적분동작

외란(강풍, 파도, 강조류 등)이 선박의 우현이나 좌현 측에서 일정한 강도로 지속하여 작용하면, 선박은 그림 6-15(a)와 같이 설정침로에 대해서 한쪽으로 계속 치우친 상태를 유지하면서 좌우로 요잉하거나, 그림 6-15(b)와 같이 설정침로에 대해서 계속 한쪽으로 치우치면서 설정침로와 동일한 침로를 유지하게 된다.

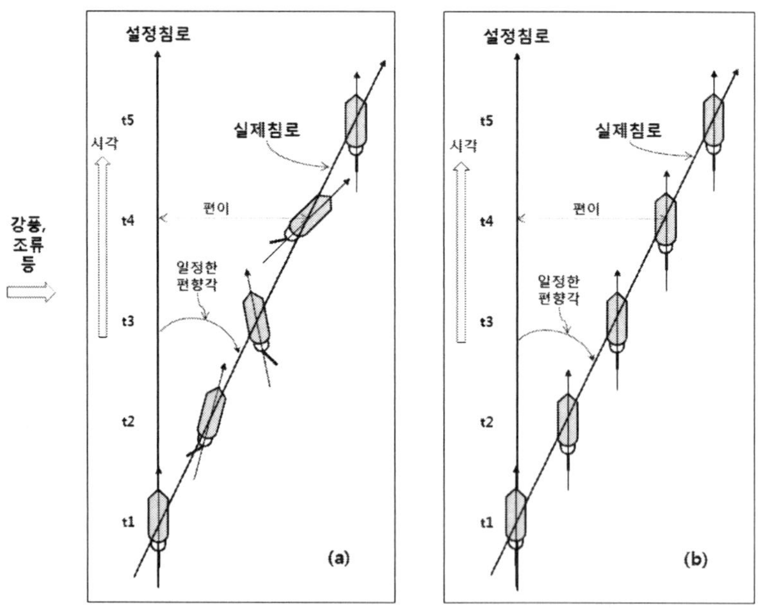

그림 6-15 외란(강풍, 조유 등)에 의해서 실제침로가 한쪽으로 치우친 경우

이러한 경우 앞에서 설명한 복원타와 제동타의 합성타(즉, PD동작)만 가능한 자동조타장치의 경우에는 일정하게 발생하는 치우치는 거리(즉, 편이거리)와 편향각에 대응할 수 없다. 이러한 편이와 편향각의 크기를 편이오차(offset error)라 한다. 편이오차가 발생하면 마치 미국으로 가야 하는 선박이 칠레로 향하는 경우가 발생한다. 최근 자동조타장치에는 선속측정장치에서 대수속력과 대지속력을 측정하고, GPS에서 선박의 위치를 측정한 후, 일정한 시간동안 적분하여 평균적인 편이와 편향각을 계산해서 편이오차를 자동으로 수정하고 있다. 여기서, 일정시간동안 편이와 편향각을 적분하는 이유는 대단히 중요한데, 그 이유는 다음과 같다.

그림 6-15(a)와 같이 지속하여 편향각을 유지하면서 실제침로에 수렴하는 조타동작을 보자. 이것은 마치 선박이 합성타를 이용하여 설정침로에 수렴하려는 동작으로 보인다. 그러나 시각 t1부터 시각 t5까지의 긴 시간동안 관찰하면, 이 선박은 설정침로에서부터 일정한 편향각만큼 계속하여 치우치면서 실제침로(설정침로가 아님)를 따라가고 있다. 이러한 경우, t1부터 t5까지의 시간동안 선박의 선수방위를 측정하여 평균하면 편향각을 예측할 수 있다. 긴 시간동안 측정한다는 의미가 바로 적분(integration)을 의미한다.

한편, 그림 6-15(b)와 같이 지속하여 편향각을 유지하면서 설정침로와 동일한 방위로 항해하는 경우를 보자. 이 현상은 시각 t1부터 시각 t5까지의 긴 시간동안 또는 짧은 시간동안 선수방위를 관측하더라도 마치 선박이 설정침로를 따라가는 것으로 보인다. 이에 대한 평향각을 측정할 방법은 없는데, 해결방법은 다음과 같다.

① 필요한 항해장비 : 자이로컴퍼스(또는 자기컴퍼스), 선속측정장치, GPS(선택적으로)
② 그림 6-15(a)의 경우, 자이로컴퍼스의 선수방위를 시각 t1부터 시각 t5까지 긴 시간동안 측정하여 적분한 후, 평균하면 편향각을 검출할 수 있다. 그러나 지속하여 편이되는 거리는 검출할 수 없다.
③ 선박의 좌우현측 방향의 선속을 측정할 수 있는 속력측정장치를 이용하면 선박이 좌현 또는 우현으로 향하는 속력(즉, 정횡방향 속력)을 측정할 수 있고, 이를 적분하면 편이되는 거리를 추정할 수 있다.
④ 자이로컴퍼스의 선수방위로 추정한 평균 편향각과 속력측정장치의 정횡방향 속력으로 추정한 평균 편이거리를 종합적으로 고려하여 침로를 수정하면 그림 6-15(a)와 (b)에 발생하는 문제를 해결할 수 있다.
⑤ 여기에 더하여 GPS를 이용하여 선박의 위치(선위)를 측정하면 간단하게 위의 문제를

해결할 수 있다. 그래서 최근 자동조타장치에는 자이로컴퍼스, 선속측정장치, GPS 등이 연결되어 있다.

자동조타장치에서 편이오차(offset error)를 제거하기 위한 것이 적분동작(Integral motion, I동작)이다. I동작에서 제일 중요한 것은 적분시간인데, 어느 시각부터 어느 시각까지 적분하느냐가 관건이다. 너무 짧은 시간동안 적분하면 충분한 편이오차 검출이 불가능하고, 너무 길면 큰 편향각과 큰 편이거리를 보정하기 위하여 큰 타각이 필요하여 요잉이 크게 발생할 수 있다. I동작을 위한 적분타 μ_I는 다음 식으로 나타낼 수 있다.

$$\mu_I = -I\int_{t_0}^{t_n}\theta\, dt \tag{6-5}$$

여기서, I는 적분타에 관한 제어상수이고, t_0는 적분시작 시각, t_n은 n까지의 적분종료 시각(n 은 자동조타장치의 적분조정 기능에서 결정)

1.2.7. 비례미분적분동작

자동조타장치는 최종적으로 위에서 기술한, 복원타의 비례동작(P동작), 제동타의 미분동작(D동작), 적분타의 적분동작(I동작) 등을 모두 합성한 비례미분적분동작(PID동작)으로 조타동작을 한다. PID동작은 다음 식으로 나타낼 수 있다.

$$\mu = \mu_P + \mu_D + \mu_I = -\left(N\theta + R\frac{d\theta}{dt} + I\int_{t_0}^{t_n}\theta\, dt\right) \tag{6-6}$$

그림 6-16은 자동조타장치 PID동작 개념을 나타낸다. PID동작은 복원타각 결정을 위한 비례회로(P동작), 제동타각 결정을 위한 미분회로(D동작), 편이오차 보정용 적분타각 결정을 위한 적분회로(I동작) 등으로 구성된다. 먼저, 자이로컴퍼스에서 선수방위를 측정한 후 설정침로와 비교하여 침로오차를 비교회로에서 검출한다. 검출신호는 P, I, D 각 회로에 입력되어, 제어상수 N과 R 그리고 편이오차 등이 계산되고, 다시 비교회로를 통해서 최적조타를 위한 신호를 자동조타장치로 전송한다.

여기서, 적분회로, 비례회로, 미분회로 등 3가지 회로에서 출력되는 복원타각, 제동타각, 미분타각 등은 다양한 형태로 출력되는데, 이들 중에서 어느 것을 선택하고, 어느 것은 무시할 것인지, 아니면 이들을 종합하여 고려할 것인지 등을 결정하는 것이 중요하다. 이러한 기능은 후술하는 자동조타장치의 칼만필터(Kalman filter)에서 지능적으로 검토하여 결정하게 된다.

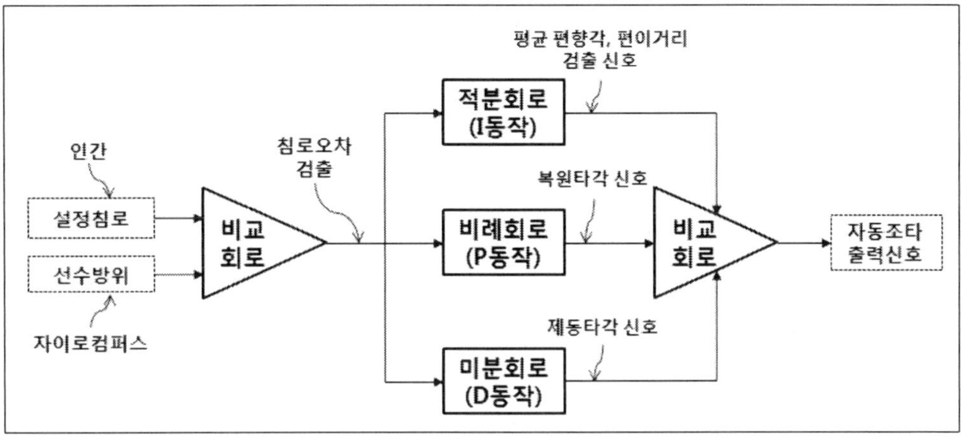

그림 6-16 자동조타장치의 PID동작 개념

1.2.8. 천후조정

자동조타장치에서 PID동작 이외에 또 고려해야할 것이 평균적인 해양기상현상을 의미하는 천후[66]이다. 선박조종특성은 다양한 해양기상에 따라서 수시로 달라지는데, 위에서 기술한 PID제어만으로는 이러한 복잡한 해양기상환경을 고려한 자동조타가 불가능하다. 위에서 설명한 바와 같이 PID제어는 특정한 상황에 적합한 표준적인 값만으로 설정되기 때문이다.

그래서 자동조타장치에는 천후조정이라는 특수한 기능이 있다. 역사적으로 볼 때, 잔잔한 해상에서의 선박조종은 큰 문제가 없으나 기상이 악화되는 황천(stormy weather)에서의 황천항해는 실로 다양한 문제를 야기하기 때문에 선박조종이 가장 곤란하고 어렵

66) '천후'는 일종의 평균적인 기상현상을 의미하는 것으로, 해상에서 사용하는 특이한 한자용어이다. 기상청(2013) 홈페이지에는 기상(meteorological phenomena)을 대기 중에서 일어나는 바람, 비, 구름, 눈 등의 각종 물리현상으로 설명하고 있고, 기후(climate)는 어떤 지역에서 규칙적으로 되풀이되는 일정기간의 평균기상으로 대기현상의 적분결과 등으로 설명하고 있으나 천후에 관해서는 기술되어 있지 않다. 한편, 개인블로그(알라딘, 2013)에는, '천후'를 며칠에서 3개월 정도의 기상을 적분한 것으로 설명되어 있다. 따라서 저자는 '천후'를 해상에서 발생하는 평균기상현상으로 해석하고자 한다.

다. 그래서 기술자들은 이러한 문제를 해결하고자 다양한 방법을 연구하였다.

(1) 재래식 천후조정방법

선박이 항해 중 태풍과 같은 황천상태에 직면하게 되면, 선박은 롤링(rolling), 피칭(pitching), 히빙(heaving) 등과 같은 선체운동이 심하게 발생한다. 이로 인하여 선박은 설정침로에 대해서 큰 오차를 야기함은 물론 항해안전이 저해되기도 한다.

한편, 황천상태에서 선박이 설정침로를 중심으로 좌우로 요잉하는 경우, 선박을 제어하지 않더라도 평균적으로는 설정침로를 추종하는 결과가 되기도 한다. 이러한 경우에는 조타동작이 필요 없는데, 이러한 경우 조타동작을 취하면 오히려 타 사용으로 인한 저항만 증가하여 선속감소와 과도한 선체운동 등, 큰 손실이 야기될 수 있다.

기존 자동조타장치에서는 이러한 황천상태를 검출하여 어느 범위이내의 편각에 대해서는 타를 사용하지 않는 불감대역(blind sector)을 사용하였다. 불감대역의 폭은 평균적인 요잉의 진폭으로 계산할 수 있는데, 자동조타장치에서는 천후조정(weather control)이라는 기능으로 결정한다. 그림 6-17은 불감대역의 의미를 나타낸다.

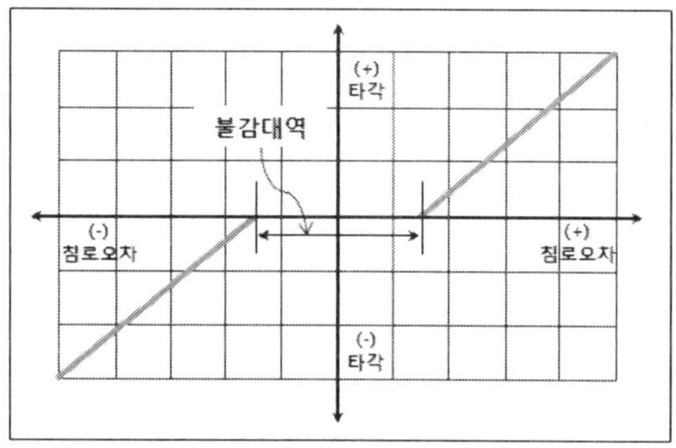

그림 6-17 천후조정 불감대역의 의미

불감대역의 폭을 결정하는 천후조정은, 기상이 양호하여 파도가 없을 경우에는 영(0)에 근접하여 조정하고, 황천상황에서는 크게 증가시킨다. 이러한 천후조정을 적절하게 조정하는 경우의 장점은 다음과 같다.

① 황천상태에서 과도한 타와 조타기 사용을 억제할 수 있기 때문에 타와 조타기의 고장을 방지할 수 있다.

② 조타 횟수를 감소시킬 수 있기 때문에 타 사용으로 인한 선속감소와 과도한 선체운동을 방지시킬 수 있다.

그러나 이러한 기존 천후조정방식에는 다음과 같은 문제점도 발생한다.

① 황천항해시 불감대역의 폭을 크게 설정하면, 선박은 불감대역 안에서는 타를 사용하지 않기 때문에 좌우로 움직이는 요잉의 폭이 커져서 선체운동이 심하게 발생한다.
② 한편, 요잉의 평균 폭은 해양파 주기의 자승에 대략 비례함으로, 동일한 선박의 경우라도 해양파의 종류에 따라서 효과가 다르게 발생한다. 또한, 선박의 제원에 따라서 동일한 해양파라 하더라도 효과는 다르게 발생한다. 따라서 해양파의 주기와 선박제원 등을 종합적으로 고려하여 불감대를 설정해야 한다.

기존 자동조타장치에서는 이러한 문제해결을 위해 백크래시(back crash)라는 제어장치로 조절하였으나, 최근에는 새로운 방법을 적용하고 있다.

(2) 현대식 천후조정방법

그림 6-18은 현대식 천후조정방법의 개념을 나타낸다. 특징적인 것은 손실평가부, 이중이득설정부, 저역통과필터 등을 갖고 있는 것이다.

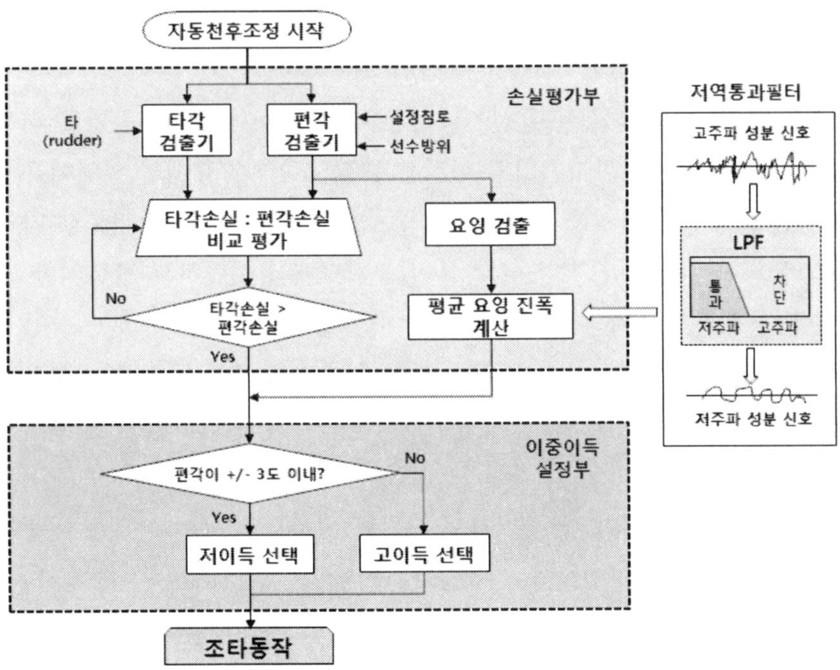

그림 6-18 현대식 천후조정방법의 개념

우선 선박을 최적으로 제어하기 위한 다음과 같은 필수조건을 고려하자.

① 가능한 타 사용 횟수를 줄여서 선속감소를 억제해야 한다. 타를 사용하면 선체저항이 증가되기 때문에 선박속력이 감소된다. 타를 사용한다는 자체가 선박의 전진운동을 방해하는 행위임을 명심해야 한다. 선속감소는 운항시간 증가를 야기하여 경제적인 손실을 야기한다.

② 설정침로와 실제침로 사이의 편각을 줄여서 항해하는 거리를 최소화시켜야 한다. 편각이 발생하면 자주 타를 사용해야함으로 선속감소의 원인이 되고, 큰 편각은 과도한 타 사용을 야기하여 타나 조타기 고장의 원인이 될 수 있다.

③ 선박의 요잉을 가능한 줄여서 선박을 안정되게 조종해야 한다. 요잉 폭이 크면 지그재그로 항해하기 때문에 항해거리가 증가함은 물론, 과도한 선체운동으로 화물손상이나 각종 기기의 고장원인이 될 수 있다.

위의 경우에 서로 모순되는 상황이 발생할 수 있다. 즉, 타 사용 횟수는 물론 과도한 타 사용은 줄이되, 편각은 최소화 시키고, 요잉의 폭도 줄여야 한다. 타를 사용하지 않는데 어떻게 이러한 것들이 가능할까? 대단히 복잡한 문제이다.

상기 모순을 해결하기 위해서는 우선, 타 사용 횟수를 줄이되 편각 증가를 허용할 것인지? 아니면 타 사용 횟수는 증가시키고 편각을 줄일 것인지? 중에서 선택해야 한다. 즉, 타각에 의한 손실과 편각에 의한 손실의 대소를 평가해야 한다. 일반적으로 타각에 의한 손실이 편각에 의한 손실보다 크다. 편각은 설정침로에서 이탈하는 정도지만 타각은 선속감소로 인한 항해거리 증가의 직접적인 원이이기 때문이다.

그림 6-18의 손실평가부는 타각에 의한 손실과 편각에 의한 손실을 비교하고 평가한다. 이중이득설정부에서는 편각이 ±3°이내로 작은 경우에는 타각을 작게 취하도록 이득 G=0.2 정도의 저이득을 취하고, 편각이 그 이상일 때는 큰 타각을 취하도록 이득 G=1.0 정도의 고이득을 취한다. 이와 같이 편각의 크기를 기준으로 타의 이득을 이중적으로 평가하는 것이 이중이득설정 방법이다.

현대식 천후조정방법에서는, 손실평가와 이중이득의 기능을 적용하고 있는데, 편각에서 요잉의 평균진폭을 검출한 후 이중이득부에 전달하는 자동천후조정장치가 적용되고 있다. 편각을 검출하기 위해서는 일정한 시간동안의 적분과 평균이 필요하기 때문에 다소 시간이 걸리는데, 요잉은 자이로컴퍼스의 선수방위에서 바로 검출할 수 있다. 요잉의 평균진폭은 그림 6-18의 우측에 나타낸 저주파통과필터(Low Pass Filter, LPF)[67]를 이용하여 검출한다. 양호한 기상상태에서는 선박이 천천히 움직이는 저주파성분의 요잉이 발생하지만, 황천상태에서는 선박이 빠르게 움직이기 때문에 고주파성분의 요잉이 발생한다. 만약 고주파성분의 요잉에 일일이 대응하여 조타하게 되면 조타 횟수가 증가하여 선속감소로 인하여 항해거리가 증가한다. 그래서 저주파성분의 요잉에 대해서만 조타하는 것이 좋다. 이를 위해서 고주파성분은 차단하고 저주파성분만 통과시키는 저주파통과필터를 사용한다. 필터에 관한 내용은 대단히 전문적인 내용인 바, 참고문헌을 참고하기 바란다.

1.3. 자동조타장치의 주의사항

자동조타장치는 국제법에 의거하여 선박에 강제 장착하는 장비이기 때문에 국제규정을 준수하지 않으면 각종 제재조치가 가해진다. 특히, 입출항시 자동조타장치의 점검과 유지 및 사용에 관해서는 엄격한 국제규정이 적용되고 있기 때문에 이를 준수해야 한다. 또한, 해양사고가 발생한 경우 자동조타장치를 어떻게 사용했는지에 따라서 과실비율이 결정됨으로 관련 규정의 숙지가 중요하다.

자동조타장치는 국제해사기구(International Maritime Organization, IMO)의 다음과 같은 두 가지 국제규정을 준수해야 한다.

- 1974년의 해상인명안전조약 (1974 SOLAS)
- 1978년의 선원의 훈련, 자격증명 및 당직유지의 기준에 관한 국제조약 (1978 STCW)

1.3.1. 1974 SOLAS

1974 SOLAS에서의 자동조타장치[68](선수제어장치) 사용에 관한 규정은 제5장(항해안전) 제19조에 기록되어 있다. 이 규정은 주로 항해안전을 위한 장비의 설비조건을 기술하

67) 필터(filter)란 먼지를 거르는 공기필터와 유사한 개념이다. 필요한 성분은 통과시키고 원하지 않은 성분은 억제하는 전자회로이다. 필터의 개념은 평균과 동일한 개념인데, 잡음이 많은 신호를 평균하면 간혹 발생하는 신호의 크기는 점차 작아지고, 자주 나타나는 신호의 크기는 커진다. 필터를 이용하면 일정시간동안 발생하는 전반적인 신호의 양상을 알 수 있다.

68) 1974 SOLAS에는 자동조타장치(Autopilot)이라는 용어는 없고, 선수제어장치로 기록되어 있다. 따라서 선수제어장치가 공식 용어이다. 일반적으로 자동조타장치라 사용하기 때문에 이 교재에서도 이에 따른다.

기 때문에 주로 자동조타기의 사용과 점검, 시험 및 훈련 등의 내용을 담고 있다. 그 내용은 다음과 같다.

(1) 자동조타의 경우

① 교통밀집해역, 시계제한상태 및 기타 위험한 항행상황에서 자동조타장치를 사용하는 경우에는 즉시 수동으로 제어할 수 있도록 하여야 한다.

② 상기 상황에서 당직항해사는 항상 조타할 수 있는 유자격 조타수를 대기시켜 두고 그를 즉시 이용할 수 있어야 한다.

③ 자동조타에서 수동조타로 또는 수동조타에서 자동조타로의 전환은 책임 있는 항해사에 의하든지 또는 그의 감독 하에 행해져야 한다.

④ 자동조타장치를 장기간 사용한 후 또는 특별한 경계를 필요로 하는 해역에 진입하기 전에 반드시 수동조타를 시험하여야 한다.

⑤ 항해에 특별한 경계를 필요로 하는 해역에서는 2개 이상의 조타기동력장치가 동시에 작동할 수 있는 경우 작동시켜 두어야 한다.

(2) 조타기의 시험 및 훈련

① 선박의 조타기에 대해서 출항전 12시간 이내에 선원이 점검 및 시험을 하여야 한다. 시험에는 가능한 다음 동작시험을 포함해야 한다.

- 마스터 및 보조 조타기, 원격 조타계통, 비상동력장치
- 선교에 설치된 조타기의 상태
- 실제 타 위치를 표시하는 타각지시기
- 원격조타제어계통 및 조타기 동력장치 고장경보장치
- 자동차단장치 및 다른 자동장치

② 점검 및 시험에는 다음을 포함하여야 한다.

- 조타기의 성능에 따른 타의 충분한 동작여부에 대한 시험
- 조타기 및 그 연결장치의 시각검사
- 선교와 조타실 사이의 통신수단의 작동시험

③ 원격조타제어계통 및 조타기의 동력장치에 대한 전환절차를 표시하는 블록선도(block diagram)와 같이 간단한 작동설명서를 선교 및 조타실에 항시 게시해야 한다.

④ 조타기의 조작 및 유지에 관여하는 모든 항해사들은 선박에 설치된 자동조타장치의

조작 및 한 계통에서 다른 계통으로의 전환절차에 대하여 잘 알고 있어야 한다.

⑤ 통상적인 점검과 시험 이외의 비상시를 대비한 조타기조작을 위하여 적어도 3개월마다 비상조타훈련을 하여야 한다. 이 훈련에는 조타실에서의 직접제어, 선교와 조타실 사이의 통신절차 및 가능한 경우에는 대체 동력장치의 조작 등이 포함되어야 한다.

⑥ 조타기의 점검 및 시험이 행하여진 일자와 비상조타훈련 일자 및 상세한 내용은 항해당직일지(Log Book)에 기록하여야 한다.

1.3.2. 1978 STCW 규정

1978 STCW는 선원의 훈련과 당직에 관해서 규정하고 있는 것이 특징이다. 따라서 자동조타장치의 경우에도 당직시의 조타기 사용과 출항전에 취해야할 조치사항 등을 담고 있다.

① 당직체계를 결정할 때에는 자동조타장치가 설치되어 있는지 또는 없는지를 고려해야 한다.

② 당직자는 항해설비에 대한 충분한 지식과 그 한계를 고려해야 하고, 항해설비를 가장 효과적으로 사용해야 한다.

③ 경계임무와 조타수의 임무는 경계를 하는데 지장이 없는 소형선을 제외하고는 확실히 구분해야 한다.

1.3.3. 교통밀집해역에서의 주의사항

① 수동조타를 한다. 특히, 최신의 자동조타장치를 제외하고는 긴급시 대각도 변침이 곤란한 기기가 많으므로 유의해야 한다.

② 지시기를 춘분하게 감시한다. 전압지시기, 전동기의 과부하 표시기, 타각지시기 등을 주시하여 이상유무를 확인한다.

③ 자동조타를 하고 있을 때 이상상태 발생시 즉시 수동조타로 전환한다.

1.3.4. 출항전 주의사항

① 각 조타 기능의 작동상태를 점검한다.

② 자동조타 조정기가 적당한 위치에 있는지 확인한다.

③ 조타기 및 동력계통이 유압식인 경우에는 유량, 기름의 순도, 기름의 유출 여부, 압력, 유압 펌프의 회전음 등을 사전에 점검한다.

1.3.5. 기타 주의사항

① 자동조타장치를 사용하여 조타하는 경우, 자동조타기를 과신하여 선내를 떠나거나 경계를 소홀히 하는 경우가 발생할 수 있다. 당직자는 어떠한 경우라도 선내를 떠나서는 안 되고 철저한 경계에 임해야 한다.

② 자동조타장치는 하나의 기계전기적인 장치일 뿐이다. 항상 조타기 정상작동 여부를 수시로 확인해야 한다. 특히, 타가 제대로 작동하고 있는지, 조타형태가 적합한지 등을 항상 점검한다. 최근의 자동조타장치는 고도의 프로그램으로 작동되는 경우가 많음으로 온도 상승과 진동 등에 의해서 고장이 발생할 수 있음에 주의해야 한다.

③ 그리고 자동조타장치에는 자이로컴퍼스와 선속계, GPS 등에서 신호가 입력되지 않으면 오작동이 발생할 수 있다. 항상 정확하게 신호가 입력되는지를 점검한다. 이들 개별 장비들의 측정값을 확인한 후, 자동조타장치의 이상 유무를 확인할 수 있다.

④ 아울러, 종이해도나 전자해도 상에서 설정침로를 잘 추종하고 있는지도 항상 감시해야 한다.

⑤ 또한 개별 항해장비가 고장이 발생할 수도 있으나, 필요한 경우에는 천문항해나 지문항해 등의 항법을 동원하여 정확한 위치와 속력을 측정하여 항상 개별 항법장치들의 이상 유무도 확인해야 한다. 물론 이러한 장비가 고장이 나면 각종 경보음이나 표시장치가 작동하게 된다.

2. 적응제어자동조타장치

2.1. 개요

적응제어자동조타장치(Adaptive Autopilot)는 환경에 스스로 적응하여 선박을 경제적으로 제어하기 위한 자동조타장치이다. 앞에서 설명한 기존 자동조타장치는 비례미분적분제어(PID제어)를 이용하여 선박의 사행운동(zig-zag운동)을 줄이고, 타 사용으로 인한 선속감소를 예방하는 등 주로 선박의 보침성 향상에 주력하였다.

한편, 1973년 석유파동을 계기로 연료비 감소를 위한 다각적인 노력이 이루어졌는데, 특히 선박과 같이 연료소비량이 많은 이동수단에서는 선박의 보침성이나 빠른 화물수송보다는 운항거리 대비 연료소비량을 평가하여 가장 경제적인 조타방법을 모색하게 되었다. 이에, 항행환경에 자동으로 적응하여 선박을 최적으로 제어할 수 있는 적응제어자동조타장치(Adaptive Autopilot)가 개발되었는데, 대양에서는 연료소비를 줄이기 위하여 작은 편각과 요잉에 대해서는 조타하지 않고, 연안에 접근해서는 항해안전을 위하여 정확한 보침이 이루어지도록 제어하는 것이 주요 특징이다.

최적의 선박제어를 위해서는 선박의 동적특성과 해상 및 기상상태 등을 고려해야 한다. 특히, 선박의 동적특성은 기상환경, 선박의 적화상태, 속력변화, 트림(trim) 등에 의해서 영향을 받기 때문에 이러한 조건을 잘 고려하여 조타해야 한다. 선박의 동적특성과 해상 및 기상상태를 고려하여 최적의 조타가 가능한 적응제어자동조타장치의 특징은 다음과 같다.

① 적응제어칼만필터(Adaptive Kalman Filter)를 이용하여 해상 및 기상상태를 정밀도 높게 예측할 수 있기 때문에 최적의 천후조정이 가능해서 선박이 좌우로 요잉하는 사행운동[69]이 최소화된다.

② 적화상태와 속력변화 등이 발생하면 선박의 조종특성이 변하는데, 이러한 경우에도 최적의 자동이득조절 기능이 있어서 최적의 조종특성을 유지할 수 있다.

③ 대양에서는 타 사용 횟수를 줄이고 큰 타각 사용을 억제하여 선속감소 요인을 제거할

69) 사행운동의 '사'는 뱀을 의미하는 것으로, 선박이 지그재그(zig-zag)로 운동함을 의미한다. 한자 용어이다.

수 있기 때문에 연료소비량을 줄여서 경제성을 극대화할 수 있다.

④ 연안에 접근하거나 협수로, 통항밀집해역 등에서는 보침성을 향상시켜서 항해안전에 기여할 수 있다.

적응제어자동조타장치는 스웨덴, 미국, 영국, 일본 등 제작 회사에 따라 여러 종류가 개발되어 있다. 이 교재에서는 주로 TOKIMEC 회사에서 개발한 적응제어자동조타장치(모델 PR-8000L)를 중심으로 설명한다. PL-8000L 모델은 고도의 컴퓨터제어 기술과 디지털신호처리 기술을 기반으로 개발한 것으로, 기존 PID제어를 이용한 방식과 적응제어를 이용한 방식 등 두 가지 자동조타형식이 있다. 특히, 적응제어 방식은 모델참조적응제어시스템(Model Reference Adaptive Control System, MRACS)과 적응칼만필터(Adaptive Kalman Filter)를 적용한 것이 특징이다.

2.2. 적응제어자동조타장치의 원리

2.2.1. 적응제어의 개념

그림 6-19은 기존 자동조타장치의 블록선도를 나타낸 것으로, PID제어를 기반으로 복원타의 제어상수 N과 제동타의 제어상수 R, 적분타의 제어상수 I등의 제어변수들을 운항상태에 따라서 항해사가 조정하여 최적의 조타동작을 구현한다.

그러나 항해사가 이러한 제어변수를 모두 충분히 숙지하고 상황마다 최적으로 조정하는 것은 불가능하다. 항해사를 대신하여 자동으로 제어변수를 최적으로 설정함은 물론 다양한 상황에 적응하도록 개발된 것이 그림 6-20의 적응제어자동조타장치이다. 적응제어(adaptive control)는 제어공학에서 사용하는 용어인데, 전체 처리과정을 자동으로 그리고 연속적으로 행하고, 자동제어를 위한 각종 제어변수를 예측함은 물론, 수시로 새로운 사건을 통해서 변수를 갱신하여 최적으로 제어할 수 있는 제어방식을 의미한다.

적응제어자동조타장치에서 가장 대표적인 제어방식은 그림 6-20에 나타낸 모델참조적응제어시스템(Model Reference Adaptive Control System, MRACS)이다. MRACS의 특징은 다음과 같다.

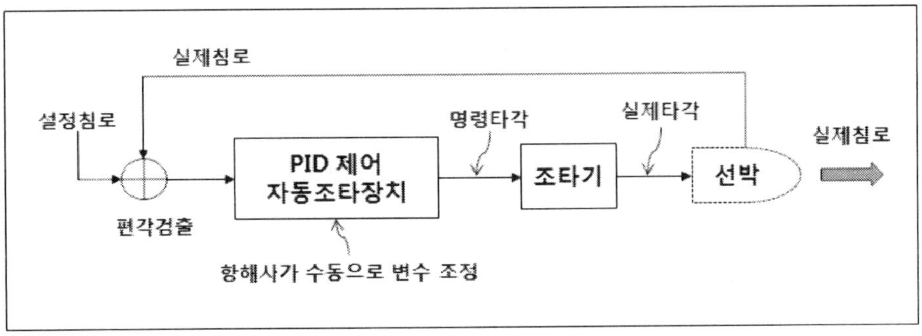

그림 6-19 기존 PID제어 자동조타장치의 제어변수 조정 개념

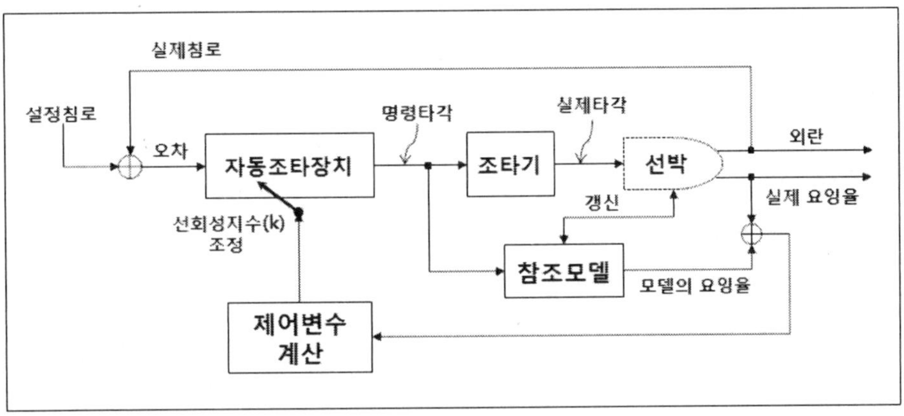

그림 6-20 제어변수를 자동조정하는 적응제어자동조타장치의 블록선도

① MRACS의 가장 큰 특징은 참조모델을 이용하는 것이다. 참조모델에는 선박의 최적제어에 필요한 표준제어상수들이 입력되어 있고, 수시로 선박 운동특성을 감시하여 새로운 변수로 갱신(update)한다.

② 자동조타기에서 출력되는 명령타각이 참조모델에 입력되면, 참조모델은 표준제어상수를 참고하여 이 모델에 해당하는 최적의 요잉비율(요잉율)을 계산한다.

③ 모델의 요잉율을 실제 선박운동으로 발생한 실제요잉율과 비교하여 그 차이를 제어변수계산에 입력한다.

④ 그러면 제어변수계산에서는 모델의 요잉율과 실제요잉율 사이의 차가 영(0)이 되도록 선박조종성능을 결정짓는 선회성지수(k)를 조정하여 자동조타기에 입력한다.

⑤ 자동조타기는 선회성지수(k) 값에 따라서 새로운 명령타각을 조타기에 지시한다.

이와 같은 조타동작을 하게 되면 최적제어를 위한 변수를 자동으로 계산할 수 있기 때문에 최적자동조타가 가능하다. 참조모델을 이용하여 선박조종변수를 자동으로 설정하고 갱신하는 것이 적응제어자동조타장치의 특징이다. 이러한 참조모델은 우선 실선실험을 통해서 선박의 조종특성을 측정한 후, 이 선박의 최적조타에 필요한 다양한 제어변수를 결정하고, 수학적인 수식으로 함수화시킨 것이다. 따라서 참조모델은 다양한 제어변수의 값들과 수식들로 구성된다.

이러한 참조모델은 선박조종이나 조선공학에서 다루는 학문분야인데, 적응제어자동조타장치에 제일 중요한 요소이다. 참조모델은 일반적으로 선박의 조종성능을 결정하는 요소들로 구성되기 때문에 '선박모델'이라 부르기도 한다.

2.2.2. 선박모델

우선 모델(model)이 필요한 이유를 설명한다. 모델이란 어떠한 표준을 의미한다. 예를 들어, 새로운 옷을 생산한 경우에는 표준체형을 갖는 사람에게 입혀서 잘 어울리는지를 평가한다. 이러한 표준체형의 사람을 참조모델이라 한다. 선박모델은 표준적인 제원을 갖는 선박에 대해서 미리 최적의 조타를 위한 다양한 함수나 수식, 변수 값 등을 설정한 것을 의미한다. 그리고 이러한 모델을 구축하는 작업을 모델링(modeling)이라 한다.

만약 표준제원을 갖는 선박 특성이 미리 구축한 선박모델 특성과 다르다면, 기상이 악화되었거나, 적화상태가 변하였거나, 선박 속력이 변한 것 등으로 유추할 수 있다. 즉, 선박에 발생하는 어떠한 변화를 감지하고 예측하기 위한 것이 선박모델이다. 선박모델의 구축 여부에 따라서 항행환경 변화의 정확한 검출이나 예측이 결정된다.

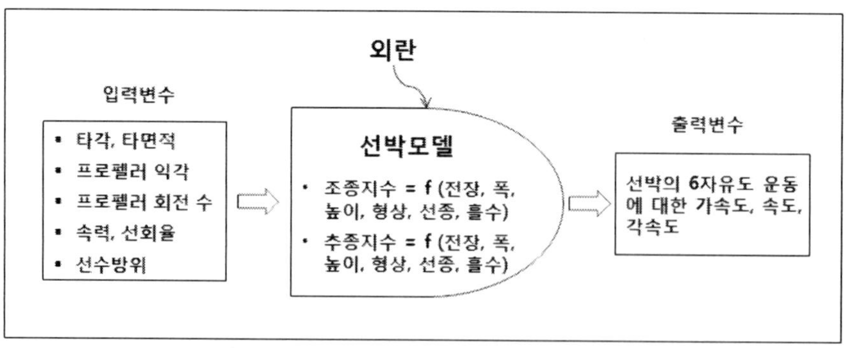

그림 6-21 선체운동에 대한 모델의 개념

선박과 같이 복잡한 시스템을 모두 표현할 수 있는 모델 구성은 불가능하기 때문에 시스템의 고유한 특성은 그대로 유지하면서 간단하게 모델을 구성한다. 선박모델을 이용한 선체운동모델 구성의 예를 그림 6-21에 나타냈다. 선박제어에 투입되는 타각이나 타의 면적, 프로펠러 날개 회전수 등을 선박모델에 입력하면, 선박모델은 전장, 폭, 높이 등의 제원에 대해서 사전에 측정한 조종지수, 추종지수 등의 수학적인 함수를 갖고 있기 때문에 선박의 6자유도운동(롤, 히브, 피치, 서지 등)을 출력할 수 있다.

선박조종을 위해서는 선체의 6자유도운동(6 Degree Of Freedom, 6-DOF)을 알아야 한다. 6자유도운동은 다음과 같이 3축 방향의 병진운동과 3축 중심의 회전운동으로 구분할 수 있다. 상세한 내용은 선박조종에 관한 교재(Levwis, 1989)를 학습하기 바란다.

[병진운동] 서지(surge) : 선체의 선수미선을 잇는 종방향에 대한 병진운동
스웨이(sway) : 선체의 횡방향에 대한 병진운동
히브(heave) : 선체 상하방향에 대한 병진운동

[회전운동] 롤(roll) : 선체 횡방향으로 회전하는 운동, 피치(pitch) : 선체 종방향으로 회전하는 운동, 요우(Yaw) : 선체를 중심으로 회전하는 운동

그림 6-21에 나타낸 바와 같이 선박모델은 선박의 형상이나 제원, 화물 종류, 타의 특성 등을 종합적으로 고려하여, 선박의 운동특성을 대표하기 위한 다양한 제어변수와 변수 값들을 의미한다. 선박모델에 포함되는 다양한 제어변수들은 다음과 같이 정의된 것인데, 적응제어자동조타장치의 성능을 결정짓는 중요한 제어변수들이기 때문에 숙지하기 바란다.

그림 6-22는 선박에 일정한 타각을 준 경우 발생하는 선박의 선회각속도변화와 이에 대한 추종성지수, 선회성지수 등의 연관성을 나타낸다.

① 기상이 양호한 해역에서, 지점 A에 나타낸 바와 같이 선박의 타각 μ 을 0° 으로 두고 일정한 시간동안 직진한다.

② 그 다음에는 B지점과 같이 일정한 타각 μ 을 주면 선박은 선회하기 시작하는데, 선회 시작 시각 t=0부터 시각 t=t1까지 선회각속도 $\dot{\varphi}$ 가 점차 증가하면서 선박의 선회속도는 점점 빠르게 된다.

③ 그러다가 시각 t=t1부터 시각 t=t2 사이에서는 선박이 선회하기 때문에 이에 대한 타의 저항으로 선회각속도 $\dot{\varphi}$는 점차 감소한다. 그러면 선박의 선회속도가 늦어지면서 C지점과 같이 시각 t=t3이 되면 일정한 정상선회각속도 $\dot{\varphi}_{K\mu}$을 유지하게 된다.

④ 그 이후부터는 D와 E지점과 같이 일정한 정상선회각속도 $\dot{\varphi}_{K\mu}$을 유지하면서 선박은 360도 회전하는 정상선회운동을 하는데, 이 때 선박의 중심이 그리는 궤적을 선회권(turning circle)이라 한다.

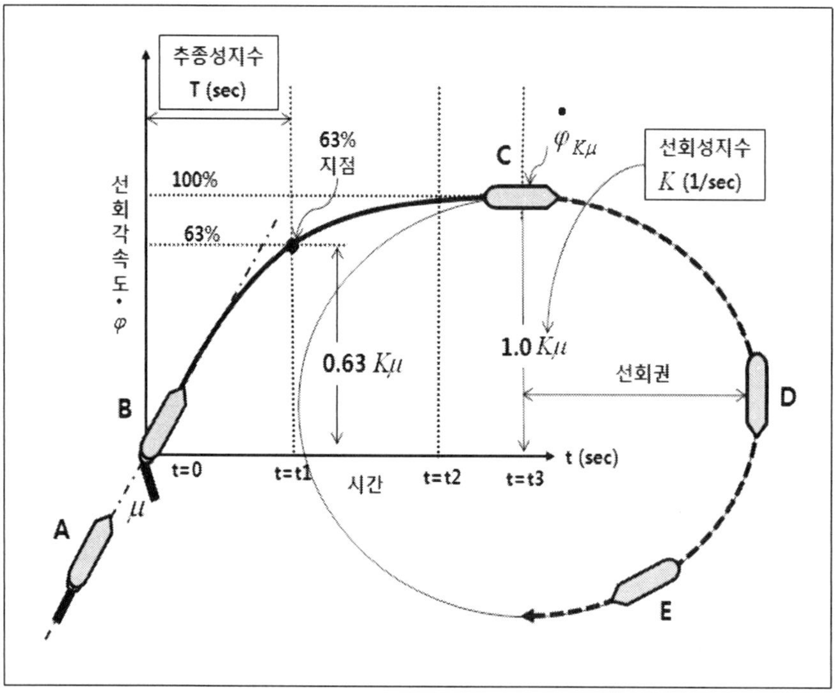

그림 6-22 선회각속도 변화와 추종성지수, 선회성지수의 연관성

그림 6-22와 같은 선회권은 선박을 건조한 후, 조선소에서 측정하여 선교에 게시되어야 한다. 그림 6-23은 실제 선박에 게시된 선회권의 예를 나타낸다. 이 선회권은 선박 만재(full loaded)때 실선실험에서 획득한 것으로, 좌측그림의 선회권은 MCR의 100%에 해당하는 속력으로 측정한 것이고, 우측그림의 선회권은 MCR의 85%에 해당하는 속력으로 측정한 것이다. 그리고 두 가지 선회권은 다시 우현과 좌현으로 최대 타각(maximum rudder angle)을 주었을 때의 선회권으로 구분되어 있다.

여기서는 MCR은, 최대연속율(Maximum Continuous Rating, MCR)을 의미하는

것으로, 엔진이 일정기간동안 정상상태에서 연속하여 출력할 수 있는 최대출력을 의미한다. 이상적인 경우 실제출력은 MCR보다 크다. 선박의 엔진은 일반적으로 공칭연속율(Nominal Continuous Rating, NCR)로 작동하는데, 이 값은 MCR의 90%에 대한 85% 수준에 해당한다(즉, MCR의 76.5%), 여기서 MCR의 90%는 일반적으로 프로펠러를 설계할 때의 계약조건이다. 따라서 선박은 일반적으로 MCR의 70%~77% 수준에서 사용한다(Wikipedia, 2013c).

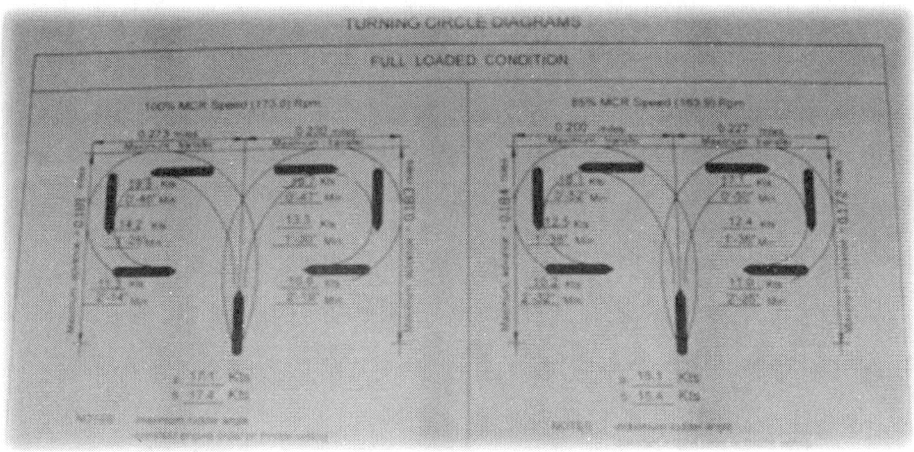

그림 6-23 선박에 게시된 선회권의 예

이와 같이 선박조종특성은 선속이 발생할 때 타각에 의한 선회권으로 측정할 수 있다. 만약, 정해진 속력에 대해서만 선회권을 측정하면 그 외의 속력에 대한 선회권을 알 수 없다. 그러나 모든 가능한 경우의 속력을 측정하는 것은 불가능하다. 그래서 선박모델은 다음과 같은 식들을 이용하여 선박의 특성을 대표할 수 있는 변수 값들을 추정하여 적용하고 있다.

(1) 선회각속도와 선회권의 관계

그림 6-22에서, 정상선회동안 발생하는 정상선회각속도 $\dot{\varphi}_{K\mu}$와 타각 μ 사이에는 다음 식의 관계가 성립한다.

$$\dot{\varphi}_{K\mu} = K\mu \tag{6-7}$$

여기서, K는 그림 6-22에 나타낸 선회성지수, μ는 타각

식(6-7)로부터, 정상선회각속도 $\dot{\varphi}_{K\mu}$는 선회성지수 K와 타각 μ의 곱으로 나타남으로, K가 크고 μ가 크면 정상선회각속도 $\dot{\varphi}_{K\mu}$가 커져서 선박이 빨리 선회하기 때문에 선회권의 반경이 작아진다. 반대인 경우에는 선회권의 반경이 커진다.

(2) 추종성지수와 선회성지수

그림 6-22에서, 선회각속도 $\dot{\varphi}$의 최댓값 $\dot{\varphi}_{K\mu}$에 대해서 약 63 %에 도달할 때까지 걸린 시간(즉, 시각 t=0부터 시각 t=t1까지)을 추종성지수 T로 정의한다. 추종성지수 T는 타각을 준 후에 선박이 선회를 시작할 때까지의 지연시간을 의미한다. 그리고 지수라는 것은 하나의 대표적인 상수 값을 의미한다. 따라서 추종지수는 타각 μ을 준 후에 얼마나 빠르게 선박운동이 발생하는지를 나타내기 때문에 침로의 안전성과 조타에 대한 선박의 추종성을 나타낸다. 즉, 조타 이후에 얼마나 빠르고 안정적으로 설정침로에 수렴할 수 있는지를 추종성지수를 통해서 알 수 있다. 여기서, 선회각속도 $\dot{\varphi} = 0.63K\mu$가 되는 지점까지 걸린 시간을 추종성지수 T로 정한 이유는, 일반적으로 자동제어공학에서는 전체 걸린 시간 중에서 63%에 해당하는 시간을 시스템의 동특성을 나타내는 시정수(time constant)로 정하기 때문이다(Yasuno et. al., 1972). 이러한 시정수는 시스템이 얼마나 빠르게 응답하느냐를 결정하는 지표로 사용한다. 여기서, 63%부터 100%까지는 동일한 시스템이라 하더라도 상황이 변하면 시간이 달라지기 때문에 63%를 기준으로 정한 것인데, 0%부터 63%까지의 시간은 아무리 조건이 변한다 하더라도 동일한 시스템의 경우에는 공통된 특성을 나타낼 수 있기 때문이다.

추종성지수 T와 다른 것이 선회성지수 K이다. K는 타각 1°에 대한 선회각속도 $\dot{\varphi}$을 의미하는 것으로, 선박에 대하여 어느 정도의 선회각속도를 줄 수 있는지를 나타내는 지표이다. 선회성지수 K 값이 클수록 선회각속도는 증가하고, 선회각속도가 클수록 빨리 선회할 수 있기 때문에 선회권 반경은 작아진다.

(3) 조종성지수

추종성지수 T와 선회성지수 K을 통틀어서 조종성지수라 한다. 조종성지수는 선박이 움직이는 동특성(dynamic characteristics)을 나타내기 위한 지수이다. 특히, 선박모델은 조종성지수를 이용하여 구성하는데, 조종성지수 값은 선박의 형상, 선속, 화물의 적화

상태, 바람과 파도 등의 해상환경 등에 따라 다르게 설정해야 한다. 여기서, 두 가지 조종성지수의 특징을 요약한다.

1) 추종성지수 T는 선속에 반비례한다. 그 이유는 선속이 빠르면 선박의 운동모멘트(motion moment)가 커져서(즉, 쉽게 선박제어가 가능하여), 선회권반경이 작아지기 때문에 빠르게 선회각속도 $\dot{\varphi} = 0.63K\mu$에 도달하기 때문이다. 이와 같이 선속증가는 추종성지수의 감소로 나타나고, 반대로 선속감소는 추종성지수의 증가로 나타난다.
2) 선회성지수 K는 선속에 비례한다. 그 이유는 선속이 증가하면 타각 $1°$에 대한 선회각속도 $\dot{\varphi}$가 증가함으로 선회성지수 K는 커진다. 반대로 선속이 감소하면 선회성지수 K도 작아진다.

따라서 선박의 조종성능을 고려하는 경우, T는 작고 K는 클수록 좋다할 수 있지만, 선박 상황별로 적절하게 선택해야만 최적조타가 가능하다. 조종성지수 T와 K로 나타나는 선박운동을 알기 위하여 다음 식(6-8)과 같은 일반적인 선박운동방정식을 고려한다.

$$M_i \frac{d^2\varphi}{d^2t} + M_r \frac{d\varphi}{dt} = M_a \mu \qquad (6\text{-}8)$$

여기서, μ는 타각, φ는 선회각, 그리고 M_i, M_r, M_a 등은 선체운동의 관성모멘트(inertia moment), 저항모멘트(resistive moment), 선회모멘트(angular moment) 등을 각각 나타낸다.

M_i, M_r, M_a과 T, K 사이에는 $M_i = TM_r$, $M_a = KM_r$ 의 관계로 나타낼 수 있기 때문에 식(6-8)은 $TM_r \frac{d^2\varphi}{d^2t} + M_r \frac{d\varphi}{dt} = KM_r\mu$가 된다. 따라서 이 식을 M_r로 나누면 다음 식(6-9)과 같이 T와 K만으로 구성된 근사적인 선박운동특성을 나타낼 수 있다.

$$T \frac{d^2\varphi}{d^2t} + \frac{d\varphi}{dt} = K\mu \qquad (6\text{-}9)$$

즉, 식(6-9)과 같이 T와 K을 구하면 선박이 어떠한 형태로 운동할 것인지를 예측할 수 있다. 선박모델은 이러한 T와 K로 구성되기 때문에 선박모델에 현재 적용한 타각 μ와 자이로컴퍼스에서 검출한 선회각 φ이 입력되면 선박이 어떠한 형태로 운동할 것인지를 예측할 수 있다. 그래서 선박모델이 필요한 것이다. 만약 실제선박운동과 식(6-9)의 선박모델로 계산한 선박운동 사이에 차이가 발생하면, (1)항행환경이 변했거나, (2)화물적화상태가 변했거나, (3)아니면 선박모델이 갖고 있는 조종성지수 T와 K가 잘못된 경우 등일 것이다. 이에 대해서 적응제어자동조타장치는 다음과 같은 절차로 해결한다.

① 먼저, 조종성지수 T와 K에 오류가 발생한 것인지를 검토하는데, 적응제어칼만필터(Adaptive Kalman Filter)에서 이를 검출할 수 있다. 만약 오류가 발생했다면 새로운 조성지수로 갱신된다.
② 만약 항행환경이나 화물적화상태가 변했다고 판단되면 선박모델이 갖고 있는 조성지수 T, K와의 차이를 검출하여 이에 상응하는 보정값을 자동조타장치에 주어서 최적조타가 가능토록 한다.

이러한 조종성지수의 자동 갱신과 보정 등에 관해서는 후술한다.

2.2.3. 천후조정

앞의 재래식 자동조타장치에서 설명한 바와 같이 천후조정은 기상악화에 대응하기 위하여 반드시 고려해야 한다. 왜냐하면, 자동조타장치에 설정된 각종 제어변수들은 정상적인 항행환경에 대응하기 위한 것들이기 때문에 기상이 악화되면 비정상적인 상황이 발생하여 최적 자동제어가 곤란하다. 그래서 기상악화에 대해서 별도로 고려하는 것인데, 일반적으로 기상악화는 항상 발생하는 것이 아니고, 오히려 정상적인 항행환경이 더 많기 때문에 자동조타장치는 정상적인 환경을 기준으로 설정되어 있다. 또한 자동조타장치는 악천후에 사용할 목적으로 개발한 것이 아니라 정상환경에서 보침성과 경제성을 확보하기 위한 것이 주요 목적이기 때문이다.

선박에 강풍, 큰 파도, 강조류 등의 외란(disturbances)이 작용하면 선박은 심하게 좌우상하로 움직이는 요잉이 발생한다. 이러한 외란은 크기(amplitude), 주기(period), 빈도(frequency), 방향(direction) 등이 수시로 변한다. 그림 6-24는 외란 중에서 파도의 다양한 형태를 나타낸다. 해상에서 발생하는 해양파(ocean waves)는 이러한 다양한 파도가 합성된 것이다. 이 그림 중에서 우측 상단의 그림을 보면, 주기가 긴 해양파는 주파수가 낮고, 주기가 짧은 해양파는 주파수가 높다고 한다. 즉, 주파수는 초당 진동수를 나타내기 때문이다. 이러한 해양파와 바람, 조류 등이 혼합된 외란에 의해서 선체는 요잉하는데, 선체 요잉에 대응한 선체운동제어시 고려할 사항은 다음과 같다.

① 외란에 의해서 발생하는 선체 요잉에는 다양한 주파수가 포함된다. 즉, 선체가 천천히 요잉하는 경우는 저주파 외란이 가해진 것이고, 빠르게 요잉하는 경우는 고주파 외란이 작용한 것이다. 그러나 실제 선박은 복잡한 형태로 요잉이 발생한다.
② 선박에서 주로 대응해야할 요잉은 주파수가 낮은(주기가 긴) 요잉이다. 그 이유는, 주파수가 낮은 외란은 주파수가 높은 외란보다 상대적인 에너지가 크기 때문에 선박을 설정침로에서 멀리 벗어나게 하지만, 주파수가 높은 외란은 빠르게 요잉을 발생시키지만 상대적으로 선체에 가해지는 에너지는 작기 때문이다.
③ 특히, 황천시에는 파도에 의한 외란이 지배적인데, 이 파도에는 저주파와 고주파성분이 포함되어 있다. 만약, 선박을 고주파성분 하나하나에 일일이 대응하여 타를 사용하면 잦은 조타로 인하여 선체저항이 증가하여 속력저하뿐만 아니라 조타장치에 과도한 부하가 걸려서 타가 고장 날 수 있다. 그래서 황천시에는 가능한 타 사용을 억제하되, 저주파 성분의 파도에 대해서만 타를 사용한다.

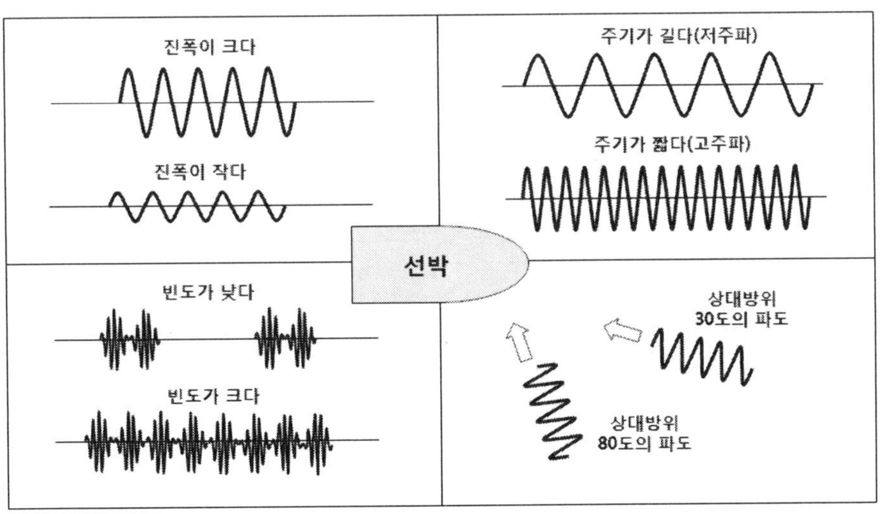

그림 6-24 선박에 외란으로 가해지는 파도의 종류와 형태

그림 6-25는 선박의 불규칙한 요잉으로부터 저주파성분만을 추출하기 위한 개념이다. 다양한 파가 합성된 해양파에는 저주파, 중간주파, 고주파 등 다양한 주파수와 크기, 방향 등이 혼재되어 있다. 이러한 해양파에 의해서 선박은 불규칙한 요잉을 발생시키는데, 자이로컴퍼스를 이용하여 요잉을 검출한 후, 저역통과필터(Low Pass Filter, LPF)로 걸러내면 저주파성분의 요잉만을 추출할 수 있다. 실제 적응제어자동조타장치에는 전자회로로 구성된 다양한 LPF와 칼만필터를 사용하고 있다.

한편, 재래식 자동조타장치는 요잉의 고주파성분 제거에 전자회로를 이용한 선형필터(linear filter) 또는 비선형 필터(none-linear filter)를 사용한 천후조정장치를 사용하였다. 특히, 입력 대 출력 사이의 관계를 명확하게 정의할 수 없는 비선형적인 요소들이 문제였는데, 백래시(backlash), 불감대역(dead band), 이중이득(dual gain) 등의 다양한 기능을 적용하여 비선형문제를 해결하려 하였다. 그럼에도 불구하고 고주파성분의 제거는 충분하지 못했다. 이에, 적응제어자동조타장치에서는 비선형적인 천후조정방법을 해결할 수 있는 칼만필터(Kalman Filter)를 사용하게 되었다. 그림 6-26은 칼만필터의 개념을 나타낸다.

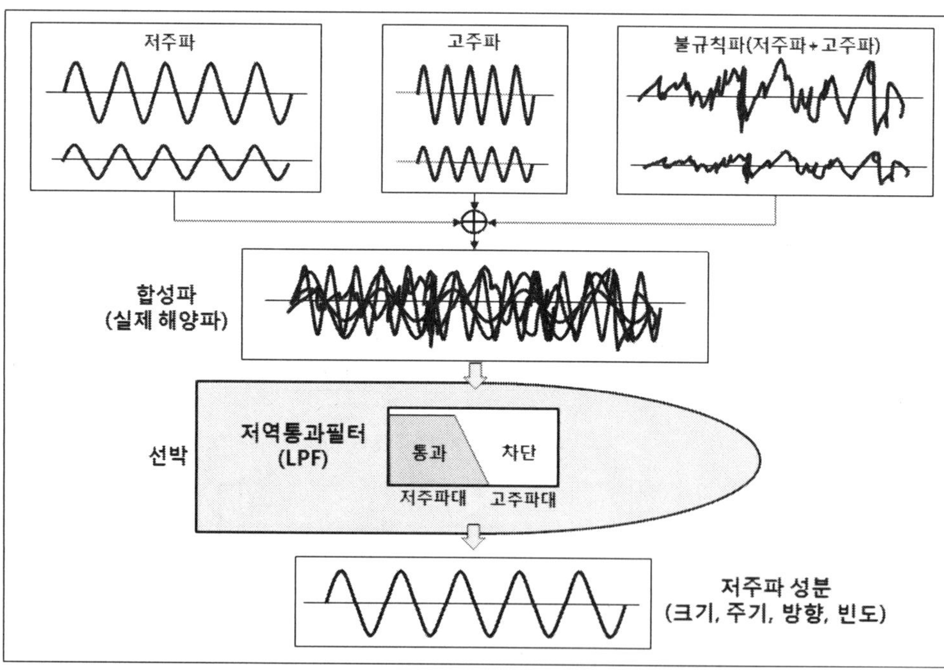

그림 6-25 선박에 가해지는 해양파에서 저주파성분 추출 개념

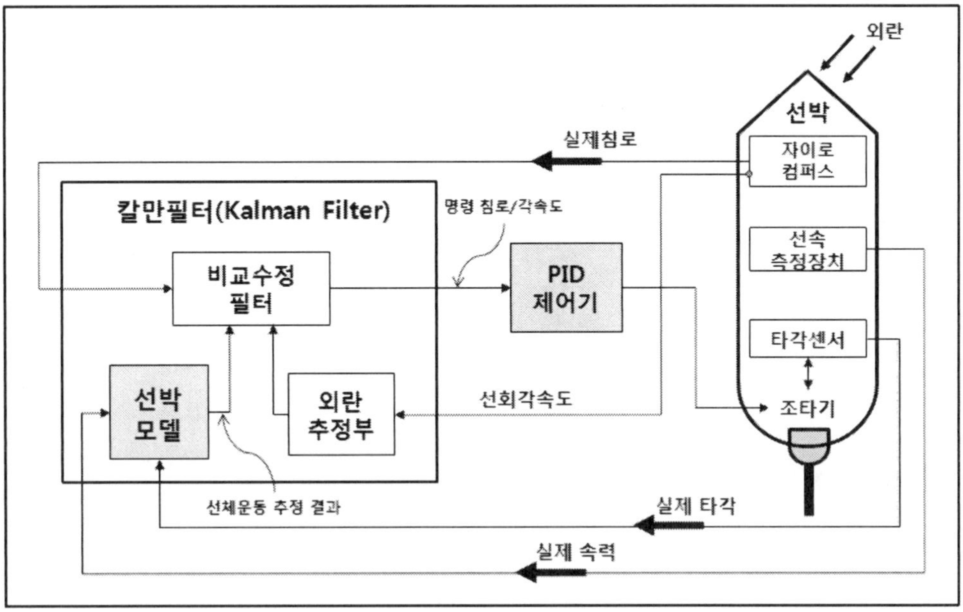

그림 6-26 칼만필터를 이용한 천후조정

그림 6-26에서, 칼만필터는 비교수정필터, 선박모델, 외란추정부 등으로 구성된다. 세 가지를 중심으로 설명하면 다음과 같다.

① 선박모델에는 추종성지수 T와 선회성지수 K 등의 2가지 조종성지수가 내장되어 있고, 선박의 실제타각과 실제속력이 입력된다. 선박모델은 실제 타각과 속력에 대한 이론적인 선체운동을 추정하여 비교수정필터로 보낸다.

② 외란추정부에서는 자이로컴퍼스에서 획득한 선회각속도($\dot{\varphi}$)를 이용하여 현재 선체에 발생하는 요잉을 추정함과 동시에 이를 통하여 선박에 가해지는 파도, 강풍 등의 외란이 어느 정도인지를 추정한다. 여기서, 해상상태가 조타시스템에 미치는 영향은 보퍼트풍력계급(Beaufort scales)에 비례하지는 않지만, 주로 파도와 너울의 방향에 의한다. 동일한 보퍼트풍력계급이라 하더라도 비스듬하게 선박의 후방에서 오는 너울이 조타시스템에 큰 영향을 주고, 전방에서 오는 너울의 영향은 작다고 알려져 있다(윤, 2000). 한편, 적응제어자동조타장치에서 관측되는 해상상태는 물리적인 센서를 이용하여 측정한 것이기 때문에 인간의 시각을 이용하여 관측하는 보퍼트풍력계급과는 크게 다르다.

③ 비교수정필터에서는 이러한 선박모델에서 추정한 선체운동과 외란추정부에서 추정한

실제 선체의 요잉을 서로 비교하여 오차를 계산한다. 오차가 있다는 것은, 현재 선박이 표준적인 형태로 운동하는 것이 아님을 의미하기 때문에 이에 대응하는 조타동작을 결정한다. 오차가 영(0)이라면 표준적인 형태로 조타동작을 결정한다. 그리고 비교수정필터에는 선박의 실제침로가 입력되기 때문에 이를 참고하여 현재의 선박과 기상환경에 최적인 침로와 각속도를 PID제어기에 명령한다.

이와 같이 칼만필터는 자기 스스로 최적의 PID제어를 위한 변수를 결정할 수 있다. 이러한 칼만필터를 적응형칼만필터(Adaptive Kalman Filter)라 한다.

2.2.4. 최적타각

그림 6-27은 최적타각 결정을 위한 적응제어자동조타장치의 최적타각연산제어부 블록선도를 나타낸다. 최적타각은 인간이 설정한 설정침로와 칼만필터에서 추정한 추정침로 사이의 편차와 각속도를 고려하여 결정한다. 최적타각연산제어부는 위의 그림 6-26에 나타낸 PID제어기를 포함한다. 그리고 최적타각의 결정은, 대양을 항해하는 경우, 제한수역을 항해하는 경우, 침로를 변경하는 경우 등과 같이 목적에 따라서 다르게 결정된다. 그림 6-27의 연산처리순서는 다음과 같다.

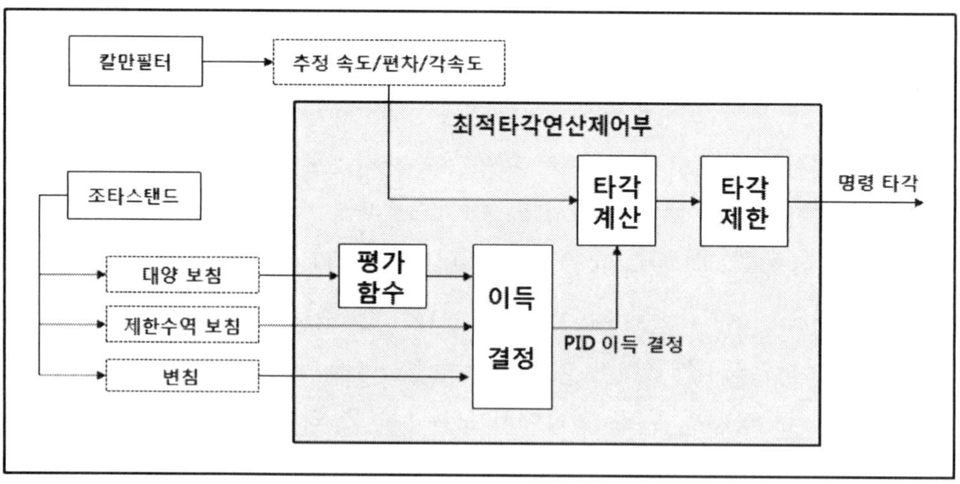

그림 6-27 최적타각연산제어부

① 위의 그림 6-26의 천후조정에 적용했던 칼만필터에서 추정한 속도와 편차, 가속도가 타각계산에 입력된다.

② 그리고 항해사가 조타스탠드에서 선택한 3가지 항해목적(즉, 대양, 제한수역, 변침)에 따라서 PID제어기의 이득이 결정된 후 타각계산에 입력된다.

③ 타각계산에서는 칼만필터에서 추정한 속도, 편차, 가속도 등과 PID제어기의 이득을 종합적으로 검토하여 최적타각이 결정된 후, 타각제한으로 결과를 보낸다.

④ 타각제한은 일정한 범위이상의 타각을 사용하지 못하도록 제한시킨 것인데, 선종, 적화상태, 기상 등에 따라서 타각이 제한된다. 앞에서 설명한 바와 같이 경제성과 무리한 타 사용 억제를 위하여 기상악화시에는 타각 사용범위를 가능한 줄인다.

최적타각연산제어부 결정하는 타각 μ 은 다음 식(6-10)으로 나타낼 수 있다. 이 식은 앞의 식(6-6)과 유사하다.

$$\mu = -\left(N\varphi + R\frac{d\varphi}{dt} + I\int_{t_0}^{t_n}\varphi\, dt\right) \tag{6-10}$$

위의 식은 PID제어를 의미하는 것으로 $N\varphi$는 비례제어(P제어), $R\frac{d\varphi}{dt}$는 적분제어(I제어), $I\int_{t_0}^{t_n}\varphi\, dt$는 미분제어(D제어) 등을 나타낸다. 그리고, N은 복원타의 제어상수, R은 제동타의 제어상수, I는 적분타의 제어상수 등을 각각 나타낸다. 최적조타를 위해서는 항해목적과 기상상황 등에 따라서 PID제어의 제어상수(N, R, I)의 이득을 결정해야 한다. 이들 이득은 그림 6-27의 이득결정에서 계산된다. 그리고 그림 6-27에 특이한 것이 평가함수(evaluation function)이다. 대양에서 보침하는 경우는, 평가함수를 이용하여 속력과 항정 대비 연료소비량이 최소가 되도록 PID 이득을 결정하고, 제한수역에서 보침하는 경우 항해안전을 위하여 침로편차가 최소가 되도록 PID 이득을 결정한다. 이와 같이 평가함수는 경제적인 측면을 고려하기 위한 것이기 때문에 일반적으로 비용함수(Cost Function, CF)라 부른다.

그리고 적응제어자동조타장치의 조타방법에는 보침형식과 변침형식 등, 두 가지가 있는데, 최적타각연산제어부에서 처리한다.

① 보침형식(keeping course mode)이란, 현재의 침로를 유지하기 위하여 설정침로와 실제침로 사이의 편각을 보정하는 방법을 의미한다. 대양에서는 연료비절약을 위하여 타를 최소한으로 움직여서 침로를 유지해야하기 때문에 약간의 사행침로에 대해서는 허용하고, 협수에서는 큰 타각을 허용하여 가능한 빠르고 정확하게 침로를 유지한다. 그래서 자동조타장치에는 대양형식(OPEN SEA)]과 협수로형식(CONFINED)에 관한 선택 스위치가 있다.

② 변침형식(altering course mode)은, 선박의 조종특성을 고려하여 최적으로 침로를 변경하기 위한 방법이다. 가능한 위험하고 속력감소의 원인이 되는 대각도 변침을 적용하지 않기 위하여 사전에 변침점과의 거리를 계산해서 미리 변침하는 방법이다.

2.2.5. 평가함수

평가함수는 조타결과를 속도 대비 연료소모와 연관시켜서 평가하는 함수를 의미한다. 적응제어자동조타장치에서의 평가함수는 다음 식(6-11)로 나타낼 수 있다.

$$J = \lambda_1 \hat{\phi} + \lambda_2 \hat{\mu} + \lambda_3 \hat{\dot{\phi}} \qquad (6\text{-}11)$$

여기서

$$\hat{\phi} = \frac{1}{n}\sum_{t=1}^{n}\phi_t^2,\ \hat{\mu} = \frac{1}{n}\sum_{t=1}^{n}\mu_t^2,\ \hat{\dot{\phi}} = \frac{1}{n}\sum_{t=1}^{n}\dot{\phi}_t^2 \qquad (6\text{-}11a)$$

식(6-11a)은 어떤 일정한 시간동안(t=1 ~ n)의 편각 ϕ, 타각 μ, 미분편각 $\dot{\phi}$ 등에 대한 제곱평균을 의미하는 것으로, 제곱하는 이유는 이 변수들이 정부(+/-)로 나타나는 값들이기 때문에 이들의 절댓값을 취하기 위한 것이고, 평균하는 것은 대표적인 값을 계산하기 위한 것이다. 일종의 에너지 개념으로 이해하면 된다.

위의 식(6-11)의 의미는 다음과 같다. 첫번째 항 $\lambda_1 \hat{\phi}$에서, $\hat{\phi}$는 설정침로와 실제침로 사이의 편각 ϕ의 제곱값의 평균임으로, 일정시간동안 설정침로에서 벗어난 평균 편각의 에너지손실을 나타내고, λ_1은 별도로 계산하는 가중치계수(weight coefficients)이다. 일정한 시간동안 항로를 벗어나서 항해한다면 항로가 연장되기 때문에, 이 항은 항로가 얼마큼 연장되었는지를 나타낸다. 두 번째 항 $\lambda_2 \hat{\mu}$ 에서, $\hat{\mu}$ 는 일정한 시간동안 발생한 타각의 에너지임으로 타 사용으로 인한 에너지 손실을 나타낸다. 즉, 선속저하의 원인이 되는 항이다. λ_2 역시 별도로 계산하는 가중치계수이다. 세 번째 항 $\lambda_3 \hat{\dot{\phi}}$ 에서, $\hat{\dot{\phi}}$ 는 편각의 시간변화분(즉, 선회성분)에 관한 것임으로, 선박 선회에 따라 발생하는 관성저항을 나타낸다. λ_3 역시 별도로 계산하는 가중치계수이다. 여기서, 가중치계수 λ_1, λ_2, λ_3 중에서 λ_2 와 λ_3 은 유체력에 작용하는 상호관계를 적용하여 계산한다. 자세한 내용은 선박조종에 관한 참고문헌(김, 1998)을 학습하기 바란다. 대양항해의 경우에는, 타 사용으로 인한 에너지손실에 대한 가중치계수 λ_2 을 편각에 의한 에너지손실의 가중치계수 λ_1 보다 크게 한다. 즉, 대양에서는, 타 사용을 억제하고 편각에 의한 에너지손실을 허용하여 가능한 속력감소의 원인이 되는 타 사용을 적게 사용할 수 있도록 평가함수 J을 결정한다는 의미이다. 협수로에서 항해할 때는 이와 반대로 λ_2 을 λ_1 보다 작게 한다.

그림 6-28은 위의 식(6-11)을 적용한 평가함수 J을 이용하여 조종성지수(T, K)를 갱신하는 개념을 나타낸다. 비교수정필터에서 실제침로와 T, K을 내장한 선박모델의 추정침로를 서로 비교하여 최적침로를 평가함수로 보낸다. 평가함수에서는 위에서 설명한 최적조타방법을 결정한 후, 최적침로가 적정하지 않으면 오차신호를 선박모델에 전송하여 조종성지수를 현재 상황과 항해목적 등에 최적화되록 갱신 요청한다. 이러한 과정을 거치면 항해목적(대양, 협수로, 변침) 등에 따라 최적인 조타가 가능하다.

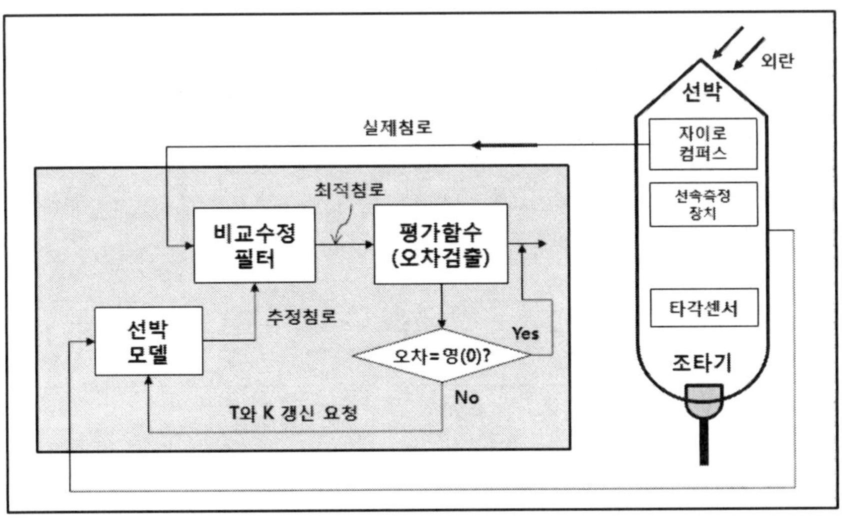

그림 6-28 평가함수와 조종성지수의 갱신 개념

2.3. 적응제어자동조타장치의 구성

2.3.1. 계통도

적응제어자동조타장치는 기계적으로, 조타스탠드(steering stand), 전원장치(Motor Starter), 유압장치(Hydraulic Power Unit), 유압실린더(Hydraulic Cylinder Unit), 추종장치(Rudder Repeat-Back Unit) 등으로 구성된다. 이러한 기계적인 구성보다 중요한 전체적인 구성내용을 이해하는 것이다. 그림 6-29에 위에서 학습한 내용을 종합한 적응제어자동조타장치의 계통도[70](system diagram)을 나타낸다. 그림 6-29에서, 적응제어자동조타장치에는 천후조정칼만필터와 최적타각연산제어부가 있어서 최적의 타각을 결정하고, 결정된 타각은 서보증폭기(servo amplifier)와 파워유닛(power unit)에 전달되어 조타기를 제어한다. 서보증폭기는 증폭기 자체에 되먹임 루프(feed-back loop)를 갖고 있기 때문에 입력변화에 관계없이 출력을 일정하게 유지할 수 있어서 조타기를 안정적으로 제어할 수 있다. 그리고 조타기는 수중에 잠겨 있는 거대한 타(rudder)를 회전시켜야함으로 대단히 큰 힘이 필요한데, 파워유닛은 유압을 이용한 안정된 큰 힘을 이용하여 타를 회전시킬 수 있다.

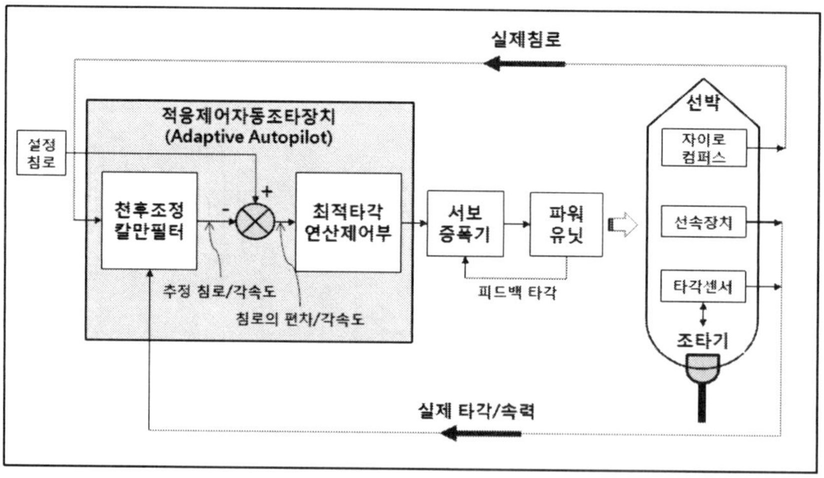

그림 6-29 적응제어 자동조타장치의 계통도

70) 계통도(system diagram)란, 시스템을 작동하기 위한 신호 전달 모습을 박스 형태 그림으로 간략하게 나타낸 것으로, 실제 회로구성을 나타낸 것이 아니다. 계통도는 블록선도(block diagram)를 이용한다.

2.3.2. 기능구성도

그림 6-30은 적응제어자동조타기 기능을 나타낸다. 앞에서 설명한 내용에 몇 가지 기능을 추가하였다. 각 세부 기능을 설명하면 다음과 같다.

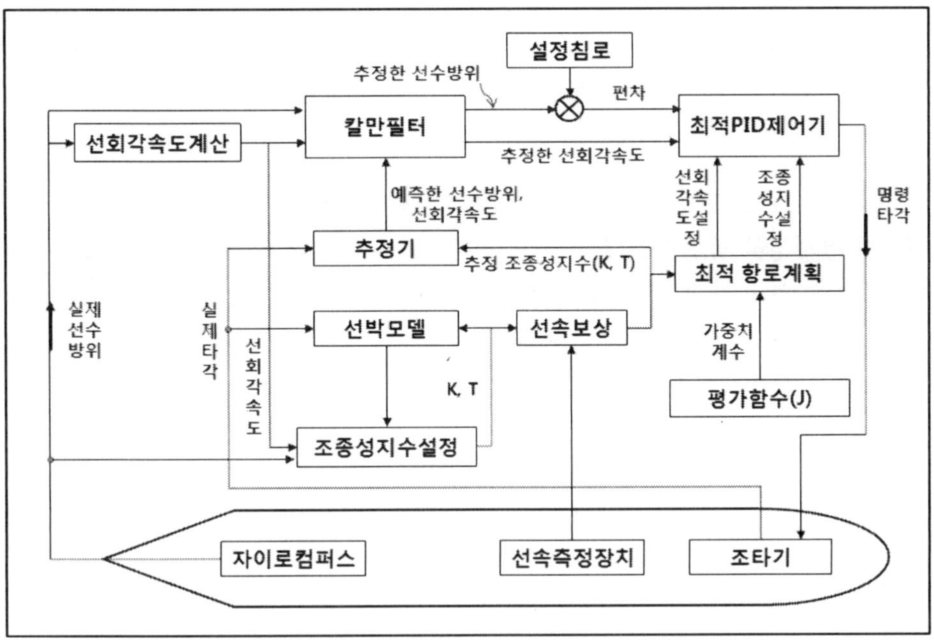

그림 6-30 적응제어자동조타장치의 기능구성 블록선도

① 자이로컴퍼스에서 획득된 실제 선수방위는 칼만필터에 입력되고, 선회각속도계산에 입력되어 선회각속도가 계산된 다음 칼만필터와 조종성지수설정에 입력된다.

② 칼만필터는 실제선수방위, 실제선회각속도, 추정기에서 예측된 선수방위와 선회각속도가 입력되어 현재 기상과 항행상황 등에 적합한 선수방위와 선회각속도를 추정한다.

③ 조종성지수설정에서는 선박의 실제선회각속도와 자이로컴퍼스에서 획득된 선수방위가 입력되어 조종성지수(K와 T)를 출력한다.

④ 그리고 선박모델에서는 실제타각이 입력되면 이에 해당하는 선체운동을 예측하기 위한 조종성지수(K와 T)를 계산한다.

⑤ 선속보상에서는, 선속측정장치에서 속력정보를 입수한 후 조종성지수설정에서 계산한 조종성지수(K와 T)에 대한 선속보정요소를 가하여 새롭게 조종성지수를 예측한다.

⑥ 추정기는 조타기의 실제타각과 선속보상에서 추정한 조종성지수(K와 T)가 입력되어 최적조타를 위한 선수방위와 선회각속도를 예측해서 칼만필터로 전송한다.

⑦ 그 다음에는 설정침로와 칼만필터에서 추정한 선수방위를 비교하여 편차를 구한 후 최적 PID제어기에 입력하고, 동시에 칼만필터에서 추정한 선회각속도 역시 최적 PID 제어기에 입력된다.

⑧ 최적 PID제어기에는 위에서 언급한 편차, 추정한 선회각속도는 물론 최적항로에서 결정한 선회각속도와 조종성지수 등을 이용하여 최적조타를 위한 타각을 조타기로 전송한다.

⑨ 평가함수는 위에서 설명한 바와 같이, 항해구역이나 항행목적에 최적인 가중치계수를 결정하여 경제성을 증진시킨다.

⑩ 특히, 중요한 것이 조종성지수설정인데, 선박의 실제 선회각속도와 선박모델의 조종성지수로 계산한 회두각속도를 비교하여 그 차이를 최소화시킬 수 있도록 조종성지수(K와 T)를 갱신한다.

2.3.3. 조타스탠드

실제 적응제어자동조타장치는 각종 전자회로와 컴퓨터, 기계적인 가동부, 유압장치 등 구성이 대단히 복잡하다. 그러나 항해사가 조작하는 것은 주로 조타스탠드(steering stand)에 내장된 다양한 조절장치들이다. 따라서 조타스탠드의 기능과 사용방법 구성 등을 학습하는 것이 중요하다.

그림 6-31은 일본 TOKIMEC 회사의 적응제어자동조타장치의 조타스탠드 사진이다. 조타스탠드에는 기능별로 집약된 계기판으로 구성되고, 이 계기 판에는 감시장치(monitoring unit), 리피터장치(repeater unit), PID장치, 적응제어장치(일명, ADPT 장치), 형식선택장치, 수동조타기, 무추종장치(NFU), 장치선택스위치, 명령타각지시기 등이 설치되어 있다. 그리고 조타스탠드 하부에는 그림 6-32와 같이 다양한 전자회로가 내장되어 있다.

이러한 기능 모두를 항해사는 충분하게 숙지해야만 최적의 자동조타가 가능하다. 아래에 다양한 기능을 설명한다.

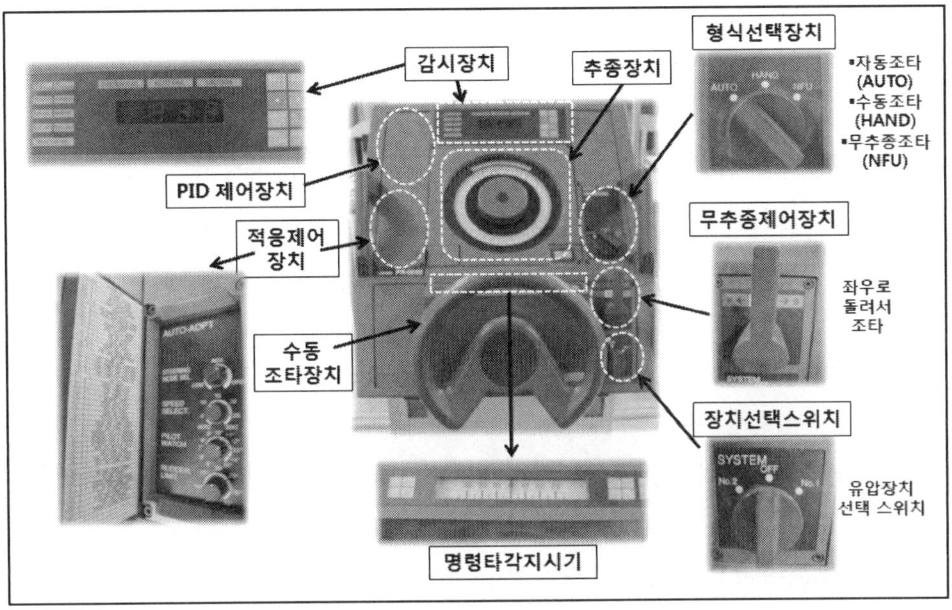

그림 6-31 TOKIMEC PR-8000 시리즈의 조타스탠드

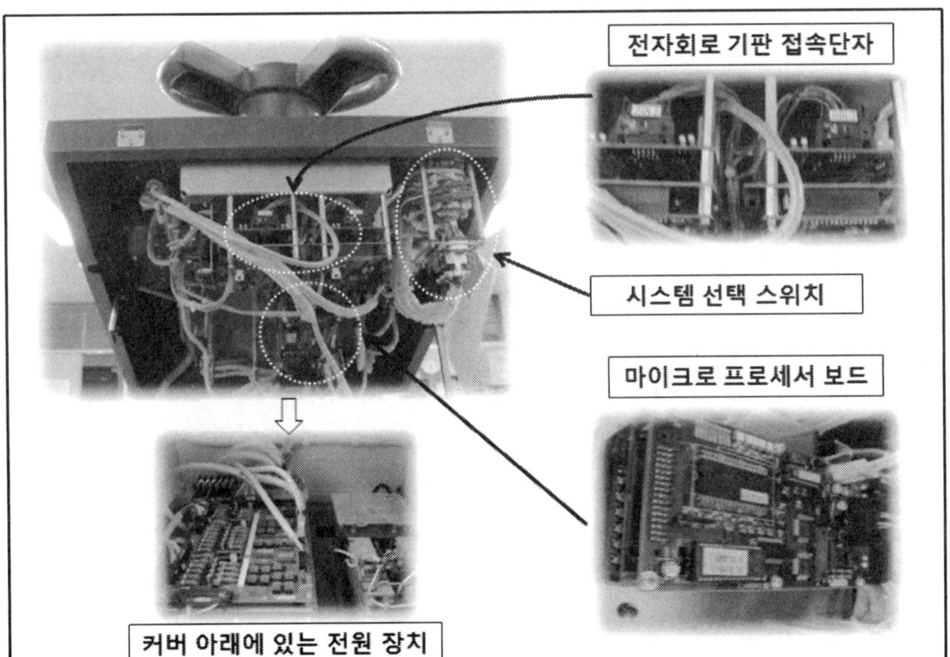

그림 6-32 조타스탠드 하부에 내장된 다양한 전자회로

1) 추종장치 : 추종장치(repeater unit)는 적응제어자동조타장치에서 제일 중요한 작동부와 침로설정부가 포함되어 있다. 그리고 360도의 방위판에 설정침로와 추종침로가 표시된다.

2) 감시장치 : 감시장치(monitoring unit)는 적응제어자동조타장치의 작동상태와 각종 시스템상태를 감시하여 그 결과를 표시한다. 감시장치판에는 다양한 경보와 이상상태가 표시된다.

3) 형식선택장치 : 형식선택장치(mode selection unit)은 조타형식을 선택하기 위한 것으로, 자동조타, 수동조타, 무추종조타 등 세 가지를 선택할 수 있다.

- 자동조타 : 추종장치에 설치된 놉(knob)을 원하는 설정침로로 돌려 놓으면 즉시, PID장치와 적응제어장치 명령타각신호가 서보증폭기에 입력되어 자동조타가 실행된다.
- 수동조타 : 수동조타는 수동조타장치(helm unit)를 이용하는데, 이 장치는 신뢰성 향상을 위하여 독립된 이중회로시스템(double circuitry system)으로 구성되어 있다. 수동조타는 형식선택스위치를 [HAND] 위치로 두었을 때만 가능하다.
- 무추종조타 : 무추종조타는 무추종조타장치(None-Follow Unit, NFU)를 이용하는데, 비상시에 조타하기 위한 것으로, 설정침로에 따르지 않는다는 의미에서 무추종조타라 부른다. 무추종조타를 위해서는 형식선택스위치를 [NFU] 위치에 두고, 무추종제어장치(NFU)의 레버(lever)를 우현이나 좌현으로 돌리는 동안만 조타된다.

4) PID제어장치 : PID제어장치(PID unit)는 PID자동조타 설정항목을 입력하기 위한 것이다. 설정항목에는 천후조정, 타율조정, 선회각속도조정, 자동조타감시설정, 제한타각설정 등 다섯 가지가 있다. 상세한 내용은 후술한다.

5) 적응제어장치 : 적응제어장치(adaptive control unit)에 적응제어자동조타용 설정항목을 입력한다. 설정항목에는, 보침형식설정(대양항해용/협수로항해용), 선속설정, 자동조타감시설정, 제한타각설정 등, 네 가지가 있다. 상세한 내용은 후술한다.

6) 장치선택스위치 : 장치선택스위치(system selection unit)는 타를 제어하는 타를 회전시키기 위하여 유압을 생성하는 두 대의 펌프([No.1] 또는 [No.2]) 중에서 어느 하나를 선택하기 위한 것이다. 자동조타는 이 스위치를 [No.1] 또는 [No.2] 중에서 어느 하나를 선택했을 때만 작동한다.

2.4. 자동조타장치 작동방법

2.4.1. 자동조타장치 작동준비

적응제어자동조타장치의 작동은 위의 그림 6-31에 나타낸 조타스탠드에서 쉽게 할 수 있다. 우선 다음과 같이 작동을 위한 준비를 한다.

① 우선 제일 필요한 것이 타의 운동을 위한 파워(power)를 생산하는 것이다. 타의 제어는 기관실에 설치된 유압펌프(pressure pump)를 돌려서 유압이 충분한 정도로 상승한 다음부터 가능한데, 일반적으로 2대의 펌프를 사용하여 고장에 대비한다. 그림 6-31의 조타스탠드에 있는 [장치선택스위치]로 [No.1] 또는 [No.2] 유압펌프를 선택한다. 그러면 선택한 유압펌프가 작동한다.

② 다음에는 그림 6-31의 조타스탠드에 있는 [형식선택장치]에서 자동조타[AUTO], 수동조타[HAND], 무추종조타[NFU] 중, 어느 하나를 선택한다. 일반적으로 [AUTO]는 대양항해때 적용하고, [HAND]는 입출항이나 협수로항해에 적용하며, [AUTO]와 [HAND]가 고장인 비상상황에서는 [NFU]를 선택한다.

2.4.2. 감시장치작동방법

자동제어장치의 각종 작동상태는 그림 6-31의 조타스탠드에 있는 [감시장치]에서 감시하여 이상 유무가 표시된다. 정상작동상태는 녹색, 경보상태는 적색으로 표시된다. 그림 6-33은 조타스탠드에 있는 [감시장치] 패널의 다양한 경보 표시를 나타낸다.

① [감시장치]의 [작동패널스위치]에 있는 [선택] 스위치를 누를 때마다 표시항목이 바뀐다.

② 어느 부분에 고장이 발생하면 적색의 고장표시등이 깜박이고, 경보음이 울린다. 이때 [부저정지] 스위치를 누르면 경고음은 멈추지만, 표시등은 깜박이지 않고 연속하여 점등된 상태로 바뀐다. 이 기능은 경보음이 너무 소란하여 자칫 항해안전을 저해할 수 있기 때문에 일시적으로 경고음을 중단시키되, 고장임을 알리는 적색 표시등은 켜 놓은 것이다.

③ [선택] 스위치를 눌러 경보를 표시한 후, [좌측이동]과 [우측이동] 스위치를 이용하여

현재 발생한 경보지점의 코드(code)번호를 확인한다. [좌측이동] 스위치를 누를 때마다 현재 표시한 경보이전에 발생한 경보가 나타나고, [우측이동] 스위치를 누를 때마다 현재 표시한 경보이후에 발생한 경보가 나타난다.

④ [램프테스트] 스위치를 누르면 테스트를 위하여 모든 램프(lamp)가 켜지고 부자가 울린다. 이 때 조명은 가장 높은 감도로 나타난다.

⑤ [조명증가] 스위치는 조명을 밝게 하고, [조명감소] 스위치는 어둡게 한다. 주위 환경에 맞추어 조명을 조절한다.

⑥ 그리고 [개별경보표시]에는 유압시스템 1번과 2번의 고장유무와 전원 고장유무, 타의 한계값 초과유무, 모니터고장 등의 상태가 표시된다.

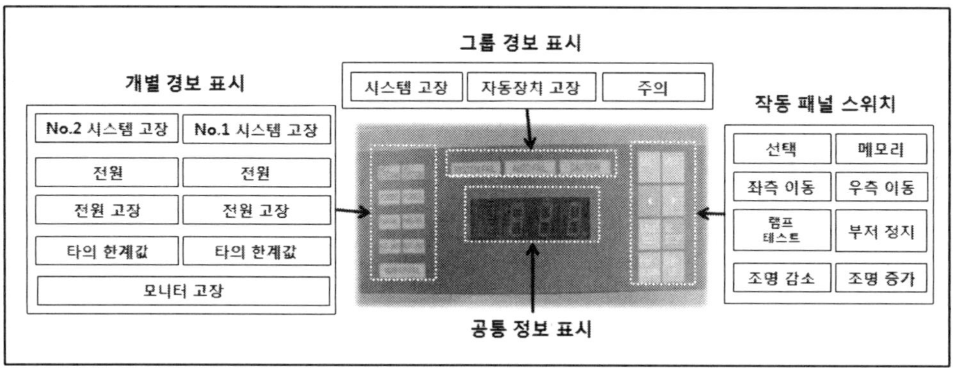

그림 6-33 감시장치의 다양한 경보 표시기능

2.4.3. 수동조타방법

수동조타는 그림 6-31의 조타스탠드에 있는 [형식선택장치]가 수동조타[HAND]로 놓여 있어야 가능하다. 수동조타는 말 그대로 조타수의 수작업으로 직접 타를 제어하는 것으로, 입출항이나 협수로 항해에 사용한다.

① 초기에 자동조타장치를 작동시키면 수동조타형식으로 설정된다. 수동조타는 명령타각지시기를 보면서 타륜(wheel)으로 조타한다.

② 자동조타[AUTO] 또는 무추종조타{NFU]에서 수동조타[HAND]로 변경할 때는 주의해야 하는데, 타륜을 돌려서 명령타각지시기의 지침을 중앙에 설정한 후 형식선택스위치를 [HAND] 위치로 돌려야 한다.

2.4.4. 자동조타방법

자동조타는 그림 6-31의 조타스탠드에 있는 [형식선택장치]가 자동조타[AUTO]로 놓여 있어야 가능하다. 자동조타를 위해서는 사전에 점검할 요소가 많다. 일단, 반드시 자이로컴퍼스가 안정된 상태인지를 확인한 후 자동조타 해야한다. 앞에서 학습한 바와 같이 자이로컴퍼스는 기동 후 4시간 이상이 경과되어야만 안정되게 북쪽에 수렴하기 때문이다. 따라서 자동조타는 자이로컴퍼스가 정상상태에 있을 때에만 가능하다. 그리고 자동조타장치에 있는 리피터컴퍼스와 자이로컴퍼스의 마스터컴퍼스의 방위가 일치하는지 확인하고, 일치하지 않으면 자동조타를 시작하기 전에 리피터스위치를 [OFF]로 돌려서 일치시킨다.

더욱 중요한 것이 수동조타에서 자동조타로의 전환인데, 자동조타는 수동조타에 적용하는 전기회로에 추가하여 별도의 전기회로가 연결되어 있다. 따라서 수동조타 상태에서 우선 전기회로의 이상유무 확인 후 자동조타로 전환시켜야 한다. 자동조타 절차는 다음과 같다.

① 조타스탠드에 있는 [형식선택장치]가 수동조타[HAND] 위치에 있는지 확인한다. [HAND]에 있다면 자동조타가 불가능하기 때문에 [AUTO]로 변경한다.
② 수동조타[HAND]에서 자동조타[AUTO]로 변경하는 경우는 다음과 같이 주의해야 한다. 만약 선박이 7 노트이상으로 항해한다면 [HAND] 상태에서 타륜(wheel)을 이용하여 타를 좌우로 10°씩 2 ~ 3회 돌려서 타 작동의 이상여부를 확인 후 자동조타[AUTO]로 변경한다.
③ [AUTO]로 변경되면 조타스탠드에 있는 [감시장치]의 [AUTO]표시등이 점등된다.
④ 다음에는 아래 그림 6-34와 같이 [추종장치]에 있는 [침로설정조절기](knob)를 누르고 돌려서 [침로설정조절기]에 있는 지침을 선수미선(선수방위)과 일치시킨다. 그러면 선박은 침로를 유지하면서 설정침로를 따라서 자동으로 조타를 시작한다.

그림 6-34는 [AUTO]에서의 침로설정방법을 나타낸 사진이다. 그림 (a) 현재 선박은 방위 000°로 항해중이다. 그림 (b) 침로를 030°로 변침하기 위하여 [침로설정조절기]를 누른 채로 돌려서 컴퍼스카드의 030°눈금에 지침을 맞추고 [침로설정조절기]에서 손을 뗀다. 그림 (c) 그러면 지침과 리피터 카드가 동시에 회전하기 시작하고 선박이 침로 030°에 도달하게 된다.

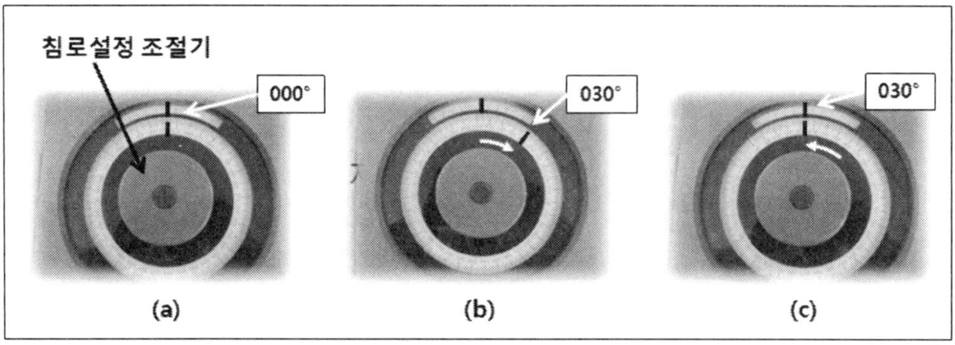

그림 6-34 조타스탠드 추종장치의 침로설정기를 이용한 자동변침방법

2.4.5. 자동조타특성 조정방법

그림 6-31의 조타스탠드에 있는 [형식선택장치]가 자동조타[AUTO]로 놓여 있는 상태에서 다양한 자동조타특성을 설정할 수 있다. 이를 위하여 조타스탠드에는 다음 그림 6-35와 같은 두 가지 종류의 제어에 대한 제어패널(control panel)이 있다. 이들 제어항목들은 선박을 건조한 이후 시운전할 때 기술자들이 정상운항상태에서 최적의 상태로 미리 조정한다. 그러나 기상이나 적화상태가 변하면 이들 값들이 적절하지 못한 상황이 발생함으로 재조정해야 한다. 한편, 실제 선박에서는 이러한 제어항목의 조정을 대단히 꺼려하여 초급항해사들이 조정하지 못하도록 금지하는 경우도 있다[71].

그림 6-35의 PID제어패널(패널에는 AUTO-PID[72]로 표시)은 기존 PID제어만을 적용했던 자동조타장치에서 사용하는 것이고, 적응제어패널(패널에는 AUTO-ADPT[73]로 표시)은 적응제어자동조타장치에서 사용한다. 이하에서는 [PID제어패널]과 [적응제어패널]을 구분하여 설명한다.

---

71) 이것은 자동조타형식에 대한 지식부족에 기인한 것으로 대단히 잘못된 관행이다. 한편, 이러한 관행을 이해할 수 있는 측면도 있는데, 자칫 자동조타항목을 과대 또는 과소하게 설정하면 선박이 큰 위험에 직면할 수 도 있기 때문이다. 따라서 항해사들은 제어패널의 각종 조절기에 대해서 충분히 숙지해야 한다.

72) AUTO-PID에서, AUTO는 Autopilot(자동조타장치)의 의미이고, AUTO-PID는 PID제어형식의 자동조타장치를 의미한다.

73) AUTO-ADPT에서, ADPT는 Adaptive의 의미이고, AUTO-ADPT는 적응제어자동조타장치를 의미한다.

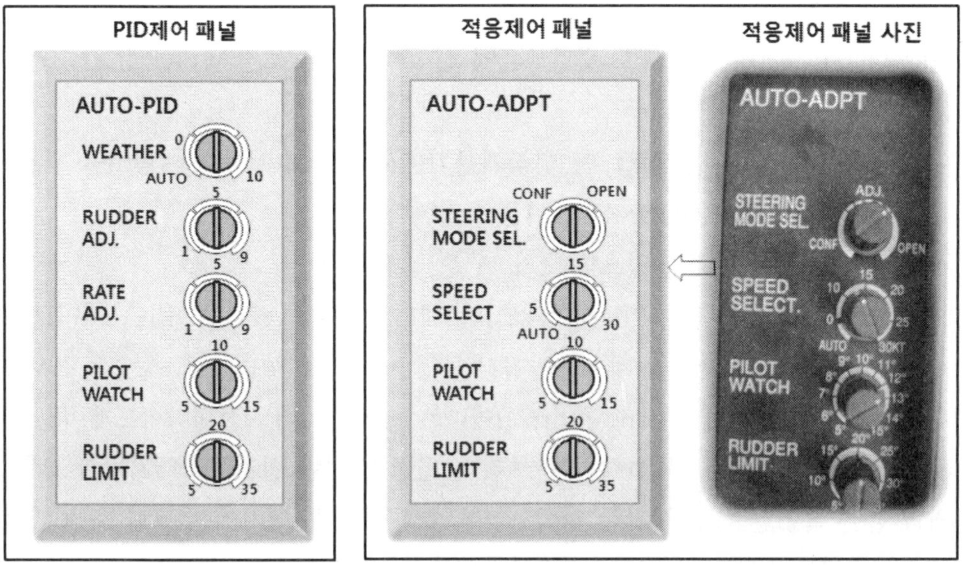

그림 6-35 자동조타형식의 조정을 위한 제어패널: PID제어패널(좌측), 적응제어 패널(중간), 적응제어 패의 실제 사진(우측)

(1) PID제어패널의 기능설명

1) 천후조정 : 그림 6-35 좌측그림은 [PID제어패널]인데, 이 패널의 제일 상단 조절기가 천후조정[WEATHER]을 위한 것이다.

① 자동천후조정 : [WEATHER] 조절기를 [AUTO] 위치에 놓으면 자동으로 조정된다. 천후조정에 관해서 지식이 부족한 경우에는 [AUTO] 사용을 권장한다.

② 수동천후조정 : [WEATHER] 조절기를 원하는 숫자 위치로 돌린다. 기상이 양호한 해상상태에서는 "0"으로 설정하고, 기상이 악화되면 숫자를 "10"까지 점점 증가시킨다. 이 숫자는 선박의 요잉각도를 고려하여 설정한다. 큰 숫자로 설정하면 선박의 작은 요잉에 대해서는 불감대역을 형성하여 타 사용을 억제한다. 따라서 대양항해에서 기상악화시 큰 값으로 설정하면 대각도 조타를 방지할 수 있다. 협수로항해에서는 작은 숫자로 설정하여 작은 요잉에 대해서도 허용할 수 있도록 하여 선박의 보침성능을 향상시킨다.

2) 타반응조정 : 그림 6-35 [PID제어패널]에 있는 타반응조정[RUDDER ADJ.]은 조타명령을 타에 주었을 때 타의 반응을 제어하기 위한 것이다. 이 기능은 후술하는 [레이트조정]과 연계되어 있다. 일반적으로 [RUDDER ADJ.]는 숫자 "4"에 맞춘 후 선박의 반응을 관찰한 후 적절하게 반응하면 숫자 "4"에 맞추고, 그렇지 못하면 다음절차를 따

른다.

① [RUDDER ADJ.] 조절기를 숫자 “4”에 설정하고 천후조정[WEATHER] 조절기는 숫자 “0”에 설정한다.

② 선박을 30분 정도 직진시킨 후, 항적기록기에서 선박이 이동하는 항적을 관찰하면서 최적의 값으로 [RUDDER ADJ.]을 수정한다.

③ 수정하더라도 큰 변화가 없으면 숫자 “4”로 설정한다.

3) 레이트조정 : 그림 6-35 [PID제어패널]의 레이트조정[RATE ADJ.]은 레이트 조타(Rate Steering)를 위한 것인데, 그 의미가 무엇인지 우선 학습하자. 특수한 경우로 선회각속도제어(Rate Of Turn control)이라는 것이 있다. 선회각속도제어는 타륜(wheel)으로 선회각속도를 설정하여 보침과 변침을 위한 반자동조타지원시스템으로, 탱커와 같은 특이한 특성을 갖는 선박조타에 효과적이다. 여기에는 그림 6-36과 같이 타각 μ 과 선회각속도 φ 사이의 관계를 나타내는 나선형특성(spherical characteristics)이 중요하다. 나선형특성은 타를 사용하는 경우 선박이 그림 6-36(a)와 같이 타각에 비례하여 선박의 선회속도가 대략 비례함에 반하여, 탱커와 같이 전장 대비 폭이 대단히 넓어서 방형비척계수가 큰 선박의 경우는 그림 6-36(b)와 같은 S자의 나선형특성을 갖기 때문에 조타가 매우 어렵다고 보고되어 있다. 오랜 승선경험이 있는 항해사는 이러한 선박제어 특성을 인지하고 있는데, 모든 선박은 그 선박 나름대로의 나선형특성을 갖고 있다. 이러한 타각에 대한 선회각속도의 문제를 해결하기 위한 것이 레이트조타(Rate Steering)이다. 레이트조타는 나선형의 침로불안정성특성을 선형특성으로 바꾸어서 조타를 쉽게 하기 위한 것이다.

4) 레이트조정[RATE ADJ.]의 경우 최적의 값이 적화상태에 따라 수시로 변하기 때문에 상황에 따라서 다음과 같이 조정한다.

① 선박건조 당시 기술자가 설정해 놓은 값을 [RATE ADJ.] 조정값으로 설정한다.

② [RATE ADJ.] 조절기를 대략 중간 숫자인 “4”에 설정하고, 천후조정[WEATHER]은 숫자 “0”에 설정한다.

③ 선박을 30분 정도 직진시킨 후, 항적기록기에서 항적을 관찰하면서 최적의 값으로 [RATE ADJ.]을 수정한다.

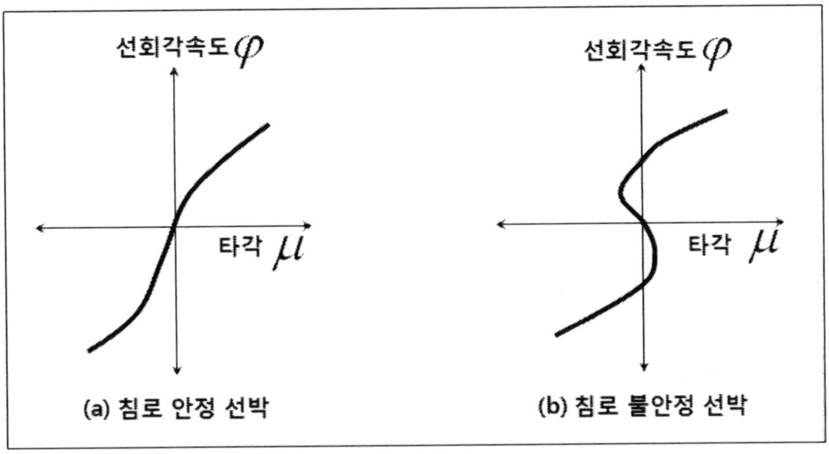

그림 6-36 침로안정선박(a)과 침로불안정선박(b)의 선회각속도의 나선특성

5) 조타감시 : 그림 6-35 [PID제어패널]의 조타감시[PILOT WATCH]는 설정값 이상으로 침로가 벗어나서 큰 편각이 발생하면 경보를 나타내기 위한 것이다. 경보가 발생하면 [PILOT WATCH] 조절기로 편각을 조정한다. 편각은 5°~ 15°까지 조정할 수 있다. 너무 큰 편각을 허용하면 선박이 설정침로에서 크게 벗어날 수 있으니 주의해야 한다.

6) 타각제한 : 그림 6-35 [PID제어패널]의 타각제한[RUDDER LIMIT]는 자동조타에서 사용하는 타각을 제한하기 위한 것이다. 타각은 5°~ 35°까지 조정할 수 있다. 일반적으로 상선에서는 30° 이내로 설정하는데, 35°이상으로 설정하면 대각도 타 사용으로 인하여 선박이 크게 경사되거나 최악의 상황에서는 전복할 수 있다. 또한, 대각도 타 사용은 타에 과도한 부하를 야기할 수 있다. 한편, [RUDDER LIMIT]을 대 각도로 설정한다 하더라도 자동조타장치가 대각도 타를 사용하는 것은 아니고, PID제어기에서 적절하게 사용함을 참고 바란다. 보침과 변침을 위해서는 타각제한을 15°정도로 설정해도 충분하다. 조타를 위한 명령타각이 타각제한 값 이상이 되면 위의 그림 6-33에 나타낸 감시장치 패널의 [타의 한계] 램프가 점등되면서 경보를 울린다.

(2) 적응제어패널의 기능설명

이하에서는 그림 6-35 우측에 있는 [적응제어패널](AUTO-ADPT)의 기능과 제어기의 조정방법을 설명한다. 이 패널은 적응제어자동조타장치의 조타제어를 위한 것이다.

1) 조타형식선택 : 그림 6-35 [적응제어패널]의 조타형식선택[STEERING MODE SEL.][74]은 대양항해, 협수로항해 등에서의 조타방법을 설정하기 위한 것이다. [STEERING MODE SEL.]에는 상세조타[CONF]와 대양조타[OPEN] 등[75]의 두 가지가 있다.

① 상세조타[CONF]는 협수로와 같이 수로의 폭이 제한되거나 선박의 입출항이 빈번한 해역에서 정확하고 안전한 선박의 보침, 변침, 정침 등을 위한 것이다. 대각도 타 사용을 허용하더라도 안정되고 정확한 침로 우지를 위한 경우 선택한다.

② 대양조타[OPEN]는 대양항해에서 연료소비 감소를 위한 경제적인 측면에서 어느 정도의 편각과 요잉을 허용하면서 타 사용을 최소화할 때 적용한다.

2) 속력선택 : 그림 6-35 [적응제어패널]의 속력선택[SPEED SELECTION]은 선박의 속력을 설정하는 조절기로 자동[AUTO]와 수동이 있다.

① 자동[AUTO]은 속력측정장치에서 출력되는 선속을 자동으로 적용하기 위한 것으로 [SPEED SELECTION] 조절기를 [AUTO]에 설정하면 된다.

② 단, [SPEED SELECTION]이 [AUTO]로 설정되어 있을 때 속력측정장치의 전원을 차단하면 자동으로 선속이 설정되지 않으니 주의하기 바란다. 이러한 경우에는 경보가 울린다.

③ 만약, 속력측정장치의 전원을 Off시켰을 때는 [SPEED SELECTION]을 수동으로 설정해야 한다.

④ 수동은 0에서 30 노트까지 조정할 수 있으나, 상선에서 속력측정장치가 없는 선박은 없기 때문에 가능한 [AUTO] 설정을 권한다. 단, 속력측정장치가 고장이거나 매우 큰 오차가 발생한 경우는 수동조정 해야 한다.

3) 조타감시와 타각제한 : 그림 6-35 [적응제어패널]의 조타감시[PILOT WATCH]와 타각제한[RUDDER LIMIT]은 PID제어패널의 제어기와 동일한 방법으로 조정하면 된다.

2.4.6. 무추종조타방법

무추종조타는 그림 6-31의 조타스탠드에 있는 [형식선택장치]가 무추종조타[NFU]로

---

74) [STEERING MODE SEL.]은, 조타(steering) 형식(mode) 선택(selection)을 간단하게 표시한 것이다.
75) [CONF]은 상세함을 뜻하는 Confinement를 의미하고, [OPEN]은 대양을 뜻하는 Open Sea를 의미한다.

놓여 있어야 가능하다. NFU는 None Follow-Up 이라는 의미로 자동조타제어를 추종하지 않는다는 의미이다. [NFU]는 [HAND]와 아주 다른 것으로 다음과 같은 특징이 있다.

1) [NFU]에 있는 레버(lever)를 좌우로 돌려서 직접 타를 제어하는 것으로 레버를 돌린 시간동안만 타가 이동한다.
2) [NFU]는 조타스탠드에 있는 제어증폭기를 통하지 않고 바로 유압장치에 있는 전자밸브의 솔레노이드 코일(solenoids coil)에 전기신호를 보내서 타를 제어한다.
3) 따라서 [NFU]는 자동조타장치의 제어시스템이 고장 났을 경우라도 제어증폭기를 통하지 않기 때문에 교류전원이 공급되는 한 선박을 조타할 수 있다.

무추종조타방법은 다음과 같다.

① 조타스탠드에 있는 [형식선택장치]를 무추종조타[NFU] 위치로 돌리면 [감시장치]에 있는 [NFU] 표시등이 점등된다.
② 레버를 좌현(P) 또는 우현(S)으로 돌린 시간동안 타가 작동하고, 레버를 중앙으로 다시 돌리면 타는 그 상태에서 정지한다.
③ 조타스탠드에 있는 [명령타각지시기]를 관찰하면서 무추종조타를 실시한다.

2.4.7. 비상작동방법

자동조타시 고장이 발생하면 즉시 다음의 절차를 따르는데, 조타스탠드에 있는 [감시장치]의 경보표시장치에 시스템고장[SYSTEM FAIL]과 자동장치고장[AUTO FAIL] 등의 경보가 점등되고 부저가 울려서 고장이 발생했음을 표시한다. 우선, 자동조타[AUTO]와 수동조타[HAND]로 조타하는 경우 이상이 발생하면 다음절차를 따른다.

① [감시장치]에 있는 시스템고장[SYSTEM FAIL] 표시등이 점등하거나 깜박거리면 유압펌프시스템의 고장발생을 의미하는데, 일반적으로 유압펌프시스템은 2개 중에서 하나만을 이용하기 때문에 [장치선택스위치]를 다른 쪽 시스템으로 바꾼다. 즉, [No.1]에서 [No.2]로 또는 [No.2]에서 [No.1]으로 전환한다.
② 만약 시스템고장[SYSTEM FAIL] 표시등은 점등되지 않았으나, 자동장치고장[AUTO FAIL] 또는 주의[CAUTION] 표시등이 점등하거나 깜박거리면 [형식선택스위치]를 수

동조타[HAND]로 바꾸어 조타한다.

③ 그래도 여전히 조타가 불가능할 때는 [형식선택스위치]를 무추종조타[NFU] 위치로 돌려서 레버로 조타한다.

상기 방법에 의해서도 여전히 조타가 불가능할 때는 직접 기관실의 조타기실에서 비상조타 작동설명서에 따라서 인력으로 조타해야 한다. 이러한 인력조타는 규정된 국제법에 의거하여 정기적으로 시행해야 한다.

2.4.8. 자동조타장치 정지방법

① 조타스탠드에 있는 [명령타각지시기]의 지침이 중앙에 놓이도록 타륜을 돌린다. 이렇게 하는 이유는 타를 중앙 위치로 돌려놓기 위한 것이다. 만약 타가 좌현이나 우현으로 돌아간 상태에서 조타기를 정지시키면 자칫 다른 방해물과 접촉할 수 있으니 주의해야 한다.

② 조타스탠드에 있는 [형식선택장치]를 [HAND] 위치에 놓는다. 그러면 [형식선택장치]의 [HAND] 표시등이 점등된다. 즉, 조타기에 설정된 초기기동 형식은 수동조타로 설정되어 있기 때문에 향후 다시 조타기를 작동시킬 때 오류가 발생하지 않도록 정지시 수동조타로 설정해 두는 것이다.

③ 유압시스템을 중지시키기 위하여 조타스탠드에 있는 [장치선택스위치]를 [OFF] 위치에 놓는다. 그러면 [감시장치]의 표시등에 있는 [No.1] 또는 [No.2] 표시등이 꺼진다.

2.5. 고장수리와 점검유지보수

2.5.1. 고장수리절차

최근 자동조타장치는 대단히 복잡한 전기, 기계 및 컴퓨터 시스템 등으로 구성되어 있어서 고장발생 가능요소가 많다. 이를 위해 제작회사에서는 고장진단매뉴얼(manual for trouble shooting)을 제공하고, 선박에는 이러한 고장진단매뉴얼이 비치되어 있다. 그러나 비전문가인 항해사들이 이러한 고장을 수리하는 것은 무리이다. 심지어 전문가 역시 원인을 식별하고 진단해서 수리하는 것은 매우 어려운 일이다. 따라서 선박에서 제일 중요한 것은 고장이 발생하면 즉시, 선장에게 보고함과 동시에 본사에 보고하고, 제작회사나 전문기술자들의 지원을 받는 것이다. 조타행위에 지장을 초래하지 않는 미미한 고장인 경우는 다음을 따른다.

① 선박에 비치된 고장진단매뉴얼(manual for trouble shooting)을 참고하여 고장원인을 식별한다. 일반적으로 매뉴얼에는 고장원인별로 코드(code)를 부여하고 있기 때문에 이 고장식별코드를 찾는다.
② 식별한 고장 내용이 수리 가능한 경우에는 매뉴얼의 지침에 의거하여 즉시 수리하고, 고장식별코드와 수리한 결과를 즉시 선박회사에 보고한다. 그 이유는 비전문가인 항해사들이 수리한 경우 자칫 오류가 발생하여 더 큰 중대한 사고를 유발할 수 있고, 미미한 고장이 차후 중대한 고장을 야기할 수 있기 때문이다.
③ 고장원인을 식별하지 못한 경우에는 즉시 제조회사나 전문기술자의 자문을 받아서 원인식별을 위한 노력을 지속해야 한다.

현재 조타행위에 지장을 초래할 정도의 중대한 고장이 발생한 경우는 다음을 따른다. 물론 선장에게 보고하는 것이 가장 중요하다.

① 즉시, 여하한의 방법을 동원하여 선박을 안전한 해역으로 이동시킨다.
② 고장진단매뉴얼에서 고장원인에 대한 고장식별코드를 찾는다.
③ 고장원인이 고장식별코드로 분류되어 있다면, 즉시, 고장진단매뉴얼의 지침에 의해서 고장수리를 실시한다. 그리고 상기와 마찬가지로 선박회사에 고장식별코드와 수리한 결과를 보고한다.
④ 만약 고장식별코드를 확인하지 못하면 즉시 제조회사나 전문기술자의 지원을 요청한다.
⑤ 동시에, 항해안전을 위한 차선의 선택을 모색한다. 차선의 선택은 선박승선 경험이 많은 선장이나 항해사의 몫이 된다.

2.5.2. 점검유지보수

(1) 일반점검

적응제어자동조타장치에는 3가지 종류의 조타형식(자동, 수동, NFU)과 안정된 조타를 위하여 이중의 유압펌프시스템([No.1] 및 [No.2])이 설비되어 있다. 항해사는 항상 3가지 조타방법을 충분히 습득해야 한다. 그리고 하루에 한번 이상은 하기 사항을 점검한다.

① 다양한 장치나 시스템 등이 정상상태인지를 확인한다.
② 대기상태에 있어야할 장치나 시스템은 항상 대기상태로 준비되어 있는지 확인한다.
③ 각종 표시등과 경보장치를 확인한다. 이러한 기능이 고장 나면 자동조타장치가 고장임에도 불구하고 경보를 울리지 못하는 경우가 발생한다.
④ 선박에서 항해사가 일반적으로 행할 수 있는 유지보수는 램프(lamp)와 퓨즈(fuse)를 교체하는 정도일 것이다. 왜냐하면 자동조타시스템은 고성능 컴퓨터와 각종 전자회로 등으로 구성되어 있고, 일부 전자회로는 새로운 전자회로로 아예 교체해야 하는 경우도 있기 때문이다.
⑤ 일반적으로 자동조타장치는 전체 시스템에 대해서 1년에 한 번씩 기술자에 의해서 점검되어야 한다.

(2) 일상점검

적응제어자동조타장치에서 고장발생 가능성이 가장 높은 곳은 유압펌프시스템이다. 유압펌프시스템은 선박운항 중 가장 작동횟수가 많고, 기계적인 가동부분이 많기 때문이다.

① 유압펌프시스템은 [No.1]과 [No.2] 시스템 각각이 자동조타[AUTO], 수동조타[HAND], 무추종조타[NFU] 등에 대해서 작동하는지 확인한다. 당직시 항해안전이 확보된 경우에 각각의 조타형식에 대해서 점검함과 동시에 각 조타형식의 사용방법을 숙지한다.
② 조타스탠드에 있는 [감시장치]의 [작동패널스위치]에 있는 [램프테스트] 스위치를 눌러서 모든 램프가 점등되고 동시에 부저가 울리는지 확인한다. 정상작동상태에서 경보램프는 적색으로 점등되어야 한다.
③ 조타스탠드에 있는 [장치선택스위치]가 [OFF] 위치에 있을지라도 전원 표시등은 점등되어야 한다. 그리고 [장치선택스위치]로 선택한 [No.1] 또는 [No.2] 시스템의 표시등이 역시 점등되어야 한다.

④ 조타스탠드에 있는 [형식선택장치]로 선택한 [AUTO], [HAND], [NFU] 중에서 어느 하나의 표시등은 반드시 점등되어야 한다.

⑤ 상기 3가지 형식에 대해서 조타스탠드에 있는 [명령타각지시기]는 현재의 타각지시방향으로 [PORT] 또는 [STB'D] 중에서 어느 하나의 표시등이 점등되어야 한다. 타각지시가 없을 때는 표시등이 꺼진다.

(3) 램프 및 퓨즈 교체

램프와 퓨즈는 해기사가 교체할 정도의 기술을 습득해야 한다. 램프와 퓨즈를 교체할 경우의 주의 사항은 다음과 같다.

① 반드시 [장치선택스위치]와 전원장치의 서비스스위치를 모두 [OFF]시켜서 전원을 차단해야 한다. 주의할 것이, 자동조타장치의 전기회로에는 높은 전압과 전류가 발생하는 부분이 있고, 특히, 대용량 콘덴서(condenser)는 전원을 Off하더라도 여전히 고압전류가 남아 있기 때문에 절대 맨 손으로 만지면 안 된다. 항상 전기회로를 취급할 때는 감전사고에 대비해야 한다.

② 조타스탠드의 [추종장치]에 있는 조명용 램프를 교체할 때는 램프를 누른 상태에서 시계반대방향으로 돌려서 빼고, 새로운 램프는 시계방향으로 돌려서 삽입한다.

③ 전원장치의 퓨즈를 교체할 때는 퓨즈홀더(fuse holder)에서 퓨즈를 빼어 내고 새로운 퓨즈를 눌러서 삽입한다. 교체가 완료되면 서비스 스위치는 항상 [ON] 시켜야 한다.

3. 유압장치

3.1. 유압장치의 구성

유압장치(hydraulic power unit)는 자동조타장치에서 타의 운동을 제어하는 중요한 장치이다. 유압장치는 자동조타기에서 송신한 명령타각이 입력되면, 기름압력(유압)을 이용해서 실린더(cylinder)를 제어하여 타를 직접 제어한다. 유압장치는 기관실의 조타기실에 2대가 설치되어 있다. 그림 6-37은 2대의 유압장치 모습이다. 그리고 유압장치에 의해서 제어된 타 운동의 응답결과는 추종장치(repeat back unit)를 통해서 조타스탠드에 전달된다. 추종장치는 실린더(cylinder)에 기계적인 기구로 연결되어 있다. 그림 6-37의 유압장치를 설명하면 다음과 같다.

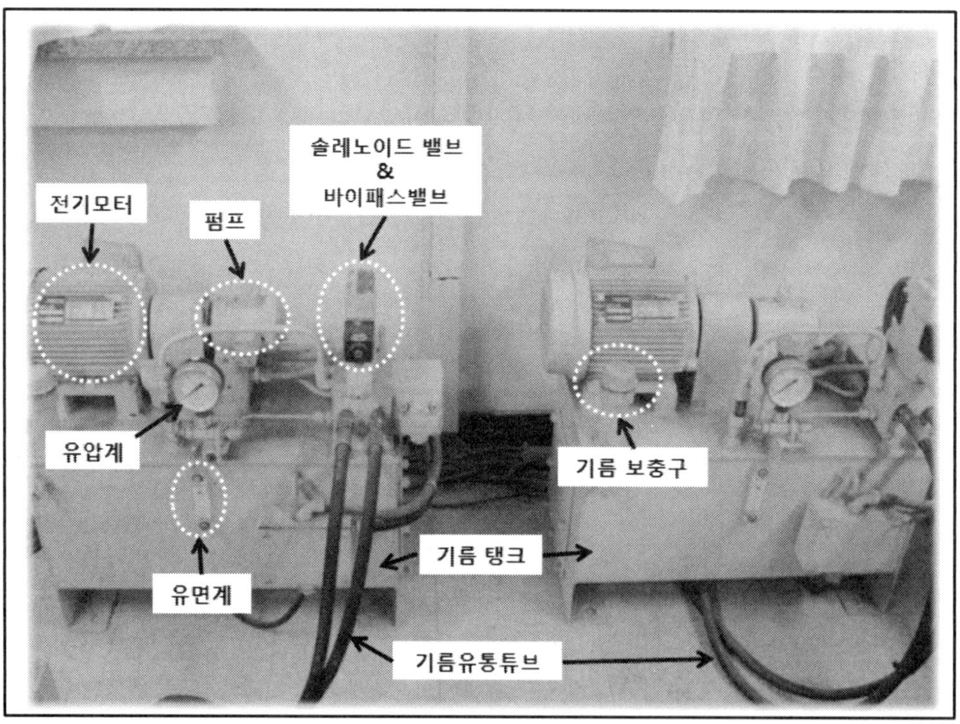

그림 6-37 자동조타장치의 유압장치 구성

① 기름탱크(oil tank) : 유압형성용 기름을 저장하고 있다. 기름탱크는 선박동요가 발생하더라도 기름이 새지 않도록 설계되어 있다. 기름탱크에는 기름의 양을 측정할 수 있는 유면계, 이물질을 걸러내기 위한 흡입여과기, 기름이 소지되면 이를 알리는 유면스위치 등이 있다. 항해사는 항상 유면계를 보면서 기름이 충분히 채워져 있는지 확인해야 한다.

② 흡입여과기(suction strainer) : 이물질이 기름에 섞여 있으면 유압시스템 작동이 중지되는 경우가 발생한다. 이물질을 걸러내기 위한 것이 흡입여과기 인데, 흡입여과기가 기름의 흐름을 방해하면 안 되기 때문에 흡입여과기는 유압에 대해서 최소한의 저항을 가져야 한다.

③ 전기모터와 펌프(electric motor and pump) : 기름압력 증가를 위한 것이 전기모터와 펌프이다. 모터와 펌프는 한 쌍으로 구성되는데, 펌프는 전기모터로 회전시킨다. 펌프를 고속으로 회전시키면 유압이 형성된다. 따라서 펌프고장이 발생하면 유압이 낮아져서 타 제어가 불능상태가 된다. 펌프는 다음 그림 6-38과 같이 자동으로 압력을 조정하는 가변구조날개형이 주로 사용된다. 전기모터가 펌프의 회전통(①)을 돌리면, 펌프의 날개(②)에 의해서 펌프 내부(③)는 진공이 발생하여, 흡입구(④)에 있는 기름을 배출구(⑤)로 급속하게 배출하기 때문에 유압이 형성된다.

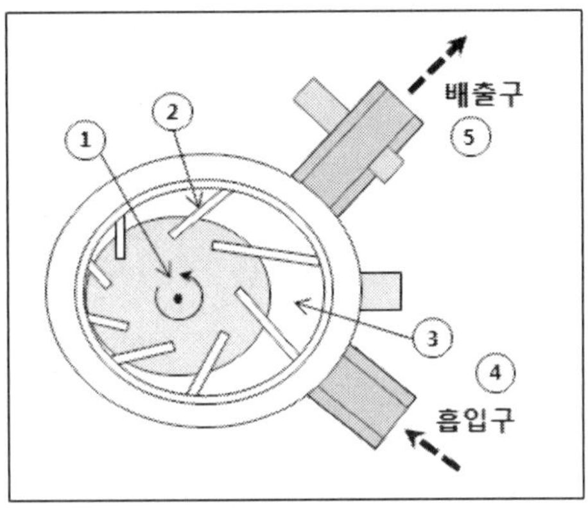

그림 6-38 가변구조날개형 펌프의 구조

④ 솔레노이드밸브(solenoid valve) : 솔레노이드밸브는 기름이 흐르는 방향을 제어하기 위한 것으로, 4방향의 스풀(spool)형 구조를 갖는다. 타의 방향을 조정하는 실린더의 운동방향과 정지위치를 변경시킨다. 전자회로를 이용해서 솔레노이드밸브를 제어한다. 수시로 작동하기 때문에 고장발생비율이 대단히 높다. 고장이 발생하면 예비 솔레노이드밸브로 교체한다.

⑤ 바이패스밸브(bypass valve) : 그림 6-39의 바이패스밸브는 유압에 의하여 작동한다. 펌프가 작동하여 일정유압이 발생하면 바이패스밸브가 작동하고, 펌프작동이 중지되면 바이패스밸브의 기름통로가 열려서 강제로 유압의 방향을 바꿀 수 있다. 비상조타시 선원들이 강제로 타를 조정할 때 이 방법을 이용한다.

⑥ 유압계(Pressure gauge) : 유압을 점검하기 위한 측정장치이다.

⑦ 유면스위치(oil level switch) : 기름탱크에 기름이 부족하면 이 상태를 감지하여 조타스탠드에 경보를 전송하기 위한 것으로, 기름탱크 앞면에 설치되어 있다. 유면이 최저 설정치 이하로 내려가면 그림 6-40과 같은 유면스위치의 플로터가 하강하여 스위치가 연결되면서 경보신호를 발생한다. 기름탱크의 유면은 유면계를 통해서도 시각적으로 확인할 수 있다.

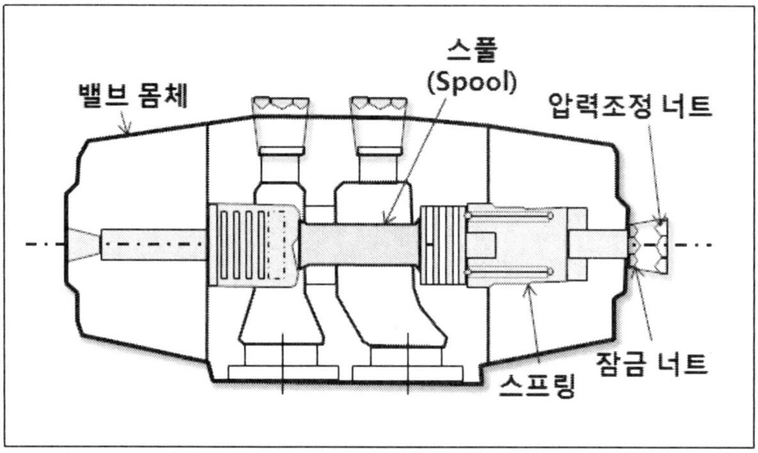

그림 6-39 바이패스밸브

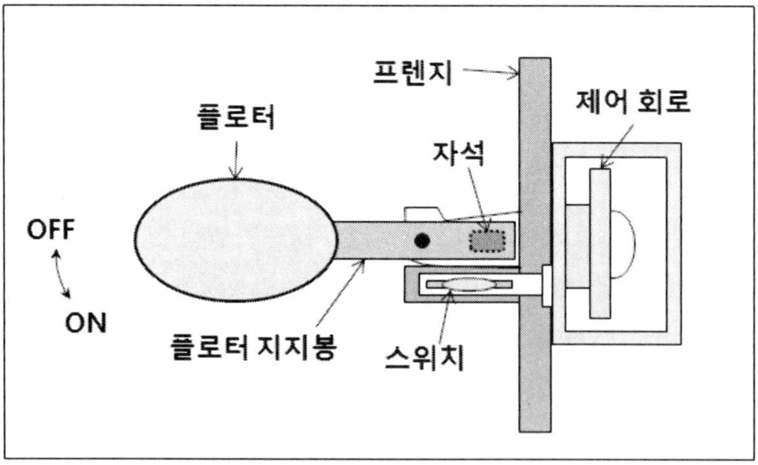

그림 6-40 기름부족을 측정하는 유면스위치

다음에는 그림 6-41의 추종장치와 실린더를 설명한다.

① 실린더(cylinder) : 실린더는 직접 타와 연결되어 있다. 유압장치에서 방향성을 갖는 유압이 실린더에 작용하면 타를 우현 또는 좌현 쪽으로 명령타각만큼 이동시킨다. 실린더는 피스톤(piston)이 좌우로 움직이면서 타를 움직이는데, 피스톤이 제한된 타각 이상으로 움직이지 않도록 제어하는 제한스위치(limit switch)가 있다. 제한스위치가 고장나면 조타기를 보호하기 위하여 기계적인 정지장치(stopper)가 부착되어 있다.

② 추종장치(repeater back unit) : 추종장치는 기계적인 연결기구를 이용하여 실린더와 연결되어 있다. 실린더가 이동시킨 타각을 검출하여 조타 스탠드에 전달한다. 그래서 조타장치에서는 현재 실제타각이 몇 도인지 알 수 있다.

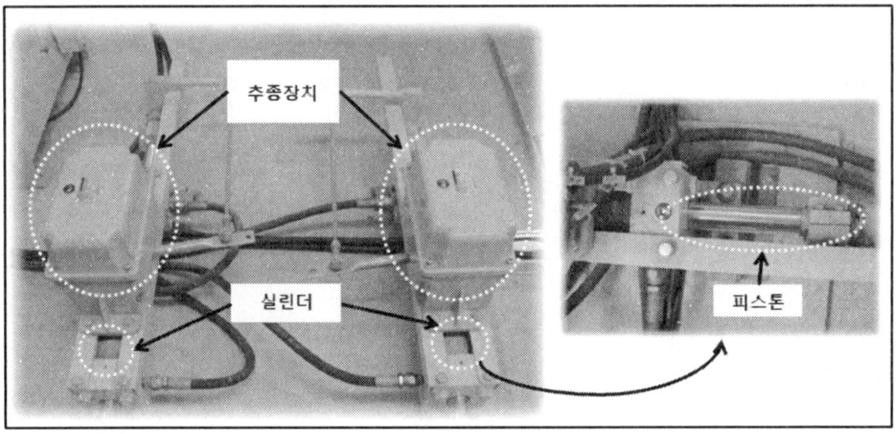

그림 6-41 추종장치와 실린더

3.2. 전원장치

그림 6-42는 전원장치의 겉모습과 내부 전자회로 등을 나타낸다. 전원장치는 펌프를 구동하는 전기모터에 전원을 공급하고, 전기모터의 기동과 정지를 제어한다. 그리고 전원장치는 솔레노이드밸브에 전원을 공급한다. 전원장치에 부착된 [No.1]과 [No.2] 유압 시스템의 전환스위치는 좌측 또는 우측으로 돌리는 회전식이며, 전원장치의 기동과 정지는 조타스탠드에 있는 [장치선택스위치]로 제어된다. 전기모터가 기동되면 조타스탠드에 있는 녹색표시등이 점등된다.

그리고 전원장치에는 과부하계전기(overload relay)가 설치되어 있어서, 모터에 과부하가 걸리면 열감지계전기(thermal relay)가 작동한다. 과부하가 걸리면, 오렌지색 과부하표시램프가 켜짐과 동시에 과부하상태를 알리기 위해서 경보음이 울리면서 조타스탠드에 있는 적색표시등이 점등된다. 이때에도 모터는 여전히 작동하고 있으므로 조타스탠드에 있는 [장치선택스위치]를 이용하여 다른 유압시스템으로 변경한다. 모터에 고장이 발생하여 조타스탠드에 경보가 울리면 주의해야 하는데, 이러한 경우라도 모터는 계속 돌기 때문에 결국 모터가 타버릴 수 있다.

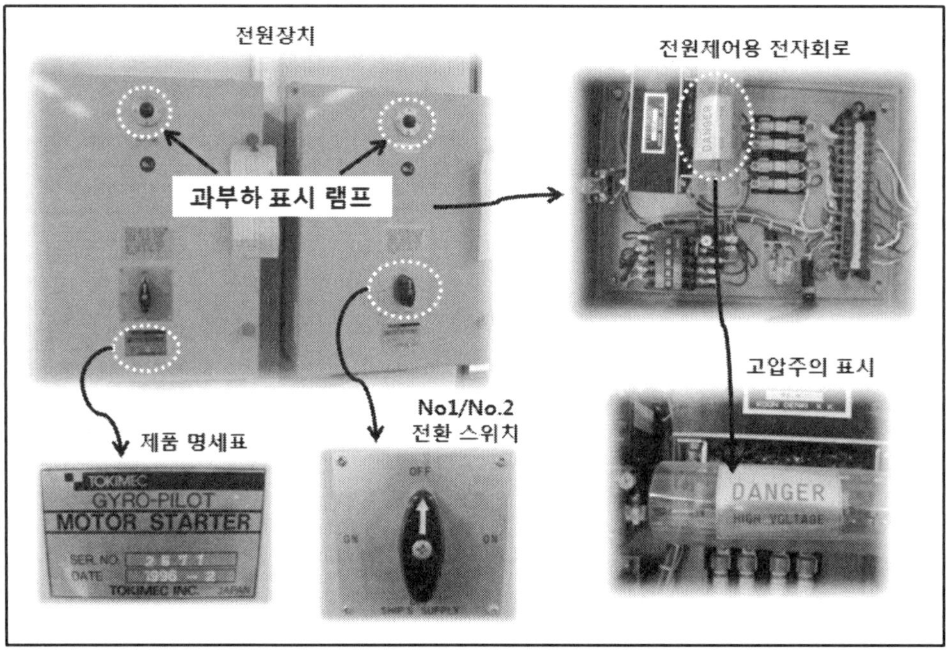

그림 6-42 전원장치

3.3. 고장수리와 점검유지보수

3.3.1. 고장수리절차

앞의 자동조타장치에서 설명한 바와 같이 장치에 고장이 발생하면 먼저, 고장진단매뉴얼(manual for trouble shooting)을 참고하여 고장원인과 고장발생코드를 식별해야 한다. 그리고 속히 선장과 선박회사에 보고하고, 필요시 제작회시나 기술자의 지원을 요청한다. 특히, 유압장치는 기계적인 가동부분이 많기 때문에 항해사 스스로 문제를 해결할 수 없는 경우가 대부분이다. 항해 중에 유압장치에 문제가 발생하면 다음 절차를 따른다.

① 우선, 유압장치에 고장이 발생하면 즉시 안전한 해역으로 이동하고, 다른 선박의 통항을 방해하지 않도록 국제규정에 정해진 신호기와 신호등을 작동시킨다.
② 그리고 유압장치의 작동절차가 맞는지를 검토한다. 고장발생원인이 작동절차에 있다면, 정해진 규정에 의해 재작동시키면 간단하게 문제가 해결될 수도 있다.
③ 간단한 문제가 원인이 되어 유압장치에 고장이 발생하는 경우도 고려한다. 예를 들어, 케이블이 끊어졌거나 연결부위의 나사가 풀려서 문제가 발생할 수 있다. 우선, 시각적으로 자동조타장치부터 기관실에 있는 유압장치까지 노출된 부분에 대해서 시각검사를 실시한다.
④ 그래도 문제가 해결되지 않으면 고장진단매뉴얼에 권고된 순서대로 하나씩 점검한다. 어느 한 부분을 조사하지 않고 다음단계로 건너뛰는 행위는 해서는 안 된다. 반드시 단계별로 점검한다.
⑤ 그럼에도 불구하고 원인을 찾지 못하면 제조회사 또는 전문기술자의 지원을 요청한다.

3.3.2. 점검유지보수

유압장치는 다음과 같이 주기적으로 점검해야 하는데 매주 점검사항은 다음과 같다.

① 펌프, 밸브, 탱크, 실린더, 파이프 이음새, 피스톤 로드 등의 파손과 기른 유출 여부
② 기름이 새는 것을 방지하기 위한 누유방지용 패킹(packing) 부분의 점검
③ 펌프 흡입구에서 비정상적인 소음이 발생하면 이물질이 걸려있는지 또는 펌프가 고장났는지를 점검한다.
④ 기름의 방향을 제어하는 솔레노이드밸브의 작동과 입력전압을 점검한다. 솔레노이드밸브에는 쇠구슬이 들어 있어서 기름의 방향을 제어하는 바, 쇠구슬이 깨지면 소음이 발생할 수 있다.
⑤ 기름의 온도가 정격온도 10 ℃ ~ 70 ℃ 사이인지 점검한다. 보통 중간 정도의 온도가 정상이다.

그리고 유압장치는 매월 다음과 같은 사항을 점검한다.

① 탱크 유면을 유면계를 통해서 시각적으로 점검하여 부족하면 보충한다.
② 유압장치의 압축 기름이 외부로 누출되는지, 압력이 정상인지를 점검한다.
③ 피스톤로드와 추종장치의 연결기구가 잘 연결되어 있는지 점검한다. 이 연결기구가 해체되면 타 운동 응답결과가 조타스탠드로 전송되지 못한다.
④ 또한, 유압장치는 매년 기름 교환주기를 점검하여 기간이 경과되면 교체해야 한다. 왜냐하면 오랫동안 기름을 사용하면 기름의 점성이 변하여 필요한 압력을 형성할 수 없게 된다. 마치 자동차의 엔진을 오일을 주기적으로 교환하는 것과 동일한 개념이다. 그리고 주기적으로 기름에 흡수된 물 성분을 제거한다.
⑤ 그리고 추종장치는 기계적인 기구로 실린더에 연결되어 있기 때문에 6개월마다 기계적인 연결부에 있는 베어링과 축에 소량의 윤활유를 주입한다.

제7장

항해데이터기록장치

항해데이터기록장치(Voyage Data Recorder, VDR)는 70년대부터 연구가 시작되어 90년대부터 상선 장착이 강제화된 장비이다. 마치 항공기의 블랙박스와 같다.

해양사고가 발생하면 VDR에 저장된 데이터를 호출하여 해양사고의 정확한 원인을 분석할 수 있다.

– 저자 –

1. 개요

항해데이터기록장치(Voyage Data Recorder, VDR)는 충돌, 좌초, 화재 등의 해양사고 발생시의 선박의 위치, 움직임, 물리적인 상태, 명령과 통제 음성 등에 관한 정보를 완전하게 복구 가능한 형태로 저장 및 유지하기 위한 장치이다. 마치 항공기의 블랙박스(Black box)와 같은 것이다.

1970년대 들어 미국 국립수송안전국(National Transportation Safety Board, NTSB)에서는 해양사고의 정확한 원인 분석을 위하여 선박의 사고기록에 대해서 적극 검토하게 되었다. 그 결과 미연안경비대(United States Coast Guard, USCG)와 관련기관 및 관련업체 등과 공동으로 VDR에 관한 기술표준을 만들기 시작하였다. NTSB는 VDR을 해양사고 조사를 위한 하나의 도구일 뿐만 아니라 선박운항 관리 도구로의 활용방안을 고려하면서 미국에서의 선박사고에 VDR이 활용될 수 있도록 USCG에 요청하게 되었다.

그 후, 1997년 11월 제20차 IMO 총회에서 VDR의 성능기준이 협약서 A.861(20)로 채택되었다. 또한 기술표준은 IEC61996을 따르도록 하였다. 이에 따라 개정된 SOLAS 제5장에는 VDR에 대한 강제 탑재 규정이 신설되어 2002년 7월 1일부터 여객선, 원유, 케미컬, 가스탱커 등에 VDR이 갖에 장착되게 되었다.

한편, VDR에 대해서 국제전기술위원회(International Electrotechnical Commission, IEC)에서는 1999년 8월에 VDR의 성능요건, 시험방법 및 시험결과를 마련한 바 있다. 현재 국제 항해에 종사하는 상선과 여객선에는 VDR이 탑재되어 있다.

2. VDR 구성과 기록 내용

2.1. VDR의 구성

그림 7-1은 VDR과 주변장치와의 연계구성도를 나타낸다. VDR은 주로 해양사고 발생시 사고원인 조사에 이용되기 때문에 모든 항해정보가 입력된다. 입력되는 정보에는, 방위, 속력, 위치뿐만 아니라 선교에서의 음성, 통화내용, 레이더 영상 등 해양사고 분석에 필요한 모든 정보가 입력된다. 입력된 정보는 수십 6,000 미터에서도 보호되는 데이터 캡슐(Data Capsule)에 보관된다. 그림 7-2는 LMS(Litton Marine System) 회사, JRC(Japan Radio Company) 회사, 삼성 회사 등에서 판매하는 다양한 데이터 캡슐의 외관을 나타낸다.

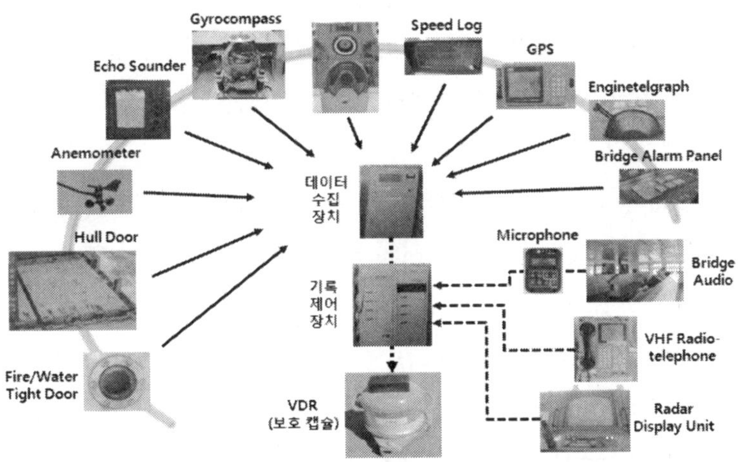

그림 7-1 항해데이터기록장치(VDR) 연계 항해장비

LMS 회사의 박스형
데이터 저장 캡슐

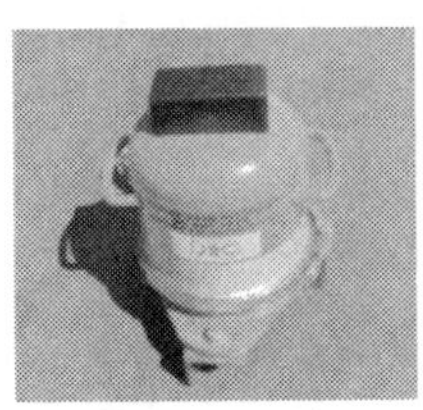

JRC 회사의 원통형
데이터 저장 캡슐

삼성전자의 원통형
데이터 저장 캡슐

그림 7-2 다양한 VDR 데이터 저장 캡슐

2.2. VDR의 기록 내용

VDR에 기록되는 데이터는 그림 7-1에 나타낸 다양한 항해장비와 센서에서 획득한 것들이다. IMO의 성능기준에 따라 총 15가지의 종류가 있다.

① 일시: UTC(Coordinated Universal Time: 국제표준시) 일시를 기록하고, 시각 오차는 10초 이내이며, 다른 항목 기록은 이 시각을 기준으로 정하고 재생가능해야 한다. 선박시계나 GPS시각이 사용될 수 있다.

② 선위: GPS나 GNSS 등과 같은 전자측위시스템(Electronic Position-Fixing System, EPFS)을 이용하여 획득한 본선의 위치(위도와 경도)를 기록해야 하고, 동시에 이 때 사용한 측지계(datum)[76]을 기록하여야 한다.

③ 선속: 대수속력 또는 대지속력과 속력 지시 내용 등은 선속계(Speed Log)에서 출력되는 정보를 이용하여 기록한다.

④ 선수방향: 선박의 자이로컴퍼스(Gyrocompass)에 의해서 출력된 진방위를 기록한다.

⑤ 음성채널-1: 선교에서 지령을 하는 장소, 레이더 지시기, 해도대 등에 가까이 설치한 1개 또는 여러 개의 마이크로 기록한다. 가능한 한 선내통화 및 경보, VHF 통화 내용 등이 기록되어야 한다.

⑥ 음성채널-2: VHF 통화 내용을 전담하여 기록한다. VHF로부터 직접 입력할 수 있다.

⑦ 레이더 표시 데이터: 기록시점에 있어서의 레이더 화면에 표시된 영상(image) 데이터를 기록한다. 데이터에 포함되는 내용은, 거리 링(range ring) 또는 거리 마커(range marker), 방위 마커(heading marker), 플로팅 심벌(plotting symbol), 레이더 지도, 선택된 전자해도시스템(SENC), 항해계획, 항해 데이터 및 레이더의 상황 등이다. 레이더 데이터의 기록간격은 15초 이내로 하며, 레이더의 완전한 이미지를 저장하여야 한다.

⑧ 음향측심기 데이터: 음향측심기(Echo Sounder) 데이터는 선박의 용골(keel)로부터의 수심을 기록하고, 적용한 수심 스케일(scale)과 그 상태에 관한 데이터를 기록한다.

⑨ 선교의 주요 경보상황: GMDSS의 경보를 포함하여 법적으로 강제된 선교내의 경보가 그 대상이 된다.

---

76) 측지계(Datum)란, 지도나 해도를 제작할 때 기준이 되는 지구 모형을 의미하는 것으로, 다양한 것이 있다. 지도나 해도를 제작하는 경우, 지구의 실제 울퉁불퉁한 모습을 그대로 반영할 수 없기 때문에 베셀(Bessel) 회전타원체 또는 실제 지구 모습과 근사한 지오이드(Geoid) 등을 지구 모형으로 본다. GPS는 1984년에 세계 학자들이 모여서 결정한 세계측지시스템(World Geodetic System)인 WGS-84를 적용하고 있다.

⑩ 조타 명령과 응답: 자동조타장치(Autopilot)가 장착되어 있다면 그 상태와 설정을 포함한다. 자동조타장치 및 타기 시스템(Rudder system)에서 출력되는 장보를 기록한다.

⑪ 기관명령과 응답: 엔진 텔레그래프(Engine Telegraph) 사용, 프로펠러(Propeller)의 제어, 이러한 장비의 지시기에서 출력되는 정보 등을 기록한다. 선수쓰러스트(Bow thrust)가 장착되어 있으면 그 상황을 포함한다.

⑫ 헐(Hull) 개폐 상황: 로로(RO-RO) 선박에 한한다. 화재경보 안전관리시스템을 이용한다.

⑬ 수밀 및 방화문의 상황: 화재경보 안전관리시스템을 이용한다.

⑭ 선체응력(Hull stress): 선체응력 계측장치가 장착된 선박에서는 선체응력장치에 기록되는 데이터를 기록한다.

⑮ 풍속과 풍향: 풍향/풍속계(Anemometer)에서 측정한 상대 풍속과 풍향을 기록한다. 다만, 상대 풍향/풍속 측정이 가능한 선박에 한한다.

3. VDR의 성능 기준

VDR은 선박 장비들의 상태와 출력 및 선박제어를 위한 지령과 제어와 관련하여 선택한 데이터 항목들을 순차적으로 기록하고 지속적으로 유지해야 한다. 그리고 다양한 데이터 항목들을 재생하는 경우에는 일자와 시각에 상호 연관될 수 있도록 기록되어야 한다.

3.1. 보호 캡슐에 관한 규정

(1) 보호 캡슐의 성능 기준

마이크로폰(Microphone)과 같은 특별한 센서를 제외하고, 최종 기록 매체를 보관하는 보호 캡슐(Protective Capsule)은 IEC61996의 기술표준 요건을 만족하고 다음과 같은 안전장치 형태로 구성되어야 한다.

① 가능한 한 조작이 간단하고 VDR 시스템으로부터 최근 12시간 분량을 연속적으로 기록해야 한다.
② 기록된 내용은 수정되지 않도록 하여야 한다.
③ 250 ℃의 화재 상태에서 10시간 동안 견딜 수 있어야 한다.
④ 6,000 m 심해에서 24시간동안 견딜 수 있어야 한다.
⑤ 250 kg 물체가 3 m 높이에서 떨어졌을 때 충격에 견딜 수 있어야 한다.

(2) 보호 캡슐에 저장된 정보의 보호

보호 캡슐(Capsule) 안에 저장된 어떠한 정보도 이러한 순차적인 환경시험을 거친 후에 손상되어서는 안 된다.

(3) 보호 캡슐의 설치 장소

사고가 난 후에 캡슐 복구를 최대화하기 위하여 보호 캡슐은 선교 외부갑판에 설치해야 하고, 연료 탱크 근처 또는 잠재적인 화재가 가능한 곳은 피하며, 원격 조종되는 원격제어 유인/무인 잠수정(ROV/SUV) 또는 다이버(Diver)에 의해서 회수가 가능한 곳에 있어야 한다.

(4) 보호 캡슐의 식별 장비

만약 선박이 침몰한다면, 그 캡슐은 자체 부양하거나 또는 그 장소에 고정되어야 한다. 그 장소가 고정되어 있는 곳을 알려주는 음향신호장비(예를 들면 '수중 위치표시 비콘') 등을 갖추어야 한다.

(5) 보호 캡슐에 표시하는 문구

쉽게 복구하기 위하여 자료가 저장된 보호 캡슐은 [VOYAGE DATA RECORDER-DO NOT OPEN]라는 문구를 넣어야 한다.

(6) 보호 캡슐의 색

색상은 쉽게 눈에 띄는 밝은 색, 즉 오렌지색 또는 황색으로 한다.

3.2. 데이터의 선택과 보관

VDR에 의해 기록되어질 최소의 데이터 항목은 위에서 기술한 것과 같으며, 선택 항목의 기록과 저장이 방해받지 않으면 추가 항목을 기록할 수도 있다. VDR은 입력되는 데이터의 선택항목, 데이터 자체 또는 이미 기록된 것을 수정할 수 없도록 설계되어 있어야 한다. 데이터나 기록의 원상태를 방해하는 행위는 기록되어 있어야 한다. 기록방법에서, 기록된 데이터의 각 항목이 완전한지 체크되어야 하며, 수정 불가능한 오류가 탐지된다면 경보가 발령되어야 한다.

3.3. 작동의 지속성

VDR이 사고 중에는 사건들을 계속적으로 기록할 수 있도록 선박의 비상전원으로 작동되어야 한다. 만약 선박의 비상전원이 사용되지 못한다면, VDR은 2시간 동안 지정된 예비전원으로부터 '음성 채널1'을 계속적으로 기록하여야 한다. 2시간 뒤에는 모든 기록을 자동적으로 멈추어야 한다. 기록은 다음의 경우에 따라 종료되지 않으면 지속해야 한다.

① VDR이 2시간동안 예비전원으로부터 작동되고 있을 때
② 장비에 있는 '기록종료' 조정기가 특수키나 코드의 사용에 의해 작동될 때 기록종료의 이유는 실제로 정지되기 전에 기록되어야 한다.
③ 그리고 모든 저장 데이터 항목은 12시간 유지되어야 한다. 이보다 더 오래된 데이터 항목은 새로운 데이터로 갱신되어 기록된다.

3.4. 운용

장치는 평상시 완전히 자동으로 운용되어야 한다. 전원이 공급되지 않는 사고가 발생하는 경우, 데이터 기록은 사고에 수반되어 종료되는데, 전원이 다시 공급되어 데이터 기록이 시작되는 경우 기존에 기록된 데이터에 새로운 데이터가 덧 씌워질 수 가 있다. 따라서 전원이 공급되지 않는 경우에는 이러한 데이터의 덧 쓰임을 방지하기 위한 적절한 종료수단이 있어야 한다. 이러한 종료수단은 데이터가 덧 씌워지거나 어떤 방법으로도 변경되지 않도록 보장되어야 한다.

4. 상용 VDR

4.1. 리튼마린시스템의 VDR

4.1.1. VDR 시스템의 구성

독일 LMS(Litton Marine System) 회사의 VDR은 그림 7-3과 같이 다양한 항행정보를 수집한 후 데이터 캡슐로 전송하기 위하여 각종 내외부 시스템과 연결되어 있다. 세부 장치들의 기능과 연결은 다음과 같다.

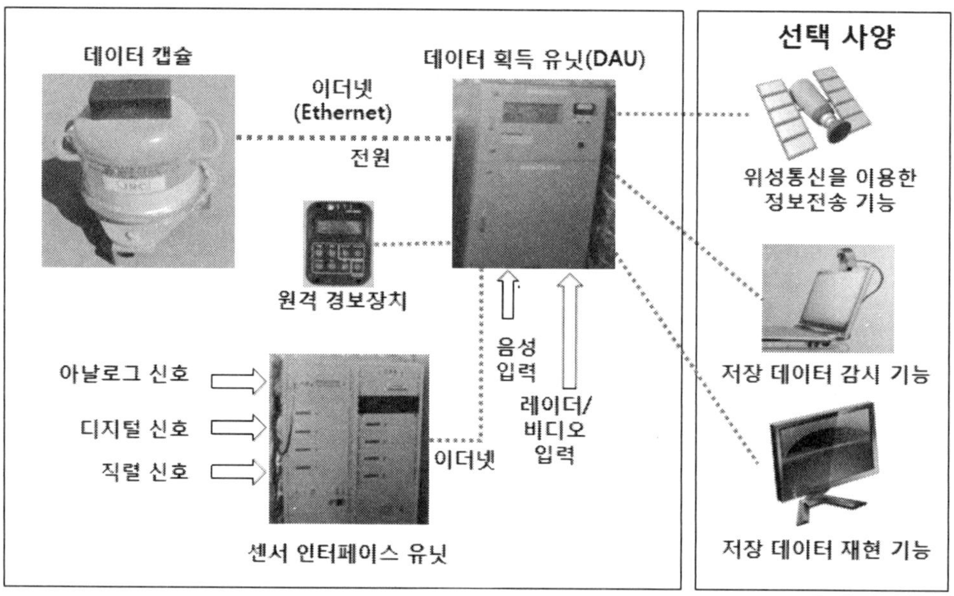

그림 7-3 LMS사의 VDR 시스템 구성도

① 데이터 캡슐(Data Capsule) : 저장된 데이터는 수심 6,000 m에서 12시간 또는 24시간 보호할 수 있고, 250 ℃의 화재에서 10시간 동안 견딜 수 있는 재질로 구성되어 있다.

② 데이터 획득 유닛(Data Acquisition Unit, DAU) : 내부 인터넷 통신망을 의미하는 이더넷(Ethernet)을 이용하여 데이터 캡슐에 데이터를 저장하고 전원을 공급한다. 그

리고 DAU에는 음성 데이터와 레이더 영상 정보가 입력되고, 이더넷을 통하여 센서 인터페이스 유닛(Sensor Interface Unit, SIU)의 정보가 입력된다. 특이한 것은 위성 통신, 저장 데이터 감시 시스템, 재현장치 등과 연결되어 있는데 이 기능들은 선주(선박의 주인, Ship's Owner)가 선택적으로 구입하여 장착하는 것이다.

③ 센서 인터페이스 유닛(Sensor Interface Unit, SIU) : SIU는 각종 항해장비와 풍향/풍속 센서, 방화문 상태 센서, 텔레그래프 정보 등의 정보를 DAU에 전송하기 위한 유닛이다. SIU에 입력되는 정보들은 전압이나 전류로 구성된 아날로그 신호(Analog Signal) 신호, 1과 0의 이진수(Binary Digit)로 구성된 디지털 신호(Digital Signal), 별도의 프로토콜(Protocol)로 연속된 디지털로 구성된 직렬 신호(Serial Signal) 등이 데이터 포트(Data Port)에 입력된다.

④ 시스템 선택사양(System Options) : 선주가 선택적으로 장착하는 것으로, 선교의 정보를 위성통신(Infor-Bridge Satellite Communications)으로 육상으로 전송하는 시스템이 있고, 데이터 감시 시스템(Data Monitoring System)은 일반 PC를 이용하여 데이터 캡슐에 저장된 데이터를 감시하기 위한 것이다. 그리고 데이터 캡슐에 저장된 과거 데이터를 재현할 수 있는 재현장치(Office Playback Station)가 있다.

⑤ 원격경보장치(Remote Alarm) : 데이터 캡슐에 저장되는 데이터에 이상이 발생하는 경우 경보를 울린다.

4.1.2. VDR 시스템의 내부 구성

LMS 회사 VDR 시스템의 내부구성도를 그림 7-4에 나타냈다.

1) 데이터 획득 유닛(Data Acquisition Unit)의 구성

- 데이터 획득 컴퓨터(DAU Computer) : 레이더 영상이 입력되며, 데이터 획득관련 장치를 제어하고 통제한다.
- 음성신호 믹서기(Audio Mixer) : 선교에 장착된 2세트의 마이크로폰과 VHF 통화 내용이 입력된다.
- 삭제 가능한 기록장치(Removable Media) : USB 메모리와 같이 쓰고 지우기가 가능한 반도체 메모리로 CPU의 제어에 사용한다.
- 네트워크 허브(Network Hub) : DAU의 정보를 외부로 전송하기 위한 이더넷 통신망으로 구성되어 있다.

- 전원 조절기(Power Conditioner) : 선내 전원이 연결되어 있는데, 비상시 선내 전원 공급이 차단되는 경우 2시간 동안 예비전원을 공급하기 위한 배터리가 충전되어 있다. 무정전 정원공급장치(Uninterruptible Power Supply, UPS)와 동일한 것이다.
- 감시 패널(Monitor Panel, 선택사양) : 데이터의 입출력을 감시하기 위한 모니터링 패널이 장착되어 있다.

2) 센서 인터페이스 유닛(Sensor Interface Unit) : 직렬 입력, 디지털 입력, 아날로그 입력, 선내전원 등이 연결되어 다양한 정보를 수신하고 처리한 후, 네트워크 허브를 통해서 DAU Computer와 데이터 저장 캡슐로 데이터를 전송한다.

3) 데이터 저장 캡슐(Survivable Data Storage Capsule) : VDR에 입력되는 모든 데이터를 12시간 또는 24시간동안 저장할 수 있다. 해양사고를 분석할 때는 권한을 가진 사람만이 데이터 저장 캡슐에 저장된 정보를 호출할 수 있는데, 이 때 별도의 프로그램이 필요하다. 해양사고 데이터를 아무나 호출하거나 조작을 방지하기 위한 것이다.

4) 선교 경보 장치(Bridge Alarm Unit) : 데이터 저장 캡슐에 저장되는 데이터의 이상 유무를 점검하여 항해사에게 알리기 위한 경보 장치이다.

5) 부가장치(선택 사항) : 원격 모니터 패널(Remote Monitor Panel), 재생 스테이션(Playback Station), 인포 브릿지 인터페이스(Infor-Bridge Interface) 등으로 구성되어 있다.

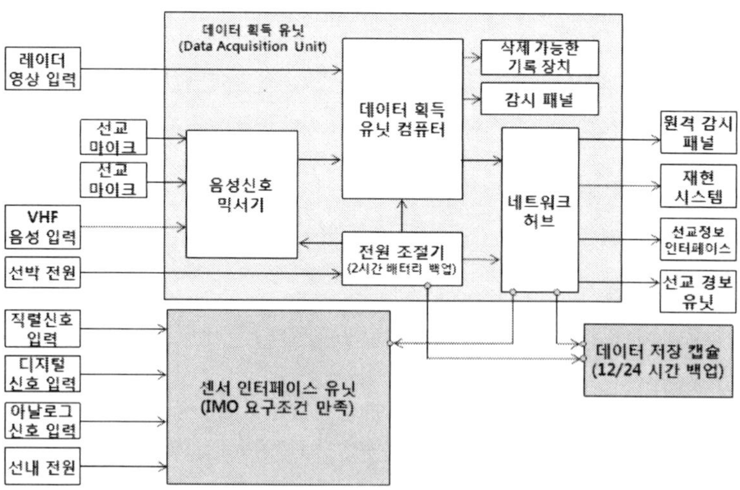

그림 7-4 LMS 회사 VDR 시스템의 내부 구성도

4.2. 삼성중공업의 VDR

4.2.1. VDR 시스템 구성

삼성중공업은 디지털 선박이라는 새로운 개념으로 선박을 설계하면서, SVDR2000 모델의 VDR을 출시한 바 있다. 그림 7-5는 삼성중공업 SVDR2000의 구성도를 나타낸다. 이러한 VDR은 모두 IMO 규정을 준수해야만 상선에 장착할 수 있기 때문에 위에서 설명한 LMS 회사의 구성과 대동소이 하다.

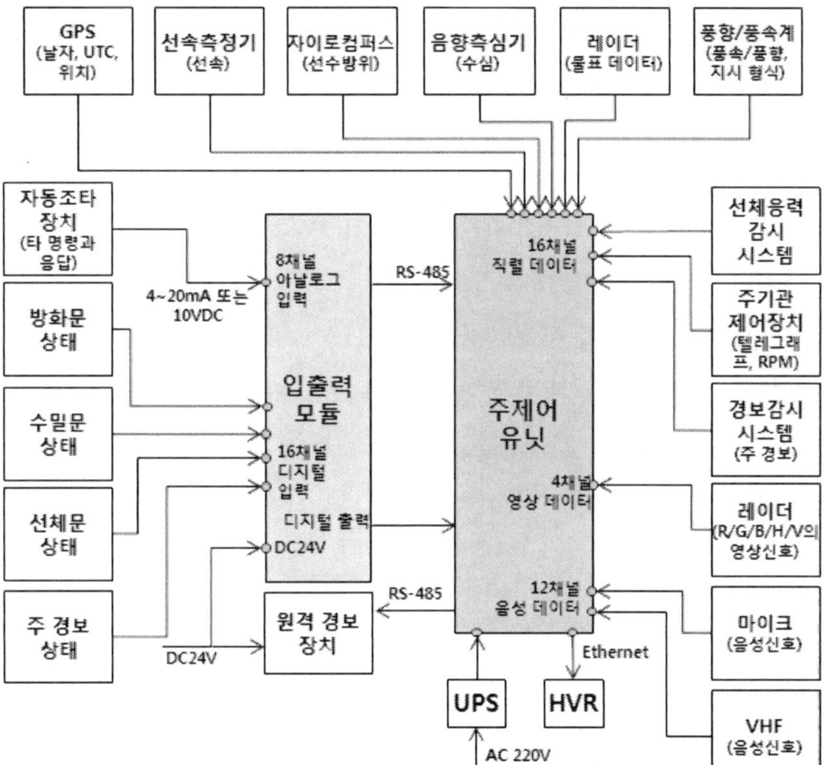

그림 7-5 삼성중공업 SVDR2000 모델의 구성도

1) **입출력 모듈(I/O Module)** : 8채널의 아날로그 입력(A/I), 16 채널의 디지털 입력(D/I) 16 채널, 4채널의 디지털 출력(D/O) 등으로 구성되어 있다. 자동조타기의 타 명령과 응답 내용은 독특하게 4 ~ 20 mA 방식 또는 ±10 VDC로 입력되는데, 이것은 자동조타기와 타 명령 등의 장치들에서 출력되는 정보가 이러한 형태를 갖기 때문

이다. 최근에는 디지털 신호로 형태로 전환되고 있다. 그리고 방화문(Fire Door)의 상태, 수밀문(Watertight Door)의 상태, 선체문(Hull Door)의 상태, 주요경보(Main Alarm) 상태 등이 입출력 모듈에 입력된다.

2) **주제어 유닛(MCU)** : 직렬 입력 16채널, 영상 데이터 4채널, 음향 데이터 12채널 등의 입출력 포트가 있다. 부가적으로 이더넷(Ethernet), 무정전 전원장치(UPS), HVR 등이 연결되어 있다. MCU로 전송되는 데이터의 종류와 전송 방식은 다음과 같다.
   - GPS의 날짜, UTC, 위치 등 : NMEA0183 방식으로 전송
   - Speed Log의 선속 : NMEA0183 방식으로 전송
   - Gyrocompass의 선수방위 : NMEA0183 방식으로 전송
   - Echo Sounder의 수심 : NMEA0183 방식으로 전송
   - Radar의 물표 데이터 : NMEA0183 방식으로 전송
   - Anemometer의 풍향/풍속 : NMEA0183 방식으로 전송
   - 선체 응력 모니터링 시스템(Hull Stress Monitoring System), 주기관 제어장치(Main Engine, Telegraph, RPM), 경보 감시 시스템(Alarm Monitoring System) : 직렬 데이터 방식으로 전송
   - 레이더 영상신호(R,G,B)와 데이터 동기신호(H,V) : 4채널 영상신호 방식
   - 마이크로폰의 음성신호, VHF의 음성신호 : 12채널의 음성신호 방식

4.2.2. 기술사양

삼성중공업 SVDR2000 모델의 VDR 기술사양은 다음과 같다.

1) 주제어 유닛(Main Control Unit, MCU)
   - 프로세서 : Pentium Ⅲ 급 CPU
   - 직렬 인터페이스 : 16 채널, RS-422/485
   - 음향장치 : 3개의 마이크로폰(Microphone) (2개의 방수 마이크로폰 포함, 1개는 VHF 녹음 기능)
   - 레이더의 영상장치 : RGB(Red, Green, Blue)의 영상신호, 수평동기(H-Synch) 신호, 수직동기(V-Synch) 신호

2) 입출력 모듈(I/O Module)
   - 인터페이스 : Ethernet 방식, 디지털 입력 : 1 채널, 디지털 출력 : 4채널, 아날로그

입력 : 8채널 12비트의 해상도 (4~20mA, ±10VDC)

3) 원격 경보 유닛(Remote Alarm Unit)

- 인터페이스 : RS485, LCD 표시장치 : LED 배경광(backlight)을 갖는 4줄 방식

4) 보호 캡슐 (Protective Capsule)

- 치수 : 높이 330.3mm × 직경 203.2mm, 무게 : 33.6 kg, 컬러 : 반짝반짝 빛나는 오렌지색, 전원 : 24 VDC 또는 110/220 VAC 50 ~ 60 Hz, 소모전력 15 Watt, 진동 작동 : IEC60945에 의거함, 침투력(Penetration) : 3 미터에서 250 kg/100 mm 보장, 화제 보호(Fire protection) : 1100 ℃에서 60분, 260℃에서 10시간, 충격 보호(Impact) : IEC68-2-27 50 g/s, 11 m/s, 반사인파 충격(half-sine shock)을 가하여 실험, 침수보호(Immersion) : 6,000 미터 수십에서 30일간 침수 보호, 수중에서의 탐지 방법 : 비콘(Beacon)을 사용하고 6년간 사용 가능한 배터리가 내장되어 있음

5) 무정전 전원공급장치(Uninterruptible Power Supply, UPS)

- 외부 전원의 공급 없이 2시간동안 사용가능한 전용 배터리

4.3. VDR 재현장치

재현장치(Playback)는 일종의 소프트웨어로써 PC나 네트워크를 통하여 기록된 데이터를 재생하거나 볼 수 있다. 그림 7-6은 컨시리움(Consilium) 회사의 재현장치의 표시방법을 예로 나타낸 것이다. 재현장치는 일반적으로 항해(Navigation), 영상(Video), 음향(Audio), 수밀문(Watertight Door), 방화문(Fire Door) 등 5개의 파트로 구분하여 저장된 데이터를 재현할 수 있다. 각 파트는 빠른 검색을 위하여 다음의 기능에 의하여 시간적으로 동기된 영상과 음향을 생성할 수 있다.

① 일반적으로 재현장치는 사용자 윈도우(User's Window) 환경을 기반으로 사고의 원인을 찾을 수 있게 구성되어 있다.

② 하나의 윈도우 프레임에서 시간에 동기된 데이터를 이용하여 사고 상황에 대한 시뮬레이션을 할 수 있다.

③ 사용자는 윈도우를 통하여 선박의 위치, 항해 데이터, 레이더 영상 등을 동시에 조사할 수 있다.

④ 재현장치를 이용하여 항해 데이터의 경향을 분석할 수 있기 때문에 해양사고 발생 이전의 항해장비 상태를 쉽게 분석할 수 있다.

⑤ 추가적으로 재현장치는 선박과 선박 또는 선박과 육상 사이의 선원들과 통신 대화 내용 등을 재현할 수 있기 때문에 정확한 사고원인을 찾을 수 있다.

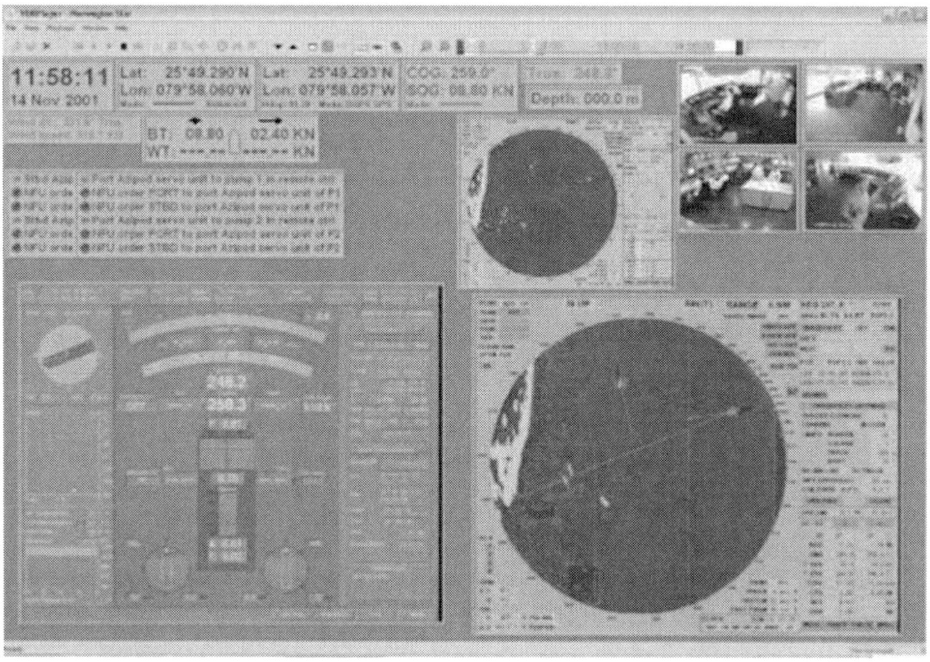

그림 7-6 컨시리움(Consilium) 회사의 VDR의 재현장치 표시화면(예)

제8장

천측용 계기

천측이란 천체를 측정하여 본선의 위치를 구하는 것이다. GPS가 출현한 이 시대에 왜 천측을 할까? 비상용 장비로서의 기능을 구현한 것이다.

육분의, 시진의 등 생소한 용어가 등장한다. 비상을 대비하여 학습해 두기 바란다.

\- 저자 -

1. 육분의

1.1. 개요

천문항법(Celestial Navigation)에서 선위를 구하기 위해 천체의 고도(altitude)를 측정하거나, 지문항법(Terrestial Navigation)에서 2개 물표의 협각을 측정하기 위한 장비가 육분의(Sextant)이다. 현재는 일반적으로 '육분의'라는 표현 보다는 영문 그대로 '섹스턴트'로 부르는 경우가 많다.

육분의는 호의 크기가 6등분(six, sex-) 되어 있다는 의미인데, 8분기, 5분기, 4분기 등 여러 가지가 있지만 관습적으로 육분의라 부른다. 오늘날의 항법은 대부분 GPS와 같은 전파항법에 의존하고 있기 때문에 여기서는 간단히 육분의의 측각원리, 구조, 오차 및 취급법 등에 대하여만 기술한다.

1.2. 구조와 명칭

육분의는 그림 8-1과 같은 구조로 구성되어 있으며 명칭 및 기능은 다음과 같다.

(1) **몸체(A)** : 몸체(Frame)은 반경 162 ㎜의 부채꼴 모양으로, 내식성 경합금 및 주물로 되어 있고, 여기에 동경, 수평경, 호, 손잡이 등 각 부품이 부착되어 있다.

(2) **호(B)** : 호(Arc)는 백금 또는 은으로 만들어져 있으며 호의 반지름은 약 162 ㎜이다. 그 표면에는 실측각 1°눈금이 0°눈금을 중심으로 －5°～ ＋138°까지 새겨져 있다. 오른쪽으로 5°까지의 부분을 여호(Off the arc), 왼쪽으로 138°까지의 부분을 본호(On the arc)라 한다. 호에 새겨진 눈금을 읽으면 고도 또는 수평협각이 된다.

(3) **지시간(D)** : 지시간(Index arm 또는 Index bar)은 그림 B의 회전축(Limb)을 따라서 호를 움직이기 위한 것이다. 지시간의 위에는 동경(그림 I)이 고정되어 있고, 하단에는 그림 G의 마이크로미터 드럼(Micrometer drum)과 그림 H의 버니어(Vernier)가 부착되어 있다. 마이크로드럼을 이용하여 고도나 수평협각을 0.1분까지 정밀하게 측정할 수 있다.

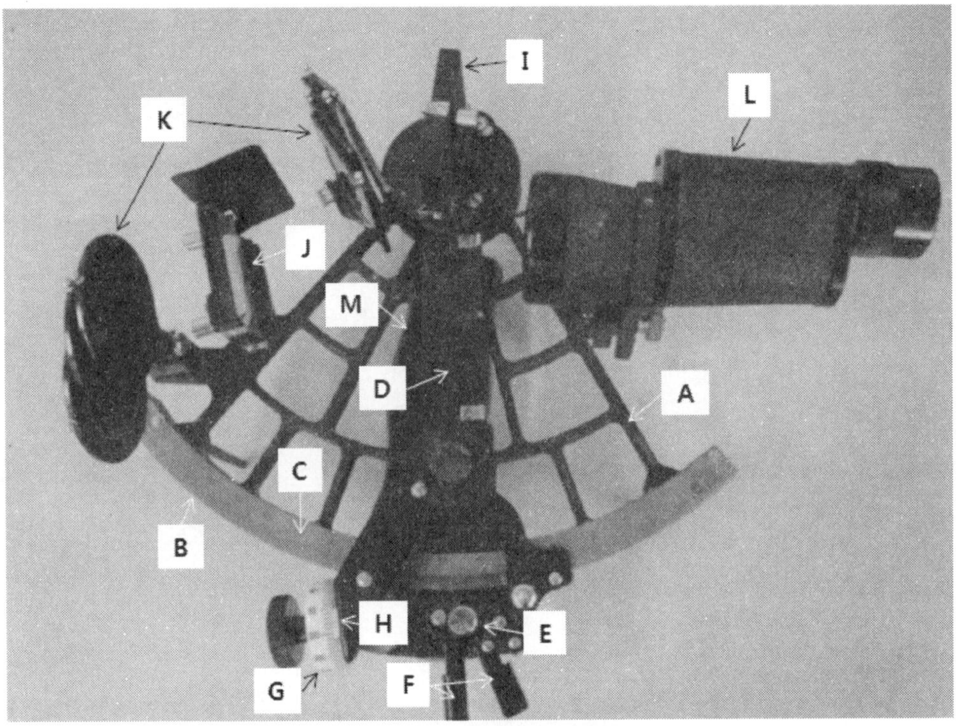

그림 8-1 육분의 구조

A: 몸체(Frame), B: 회전축(Limb), C: 호(Arc), D: 지시간(Index arm), E: 탄젠트 스크류(Tangent screw), F: 리리즈레버(Release lever), G: 마이크로드럼(Micrometer drum), H: 버니어(Vernier), I: 동경(Index mirror), J: 수평경(Horizontal mirror), K: 차광유리(Shade glass), L: 망원경(Telescope), M: 손잡이(Handle)

(4) **동경(I)** : 동경(Index glass 또는 Index mirror)은 지시간의 상부에 부착된 것으로 물표 또는 천체의 영상을 반사시킨다. 그 반사면은 지시간의 회전 중심선상에 있어야 한다. 지시간 움직임에 따라서 이동하는 거울이라는 의미에서 동경(한자로 움직일 동, 거울 경)이라 한다.

(5) **수평경(J)** : 수평경(Horizontal glass)은 몸체에 수직으로 부착되어 있고 2개의 부분으로 나누어져 있다. 몸체에 가까운 쪽 절반은 거울로 되어 있는데, 동경(그림 I)에서 반사된 영상이 수평경에서 다시 반사되어 망원경을 통하여 관측자의 눈에 들어온다. 나머지 절반은 투명 유리로 되어 있고, 관측자는 물표 또는 수평선을 이 투명 유리를 통하여 직접 볼 수 있다. 즉 수평경의 반쪽을 통해 천체의 영상을 보고, 나머지 반쪽 유리를 통해 수평선을 본다.

(6) **망원경(L)** : 망원경(Telescope)는 대물렌즈가 수평경 쪽으로 몸체와 평행하게 부착

되어 있다. 확대해서 천체나 물표를 보기 위한 것이 아니라 천체나 물표를 집중적으로 보기위한 것이다. 그래서 배율은 작다.

(7) **차광 유리(Shade glass) (K)** : 차광유지(Shade glass)는 농도가 다른 유색 유리로 동경 및 수평경의 앞쪽에 설치되어 강한 광선을 완화시키기 위해서 사용된다. 보통 동경 앞쪽에 4장, 수평경 앞쪽에 3장의 차광 유리가 설치되어 있다. 우리가 흔히 말하는 선글라스(Sun Glass)77)를 의미한다.

(8) **손잡이(M)** : 손잡이(Handle)은 육분의를 손으로 잡는 부분인데, 보통 플라스틱으로 만들어져 있으며, 이 안에는 야간 조명용 건전지가 들어 있어서 야간에 측정값을 읽을 수 있다.

그림 8-2는 위의 그림 8-1에 나타낸 육분의의 각 부분별 구조를 사진으로 나타낸 것이다.

그림 8-2 육분의 각 부분별 구조

77) 선글라스(Sun Glass)는 잘못된 영어이다. 새도우그래스(Shadow Glass)가 정확한 표현이다.

1.3. 육분의 측각 원리

육분의는 다음의 광학법칙을 응용하여 구성된 것이다.

① 광선이 동일 평면 내에서 평면경에 의하여 반사될 때 입사각과 반사각의 크기는 같다. 스넬(Snell)의 법칙을 따른 것이다.
② 광선이 동일 평면 내에서 2개의 평면경에 의하여 두 번 반사되면, 최초에 입사되는 광선이 최후에 반사되는 광선과 이루는 각은 두 평면경이 이루는 각의 2배가 된다.

그림 8-3은 육분의 측각 원리를 나타낸다. 각 △MGD에서 2m + h = 2n이 되고, 각 △MGC에서 m + a = n이 된다. 그러므로 h = 2a(즉, 2m + H = 2(m + a)이 됨으로, h = 2m + 2a - 2m = 2a) 가 된다. 즉, 천체의 고도는 두 평면경이 이루는 각의 2배가 되며, 호에는 두 평면경이 이루는 교각의 2배각이 표시된다.

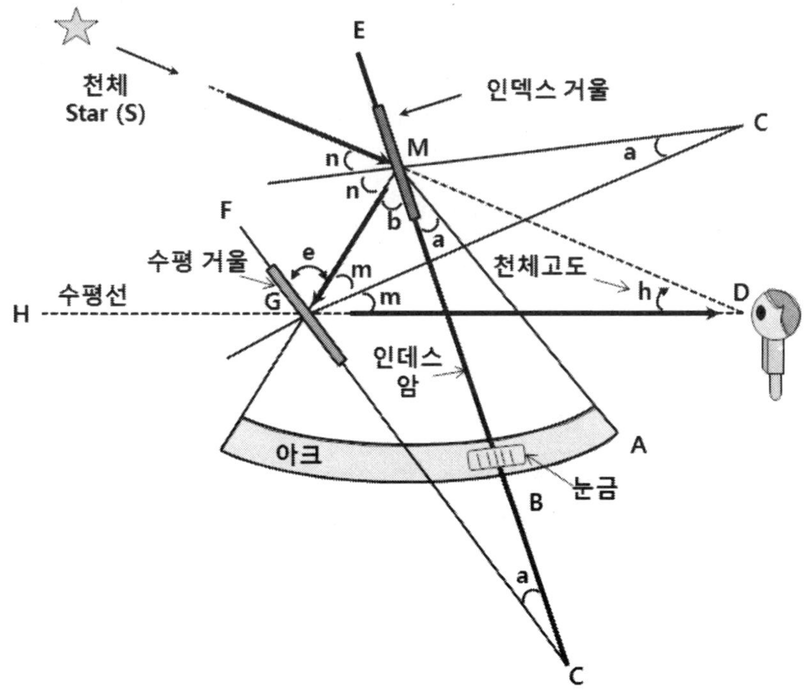

그림 8-3 육분의 측각 원리

1.4. 오차

육분의 오차는 다음과 같이 구분할 수 있다.

① 육분의 구성 부품 자체 결함에 의한 오차 : 사용자가 수정할 수 없고, 제품 공장에서 수정해야 한다.
② 부품의 결합 및 조정상태 불량에 따른 오차 : 사용자가 수정할 수 있다.
③ 관측과정에서 사용자의 부주의에 의한 부정오차 : 사용자의 능력 향상과 여러 번의 측정에 의해서 오차를 줄일 수 있다.

1.4.1. 수정 불가능한 오차

① 분광 오차(Prismatic error) : 차광 유리, 동경, 수평경 등이 평면이 아니고 오목하거나 볼록하기 때문에 발생하는 오차이다.
② 눈금 오차(Graduation error) : 호, 마이크로미터 드럼 또는 버니어에 새겨진 눈금 간격이 정확하지 않아 생기는 오차이다.
③ 편심 오차(Centering error) : 지시간 회전축과 호의 중심이 일치하지 않아 생기는 오차이다.
④ 육분의 시차(Sextant parallax) : 동경과 수평경 사이의 거리로 인하여 생기는 오차이다. 두 물표의 수평 협각을 측정할 때에는 이 오차의 영향을 줄이기 위해서 보다 먼 곳에 있는 물체를 수평경 쪽으로 두고 측정하여야 한다.
⑤ 웜앤드랙 오차(Worm and rack error) : 호(Arc)의 회전축(Limb)에는 1°간격의 정밀한 홈(pitch)이 파여 있는데 이를 웜치차(Worm)라 한다. 웜치차는 지시간에 붙어 있는 탄젠트 스크류(Tangent screw)와 맞물려서 좌우로 미세하게 이동하는데, 이때 웜치차와 스크루 사이에 간격이 생겨 헐거워 질 때 생기는 오차를 웜앤드랙 오차라 한다.

육분의 제작 공장에서는 육분의를 제작한 후, 위의 수정 불가능한 오차를 측정하여 육분의 상자 안쪽에 그 결과를 기계차오차(I)(이하'기차'라고 한다)로 기록해 둔다. 기차(I)는 무시할 수 있을 정도로 아주 작지만, 항해사는 반드시 고도와 수평협각을 측정하는 경우 기차를 고려해야 한다. 아무리 작다 하더라도(예를 들어, 0.1분이라면 거리로는 0.1마일에 해당하고, 185 미터에 상당한다) 측정한 값에 가감해야한다.

1.4.2. 수정 가능한 오차

(1) 수직차

수직차(Perpendicularity error)는 육분의의 동경(Index mirror)이 몸체(Frame)에 수직하게 부착되어 있지 않은 경우 발생한다. 수직차의 수정을 '제 1수정'이라 한다. 수직차를 검출하려면 지시간을 35°부근에 맞춘 후 동경이 관측자 쪽을 향하도록 육분의를 들고서 동경을 본다. 이 때, 호의 영상(반사된 그림)과 실상(실제 눈으로 보이는 영상)이 연속으로 나타나면 동경은 뼈대에 수직이고, 불연속이면 경사되어 있는 것이다.

그림 8-4에서 보는 바와 같이, 호의 실상과 영상이 불연속으로 보이면 거울이 앞쪽(전방 경사)이나 뒤쪽(후방 경사)으로 기울어져 있는 상태이다. 이러한 상태로 고도를 측정하면 고도는 실제보다 큰 각으로 측정된다. 동경이 경사되어 있을 때에는 호의 영상과 실상이 연속적으로 보이도록 동경 뒷면에 있는 나사로 조정한다.

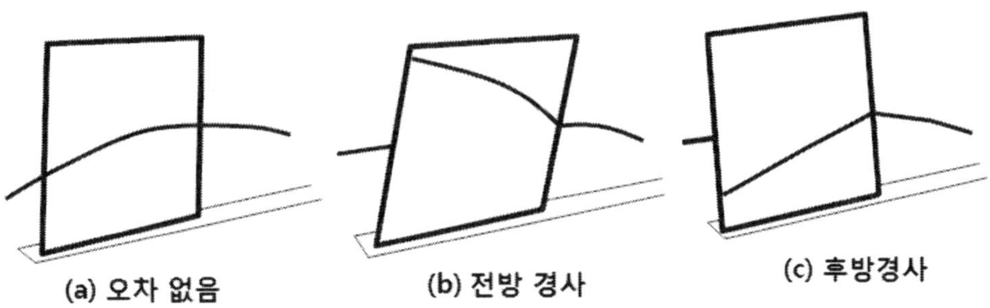

그림 8-4 수직차 검출 방법

(2) 수평차

수평차(Side error)는 수평경(Horizontal mirror)이 뼈대에 수직이 아닐 때 생긴다. 수직차의 수정을 '제 2수정'이라 한다. 수평차 검출 방법에는, (1)수평선을 이용한 약식법과 (2)태양을 이용한 정밀법이 있다.

약식법에 의하여 이 오차를 검출하기 위해서는 지시간을 0°부근에 맞추어 육분의를 수직으로 잡고 수평경을 통하여 수평선을 바라본다. 이 때 그림 8-5와 같이 수평선의 실상과 영상이 연속으로 보이면 오차가 없고, 불연속으로 보이면 오차가 있다. 오차가 있는 경우에는 수평선의 실상과 영상이 연속적으로 보이도록 수평경 뒷면에 있는 나사로 조정한다.

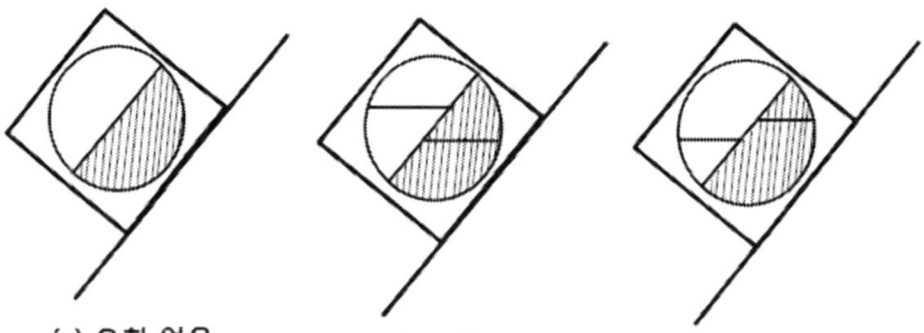

그림 8-5 수평차 검출 방법

(3) 시축선차(Collimations error)

시축선차(Collimations error)는 망원경의 시축선(관측자가 망원경을 보는 선)이 뼈대에 평행이 아닐 때 생기는 오차이다. 시축선차의 수정을 '제 3수정'이라 한다. 옛날 육분의에는 시축선차 수정장치가 있었으나 현재는 없다. 수정장치가 있는 경우는 90°이상 떨어진 천체를 선택하여 한 천체의 실상과 다른 천체의 영상이 망원경의 시야의 한쪽 부분에 접하도록 한다. 그 다음 육분의를 약간 경사시켜 상을 맞은편으로 이동시킨다. 이때 두 천체가 접한 상태로 움직이면 오차는 없고 겹치거나 떨어지면 이 오차가 있다.

(4) 기차

기차(Index error)는 육분의의 수정 가능한 오차 중에서 제일 중요한 오차이다. 기차는 측정한 육분의 고도의 정밀도에 관계되기 때문에 정확하게 기차 유무를 확인해야 하고, 그 값을 측정해야 한다. 아래에 상세하게 설명한다.

1.4.3. 기차의 검정과 측정 및 개정

(1) 기차의 검정과 측정의 의미

그림 8-6은 기차(Index error)의 검정과 측정 방법을 나타낸 것으로, 기차 검정이란 기차의 유무를 판별하는 것이고, 기차 측정은 기차의 값을 구하는 것이다. 기차의 검정과 측정 방법에는 '약식법'과 '정밀법'이 있다.

① 약식법 : 그림 8-6(a)과 같이 수평선에 형성되는 실상과 영상의 차이를 이용하는 방법
② 정밀법 : 그림 8-6(b)과 같이 태양의 실상과 영상에 대한 시지름(apparent radius, 눈으로 본 지름)을 측정하는 방법

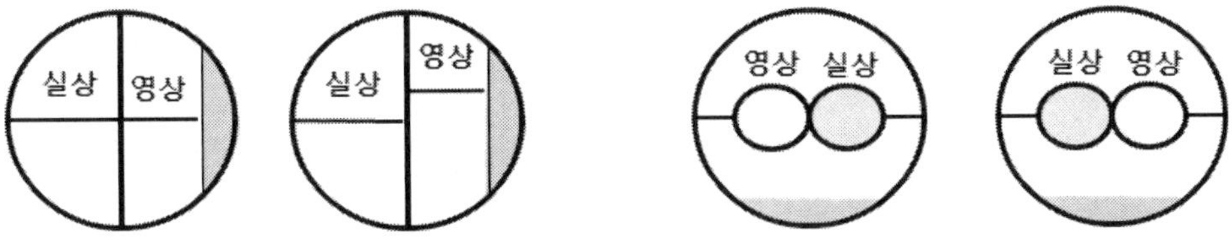

(a) 수평선을 이용하는 약식법 **(b) 태양을 이용하는 정밀법**

그림 8-6 기차의 검정과 측정 방법

(2) 기차 검정방법

그림 8-6(a)과 같이 수평선을 이용하는 '약식법'에 의한 기차 검정방법은 다음과 같다.

① 수평선에 의한 약식법은 위의 그림 8-5에 나타낸 수평차 검출 방법과 마찬가지로 지시간을 0°에 맞추어 수평선을 들여다본다. 이 때, 그림 8-6(a)의 좌측 그림과 같이 수평선의 영상과 실상이 연속으로 보이면 수평경(Horizon glass)과 동경(Index glass)은 평행이고, 그림 8-6(b)와 같이 불연속으로 보이면 평행이 아니다.
② 지시간을 0.0°에 맞추었을 때 동경과 수평경은 평행이 되어야만 오차가 없다. 이것이 불연속으로 보이면 기차가 발생한 것이다.
③ 만약, 불연속으로 보이면 수평경의 뒷면에 있는 나사로 수평선의 실상과 영상이 연속적으로 보이도록 조정한다.

그림 8-6(b)과 같이 태양을 이용하는 '정밀법'에 의한 기차 검정방법은 다음과 같다.

① 눈을 보호하기 위하여 차광유리(Shade glass)를 망원경에 부착한 후, 지시간을 본호상 30′부근에 맞추어 둔다(그 이유는 태양의 시지름이 약 30′이기 때문이다). 그리고 육분의를 수평으로 잡고 지시간을 조정하여 태양의 실상과 영상을 정밀하게 접촉시킨 후 본호상에 나타난 값을 측정한다.
② 다음은 지시간을 여호상 30′부근에 맞춘 후 측정을 반복하여 여호상에 나타난 값을 측정한다.
③ 이 때 측정한 양 값 사이에 차이가 있다면 기차가 발생한 것이다.

(3) 기차 측정방법

그림 8-6(a)의 '약식법'에 의한 기차 측정방법은 다음과 같다.

① 위의 기차 검정방법에서 설명한 바와 같이, 수평선의 영상과 실상을 일치시킨 후 육분의 호상의 값을 판독하여 정확히 0.00°를 가리키면 기차는 없고, 만약 있다면 그 값이 기차이다.

② 이 경우 지시간이 본호상에 있으면 기차의 부호는 (-), 여호상에 있다면 기차의 부호는 (+)이다.

그림 8-6(b)의 '정밀법'에 의한 기차 측정방법은 다음과 같다.

① 위의 기차 검정방법에서 설명한 바와 같이, 지시간을 본호상 30′부근에 맞춘 후, 육분의를 수평으로 잡고 지시간을 조정하여 태양의 실상과 영상을 정밀하게 접촉시켜 본호상의 값을 측정한다.

② 다음은 지시간을 여호상 30′부근에 맞춘 후 동일한 과정을 되풀이한다. 이 때 본호상과 여호상 사이의 측정값 차의 1/2이 기차가 된다. 이 경우, 기차의 부호는 본호상의 값이 크면 (-), 여호상의 값이 크면 (+)이다.

③ 이 방법으로 구한 기차가 정확한지를 확인하려면, 양 측정값을 합하여 4로 나누고, 이 값이 당일의 천측력에 있는 태양의 시반경과 같은지를 확인한다.

(4) 기차 개정방법

앞에서 설명한 바와 같이 수평경(Horizontal glass)은 수평차(Horizontal error) 및 기차(Index error)를 수정할 때 조정해야 한다. 그러나 어느 하나를 수정하고 나면 다시 나머지를 수정해야하므로 이러한 번거로움을 피하기 위해 수평차만 정확히 수정하고, 기차는 그대로 육분의 고도에 가감한다. 에를 들어 다음과 같은 예제를 풀어 보자.

[예제] 어느 날 태양의 시반경은 천측력에 의해서 15분 57초(15′57″)이었다. 이 경우 기차를 측정하여 본호상에서 33.5분(33.5′), 여호상에서 30.3분(30.3′)을 얻었다. 기차를 구하고 기차측정이 정확한지 확인하라.

[해답] 본호상과 여호상의 측정값 차는 33.5′ - 30.3′ = 3.2′이므로 이것을 2로 나누면 1.6′이 된다. 그리고 본호상의 측정값이 여호상의 값 보다 크므로 부호는 (-)이

다. 따라서 기차는 (-)1.6′이다. 양 측정값의 합은 33.5′ + 30.3′ = 63.8′이다. 이것을 4로 나누면 63.8/4 = 15.95′= 15′57″(즉, 0.95×60″= 57″)이므로 당일의 시반경과 일치한다. 따라서 측정한 기차 값은 정확하다.

1.5. 천체 관측 방법

1.5.1. 천체의 고도를 관측하는 경우

그림 8-7과 같이 관측자는 육분의를 오른손으로 쥐고 천체 직하의 수평선을 향한다. 망원경을 통하여 수평선을 보면서 왼손으로 릴리즈 레버를 잡고 지시간을 천천히 움직여서 천체의 영상이 수평경에 수평선과 함께 나타나도록 한다. 천체가 대략 수평선에 접하면 릴리즈 레버를 놓고, 왼손 엄지손가락과 가운데 손가락으로 스크루를 잡은 채 육분의를 좌우로 흔들어서 수직권상에서 천체의 상이 수평선에 접하도록 스크루로 조정하고, 이 때 얻어지는 값을 천체의 육분의 고도로 한다. 이 때 관측은 반드시 천체 직하의 수평선에서 수직권을 따라 측정하여야 한다. 태양 및 달을 관측하는 경우에는 상변관측(천체의 윗부분을 관측)과 하변관측(천체의 아랫부분을 관측)이 있다. 항성 및 혹성의 경우는 미리 관측하려는 천체의 고도 및 방위를 계산하여 시간에 맞추어 관측하면 된다. 이때는 태양이나 달과 달리 항성의 중앙이 수평선에 접할 때를 육분의 고도로 한다.

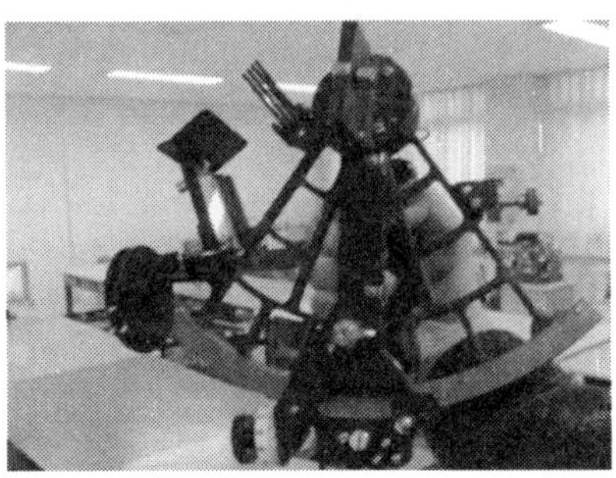

(a)

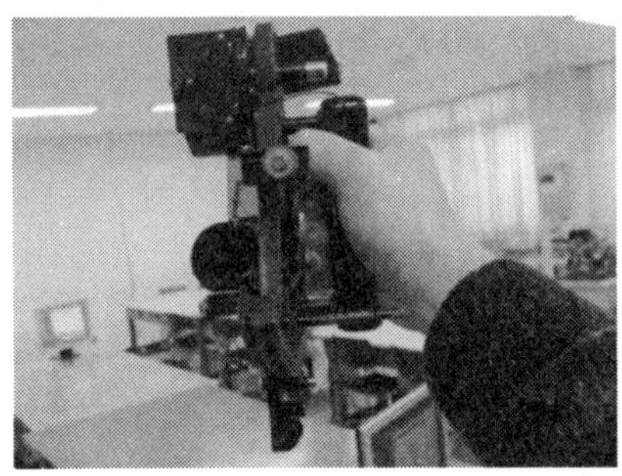

(b)

그림 8-7 천체 고도관측시 육분의 잡는 방법

1.5.2. 수평협각을 측정하는 경우

두 물체와 관측자가 이루는 사이의 각을 수평협각이라 한다. 측정하고자 하는 두 물체와 관측자가 이루는 면 및 육분의의 몸체가 서로 일치되도록 해야만 수평협각 측정이 가능하다.

① 그림 8-8과 같이 육분의를 수평으로 잡고, 망원경의 대물렌즈가 왼쪽에 있는 물체를 향하도록 하고, 이 물체가 수평경의 투명유리로 된 부분을 통해서 보이게 육분의의 방향을 조정한다.
② 그리고 오른쪽 물체의 영상은 수평경의 거울로 된 부분에 나타나도록 지시간을 이동시킨다.
③ 두 상이 거의 접하였을 때 스크루를 조정하여 두 상이 정확하게 접하도록 조절하고, 그 때 육분의 눈금을 읽으면 수평협각이 된다.

그림 8-8 수평협각 측정시 육분의 잡는 방법

1.5.3. 육분의 눈금 읽는 방법

육분의에서 측정한 고도와 수평협각은, 호에 나타난 눈금과 마이크로드럼(Micrometer drum)의 눈금을 읽어서 합성해야함으로 약간 복잡하다. 여기서, 육분의는 종류에 따라서 마이크로드럼과 버니어 부분이 약간 다른 것이 있다. 정교한 마이크로드럼은 더 복잡한데 실무에서 경험하기 바란다. 그림 8-9에 육분의 눈금 읽는 방법의 예를 나타냈다. 최종 판독한 값은 41도 22.5분이다.

① 우선 우측 위의 그림과 같이 기준선과 눈금 사이의 값을 읽는다. 그러면 41도 ??분이 되는데 나머지 ??부분은 마이크로드럼에서 읽는다.
② 그리고 우측 아래 그림과 같이 마이크로드럼의 기준선과 눈금 사이의 값을 읽는다. 22.5분이 될 것이다.
③ 이 둘의 값을 합성하면 41도 22.5분이 된다.

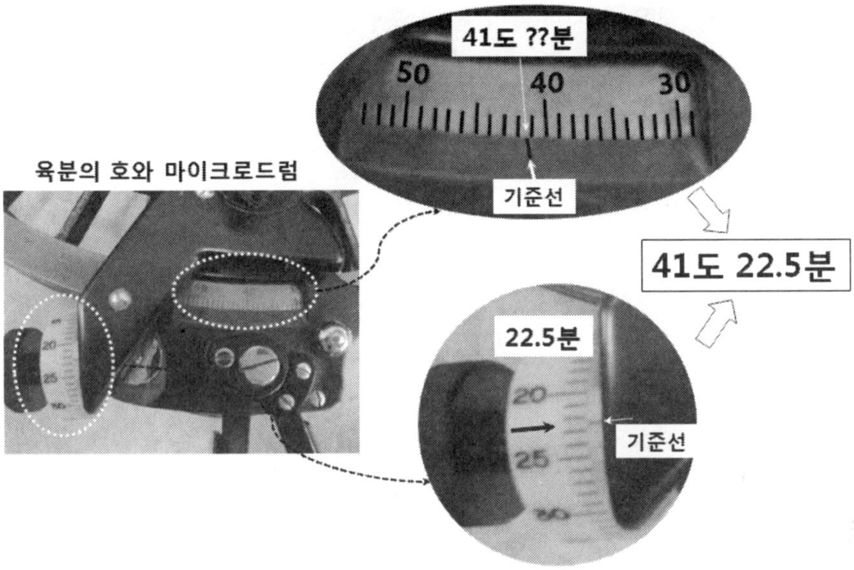

그림 8-9 육분의 눈금 읽는 방법의 예(41도 27.5분)

1.6. 육분의 취급 방법

육분의는 기계적으로 정밀한 기구이므로 온도와 습도, 보관, 취급 등에 주의하여 취급하여야 한다. GPS가 개발되기 이전에 천문항해가 유일한 위치측정방법으로 적용되던 시절에는 선장들이 자기만의 육분의를 갖고 다닌 적이 있다.

① 사용하지 않을 때는 상자에 방습제를 넣어서 보관하고, 장기간 햇볕에 노출시키지 말아야 한다. 금속이 수축 팽창되어 오차가 발생한다.

② 육분의를 옮길 때는 몸체나 손잡이를 잡아야 한다. 장기간 사용시 취급 부주의로 인하여 오차가 발생하는 경우가 많다.

③ 지시간을 움직일 때는 릴리버 레버를 풀어서 이동해야 한다. 릴리버 레버를 묶어서 이동하면 웜앤드랙 기어가 손상된다.

④ 호는 암모니아로 닦고, 거울은 렌즈 종이(lens paper) 또는 리넨(linen)으로 닦아 깨끗하게 하고, 거친 천으로 닦아서는 안 된다.

⑤ 웜 기어 및 스크루를 깨끗이 소제하고 정해진 기름을 칠해 둔다.

⑥ 육분의를 조정하는 경우에는 특별히 주의해야 한다. 수평경처럼 조정나사가 쌍으로 되어 있을 때에는 둘 중 하나를 죄려면 반드시 다른 하나를 먼저 약간 풀어 두고 조정하여야 한다.

2. 방위측정기구

2.1. 방위측정기구의 목적과 종류

방위측정기구의 목적은 지문항해와 천문항해에 필요한 천체(태양, 달, 항성 등) 또는 목표물의 방위를 측정하기 위한 것이다. 방위측정기구의 종류에는 그림 8-10과 같이 방위환(Azimuth Circle), 방위경(Azimuth Mirror), 방위침(Shadow Pin) 등이 있다. 방위측정기구의 사용방법은 그림 8-10의 중간 그림과 같이 천체 및 목표물의 방위를 측정할 때 컴퍼스 보울 위에 끼워서 사용한다.

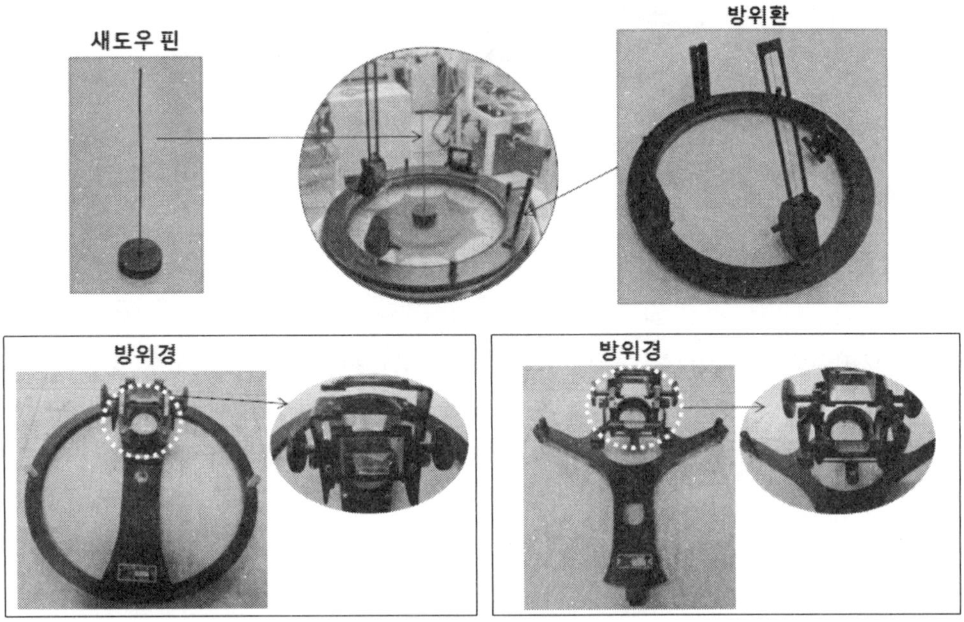

그림 8-10 다양한 방위측정 기구

2.2. 방위환

방위환(Azimuth Circle)은 반자성재료인 컴포지션 링(Composition ring)에 0°부터 360°까지의 눈금이 새겨져 있고, 0°와 180°선상에 관측 구멍(Sighting vane)이 부착되어 있다. 이것과 직각인 지점에 오목 거울과 반사 프리즘이 있어서 태양 방위측정에 이용된다. 방위환과 같은 구조로 되어 있으나 프리즘 장치가 없는 것을 방위원(Bearing Circle)이라 한다.

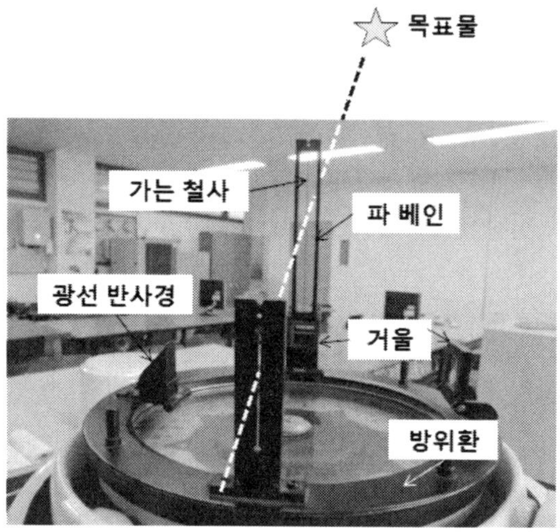

그림 8-11 방위환 사용 방법

2.3. 방위경

방위경(Azimuth Mirror)은 프리즘을 사용하여 목표물과 카드 눈금을 광학적으로 중첩시켜 방위를 측정하는 기구이다. 세 개의 다리가 있는 스탠드의 중앙 하부에 축침이 있고, 컴퍼스 보울의 유리 덮개에 설치한 방위침 꽂이에 맞도록 설계되어 있다.

2.4. 방위침

방위침(Shadow Pin)은 놋쇠로 된 가는 봉(pin)으로 되어 있으며, 이것을 컴퍼스 보울의 유리 덮개 중심에 있는 방위침 꽂이에 수직으로 세워서 사용한다. 정밀한 측정에는 부적당하나 사용하기가 극히 간단하므로 주로 조선할 때 사용한다.

3. 시진의

3.1. 개요

천문항법에서 자선의 정확한 위치를 측정하기 위해서는 정확한 시각 측정이 필요하다. 또한, 선내에서 자연스러운 일상생활과 작업을 위해서도 시각이 필요하다. 이러한 목적으로 장기간 사용하여도 오차가 거의 없는 정밀시계를 시진의(Chronometer)[78]라 한다. Chronometer는 Chrono(시간을) + meter(측정한다). 즉, 시간을 측정하는 장치를 의미하는 것으로, 18세기 영국의 존 헤리슨(John Harrison)이 H4라는 크로노미터를 개발한 것이 시초이다(Wikipedia, 2011).

H4는 태엽과 추를 이용한 방식인데, 그 후 태엽만으로 작동하는 시진의가 등장하였고, 최근에는 수정진동자를 이용한 수정시계(Crystal chronometer)를 이용하고 있다. 그리고 예전에는 이러한 시계를 '시진의'라고 불렀으나, 최근에는 대부분 수정시계라 부르고 있다. 크로노미터(Chronometer)를 개발하게 된 배경은 천문항해 때문인데, 다음과 같은 소설을 전개해 보자.

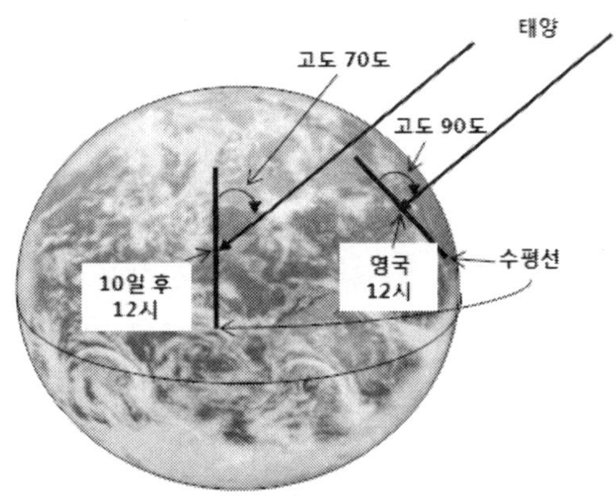

그림 8-12 콜럼버스 항해(가정)

① 지구는 하루 24시간에 360도 회전한다. 따라서 1시간에 15도씩 회전한다. 도수로 1도는 60분이고, 거리로는 60마일이다. 즉, 1도는 1마일이다.

② 콜럼버스가 영국에서 범선을 타고 대서양으로 출항하고 있다. 즉, 이 범선은 서쪽으로 항해한다. 이 때 크로노미터로 측정한 출항 시간은 12시이고, 태양은 선장의 머리 바로 위(즉 고도 90도)에 떠 있다.

③ 항해한지 10일이 지났다. 이 때 크로노미터가 12시를 가리키는데 태양은 선장의 머리 위가 아니라 고도 70도로 보인다. 왜 90도가 아닐까? 지구는 자전하고, 선장은 서쪽

---

78) 시진의(Chronometer)는 일본식 한자인데, 시간을 측정하는 장비를 의미한다. 최근에는 '시진의'라는 용어 대신 수정진동자를 사용하는 '수정시계'로 부르고 있다.

으로 항해했기 때문에 12시임에도 불구하고 아직 태양이 머리 위에 떠있지 않는다.

④ 이 배는 영국으로부터 1,200 마일을 항해한 것이 된다. 즉, 90도 - 70도 = 20도이고, 20도는 1,200분(20도 × 60분)임으로 거리는 1,200 마일이다. 아주 간단하게 항해거리를 측정하였는데, 이것이 천문항해의 역사이다. 단, 크로노미터가 있었기 때문에 가능하다.

⑤ 여기서 콜럼버스는 서쪽에서 동쪽으로만 항해하였다. 즉, 경도만 바뀐 것이다. 만약 위도가 개입되면 상황은 복잡해진다. 그래서 콜럼버스 시대에는 영국과 미국 사이의 항해에 주로 동서항로를 주로 사용했다. 즉, 경도의 차이를 측정하여 거리를 측정한 것이 된다.

⑥ 이 선박의 속력은? 10일이면 240시간이다. 1,200마일/240시간 = 5마일/Hr. 즉, 5 knots의 속력으로 항해한 것이다. 천체의 고도와 크로노미터를 이용하여 속력과 항정을 구한 것이다.

⑦ 문제는 크로노미터가 정확해야 하고, 고도를 정확하게 관측해야 한다. 그래서 고전 항법에서는 육분의와 시계가 중요한 것이었다.

이와 같이 천문항법에서는 시각을 정확히 측정할 필요가 있다. 더욱 중요한 것은 선내에서 일상생활을 영위하기 위해서 시각이 필요하다. 즉, 선박이 출항하여 경도가 바뀌면 시차가 발생한다. 한국에서 12시는 태양이 머리 위에 있음으로 점심을 먹는다. 그러나 태평양 한 가운데서 한국 시간으로 12시는 저녁시간이다. 그래서 항해 중에는 시간을 수시로 변경시켜 주어야만 일상생활에 지장을 초래하지 않는다. 마치 한국에서 미국으로 가면 시차가 발생한다는 의미와 같다.

이러한 목적으로 장기간 사용하여도 오차가 거의 없는 정밀시계가 선박용 시진의(Chronometer)다. 예전의 시진의는 금속 재질의 태엽을 감아서 동력을 얻고, 긴 추를 이용하여 시간을 측정했기 때문에 금속 태엽의 온도차, 습도차, 진동 등이 발생하면 큰 오차가 발생하고 더욱이 매일의 오차가 누적됨으로 오랜 기간 사용하면 오차가 커졌다.

태엽을 이용한 시진의의 문제점을 해결한 것이 수정시계(Crystal chronometer)인데, 현재 선박에 사용할 뿐만 아니라 우리가 일상 차고 다니는 대부분의 시계 역시 수정시계이다.

수정시계는 1918년에 미국의 와렌(Waren)이 개발한 동기모터가 발단이 되어서 1927년에 미국의 매리손(Marrison)이 만들기 시작한 전자시계로, 앞의 음향측심기에서 설명한 수정의 압전기 현상을 응용한 것이다.

그 후 1949년에는 원자(atom) 진동을 이용한 시계가 출현하였지만 일반적으로 사용할 수는 없다. 그래서 수정시계가 구조 및 보수 등이 간단하고 종래의 기계식 시계나 전자시계보다도 정도가 우수하므로 이것이 선박용 시진의로써 널리 보급되고 있다.

3.2. 수정시계의 구조

그림 8-13은 선교에 설치된 수정시계 본체이다. 이 수정시계는 일본 세이코(SEIKO) 회사의 해상용 수정 크로노미터(Marine Quartz Chronometer) QC-6M2 모델이다. 수정시계 본체에는 표준시각(GMT)을 표시하는 주시계(Master Clock)와 선내 여러 곳에 설치된 다수의 30초-자시계[79](30-second Secondary Clocks)의 동작 상태를 감시하기 위한 모니터링 자시계(Monitoring Secondary Clock)가 있다. 따라서 수정시계에는 다음과 같은 4가지 방식의 시계가 있다.

① 주시계 : 주시계의 시간표시 방식은 3개의 바늘(시-분-초)이 있는 방식이며, 초를 나타내는 바늘(초침)은 0.5초 마다 움직이고, 시계의 시간을 표시한 문자판의 지름은 80 mm이다.

② 모니터링 자시계 : 2개의 바늘(시-분)이 있고 분침은 30초 간격으로 돌아간다.

③ 30초-자시계 : 30초-자시계는 시-분을 표시하는 2개의 바늘만 있는 자시계를 의미하는 것으로, 30초마다 분을 지시하는 바늘이 1분 사이에서 1/2칸씩 이동하는 시계이다. 선내 곳곳에 설치할 수 있다.

④ 0.5초-자시계 : 0.5초 자시계는 3개의 시-분-초를 표시하기 위하여 3개의 바늘이 있는 자시계를 의미하는 것으로, 0.5초 마다 1초 사이에서 1/2칸씩 이동하는 시계이다.

그리고 선박에서는 경도(Longitude) 변화에 따라서 수시로 선내시간을(Ship's Time)을 30분이나 1시간 전진(Advance, ADV) 또는 후진(Reverse, REV) 시켜야 하는데, 이때 주시계, 모니터링 자시계, 30초-자시계 등 모든 시계를 일시에 조정해야 한다.

QC-6M2 모델은 이러한 시간조정을 자동시간조정 장치를 이용하여 일시에 자동으로

---

79) 자시계의 '자'는 아들 '자'를 의미한다. 자시계는 주시계에 의해서 제어되는 것으로 선내 여러 곳에 설치되어 있다.

수행하기 때문에 쉽고 간편하게 시간을 변경할 수 있다. 선내시간 자동조정은 1분부터 59분까지 설정할 수 있는 2자리의 문자 스위치에 원하는 전진/후진 시간을 설정하면 자동으로 선내시간이 조정된다.

아울러 QC-6M2 모델은 침이 3개 있는 자시계, 침이 4개 있는 자시계 등에 대해서도 0.5초의 연동기구를 채용하기 때문에 시각의 판독이 아주 쉽고, 내구성이 뛰어나다. 그리고 엔진 텔레그래프 기록장치(Engine telegraph logger)에도 시각 정보를 송출할 수 있다. 이 경우에는 수정시계의 전기적인 사양을 충분히 검토하여 사용할 것이 요구된다.

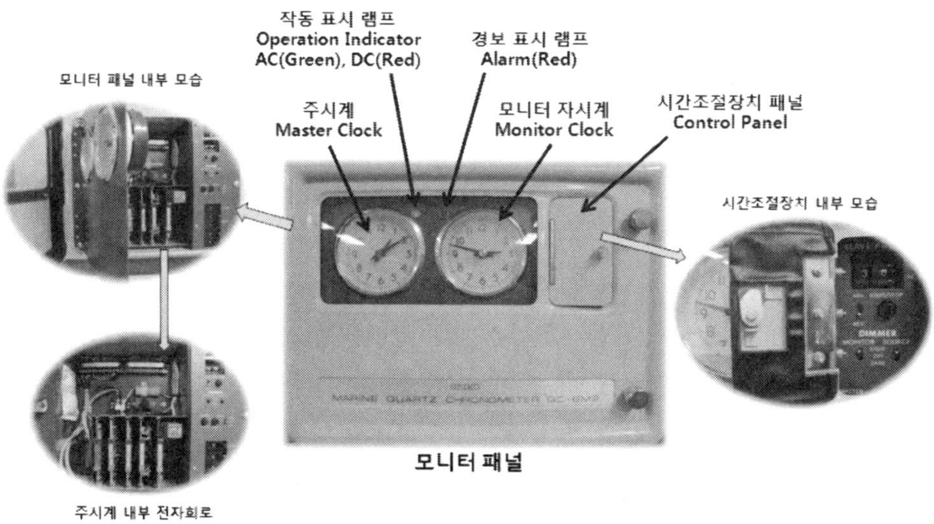

그림 8-13 수정시계 본체의 모니터 패널 모습

3.3. 수정시계 작동 방법

그림 8-14는 수정시계 QC-6M2 모델의 시간조정장치를 나타낸다.

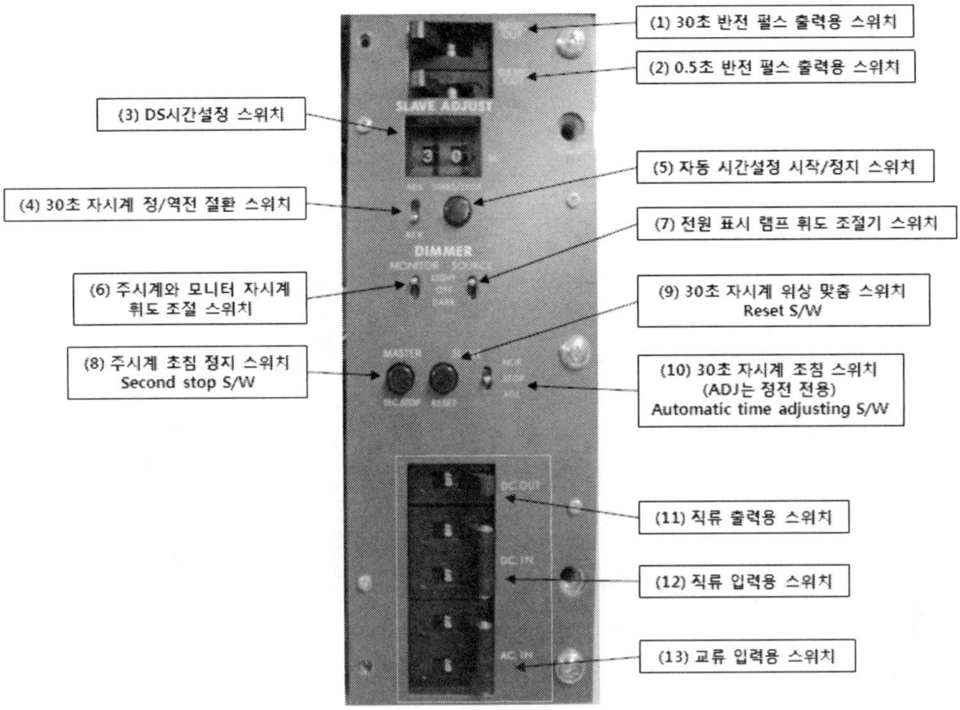

그림 8-14 주시계 본체 시간조정 장치

3.3.1. 주시계와 자시계 조정 방법

① 주시계 본체의 메인 스위치를 켜기 전에 모든 회로가 제대로 꼽혀 있는지 확인 한다.

② 주시계 및 모니터링 자시계 바늘을 30초-자시계들의 바늘에 모두 맞춘다. 일반적으로 모든 시계를 12시 00분 00초에 맞추고 시간조정을 시작하면 된다. 맞추는 방법은 그림 8-15와 같다.

③ 주시계의 경우, '초'는 주시계 뒤에 있는 초-단위 조정 기어를 돌려서 맞추고, 시와 분은 주시계 뒤에 있는 놉(knob)을 돌려서 맞춘다. 모니터링 자시계의 경우에는 시계 뒤에 있는 분-단위 조정 기어를 돌려서 맞춘다.

④ 주시계 본체의 시간조정장치에 있는 '30초-자시계 조침 스위치'(그림 8-14의 10번)를 표준 상태를 의미하는 [NOR]에 맞춘다.

⑤ 그리고 '휘도 조정 스위치'(그림 8-14의 6번, 7번)를 가장 밝은 상태를 나타내는 [LIGHT]에 맞춘다.

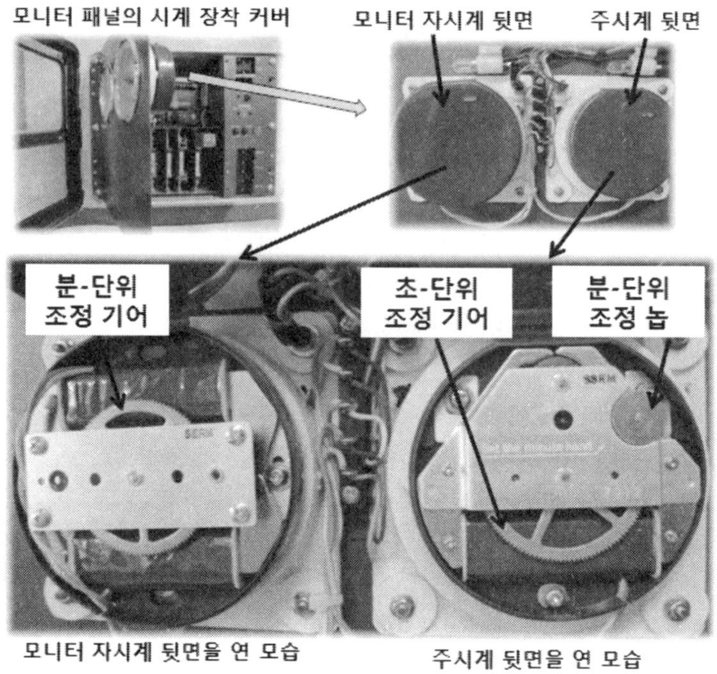

그림 8-15 주시계와 모니터링 자시계 수정을 위해서
수정시계 뒷면을 연 모습

3.3.2. 선내시간 변경 방법

선내에 있는 모든 시계에 대해서 일정한 선내시간으로 조정하려면 다음의 절차를 따른다.

① 시간을 전진할 것인지 후진할 것인지에 따라서 '30초-자시계 정/역전 절환 스위치'(그림 8-14의 4번)를 전진(Advanced)을 의미하는 [ADV]에 두거나 후진(Reverse)을 의미하는 [REV]에 둔다.

② 전진 또는 후진시킬 시간(분 단위)의 숫자를'DS 시간조정 스위치'(그림 8-14의 3번)에 설정한다. 1분부터 59분까지 설정할 수 있다.

③ 시간조정 장치의'자동 시간설정 시작/정지 스위치'(그림 8-14의 5번)를 누른 순간부터 모든 30초-자시계들은 시간 조정(전진 또는 후진)이 개시된다. 그러면 설정한 시간(분 단위)이 자동으로 조정된 후 자동으로 종료된다.

④ 자동종료 상태를 확인한 후, 'DS 시간조정 스위치'(그림 8-14의 3번)를 다시 00분으

로 맞추어 둔다. 한편, 정상작동 중에는 30초-자시계 정/역전 절환 스위치'(그림 8-14의 4번)가 어디에 있더라도 영향을 미치지 않는다. 따라서 'DS 시간조정 스위치'를 00분으로 재설정하지 않아도 무방하지만 향후의 시간조정에 대비하여 00분에 맞추어 둔다.

⑤ 그리고 시간조정이 진행되는 도중에 설정시간을 다시 조정하고 싶을 때는'자동 시간설정 시작/정지 스위치'(그림 8-14의 5번)를 다시한번 누르면 시간조정이 정지된다. 그러면 다시 원하는 시간을 설정한 후'자동 시간설정 시작/정지 스위치'(그림 8-14의 5번)를 누르면 된다.

3.4. 시진의 오차

시진의 오차의 종류는 다음과 같다.

① 시진의오차(Chronometer Error, CE) : 세계시(GMT)와 시진의 시각과의 차를 말하며, 시진의 시각이 세계시보다 빠르면 F로 표시하고, 시진의 시각이 느리면 S로 표시한다.

② 시진의율(Chronometer Rate) : 24시간 동안의 시진의 오차의 변화량을 말하며, 일차(Daily rate)라고도 한다. 매일 빨라지는 것을 이득(Gaining)이라 하고, 늦어지는 것을 손실(Losing)이라 한다.

그리고 오차 측정 방법은 다음과 같다.

① 각국 무선국에서 송신하는 무선전신과 방송국에서 방송하는 시보를 청취하여 시진의 시각과 비교하여 오차를 측정한다.

② 최근에는 GPS 시각을 주로 이용하는데, GPS 인공위성에는 원자시계가 있기 때문에 대단히 정확한 시보를 획득할 수 있다. 그러나 태양의 흑점 폭발로 인한 전파교란이 발생하면 전파가 차단됨으로 주의한다.

4. 쌍안경

4.1. 개요

쌍안경(Binocular)은 통이 하나인 망원경에서 유래한 것으로, 통이 두개 있어서 쌍안경이라 한다. 망원경은 1608년 네덜란드의 리페르히(Lipperhy)에 의하여 발명되었다. 그 후 1609년에 이탈리아의 갈릴레오(Galileo Galilei)가 이를 전해 듣고 여러 가지로 연구한 결과 대물렌즈에 볼록렌즈를, 대안렌즈에 오목렉즈를 사용하면 망원경이 된다는 것을 발견하였다. 이런 식의 망원경을 갈릴레오식이라 한다. 이는 렌즈의 간격이 양 초점의 차이에 상당하기 때문에 통의 길이가 짧고 또한 허상으로 보이기 때문에 정립된 상을 볼 수 있으며 배율이 낮아도 똑똑하게 보인다는 특징이 있다. 그러나 그 후에 광선의 통로에 프리즘을 사용하여 상하와 좌우를 바꾸도록 프리즘으로 2회 반사시켜서 상을 정립시키는 형식의 망원경이 출현하였다. 이런 방식을 프리즘식이라 하며, 배율도 높고 또한 렌즈의 유효직경을 크게 할 수 있으므로 밝기도 증가시킬 수 있어서 이 식의 망원경이 많이 사용되고 있다.

4.2. 구조와 사용 방법

그림 8-16은 1892년대에 사용하던 망원경과 현재 선박에서 사용하고 있는 쌍원경을 나타낸다. 통이 하나인 것으로 멀리 본다는 의미의 망원경에서 통이 두 개인 쌍안경으로 변천되었다.

그림 8-16 1892년대 망원경과 현재의 쌍원경

(1) 배율

실물의 시각과 영상의 시각과의 비를 배율이라 하며, 쌍안경에는 8×50 7°같은 숫자가 기록되어 있다. 이 의미는 배율이 8배, 대물렌즈의 유효직경이 50 mm, 그리고 실제 시야는 7°임을 나타낸다.

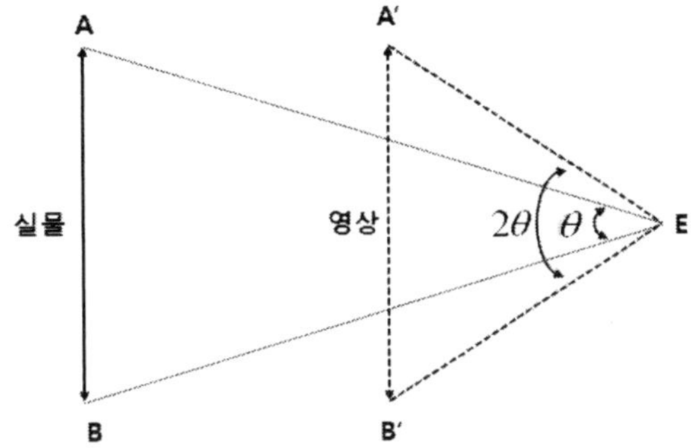

그림 8-17 쌍원경의 배율

(2) 렌즈의 밝기

렌즈의 밝기는 밝은 눈동자 직경의 자승으로 표시되며, 눈동자 직경을 E, 대물렌즈의 유효직경을 D (㎜), 배율을 N이라면 다음 식이 성립한다.

$$E = \frac{D}{N} \tag{8-1}$$

밝기는 E^2에 비례하지만 사람의 눈동자보다 크게 되면 아무런 의미가 없으므로 눈동자보다 크게 할 필요는 없다. 그래서 주간용은 약 3 mm, 야간용은 약 7 mm 정도이면 충분하다.

(3) 시야(시계)

시야는 실시야와 겉보기 시야가 있으나 일반적으로 시야라면 실시야를 말한다. 실시야는 실제로 물체가 보이는 각도를 말하고 겉보기시야는 망원경으로 확대되어 보이는 각도를 말한다. 실시야는 다음 식으로 구할 수 있다.

$$A_A = A_T \times N \tag{8-2}$$

여기서 A_T : 실시야, A_A : 겉보기 시야, N : 배율

(4) 분할

쌍안경에는 눈금이 기입되어 있는데 이 눈금을 분할이라 하며, 1눈금은 1000 m의 거리에 있는 1 m의 길이를 표시하는 각도를 나타낸다. 즉, 1/1000 radian = 2.06″이다.

따라서 이것에 의하여 물표의 길이를 알면 물표까지의 거리를 알 수 있다. 높이 l (m)의 물체가 M 눈금으로 보인다면 그 물체까지의 거리 R 은 다음 식으로 표시된다.

$$R = \frac{l}{M} \times 1000(\mathrm{m}) \qquad (8\text{-}3)$$

예를 들면 길이 6 m의 선박이 눈금 2로 보이면 그 배까지의 거리는 3000 m가 된다.

(5) 접안렌즈의 눈금(시도조정)

접안렌즈에 새겨 있는 눈금은 각자의 시력에 따라 초점을 맞출 수 있도록 되어 있으며, 그 조정은 +2 ~ -4(디옵터)로 되어 있다. 이 숫자는 각 쌍안경의 공통이므로 각자의 눈에 맞는 숫자를 기억하면 좋다.

(6) 시폭 조정

양 눈의 간격은 사람마다 다르므로 각자의 눈 폭에 맞게 시폭을 조정한다. 시폭의 조정 범위는 60 ~ 70㎜정도다.

4.2.1. 쌍안경 사용 방법

① 사용할 때에는 반드시 밴드를 목에 걸어 떨어지지 않도록 주의한다.
② 접안렌즈의 외측을 돌려서 시도를 조정한다.
③ 각자의 눈 폭에 맞도록 시폭을 조정한다.
④ 야간에 목표를 찾을 때에는 시야의 중심에 시선을 두고 시야의 중심에서 바깥쪽 부분에 주의하면 판별하기 쉽다.

제9장

관성항법장치

관성항법장치(Inertial Navigation System, INS)는 자이로컴퍼스와 형제지간이다. INS는 프리자이로와 가속도센서를 이용하여 속도, 거리, 위치를 획득하기 위한 장치이다. 항공기는 INS를 사용한다.

최근까지 상선에서는 INS를 사용하지 않다가 최근 북극항로가 개척되면서 INS의 활용이 시작되고 있다.

- 저자 -

1. 개요

최근 북극의 방하가 녹으면서 북극항로가 개척되고 있다. 우리나라의 경우 기존에 부산항에서 유럽으로 항해하기 위해서는 수에즈 운하를 통과하거나 파나마 운하를 통과해야 했다. 그러나 북극항로를 이용하면 북극해를 지나서 바로 유럽으로 갈 수 있어 대단히 경제적이다. 그러나 문제가 있다.

북극을 지나는 경우 기존 자이로컴퍼스나 자기컴퍼스를 사용할 수 없다는 것이다. 자이로컴퍼스는 지구의 자전축을 중심으로 하는 수평면을 기준으로 작동하기 때문에 위도 60도 이상부터는 큰 오차가 발생한다. 특히, 북극에서는 오차가 무한대로 발생한다. 자기컴퍼스 역시 북극지역에 접근하면 경사오차가 급격하게 발생한다.

그래서 북극에서는 관성항법장치(Inertial Navigation System, INS)를 사용한다. INS의 원리는 자이로컴퍼스와 대동소이하다. 이미 앞의 자이로컴퍼스에서 설명한 바와 같이 관성항법장치 역시 프리 자이로스코프(Free Gyroscope)를 이용한다. 다만, 자이로컴퍼스와 같이 진북을 기준으로 하는 북쪽을 탐지하는 것이 아니라, 주어진 방위(절대방위)를 오로지 지시하면서, 지반의 경사운동과 선회운동을 컴퓨터로 계산하여 선수방위를 측정하고 가속도 센서(Acceleration sensor)를 이용하여 변위를 계산한 다음에 위치를 추정하는 장비이다.

이와 같이 INS는 선수방위뿐만 아니라 선수방위와 거리 및 이를 이용한 위치 추정이 가능하기 때문에 GPS 없이도 위치를 측정할 수 있다. 이미 항공기에서는 INS를 항공기의 이동 방위와 위치를 추정하고 있다. 문제는 INS가 시간에 따라서 오차가 누적되기 때문에 하루 이상의 장기 항해에는 적합하지 않다. 그래서 실제 항법에서는 INS와 GPS 및 각종 센서를 서로 보완하면서 오차를 줄이고 있다.

현재 약 24시간 정도는 무리 없이 사용할 수 있는 INS가 개발되어 있고, 향후 10년 이내에 10일 이상 큰 오차 없이 사용할 수 있는 INS 개발이 예상된다.

1.1. 관성항법장치의 역사

관성항법장치(Inertial Navigation System, 이하 INS)는 인공위성을 이용하여 위치를 측정하는 GPS와 달리, 지구 자전에 의한 지반의 선회운동과 경사운동 및 관성을 이용하여 속력, 방위, 위치 등을 측정하는 항법장치이다. INS는 항공기, 잠수함, 미사일 유도, 인공위성, 우주선 등 육지로부터 멀리 떨어져서 항해하거나 지구 밖이나 수중에서 항해하는 이동체(vehicle)에 주로 적용하는 항법장치이다.

자이로컴퍼스는 자이로(Gyro)의 고속회전에 의한 관성을 이용해서 항상 진북(True North)을 지시하도록 추종장치(Follow-up system)를 이용한 것이다. 특히, 자이로컴퍼스는 제진 쉴러 루프(Damped Schuller Loop)를 이용하여 북쪽 지시가 가능한데, INS는 자이로의 방향보존성을 이용하여 상대 방위만을 관측할 수 있다. 이러한 이유로 INS는 24시간 이내의 단시간에 고정도의 방위 및 거리를 측정하여 위치를 추정하기 위한 용도로 활용하고, 자이로컴퍼스는 24시간 이상의 장기 항해에 적용할 수 있다. INS의 역사를 살펴보면 다음과 같다.

- 1940년대 독일이 미사일 유도 시스템에 INS 적용을 시도한 바 있는데, 이 당시 INS에는 쉴러 튜닝(Schuller tuning) 기능이 없어서 시간경과에 따라 오차가 크게 개입되었다.
- 1950년대 초 MIT 공대에서 쉴러 튜닝이 부가된 INS가 개발되었다.
- 1950년대 후반 들어 영국의 Blue Streak & Blue Steel missile 개발에 부유체식 자이로(floated Gyro)와 통합 가속도계(integrating accelerometer)를 사용하여 정밀도를 향상시켰다.
- 1960년 중반 전투기에 INS 사용이 시작되었는데, 이 당시부터 동적 튜닝 자이로(Dynamically-Tuned Gyro, DTG) 개발이 시작되었다.
- 1960년 중반, 새로운 자이로 형태로서 구형태의 공진 바이브레이터 자이로(Hemispherical Resonator vibratory Gyro, HRG)의 개발이 시작되었다.
- 1970년대 들어, 현재 사용하는 것과 유사한 스트랩다운 회전 휠 자이로(Strapdown Spinning-Wheel-Gyro)를 이용한 INS의 개발이 시작되었다. 이 당시부터 보다 새로운 링레이저 자이로(Ring Laser Gyro, RLG)의 유용성을 새롭게 인식하기 계기가 시작되어 Boeing 757에 채택되는 계기가 되었다.
- 1970년대 핵자기공명 자이로(Nuclear Magnetic Resonance, NMR Gyro)개발이 시작되었다.
- 1970년대 개발에서 중요한 것은 광파이버 자이로(Fiber Optic Gyro, FOG)였는데, RLG와 달리 자기공진 방식을 채용하고 간섭형 광학장치(Interferometric Optical

Device)가 채용되기 시작하였다.

- 1980년대 들어, RLG가 활기차게 개발되어 아리안 인공위성(Ariane Satellite) 발사 로켓에 적용되기 시작하였으며, 1970년대 개발되던 FOG가 다시 출현하였으나 정밀도 문제가 발생하여 단일 장치로 사용하기 보다는 이동체의 자세와 방위 참조장치(Attitude/Heading Reference Systems, AHRS)로 사용되기 시작하였고, RLG에서 디더(Dither) 현상 억제방법이 개발됨에 따라 RLG가 INS에 채택되는 계기가 되었다.
- 1990년대 들어, 급격한 기술개발은 없었으나, RLG 크기의 감소, GPS와의 연계운용을 통한 정밀도 향상이 두드러지게 나타났고, FOG는 여전히 0.6 Nm/hours(Nautical mile/hours)의 장벽을 넘지 못하는 저정밀도를 유지하였고, GPS와 연계한 정밀도 향상 연구가 대거 출현하게 되었다.
- 2000년대 들어서는 과거 기계식 자이로의 한계를 극복하기 위하여 반도체 형태의 초경량, 극초전력 소비의 MEMS(Micro Electro Mechanical System) 형태의 자이로가 등장하여 새로운 전기를 맞이하게 되었다.

1.2. 관성항법장치의 원리

1.2.1. 가속도와 속도 및 변위

관성(inertia)이란, 달리는 물체가 우주공간의 절대지점을 향해서 계속 진행하려는 성질을 나타낸다. 즉, 버스에 타고 있는 사람이 버스가 정지하는 경우 계속 앞으로 나가려는 운동, 무거운 물체가 지구중심을 향해서 떨어지는 중력 등을 의미한다. 이러한 관성은 가속도 $a\,(m/s^2)$로 측정할 수 있는데, 가속도는 가속도계(Accelerometer)를 이용하여 측정한 후, 적분하면 속도 $v\,(m/s)$을 구할 수 있고, 속도는 다시 시간에 대해서 적분하면 이동한 변위 $S(m)$을 구할 수 있다.

선박, 잠수함, 항공기 등의 INS에서는 가속도계를 이용하여 가속도를 측정한 후 거리를 계산하여 변위를 구한다. 이와 동시에 이동체가 어떠한 방향으로 이동하는지를 알기 위하여 자이로(Gyro)를 이용하여 방위를 구한다.

이와 같이 INS를 이용하면 변위와 방위를 알기 때문에 이동체가 이동한 위치를 알 수 있다. 자유도가 2차원인 2자유도 관성항법의 예를 그림 9-2에 나타냈다.

■ 잠수함이 X-축에 대해서 0.0 마일, Y-축에 대해서 0.0 마일의 좌표점(이하 (0, 0)으로 표시)을 출발하여 (12.5, 12.5)의 좌표점을 거친 후, (30, 25)의 좌표점에 도착한 경우를 가정한다. 그리고 이 잠수함의 플랫폼(Platform)에는 X-축 가속도계와 자이로, Y-축 가속도계와 자이로가 설치되어 있기 때문에 방위와 변위를 구할 수 있다고 가정한다.

■ 잠수함은 방위와 변위를 이용하여 현재의 위치를 구할 수 있다. 단, 자이로는 절대 방위를 지시하는 장비이기 때문에 출발점의 방위를 반드시 알아야 이동하는 방위를 알 수 있다. 그림 9-2에서, 출발점의 방위가 045도라면, 최종 도착지에서 자이로가 45도 만큼 우측으로 회전되었음을 알려주기 때문에 잠수함의 도착지 방위는 90도임을 알 수 있다(즉, 출발점 45도 + 변이 45도).

■ 또한 현재의 위치를 알기 위해서는 출발점의 위치도 알아야 하는데, 도착지 위치 = 출발지 위치 + 변위이기 때문이다.

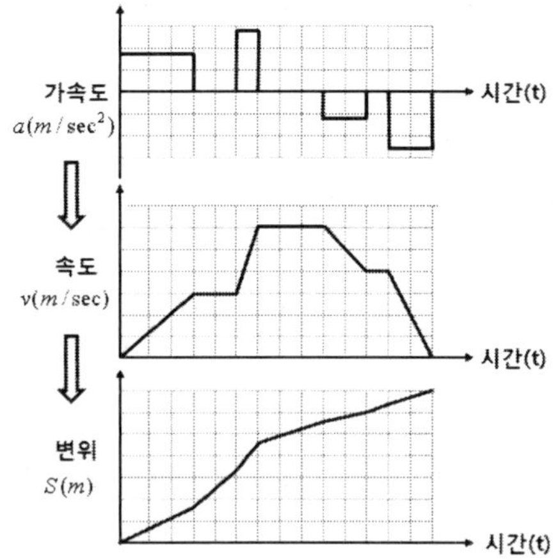

그림 9-1 가속도, 속도, 변위 사이의 관계

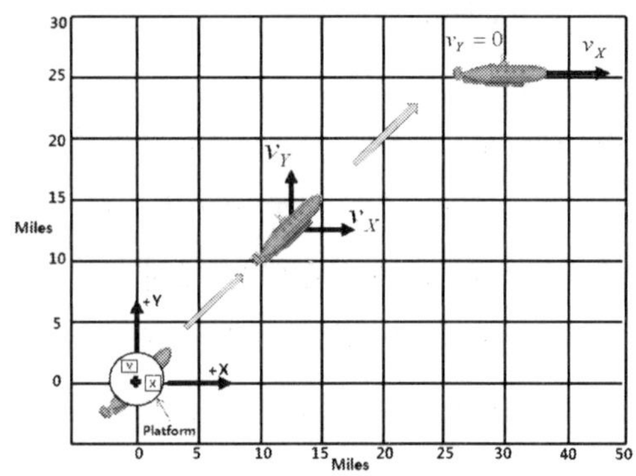

그림 9-2 2자유도 관성항법의 예

이와 같이 INS는, 가속도계와 자이로가 필요하고, 초기 방위와 위치를 알아야 한다. 실제 INS에서는 다음과 계산 원리를 이용하여 컴퓨터에서 정확한 위치와 방위를 계산한다.

① x-축, y-축, x-축에 설치한 가속도계에서 $a_X(m/s^2)$, $a_Y(m/s^2)$, $a_Z(m/s^2)$의 가속도를 측정하여 속도 $v(m/s)$을 구한다.

$$
\begin{aligned}
v_X &= \int a_X t \quad (m/s^2)\cdot(s) = v_X\,(m/s) \\
v_Y &= \int a_Y t \quad (m/s^2)\cdot(s) = v_Y\,(m/s) \\
v_Z &= \int a_Z t \quad (m/s^2)\cdot(s) = v_Z\,(m/s)
\end{aligned}
\qquad (9\text{-}1)
$$

② t 초경과 후의 이동거리 $x(m)$ 을 다음과 같이 계산한다.

$$
\begin{aligned}
x_X(t) &= \int v_X\,(m/s) \approx \frac{1}{2} a_X\, t \\
x_Y(t) &= \int v_Y\,(m/s) \approx \frac{1}{2} a_Y\, t \\
x_Z(t) &= \int v_Z\,(m/s) \approx \frac{1}{2} a_Z\, t
\end{aligned}
\tag{9-2}
$$

③ 초기 위치에 t 초경과 후의 이동거리를 더하여 현재 위치 P을 구한다.

$$
\begin{aligned}
P(x_X(t)) &= P(x_X(o)) + x_X(t) \\
P(x_Y(t)) &= P(x_Y(o)) + x_Y(t) \\
P(x_Z(t)) &= P(x_Z(o)) + x_Z(t)
\end{aligned}
\tag{9-3}
$$

즉, 가속도 → 속도 → 거리의 순서로 측정과 계산을 반복하는 것이 INS의 기본 원리이다. 여기서, 가속도를 이용하여 속도를 구하는 이유는 다음과 같다.

그림 9-3과 같은 잠수함을 보자. Case 1과 같이 만약 잠수함이 10 노트(knots, kts.)로 운항 중인데, 이 때 수중에서 물(water) 덩어리(mass)의 이동을 의미하는 수괴(water mass)가 10 kts.로 잠수함과 같은 방향으로 이동한다면 잠수함의 속도는 얼마일까? 단, 잠수함에서는 프로펠러 회전수를 이용하여 속도를 측정한다. GPS를 이용하면 적에게 노출될 우려가 있기 때문이다.

잠수함 승조원들은 수괴가 있는 것을 모르기 때문에 10 노트의 속도로 항해 중인 것으로 생각할 것이다. 그러나 이 잠수함은 해저면에 대해서 20 kts.의 속도로 항해 중이다(10 kts. + 10 kts.). 만약 Case 2와 같이 수괴가 잠수함과 반대 방향으로 10 kts.의 속도로 이동한다면 잠수함은 해저면에 대해서 0 kt.의 속도로 항해 중인 것이다. 따라서 속도를 정확하게 측정하기 위해서는 잠수함과 지면 사이의 상대적인 시간당 이동 변위(즉, 가속도)를 측정해야 한다. 프로펠러의 회전수로는 측정할 수 없다. 가속도는 말 그대로 속도의 증가 또는 감소 양을 의미한다.

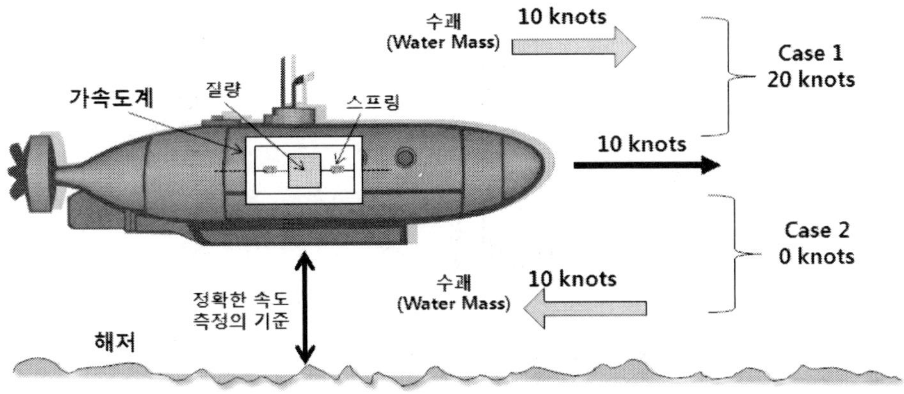

그림 9-3 잠수함에서 속도측정 개념(가속도계 사용 이유)

가속도를 측정하는 가속도계는 그림 9-3과 같이 좌우 스프링에 매달린 질량(mass)으로 구성된 구조를 갖고, "정지한 물체는 정지하려 하고, 움직이는 물체는 계속 움직인다"는 것이 관성의 법칙에 따라 움직인다. 잠수함이 해저면에 대해서 정지해 있으면 질량도 정지해 있기 때문에 스프링에는 변위가 발생하지 않지만, 잠수함이 이동하면 어느 한 순간에 질량은 정지해 있으려는 관성이 발생하기 때문에 양 쪽 스프링의 한쪽은 늘어나고 한쪽은 줄어드는 변위가 발생한다. 이러한 순간적인 스프링의 변위를 측정하면 바로 가속도를 측정한 것이 된다.

1.2.2. INS의 원리

우선 그림 9-4와 같이 3축이 자유로운 플랫폼(Platform) 위에 3축의 가속도계(Accelerometers)와 3축의 자이로(Gyros)가 장착되어 있는 구조를 고려한다. 이러한 구조를 짐발을 갖는 관성 플랫폼(Gimbaled Inertial Platform)이라하며, 3축의 자유도를 유지하기 위하여 피칭 모터(Pitching motor)와 롤 모터(Roll motor) 및 수직축 방위모터(Azimuth motor)가 짐발(Gimbals)에 달려있다. 따라서 플랫폼은 지구상에서 어떠한 자세든 취할 수 있고, 초기에 정한 자이로의 방향은 자이로컴퍼스에서 학습한 바와 같이 우주공간의 한 점을 영구불변 지시하게 된다.

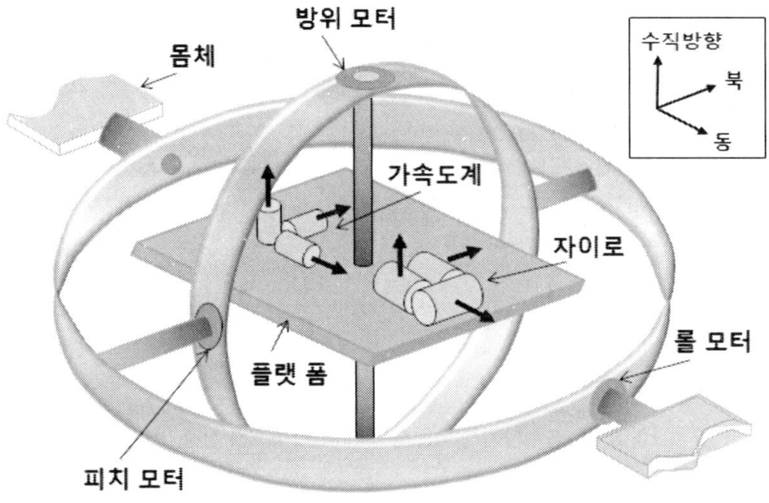

그림 9-4 3축이 자유로운 짐발을 갖는 관성 플랫폼

그림 9-5와 같이 그림 9-4의 플랫폼을 비행기에 장착하고 지구 위에서 이동한다고 가정하자. 그림 9-5 좌측 그림에서, 둥근 지구를 계속 비행하면 플랫폼의 방향은 자이로의 방향보존성으로 인하여 고정되지만 항공기가 경사되기 때문에 비행사가 볼 때 플랫폼은 θ 만큼 상승 경사된다. 그림 9-5의 우측 그림의 경우는 플랫폼의 방향을 항공기의 방향과 강제로 일치시킨 모습이다.

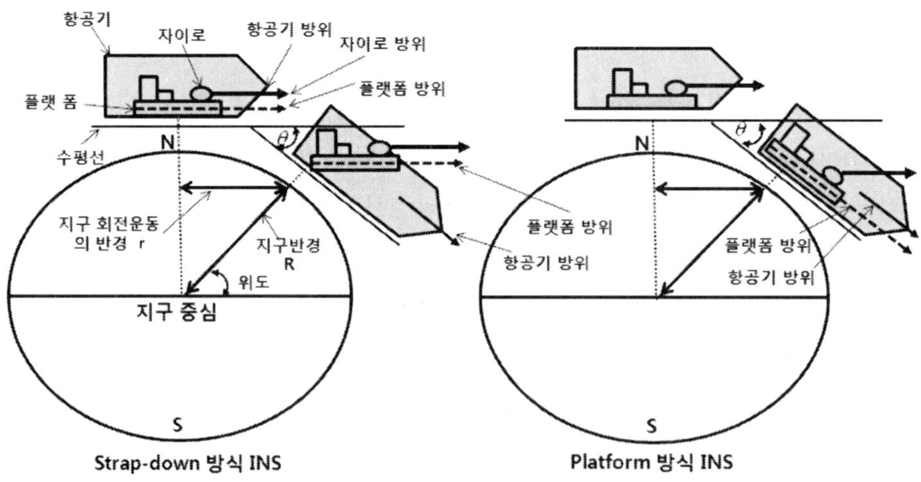

그림 9-5 지구상에서 플랫폼의 운동

그림 9-5의 두개 그림 모두 INS의 원리이다. 즉, 두 그림 모두 자이로, 플랫폼, 항공기 등 3개 물체 사이에서 경사된 방위 값을 측정할 수 있기 때문에 초기 출발지점과 비교하여 항공기의 변화된 방위를 알 수 있다. 그림 9-5의 좌측은 현재 널리 사용되고 있는 스트랩 다운(Strap-down) INS를 나타내고, 우측 그림은 예전에 사용하던 플랫폼(Platform) 방식의 INS를 나타낸다.

플랫폼 방식의 INS는, 그림 9-4에 나타낸 롤/피치/방위 모터를 이용하여 강제로 플랫폼을 돌려서 수평면과 평행한 상태를 만들면서, 이 때 자이로와 플랫폼 사이의 방위 변화를 측정한다. 플랫폼을 수평상태로 만드는 이유는 플랫폼이 수평상태가 되어야만 그 위에 놓인 자이로, 가속도계가 측정하는 값들이 인간이 사용하는 수평면을 기준으로 측정한 것이기 때문에 계산 과정이 간단해 진다. 그러나 이 방식은 기계적인 가동부가 많아서 고전력에 무겁고 정밀도가 낮다. 반면, 스트랩 다운 INS는 플랫폼을 경사된 상태 그대로 두고, 플랫폼과 항공기 사이의 방위 변화를 측정한다. 단, 플랫폼과 항공기 사이의 방위 변화 계산에는 고성능 컴퓨터가 필요하다. 기계적인 가동부가 없어서 정밀도가 대단히 높다.

INS는 1950년대부터 상용화가 시작되었는데, 이 당시 고성능 컴퓨터가 개발되지 않은 관계로 플랫폼 방식의 INS를 사용했으나 1970년대 들어 컴퓨터의 급속한 발전으로 스트랩 다운 방식의 INS가 널리 사용되게 되었다. 재래식 플랫폼 INS의 원리가 스트랩 다운 방식에 적용된 것이기 때문에 본 교재에서는 이 둘 모두를 설명한다.

1.3. 관성항법장치의 오차

1.3.1. 초기 경사 오차

초기 경사 오차(Initial tilt error)는 플랫폼이 항해하기 이전의 초기에 경사된 경우 발생하는 오차를 의미한다. 만약 초기에 플랫폼이 100μ*rad* 경사되면, 수평 가속도계가 100μ*g*을 감지하고, 그 결과 플랫폼을 수평면으로 정렬하기 위하여 롤/핏치/방위 모터에 자이로 토크가 가해진다. 이로 인하여 원하지 않은 방향으로 플랫폼이 기울어지게 되는데, 이러한 경사는 다시 가속도계 오차를 유발하여 결국 INS는 그림 9-6(a)에 나타낸 바와 같이 84분을 주기로 진동하는 위치오차를 야기한다.

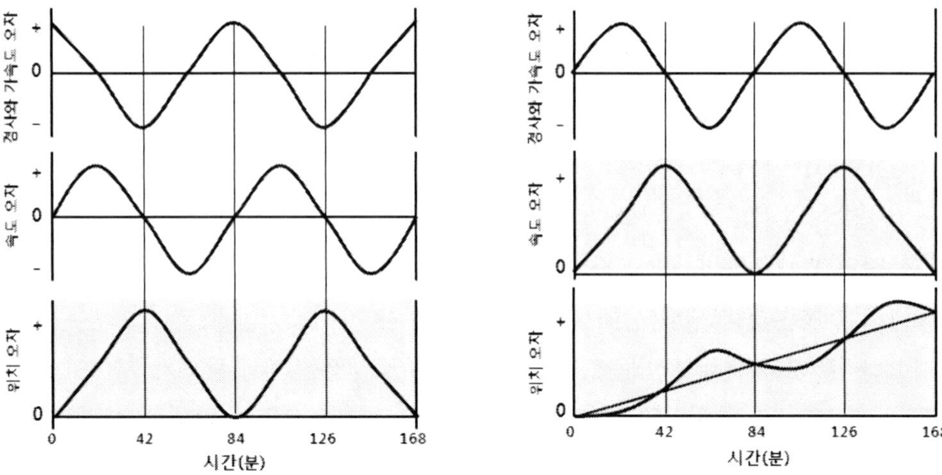

(a) 초기 경사오차에 의한 효과 (b) 자이로 드리프트 오차의 효과

그림 9-6 초기 경사오차(a)와 자이로 드리프트 오차(b)의 효과

1.3.2. 자이로 드리프트 오차

자이로 드리프트 오차(Gyro drift error)는 이동체가 정지해 있음에도 불구하고 자이로의 기계적 및 전기적인 영향으로 각가속도(angular acceleration)를 발생시키기 때문에 발생한다. 만약, 3개의 자이로 중에서 어느 하나가 0.01 deg/hour의 드리프트 오차를 발생한다고 가정하면, 이 드리프트 오차로 인하여 각가속도가 발생하고, 이 각가속도는 핏치/롤/방위 모터를 통해서 플랫폼을 경사시킨다. 이러한 플랫폼의 경사각은 일종의 쉴러(Shuller) 주파수로 진동하여 각가속도 오차를 유발하게 된다. 이러한 경우의 속도 오차는 그림 9-6(b)와 같이 평균이 제로 값이 아닌 형태로 발생하기 때문에(이 그림에서는 + 값에서 진동하고 있음), INS의 위치 오차는 계단(ramp) 함수와 같이 시간경과에 따라서 증가하면서 쉴러 진동 형태로 발생하여 1시간 경과 후 약 0.7 NM(Nautical Mile)의 위치오차를 발생시킨다.

이러한 드리프트 오차가 발생하면 시간에 따라서 위치오차가 누적됨으로 주의해야 한다. 그러나 자이로가 기계적 및 전기적으로 구성되어 있기 때문에 드리프트 오차를 영(0)으로 만들기는 불가능하다. 그래서 INS를 장시간 사용할 수 없다. 이러한 문제를 해결하기 위해서 다양한 연구들이 진행되고 있는데, 후술하는 광 자이로에서 기술하였다.

특히, 방위 자이로에 의한 드리프트 오차(Azimuth Gyro Drift Error)는 수직축에 대해서 서서히 회전하는 형태로 발생한다. 이 오차가 발생하면 동쪽 자이로(East Gyro)가 현재 지구가 회전한 것으로 착각하여 작은 양의 가속도를 감지하기 시작하고, 동쪽 모터가 북쪽(North)으로 플랫폼을 경사시킨다. 그러면 북쪽 가속도 신호에 오차가 발생한다. 이 경우, 북쪽 방향에 대한 위치 오차는 시간의 제곱에 비례하면서 중첩되는 슐러 진동으로 나타난다.

짧은 시간동안의 방위 자이로 드리프트 효과는 수직 방향으로 설치한 자이로 드리프트와 비교하여 덜 민감하게 작용한다. 방위 자이로 드리프트가 0.2 deg/hour 정도이면, 1 시간에 1 NM의 위치 오차가 발생한다.

1.3.3. 다른 원인에 의한 오차

위에서 설명한 오차가 INS에 가장 많은 영향을 미치는 오차이고, 그 이외의 오차에 영향을 미치는 것은, 센서들의 비정렬(misalignment), 측정 범위(scale factor), 비선형(none-linearities) 등에 기인한다. 이러한 오차는 INS를 작동시킬 때마다 변하게 된다. 이러한 특성을 분석하기 위해서는 여러 번 관측한 후 통계적인 값을 취하여 보정하게 되는데, 우수한 INS는 오차가 시간에 비례하여 발생하는데, 0.6 NM/hour 정도이다. 불량한 INS는 오차가 시간에 따라서 지수 함수적으로 누적 증가하는 것으로 대단히 큰 오차를 유발한다.

2. 관성 측정 센서

2.1. 광 자이로

관성측정장치에 가장 중요한 것이 자이로(Gyro)인데, 앞 장의 자이로컴퍼스에서 기술한 Gyro 또는 Free Gyroscope의 원리와 동일하다. 기존에는 기계식 자이로를 주로 사용한 결과, 대단히 무겁고 고가이며 대량 생산이 곤란한 문제점이 있었다. 최근에는 아래에 기술하는 다양한 광학 자이로(Optical Gyro) 및 반도체 자이로가 개발되어 있다.

2.1.1. 광 자이로의 원리

광 자이로(Optical Gyro)는 의미 그대로 빛(광)을 이용한 자이로이다. 빛도 하나의 전파이기 때문에 빛에 관한 전파(즉, 광파, light wave) 이론을 적용하여 광파의 시간 차이나 경로 차이를 이용하여 이동체의 회전각속도를 측정하는 것이 광 자이로이다. 다음 그림 9-7에 상용 광 자이로의 모습과 광 자이로의 원리를 나타냈다. 이 그림의 의미는 CW(시계 방향, Clock Wise) 방향으로 회전하는 원판에 있는 깃발에 어느 주자가 먼저 도착할 것인가를 나타낸다.

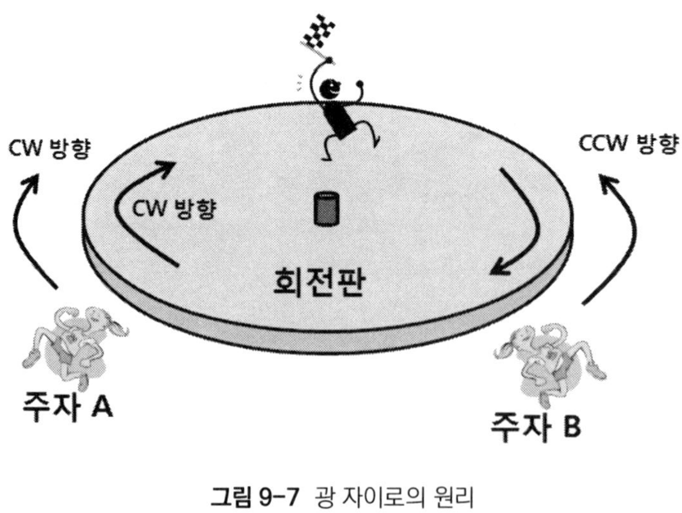

그림 9-7 광 자이로의 원리

당연히 회전판이 CW 방향으로 돌기 때문에 CCW(시계 반대 방향, Counter Clock Wise)방향으로 뛰는 주자 B가 깃발에 먼저 도착한다. 여기서, 회전판은 빛이 이동하는 경로를 만들기 위한 도파로(wave guide)를 의미하고, 2명의 주자는 서로 반대로 회전하는 광파(optical wave)를 의미한다. 이러한 원리를 이용하면 회전판을 오른쪽으로 돌렸는지, 왼쪽으로 돌렸는지를 알 수 있다. 이것이 광 자이로의 원리이다.

2.1.2. 광섬유 자이로

광섬유 자이로(FOG)는 머리카락 보다 가는 광섬유(optical fiber)을 이용하기 때문에 이름 붙여진 것으로 링 레이저 자이로(RLG) 이전에 개발되었다. 광섬유는 현재 광 통신에 사용되고 있으며, 다양한 조명시설에도 활용되고 있다. 광섬유 자이로는 머리카락 보다 가는 광섬유를 드럼에 수천 번 감으면 되기 때문에 제작이 간단하고, 무게가 가볍고, 저렴하다. 반면에, 정밀도가 RLG와 비교하여 낮다. 그림 9-8(좌측)은 LITEF사의 FOG 외관을 나타내고, 그림 9-8(우측)은 Honeywell 사의 FOG로서 드럼에 감긴 실제 모습(좌측)과 내부 모습(우측)을 나타낸다.

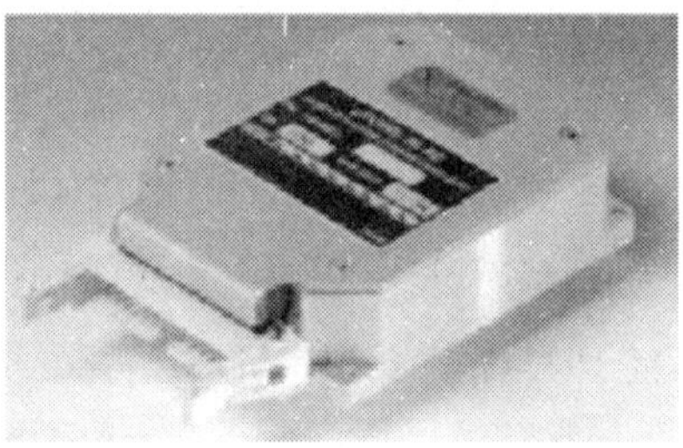

광 파이버 자이로 겉모습

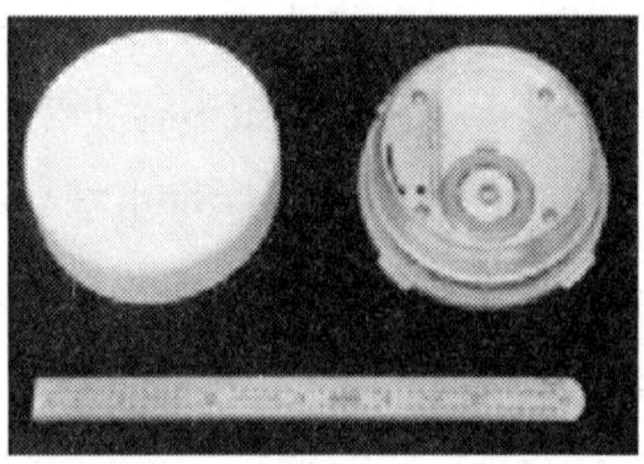

광 파이버 자이로 내부

그림 9-8 광 파이버 자이로의 외관과 내부 모습

2.1.3. 링 레이저 자이로

그림 9-9(a)는 링 레이저 자이로(RLG)의 실제 모습이고, 그림 9-9(b)는 RLG의 원리를 나타낸다. RLG의 몸체는 유리(실리콘)를 이용한 블록(block)으로 구성되어 있고, 유리 내부에는 3개의 좁은 터널(tunnel)을 형성하여 빛이 이동할 수 있는 경로를 마련한다. 그리고 블록의 코너에 반사거울(Mirror)을 설치하여 삼각형의 광 튜브(optical tube) 통

로를 형성하고 있다.

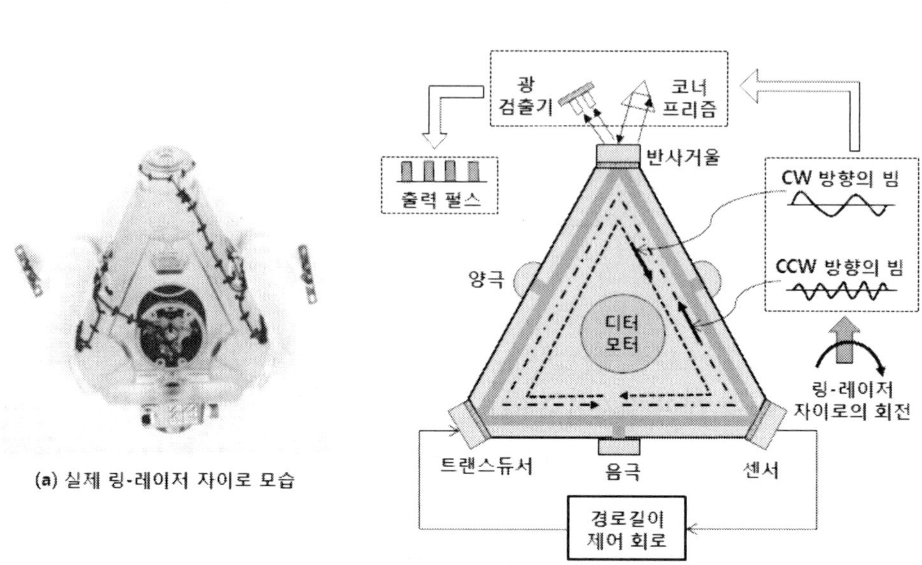

(a) 실제 링-레이저 자이로 모습

(b) 링-레이저 자이로 내부에서 빛의 이동 경로와 각속도 검출 원리

그림 9-9 링 레이저 자이로의 모습(a)과 원리(b)

광 튜브 안에는 저기압의 헬륨-네온(Helium-Neon) 혼합 가스를 주입하여 레이저 빔을 발생한다. 1 kV 정도의 고전압을 음극(Cathode)과 2개의 양극(Anode)에 가해주어 에너지를 광 튜브 내부로 방출하면 헬륨-네온 가스 안에서 레이저가 발생한다. 따라서 2개의 양극에 대해서 CW(Clock Wise) 방향으로 회전하는 빛과 CCW(Count Clock Wise) 방향으로 회전하는 빛이 삼각형의 광 튜브 내부에서 회전하게 된다.

RLG가 고정되어 있을 때는, CW 방향의 레이저 빔과 CCW 방향의 레이저 빔은 같은 파장을 유지하게 되어 양 방향 사이의 파장(wavelength) 변화가 없다. 그래서 RLG가 정지되어 있음을 안다. 여기서, 광파의 경우 1.0 파장의 길이는 633 나노미터(nanometer)이다.

만약, RLG가 CW 방향으로 회전하면 CW 방향의 레이점 빔은 가속되고, CCW 방향의 레이저 빔은 감속되어 양 레이저 빔 사이의 파장 변화가 발생한다. 이 들 사이의 파장 차는 대단히 작은데, 이 미소한 파장을 검출하면 RLG의 회전율에 비례한 신호를 획득할 수 있다.

2.2. 가속도계

2.2.1. 원통형 가속도계

원통형 가속도계는 외부에서 가해진 힘에 대응해서 '뒤로 당겨지는 관성'을 측정하는 것으로, 케이스(case)와 질량(mass)으로 구성되어 있다. 케이스는 이동체에 접해 있으며, 질량은 한 쌍의 중심 스프링에 의하여 케이스에 매달려 있다.

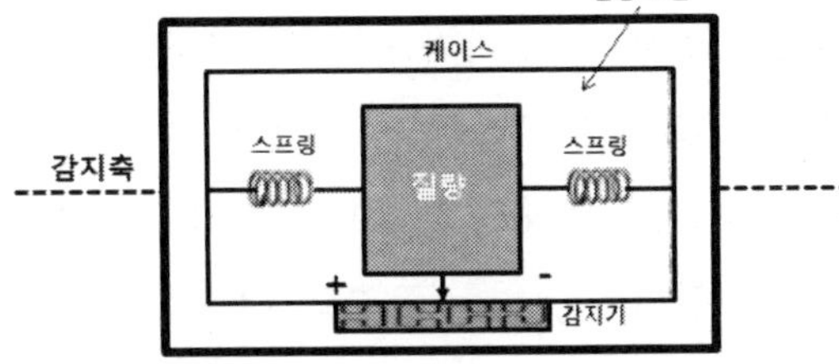

그림 9-10 가속도계의 기본구성

이러한 질량은 케이스에 외부적 힘이 가해지지 않을 때와 가속되지 않을 때는 케이스에 표시된 중간(zero) 또는 영(null) 위치에 있다. 반면, 케이스에 외력이 작용하는 경우 케이스는 이동하지만, 질량은 관성에 의해서 짧은 시간동안 정지 상태를 유지하는데, 이 때 질량의 관성력과 스프링을 당기는 힘(즉, 가속도) 사이에 평행상태가 유지되면 일정 변위가 케이스와 질량 사이에 발생하고 이 변위가 가속도에 비례하게 된다.

2.2.2. 비선형 가속도계

비선형 가속도계는 가속도 측정 범위를 확대하기 위하여 로그 눈금(Log scale)을 이용한 것이 특징이다. 그림 9-11의 눈금을 보면 비선형으로 되어 있다. 이러한 측정 범위의 폭을 스케일 팩터(Scale Factor)라 한다.

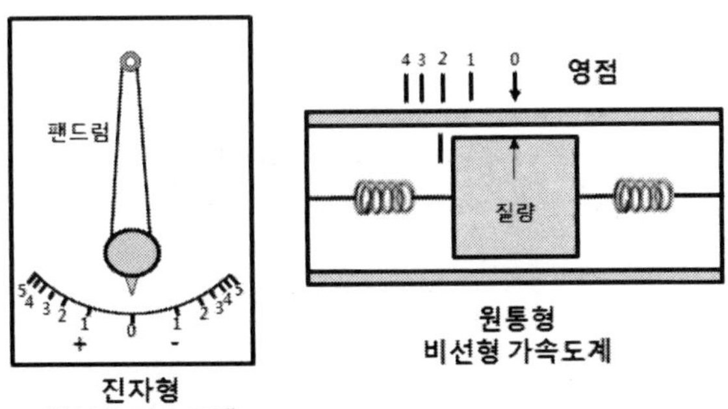

그림 9-11 비선형 가속도계

2.3. MEMS 기반 자이로와 가속도계

최근 반도체 형태의 미소전기기계시스템(Micro-Electro-Mechanical Systems, MEMS)을 이용한 관성측정장치(Inertial Measurement Unit, IMU)가 항공, 로봇, 국방 등에 널리 적용되고 있다. 현재 이러한 MEMS 기술은 주로 자이로와 가속도계 개발에 적용하고 있으나, 오차가 대단히 커서 오랜 시간동안 고정밀도가 필요한 상선의 항법장치로는 적용하기 곤란한 실정이다. 이로 인하여 주로 MEMS 관성센서는 GPS와 연계한 MEMS-GPS 형태의 관성항법장치로 개발하여 GPS의 전파교란(jamming)이나 GPS 신호가 수신되지 못하는 공간의 대응 시스템으로 사용되고 있다.

MEMS 형태의 관성센서가 아직 많은 문제점이 있음에도 불구하고 다양한 분야에서 연구 개발되고 있다. 그 이유는 향후 반도체 기술의 발전으로 MEMS 관성센서의 정밀도가 급속하게 향상될 것으로 예상되고, 또한 가격측면에서 기존 기계식 또는 광전기식 자이로와 가속도계가 수 천만 원대로 고가지만, MEMS 관성 센서는 수 만원에서 수십만 원 정도로 대단히 저렴하기 때문이다(Chris Goodall, Naser El-Sheimy and Kai-Wei Chiang(2005). 현재 시중에 판매되고 있는 다양한 MEMS 기반 관성 센서와 모듈을 그림 9-11에 나타다. MEMS 센서는 ADIS 16405(Analog Devices, 2009 and 2011)가 있고, 관성측정 모듈에는 IG-500N(SBG systems, 2011), MTi-G(Xsens Technologies, 2010), MMQ-G(Systron Donner, 2007) 등이 있다.

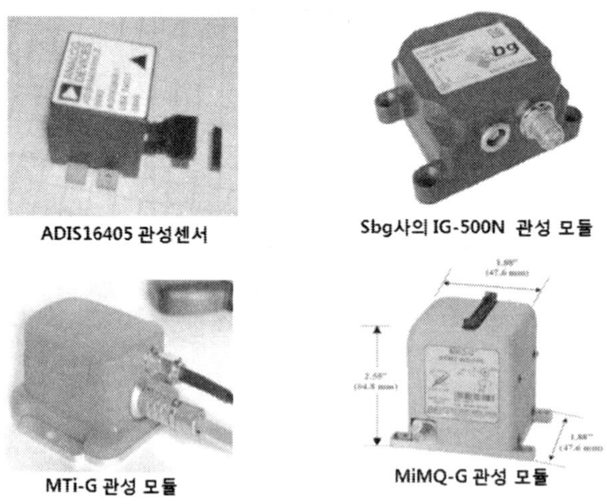

그림 9-12 상용 MEMS 기반 관성 센서와 모듈

3. 관성항법장치의 종류와 오차

3.1. 관성항법장치의 종류

3.1.1. 제어 방식에 따른 분류

이미 앞에서 설명한 바와 같이 INS의 종류에는 그림 9-13과 같이 플랫폼(Platform) 방식과 스트랩 다운(Strap-down) 방식으로 구분할 수 있다. 플랫폼 방식은 하드웨어적인 방식으로 플랫폼을 모터로 강제로 돌려서 수평을 유지하면서 속도와 위치를 구하는 방식이다. 반면, 스트랩 다운 방식은 소프트웨어적인 방식인데, 플랫폼이 기울어진 자세를 컴퓨터로 계산하여 속도와 위치를 구하는 방식이다.

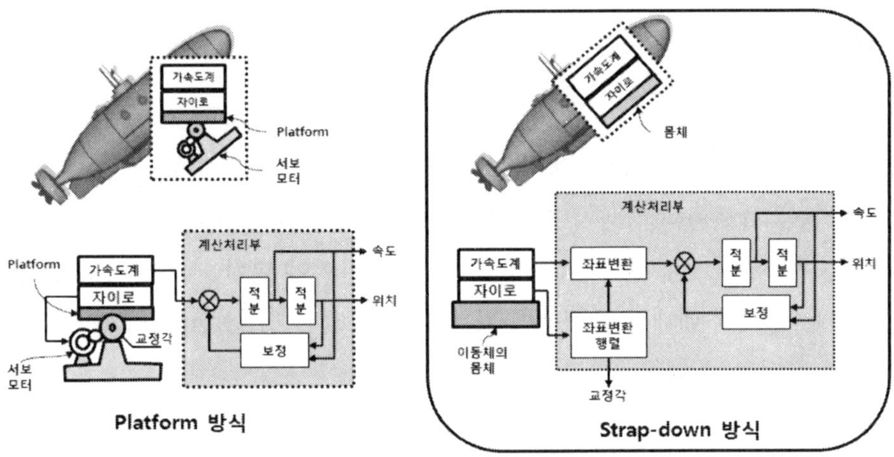

그림 9-13 플랫폼 방식 INS(좌)와 스트랩다운 방식 INS(우)의 원리

그림 9-13에 나타낸 두 가지 제어방식의 가장 큰 차이점은 국지수평면(ground horizontal) 설정 방법에 있다. 플랫폼 방식은 짐발(Gimbals)을 갖는 플랫폼을 이용하여 국지수평면을 유지한다. 이 시스템은 정밀하고, 신뢰성이 있으며 저렴한 장점이 있으나 기계적으로 너무 복잡하여 다음과 같은 문제점을 갖고 있다. 이러한 문제점은 앞에서 학습한 자이로컴퍼스와 유사한 것인데, 자이로컴퍼스 역시 관성항법의 한가지이기 때문이다.

① 플랫폼 유지를 위한 서보 모터(Servo Motor)에 전원을 공급하기 위한 슬립링(slip-ring)이 대단히 민감하여 고장이 자주 발생한다.

② 모터에 의해서 다량의 전원이 소모되기 때문에 열 발생을 야기하고, 기계적인 구조가 많아서 진동이 발생하며, 유지 보수에 고비용이 소모되며, 고장 발생 시 분해 수리 조립에 장시간이 필요하다.

③ 그리고 플랫폼 테스트에 장시간이 필요한데, 이것은 슐러(Schuller) 주기를 인간이 제어할 수 없기 때문이다.

이러한 문제점을 해결하기 위하여 1970년대부터 보다 간단한 구조가 개발되기 시작하였는데, 자이로를 수평면 탐지기(Null-seeker)로 사용하지 않고, 단지 관성 공간상에서의 회전만을 감지하는 센서로 사용하는 방법이 제안되었다. 이러한 시스템 구조는 항상 가속도계 축의 집합체인 플랫폼이 어느 방향을 향하고 있는지를 알 수 있는데, 기계적인 플랫폼 대신 수학적인 플랫폼으로 대체한 것이 스트랩 다운 방식이다.

3.1.2. 슐러 튜닝

슐러 튜닝(Schuller Tuning)은 1923년 M. Schuller가 개발한 것으로 지구 표면에서 이동체가 이동하는 경우, 북쪽과 동쪽으로 설치한 가속도계의 축을 수평면과 일치하기 위해서 얼마만큼 플랫폼을 경사시킬 것인지를 계산하기 위한 이론이다. 이 경사 값을 알기 위해서는 초기위치에서 얼마만큼 이동했는지를 알아야 한다. 우선, 지구의 자전에 의해서 발생하는 경사에 대해서 플랫폼에 가해줄 각 토크의 비율(angular torquing rate)은 다음 식과 같이 θ 에 대한 2차 미분으로 계산된다.

$$\ddot{\theta} = \frac{a}{R} \tag{9-4}$$

여기서, R은 지구의 반경으로 약 64,000 km이고, a는 지구의 자전 가속도($m/\sec^2$)로서 다음 식과 같이 구한다.

$$a = \frac{v^2}{T} = \frac{(\frac{2\pi r}{T})^2}{r} = \frac{4\pi^2 r}{T^2} \tag{9-5}$$

여기서, T 는 24시간, v 는 지구의 자전 속도로서 24시간에 약 360도 회전하고, r 은 해당 위도에 대한 지구 회전운동의 반경이다. 계산 방법은 다음과 같다.

① 먼저, T 를 구한다.

$T = 24\,Hr \times 60\,\min \times 60\,\sec = 86{,}400\,\sec\ T^2 = 7.47 \times 10^9\ (\sec^2)$

② 경사각 θ 가 발생한 지점의 위도를 북위 30로 가정하면, 이 지점의 지구 회전운동의 반경 r 과 $4\,\pi^2\,r$ 을 구한다.

$r = R\cos(Lat) = R\cos(30) = 64{,}000\,km \times 0.86 = 5{,}542\,km$

$4\,\pi^2\,r = 4 \times 9.8596 \times 5{,}542{,}000 = 2.18 \times 10^8$

③ 그러면, 북위 30도인 지점에서의 가속도는 다음과 같이 구할 수 있다.

$$a = \frac{4\pi^2 r}{T^2} = \frac{2.18 \times 10^8\,(m)}{7.47 \times 10^9\,(s^2)} = 0.03\,(m/s^2)$$

따라서 지구의 가속도는 위도에 따라서 다르게 나타나며, 위도에 따라서 중력이 다르기 때문에 다양한 지구 중력에 따른 가속도 변화가 발생한다. 이와 같은 쉴러튜닝을 이용하면 24시간 일정하게 플랫폼을 유지할 수 있는데, 이것은 마치 주기가 84.5분인 길이 R 을 갖는 비제진 추(undamped pendulum)의 운동현상과 동일하다. 자이로컴퍼스에도 이러한 현상이 발생한다.

3.1.3. 플랫폼 방식

플랫폼 방식 INS에서는 다음 그림 9-14와 같이 북쪽 방향으로 설치한 자이로(North gyro)와 연계한 동쪽 가속도계(East accelerometer)의 a_e 를 적분하여 쉴러 루프(Schuller Loop)를 통해서 토크를 가해준다. 그리고 동쪽 방향으로 설치한 자이로(East gyro)와 연계한 북쪽 가속도계(North accelerometer)의 a_n 을 적분하여 쉴러 루프를 통해서 토크를 가해줌으로서 플랫폼의 수평을 유지한다. 이와 같이 플랫폼에 대해서 직접 토크를 가해주는 방식이 플랫폼 방식이다.

3.1.4. 스트랩 다운 방식

그림 9-15는 스트랩 다운 방식의 블록도이다. 우선, 3축 자이로에서 각가속도를 측정

하고, 3축 가속도계에서 가속도를 측정한다. 그리고 3축 각가속도를 이용하여 이동체의 자세를 계산하여 이 값을 축 변환에 입력한다. 축 변환에서는 이동체 자세를 고려한 가속도를 다시 구하여 짐발 시스템에 대해서 표준화 되어 있는 관성항법 공식에 대입하여 위치와 속력을 구하고, 동시에 이 신호를 자이로 토크 신호로서 자세벡터 계산 부분으로 피드백시켜서 이동체가 기울어진 만큼 속도와 위치 계산에 반영하였음을 알린다. 스트랩 다운 INS에서는 이러한 계산을 고성능 컴퓨터를 이용하여 반복하면서 이동체의 자세에 따른 속도와 위치를 구하게 된다.

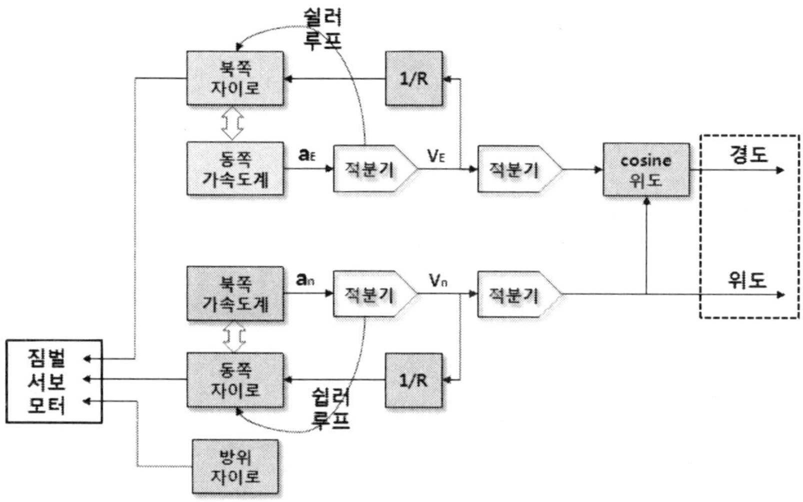

그림 9-14 쉴러 루프를 이용한 플랫폼의 수평 유지 메커니즘

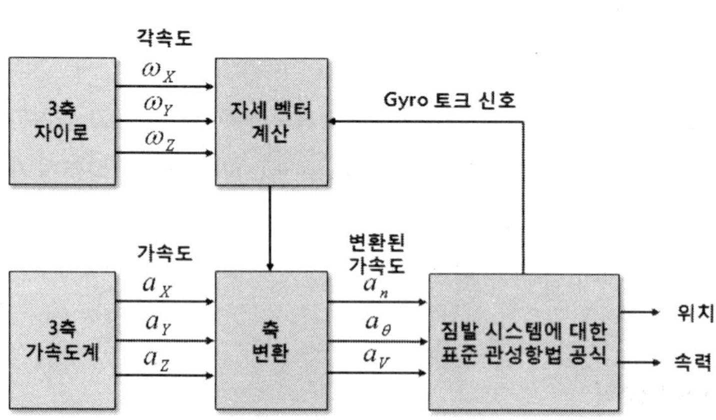

그림 9-15 스트랩 다운 INS 유닛의 블록도

이러한 스트랩 다운 INS의 개발에는 다음과 같은 문제점이 있었으나 현재는 해결되어 오늘날 대부분의 INS는 스트랩 다운 방식을 채용하고 있다.

우선, 자이로의 동적측정 범위(Gyro Dynamics Range)와 측정 폭(Scale Factor)인데, 동적측정 범위는 이동체가 급격하게 움직이는 경우 이러한 상태를 자이로가 얼마큼 잘 추종하는가를 나타낸 것이며, 측정 폭은 급격한 움직임의 최솟값부터 최댓값 사이의 폭을 나타내는 것으로, 측정 폭이 좋은 것은 급격하게 움직이는 이동체 또는 대단히 느리게 움직이는 이동체 등의 움직임을 잘 감지할 수 있다.

기존 짐발 시스템에서, 자이로는 수천 deg./Hr. 정도의 측정이 요구되었으나, 기껏 수십 deg./Hr. 정도의 회전만을 측정할 수 있었다. 하나의 대책으로 링 레이저 자이로(RLG)가 고려되었는데, RLG를 사용하는 경우 기계적인 가동부가 없기 때문에 초기 가동 시간이 짧고, 중력에 의한 영향이 없으며, 신뢰성이 높고, 저가, 긴 수명, 즉시 항해 데이터 출력 가능 등의 장점이 있다.

최근까지 중간 정밀도(2 ~ 4 NM/Hr.)의 저가격 스트랩 다운 INS에서는 재래식 자이로가 사용된바 있으나 현재는 표준성능인 1 NM/Hr. 정도의 스트랩 다운 INS에는 RLG를 채택하고 있다.

한편, 기존 기계식 자이로의 경우에도, 1970년대에 들어 스트랩 다운 방식에 적용할 수 있을 정도의 0.5 NM/Hr. 수준으로 발전하였는데, 특히, 회전하는 로터를 갖는 회전휠 자이로(Spinning-Wheel Gyro)가 개발되기 시작하였다. 그러나 낮은 드리프트 오차를 갖기 위해서는 대단히 큰 각 모멘트를 갖는 로터가 필요했는데, 이를 위해서는 수백 와트의 고전력이 필요함에 따라 고열을 동반하는 문제점이 발생하였다.

아울러, 반도체 공학 분야에서는 1960년대 중반부터 RLG의 개발이 시작되었는데, RLG는 반도체나 광섬유를 이용하기 때문에 기계적인 가동부가 없고, 대단히 우수한 측정 폭(scale factor)을 유지할 수 있으며, 회전율에 상관없이 저전력을 유지할 수 있는 장점이 있음을 알았다. 그래서 1960대 중반부터 1980년대까지 RLG 개발이 본격화 되었고, 이 시기에 컴퓨터의 연산처리 능력 역시 급속하게 향상되었다. 그러나 이 시기부터 우수한 Spinning-wheel Gyro가 개발되면서 수만 시간의 MTBF(Mean Time Between Failure)가 가능하여 신뢰성이 향상되면서 RLG와 Spinning-wheel Gyro의 성능이 비슷한 시대가 되었다. 그래서 1960대 중반부터 1980년대까지는 아직 미개발 상태이고 가격이 고가인 RLG 대신 Spinning-wheel Gyro가 사용되는 시기이기도 하다.

최근의 Strap-down 방식을 채용하고 RLG를 이용한 INS의 경우 5,000 ~ 10,000

MTBF[80](약 1년 정도)를 보장하고, Gimbals INS의 경우는 600 MTBF(약 25일 정도)를 보장하고 있는 바, 최근의 INS는 대부분 Strap-down RLG 방식을 채택하고 있다.

3.2. Strap-down INS의 오차와 보정

3.2.1. 오차의 원인과 오차 요소

INS의 오차원인은 다음과 같은데, 통계 처리에 의해서 부분적인 오차 개선은 가능하지만, 근본적인 오차 원인은 제작할 당시부터 주의하여 오차가 없게 만들어야 한다.

① 개별적인 H/W에 기인한 오차 : Gyro, 가속도계, 컴퓨터, 전자회로 등 시스템을 구성하는 개별 장치들에 의한 오차로서 개별 장치 자체를 수정하거나 보정하지 않는 한, INS에서는 수정이 불가능하다.
② 개별 H/W로 구성된 기구 자체 : 수정이 불가능 하다.
③ 온도, 진동, 충격 등 사용 환경에 의한 오차 : 수정이 가능하다.
④ 연산 S/W에 의한 오차 : 수정할 수 있으나 제작사 이외에는 소프트웨어 변경이 불가능한 문제점이 있다.

그리고 정밀도에 큰 영향을 미치는 오차 요소는 다음과 같다.

① 초기 기준 축 설정(alignment) 오차: 이 초차는 외부 기준을 이용하여 해결할 수 있다.
② 시간 경과와 함께 증가하는 Gyro와 가속도계에 의한 고유 오차 : 이들 2가지가 정밀도에 가장 큰 영향을 미치는 오차 요인이며, 가속도계와 Gyro 자체에 기인한 오류이기 때문에 수정이 불가능 하다.

3.2.2. 정밀도

INS의 정밀도는 통상 NM/Hr.(Nautical Mile / Hour, 시간당 해상마일) 단위를 사용

80) MTBF는, Mean Time Between Failure의 의미로서, 시스템의 고장과 고장 사이의 평균시간을 의미하며, 시스템의 안정성을 평가하는 하나의 단위이다.

한다. INS 정밀도는 한 지점에 INS를 그대로 장시간 두었을 때 한 지점을 중심으로 산발적으로 나타나는 위치를 분석하는 원형오차확률(Circular Error Probability, CEP)로 표시한다. CEP는 오차 요소 샘플의 50%를 포함하는 원을 의미한다. GPS에서도 이러한 CEP를 이용하여 오차를 나타내고 있는데, GPS에서 통상 오차가 100 m라는 의미는 정확하게 100 m가 발생한다는 의미가 아니고 1,000 m가 발생할 수도 있고, 1 m가 발생할 수도 있으나 CEP 개념에 의하여 통계적으로 평균 100 m라는 의미이다. 그리고 INS의 신뢰성을 수치로 나타내는 방법은 앞에서 학습한 MTBF를 적용한다.

3.2.3. 센서 보정

센서가 설치된 위치나 자세가 틀린 경우 이를 보정함으로서 INS 오차를 줄일 수 있는데, 이를 센서 보정(Sensor Calibration)이라 하며, 시간 경과에 따라 오차 보정이 필요하고, 동시에 Platform 정렬이 필요하다. Platform 방식은 센서가 이동체와 분리되어 있으므로 간단하게 보정할 수 있으나, Strap-down 방식은 센서가 이동체에 고정되어 있어 보정 절차가 대단히 복잡하다.

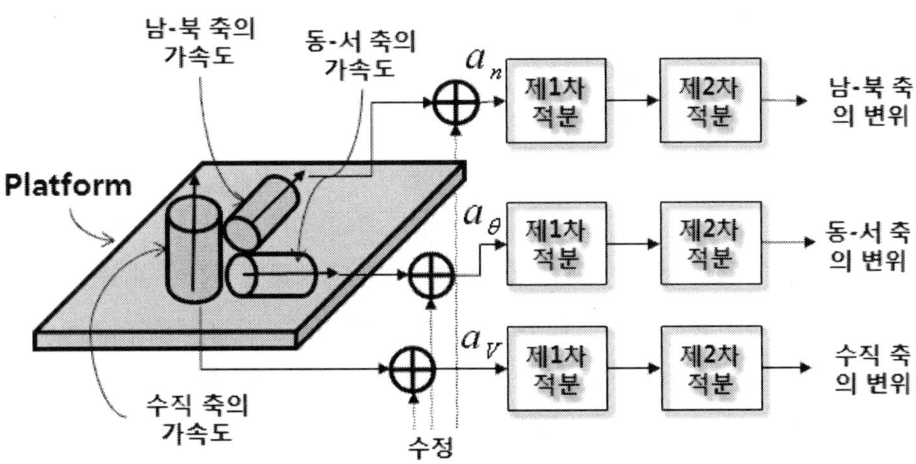

그림 9-16 플랫폼에 정렬된 가속도계

3.2.4. 오차 보정

그림 9-16에 나타낸 바와 같이 가속도계에서 구한 X, Y, Z 3축 방향의 가속도 정보는

국지적인 직교 3축 정보로 출력되어야 항법에 적용할 수 있다. 이 의미는 둥근 지구상에서 Platform이 수평면과 평행이 되어야함을 의미하는데, 이것은 INS를 사용하는 우리 인간이 항상 수평면을 기준으로 모든 좌표를 측정하기 때문이다.

특히, 가속도계는 Gyro와 연계되어 설치되기 때문에 Gyro를 항상 수평면과 일치하기 위한, 즉 국지 3축과 일치하기 위한 보정이 필요하다. 대부분 컴퓨터에서 이를 고려하여 계산하고 있다.

(1) 지구 자전의 보정

지구 자전에 의한 보정도 필요한데, 지구는 15.04도/Hr.의 각속도로 자전하기 때문에 15.04도/Hr.의 각속도를 지속적으로 Gyro에 가해주어야 국지직교 3축이 유지된다. 이때, 정밀한 시계가 필요하다. 지구 자전 보정은 앞의 쉴러 튜닝에서 설명한 바 있다.

(2) 각속도 보정

각속도 보정도 필요한데, 잠수함이나 항공기에 INS를 탑재해서 이동시키면 이동에 따른 각속도 변화가 발생하는데, 이 각속도 변화를 Gyro에 가해주어야만 국지직교 3축이 유지된다. 이를 위해서 Gyro에 Platform을 설치하여 지속적으로 자세를 교정한다. Strap-down INS에서는 컴퓨터가 자동으로 보정하게 된다.

(3) 중력 방향의 보정

지구는 울퉁불퉁한데, 기존 해도의 경우 베셀(Bessel) 회전타원체를 근거로 평균적인 지구에 대한 해도를 제작했다면, 최근에는 실제 지구의 울퉁불퉁한 모습을 적용하기 위한 WGS-84 측지계를 적용하고 있다. 이와 같이 실제 지구는 회전 타원체이므로 위도마다 중력방향이 다르다. 따라서 INS에 위도에 따른 중력 보정이 필요하다. 최근에는 GPS를 INS에 연계시켜서 위도 정보가 자동으로 INS에 입력되고 있다.

(4) 코리올리 효과 보정

코리올리(Coriolis) 효과는 지구가 회전하기 때문에 발생한다. 이러한 지구의 회전 즉, 지구의 자전 공간에서 INS가 동작하기 때문에 관성공간에서 계측한 가속도 벡터와 지구상에서 계측한 가속도 벡터 사이에는 차이가 발생한다. 이 차이를 보정하는 것이 코리오리 보정인데, INS 내부에 포함되어 있다.

(5) 쉴러 튜닝

수평면에 매달려 있는 중력 진자(weight)는 지구 자전에 의한 지지대의 운동 가속도에 의해서, 지구의 국지연직면에서 볼 때 중력 방향과는 경사된 상태이다. 이 경사가 없는 즉, 운동 가속도 영향을 받지 않는 것이 쉴러(Schuller) 진자이다. 쉴러 진자의 반경은 이론상 지구의 반경과 같기 때문에 존재할 수 없어서 근사적으로 보정할 수밖에 없다. 이러한 쉴러 진자의 중심은 지구중심에 있고, 지지점인 지구표면상의 운동체가 가속도로 운동해도 진자의 축을 국지중력방향과 일치시켜야 한다. 이러한 쉴러 튜닝 기능은 INS 자체 내에 삽입되어 있다. 이러한 현상은 자이로컴퍼스에서도 발생하고 있을 뿐만 아니라 지구상에 존재하는 모든 회전 물체는 쉴러 현상이 발생한다.

제10장

기타 항해지원 장비와 직접화

선교의 다양한 장비를 통합하기 선교통합 시스템과 외부 음향을 수신하는 음향수신장치(Sound Reception System, SRS), 선교견시 모니터링 시스템(Bridge Watch Monitoring System, BWMS) 등을 학습한다.

SRS는 선교가 모두 폐쇄된 여객선에 주로 활용하는 장비이고, BWMS는 항해사의 불의의 사고로 견시를 하지 못하는 상황을 감시하기 위한 것이다.

- 저자 -

1. 선교와 항해장비의 직접화

1.1. 개요

1.1.1. 집적화의 목적

항해사의 선교 근무환경을 개선하고 선박 운항에 필요한 정보를 적시적기에 제공하여 위기대응 능력을 향상시킴으로써 선박의 경제성과 안전성을 도모하기 위한 것이 통합선교시스템(Integrated Bridge System, IBS)과 통합항법시스템(Integrated Navigation System, INS)이다. 그림 10-1은 복잡한 선교의 모습을 나타낸다. 이러한 선교의 장비나 구조를 인간공학적(ergonomics)으로 구성하기 위한 것이 IBS와 INS의 기본개념이다.

선교의 모습

선교의 각종 콘솔

엔진 원격제어장치(Telegraph)

Telegraph 주변 장치들

그림 10-1 복잡한 선교 내부 모습

1.1.2. 직접화의 배경

과거에는 위치 획득과 표시에 많은 시간이 걸려서 순간적인 선박의 위치를 확인할 수 없을 뿐만 아니라, 시간과 장소 및 기상 등에 의해서 위치 관측이 제한되었다. 그러나 현재는 GPS(Global Positioning System)를 이용하여 전천후 위치 획득이 가능하고, DGPS(Differential GPS)에 의해서 측위정도가 크게 향상되었다. 그리고 종이해도(Paper Chart)를 대신할 수 있는 전자해도(Electronic Navigation Chart, ENC)가 개발되면서 모든 항해 정보를 전자해도에 집약적으로 표시할 수 있게 되었다.

이러한 기술의 발전으로 한 명의 당직항해사가 선박을 안전하게 운항할 수 있는 1인 당직 시스템(One-Man Bridge System)이 등장하게 되었는데, 여기에 추가되어할 것이 선교에서의 항해사 이동 경로의 축소이다. 항해사는 수시로 위치를 확인하고, 다양한 항해 정보를 입수해야 하며, 적시적기에 선박을 조종해야함으로 항해 장비나 제어 시스템의 분산배치는 많은 문제점을 야기할 수 있다. 그러므로 이들 시스템을 이용하는 항해사가 최단 거리를 움직이도록 각종 시스템을 집약적으로 배치할 필요가 있는데 이에 대한 방안이 IBS와 INS의 개념이다.

또한, 현재 선박에는 과거와 달리 운항비용의 절감을 위하여 승무원 수가 대폭 감소되었다. 그러나 선박의 고속화, 대형화, 첨단화에 따라서 오히려 항해사의 역할은 강조되고, 선박의 안전운항을 유지하기 위해서는 선장-항해사-조타수의 상호 유기적이고 체계적인 협동 작업이 필요하기 때문에, 승무원 수의 감소로 인한 대응방안이 필요하게 되었다. 하나의 대응방안으로 선교 설계와 배치에 관한 개념이 IBS의 형태로 제안되었다.

그리고 해양환경보호에 관한 국제적인 관심도 증가되고 있는데, 과거부터 현재까지 발생하고 있는 유조선의 기름유출 사고는 막대한 해양환경오염을 야기하고 있다. 이를 위해 국제공조를 위한 규정이 강화되고 첨단 시스템의 장착이 의무화되고 있는데 이러한 시점에 등장한 것이 IBS와 INS이다.

1.2. 통합선교시스템

1.2.1. 목적과 기능

IBS의 목적은, 본선(Own Ship)의 현재 상태와 다른 선박의 동태 및 모든 외부상황 등을 자동으로 파악하면서 계획된 항로를 안전하고 경제적으로 항해하도록 지원하는 것이다.

이러한 IBS는 항해사의 능력을 충분히 발휘할 수 있도록 선박운항지원시스템과 항해정보제공시스템, 각종 제어시스템 등을 갖추고 있다. 여기서, 선교에 있는 조타실(Wheel House)은 선박운항에 필요한 정보를 수집 및 가공하여 제공하고, 항해사 및 선장이 선박조종 명령을 지시하는 장소이다. 과거에는 주로 인간에 의해서 이러한 조타 기능이 수행되었지만 오늘날은 전기전자통신공학의 발달로 점차 인간의 판단능력을 제고하기 위한 각종 센서와 항해기기들이 조타실 내에 설비되어 있다. 그러나 이들 항해기기들은 모두 분산 배치되어 있어서 정보획득에 시간이 걸리고, 이들 정보를 인간의 지식과 경험을 중심으로 판단해야 하므로 인적오류(human errors)가 개입될 수 있기 때문에 조타실 내의 항해기기 배치는 인간의 정보 판단 능력에 중요한 영향을 미친다. IBS는 조타실의 항해기기 배치를 인간에게 최적화시킨 시스템이다.

1.2.2. 규정과 용어

최근 개정된 1974 해상인명안전협약(International Convention for the Safety of Life at Sea 1974, 1974 SOLAS)의 제5장이 2002년 7월 1일부터 발효되었다. 발효된 개정 1974 SOLAS 제5장의 규칙 15에는 '선교설계, 항해장비의 설계 및 배치에 관한 규칙'이 명시되었는데, 그 내용은 다음과 같다.

[선교를 설계하거나 선교의 항해시스템 및 장비를 설계 및 배치할 때는 선교 팀(Bridge Team) 및 도선사가 인적오류(Human Error)를 최소화하고 모든 장비를 유효적절하게 사용하여 항해안전을 극대화 할 수 있도록 인간공학적인 측면을 고려하여 설계하여야 한다.]

이에 따라 IMO에서는 인간공학적인 측면을 고려한 선교 설계와 장비에 관한 인간공학적인 지침(Guidelines on Ergonomic Criteria for Bridge Equipment and Layout)의 개발 작업을 진행하여, 제73차 해사안전위원회(MSC)[81]의 회람(Circulation)[82] 982로 채택하였다. 동 지침은 선교배치와 관련하여 인간공학적인 측면을 다루고 있는 국제

81) IMO 상하에는 전문가들로 구성된 가양한 연구 그룹이 있는데, 해사안전위원회(Maritime Safety Committee) 이외에 NAV, MEPC 등이 있다.

82) IMO의 문서 중에는 국제법에 대한 규정(Regulation), 각 국가에서 서로 약속한 협약(Convention), 회의 결과 채택한 주요 내용을 기록한 의결서(Resolution), 각 사안에 대해서 의견을 묻거나 회의 참고용으로 제작한 회람(Circulation) 등이 있다.

기준인 ISO 8468 및 14612와 IEC 60945등을 반영하여 작성한 것이다. 그러나 제73차 해사안전위원회에서 최종안을 채택하면서 동 지침이 너무 엄격한 기준을 담고 있어 실제 적용에 어려움이 있음을 감안하여 권고사항으로만 정하고 MSC의 회람으로 채택하였다. 즉, 강제화된 지침이 아니라는 의미이다. 그러나 향후 선교 설계와 항해장비의 배치는 첨단기술의 개발과 선원들의 복지향상 및 인간오류의 최소화 등이 주요한 이슈로 등장할 것이기 본 교재에 그 내용을 설명한 것이다. 또한, 최근 조선소에서는 가능한 이러한 선교설계와 배치에 관한 규정을 준용하여 선박을 전조하고 있다. IMO의 선교 및 항해장비의 설계 및 배치에 관한 기준은 다음과 같은 문서에 기록되어 있다.

- MSC/Circ.982 : Guidelines on Ergonomic Criteria for Bridge Equipment and Layout
- MSC.64(67) : IBS(Integrated Bridge System)
- MSC.86(70) : INS(Integrated Navigation System)

선교 통합 시스템(Integrated Bridge System, IBS)의 개념은 1970년대부터 시작된 선박자동화에 기인한 것이다. 이러한 선박자동화의 개념은 최근 40여 년간 여러 분야에서 창출되면서 관련 용어도 다양하게 나타났다. 대표적인 것이, 자동항법시스템(Automatic Navigation System, ANS), 종합항법시스템(Total Navigation System, TNS), 통합항법시스템(Integrated Navigation System, INS) 및 최근 우리나라 삼성중공업에서 제안하고 있는 디지털선박시스템(Digital System for Vessel)(Samsung, 2013) 등이다.

아직까지 이러한 용어는 구체적인 합의나 정의 없이 다양한 용어로 불리고 있는데, 다음과 같이 2002년 7월 1일 이후부터 적용된 SOALS 제5장의 규칙 15를 근거하여 통일된 용어를 사용하고자 한다.

① 선교의 설계와 항해장비 배치는 IMO의 'Guidelines on Ergonomic Criteria for Bridge Equipment and Layout'을 준용한다.
② 선교에 구축할 항해장비는 IMO의 'Integrated Navigation System: IMO resolution MSC.86(70)'에 의하여 통합한다.
③ 최종적인 선교 통합 시스템은 IMO의 'Integrated Bridge System: IMO resolution

MSC.64(67)'에 의하여 구축한다.

따라서 다음과 같이 용어를 정의할 수 있다.

- 통합 선교 시스템(Integrated Bridge System, IBS)은 선교의 모든 시스템을 통합하여 사용자 위주의 선교를 구축한다는 의미로 정한다.
- 통합 항법 시스템(Integrated Navigation System, INS)[83]은 선교에 배치될 다양한 항법기기를 결합하고, 항해정보를 융합(Fusion)한다는 의미로 정한다.

1.3. 통합항법시스템

본 내용은 IMO의 의결서 MSC.86(70의 부속서 17의 새로 개정된 항해장비의 성능표준(Annex 17, Adaptation of New and Amended Performance Standards for Navigational Equipment)의 부가 부속서 3의 통합항법시스템의 성능표준에 관한 권고(Annex 3 : Recommendation on Performance Standards for An Integrated Navigation System(INS))의 내용을 해석한 것이다. 여기서, 통합항법시스템을 의미하는 INS와 앞 장에서 학습한 관성항법시스템(Inertial Navigation System)의 INS가 동일하여 혼동의 우려가 있음으로, 통합항법시스템을 INaS로 편의상 사용한다. 그러나 IMO에 규정된 것은 INS임을 명심하기 바란다.

1.3.1. 목적과 범위

① 통합항법시스템(이하 INaS)의 목적은 당직항해사(Officer in charge Of navigational Watching, OOW)가 선박을 최적으로 제어하거나 최적의 항로를 설할 때 필요한 정보와 기능을 추가로 제공하기 위한 것이다.

② INaS는 항해환경에 의해 발생하는 위험한 상황을 당직항해사가 인지한다는 의미의 상황인식(situation awareness)을 지원하기 위한 것이다.

③ INaS는 여러 센서와 독립된 다양한 항해장비에서 입력되는 정보를 평가하여 항해안

83) Integrated Navigation System을 의미하는 INS와 Inertial Navigation System(관성항법장치)를 의미하는 INS와 혼동할 수 있음에 주의한다.

전을 지원하기 위한 것이다. 아울러 이러한 정보를 잘 통합하여 정보의 질이 저하되거나 위험한 상황에 처하면 해당 경보를 발생하기 위한 것이다. 따라서 정보의 통합이 INaS의 가장 중요한 기능이다.

④ INaS가 추구하는 목표는, 인적요소를 고려하여 당직항해사의 능력에 적합한 노동강도를 유지함으로써 안전항해를 도모하고, 선원들의 능력을 적절하게 보완하기 위한 것이다.

⑤ INaS는 IMO의 의결서 MSC.64(67)의 부속서1'IBS의 성능에 관한 권고'에 규정된 통항로에서의 항해 기능을 수행할 수 있다.

1.3.2. 성능표준과 용어 정의

현재 사용하고 있는 다양한 개별 항해장비에는 IMO의 성능표준이 권고되어 있다. 그럼에도 불구하고 INaS의 성능표준에 관한 권고사항은, INaS의 목적달성을 위해 필요한 경우에는 다양한 항해지원 장비를 조합한 경우에도 적용할 수 있다. 이러한 INaS의 성능표준 목적은 항해 장비와 이로부터 획득한 정보를 적절하고 안전하게 통합하기 위한 것이다. INaS의 성능표준은 다음과 같이 세 가지 영역으로 구분된다.

1. INaS(A)는 INaS에 정보를 지원하기 위한 일관된 공통 참조 시스템(Consistent Common Reference System, CCRS)과 INaS에서 최소한의 기능이 요구되는 시스템에 관한 성능표준이다.
2. INaS(B)는 INaS(A)에 추가하여 위기회피를 위한 의사결정에 필요한 정보를 제공하는 시스템에 관한 성능표준이다.
3. INaS(C)는 INaS(B)에 추가하여 선수와 침로 및 속력의 자동제어기능을 제공하는 시스템에 관한 성능표준이다.

그리고 이러한 성능표준을 명시하기 위한 용어는 다음과 같이 정의된다.

- 자동제어 시스템 (Automatic Control System) : 선수, 침로 또는 속력 등의 제어를 포함하는 제어 시스템
- 일관된 공통 참조 시스템(Consistent Common Reference System, CCRS) : INaS의 부가 시스템(Sub-system)에 일관되게 공통된 정보를 제공하기 위하여 시스템으로,

데이터와 정보의 획득, 처리, 저장 및 공급을 위한 시스템이다.

- 통합항법시스템(Integrated Navigation System, INaS) : 유자격자에 의해서 안전하고 경제적인 항해의 증진을 위한 시스템의 통합
- 통합(Integrity) : 시스템을 주의해서 사용해야 하거나 또는 그러하지 않을 때라도, 규정된 시간 내에 해당하는 경보와 그에 대한 표시를 적절하고 완벽하며 불확실성이 없는 상태로 사용자에게 제공할 수 있는 시스템의 능력
- 다중 기능 표시(Multi-function Display) : 하나 이상의 시스템 작동에 관한 정보를 특수한 선택 도구를 이용하거나 또는 자동으로 동시에 표시할 수 있는 단일 가시화 장치
- 센서(Sensor) : 그 자체에는 적절한 표시나 제어 기능이 있거나 또는 없는 상태에서 자동으로 정보를 INaS에 제공하는 항해지원 장치

1.3.3. 작동요구사항

[일반사항] : INaS을 작동시키는 경우, INaS와 연관된 의결서 A.694(17)의 요구사항은 물론 INaS에 관한 성능표준을 만족해야 한다. INaS 자체의 성능표준은 물론 INaS의 각 장치에 해서 IMO에서 채택한 요구사항도 준수해야 한다. 개별 항해장비들의 기능을 INaS에 연결하는 경우에는 연결한 장비들이 INaS의 성능표준에 요구된 성능을 저하시켜서는 안 된다. INaS의 일부 장치의 고장이 다른 장치의 고장으로 이어져서는 안 된다. 단, 고장이 난 장치의 정보에 의해서 작동되는 장치는 제외한다.

[기본기능] : INaS는 모든 센서로부터 획득한 데이터를 통합한 후 평가해야 한다. 이러한 다양한 센서로부터 획득한 통합 데이터는 다른 장치나 시스템에 전송하기 전에 반드시 평가해야 한다. 형식이 서로 다른 정보를 INaS와 연관된 장치로 송신할 때는 CCRS의 목적에 적합하도록 송신해야 한다. INaS(A)에서 위치, 속력, 선수, 시간 등의 정보를 제공하는 경우 통합된 정보임을 각 데이터에 표시해야 한다. INaS(B)에서 자동으로 연속되게 그래픽으로 선박의 위치, 속력, 선수방위 등을 표시할 수 있어야 하는데, 항로계획과 위험의 인지와 검출과 관련된 수심도 표시할 수 있어야 한다. INaS(C)에서는 자동으로 선수 방위와 침로 또는 속력을 제어할 수 있는 수단을 제공해야 하고, 이들의 성능과 상태를 표시할 수 있어야 한다.

[통합에 대한 감시] : 통합한 정보는 가능하면 2개 이상의 센서로부터 개별적으로 획득한 데이터와 비교하여 검증해야 한다. 기초가 되는 중요한 정보를 표시하거나 사용하기 전에 반드시 검증해야 한다. 의심되는 통합 정보는 INaS에서 명확하게 표시되어야

하고 자동제어 시스템에 사용해서는 안 된다.

[데이터 교환] : IMO의 성능표준이 적용된 단일 장비를 INaS에 연결할 때는 데이터의 교환과 인터페이스에 관한 국제표준 IEC 61162의 규정을 준수해야 한다. 입출력 데이터 사이의 지연은 INaS의 개별 장치의 데이터 요청 시간과 일치해야 한다. 지연시간이 느리거나 빠르면 데이터의 송수신이 불가능할 수 있다. INaS 내에서의 데이터 교환에 관한 통합은 보장되어야 한다. 데이터 교환이 실패하는 경우 어떠한 경우라도 INaS의 개별 기능에 영향을 미쳐서는 안 된다.

[통합] : INaS는 다음 요구사항과 일치하는 다양한 기능의 통합이 가능해야 한다. 1. 표시 또는 제어는 다중기능 표시장치에 나타내야 하고 여분의 표시가 가능해야 한다. 2. 의결서 A.529(13)와 A.815(19)에 명시된 데이터의 가용성에 관한 권고사항은 통합되는 각 부분에 대해서도 적용할 수 있다.

[계통 제어] : 계통(Configuration)이란 시스템이 작동하는 흐름을 의미하는 것으로, 계통제어란 시스템 작동 흐름을 제어하는 것이다. INaS는 주로 계통제어를 이용하여 시스템을 구축하는데, 이러한 시스템의 전체 계통 흐름을 나타내야 하고, 사용 가능한 계통의 흐름과 사용 중에 있는 계통의 흐름을 표시할 수 있어야 한다.

[정보의 표시] : INaS는 가능한 현재 사용 가능한 정보를 표시할 수 있어야 한다. INaS는 다양한 센서로부터 출력 가능한 데이터를 표시할 수 있어야 한다. 표시되는 정보에는 정보를 획득한 출처와 측정 단위 및 측정 상태와 형식(Format) 등이 함께 표시되어야 한다. 정보를 획득한 출처란, 센서에서 획득한 데이터인지, 계산결과에 의한 것인지, 수동으로 입력한 데이터인지 등을 의미한다.

[정보의 정확성] : 정보의 정확성(Accuracy)이란, INaS에 입력된 각종 데이터가 원래 데이터와 비교하여 삭제, 손실, 왜곡 등이 없는 정도를 의미한다. 이러한 정보의 정확성은 최소한 IMO의 의결서 A.529(13)와 A.815(19)에서 요구되는 조건과 일치해야 한다. 또한, INaS는 센서에서 제공한 원래 데이터의 정확성을 저하시켜서는 아니 된다.

[고장시 안전 작동] : 고장이 발생한 경우 INaS가 자동으로 취한 응답결과는 최고로 안전한 결과가 되어야 하고, 고장에 대한 명확한 표시와 경보가 수반되어야 한다.

[고장이후 복귀 형식] : 복귀(Reversionary)란 고장 이전의 정상상태로 시스템을 회복시키는 것을 의미한다. 이러한 복귀 기능을 INaS가 지원하기 위해서는 INaS의 자동기능에 대해서 어떠한 기능은 간단하고 효과적으로 건너뛰거나 무시할 수 있어야 한다. 또한, INaS의 복귀를 위해서는 INaS의 초기 동작조건을 모두 고려하여 복귀에 필요한

모든 동작을 취하고 이와 관련된 적절한 메세이지를 표시한 이후에 만 자동기능을 개시해야 한다.

[경보의 배치] : INaS는 경보를 위해 경보관리 시스템을 제공해야 하고, 이 시스템은 최소한 IMO의 의결서 A.830(19)의 요구사항을 만족해야 한다. 경보를 발생시킬 정보의 수는 가능한 최저 수준의 중요성을 갖는 정보가 포함될 수 있는 수준에서 결정해야 한다. 경보는 경보가 울린 사유와 이 경보에 대해서 예상되는 기능의 제한 등을 쉽게 인지할 수 있도록 화면에 나타내야 하고, 이러한 표시는, 종이로 된 설명서가 없어도 화면에서 바로 알 수 있도록 INaS 자체에서 수행되어야 한다.

1.3.4. 인간공학 적용시 제한 사항

(1) 인지 인간공학

인지 인간공학(Cognitive ergonomics)이란 기계와 인간 사이의 인식에 관한 개념을 의미하는 것으로, 기계에서 발생하는 다양한 물리적인 현상을 인간이 쉽게 인지할 수 있도록 지원하기 위한 것이다. INaS의 통합된 표시와 제어 기능은 일관된 인간-기계 인터페이스(Human Machine Interface, HMI)에 관한 철학과 구현방법을 적용해야 한다. 이러한 HMI는 일관된 표시방식을 이용하여 인간이 정보를 명확하게 이해할 수 있도록 설계해야 한다. 그리고 HMI는 사용자가 쉽게 수동으로 입력할 수 있도록 설계해야 한다. 한편, 사용자의 수동 입력이 잘못된 결과를 초래할 것으로 INaS가 판단한 경우, INaS는 이러한 수동 입력을 허용하기 전에 확실한 입력인지를 사용자에게 질의할 수 있는 기능이 있어야 한다.

(2) 물리적인 인간공학

통합된 제어와 표시를 할 때는, 심벌(symbols), 제어, 형상 설계 등에 대해서 특별한 주의를 해야 한다. INaS는 당직항해사가 근무하는 장소에서 쉽게 기본적인 기능을 수행할 수 있도록 설계되고 구현되어야 한다. 연속하여 표시되는 정보는 최적화되어야 하고, 반드시 위치, 속력, 선수 방위, 시간 등이 포함되어 있어야 한다. 아울러 추가적인 정보도 쉽게 접근할 수 있도록 해야 한다.

1.3.5. 설계와 장착

[일반사항] : INaS는 IMO의 의결서 A.694(17)와 국제표준인 IEC 60945[84]와 같은 적절한 국제규정의 요구조건을 만족해야 한다.

[고장 분석] : INaS에 설치되어 있는 계통도에 대해서 IEC 61508[85]에 규정된 내용을 준용하여 고장분석을 실시하고 그 내용을 문서에 기록해야 한다. 계통도에는 시스템과 통합되어 있거나 연결된 모든 장치가 포함되어야 하고, 자동기능을 수동으로 건너뛸 수 있는 장치와 이 장치들의 선교에서의 위치 등이 포함되어야 한다.

[장착 요구사항] : INaS는 IEC 92-101과 IEC 533의 국제규정에 명시된 요구사항을 만족하도록 설계되어야 한다.

[전원 공급에 대한 요구사항] : INaS의 모든 장치에 적용되는 전원(electrical power) 공급에 관한 요구사항은 IMO의 관련 규정을 적용할 수 있다. INaS에는 다음 사항이 공급되어야 한다. 1. 전원은 주전원과 비상전원 양쪽을 공급해야 하는데, 비상전원은 예상하지 못한 전원차단에 대비하여 외부의 전원분기회로를 통해서 자동으로 전환될 수 있어야 한다. 2. 비상전원은 45초 이상 공급되어야 한다.

[전원 변동과 차단] : 전원 차단이후의 모든 INaS 기능은 부가 시스템이 모두 회복된 이후에 작동되어야 한다. 그 이유는 부가 시스템이 회복되지 않은 상태에서 INaS가 작동되면 필요한 정보나 제어를 할 수 없거나 오류가 발생할 수 있기 때문에 반드시 부가 시스템들이 작동된 이후에 INaS가 작동되어야 한다. 그리고 INaS는 전원이 회복된 이후에 개별 부가 시스템의 회복시간을 증가시켜서는 안 된다. 전원이 차단 경우에, INaS는 비상전원을 이용하여 현재 서용 중인 계통과 연속적으로 이루어지는 자동작동을 가능한 유지해야 한다. 안전과 관련된 자동 기능은 사용자가 확인 한 후에만 회복되어야 한다.

---

84) IEC(International Electrotechnical Commission)은 국제전기기술위원회를 의미하는 것으로 전기기술에 관한 국제표준을 제정하고 있다. 이 위원회에서 작성한 자료가 IEC이고, 여기에 문서의 종류별로 번호를 붙여서 IEC 60945와 같이 부른다(IEC 60945, 2002).

85) IEC 61508은 산업에 적용되는 국제표준을 의미한다(IEC 61508, 2013).

1.4. 삼성중공업의 통합항법시스템

한국의 삼성중공업에서는 선박용 삼성 디지털 시스템(Samsung Digital System for Vessel)이라는 통합 자동 및 항해 시스템(Integrated Automation and Navigation System, IANS)을 2000년부터 세계 시장에 선보이고 있다(Samsung, 2013). 그림 10-2는 삼성중공업의 IANS 구성도를 나타낸다.

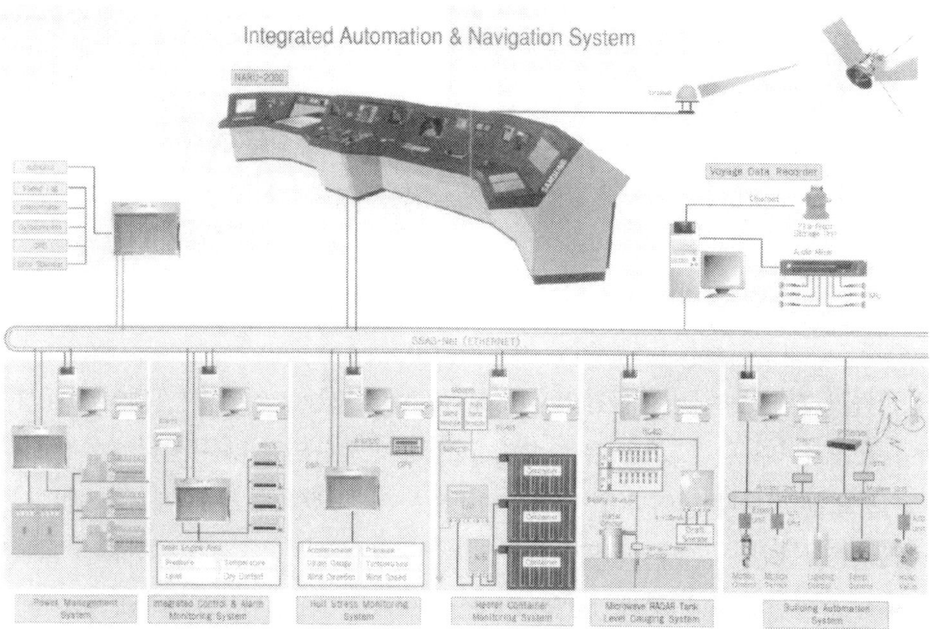

그림 10-2 삼성중공업 IANS의 구성도(Samsung, 2013)

그림 10-2의 IANS는 다음과 같은 부가 장치로 구성되어 있다.

- 전원관리 시스템(Power Management System, PMS)
- 통합 제어와 경보 감시 시스템(Integrated Control & Alarm Monitoring System, ICAMS)
- 선체응력 감시 시스템(Hull Stress Monitoring System, HSMS)
- 냉동 컨테이너 모니터링 시스템(Reefer Container Monitoring System, RCMS)
- 마이크로파 RADAR 탱크 레벨 측정 시스템(Microwave RADAR Tank Level

Gauging System, TLGS)
- 빌딩 자동화 시스템(Building Automation System, BAU)
- 항해데이터기록장치(Voyage Data Recorder, VDR)

부가장치의 세부 기능은 다음과 같다.

(1) **전원관리 시스템(PMS)** : 전원 관리는 선박의 각종 제어장치와 항해장비의 작동에 가장 중요한 요소이다. 특히, 통합항법시스템에서의 전원관리는 대부분의 기능이 컴퓨터 장치로 구성되어 있기 때문에 더욱 중요하다.

(2) **통합제어와 경보 모니터링 시스템(ICAMS)** : ICAMS는 여러 제어 장치나 기능을 하나로 집약함으로써 효율적인 관리와 사용을 도모하고, 그 상태들을 지속적으로 감시 및 표시하고 경보를 울리는 목적으로 사용한다.

(3) **선체응력 모니터링 시스템(HSMS)** : 이 시스템의 목적은 항해 중에 외력(파, 바람 등)에 의하여 선체에 미치는 응력을 감시하는 시스템으로, 선박 항해안전을 도모하기 위한 것이다.

(4) **냉동 컨테이너 모니터링 시스템(RCMS)** : RCMS의 목적은 냉동 컨테이너의 급속한 증가에 부응하여 냉동 컨테이너의 정보를 감사하기 위한 시스템이다. 다른 시스템과 달리 많은 컨테이너로부터 선교까지 먼 거리를 통신해야 하기 때문에 모뎀(Modem)을 이용하여 정보를 수집한 후 이더넷 망으로 접속한다.

(5) **마이크로파 RADAR 탱크 레벨 측정 시스템(TLGS)** : TLGS의 목적은 마이크로파 레이더 센서(Microwave RADAR Sensor)[86]을 이용하여 탱크에 채워진 액체 화물이나 평형수(Ballast), 청수 등의 양을 측정하기 위한 것이다. 비접촉식 마이크로파를 이용한 레이더 센서를 이용하여 안전하게 각종 레벨을 측정한다.

(6) **빌딩 자동화 시스템(BAS)** : BAS의 목적은 인터넷이나 통신장치를 이용하여 원격제어하기 위한 시스템으로, 마치 육상의 빌딩에서 다양한 제어를 하는 것과 유사한 방식으로 선박을 자동화하기 위한 시스템이다.

(7) **항해 데이터 기록장치(VDR)** : 각종 데이터를 실시간 기록하고 12시간동안 관리할 수 있다. 기록된 데이터를 이용한 재현 기능과 상황을 시뮬레이션 할 수 있는 기능을 갖

86) Microwave RADAR Sensor는 선박용 레이더와 유사한 원리를 이용한 것인데, 탱크 내에 설치하여 탱크에 채워진 수면 상으로 전파를 발사한 후, 전파 도달 시간을 이용하여 유량을 측정하는 센서이다. 전기 스파크가 발생하지 않기 때문에 위험 액체 화물의 유량 측정에 사용한다.

고 있다. 대용량의 고속 자기-광디스크 저장장치(Magneto Optical Disk Storage)를 이용하여 방대한 데이터를 저장할 수 있다. 선박이 침수된 경우 수중에서 VDR을 찾기 위한 비콘(Beacon) 장치가 부착되어 있다. 여러 개의 마이크에 입력된 음향을 수집 통합하는 장치가 있다.

2. 선교 항해당직 경보 시스템

2.1. IMO의 성능 표준

선교항해당직경보시스템(Bridge Navigational Watch Alarm System, BNWAS)은 당직 항해사(Officer Of Watch, OOW)가 선교에서 당직에 임하는 경우, 잠을 자거나 급작스런 부상 또는 사망 등으로 견시[87]가 불가능한 상황을 예방하기 위한 장비이다. BNWAS는 당직 항해사가 일정한 시간 간격으로 재설정(Reset) 버튼을 눌러야 하며, 만약 일정한 시간 이상이 경과했음에도 불구하고 재설정 버튼을 누르지 않으면 선내에 경고음이 울려서 다른 항해사나 선장이 위기상황임을 인지할 수 있도록 하는 항해안전지원 장비이다.

BNWAS는 2009년에 개정된 SOLAS에 의거하여 다음과 같이 장착시기가 강제화되어 있다(BYM, 2011; The Telegraph, 2011; Marine Log, 2009; Furuno, 2013).

- 2011년 7월: 국제항해에 종사하는 모든 신조 여객선과 국제항해에 종사하는 150 톤 이상의 신조 선박
- 2012년 7월: 현존하는 모든 여객선과 3,000 톤을 초과하는 모든 현존 선박
- 2013년 7월: 500 톤에서 3,000 톤 사이의 현존하는 모든 선박
- 2014년 7월: 150 톤에서 500 톤 사이의 현존하는 모든 선박

그리고 2002년 5월 20일 IMO에서 채택한 아래와 같은 의결서 MSC.128(75)에 선교항해당직경보시스템(BNWAS)에 관한 성능표준이 기술되어 있다. 그 내용을 정리하면 다음과 같다(MSC.128(75), 2002).

2.1.1. 목적과 관련 규정

87) 견시의 의미는 1972 국제해상충돌예방규칙(Regulations for Preventing Collisions at Sea, COREG)의 제5조(Rule 5)의 Look-out(견시)에 정의되어 있는 것으로, 시각과 청각은 물론 모든 유효한 수단을 동원하여 충돌 위험의 유무를 평가한다는 의미이다(윤, 1996)

(1) 목적

선교[88] 항해당직경보시스템(이하 BNWAS)의 목적은 선교에서 근무하고 있는 당직항해사(OOW)들의 행동을 감시하고, 해양사고를 야기할 수 있는 당직항해사의 예상하지 못한 당직불능 상황을 시스템적으로 알아내기 위한 것이다. BNWAS는 당직항해사의 상황인식(awareness)[89]을 감시하여 당직항해사가 당직을 수행할 수 없는 상황이 발생하면 자동으로 선장이나 다른 유자격 항해사에게 경보를 울리기 위한 장치이다.

이러한 BNWAS의 목적은, 우선 당직항해사에게 일련의 빛이나 색으로 경각심을 일으키도록 표시하고, 만약 당직항해사가 이에 응답하지 않으면 1단계 알람(alarm)을 경보하며, 그래도 당직항해사가 응답하지 않으면 2단계 경보 알람을 선장이나 다른 유자격 항해사에게 전달함으로써 달성된다. 추가로, BNWAS는 당직항해사가 필요한 경우 비상호출 기능을 제공할 수 있다. 그리고 BNWAS는 선박이 선수제어나 침로제어 시스템과 연계되어 항해 중일 때는 항상 작동되어야 하고, 선장이 금지하지 않는 한 항상 작동되어야 한다. 즉, 선박이 자동조타장치에 의해서 조종되고 있을 때는 항상 BNWAS를 작동시켜야 하고, 선장 이외에는 BNWAS의 작동을 중지시킬 수 없다.

(2) BNWAS의 관련 근거

- IMO 의결서 A.830(19) : 알람과 표시에 관한 규칙(Code on alarms and indicators)
- IMO 회람 MSC/Circ.982 : 선교 장비와 설계에 관한 지침(Guidelines on Ergonomic Criteria for Bridge Equipment and Layout)
- IMO 의결서 A.694(17) : 전세계 해상에서의 조난과 안전 시스템(GMDSS)과 전자항해 장비의 구성 요소 중에서 선박에 탑재하는 무선장비에 관한 일반 권고사항(General Requirements1 for shipborne radio equipment forming part of the Global Maritime Distress and Safety System (GMDSS) and for Electronic Navigational Aids)

---

88) 선교(Bridge)는 조타실(Wheelhouse)과 좌우 현측 선교(bridge wings)를 포함한다(MSC.128 (75), 2002).

89) 상황인식(awareness)이란, 주위의 다양한 환경을 충분히 인지하여 비상이 발생하는 경우 적절한 대응태세를 갖출 수 있는 항해사의 인지기능을 의미한다. 상황인식이 부족한 항해사는 실수, 간과, 부주의 등 해양사고를 야기할 수 있는 가능성이 높다.

2.1.2. BNWAS의 작동 요구사항

(1) 작동형식

BNWAS는 다음의 작동형식(Operational modes)과 연계되어 있어야 한다.

① 자동 : 선박의 선수방위 또는 침로제어 시스템이 작동 중일 때는 자동으로 BNWAS가 작동해야 하고, 그러하지 않을 때는 작동이 중지된다.
② 수동 ON : BNWAS가 항상 작동된다.
③ 수동 OFF : 어떠한 환경에서도 BNWAS가 작동하지 않는다.

(2) 시각경보와 가청경보 작동순서

그림 10-3은 BNWAS의 시각경보와 가청경보 작동 순서를 나타낸다. 먼저, BNWAS가 작동하면 3분 ~ 12분 동안에는 어떠한 시각경보나 가청경보를 발생하지 않는 대기시간(dormant period, Td)을 갖는다. 그런 후, 당직항해사(OOW)의 인지여부에 따라서 그림과 같이 1단계부터 3단계까지의 가청경보를 울리게 된다.

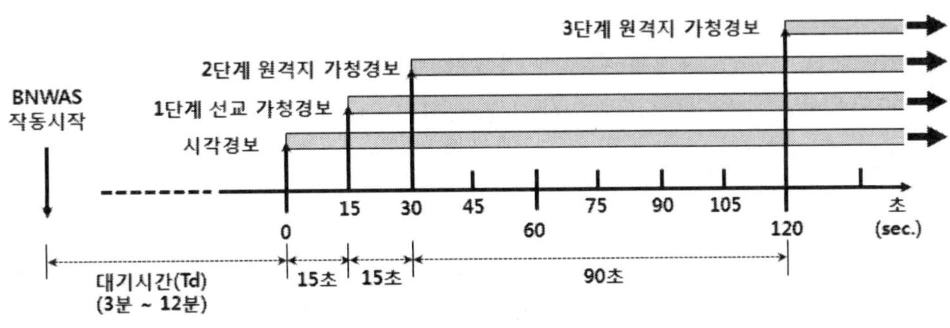

그림 10-3 당직항해사가 인지하지 못한 경우 BNWAS의 경보순서(MSC.128(75), 2002)

그림 10-3의 순서를 설명하면 다음과 같다.

① BNWAS를 작동시킨 이후 3분 ~ 12분의 대기시간이 종료되면, BNWAS의 경보 시스템은 빛이나 색으로 나타내는 시각경보(visual indication)를 선교에 발생시킨다.
② 만약 당직항해사가 시각경보가 나타난 후부터 15초 이내에 BNWAS에 장착되어 있는

재설정(Reset)[90] 버튼을 누르지 않으면 시각경보에 더하여 1단계 선내 가청경보(audible alarm)가 울리기 시작한다.

③ 이어서, 1단계 가청경보가 울린 후 15초 이내에 당직항해사가 재설정 버튼을 누르지 않으면 이번에는 시각경보와 1단계 선내 가청경보에 더하여 2단계 원격 가청경보가 선장이나 다른 항해사에게 울린다.

④ 2단계 원격 가청경보가 울린 후 90초가 경과되었음에도 불구하고 당직항해사가 재설정 버튼을 누르지 않으면, 이번에는 시각경보와 1단계 및 2단계 가청경보에 더하여 3단계 원격 가청경보가 충분한 행동을 취할 수 있는 선원들에게 울린다.

여객선을 제외한 선박에서는, 2단계와 3단계 원격 가청경보가 동시에 동일한 모든 장소에 울릴 수 있다. 만약 2단계 가청경보가 이러한 방법으로 울린다면 3단계 가청경보는 필요하지 않기 때문에 3단계 가청경보를 제외시킬 수 있다. 대형 선박에서 2단계와 3단계 가청경보 사이의 시간 차이(90초)는 BNWAS를 설치하면서 최대 3분까지 연장시킬 수 있다. 연장이 가능한 이유는 2단계 경보가 울린 후 다른 항해사나 선장이 선교에 도착할 수 있는 충분한 시간을 주기 위한 것이다.

(3) 재설정 기능

재설정(Reset) 기능은 적절한 견시가 가능한 선교에 물리적으로 설치되어 있지 않은 어떠한 장비나 장치 또는 시스템에 의해서 활성화되거나 가청경보가 제거되어서는 안 된다. 즉, 선교 이외의 다른 장소에서 가청경보를 고의적으로 제거해서는 안 된다는 의미이다.

재설정 기능은 한 사람의 행위만으로 시각경보를 삭제하거나 더 긴 대기시간을 활성화시킬 수 있어야 한다. 즉, 여러 명이 번갈아 가면서 고의적으로 시각경보를 제거하거나 대기시간을 더 길게 해서는 안 됨을 의미한다. 그리고 만약 대기시간이 종료되기 전에 재설정 기능을 작동시키면, 원래 정해진 대기시간(3분 ~ 12분)이 새로 설정된다.

BNWAS의 재설정은 당직항해사의 단독행위에 의해서 입력되어야 한다. 이러한 재설정 입력은 BNWAS의 통합부분에 설치된 재설정 장치를 이용하여 발생시키거나 또는, 당직항해사의 물리적 행동과 견시를 기록할 수 있는 다른 장비에 의해서 발생시킬 수 있다. 즉, BNWAS는 당직항해사만이 재설정 기능을 활성화시킬 수 있도록 설계되어 있는데,

90) 재설정(Reset)의 의미는 시스템을 초기상태로 되돌린다는 의미이다.

만약 다른 장비를 통해서 재설정시키려면 당직항해사의 행동을 감시할 수 있는 장비에 의해서만 가능하다는 의미이다. 철저하게 당직항해사만 재설정 기능을 작동시킬 수 있도록 하여 당직 중 졸음이나 불의의 사고를 방지하기 위한 것이다.

그리고 어떠한 재설정 장치의 연속적인 행위로 인하여 대기시간을 증가시켜서는 안 되고, 이러한 행위가 시각경보와 가청경보의 순차적인 제어를 억제하는 원인이 되어서는 안 된다. 즉, 고의적으로 BNWAS의 대기시간을 증가시키거나 순차적으로 발생하는 가청경보를 방해해서는 아니 된다는 의미이다.

(4) 비상 호출 장치

비상호출(Emergency Call) 전용 버튼이나 이와 유사한 버튼을 누르면 즉시 2단계 가청경보가 발생하고, 이어서 발생하는 3단계 원격 가청경보가 발생하게 된다. 이러한 비상호출은 당직항해사가 위급한 상황이 발생한 경우 경보를 울리기 위한 수단이다.

(5) 정밀도와 보안

경보 시스템은 위의 그림 10-3에 나타낸 정해진 시간에 맞추어 알람이 울리도록 해야 하는데, 그 정밀도는 5 % 또는 5 초가 되어야 하며, 어떠한 환경 조건에서도 그 이하가 되어서는 아니 된다. 아울러 철저한 보안(Security)이 필요한데, 작동형식의 선택과 대기시간(Td)은 엄격하게 관리되어야 하며, 선장만이 이러한 제어 기능에 접근 가능해야 한다.

(6) 고장, 경보, 표시

BNWAS에 고장이 발생하거나 전원이 차단되는 경우에는 이러한 상황을 BNWAS가 검출하여 표시할 수 있어야 한다. 만약 중앙 알람 패널이 있다면 여기에 이러한 표시를 할 수 있어야 한다.

2.2. 상용 BNWAS

2.2.1. 콩스버그 회사의 BNWAS

그림 10-4는 노르웨이 콩스버그(Kongsberg) 회사의 BNWAS의 내부 회로와 외관을 나타낸다(Kongsberg, 2013). 콩스버그 회사에서는 이 제품의 명칭을 선교 당직 감시 시스템(Bridge Watch Monitoring System, BWMS)이라 부르고 있는데, IMO의 MSC.128 (75)(2002)에 규정되어 있는 선교 항해 당직 경보 시스템(Bridge Navigational Watch Alarm System, BNWAS)와 다르게 표시하고 있다.

이러한 이유를 추정컨대, MSC.128(75)(2002)에 규정되어 있는 BNWAS의 의미는, 당직항해사의 당직(Watch) 상태를 감시(Monitoring)한 후 이에 대한 적절한 경보(Alarm)를 울린다는 의미가 더 적합하기 때문에 콩스버그 회사에서는 감시(Monitoring)라는 용어를 사용하는 것으로 고려된다. 그러나 IMO의 공식명칭은 BNWAS임에 주의하기 바란다.

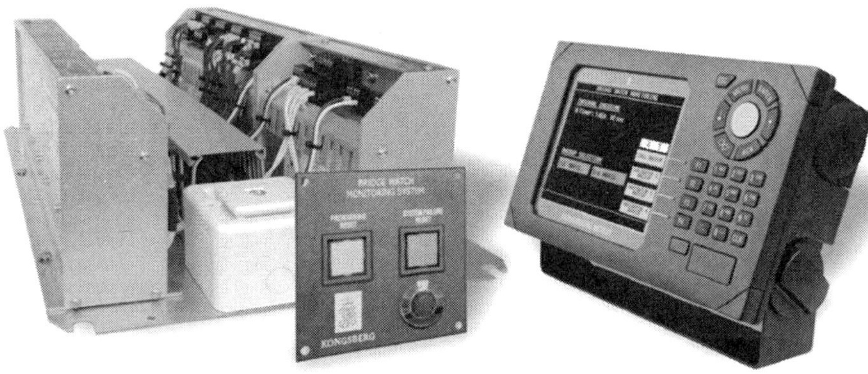

그림 10-4 콩스버그사의 BNWAS 내부 회로(좌)와 외관(우)(Kongsberg, 2013)

그림 10-4에 나타낸 콩스버그 회사의 BNWAS의 기능은 다음과 같다.

① 선교 알람 패널 : 시각용 경보장치와 청각용 경보장치가 달려 있다. 이 기능은 시스템에 의해서 초기화될 수 있고, 개별적인 항해장비에 의해서 초기화될 수 있다.

② 선교 당직감시 : 일정한 간격으로 항해사의 당직실 이탈이나 항해사의 급작스런 비상사태 등을 감시한다.

③ 경보의 발생과 특정장소로의 전송 : 감시 상태에 대한 청각경보를 선교 이외의 장소로 전송하여 선장을 호출하거나 다른 항해사가 대체될 수 있도록 한다.

그림 10-5는 콩스버그 회사 BNWAS의 시스템 구성도를 나타낸다(Kongsberg,

2013). 제일 상단 좌측부터 하단 우측까지의 각 부분을 설명하면 다음과 같다.

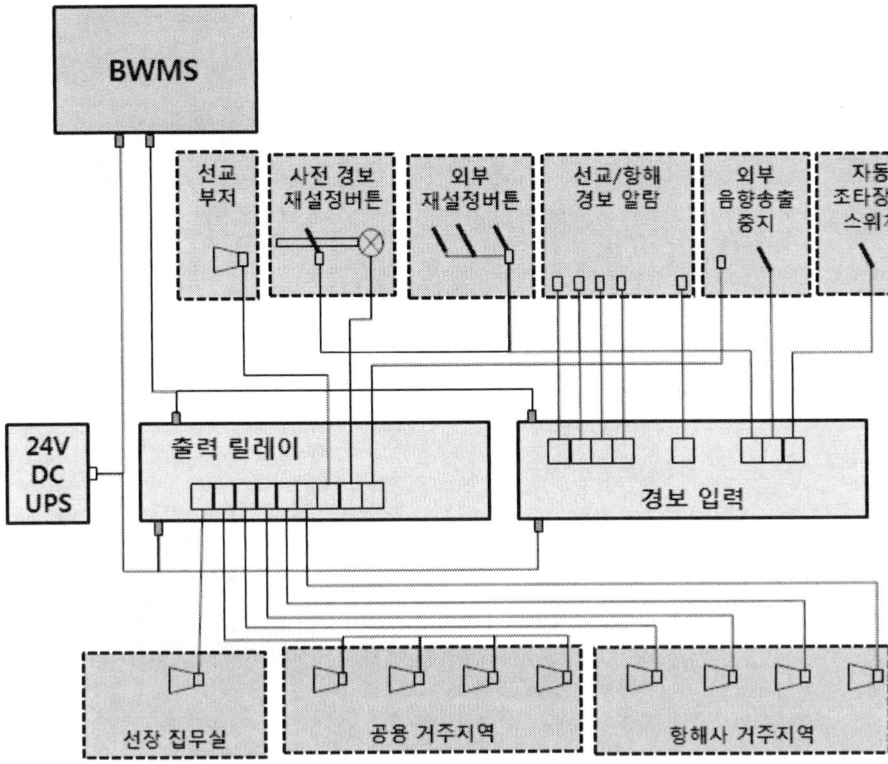

그림 10-5 콩스버그 회사 BNWAS의 구성도(Kongsberg, 2013)

- 선교부저(Bridge Buzzer) : 당직항해사가 일정한 시간이상 재설정 버튼을 누르지 않을 경우 선교에 가청경보를 발생하기 위한 부저이다.
- 사전경보재설정버튼(Pre-Warning Reset) : 당직항해사가 12분 이내의 간격으로 눌러야 하는 경보 재설정 버튼으로, 이 버튼을 누르면 다시 12분 타이머(timer)가 작동한다. 12분이 지났음에도 이 버튼을 누르지 않으면 선교 부저가 울린다.
- 외부재설정버튼(External Reset) : 사전경보재설정버튼과 동일한 기능을 하는 것으로, 선박조종 장소나 양측 선교에서도 재설정할 수 있도록 지원하기 위한 추가 재설정 버튼이다. 즉, 항해사가 현측에서 견시하는 경우에는 외부재설정버튼을 이용하면 된다.
- 선교/항해 경보 알람(Bridge/Navigation Equipment Alarm) : 최대 25개까지 설치할 수 있는 선교/항해장비 알람이다.

■ 부음향송출중지(External Sound Off) : 감시결과에 대한 경보를 외부로 전송하지 않기 위한 스위치이다.
■ 자동조타장치 스위치(Autopilot Switch) : 자동조타기가 작동하는 경우 자동으로 BWMS를 작동시키기 위한 스위치이다.
■ 24VDC UPS : 전원이 차단되는 경우를 대비한 24 볼트의 UPS 장치
■ 선장 집무실(Captain's Quarter), 공용 거주지역(Public Room), 항해사 거주지역(Navigator's Cabin) : 감시결과를 알리는 경보장치를 선장 집무실, 선내 공용장소, 항해사들의 침실이나 사무실 등에 설치할 수 있다.

2.2.2. 푸루노 회사의 BNWAS

그림 10-6은 일본 푸루노(Furuno) 회사의 BNWAS 모델 BR-1000의 외관을 나타낸다(Furuno, 2013). 이 모델은 다음과 같은 2개의 시스템으로 구성되어 있다.

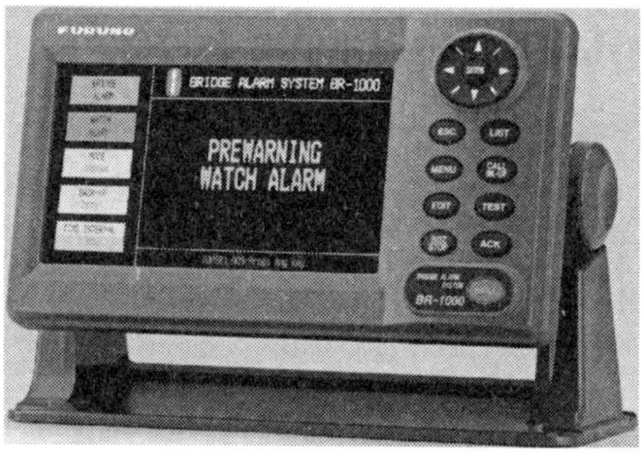

그림 10-6 Furuno 사의 선교 경보 시스템 BR-1000 모델의 외관(Furuno, 2013)

■ 선교 경보 시스템(Bridge Alarm System) : 장비의 경보 상황을 감시하고 장비의 상태를 선교 패널에 표시한다.
■ 당직 안전 시스템(Watch safety system) : 당직항해사의 존재 여부를 감시하기 위한 시스템이다.

모델 BR-1000의 특징은 다음과 같다.

■ IMO의 의결서 MSC.128(75)에 규정된 BNWAS의 성능표준을 만족한다.
■ 각종 경보상태를 정확하게 관리하고 경보에 관한 정보를 표시장치에 나타낼 수 있다.
■ 사전에 설정한 값에 따라서 경보 정보를 저장할 수 있고 표시할 수 있다.
■ 당직항해사의 부재를 최소화시켜서 해양사고 위기를 회피할 수 있는 당직 안전 시스템이 구축되어 있다.
■ 당직항해사가 경보에 응답하지 않거나 비상호출을 시도하는 경우, 다른 유자격 항해사

를 대체할 수 있도록 경보를 선내 거주구역으로 전송하는 기능이 있다.

- 3가지 작동형식을 지원할 수 있는데, 1인 당직형태를 지원하기 위한 작동형식과 선교에서 선박을 제어하는 경우에 지원하는 형식 그리고 항만에서 작동하는 형식 등이 있다.

3. 음향 수신 장치

3.1. 음향수신장치의 필요성

선박 신호장치에는 발광(light), 음향(sound), 전파(waves) 등 다양한 매체가 이용된다. 특히, 음향신호는 안개, 비 등에 의하여 시계(visibility)가 제한된 경우 레이더(Radar)와 함께 항해안전을 위한 유용한 정보전달 매체로 이용되며, 레이더 설치의무가 없는 소형선박의 경우는 더욱 유용하다. 음향신호는 선교 문의 개폐여부에 따라 선교내로 전달되는 특징이 크게 변하기 때문에 2002년 7월부터 선교 문이 폐쇄되어 외부 음향신호 청취가 불가능한 선박은 음향수신장치(Sound Reception System, SRS)를 장착토록 2002년에 개정된 SOLAS 제5장 규정 19에 권고되어 있다.

3.2. SRS 관련 국제 규정

3.2.1. 설치 규정

개정된 SOLAS 제5장의 음향수신장치(SRS)에 대한 규정은 규칙 19의 2.1.8에 수록되어 있고, 그 내용은 다음과 같다(MCA, 2002).

- 선교가 완전히 밀폐된 선박의 경우, 선교 내부에서는 타 선박의 음향신호가 들리지 않기 때문에 안전항해를 유지할 수 없다. 그래서 항해당직에 임하는 항해사가 음향신호를 들을 수 있고, 음향신호가 들려오는 대략의 방향을 파악할 수 있도록 음향수신장치를 설치해야 한다.
- 탑재대상 선박은 선박의 크기에 관계없이 선교가 완전히 밀폐된 선박의 경우 주관청이 달리 결정하지 않는 한[91] 이를 설치하여야 한다.

91) 영어 원문으로는 'when the ship's bridge is totally enclosed and unless the administration determines otherwise'로 기술되어 있다(MCA, 2002).

3.2.2. 설치 요건

음향수신장치의 요건은 IMO의 의결서 중에서 해사안전위원회(MSC)의 의결서(Resolution) 86(70)의 부속서 17의 세부부속서 1[92]에 규정되어 있으며, 그 내용은 다음과 같다(MSC.86(70)a, 2002).

① 음폭 70 ~ 820 Hz의 음향신호를 모든 방향에서 수신할 수 있어야한다.
② 음향신호가 탐지된 대략적인 방향을 알 수 있어야 한다.
③ 의미 있는 소리만 들을 수 있도록 배경잡음(background noise)[93]을 억제할 수 있어야 한다.
④ 수신된 음향신호는 최소한 1개의 라우드스피커(Loud Speaker)[94]로 선교내부에서 재생될 수 있어야 한다.
⑤ 볼륨 조절기가 있어야 하며, 볼륨 조절은 수신된 음향신호의 음압이 선교의 소음수준보다 최소한 10 dB[95]이상 되도록 조절 가능해야 한다.
⑥ 수신된 음향신호에 대한 대략의 방향을 최소한 3초 이상 가시적으로 나타낼 수 있는 표시장치가 있어야 한다.
⑦ 마이크로폰(microphone)[96]은 잡음이 없고 바람 및 기계적인 소음이 없는 방법으로 설치되어야 한다.
⑧ 표시기는 선박을 조종하는 위치에서 최소한 볼 수 있도록 설치되어야 한다.
⑨ 라우드스피커는 수신된 음향신호가 선교의 모든 장소에서 들리도록 설치되어야 한다.

3.2.3. 인간의 청각특성

음의 크기는 공기의 진동에 의해서 발생한 음파(sound wave) 진폭(amplitude)의 크고 작음에 의해서 결정된다. 진폭이 클수록 음은 크게 들리고, 진폭이 작을수록 작게 들린다. 그러나 인간이 느끼는 음의 크고 작음은 청감으로 지각할 수 있는 감각적인 양이기

92) IMO resolution MSC.86(70), Annex 17, Annex 1
93) 배경잡음(background noise)이란, 바람 소리, 엔진 돌아가는 소리 등 원하는 소리에 추가되어 발생하는 주변의 원하지 않는 소리를 의미한다.
94) 라우드 스피커(Loudspeaker)란, 전기 에너지를 음향 에너지로 바꾸는 일종의 변환기를 의미하고, 우리가 통상 스피커 또는 확성기라고 호칭하는 것이다. 주로 저음을 담당하는 저음용 스피커를 지칭한다.
95) dB(decibel)는 dB(a)를 의미하는 것으로, dB(a)는 인간의 청각특성을 반영하여 측정한 dB를 의미한다.
96) 우리가 흔히 말하는 마이크의 정식명칭은 마이크로폰(microphone)이다.

때문에 물리적인 음의 크기와는 다르다. 이러한 이유 때문에 인간이 감각적으로 느끼는 음의 크기를 음량, 물리적으로 측정한 음의 크기를 음압(Sound Pressure, 이하 SP)이라 부른다.

여기서, 인간이 청감으로 느끼는 음의 크기와 전기적으로 측정한 음압은 전혀 다르다. 따라서 음의 크기를 인간의 청감과 일치하는 측정단위로 표현할 필요가 있는데, 이것을 dB(데시벨: Decibel)라 한다. 즉, dB는 두 음에 대한 물리적인 강약을 대수(logarithm)로 나타낸 비교 값으로, 두 신호의 음의 강도 또는 전력레벨차이(비율)를 다음과 같이 표현한 것이다.

$$\log\frac{P}{P_0}\ (Bel) \ = \ 10\ \log\frac{P}{P_0}\ (dB) \tag{10-1}$$

여기서, P_0 : 인간의 가청 한계인 10 ~ 12 와트(Watt)를 기준으로 한 음압

3.3. 상용 SRS 소개

독일의 질너(ZOLLNER)라는 회사에서는 SRD414 모델의 음향수신장치(ZOLLNER, 2013)를 출시하면서, 이 장치의 이름을 코끼리 귀(Elephant Ears)라고 부르고 있다. 아마도 코끼리 귀와 같이 크게 음을 잘 듣는다는 의미에서 명명한 듯하다.

그림 10-7은 질너사의 SRS 외관과 마이크로폰 유닛을 나타낸다. 주제어 패널에는 수신 음향의 방향을 8개의 LED로 표시하고, 청취 가능한 음향신호를 선교내로 재생하며, 볼륨 제어장치와 조명을 조절하기 위한 디머(dimmer)가 장착되어 있다.

마이크로폰 센서 유닛에는 4개의 마이크로폰이 내장되어 있다. 이 유닛을 선교 바로 위에 상갑판에 설치하여 음향을 수신하고, 각 마이크로폰은 고정된 원통에 삽입되어 있으며 금속 그물망 커버가 있다.

(a) 질너 회사의 SRS 주제어 패널　　(b) 마이크로폰 센서 유닛

그림 10-7 질너 SRS(ZOLLNER, 2013)

마이크로폰 센서 유닛은 IP56[97] 보호형태로 제작되어 있으며, 전원은 24 VDC[98]이고, 전원의 변동은 +30 % ~ -10 %의 범위 내에서 사용한다. 즉, 31.2 ~ 21.6 VDC의 변동에서도 사용 가능함을 나타낸다.

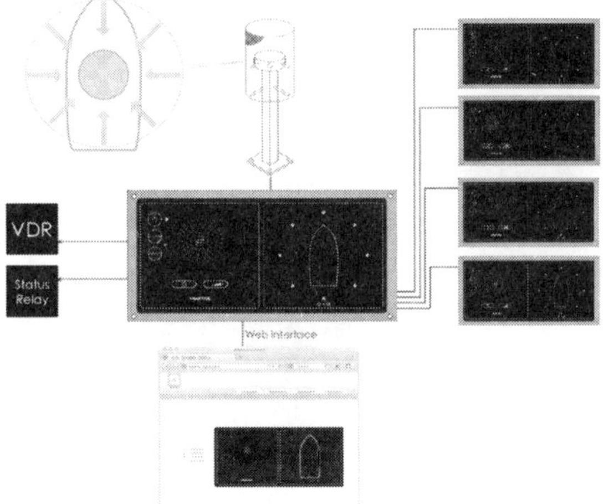

그림 10-8 VINGTOR VSS-V2 SRS(Zenitel, 2013)

97) IP56은 먼지를 보호하면서(5의 의미), 강력하게 물을 분사해도 방수(6의 의미)가 가능한 보호를 의미한다.

98) 직류(VDC)란 Voltage of Direct Current를 의미하는 것으로, 동요됨이 없이 일정한 전류가 흐르는 전압을 의미한다. 그리고 VAC는 Alternating Current)를 의미하는 것으로 사인파 형식으로 변동하는 교류전류의 전압을 의미한다.

그리고 노르웨이의 제니텔(ZENITEL) 사의 경우는 VINGTOR VSS-V2 모델의 SRS를 생산하고 있다. 이 제품의 특징은 첨단 디지털 신호처리장치(Digital Signal Processor, DSP)를 장착하여 능동식 잡음 감쇠(active noise cancellation) 기능을 이용하여 선교에서 원하지 않는 배경잡음을 감쇠하고 있다(ZENITEL, 2013). 모델 VSS-V2는 ISO 14859:2012의 서응표준과 노르웨이의 선급 DNV 규정 DNV 845.50의 형식인증을 획득한 것이다. 웹 사이트와 연계할 수 있는 것이 특징적이다.

참고문헌

1. 개요

이종락(1970), 항해계기(제1권), 아성출판사, 부산, 항해계기란, p. 1

Tetley L. and Calcutt D.(1986), Electronic Aids to Navigation : 3 Decca Navigator, 4 Loran-C and 5 Omega, Edward Arnold, U.K., pp. 55-185

Forssell Borje(1991), Radio Navigation, Prentice-Hall International, UK, pp. 1-376

2. 자기컴퍼스

이종락(1970a), 항해계기(제1권), 아성출판사, 부산, 제1장 Magnetic Compass, pp. 2-24

이종락(1970b), 항해계기(제1권), 아성출판사, 부산, 제2장 지구자기와 Magnetic Compass pp. 25-37

이종락(1970c), 항해계기(제1권), 아성출판사, 부산, 제3장 선체자기와 Magnetic compass, pp. 38-59

이종락(1970d), 항해계기(제1권), 아성출판사, 부산, 제4장 자차의 성질 및 측정, pp. 60-94

이종락(1970e), 항해계기(제1권), 아성출판사, 부산, 제5장 자차수정법, pp. 95-125

이종락(1970f), 항해계기(제1권), 아성출판사, 부산, 제6장 자차의 상세한 이론, pp. 126-139

이상집 (1986), 항해계기학, 세종출판사, pp. 1-130

이상집, 임정빈(1986), 원격지시식 자기 Compass에 관한 연구(Ⅰ), 한국항해학회지, 제10권, 제1호, pp. 81-100

임정빈, 심영호(2005), 단일 자기침로에서의 자차계수 B와 C의 새로운 획득 방법, 한국항해항만학회지, 제28권(제10호), pp. 851-859

윤여정(1969), 지문항해학: 자차계정 방법, 아성출판사, 부산, pp. 88

한국표준연구원(1987), 반영식 나침의 개발에 관한 최종보고서, 과학기술처 KSRI-87-40-IR

Alfred Hine(1968), Magnetic Compasses and Magnetometers, Adam Hilger Ltd., Great Britain, pp. 267-303

AMSA(1999), MARINE ORDERS, Part 21, Navigation Equipment, Issue 3, October No 17 of 1999, Australian Maritime Safety Authority(AMSA), (Web: http://amsa.gov.au, access dated: 2012.0305)

DMA(1984a), American Practical Navigator-An Epitome Of Navigation (Originated by

Nathaniel BOWDITCH LL.D.), Deffence Mapping Agency Hydrographic/ Topographic Center, 4. Direction Measurement, pp. 160-170

DMA(1984b), American Practical Navigator-An Epitome Of Navigation (Originated by Nathaniel BOWDITCH LL.D.), Deffence Mapping Agency Hydrographic/ Topographic Center, 5. Compass Error, pp. 201-259

E.R. Benson, T.S. Stombaugh, N. Noguchi, J.D. Will and J.F. Reid(1998), An Evaluation of a Geomagnetic Direction Sensor for Vehicle Guidance in Precision Agriculture Applications, 1998 Annual International Meeting, Paper No. 983203, UILU 98-7011

Furuno (2004), Fluxgate Compass C-500, (Web: http://www.furuno.co.jp)

Hine Alfred(1968), Magnetic Compasses and Magnetometers, Adam Hilger Ltd., Great Britain, pp. 1-373

ISO2269(1973), Magnetic Compass and Accessories - Rule for testing and certificate, ISO 2269-1973(E), International Organization for Standardization(ISO), pp. 1-40

IMO-MSC.86(70), Annex 17, Adoptation of New and Amended Performance Standards for Navigational Equipment, IMO

J. Borenstein , H. R. Everett , and L. Feng(1996), Where am I ? Sensors and Methods for Mobile Robot Positioning, University of Michigan For the Oak Ridge National Lab (ORNL) D&D Program and the United States Department of Energy's Robotics Technology Development Program

John B. Moore, Jr.(1998), A Solution to the Classical Problems of a Magnetic Compass in a Steel Ship, Naval Sea Combat Systems Engineering Station, Norfolk, Virginia

JCAA(2004), Japan Compass Adjustment Association, (Web: http://www.jcaa.jp)

Kristin L. Makovec(2001), A Nonlinear Magnetic Controller for Three-Axis Stability of Nanosatellites, Master's thesis, Virginia Polytechnic Institute and State University, USA

Kelvin Hugh(2004), C100 Compass Engine, (Web: http://www.kvh.com)

Kongsberg(2004), Simrad RFC35 Fluxgate Compass, (Web: www.simrad.com)

KVH(1998), Overview of Compass Technology, White paper, (Web: http://www.kvh.com)

Lauro Ojeda and Johann Borenstein(2000), Experimental Results with the KVH C-100 Fluxgate Compass in Mobile Robots, Proc. of the IASTED International Conference Robotics and Applications 2000

Mark A. Nixon, Bruce C. McCallum, W. Richard Fright and N. Brent Price(1998), The Effects of Metals and Interfering Fields on Electromagnetic Trackers Presence, Vol.7, No.2, pp. 204-218

Michael J. Caruo, Tamara Bratland, Carl H. Smith and Robert Schneider(1998), A New Perspective on Magnetic Field Sensing, Honeywell, SSEC, USA. (Web: http://www.ssec.honeywell.com, access dated:2013.08.26)

NGIA(2004), Handbook of Magnetic Compass Adjustment, National Geospartial-Intelligence Agency(NGIA), Formerly Pub. No.226, pp. 1-41, (Web: http://pollux.nss.nima.mil, access dated: 2012.12.21)

PNI(2004), TCM2 Electronic Compass Module, (Web: http://www.pnicorp.com)

PNI Manual(2002), TCM2 Electronic Compass Module User's Manual Revision 1.09, (Web: http://www.pnicorp.com)

USS Navy(2004), (Web: http://www.navysite.de)

USNOO(1969), Handbook of Magnetic Compass Adjustment, H.O. Pub. No. 226, U.S. Naval Oceanoraphic Office(USNOO), Washington, pp. 1-88

J.B. Yim and D.H. Kim(2012), Finding Declinations Using Lookup Tables and Bilinear Interpolation in the Application of Digital Magnetic Compass, International Journal of Navigation And Port Research, Vol.36, No.9, pp. 699-706

J.B. Yim, Y.H. Sim, C.K. Kim and G.Y. Choi(2004), Digital Magnetic Compass With Smart Correction Function-Recent Experimental Results and Further Works -, Asia Navigation Conference 2004, Korea, pp. 29-36

3. 전자컴퍼스

임정빈, 김대희(2011), 소형 스마트 항법 시스템 설계, 한국항해항만학회 2011 학술대회, 부산, 한국, pp. 19-21

임정빈(2002a), 2-체널 링-코어 플럭스 게이트 콤파스의 위상검출회로 설계와 구현에 관한 연구, 한국항해항만학회지, 제26권, 제1호, pp. 127-136

임정빈, 정중식, 박성현, 김봉석(2002b), 2-체널 링-코어 프럭스-게이트 콤파스의 성능평가 시스템 개발, 한국항해항만학회지, 제26권, 제5호, pp. 529-535

임정빈, 심영호, 안영섭(2005), 고투자율 등방성 자기 물질을 이용한 공진형 마그네토미터 개발, 해양환경안전학회지, 제11권, 제1호, pp. 29-37

임정빈(2006), 고정밀 프럭스-게이트 센서를 이용한 선박용 디지털 컴퍼스 개발, 한국항해항만학회지, 제30권, 제5호, pp. 321-329

임정빈(2011), 소형 선박용 관성 측정 장치 개발을 위한 MEMS 기반 관성 센서의 평가와 선정,한

국항해항만학회지, 제35권, 10호, pp. 785-791
임정빈(2011), MEMS 기반 관성항법장치의 칼만 필터 설계 문제점과 해결방안 고찰, 한국항해항만학회 2011년도 추계학술대회 논문집, 제15권, 2호, pp. 259-260
Alfred Hine(1968), Magnetic Compasses and Magnetometers, Adam Hilger Ltd., Great Britain, pp. 267-303
Brown Robert Grover and Hwang Patrick Y. C.(1997), Introduction to Random Signals and Applied Kalman Filtering, 3rd Edition, pp. 94-96
Chew Soon Leong, Rashdi Shah Ahmad and Rosly Jaafar(2001), The Development of Fluxgate Magnetometer for Non-Destructive Measurement, Jurnal Teknologi, 34(C), pp. 9-16, (Web: http://www.jurnalteknologi.utm.my, Access dated: 2013.09.06)
Compston Drew(2012), International Geomagnetic Reference Field (IGRF) Model, MATLAB Central, (Web http://www.mathworks.com, access dated: 2012.12.05)
Chris Goodall, Naser El-Sheimy and Kai-Wei Chiang(2005), The Development of a GPS/MEMS INS Integrated System Utilizing a Hybrid Processing Architecture, Proceedings of the 18th International Technical Meeting of the Satellite Division of The Institute of Navigation(ION GNSS 2005), pp. 1444-1455
Claudia C. Meruane Naranjo(2008), Analysis and Modeling of MEMS based Inertial Sensors, Thesis Paper of Signal Processing School of Electrical Engineering, ungliga Tekniska Hgskolan, Stockholm, XR-EE-SB 2008:011
CH Robotics(2011): CHR-6dm Attitude and Heading Reference System Product datasheet-Rev.1.1, (Web: www.chrobotics.com)
D. H. Titterton and J. L. Weston(2009), Strapdown Inertial Navigation Technology, 2nd Edition, Volume 207 Progress in Astronautics and Aeronautics, pp. 57
DMA(1993), Military Specification: World Magnetic Model(WMM), Defence Mapping Agency MIL-W-89500, pp. 1-22
Eric C. Anderson(1999), Monte Carlo Methods and Importance Sampling, Lecture Notes for Stat 578C, Statistical Genetics, (Web: http://ib.berkeley.edu)
FIKO(2006), Way Horizon 60, Document Number P008-S01-D11-T02 v1.0, (Web: www.gnss-tech.com)
Furuno(2004), Fluxgate Compass C-500, (Web: http://www.furuno.co.jp)
Giorgio De Pasquale and Aurelio Soma(2010), Reliability Testing Procedure for MEMS IMUs Applied to Vibrating Environments, Sensors2010, Vol.10, pp. 456-474
Goodall Chris, El-Sheimy Naser and Chiang Kai-Wei(2005), The Development of a

GPS/MEMS INS Integrated System Utilizing a Hybrid Processing Architecture, Proc. of the 18th International Technical Meeting of the Satellite Division of The Institute of Navigation(IONGNSS 2005), pp. 1444-1455, (Web: http://www.ion.org/search)

Greg Welch and Gary Bishop(2001), An Introduction to the Kalman Filter, SIGGRAPH 2001 Course8, University of North Carolina at Chapel Hill, Department of Computer Science, (Web: http://www.cs.unc.edu)

Gupta Ashish Kumar, Sarma Evani S. S. and Koilpillai R. David(2007), A Kalman filtering approach for Integrating MEMS-based INS and GPS for Land Vehicle Applications (white paper), (Web: www.ncc.org.in/download.php)

Hines Lindsey(2007), Digital Compass Accuracy, white paper, pp. 1-15. (Web: http://www.mbari.org, access dated: December 5, 2012)

Honeywell(2012), Magnetic Sensors: Compassing Solutions, (Web: http://www.magneticsensors.com, access dated: December 5, 2012)

HSC(2013), High-speed craft, IMO, (Web:http://www.imo.org, access dated:2013.09.25)

HSC Code Ch.13(2013), Chapter 13 Shipborne Navigational Systems and Equipment and Voyage Data Recorders, (Web:http://www.dft.gov.uk, access dated:2013.09.25)

I. Skog and P. Handel(2006), Calibration of a MEMS Inertial Measurement Unit, XVII IMEKO WORLD CONGRESS, Brazil, pp. 1-6

IMO-MSC.86(70), Annex 17, Adaptation of New and Amended Performance Standards for Navigational Equipment, IMO: Annex 2 : Recommendation on Performance Standards for Marine Transmitting Magnetic Heading Devices(TMHDs)

Jonathan Pengelly(2002), Monte Carlo Methods, Tutorial Materials, pp. 1-18, (Web: http://www.cs.otago.ac.nz)

Jonathan Goodman(2011), Lecture Note on the Principles of Scientific Computing, Chapter 9: Monte Carlo methods, pp. 183-201, (Web: http://www.cs.nyu.edu)

Jouni Hartikainen and Simo Särkkä(2008), Optimal filtering with Kalman filters and smoothers - a Manual for Matlab toolbox EKF/UKF, Department of Biomedical Engineering and Computational Science, Helsinki University of Technology, Finland, Version 1.2

Kelvin Hugh(2004), C100 Compass Engine, (Web: http://www.kvh.com)

Kim Mathiassen(2010), A low cost navigation unit for position estimation of personnel after loss of GPS position, Masters of Science degree in Engineering Cybernetics from the Norwegian University of Science and Technology

Kongsberg(2004), Simrad RFC35 Fluxgate Compass, (Web: http:www.simrad.com)

Kristin L. Makovec(2001), A Nonlinear Magnetic Controller for Three-Axis Stability of Nan satellites, Master Thesis, Virginia Polytechnic Institute and State University

Larry J. Levy(2002), The Kalman Filter: Navigation's Integration Workhorse, The Johns Hopkins University, Applied Physics Laboratory, (Web: http://www.cs.unc.edu)

Martin Vagner(2011), MEMS Gyroscope Performance Comparing Using Allan Variance Method, Doctoral Degree Programme(1), FEEC BUT, (Web: http://www.feec.vutbr.cz)

Makovec L. Kristin(2001), A Nonlinear Magnetic Controller for Three-Axis Stability of Nanosatellites, Master Thesis in Aerospace Eng., Virginia Polytechnic Institute and State University, pp. 20-26

Maus S., Manoj C., Rauberg J., Michaelis I., and Luhr H.(2010), NOAA/NGDC candidate models for the 11th generation International Geomagnetic Reference Field and the concurrent release of the 6th generation Pomme magnetic model, Earth Planets Space, Vol 62, pp. 729-735

Mohamed Gad-el-Hak(2006), MEMS Applications, 2nd Edition, Taylor & Francis, pp.1-1 - 11-1

Naserel-Sheimy, Eun-Hwan Shin and Xiaojinlu(2006), Kalman Filter Face-Off - Extended vs. Unscented Kalman Filters for Integrated GPS and MEMS Inertial, Inside GNSS March 2006, pp. 48-54, (Web: www.insidegnss.com)

Nils Olsen(2002), A Model of the Geomagnetic Field and Its Secular Variation for Epoch 2000 Estimated from Orsted Data, Geophys. J.Int. Vol. 149, pp. 454-462

NOAA(2010), Technical Report: The US/UK World Magnetic Model for 2010-2015, PP. 1-46, (Web: http://www.ngdc.noaa.gov, access dated: December 5, 2012)

Ojeda Lauro and Borenstein Johann(2000), Experimental Results with the KVH C-100 Fluxgate Compass in Mobile Robots, Proc. of the AISTED International Conference, Robotics and Applications 2000, PP. 1-7

Peter Sherman and Steven Holmes(2005), Personal navigation system, Technical report NATRICK/TR-06/004, Draper Laboratory, Cambridge, MA 02130

PNI(2004), TCM2 Electronic Compass Module, (Web: http://www.pnicorp.com)

P.Graven, T.Kenny, Labpratary magnetometer Calibration Without Coil Facilities or Orientation Information, Stanford University, White paper, 2004

R. G. Brown, P. Y. C. Hwang(1997), Introduction to Random Signals and Applied

Kalman Filtering, Jphn Wiley and Sons, Inc., pp. 190-228
S. Nish(1977), How to Apply Kalman Filter to the Navigation 1 - The Principle and the Application of Linear Filter -, Japan Institute of Navigation, Vol. 52, pp. 31-39
S. M. Bennett, R. Dyott, D. Allen, J. Brunner, R. Kidwell and R. Miller(1998), Fiber Optic Rate Gyros As Replacement for Mechanical Gyros, American Institute of Aeronautics and Astronautics, KVH Industries Inc. Report AIAA-98-4401, pp. 1-7, (Web: ftp://ftp.uni-duisburg.de)
Sensonor(2009), SAR10Z Gyro Sensor Series data sheet, (Web: http//www.Sensonor.com)
Sensonor(2010), SAR100Grade100 Single-Axis Gyro data sheet, (Web: http//WWW.Sensonor.com)
Songlai Han, Jinling Wang and Nathan Knight(2009), Using Allan Variance to Determine the Calibration Model of Inertial Sensors for GPS/INS Integration, 6th Inter. Symp. on Mobile Mapping Technology, Presidente Prudente, São Paulo, Brazil, pp. 1-8
ST Microerectronics(2008), LIS344ALH data sheet, (Web: http//WWW.st.com)
Sensor Dynamics(2008), Technical paper for Fail-Safe Micro-mechanical Angular Rate Sensor, (Web: www.sensordynamics.cc)
Sensor Dynamics(2011), SD746-6 DOF Inertial Measurement Unit(3D Gyro + 3D Accelerometer) - Product Datasheet v1.0. doc, Revision 1.0, (Web:www.sensordynamics.cc)
SBG Systems(2011), IG-500N, (Web: www.sbg-systems.com)
Systron Donner(2007), MMQ-G, (Web: www.systron.com)
The Math Works(2009), Matlab Program: wrldmagm2.m, Revision: 1.1.6.4, Date:2009/08/14, (Web: http://www.control.aau.dk, access dated: 2012.12.05)
Volker Kempe(2011), Inertial MEMS Principles and Practice, Cambridge University Press, pp. 1-452
Walid Abdel-Hamid(2005): Accuracy Enhancement of Integrated MEMS-IMU/GPS Systems for Land Vehicular Navigation Applications, UCGE Reports Number 20207, Thesis for PhD., Department of Geomatics Eng., Calgary, Alberta, Canda, (Web: http://www.geomatics.ucalgary.ca)
White Paper(2005), Dipole Approximations of Geomagnetic Field, (Web: http://www.spenvis.oma.be)

Wikipedia-EMF(2013), Earth's_magnetic_field, (Web: http://en.wikipedia.org, Access dated: 2013.09.06)

Xsens Technologies(2010): MTi-G User Manual and Technical Documentation, Document MT 0137P, Revision H, 15 Oct 2010, (Web: www.xsens.com)

Yafei Ren and Xizhen Ke(2010), Particle Filter Data Fusion Enhancements for MEMS-IMU/ GPS, Intelligent Information Management, pp. 417-421

J.B. Yim and Y.H. Sim(2004), A New Method for the Acquisition of Deviation Coefficients B and C at a Single Magnetic Heading, Journal of Korean Institute of Navigation and Port Research, Vol. 28, No. 10, pp. 851-859

YJ.B. Yim(2006), Development of Ship's Digital Compass Using Flux-gate Sensors with High Accuracy, Journal of Korean Institute of Navigation and Port Research, Vol. 30, No. 5, pp. 321-329

J.B. Yim(2011), The Application of Inertial Micro Sensor System for the Sea Navigation, Asia Navigation Conference(ANC) 2011, 2011.11. 3~5, Wuhan, China, pp. 260-270

4. 자이로컴퍼스

이병호(1984), 동력학특론, 서울, 민음사, pp. 1-99

이상집(1984), 자이로기기해설, 부산, 아성출판사, pp. 1-170

이상집(1984a), 자이로기기해설, 부산, 아성출판사, p. 36

이상집(1984b), 자이로기기해설, 부산, 아성출판사, p. 31

이상집(1984c), 자이로기기해설, 부산, 아성출판사, p. 73-74

이상집(1984d), 자이로기기해설, 부산, 아성출판사, p. 71

이상집 (1986), 항해계기학, 부산, 세종출판사, pp. 1-130

이상집, 임정빈(1992), 선박용 자이로콤파스의 자기진단 시스템 개발에 관한 연구, 한국항해학회지, 제16권, 제1호, pp. 1-12

이종락(1970a), 항해계기(제2권), 부산, 아성출판사, 제2장 Gyroscope의 운동, pp. 5-12

이종락(1970b), 항해계기(제2권), 부산, 아성출판사, 제2장 Gyro compass의 원리, pp. 13-32

이종락(1970c), 항해계기(제2권), 부산, 아성출판사, 제3장 오차 및 방지법, pp. 33-51

이종락(1970d), 항해계기(제2권), 부산, 아성출판사, 제4장 Sperry gyrocompass의 구종 및 취급법, pp. 55-225

임정빈(1992), 선박용 자이로콤파스의 자기진단 시스템 개발에 관한 연구, 한국해양대학교 대학원 석사학위논문, pp. 1-125

임정빈, 이상집(1992), 선박용 자이로콤파스의 정보전송 인터페이스 개발에 관한 연구, 한국항해

학회지, 제16권, 제4호, pp. 35-45
Anschutz(1975), Anschutz Service Instructions (Test) for Type 102-834 NG, Anschutz KIEL, pp. 1-92
Burger J. Klinkert and Corbett W.A.G., Marine Gyrocompass, Roulledge and Kegan Paul Ltd. London, Part II, pp. 1-155
Raytheon Anschutz(2013), Digital Repeater Compass, (Web: http://www.raytheon-anschuetz.com, access dated:2013.09.29.)
SMS(2013), Digital Gyro Repeaters and On-Board Information Systems, (Web: http://www.naval-technology.com, access dated: 2013.09.27)
Tetley L. and Calcutt D.(1986), Electronic Aids to Navigation: 8. The Ship's Compass, Edward Arnold, U.K., pp. 248-297
TOKIMEC(2000), Technical Information PT-10 Step Signal Converter for TG-5000 Gyrocompass, March 2000, Ref #: CTY-098 (Web: http://www.rotamarine.com)
Wikipedia(2013), Gyrocompass, (Web: http://en.wikipedia.org, access dated: 2013.12.24)

5. 선속계

김상진(1987), 신호처리입문, 대림, 서울, pp. 1-176
상공부(1990), 선속측정장치의 설계 및 제작기술개발에 관한 연구(1)의 중간보고서, 한국기계연구소부설 해사기술연구소, pp. 1-104
이상집(1982), 기본항해기기, 아성출판사, pp. 24-72
이상집 (1986), 항해계기학, 부산, 세종출판사, pp. 1-130
이상집, 임정빈, 정태권(1990), 디지털형 전자유도식 선속계에 관하여, 한국항해학회지, 제14권, 제3호, pp. 1-13
이종락(1970a), 항해계기(제1권), 아성출판사, 부산, 제7장 Log, pp. 140-159
임제탁, 이두수(1998), 이산신호처리, 대영사, 서울, pp. 9-86
임제탁, 이두수(1992), 디지털신호처리의 기초, 희중당, 서울, pp. 1-304
해군본부(1989), 해양공학개론, 교육도서 1-6-10192, 해군인쇄창, pp. 1-370
Alison Keary, Martyn Hill, Paul White and Henry Robinson(1999), Simulation of the Correlation Velocity Log Using a computer Based Acoustic Model, Proceedings of the 11th International Symposium on Unmanned Untethered Submersible Technology, August 23-25, 1999, Dobument Number 99-8-01, Published by Autonomous Undersea Systems Institute, pp. 446-454, (Web: http://www.gbv.de, access dated: 2013.09.12)
Boltryk P., Hill M., Keary A., Phillips B., Robinson H. and White P.(2004), An ultrasonic

transducer array for velocity measurement in underwater vehicles, Ultrasonics, Vol. 42, pp.473-478, (Web: http://202.114.89.60/resource/pdf/2504.pdf, access dated:2013.09.03)

Burdic William S.(1984), Underwater Acoustic System Analysis, Prentice-Hall Inc., NJ, pp. 214-243

DMA(1984a), American Practical Navigator-An Epitome Of Navigation (Originated by Nathaniel BOWDITCH LL.D.), Deffence Mapping Agency Hydrographic/ Topographic Center, 2. Distance And Speed Measurement, pp. 144-155

DMA(1984b), American Practical Navigator-An Epitome Of Navigation (Originated by Nathaniel BOWDITCH LL.D.), Deffence Mapping Agency Hydrographic/ Topographic Center, 7. Doppler Sonar Navigation, pp. 1118-1128

IMO(2000), Resolution MSC.96(72), Adoption of Amendments to Performance Standards for Devices to Measure and Indicate Speed and Distance(Resolution A.824(19)), (Web: http://www.imo.org, access dated: 2013.09.05)

IPC(2013), Chapter 3 Speed measurement, pp. 1-43, (Web: http://academic.amc.edu.au, access dated:2013.08.23)

SAL-Log(2013), Brochure for SAL Speed Logs, Consilium Co., (Web:http://consilium.se, access dated: 2013.08.24)

Tetley L. and Calcutt D.(1986a), Electronic Aids to Navigation: 2. Speed Measurement, Edward Arnold, U.K., pp. 21-54

Tetley L. and Calcutt D.(1986b), Electronic Aids to Navigation: Appendix 2 Doppler Effect, Edward Arnold, U.K., pp. 342-343

6. 수심측정장치

이상집 (1986), 항해계기학, 부산, 세종출판사, pp. 1-130

이종락(1970a), 항해계기(제1권), 아성출판사, 부산, 제8장 Sounding machine, pp. 160-168

이종락(1970b), 항해계기(제1권), 아성출판사, 부산, 제9장 Echo sounder, pp. 169-194

해군본부(1989), 해양공학개론, 교육도서 1-6-10192, 해군인쇄창, pp. 1-370

해군본부(1993), 수중음향학의 원리, 미해일교 12-1, 해군인쇄창, pp. 1-443

James Kennett(1982), Marine Geology, Prentice-Hall, pp. 1-751

Burdic William S.(1984), Underwater Acoustic System Analysis, Prentice-Hall, INC, pp. 126-154

Cline Duane A.(1999), Hand Lead, Pilgrims &Plymouth Colony:1620, (Web: http://www.rootsweb.ancestry.com, access dated: 2013.8.19)

DMA(1984), American Practical Navigator-An Epitome Of Navigation Ch.3 Depth Measurement (Originated by Nathaniel BOWDITCH LL.D.), Deffence Mapping Agency Hydrographic/Topographic Center, 3. Depth Measurement, pp. 155-160

FURUNO(2013), Manual for Navigational Echo Sounder FE-700, (Web: http://www.furuno.com, Access dated: 2013.09.06)

Urick Robert J.(1983), Principles of Underwater Sound, McGraw-Hill Book Company, pp. 1-416

7. 자동조타장치

Yasuno Takahashi, Michael J. Rabins and David M. Auslander(1972), Control and Danamic System, Addison-Wesley Pub., pp. 1-758

Yasuno Takahashi, Michael J. Rabins and David M. Auslander(1972), Control and Danamic System, Addison-Wesley Pub., p. 321

김태경(1998), 파랑중 선박의 자동조타시스템의 평가에 관한 연구, 부산대학교 석사학위논문, (Web: http://home.pusan.ac.kr, access dated: 2013.12.28)

기상청(2013), 기상청 홈페이지의 기상백과 항목의 지식과배움에 기록된 기상과 기후 용어설명, (Web: http://web.kma.go.kr, access dated: 2013.12.27)

위키백과(2013), 서보 증폭기(servo amplifier), (Web: http://ko.wikipedia.org, access dated: 2013.12.28)

이상집 (1986), 항해계기학, 부산, 세종출판사, pp. 1-130

임정빈, 윤명오 공저(2003), 선박자동화, 도서출판 오비, ISBN 89-950-7435-3. pp. 1-9 - 1-13, 2-18, 3-4 - 3-10

Levwis Edward V(1989), Principles of Naval Architecture : Volume III-Motions in Waves and Controllability, The Society of Naval Architectures and Marine Engineers, NJ, pp. 1-407

Tetley L. and Calcutt D.(1986), Electronic Aids to Navigation : 9. Automatic Steering, Edward Arnold, U.K., pp. 298-317

Wikipedia(2013a), Gyrocompass, (Web: http://en.wikipedia.org/wiki/Gyrocompass, access dated: 2013.12.24)

Wikepedia(2013b), Autopilot, (Web: http://en.wikipedia.org/wiki/Autopilot, access dated: 2013.12.24)

Wikipedia (2013c), Power rating, (Web: http://en.wikipedia.org/wiki/Power_rating, access dated: 2013.12.28.)

8. 항해정보기록장치

ELECTRO-MED(2013), Playback Software, (Web: http://www.electro-med.com, access dated: 2012.12.31)

IACS(2005), Recommendation85 : Recommendations on Voyage Data Recorder, Jan 2005, (Web : http://www.iacs.org.uk, access dated: 2013.02.08)

ICAO(2013), ICAO home Page, (Web: http://www.icao.int, access dated: 2013.04.22)

IEC(2000), International Standard IEC61996, First edition 2000-07, Maritime Navigation and Radiocommunication Equipment and Systems - Shipborne Voyage Data Recorder (VDR) - Performance requirements - Methods of testing and required test results

IMO(1997b), Performance Standards for Shipborn Voyage Data Recorders (VDRs), Resolution A.861(20) adopted on 27 November 1997

IMO(1997c), CODE FOR THE INVESTIGATION OF MARINE CASUALTIES AND INCIDENTS adopted on 27 November 1997, RESOLUTION A.849(20)

IMO(2001e), GMDSS Handbook on CD-ROM Version 2.0, 3rd Edition, August 2001, IMO, pp. Annex 4~1, page 8

IMO(2002e), GUIDELINES ON VOYAGE DATA RECORDER (VDR) OWNERSHIP AND RECOVERY, MSC/Circ.1024, 29 May 2002, (Web: http://www.imo.org, access dated: 2013.1.17)

IMO(2004b), ANNEX26, RESOLUTION MSC.163(78)(adapted on 17 May 2004), PERFORMANCE STANDARDS FOR SHIPBORNE SIMPLIFIED VOYAGE DATA RECORDERS(S-VDR), (Web: http://www.imo.org, access dated: 2013.1.17)

ISO(2000), INTERNATIONAL STANDARD ISO 17776, First edition 2000-10-15, Petroleum and natural gas industries - Offshore production installations - Guidelines on tools and techniques for hazard identification and risk assessment, (Web: http://xa.yimg.com, access dated: 2013.06.06)

JRC(2004), Voyage Data Recorder (VDR) JCY-1700, (Web : http://www.maritech.com.vn, access dated: 2013.04.22)

MCA(2002), Safety of Navigation, Implementing SOLAS Chapter V, 2002, SOLAS Chapter V Regulation 20 Voyage Data Recorders, Maritime and Coastguard Agency(MCA), p. 36

Michale T. Brown(1999), Marine Voyage Data Recorder, International Symposium on Transportation Recorders, May 3-5, 1999, pp. 1-14

RAPIDTRACK S-VDR(2012), (Web: http://www.acrelectronics.com, access dated:

2012.12.31)
Smasung Industries(2011), Brochure for Voyage Data Recorder SVDR2000, (Web: http://www.shipcs.com, access dated: 2013.04.22)

9. 천측측정계기

이상집 (1986), 항해계기학, 부산, 세종출판사, pp. 1-130
이종락(1970b), 항해계기(제1권), 아성출판사, 부산, 제10장 항해용 광학계기, pp. 195-201
이종락(1970b), 항해계기(제1권), 아성출판사, 부산, 제11장 Chronometer, pp. 211-220
DMA(1984), American Practical Navigator-An Epitome Of Navigation Ch.6 Instruments for Celestial Navigation (Originated by Nathaniel BOWDITCH LL.D.), Deffence Mapping Agency Hydrographic/Topographic Center, 6. Instruments for Celestial Navigation, pp. 408-435
SEIKO(1998), Instruction Manual for Marine Quartz Crystal Clock, Model QC-6M2, (Web: http://www.seiko-sts.co.jp, access dated: 2013.08.23)
Wikipedia(2013), Chronometer, (Web: http://en.wikipedia.org/wiki/Chronometer, access dated: 2011.08.12)

10. 관성항법장치

과학기술처(1987), 정밀계측장치 제작에 따른 해석기법 개발(스트랩다운 관성항법장치 개발 중심으로)의 1차년도 최종 연구보고서, pp. 1-309
해군본부(1986), 관성항법의 원리, 교육도서 1-6-10184, 해군인쇄창, pp. 1-100
DMA(1984), American Practical Navigator-An Epitome Of Navigation Ch.8 Introduction to Inertial Navigation System (Originated by Nathaniel BOWDITCH LL.D.), Deffence Mapping Agency Hydrographic/Topographic Center, 8. Instruction to Inertial Navigation, pp. 1129-1157
Logsdon Tom(1992), The Navstar Global Positioning System, Van Nostrand Reinhold, New York, pp. 103-1148
LITEF(1987), Technical Manual for LSR-85 Strapdown Heading and Vertical Reference System, LITEF GmbH, pp. Ch.1-Ch.4

11. 기타지원장치

윤점동(1996), 국제해상충돌예방규칙 및 관련된 국내법규해설, 세종풀판사, 부산, pp. 72-73

BYM(2011), USA. Furuno BR500 delivers BNWAS solution, BYM Marine & Maritime News, 20 December 2011, (Web: http://www.bymnews.com, access dated: 2013.09.24)

Furuno(2013), Manual for Bridge Alarm System BR-1000, (Web: http://www.furuno.com, access dated:2013.09.24)

IEC 60945(2002), INTERNATIONAL STANDARD IEC 60945: Maritime navigation and radiocommunication equipment and systems - General requirements - Methods of testing and required test results, 4th edition, pp. 1-14

IEC 61508(2013), 위키백과의 IEC 61508 설명, (Web: http://ko.wikipedia.org/wiki/IEC_61508, access dated: 2013.09.10)

Kongsberg(2013), Data sheet for Bridge Watch Monitoring System AD-00440-A, (Web: http://www.km.kongsberg.com, access dated:2013.09.24)

Marine Log(2009), Piracy: IMO panel still gun-shy, Marine Log, 18 June 2009, (Web: http://www.marinelog.com, access dated:2013.09.24)

MCA(2002), Regulation 19 of SOLAS Chapter V, Safety of Navigation Implementing SOLAS Chapter V 2002, Maritime and Coastguard Agency(MCA), pp. 32

MSC.86(70)a(1998), Annex 1 : Recommendation on Performance Standards for Sound Reception Systems in Annex 17 : Adaptation of New and Amended Performance Standards for Navigational Equipment (adopted on 8 December 1998)

MSC.128(75)(2002), PERFORMANCE STANDARDS FOR A BRIDGE NAVIGATIONAL WATCH ALARM SYSTEM (BNWAS) (adopted on 20 May 2002)

Samsung(2013), Manual for Samsung Digital System for Vessel, (Web: http://www.marinedigital.com, access dated: 2013.09.12)

The Telegraph(2011), IMO: Sub-Committee on Safety of Navigation, Report of the 54th Session, London, June 30 to July 4, 2008, 4 February 2011, (Web: http://www.telegraph.co.uk, access dated: 2013.09.24)

Tetley L. and Calcutt D.(1986), Electronic Aids to Navigation, Edward Arnold, U.K., 7. Integrated Navigation System, pp. 237-247

Wikipedia(2013), Bridge navigational watch alarm system, (Web: http://en.wikipedia.org, access dated:2013.09.23)

ZOLLNER(2013), SRD414, (http://www.zoellner.de, access dated: 2013.02.13)

ZENITEL(2013), Brochure for VINGTOR VSS-V2 Sound Reception System, (Web: http://www.zenitel.com, Access dated: 2013.09.13)

12. 기타

윤여정(1996), 지문항해학, 아성출판사, 부산, pp. 1-251

윤여정(1971), 천문항해학, 아성출판사, 부산, pp. 1-379

Wells David(1987), Guide to GPS Positioning, Canadian GPS Associates, pp. Ch.1 ~ Ch. 15

Hofmann-Wellenhof B., Lichtenegger H. and Collins J.(1993), Global Positioning System, Springer-Verlag Wein New York, pp. 1-288

Logsdon Tom(1992), The Navstar Global Positioning System, Van Nostrand Reinhold, New York, pp. 1-218

COLREGS(2005), COLREGS - International Regulations for Preventing Collisions at Sea, Lloyd''s Register Rulefinder 2005, Version 9.4, (Web: http://www.mar.ist.utl.pt, access dated: 2013.06.03)

SOLAS(2002), SOLAS CHAPTER V, SAFETY OF NAVIGATION, Revised 1 July 2002, (Web: http://www.imo.org/ourwork, access dated: 2013.06.03)

NMEA(1992), Standard For Interfacing Marine Electronic Devices (NMEA0183), National Marine Electronics Association Ver. 2.0, pp. 1-41 and Appendix I~IV

저자 약력

임정빈

현) 한국해양대학교 해사대학 교수
해군사관학교 교수
해군 해양연구소 음파부 분석실장
일본 동경해양대학교 교환교수
목포해양대학교 교수
라스코 해운, 수일해운 항해사
부경대학교 대학원 전자공학과 (박사)
한국해양대학교 대학원 항해학과 (석사)
한국해양대학교 항해학과 (학사)

해광출판기
해기

항해계기 - 수정판 -

Navigational Equipment

2021년 9월 1일 초판 인쇄 정가 22,000 원
2021년 9월 15일 초판 발행

저 자 임정빈
편 집 송영미
발 행 인 조준형 http://www.hgbookpub.com
발 행 처 해광출판사 E-mail : mwdangbook@hanmail.net
주 소 부산광역시 중구 해관로 41-1 (중앙동2가)
전화번호 (051) 253-0001 팩스 (051) 245-1187
등 록 제 2012-000005호

해광출판사에서는 여러분의 소중한 원고와 함께 할 기회를 기다리고 있습니다. 책으로 엮을 원고나 아이디어가 있으신 분들은 이메일 mwdangbook@hanmail.net로 책에 대한 간단한 개요와 원고 전체 또는 일부를 연락처와 함께 보내주십시오.

ISBN 979-11-91274-67-7